T0222357

eXamen.press

eXamen.press ist eine Reihe, die Theorie und Praxis aus allen Bereichen der Informatik für die Hochschulausbildung vermittelt.

Lutz Priese · Harro Wimmel

Petri-Netze

2. Auflage

Springer

Prof. Dr. Lutz Priese
Universtät Koblenz-Landau
Institut für Computervisualistik
Universitätsstr. 1
56070 Koblenz

Dr. Harro Wimmel
Carl von Ossietzky Universität Oldenburg
Fakultät für Informatik
Ammerländer Heerstraße 114–118
26129 Oldenburg

Die erste Auflage erschien im Springer-Verlag Berlin Heidelberg unter dem Titel
Theoretische Informatik. Petri-Netze.

ISBN 978-3-540-76970-5   e-ISBN 978-3-540-76971-2

DOI 10.1007/978-3-540-76971-2

ISSN 1614-5216

Bibliografische Information der Deutschen Nationalbibliothek
Die Deutsche Bibliothek verzeichnet diese Publikation in der Deutschen Nationalbibliografie;
detaillierte bibliografische Daten sind im Internet über http://dnb.d-nb.de abrufbar.

© 2008 Springer-Verlag Berlin Heidelberg

Herstellung: LE-TEX Jelonek, Schmidt & Vöckler GbR, Leipzig
Einbandgestaltung: KünkelLopka Werbeagentur, Heidelberg

Gedruckt auf säurefreiem Papier

9 8 7 6 5 4 3 2 1

springer.com

Geleitwort

Nur sehr selten führt eine Dissertation gleich zur Begründung einer ganzen wissenschaftlichen Schule. Für Carl Adam Petris 1962 erschienene Doktorarbeit *Kommunikation mit Automaten* gilt dies jedoch in besonderem Maße. Das Gebiet der „Petri-Netze", das in dieser Arbeit wurzelt, hat sich in den 40 Jahren seines Bestehens in Theorie und Praxis bestens bewährt. Heute ist es ein anerkanntes Teilfeld der Informatik, auf dem viele Tausend Forscherund Anwender/innen tätig sind.

Unter den zahlreichen Lehrbüchern über Petri-Netze finden sich viele einführende und anwendungsorientierte Werke. Es fehlt bisher ein Buch, das grundlegende theoretische Eigenschaften von Petri-Netzen zusammenfasst und mit den dazu gehörigen Beweisen in gut strukturierter und einheitlicher Form lesbar darbietet.

Das hier vorliegende Buch leistet dies in höchst überzeugender Art und Weise. Geschrieben wurde es von einem hervorragenden Autorenteam: Lutz Priese und Harro Wimmel. Beide Autoren sind durch jahrelanges Wirken in Informatik-Grundlagen- und Petri-Netz-Forschung vorzüglich dazu qualifiziert.

Bislang oft nur in Einzelveröffentlichungen beschriebene Entscheidbarkeitsresultate, Spracheigenschaften, Semantikuntersuchungen und Charakterisierungen algebraischer Natur wurden in mühevoller Arbeit gesichtet und mit schönen Beweisen versehen. Entstanden ist ein in sich geschlossenes und spannend zu lesendes Lehrbuch. Zum ersten Mal findet sich in einem solchen Buch beispielsweise ein vollständiger und fein gestalteter Beweis eines der berühmtesten Sätze der Petri-Netz-Theorie (zuerst gezeigt von Ernst W. Mayr und Rao Kosaraju), der Entscheidbarkeit der Erreichbarkeit.

Das Buch „Theorie der Petri-Netze" kann ich mir sehr gut als Grundlage etwa von ein bis zwei Lehrmodulen im dritten Studienjahr vorstellen. Es führt aber auch unmittelbar an die aktuelle Forschung heran. Ich freue mich darüber, die Veröffentlichung dieses Werkes geleiten und erleben zu können und wünsche dem Buch viele wohlwollende, aufmerksame Leser/innen und eine weite Verbreitung.

Eike Best   Oldenburg, im August 2002

Inhaltsverzeichnis

Teil I. Interleaving Verhalten von Petri-Netzen

Teil II. True-Concurrency Verhalten von Petri-Netzen

1. Einleitung

Dieses Buch soll selbsterklärend sein. Damit meinen wir, dass möglichst alle vorkommenden Begriffe, auch sehr elementare, wie etwa der eines endlichen Automaten, einer Turingmaschine oder einer Registermaschine, formal exakt definiert werden. Natürlich kann das nicht auch für alle mathematischen Begriffe gelten. So werden wir Standardbegriffe, wie etwa den Logarithmus, etc., nicht weiter erläutern. In der Einleitung werden allerdings auch Konzepte der Theoretischen Informatik erst einmal ohne formale Definitionen, die später folgen, benutzt. Hier wollen wir den Versuch unternehmen, Petri-Netz-Theorie in die Theoretische Informatik einzuordnen. Dies ist ein eher „philosophisches" Kapitel, das einen kleinen Überblick über klassische Theorien von sequentiellen, parallelen und nebenläufigen Rechnungen gibt. Es soll aufzeigen, wie sich Petri-Netz-Theorie einbettet, was sie so attraktiv gemacht hat. Das eigentliche Buch beginnt ab Kapitel 3 und ist lesbar, ohne sich um diese Einordnung in Kapitel 1 kümmern zu müssen, wenn man die Standardkonzepte der Mathematik aus Kapitel 2 nur bei Bedarf nachschlägt.

1.1 Sequentielle Rechnungen

Der klassische Untersuchungsgegenstand der Theoretischen Informatik sind sequentielle Rechnungen. Diese sind dadurch charakterisiert, dass alle Rechenschritte hintereinander ausgeführt werden. Turingmaschinen, Markov-Algorithmen, Grammatiken, oder λ-Kalküle sind Modelle sequentieller Rechnungen. Der Algorithmus- und Kalkülbegriff selbst ist in seiner klassischen Form sequentiell. Ein Algorithmus ist abstrakt gesehen eine endliche Vorschrift, bestehend aus Anweisungen, die in Abhängigkeit vom jeweiligen Zwischenergebnis einer Rechnung eindeutig den nächsten Rechenschritt festlegen. Im Gegensatz dazu stellt ein Kalkül eine endliche Auswahl von Anweisungen zur Verfügung, von denen je nach Zwischenergebnis mehrere verwendet werden dürfen. Dennoch darf auch von mehreren anwendbaren Schritten jeweils nur einer angewendet werden. Algorithmen führen damit zu deterministischen sequentiellen Rechnungen, Kalküle zu nichtdeterministischen sequentiellen Rechnungen.

Eine formale Präzisierung des Algorithmusbegriffs sind z.B. *Turingmaschinen*. Das Speichermedium einer Turingmaschine ist eine endliche Anzahl von sogenannten *Bändern*. Ein Band ist eine lineare Anordnung von potentiell unendlich vielen sogenannten *Zellen* (oder *Feldern*). Jede Zelle ist mit einem Symbol aus einer gegebenen endlichen Menge Σ von Zeichen, dem *Bandalphabet* Σ, besetzt. Um den Begriff des potentiell Unendlichen elegant in den Griff zu bekommen, kann man ein Band als ein unendliches Wort über Σ auffassen, dessen Buchstaben fast alle aus dem Symbol für „leer", #, bestehen. „Fast alle" wird hier stets im Sinn von „alle bis auf endlich viele Ausnahmen" benutzt. Ein Band besitzt also zwar immer einen unendlichen Vorrat an Zellen, zu jedem Zeitpunkt einer Rechnung werden aber nur endlich viele davon benutzt (allerdings ohne Beschränkung in deren Anzahl), fast alle sind leer, d.h. tragen das Sondersymbol #. Zu jedem Band besitzt eine Turingmaschine einen sogenannten *Schreib-Lese-Kopf*, der die Verbindung des Programmteils der Maschine zu ihrem Speichermedium darstellt. Der Schreib-Lese-Kopf ist jeweils auf eine Zelle des Bandes ausgerichtet. Er kann das Symbol in dieser Zelle lesen, ein Symbol in die Zelle schreiben und sich auf die Nachbarzelle recht oder links begeben. Das *Programm* einer Turingmaschine ist eine endliche Folge $1 : B_1$; $2 : B_2$; ...; $k : B_k$ von durchnummerierten Elementarbefehlen B_j. Als einen Satz von erlaubten Elementarbefehlen kann man etwa wählen:

- Lies x auf Band i (x enthält als Wert das Symbol, das sich gerade auf der Zelle des Schreib-Lese-Kopfes von Band i befindet),

- Schreibe a auf Band i (das Symbol auf der Zelle des Schreib-Lese-Kopfes von Band i wird durch a ersetzt, dabei muss $a \in \Sigma$ gelten),

- Gehe nach rechts auf Band i (der Schreib-Lese-Kopf von Band i wird auf die rechte Nachbarzelle gesetzt),

- Gehe nach links auf Band i (analog),

- Falls $x = a$ gehe zur Zeile j (falls das zuletzt gelesene Symbol ein a ist, $a \in \Sigma$ muss gelten, so führe die Programmausführung mit dem Elementarbefehl Nummer j fort),

- HALT (bei Erreichen dieses Befehls terminiert die Programmausführung).

Ohne Einschränkung soll genau der letzte Befehl $k : B_k$ die Form $k :$HALT besitzen und sonst kein HALT-Befehl vorkommen. Ferner soll nur zu vorhandenen Befehlen j, $1 \leq j \leq k$, gesprungen werden dürfen. Benutzt eine Turingmaschine m Bänder, so spricht man auch von einer *m-Band-Turingmaschine*. Turingmaschinen mit solch einem Befehlssatz heißen auch *deterministisch*. Lassen wir noch Elementarbefehle der Art

- Gehe zur Zeile j_1 oder j_2

hinzu, so erhalten wir auch *nichtdeterministische Turingmaschinen*. Eine korrekte Ausführung dieses Befehls besteht darin, mit Programmzeile j_1 oder mit Programmzeile j_2 fortzufahren. Zu Beginn stehen alle Schreib-Lese-Köpfe aller Bänder auf der jeweils ersten Zelle, und alle Bänder bis auf das erste sind leer. Der Inhalt des ersten Bandes soll die Form $\#w\#\ldots\#\ldots$ besitzen, wobei w ein Wort über dem Alphabet $\Sigma - \{\#\}$ ist.

Eine *Konfiguration* einer m-Band-Turingmaschine ist ein aktueller Schnappschuss einer Rechnung, aus dem sich die Rechnung eindeutig fortsetzen lässt. D.h., es muss angegeben werden, welche Programmzeile j, $1 \leq j \leq k$, ausgeführt werden soll, was die aktuellen Inhalte der m Bänder sind, und auf welcher Zelle jeden Bandes der Schreib-Lese-Kopf dieses Bandes steht. Dabei lässt sich der aktuelle Inhalt und die aktuelle Position des Schreib-Lese-Kopfes eindeutig durch ein endliches Wort der Form $u\underline{a}v$ beschreiben. $u\underline{a}v$ ist der Inhalt des Bandes, wobei der unendliche Anteil der Symbole $\#$ am rechten Ende von v weggelassen wird, und a das Symbol, auf dessen Feld sich der Schreib-Lese-Kopf befindet. Eine Konfiguration C kann also durch einen Vektor $C = (j, u_1\underline{a_1}v_1, \ldots, u_m\underline{a_m}v_m)$ beschrieben werden. Hier ist j, $1 \leq j \leq k$, die auszuführende Programmzeile und $u_i\underline{a_i}v_i$ die aktuellen Bandinhalte, $1 \leq i \leq m$. Eine *Startkonfiguration* hat also die Form

$$C_1 = (1, \underline{\#}w, \underline{\#}, \ldots, \underline{\#})$$

mit dem Inputwort w auf Band 1 und leeren Bändern sonst. Eine Konfiguration $C' = (j', u_1'\underline{a_1'}v_1', \ldots, u_m'\underline{a_m'}v_m')$ heißt *direkter Nachfolger* einer Konfiguration $C = (j, u_1\underline{a_1}v_1, \ldots, u_m\underline{a_m}v_m)$, $C \vdash C'$, falls die Konfiguration $C = (j, u_1\underline{a_1}v_1, \ldots, u_m\underline{a_m}v_m)$ durch korrekte Anwendung des Befehls $j : B_j$ in die Konfiguration $C' = (j', u_1'\underline{a_1'}v_1', \ldots, u_m'\underline{a_m'}v_m')$ übergeht. Bei deterministischen Turingmaschinen kann jede Konfiguration höchstens einen direkten Nachfolger besitzen, bei nichtdeterministischen Turingmaschinen können es mehrere sein. Eine *Rechnung* $R = C_1, C_2, C_3, \ldots$ ist eine endliche oder unendliche Folge $(C_i)_{i \in I}$, $I = \{1, \ldots, n\}$ oder $I = \mathbb{N}$, mit $C_i \vdash C_{i+1}$ für alle i, $i + 1 \in I$. Endet eine Rechnung $R = C_1, \ldots, C_n$ von $C_1 = (1, \underline{\#}w, \underline{\#}, \ldots, \underline{\#})$ aus in einer *Haltekonfiguration* $C_n = (k, u_1\underline{a_1}v_1, \ldots, u_m\underline{a_m}v_m)$, so interpretieren wir $z = u_1a_1v_1$ als *das Ergebnis der Rechnung mit Input w*, $u_i\underline{a_i}v_i$ für $i > 1$ hingegen als uninteressante Nebeneffekte. Eine unendlich lange Rechnung heißt auch *nicht abbrechend*, eine endliche Rechnung, die mit einer Haltekonfiguration endet, auch *terminierend*. Im Falle deterministischer Turingmaschinen existiert zu jeder Startkonfiguration genau eine Rechnung. Im Falle nichtdeterministischer Turingmaschinen können eventuell mehrere verschiedene Rechnungen mit der gleichen Startkonfiguration beginnen. Dabei ist es auch möglich, dass manche dieser Rechnungen von der gleichen Startkonfiguration aus nicht abbrechen, andere hingegen mit eventuell unterschiedlichen Ergebnissen terminieren.

Mittels Turingmaschinen lassen sich nun die zentralen Begriffe der Berechenbarkeitstheorie, wie *entscheidbar*, *akzeptierbar* und *berechenbar* elegant definieren:

Eine Turingmaschine M *akzeptiert* ein Wort $w \in \Sigma^*$, falls eine terminierende Rechnung mit Input w existiert. Eine Turingmaschine M *akzeptiert eine Sprache* $L \subseteq \Sigma^*$, falls M genau die Wörter $w \in L$ akzeptiert und die Wörter $w \in \Sigma^* - L$ nicht akzeptiert.

Eine deterministische Turingmaschine M *entscheidet* eine Sprache $L \subseteq \Sigma^*$, falls M für jeden Input $w \in \Sigma^*$ terminiert und genau bei jedem Input $w \in L$ mit dem Ergebnis #1 terminiert und bei jedem Input $w \in \Sigma^* - L$ mit dem Ergebnis #0.

Eine deterministische Turingmaschine M *berechnet* eine partielle Funktion $f\colon \Sigma^* \to \Sigma^*$ genau dann, wenn für jedes Wort $w \in \Sigma^*$ gilt:

$$
\begin{aligned}
f(w) \text{ ist undefiniert} &\iff \text{die Rechnung von } M \text{ mit Input } w \\
&\qquad \text{terminiert nicht, und} \\
f(w) \text{ ist definiert} &\iff \text{die Rechnung von } M \text{ mit Input } w \\
&\qquad \text{terminiert mit Ergebnis } \#f(w).
\end{aligned}
$$

Hierbei dürfen zur Akzeptanz oder Entscheidung einer Sprache L über dem Alphabet Σ oder zur Berechnung einer Funktion $f\colon \Sigma \to \Sigma$ auf den Zellen der Turingmaschine auch Symbole gespeichert werden, die im Alphabet Σ gar nicht vorkommen. Ferner kann man jede zahlentheoretische Funktion $f\colon \mathbb{N}^r \to \mathbb{N}$ mit r Argumenten auch als eine Funktion $f\colon \{\#, |\}^* \to \{\#, |\}^*$ auffassen, indem man den Argumentevektor $(x_1, \ldots, x_r) \in \mathbb{N}^r$ als Wort $\#|^{x_1}\#|^{x_2} \ldots \#|^{x_r}$ und das Ergebnis y als Wort $\#|^y$ verschlüsselt. Eine zahlentheoretische Funktion $f\colon \mathbb{N}^r \to \mathbb{N}$ ist damit berechenbar, falls eine Turingmaschine M_f existiert, die mit dieser Verschlüsselung f als Funktion von $\{\#, |\}^*$ nach $\{\#, |\}^*$ berechnet. Man kann etwa zeigen, dass jede berechenbare zahlentheoretische Funktion bereits von einer Turingmaschine berechnet werden kann, die nur ein Band benutzt und außer $\#$ und $|$ keine weiteren Zeichen als Bandalphabetsymbole besitzt. Solche Turingmaschinen sollen *normiert* genannt werden.

Ein bekanntes Beispiel für eine nicht berechenbare zahlentheoretische Funktion ist die *busy-beaver* Funktion $b\colon \mathbb{N} \to \mathbb{N}$, definiert als $b(n) = m$, falls eine normierte Turingmaschine mit einem Programm aus maximal n Befehlen existiert, die bei Input 0 mit dem Ergebnis m terminiert, und falls keine normierte Turingmaschine mit einem Programm aus maximal n Befehlen existiert, die bei Input 0 mit einem Ergebnis größer als m terminiert. D.h. also gerade, dass eine Rechnung von $1, \underline{\#}$ aus maximal $t, \underline{\#}|^m$ erreichen kann, falls die Programmlänge auf n beschränkt wird.

Eine Turingmaschine wird eindeutig durch ihr Programm festgelegt. Dieses Programm ist ein endliches Wort über einem geeigneten Alphabet, z.B. dem Alphabet mit allen Ziffern, Buchstaben und einigen Sonderzeichen wie „:", „ ", „;", mit einer dadurch eindeutig festlegbaren Zahl als Kodierung, z.B. der ASCII-Zahl dieses Programms. Eine solche elementare, eindeutige Zuordnung einer Zahl zu einer Turingmaschine, aus der man elementar die Turingmaschine wieder eindeutig rekonstruieren kann, nennt man eine *Gödelisierung*; die hierbei einer Turingmaschine M zugeordnete Zahl n auch die *Gödelnummer* $g(M)$ von M.

Jede Zahl n kann kanonisch als das Wort $|^n$ über dem einelementigen Alphabet $\{|\}$ aufgefasst werden. Damit ist jede Menge von Zahlen eine Sprache über $\{|\}$. Ein Beispiel einer unentscheidbaren Sprache ist das sogenannte *Halteproblem*, definiert als

$$H = \{n \in \mathbb{N} \mid n \text{ ist Gödelnummer einer Turingmaschine,}$$
$$\text{die bei Input } n \text{ terminiert}\}.$$

Man kann auf vielfältige andere Weisen versuchen, den Begriff einer berechenbaren zahlentheoretischen Funktion oder den einer entscheidbaren Sprache zu definieren. Dies wurde zu Beginn des 20. Jahrhunderts sehr sorgfältig unternommen, mit den bereits genannten Konzepten der Markov-Algorithmen und des λ-Kalküls, oder auch mittels μ-rekursiver Funktionen oder Funktionsgleichungssystemen. In jedem Fall erhielt man die gleiche Klasse von berechenbaren Funktionen oder entscheidbaren Sprachen. Mit der *Churchschen These* werden diese Bemühungen zusammengefasst. Sie besagt, dass die intuitive Vorstellung des Berechenbaren oder Entscheidbaren exakt durch diese formalen Definitionen mittels Turingmaschinen wiedergegeben wird. Natürlich ist diese These kein Satz im mathematischen Sinn, da der Begriff der „intuitiven Vorstellung" philosophischer Natur und nicht mathematischer Natur ist.

Neben diesen grundsätzlichen Fragen zur Präzisierung des Berechenbaren und Entscheidbaren spielt die Turingmaschine die entscheidende Rolle in der Präzisierung des Begriffs der *Komplexität* (von Algorithmen, Funktionen oder Sprachen). So *akzeptiert* eine m-Band-Turingmaschine M eine Sprache $L \subseteq \Sigma^*$ (mit $\# \notin \Sigma$) *mit einer Platzbedarfsfunktion* (bzw. *einer Schrittzahlfunktion*) $f\colon \mathbb{N} \to \mathbb{N}$, falls M L akzeptiert und für jedes $w \in L$ eine Rechnung von M mit Input w existiert, die bei Benutzung von maximal $f(n)$ Bandfeldern (bzw. nach maximal $f(n)$ Rechenschritten) terminiert. Hierbei ist n die Länge von w, d.h. die Anzahl der in w vorkommenden Buchstaben.

P ist die Klasse aller Sprachen, die von einer deterministischen Turingmaschine mit einem Polynom als Schrittzahlfunktion akzeptiert werden, und NP ist die Klasse aller Sprachen, die von einer nichtdeterministischen Turingmaschine mit einem Polynom als Schrittzahlfunktion akzeptiert werden. Allgemein wird $P \neq NP$ angenommen, aber es existiert kein Beweis für diese Vermutung. EXPTIME bzw. EXPSPACE sind die Klassen aller Sprachen, die von einer deterministischen Turingmaschine mit einer exponentiellen ($f(x) = b \cdot a^x$ für $a, b \in \mathbb{N}$) Schrittzahl- bzw. Platzbedarfsfunktion akzeptiert werden können. Da die Arbeit einer jeden nichtdeterministischen Turingmaschine bei allerdings exponentiell erhöhter Rechenzeit auch von einer deterministischen Turingmaschine ausgeführt werden kann, gilt $NP \subseteq EXPTIME$. Damit gilt insgesamt $P \subseteq NP \subseteq EXPTIME \subseteq EXPSPACE$.

Man kann aber sehr leicht zeigen, dass die Rechnung einer jeden m-Band-Turingmaschine auch von einer 1-Band-Turingmaschine ausgeführt werden kann. Akzeptiert die m-Band-Turingmaschine mit einer Schrittzahlfunktion f, so genügt für die dazu äquivalente 1-Band-Turingmaschine eine quadratische Schrittzahlfunktion g mit $g(n) = a \cdot f^2(n)$ für ein $a \in \mathbb{N}$. Wird eine Sprache L über $\mathbb{N}$ (d.h. über dem Alphabet $\{|\}$) von einer 1-Band-Turingmaschine M mit einer Schrittzahlfunktion f akzeptiert, so existiert auch eine normierte Turingmaschine M' (d.h. mit nur $|$ und $\#$ als erlaubte Bandsymbole), die ebenfalls L akzeptiert mit einer Schrittzahlfunktion g mit $g(n) = a \cdot f(n)$ für ein $a \in \mathbb{N}$. Da für jedes Polynom bzw. jede Exponentialfunktion f auch $a \cdot f$ und $a \cdot f^2$ durch ein Polynom bzw. eine Exponentialfunktion majorisierbar sind, ist es für die Klassen P, NP, EXPTIME und EXPSPACE egal, ob man beliebige m-Band-Turingmaschinen oder nur normierte 1-Band-Turingmaschinen benutzt. In Kapitel 2 definieren wir der Einfachheit halber Turingmaschinen nur mit einem Band, wobei wir dann ein zweiseitig unbeschränktes Band zulassen (nur weil die formalen Definitionen dabei etwas übersichtlicher werden). Eine Konfiguration $j, u\underline{a}v$ werden wir dann auch einfach als ein Wort $uja v$ auffassen. Außerdem wollen wir eine formale Definition wählen, die auf ein Programm einer Turingmaschine verzichtet und stattdessen (dazu äquivalent) mit Maschinenzuständen arbeitet.

Eine Sprache heißt *effektiv*, falls sie in P liegt, und *ineffektiv entscheidbar*, falls sie zwar entscheidbar ist, aber nicht in P liegt.

Neben der Turingmaschine spielt das Modell der *Registermaschine* in der Theoretischen Informatik eine wichtige Rolle. Es ist dem Konzept der konkreten Rechner ähnlicher als die Turingmaschine. Eine Registermaschine besitzt als Speichermedium eine endliche Anzahl von Registern, $R_1, \ldots, R_m$. Jedes Register R_i, $1 \leq i \leq m$, kann dabei eine beliebig große natürliche Zahl $a \geq 0$ speichern. Ein Programm ist wieder eine endliche Folge $1 : B_1; 2 : B_2; \ldots;$ $k : B_k$ von durchnummerierten Elementarbefehlen. Elementarbefehle haben dabei die Form addiere 1 in Register i,

subtrahiere 1 in Register i (dabei soll der Registerinhalt 0 bei der Subtraktion unverändert bleiben),

falls Register i die Zahl 0 enthält, dann gehe zur Zeile j_1, sonst gehe zur Zeile j_2,

HALT.

Dabei ist genau der letzte Befehl ein HALT-Befehl und es darf nur zu existierenden Zeilen gesprungen werden.

Als *Konfiguration* für eine Registermaschine bietet sich etwa ein Tupel $(j, x_1, \ldots, x_m)$ an. Dabei ist j der gerade auszuführende Befehl und x_i der aktuelle Inhalt im Register i. Es sei $C = (j, x_1, \ldots, x_m)$ eine Konfiguration. Hat der j-te Befehl $j : B_j$ die Form j: addiere 1 in Register i, so ist $C' = (j + 1, x_1, \ldots, x_{i-1}, x_i + 1, x_{i+1}, \ldots, x_m)$ die direkte Nachfolgekonfiguration von C. Lautet der j-te Befehl j: subtrahiere 1 in Register i, so ist $C' = (j+1, x_1, \ldots, x_{i-1}, x_i \dot{-} 1, x_{i+1}, \ldots, x_m)$ mit $0 \dot{-} 1 := 0$ und $(n+1) \dot{-} 1 := n$ die direkte Nachfolgekonfiguration. Hat der j-te Befehl die Form j: falls Register i die Zahl 0 enthält, dann gehe zur Zeile j_1, sonst gehe zur Zeile j_2, so ist im Falle $x_i = 0$ die direkte Nachfolgekonfiguration $C' = (j_1, x_1, \ldots, x_m)$ und im Fall $x_i > 0$ gerade $C' = (j_2, x_1, \ldots, x_m)$. Wir setzen $C \vdash C'$, falls C' direkte Nachfolgekonfiguration von C ist. Damit können wir wieder den Begriff einer Rechnung einführen.

Wir sagen, dass eine Registermaschine M mit m Registern eine partielle zahlentheoretische Funktion $f \colon \mathbb{N}^r \to \mathbb{N}$ mit $r < m$ berechnet, falls gilt

- $f(x_1, \ldots, x_r)$ ist undefiniert $\iff$ die Rechnung von M mit der Startkonfiguration $(1, x_1, \ldots, x_r, 0, \ldots, 0)$ (d.h. x_i in Register i für $1 \leq i \leq r$, und 0 in allen anderen Registern) terminiert nicht, und

- $f(x_1, \ldots, x_r) = y \iff$ die Rechnung von M mit der Startkonfiguration $(1, x_1, \ldots, x_r, 0, \ldots, 0)$ terminiert mit der Haltekonfiguration $(t, y, 0, \ldots, 0)$ (d.h. y im Register 1 und 0 sonst).

Es stellt sich heraus, dass die Klasse der von Turingmaschinen berechenbaren partiellen zahlentheoretischen Funktionen identisch ist mit der Klasse der von Registermaschinen berechenbaren partiellen zahlentheoretischen Funktionen.

Hierbei ist es völlig unerheblich, dass das Ergebnis einer Rechnung am Schluss in Register 1 steht. In Definition 5.4.6 werden wir später nur aus technischen Gründen verlangen, dass das Ergebnis von $f \colon \mathbb{N}^r \to \mathbb{N}$ im Register $r + 1$ stehen soll.

Interessant ist eine Variante von Registermaschinen, die mittels LOOP-Programmen arbeiten. In LOOP-Programmen ist der bedingte Sprungbefehl verboten. Die Befehle sind auch nicht mehr durchnummeriert. Hinzu kommt stattdessen ein LOOP-Befehl mit einem Unterprogrammaufruf. Damit ist eine einfache Aufteilung eines Programms in eine Folge von Elementarbefehlen so nicht mehr möglich. Stattdessen muss man jetzt Befehle und Programme simultan definieren:

addiere 1 in Register i und
subtrahiere 1 in Register i

sind Befehle und LOOP-Programme. Sind P und P' bereits LOOP-Programme, ist auch

$P; P'$

ein LOOP-Programm, und

loop R_i beginne P ende

ist ein Befehl und ein LOOP-Programm.

Die Semantik von loop R_i beginne P ende ist wie folgt: Besitzt das Register i zu Beginn der Ausführung dieses Befehls einen Wert x_i, so muss P genau x_i-mal hintereinander ausgeführt werden. Wir wollen die Mächtigkeit von LOOP-Programmen an einigen Beispielen zeigen.

loop R_i beginne
    subtrahiere 1 in Register i
ende

löscht den Inhalt von Register i. Dieses LOOP-Programm werde mit

$x_i := 0$

abgekürzt. Das LOOP-Programm

$x_j := 0$; $x_k := 0$;
loop R_i beginne
    subtrahiere 1 in Register i;
    addiere 1 in Register j;
    addiere 1 in Register k
ende;
loop R_k beginne
    subtrahiere 1 in Register k;
    addiere 1 in Register i
ende

kopiert den Inhalt von Register i in Register j, ohne den Inhalt von Register i zu verändern. Als Seiteneffekt wird dabei aber ein (Hilfs-)Register k geleert. Als k wählt man im Folgenden stets ein zuvor noch nicht benutztes Register, so dass dieser Seiteneffekt keine Wirkung hat. Dieses LOOP-Programm werde mit

$$x_j := x_i$$

abgekürzt, falls $i \neq j$ gilt. Für $i = j$ bezeichne $x_j := x_i$ ein Programm, das nichts tut, z.B. $x_j := x_j + 1$; $x_j := x_j - 1$.

$$x_i := x_j + x_k$$

bezeichne das folgende LOOP-Programm:

$x_i := x_j$;
loop R_k beginne
   addiere 1 in Register i
ende

Damit berechnet das LOOP-Programm

$$x_1 := x_1 + x_2; \; x_2 := 0$$

gerade die Additionsfunktion $+\colon \mathbb{N}^2 \to \mathbb{N}$. Die Argumente x und y für $x + y$ stehen zu Beginn der Rechnung in Register 1 und Register 2, alle weiteren eventuell notwendigen Register sind leer (tragen die Zahl 0). Am Ende der Rechnung steht dann $x + y$ in Register 1 und 0 in allen anderen.

$$x_i := x_j * x_k$$

bezeichne das folgende LOOP-Programm:

$x_i := x_j$; $x_h := x_k$
subtrahiere 1 in Register h;
loop R_h beginne
   $x_i := x_i + x_j$
ende;
$x_h := 0$

wobei x_h wieder ein Hilfsregister darstellt.

$$x_1 := x_1 * x_2; \; x_2 := 0$$

berechnet offensichtlich die Multiplikationsfunktion.

$$x_i := x_j^{x_k}$$

bezeichne das folgende LOOP-Programm:

$x_i := 0;$

addiere 1 in Register i;

loop R_k beginne

    $x_i := x_i * x_j$

ende

Offensichtlich berechnet nun

$$x_3 := x_1;\ x_1 := x_3^{x_2};\ x_2 := 0;\ x_3 := 0$$

die Potenzfunktion $f(x, y) := x^y$. Man kann auch den Prozess des Poten-
zierens weiter iterieren zu einer Funktion $f(x, y) := x^{x^{\cdot^{\cdot^{\cdot^{x}}}}}$, induktiv definiert
durch $f(x, 0) := x$ und $f(x, y+1) := f(x, y)^x$. Das folgende LOOP-Programm
berechnet etwa diese iterierte Potenzierung:

$x_3 := x_1;$

loop R_2 beginne

    $x_1 := x_1^{x_3}$

ende;

$x_2 := 0;\ x_3 := 0$

Das Ergebnis dieses recht einfachen LOOP-Programms ist nicht mehr durch
eine Exponentialfunktion majorisierbar. Man kann also bereits mit sehr einfachen LOOP-Programmen extrem schnell wachsende Funktionen berechnen.

LOOP-Programme terminieren stets, da die Anzahl der Schleifendurchläufe
durch einen LOOP-Befehl zu Beginn der Befehlsausführung bereits festliegt.
Damit lassen sich mittels LOOP-Programmen nur *totale* zahlentheoretische
Funktionen berechnen. Eine Funktion $f: \mathbb{N}^r \to \mathbb{N}$ heißt dabei total, wenn
$f(x_1, \ldots, x_r)$ für jedes Argumententupel $(x_1, \ldots, x_r) \in \mathbb{N}^r$ auch definiert
ist. Im Gegensatz dazu dürfen bei partiellen Funktionen $f: \mathbb{N}^r \to \mathbb{N}$ auch
$f(x_1, \ldots, x_r)$ für Argumententupel $(x_1, \ldots, x_r)$ undefiniert sein.

Wir nennen eine totale zahlentheoretische Funktion f *rein hypothetisch berechenbar*, falls f zwar von einer Turingmaschine berechnet werden kann, aber
von keinem LOOP-Programm.

Es ist ein Standardresultat der Theoretischen Informatik, dass die Klasse
der LOOP-berechenbaren Funktionen gerade die Klasse der primitiv rekursiven Funktionen (vergleiche Definition 5.2.8) ist, die Klasse der (von Turingmaschinen) berechenbaren Funktionen aber mit der Klasse der sogenannten
μ-rekursiven Funktionen übereinstimmt. Damit ist jede berechenbare, aber
nicht primitiv rekursive Funktion eine rein hypothetisch berechenbare Funktion. Die Ackermannfunktion aus Definition 5.2.7 ist solch eine extrem komplexe Funktion, die nur rein hypothetisch berechenbar ist.

Man kann aber auch relativ unmittelbar eine rein hypothetisch berechenbare Funktion konstruieren. Dazu fassen wir ein jedes LOOP-Programm P mittels seines ASCII-Codes als eine Zahl $\gamma(P) \in \mathbb{N}$ auf. Aus $\gamma(P)$ lässt sich elementar das Programm P eindeutig rekonstruieren. Zu $k \in \mathbb{N}$ sei $g_k \colon \mathbb{N} \to \mathbb{N}$ wie folgt definiert:

Fall 1: k ist nicht die Gödelzahl $\gamma(P)$ eines LOOP-Programms P. Dann sei $g_k(n) := 0$ für alle $n \in \mathbb{N}$.

Fall 2: k ist die Gödelzahl $k = \gamma(P)$ eines LOOP-Programms P. P gestartet mit n in Register 1 und und 0 in allen anderen Registern terminiere mit m in Register 1, dann sei $g_k(n) := m$.

Die Funktion $f \colon \mathbb{N} \to \mathbb{N}$ mit

$$f(n) := g_n(n) + 1$$

ist nun rein hypothetisch berechenbar. Dass f überhaupt berechenbar ist, sieht man etwa wie folgt: Um $f(n)$ zu berechnen, kann eine geeignete (allerdings recht komplexe) Turingmaschine M zuerst überprüfen, ob n eine erlaubte Gödelzahl $\gamma(P)$ eines LOOP-Programms P ist. Falls ja, so interpretiert die Turingmaschine die Programmausführung von P gestartet mit der Konfiguration $(1, n, 0, \ldots, 0)$. Terminiert die Programmausführung mit $(t, x_1, x_2, \ldots, x_r)$ – bei $t =$HALT als einzigem Haltebefehl und bei r Registern –, so setzt M nun $f(n)$ auf $x_1 + 1$.

Dass f nicht LOOP-berechenbar sein kann, ist hingegen unmittelbar klar: Angenommen es existiere ein LOOP-Programm P_f, das f berechnet. Es sei $n_f := \gamma(P_f)$. Da P_f f berechnet, gilt also $g_{n_f}(n) = f(n)$ für alle $n \in \mathbb{N}$. Aus der Definition von f ersehen wir aber $f(n) = g_n(n) + 1$. Insbesondere gilt

$$g_{n_f}(n_f) = f(n_f) = g_{n_f}(n_f) + 1,$$

ein Widerspruch.

Im Gegensatz hierzu ist der (viel ältere) Nachweis, dass die Ackermannfunktion berechenbar, aber nicht LOOP-berechenbar ist, anders strukturiert: Es kann gezeigt werden, dass die Ackermannfunktion „letztlich" schneller wächst als jede LOOP-berechenbare Funktion. Damit passt der Ausdruck „rein hypothetisch berechenbar" sehr exakt auf die Ackermannfunktion.

Ein Beispiel von formalen Kalkülen in der Theoretischen Informatik sind etwa *Grammatiken*. Eine Grammatik G besitzt zwei disjunkte Alphabete Σ (von sogenannten *terminalen Symbolen*) und V (von sogenannten *Variablen*) mit einem ausgezeichneten Symbol S (für *Start*) in V, sowie eine endliche Liste von Regeln $\{R_1, \ldots, R_k\}$. Eine Regel R_i ist dabei ein Paar $R_i = (P_i, Q_i)$ von Wörtern $P_i, Q_i \in (\Sigma \cup V)^*$. Eine Regel (P_i, Q_i) wird auf ein Wort $w \in (\Sigma \cup$

$V)^*$ angewendet, indem nichtdeterministisch ein Vorkommen eines Teilwortes P_i in w durch Q_i ersetzt wird. Formal: Ein Wort $w' \in (\Sigma \cup V)^*$ heißt *direkter Nachfolger* von einem Wort $w \in (\Sigma \cup V)^*$, falls Wörter $u, v \in (\Sigma \cup V)^*$ existieren, so dass $w = uP_iv$ und $w' = uQ_iv$ gilt. Wörter spielen hier also die Rolle einer Konfiguration. Damit ist wie zuvor ein Rechnungsbegriff als eine Folge von direkt nachfolgenden Wörtern erklärt. Grammatiken *generieren* per Definition genau die Wörter $u \in \Sigma^*$, zu denen eine Rechnung vom Startwort S aus existiert. D.h., $L := \{w \in \Sigma^* \mid$ es existiert eine Rechnung in G von S nach $w\}$ ist die von G *erzeugte Sprache*.

Ein Hauptsatz der Theoretischen Informatik besagt, dass genau die Sprachen von einer Grammatik erzeugbar sind, die auch von einer Turingmaschine akzeptiert werden. Die berühmte Chomsky-Hierarchie beschreibt, welche Sprachklassen von speziellen Grammatiken (d.h. mit eingeschränkten Regeln, etwa nur Regeln der Art (P_i, Q_i) mit $P_i \in V$ für kontextfreie Grammatiken) erzeugt werden, und welche Sprachklassen von eingeschränkten Varianten von Turingmaschinen akzeptiert werden.

1.2 Parallele Rechnungen

Die meisten existierenden Rechner besitzen eine sogenannte „von-Neumann-Architektur": Eine sequentiell arbeitende zentrale Recheneinheit steuert diverse Peripherieeinheiten. Diese Zentraleinheit ist dabei der „Flaschenhals" bei den Versuchen, die Rechnungen zu beschleunigen. Eine Abhilfe ist es, den Peripheriegeräten selbst eigenständige Rechenleistungen mitzugeben, die aber stets noch weitgehend kontrolliert von der zentralen Recheneinheit bleiben.

Mit dem Paradigma der parallelen Rechnung versucht man, diesen Flaschenhals wie folgt zu vermeiden: Eine Rechenaufgabe wird jetzt von mehreren gleichberechtigten Rechnern parallel behandelt. Das in der von-Neumann-Architektur unbekannte Problem der Koordinierung mehrerer prinzipiell gleichberechtigter Recheneinheiten tritt jetzt in den Vordergrund. Denkbar ist, dass eine Recheneinheit als primus inter pares diese Koordinationsaufgabe für alle übernimmt, oder dass – theoretisch viel anspruchsvoller – auch die Gesamtkoordination dezentral auf alle Recheneinheiten verteilt stattfindet.

Es wurden in den letzten Jahrzehnten vielfältige unterschiedliche Architekturen von Parallelrechnern entwickelt und auch gebaut. Unterschiede ergeben sich z.B. in den Kommunikationsmöglichkeiten und Speicherzugriffsmöglichkeiten. Ein interessantes Konzept ist eine Kommunikationsstruktur mittels Graphen: Jeder Knoten des Graphen ist ein selbständiger Rechner, jede Kante eine Kommunikationsmöglichkeit. Ein Knoten mit einem hohen Grad (das ist die Anzahl der mit diesem Knoten verbundenen Kanten) besitzt viele direkte Nachbarrechner, mit denen er unmittelbar kommunizieren kann. Die in den 80er Jahren beliebten Transputer besaßen den Grad 4. D.h. jeder Transputer konnte mit 4 anderen Transputern (in beiden Richtungen) gleichzeitig Nachrichten austauschen. Transputer könnten zu einem beliebigen Graphen mit maximalem Grad 4 pro Knoten verschaltet werden.

Interessante theoretische Fragen sind die nach wegoptimalen Graphen, d.h. nach solchen Graphen eines festen, maximalen Grades, in dem (im Mittel oder im worst case) die Weglängen der kürzesten Wege zwischen je zwei Knoten minimal sind.

Unterschiedliche Parallelarchitekturen erhält man auch je nachdem, ob jeder Rechner ein eigenes lokales (privates) Speichermedium besitzt, oder ob alle Rechner auf ein zentrales (öffentliches) Speichermedium zugreifen. In einer PRAM-Architektur (Parallele-Random-Access-Maschine) z.B. können mehrere Rechner gleichzeitig auf eine zentrale Speichereinheit zugreifen, wobei die „Kosten" (etwa in Zeit gemessen) für alle Rechner gleich und unabhängig vom Speicherplatz sein sollen. Ferner wird unterschieden, ob alle Rechner simultan das gleiche Programm ausführen, oder jeder Rechner ein anderes. Ebenso, ob alle Rechner von einer zentralen Uhr global getaktet werden, oder jeder Rechner seine eigene, lokale Taktung besitzt.

Von besonderem theoretischen, ja sogar philosophischem Interesse ist das Parallelrechnerkonzept der *zellularen Automaten*. Der zellulare Automat spielt für die Parallelrechnung eine ähnlich bedeutende Rolle wie die der Turingmaschine für die Theorie sequentieller Rechnungen.

Ein zellularer Automat besteht aus einer zweidimensionalen Anordnung von Zellen, etwa wie auf einem Schachbrett. Jede Zelle selbst kann man sich als einen endlichen Automaten vorstellen (etwa eine Turingmaschine ohne Band), der mit den Automaten seiner Nachbarzellen kommuniziert. Der Nachbarschaftsbegriff ist homogen: alle Zellen besitzen die gleiche Nachbarschaftsstruktur. Alle Automaten arbeiten synchron. Zum Zeitpunkt t liest jeder Automat die gerade aktuellen Zustände seiner Nachbarautomaten, und ändert deterministisch in Abhängigkeit dieses Zustandsvektors synchron mit allen anderen Automaten zum Zeitpunkt $t + 1$ seinen Zustand. Auf allen Zellen liegt stets der gleiche endliche Automat, allerdings darf er sich auf jeder Zelle in einem anderen aktuellen Zustand befinden. Es wird in den Automaten nicht zwischen Speicherinhalt und Programmzeile unterschieden, nur nach internen Zuständen. Formal ist ein endlicher Automat ein Tupel $A = (K, I, \delta)$ bestehend aus einer endlichen Menge K von internen Zuständen, einem Inputalphabet I und einer (deterministischen) Übergangsfunktion $\delta : K \times I \to K$, die angibt, mit welchem Zustandswechsel A bei Eintreffen eines Signals $x \in I$ in einem Zustand $s \in K$ reagiert. In einem zellularen Automaten trägt also jede Zelle Kopien eines endlichen Automaten A. Als Input erhält der Automat jeweils die aktuellen Zustände seiner Nachbarautomaten. D.h., $I = K^n$ gilt, falls jede Zelle mit genau n Nachbarzellen verbunden ist. Standardnachbarschaften sind etwa

- die von-Neumann-Nachbarschaft: jede Zelle hat die vier Zellen unmittelbar links, rechts, oberhalb und unterhalb von sich als Nachbarn, plus sich selbst.

- die Moore-Nachbarschaft: jede Zelle besitzt zusätzlich zu den von-Neumann-Nachbarn auch die vier ihr diagonal benachbarten Zellen als Nachbarn.

Generell sind aber auch beliebige Nachbarschaftsbeziehungen definierbar. Zur Vereinfachung geben wir den Zellen Koordinaten (x, y) im $\mathbb{Z}^2$. Eine Nachbarschaft N ist nun ein endlich-dimensionaler Vektor $N = (v_1, \ldots, v_n)$ von Richtungen $v_i \in \mathbb{Z} \times \mathbb{Z}$. In einer Zelle $z = (x, y) \in \mathbb{Z}^2$ sind damit genau die Zellen $z + v_1$, ..., $z + v_n$ Nachbarn. Die von-Neumann-Nachbarschaft wird also durch den 5-dimensionalen Vektor $((0, 0), (-1, 0), (1, 0), (0, -1), (0, 1))$ beschrieben, die Moore-Nachbarschaft durch den 9-dimensionalen Vektor $((0, 0), (-1, -1), (-1, 0), (-1, 1), (0, 1), (1, 1), (1, 0), (1, -1), (0, -1))$.

Es sei $I = \{1, \ldots, n\} \times \{1, \ldots, n\}$ ein endliches Quadrat in $\mathbb{Z}^2$. Ein zellularer Automat auf I (d.h. jede Zelle in I soll den gleichen endlichen Automaten tragen) ist damit beschreibbar durch

- eine Nachbarschaft $N = (v_1, \ldots, v_n)$ mit $v_i \in \mathbb{Z}^2$,

- eine endliche Zustandsmenge K,

- eine lokale Übergangsfunktion $\delta\colon K^n \to K$.

Eine Konfiguration C ist jetzt die Beschreibung der abstrakten Zustände aller Automaten auf I, $C\colon I \to K$. Eine Konfiguration C' ist direkter Nachfolger einer Konfiguration C, $C \vdash C'$, falls für alle $z \in I$ gilt:

$$C'(z) = \delta(C(z + v_1), C(z + v_2), \ldots, C(z + v_n)).$$

Hierbei kann es zu Problemen bei der Randbehandlung kommen: $z + v_i$ muss nicht innerhalb von I liegen. In diesem Fall soll $C(z + v_i)$ stets auf einen ausgezeichneten Zustand # aus K gesetzt werden. # ist der sogenannte „Ruhezustand", er entspricht genau der leeren Zelle bei Turingmaschinen.

Das hier vorgestellte Konzept eines zellularen Automaten auf einem fixen Quadrat I ist aber für beliebige Rechnungen unzureichend. Es fehlt noch ein potentiell unendliches Speichermedium. Hier wird die Vorstellung verfolgt, dass bei Bedarf am Rand von I neue Zellen angefügt werden können. Mathematisch elegant lässt sich das präzisieren, indem man $I = \mathbb{Z}^2$, also unendlich groß, setzt. Als Konfiguration werden nur solche Abbildungen $C: \mathbb{Z}^2 \to K$ zugelassen, für die $C(z) = \#$ für fast alle $z \in \mathbb{Z}^2$ gilt. D.h., nur in einem endlichen Teilgebiet des $\mathbb{Z}^2$ befinden sich Zellen nicht im Ruhezustand. Ferner wird noch $\delta(\#, \ldots, \#) = \#$ gefordert. D.h. ein Automat, dessen Nachbarn alle im Ruhezustand sind, bleibt selbst im nächsten Takt im Ruhezustand. Da zu jeder Konfiguration C stets genau eine direkte Nachfolgekonfiguration existiert, sind alle Rechnungen deterministisch. Der Übergang von einer Konfiguration zur eindeutigen Nachfolgekonfiguration wird als Takt interpretiert. Da bei $C \vdash C'$ C' aus C durch simultane Anwendung der lokalen Übergangsfunktion δ in allen Zellen entsteht, haben wir modelliert, dass alle Automaten in allen Zellen simultan im Takt schalten. Zu beachten ist, dass zu jedem Taktschritt nur endlich viele der Zellen nicht im Ruhezustand $\#$ sind. Anders gesagt, jeweils nur endlich viele der Zellautomaten sind aktiviert. Als *Muster* eines zellularen Automaten wird eine Konfiguration ohne die Zellen im Ruhezustand aufgefasst, wobei von den absoluten Koordinaten der Zellen abstrahiert wird. Muster sind damit stets endliche 2-dimensionale Objekte. Betrachten wir ein Beispiel. Es sei $K = \{0, 1, 2\}$, 0 soll der Ruhezustand $\#$. Ein Muster ist etwa

1	1		2
1			

Es kann z.B. aus der Konfiguration $C: \mathbb{Z}^2 \to K$ mit $C((0,0)) = 1$, $C((1,0)) = 1$, $C((2,-1)) = 1$, $C((3,0)) = 2$ und $C(z) = 0$ sonst entstanden sein, oder aus jeder anderen Konfiguration C', die aus C durch eine Verschiebung, $C'(z) = C(z + b)$ für ein $b \in \mathbb{Z} \times \mathbb{Z}$, hervorgeht.

Zellulare Automaten waren ein frühes Modell zur Untersuchung nach theoretischen Fragen zur Selbstorganisation. So kann man die Frage stellen, ob in zellularen Automaten eine Verdopplung von Mustern möglich ist. Eine erstaunliche Antwort bietet der zellulare Automat, der stets modulo einer Primzahl zählt. Er ist in der Lage, ein jedes Muster zu reproduzieren. Dabei ist letztlich sogar die gewählte Nachbarschaftsbeziehung irrelevant. Wir wollen nur ein Beispiel vorstellen. Es sei Z_p der zellulare Automat mit

- von-Neumann-Nachbarschaft $N = (v_1, \ldots, v_5)$,

- $K = \{0, 1, \ldots, p-1\}$, 0 sei der Ruhezustand $\#$, p irgendeine Primzahl,

- $\delta: K^5 \to K$ sei definiert als $\delta(s_1, s_2, s_3, s_4, s_5) = \sum_{i=1}^{5} s_i \bmod p$.

Z_p vervielfacht nach endlich vielen Schritten jedes endliche Muster. Abbildung 1.1 gibt ein Beispiel mit fünf Mustern. Die Muster sind jeweils als Bild dargestellt. 0 ist weiß, also „unsichtbar", $p-1$ ist schwarz, g für $0 < g < p-1$ ist ein Grauwert, hell für g nahe 0, dunkel für g nahe $p-1$. Im Beispiel ist $p = 13$, d.h. alle Muster sind Grauwertbilder mit Grauwerten $\{0, 1, \ldots, 12\}$.

Üblich sind zwar in der Bildverarbeitung z.B. 16 Grauwerte, aber wir brauchen hier eine Primzahl. Das Muster M_0 ist das Ausgangsmuster, die Muster M_1 und M_2 zeigen, wie sich das Muster M_0 nach einem bzw. zwei Takten verändert. D.h. $M_0 \vdash M_1 \vdash M_2$ gilt. M_{168} und M_{169} zeigen das Muster nach $13^2 - 1 = 168$ und $13^2 = 169$ Schritten. Hier haben sich jetzt 5 Kopien von M_0 gebildet. Diese Verfünffachung gelingt für jedes Muster.

Es ist wohl eher eine bizarre Eigenschaft dieser modulo einer Primzahl zählenden zellularen Automaten, dass sie stets beliebige Muster vervielfältigen. Weniger zeigen sich in diesem Beispiel aber selbstorganisierende Prinzipien. Von Neumann stellte bereits in den 50er Jahren des 20. Jahrhunderts die Frage nach „künstlichem Leben", das er als Organisationsformen definierte, die

- sich selbst reproduzieren können, und

- die Rechnungen beliebiger Turingmaschinen simulieren können.

Der erste Punkt allein wird auch von „leblosem" Kristallwachstum erfüllt. Mit dem zweiten Punkt sollen die selbstreproduzierenden Organisationsformen auch sinnvolle Aufgaben erledigen können. Ulam schlug Muster in zellularen Automaten als solche Organisationsformen vor. Von Neumann gelang es nun, einen zellularen Automaten mit der von-Neumann-Nachbarschaft und 28 Zuständen sowie ein endliches Muster M zu konstruieren, so dass folgendes galt:

- Es existiert ein einfaches Muster S (bestehend nur aus einer Zelle), so dass eine Rechnung von einer Komposition $M \circ S$ der beiden Muster M und S aus in zwei räumlich getrennten Vorkommen von M resultiert.

- Zu jeder Turingmaschine T existiert ein Muster $\gamma(T)$ (das „Gödelmuster von T"), und zu jedem Inputwort w für T existiert ein Gödelmuster $\gamma(w)$, so dass eine Rechnung von einer Komposition $M \circ \gamma(T) \circ \gamma(w)$ der drei Muster M, $\gamma(T)$ und $\gamma(w)$ in einem Muster $M \circ \gamma(T) \circ \gamma(u)$ resultiert, wobei u genau das Ergebnis der Rechnung von T gestartet mit Input w ist.

In einem gewissen Sinn ist dieses Muster M zur Selbstreproduktion (bei „Anstoß" durch eine zusätzliche Inputzelle S) fähig und zur Berechnung einer jeglichen berechenbaren Funktion ($\gamma(T)$ und $\gamma(w)$ sind dabei „triviale" Muster, die die Berechnung nicht selbst leisten, sondern nur M mitteilen, welche berechenbare Funktion mit welchem Argument M gerade berechnen soll). Damit ist dies ein Beispiel von abstraktem „Artificial Life".

Es stellt sich die Frage, ob mit diesen mächtigen Eigenschaften zellulare Automaten prinzipiell mehr berechnen können als Turingmaschinen. Die Antwort ist aber Nein. Die Rechnung beliebiger Turingmaschinen kann in zellularen

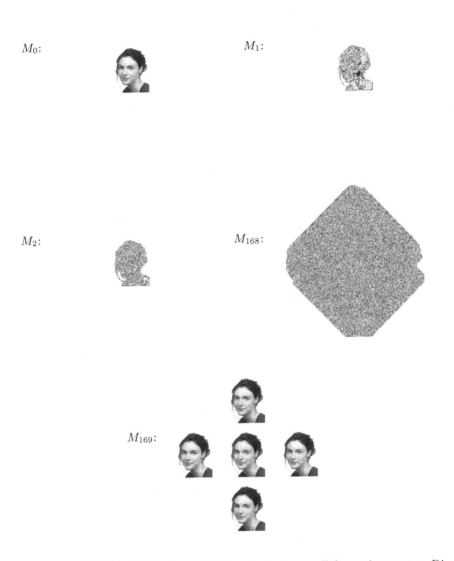

Abb. 1.1. Ein Beispiel für Reproduktion durch einen zellularen Automaten. Die fünf Bilder M_0, M_1, M_2, M_{168} und M_{169} zeigen das Muster am Anfang und nach 1, 2, 168 und 169 Taktschritten.

Automaten ausgeführt werden und umgekehrt: Jeder zellulare Automat kann von einer Turingmaschine simuliert werden. Dies ist ganz offensichtlich, da man die global synchonisierten Arbeiten aller Automaten (zu jedem Zeitpunkt einer Rechnung sind nur endlich viele aktiv) leicht auf einer normalen Rechenanlage simulieren kann, die selbst wiederum als Konkretisierung des Konzepts des sequentiellen Rechenparadigmas nicht mehr zu leisten vermag als eine Turingmaschine. Es ist sogar so, dass zellulare Automaten prinzipiell nicht „deutlich" schneller rechnen können als Turingmaschinen: Es ist durch diese Art von Parallelrechnung nur maximal ein quadratischer Gewinn an Rechengeschwindigkeit möglich. Dies sieht man leicht wie folgt:

Betrachten wir etwa die Moore-Nachbarschaft. Zum Zeitpunkt $t = 0$ sei genau eine Zelle Z_0 aktiv, alle anderen seien im Ruhezustand #. Dann sind zum Zeitpunkt $t = 1$ maximal alle Zellen Z in der Moore-Nachbarschaft $N(Z_0)$ um Z_0 aktiv, das sind genau 9 Zellen. Zum Zeitpunkt $t = 2$ können dann maximal alle Zellen in der Moore-Nachbarschaft $N(N(Z_0))$ um $N(Z_0)$ aktiv sein, also 25 Zellen. Zum Zeitpunkt t sind also maximal die Zellen in $N^t(Z_0)$, der t-fachen Moore-Nachbarschaft um Z_0, bestehend aus $(2t + 1)^2$ Zellen, aktiv. Die Anzahl der zusätzlich in einer Rechnung zur Verfügung stehenden Zellen wächst also nur quadratisch mit der Rechenzeit. Dies gilt modulo konstanter Faktoren für jede Nachbarschaft.

Halten wir also fest, dass der Übergang vom sequentiellen Modell der Turingmaschine zum parallelen Modell der zellularen Automaten maximal einen quadratischen Gewinn in der Rechenzeit ergibt. Da die Polynome und Exponentialfunktionen bei Quadratur weiterhin von Polynomen und Exponentialfunktionen majorisierbar sind, ändern sich nicht einmal die Komplexitätsklassen P, NP, EXPTIME und EXPSPACE, wenn man anstelle von Turingmaschinen zellulare Automaten als Rechner zulässt.

Ein ganz andersartiger Ansatz für parallele Berechnungen liegt im Konzept des *Quantenrechners* vor. Hierbei soll das quantenphysikalische Prinzip der *Überlagerung von Zuständen* ausgenutzt werden. Ein *Qubit* (Quantenbit) ist dabei eine Speicherzelle, die nicht nur zwei Zustände, 0 und 1, speichern kann, sondern auch Überlagerungen $\alpha 0 + \beta 1$ von 0 und 1. α und β sind hierbei komplexe Zahlen mit $\alpha^2 + \beta^2 = 1$. Die quantenphysikalische Interpretation ist, dass ein Qubit gleichzeitig 0 und 1 speichern kann, jeweils mit unterschiedlichen *Amplituden* α und β. Erst beim Auslesen entscheidet sich das Qubit eindeutig für einen der überlagerten Zustände 0 oder 1. und zwar für 0 mit der Wahrscheinlichkeit α^2 und für 1 mit der Wahrscheinlichkeit $\beta^2 = 1 - \alpha^2$. Dies entspricht dem Prinzip, dass Quantenvorgänge erst durch eine Beobachtung aus einem überlagerten Zustand in einen exakten, messbaren Zustand übergehen. Ein *Quantenregister Q der Länge n* ist nun eine physikalische Anordnung von n Qubits derart, dass in Q gleichzeitig alle 2^n Zustände $s \in \{0, 1\}^n$ speicherbar sind und Q erst durch den Akt des Auslesens in einen festen dieser 2^n Zustände übergeht. Ein *Quantenrechner* kann nun in einem Schritt alle überlagerten 2^n Zustände verschieden manipulieren. Damit ist prinzipiell ein exponentieller Gewinn in der Rechengeschwindigkeit möglich. Es ist noch nicht klar, ob Quantenrechner jemals technisch realisierbar sein werden. Einige theoretische Grenzen sind jedoch bekannt: So kann ein Quantenrechner nicht mehr berechnen als ein klassischer Rechner. Auch ist prinzipiell höchstens ein exponentieller Gewinn in der Rechengeschwindigkeit bei Quantenrechnern gegenüber von-Neumann-Rechnern möglich, und das auch nur bei manchen algorithmischen Aufgaben. Zu diesen Aufgaben gehört aber die Primfaktorzerlegung einer Zahl: Mit einem Algorithmus von Shor kann mit einem geeigneten Quantenrechner jede Zahl n in n Schritten in ihre Primfaktoren zerlegt werden. Dass mit diesem Algorithmus dann viele verwendete Verschlüsselungsverfahren in Handel, Industrie und Militär auf einem Quantenrechner effektiv lösbar würden, trägt nicht unerheblich zum Interesse an Quantenrechnern bei.

Man hat auch parallel arbeitende Grammatiken studiert. Hierbei werden alle anwendbaren, lokalen Ersetzungen in einem Schritt simultan ausgeführt. Natürlich ist dabei das offensichtliche Problem von Überlappungen zu lösen. So erzeugt die einfache Regel (aba, cd) angewandt auf das Wort *ababa* zwei direkte Nachfolger (im Sinne sequentieller Grammatiken), nämlich *cdba*, falls das erste Vorkommen von aba durch *cd* ersetzt wird, und *abcd*, falls das zweite Vorkommen von *aba* ersetzt wird. Was soll aber unter einer simultanen Anwendung der Regel auf beide Vorkommen verstanden werden? Lässt man nur kontextfreie Regeln der Form (P, Q) mit $P \in V$ zu, so stellt sich dieses Problem nicht. Man erhält dann die sogenannte Klasse der *Lindenmeyersysteme* mit interessanten Anwendungen etwa in der Biologie oder der Theorie der Formalen Sprachen.

1.3 Nebenläufige Rechnungen

Man spricht häufig von *verteilten Rechnungen* bei Modellen von parallelen Rechnungen ohne einen gemeinsamen Takt zur Ausführung der Einzelrechnungen. Nehmen wir wieder eine einfache Grammatik als Beispiel. Die Regeln $R_1 = (ab, aa)$ und $R_2 = (ba, bb)$ können auf das Wort *abcba* an zwei Stellen angewandt werden. Direkte Nachfolger von *abcba* sind somit *aacba* und *abcbb*. In einem Modell von getakteten Parallelrechnungen wäre *aacbb* der einzige direkte Nachfolger von *abcba*. In verteilten Rechnungen wären alle drei Wörter *aacba*, *abcbb* und *aacbb* direkte Nachfolger von *abcba*. Welches sind nun die direkten Nachfolger von *abab*? In sequentiellen Rechnungen sind das *aaab*, *abbb* und *abaa*, da R_1 an zwei und R_2 an einer Stelle in *abab* angewendet werden kann. Beide Anwendungen von R_1 sind in *abab* auch gleichzeitig möglich, da sie sich nicht gegenseitig beeinflussen. Das gilt aber nicht für eine gemeinsame Anwendung von R_1 und R_2, da eine Anwendung von R_2 die von R_1 verhindert. Statt von gleichzeitig spricht man auch von *nebenläufig*. Damit ist R_1 im Wort *abab* an zwei Stellen nebenläufig anwendbar (R_1 ist zu sich selbst nebenläufig, dies wird auch als auto-nebenläufig bezeichnet), die beiden Regeln R_1 und R_2 sind zueinander in *abab* nicht nebenläufig. Direkte Nachfolger von *abab* in verteilten Rechnungen sind also *aaab*, *abbb*, *abaa* und *aaaa*. Man spricht nun von *nebenläufigen Rechnungen* bei Untersuchungen von verteilten Rechnungen, wenn auf den Aspekt der Nebenläufigkeit Wert gelegt werden soll.

So, wie Turingmaschinen ein mathematisch formales Modell für sequentielle Rechnungen sind, sind *Petri-Netze* ein mathematisch formales Modell für nebenläufige Rechnungen. Nur: Bei Petri-Netzen wird die Ähnlichkeit zu Rechnern weitgehend aufgegeben. Dies ist auch nicht verwunderlich, da hier ja verteilte Rechnungen ohne zentrale Recheneinheit modelliert werden. Eher besitzen Petri-Netzen eine Ähnlichkeit zu zellularen Automaten, allerdings ohne homogene Nachbarschaftsstruktur. Vielmehr wird die Nachbarschaft durch generelle Graphstrukturen beschrieben.

Ohne die formale Definition eines Petri-Netzes in Kapitel 3 vorwegnehmen zu wollen, kann man ein Petri-Netz als einen endlichen, gerichteten, zweigefärbten Graphen auffassen. Zweigefärbt bedeutet dabei, dass alle Knoten des Graphen mit genau einer von zwei Farben so eingefärbt sind, dass keine Kante zwei Knoten mit gleicher Farbe verbindet. Die beiden Farben werden *Place* und *Transition* genannt. Knoten mit der Farbe „Place" (bzw. „Transition") werden auch als Places (bzw. Transitionen) bezeichnet. Graphisch werden Places stets als Kreise, Transitionen hingegen als Balken oder Rechtecke dargestellt. Transitionen werden formale Gegenstücke zu Agenten in verteilten Systemen, Places hingegen zu Speicherzellen. Dazu darf jeder Place eine Anzahl $n \geq 0$ von sogenannten *Token* speichern. Alle Places, von denen gerichtete Pfeile zu einer Transition t hinführen, werden als *Inputplaces* oder *Vorbedingungen* von t bezeichnet. Alle Places zu denen Pfeile von t aus hinführen, heißen die *Outputplaces* oder *Nachbedingungen* von t. Dabei darf ein Place auch gleichzeitig Input- und Outputplace einer Transition sein. Ein Inputplace, von dem genau k gerichtete Pfeile zu t führen, sei kurzfristig k-facher Inputplace genannt (diese Bezeichnung wird später nicht weiter verwendet), analog für k-fache Outputplaces. Alle Transitionen spielen nun weitgehend unabhängig das folgende *Tokenspiel* auf dem Petri-Netz: liegen auf allen Inputplaces von t Token, und zwar mindestens k Token auf jedem k-fachen Inputplace, so heißt t *feuerbar*. Eine feuerbare Transition t feuert, indem sie in einem Schritt k Token von jedem k-fachen Inputplace entfernt und m Token auf jeden m-fachen Outputplace legt. Abbildung 1.2 zeigt ein Beispiel. Die Anzahl der aktuellen Token auf einem Place wird durch eine entsprechende Anzahl von Punkten auf diesem Kreis graphisch dargestellt.

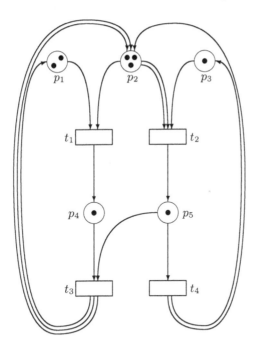

Abb. 1.2. Ein Petri-Netz N

In N sind aktuell alle vier Transitionen feuerbar, t_1 und t_2 auch nebenläufig, ebenso wie t_1, t_2 und t_3 oder t_1, t_2 und t_4. t_3 und t_4 sind aber nicht nebenläufig feuerbar, da ein Feuern von t_3 (oder t_4) den einzigen Token von p_5 entfernt und damit das Feuern der anderen Transition t_4 (oder t_3) unmöglich macht.

Durch ein nebenläufiges Feuern von t_1, t_2 und t_3 erhalten wir das Petri-Netz aus Abbildung 1.3, durch ein nebenläufiges Feuern von t_1, t_2 und t_4 das aus Abbildung 1.4.

Hierbei müssen nicht stets mehrere nebenläufig feuerbare Transitionen feuern. Auch ein einzelnes Feuern ist gestattet, was der Idee Rechnung trägt, verteiltes Verhalten ohne globalen Takt modellieren zu wollen.

Es bietet sich an, die Places eines Petri-Netzes fest durchzunummerieren, etwa als $p_1, \ldots, p_n$. Damit kann man mit einem einfachen n-dimensionalen Vektor $s \in \mathbb{N}^n$ über $\mathbb{N}$ beschreiben, wieviele Token welcher Place aktuell trägt. Diese sogenannten *Markierungen* oder *Zustände* stellen damit die Konfigurationen eines Petri-Netzes dar, da durch sie allein das potentielle zukünftige Verhalten des Petri-Netzes festgelegt ist. Wir wollen mit $s \vdash_t s'$ bzw. $s \vdash_{t_1, t_2} s'$ ausdrücken, dass das Feuern von t im Zustand s möglich ist und im neuen Zustand s' resultiert, bzw. dass im Zustand s ein nebenläufiges Feuern

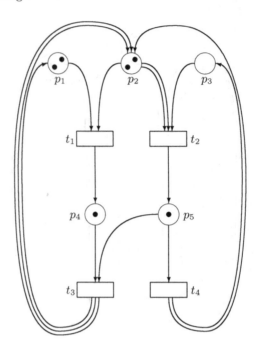

Abb. 1.3. N nach Feuern von t_1, t_2, t_3

von t_1, t_2 möglich ist und und im neuen Zustand s' resultiert. Dann ist für das Netz N aus Abbildung 1.2, das sich im Zustand $(2, 3, 1, 1, 1)$ befindet, beispielsweise folgende Rechnung möglich:

$$(2, 3, 1, 1, 1) \vdash_{t_1, t_2} (1, 0, 0, 2, 2) \vdash_{t_3} (2, 2, 0, 1, 1)$$
$$\vdash_{t_4} (2, 3, 1, 1, 0) \vdash_{t_1, t_1} (0, 1, 1, 3, 0).$$

Die Rechnung kann im Zustand $(0, 1, 1, 3, 0)$ nicht fortgesetzt werden, da jetzt keine Transition mehr feuerbar ist.

Während die Modelle der Turingmaschine und des zellularen Automaten unterschiedliche Rechenparadigmen modellieren – einmal sequentielle, einmal parallele Rechnungen – so sind sie doch bezüglich ihrer prinzipiellen Berechenbarkeitseigenschaften äquivalent. Sogar hinsichtlich ihrer Rechengeschwindigkeit unterscheiden sie sich im wesentlichen nur durch einen quadratischen Gewinn. Bei Petri-Netzen ist die Situation anders. Petri-Netze sind kein universelles Modell für Berechenbarkeit. Zwar kann man mit Turingmaschinen auch die Rechnungen von Petri-Netzen simulieren – natürlich unter Verzicht auf die Ausdrückbarkeit von Nebenläufigkeit und verteilten Rechnungen –, umgekehrt geht das aber nicht. Der Grund dafür ist eine gewisse Monotonie

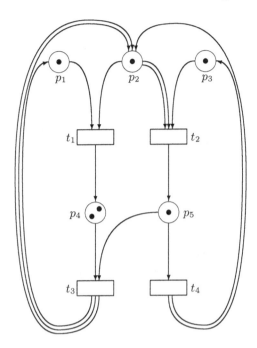

Abb. 1.4. N nach Feuern von t_1, t_2, t_4

im Verhalten von Petri-Netzen: Ist eine Transition in einem Zustand $s_1 \in \mathbb{N}^n$ feuerbar, so auch in jedem größeren Zustand $s_2 \geq s_1$. Gilt $s_1 \vdash_t s_1'$, $s_2 \geq s_1$, so gilt auch $s_2 \vdash_t s_1' + (s_2 - s_1)$. Insbesondere können Petri-Netze nicht Befehle

j: falls $R_i = 0$ dann gehe zu j_1 sonst gehe zu j_2

simulieren. Ein formaler Beweis dafür ist allerdings aufwendig, da der Begriff „simulieren" erst geeignet präzisiert werden muss und man sicher sein sollte, auch exotische Simulationskonzepte mit berücksichtigt zu haben. So gelingt der Beweis auch nur indirekt: Da das Konfigurationserreichbarkeitsproblem (die Frage, ob für zwei Konfigurationen C und C' eine Rechnung von C nach C' existiert) für Registermaschinen unentscheidbar ist, sollte das entsprechende Erreichbarkeitsproblem für Markierungen (die Konfigurationen von Rechnungen in Petri-Netzen) auch unentscheidbar sein, falls Petri-Netze beliebige Rechnungen von Registermaschinen simulieren könnten. Wir werden aber zeigen, dass das Erreichbarkeitsproblem für Petri-Netze entscheidbar ist. Also haben Petri-Netze nicht die gleichen Berechenbarkeitsfähigkeiten wie Turingmaschinen oder Registermaschinen. Die Frage nach der Entscheidbarkeit des Petri-Netz-Erreichbarkeitsproblems war viele Jahre offen. Der Nachweis der Entscheidbarkeit gelang schließlich Mayr in seiner Dissertation. Allerdings ist der dazu verwendete Algorithmus nicht primitiv rekursiv, d.h. er ist nur hypothetisch berechenbar. Bis jetzt konnte weder ein primitiv rekursives Entscheidungsverfahren für das Erreichbarkeitsproblem gefunden werden, noch konnte gezeigt werden, dass das Erreichbarkeitsproblem eventuell gar nicht primitiv rekursiv lösbar ist. Wir werden aber zeigen können, dass EXPSPACE eine untere Schranke der Komplexität des Erreichbarkeitsproblems ist. D.h., ein jeder Algorithmus, der das Erreichbarkeitsproblem löst, braucht für eine Antwort, ob ein Zustand s in einem Petri-Netz von einem Zustand s_0 aus erreichbar ist, in fast allen Fällen mindestens exponentiellen Speicherplatz (gemessen in der „Größe" von s, s_0 und N). (Zu beachten ist, dass hier stets endlich viele Ausnahmen erlaubt sein müssen, da ein Algorithmus ja für endlich viele Instanzen des Problems die Lösung fest gespeichert haben kann.) Obwohl wegen der Monotonie des Tokenspiels das Erreichbarkeitsproblem letztendlich lösbar ist, entziehen sich Petri-Netze einem einfachen mathematischen Zugang. Im Gegenteil, viele Petri-Netz-Fragen liegen an der Grenze des Entscheidbaren und Unentscheidbaren, andere an der Grenze des Berechenbaren und nur hypothetisch Berechenbaren. Einige Beispiele sollen das erläutern.

Es sei die Erreichbarkeitsmenge $\mathcal{E}(N, s_0)$ eines Petri-Netzes N die Menge aller Zustände, die durch Rechnungen von N ausgehend von einem festen Startzustand s_0 in N erreicht werden können. Die Frage, ob ein gegebener Zustand s in $\mathcal{E}(N, s_0)$ liegt, ist entscheidbar. Die Frage, ob für zwei Petri-Netze N_1, N_2 mit gleicher Anzahl von Places aber $\mathcal{E}(N_1, s_0) = \mathcal{E}(N_2, s_0)$ gilt, ist unentscheidbar. Ein Petri-Netz N heißt k-beschränkt, falls $\mathcal{E}(N, s_0) \subseteq \{1, \ldots, k\}^n$ ist, d.h. falls keine Rechnung in N von s_0 aus mehr als maximal k Token auf einen Place legen kann. N heißt beschränkt, falls ein k existiert, so dass N k-beschränkt ist. Für beschränkte Petri-Netze ist $\mathcal{E}(N, s_0)$ stets endlich und aus N (und s_0) berechenbar. Damit ist das Gleichheitsproblem $\mathcal{E}(N_1, s_0) = \mathcal{E}(N_2, s_0)$ für beschränkte Petri-Netze N_1 und N_2 stets entscheidbar. Wir werden aber zeigen, dass kein primitiv rekursiver Algorithmus dieses Gleichheitsproblem lösen kann. Das Gleichheitsproblem für beschränkte Petri-Netze ist sogar eines der wenigen bekannten „natürlichen" Fragestellungen, von denen bekannt ist, dass sie zwar lösbar, aber nur rein hypothetisch lösbar sind.

Was ist nun der adäquate Rechnungsbegriff für Petri-Netze? Wir haben einen direkten Nachfolger s' eines Zustands s durch Feuern einiger nebenläufiger Transitionen erklärt, wie etwa $(1, 0, 0, 2, 2)$ direkter Nachfolger von $(2, 3, 1, 1, 1)$ durch Feuern von $\{t_1, t_2\}$ im Beispiel war. Eine Rechnung ist hier eine Folge $s_1 T_1 s_2 T_2 \ldots s_n T_n s_{n+1}$ von Zuständen s_1, ..., s_{n+1} und Mengen von im jeweiligen Zustand nebenläufigen Transitionen T_1, ..., T_n, so dass $s_i \vdash_{T_i} s_{i+1}$ für $1 \le i \le n$ gilt. Da mit s_i und T_i stets auch s_{i+1} eindeutig festgelegt ist (bei Wissen, welche Transitionen in welchem Zustand feuern, legt das Tokenspiel deterministisch den neuen Zustand fest), genügt s_1, T_1, T_2, ..., T_n als Angabe einer Rechnung, oder einfacher, das Wort $T_1 \ldots T_n$ und der

Anfangszustand s_1. Ein solches Wort $T_1 \ldots T_n$ heißt auch *Step-Feuersequenz* von s_1 aus. Erlaubt man in jedem Rechenschritt nur die Ausführung einer Transition, d.h. $|T_i| = 1$ soll gelten, erhält man sogenannte *Feuersequenzen*. Es ist für die meisten theoretischen Konzepte irrelevant, ob man mit Feuersequenzen oder Step-Feuersequenzen arbeitet. Petri-Netze wollen ja nicht Konzepte der Gleichzeitigkeit untersuchen, sondern solche der Nebenläufigkeit. Und die Nebenläufigkeit zweier Transitionen in einem Zustand wird nicht durch das Feuern der einen aufgehoben, ist also mittels Feuersequenzen im Prinzip genauso gut studierbar wie mittels Step-Feuersequenzen.

Es empfiehlt sich häufig, unterschiedliche Transitionen eines Petri-Netzes als unterschiedliche Realisierungen desselben Agenten aufzufassen – ganz analog wie im Beispiel von verteilten Grammatiken im Übergang $abab \vdash aaaa$ zwei Instanzen der gleichen Regel (ab, aa) an zwei Stellen angewendet werden. Dies modelliert man leicht durch zusätzliche, nicht notwendig injektive Beschriftungen der Transitionen. Zwei unterschiedliche Transitionen mit der gleichen Beschriftung werden also von einer äußeren Warte als identisch aufgefasst. Dabei soll es erlaubt sein, mittels spezieller Namen (τ für unsichtbar, dabei wird τ wie das leere Wort behandelt) Transitionen für die äußere Sichtweise zu verbergen. Die Menge aller Beschriftungen aller vom Startzustand aus feuerbaren (Step-) Feuersequenzen ist dann die (Step-) Sprache eines Petri-Netzes.

Damit ist das theoretisch gut untersuchte und auch mächtige Werkzeug der Formalen Sprache in der Petri-Netz-Theorie anwendbar. Wir werden z.B. zeigen, dass Petri-Netz-Sprachen als Abschluss von Dyck-Sprachen unter einigen einfachen, klassischen Sprachoperationen gewonnen werden können.

In der Theorie der Petri-Netz-Sprachen werden Konzepte der Theorie sequentieller Rechnungen, hier Wörter bzw. Feuersequenzen, zur Beschreibung nebenläufiger Konzepte verwendet. Dabei stellt sich sofort die Frage, ob als Konzept einer Rechnung eines Petri-Netzes nicht auch ein inhärent nebenläufiges Modell gewählt werden sollte. Ein solches inhärent nebenläufiges Rechnungskonzept, nämlich *Pomsets*, werden wir vorstellen. In einem Pomset wird von den feuerbaren Transitionen abstrahiert, unter Beibehaltung der Kausalitäts- und dynamischen Nebenläufigkeitsstruktur des Netzes. In dieser sogenannten „true concurrency" Semantik von Petri-Netzen ersetzen alle zulässigen Pomsets die Sprache der feuerbaren Feuersequenzen. Feuersequenzen werden im Gegensatz dazu als ein *Interleaving* Modell von Petri-Netzen bezeichnet. Wir werden zeigen, dass solch eine „nebenläufige Sprachtheorie" von Pomsets ganz ähnliche algebraische Charakterisierungen erlaubt wie die Interleaving Sprachtheorie von Feuersequenzen.

Petri-Netze wurden in den 60er Jahren des 20. Jahrhunderts an der GMD, Bonn, und am MIT, Cambridge, USA, im Gedankenaustausch mit der GMD entwickelt. Die Forscher der ersten Stunden waren C.A. Petri, H. Genrich und K. Lautenbach an der GMD, Holt und Commoner von der Firma Applied Data Research, und Hack und Patil am MIT. Der Name „Petri-Netze" zu Ehren Petris wurde von Holt eingeführt. In seiner Dissertation untersucht Petri Fragen der Kommunikation in nebenläufigen Systemen und stellt hier sogenannte „Aktionsnetze" vor, in denen bereits die Grundelemente der späteren Petri-Netze in anderer Notation verwendet werden. An der GMD begannen Arbeiten zu einer Invariantentheorie von Petri-Netzen und zur Klärung der Phänomene wie Kausalität und Nebenläufigkeit. Am MIT nahmen die Untersuchungen eine andere Richtung. Es wurden Verbindungen von Petri-Netzen zu asynchronen Schaltwerken, die Komplexität von Algorithmen auf speziellen Teilklassen von Petri-Netzen sowie Petri-Netz-Sprachen untersucht. In nur wenigen Jahren wurde die Petri-Netz-Theorie die erfolgreichste Methode zum Studium verteilter Rechnungen mit Tausenden von Publikationen und zahlreichen Forschergruppen in aller Welt.

Ein Lehrbuch, das auch nur annähernd den Versuch unternehmen würde, die wichtigsten Ergebnisse darzustellen, bräuchte mehrere Bände von einigen tausend Seiten an Umfang. Wir beschränken uns hier nur auf einen kleinen Ausschnitt, nämlich fundamentale Ergebnisse zu Fragen der Entscheidbarkeit, Unentscheidbarkeit und Komplexität von Petri-Netz-Problemen, sowie eine Verallgemeinerbarkeit der Semantik sequentieller Petri-Netz-Rechnungen (d.h. der klassischen Interleaving Petri-Netz-Sprachtheorie) auf true-concurrency Modelle, und hier auch nur Pomset-Modelle. Interessante Untersuchungen wie etwa zur axiomatischen Theorie von Kausalität, Verbindungen zu asynchronen Schaltwerken, Algebren von weiteren Petri-Netz-Prozessen, semantische Äquivalenzen, wie etwa Bisimulation, behavioristische Simulation, Trace-Äquivalenz, etc., bleiben völlig unberücksichtigt. Die Auswahl hat sich auch danach gerichtet, dass viele Resultate aus der amerikanischen Schule in Lehrbüchern in Deutschland nur wenig berücksichtigt wurden, abgesehen von dem Buch von P. Starke [Sta90]. So sind viele der hier aufgeführten Resultate nur aus der Originalliteratur bekannt und in Lehrbüchern kaum vertreten. Dies gilt etwa für die Entscheidbarkeit des Erreichbarkeitsproblems, die im Speicherbedarf mindestens exponentielle Komplexität des Erreichbarkeitsproblems, die nur rein hypothetische Entscheidbarkeit des Gleichheitsproblems beschränkter Petri-Netze, die algebraische Charakterisierung von Pomset-Sprachen. Der Grund, dass diese Ergebnisse bisher kaum in Lehrbüchern zu finden sind, liegt nicht in deren Bedeutung (diese ist im Gegenteil sehr hoch), sondern in der Schwierigkeit der dazu notwendigen Beweise.

2. Mathematische Grundlagen

In diesem Kapitel stellen wir die Grundlagen aus der Mathematik und der Theoretischen Informatik vor, die nötig zum Verständnis dieses Buches sind. Dieses Kapitel ist eher zum Nachschlagen denn zum Lesen gedacht, da die meisten Leser den nötigen Überblick über den hier präsentierten Stoff ohnehin haben. Es ist jedoch nützlich für einen Abgleich der Notationen.

2.1 Mengen und Relationen

Mit $\mathbb{N}$, $\mathbb{Z}$, $\mathbb{Q}$ und $\mathbb{R}$ bezeichnen wir, wie üblich, die Mengen der natürlichen Zahlen ($\mathbb{N} = \{0, 1, 2, 3, \ldots\}$) einschließlich der Null, der ganzen Zahlen ($\mathbb{Z} = \{0, -1, 1, -2, 2, \ldots\}$), der rationalen Zahlen ($\mathbb{Q}$, Brüche von ganzen Zahlen) und der reellen Zahlen. Sind M und N Mengen, so bezeichnet M^N die Menge aller Abbildungen von N nach M. 2^N ist isomorph zur Menge aller Teilmengen von N und bezeichnet die Potenzmenge von N. Wir benutzen das Zeichen $\subset$ für echte Inklusion, also $M \subset N$ genau dann, falls $M \subseteq N$ und $M \neq N$ gilt.

Definition 2.1.1 (Relationen). *Eine* Relation R *auf einer Menge* M *ist eine Teilmenge von* $M \times M$. *Für* $a, b \in M$ *schreiben wir anstelle von* $(a, b) \in R$ *auch* aRb. *Wir nennen* a Vorgänger *von* b *in* R, *falls* aRb *gilt, und* Nachfolger *von* b *in* R, *falls* bRa *gilt. Wir definieren* Vorgänger- *und* Nachfolgerfunktionen *über* R *durch* ${}^\bullet R(a) := \{b \in M \mid bRa\}$ *und* $R^\bullet(a) := \{b \in M \mid aRb\}$ *für alle* $a \in M$. *Abkürzend schreiben wir auch* ${}^\bullet Ra$ *anstatt* ${}^\bullet R(a)$ *und* $aR^\bullet$ *anstatt* $R^\bullet(a)$. *Ist* R *aus dem Kontext eindeutig bestimmt, so schreiben wir auch* ${}^\bullet a$ *bzw.* $a^\bullet$ *anstelle von* ${}^\bullet Ra$ *oder* $aR^\bullet$. *Für* $aRb \wedge bRc$ *schreiben wir verkürzt auch* $aRbRc$.

Definition 2.1.2 (Eigenschaften von Relationen). $R \subseteq M \times M$ *heißt* reflexiv, *falls* aRa *für alle* $a \in M$ *gilt, und* irreflexiv, *falls* aRa *für kein* $a \in M$ *gilt. Die Relation* R *heißt* symmetrisch, *falls für alle* $a, b \in M$ *jeweils*

$aRb \iff bRa$ *gilt,* antisymmetrisch, *falls* $aRb \iff \neg bRa$ *für* $a \neq b$ *gilt, und anderenfalls* asymmetrisch. *Sie heißt* transitiv, *wenn aus* aRb *und* bRc *stets für alle* $a, b, c \in M$ *auch* aRc *folgt, und* azyklisch, *falls sie irreflexiv und transitiv (und damit automatisch auch antisymmetrisch) ist. Ein Paar* (M, R) *mit* $R \subseteq M \times M$ *heißt* Halbordnung, *falls* R *eine azyklische Relation ist. Wir nennen* (M, R) *eine* Ordnung, *wenn* (M, R) *Halbordnung und* R *total ist, d.h. es gilt* $\forall a, b \in M : (aRb \lor bRa)$.

Ist M *bekannt, so sagen wir auch einfach,* R *sei eine Ordnung bzw. eine Halbordnung, falls* (M, R) *diese Eigenschaft besitzt.*

Definition 2.1.3 (Transitiver Abschluss). *Aus einer Relation* R *auf* M *lassen sich weitere Relationen bilden: die Relation* $R^0 := \mathrm{id}_M$ *ist die* Identität *auf* M *(d.h. für alle* $a, b \in M$ *mit* $a \neq b$ *gilt* aRa *und* $\neg(aRb)$*) und die Relation* R^{n+1} *wird induktiv definiert durch* $aR^{n+1}b : \iff \exists c \in M : aR^n cRb$. *Der* transitive Abschluss *von* R *ist* $R^+ := \bigcup_{n \geq 1} R^n$, *und der* reflexive, transitive Abschluss $R^* := \bigcup_{n \geq 0} R^n$.

Wir sagen, a *sei ein* direkter Vorgänger *von* b *in* R^+, *falls* $aR^n b$ *genau im Falle* $n = 1$ *gilt, d.h. es gilt zwar* aRb, *aber es existiert kein* $c \in M$ *mit* $aR^+ cR^+ b$. *Dann heißt* b *auch* direkter Nachfolger *von* a.

R^+ *und* R^* *sind dabei offensichtlich wieder Relationen auf* M.

Definition 2.1.4 (Disjunkt, bipartit). *Seien* M, A *und* B *Mengen mit* $A \cap B = \emptyset$ *und* $A \cup B = M$. *Wir nennen solche Mengen* A *und* B disjunkt *und schreiben auch* $A \mathbin{\dot{\cup}} B = M$ *als* disjunkte Vereinigung *dieser Mengen. Eine Relation* $R \subseteq M \times M$ *heißt* bipartit, *falls* $R \subseteq (A \times B) \cup (B \times A)$ *gilt.*

Es gilt dabei klar $R^{2n} \subseteq (A \times A) \cup (B \times B)$ *und* $R^{2n+1} \subseteq (A \times B) \cup (B \times A)$ *für alle* $n \in \mathbb{N}$.

Definition 2.1.5 (Minimum, Maximum). *Seien* M *eine Menge,* $R \subseteq M \times M$ *eine Relation und* $a \in M$ *ein Element von* M. *Gilt* $^\bullet a = \emptyset$, *so nennen wir* a *ein* minimales *Element von* M *bzgl.* R. *Ist* $^\bullet a = \emptyset$, *so heißt* a *entsprechend* maximales *Element von* M *bzgl.* R. *Mit* $\min_R M := \{a \in M \mid {}^\bullet Ra = \emptyset\}$ *und* $\max_R M := \{a \in M \mid a{}^\bullet R = \emptyset\}$ *bezeichnen wir die Mengen aller minimalen bzw. maximalen Elemente von* M *bzgl.* R. *Ist* R *klar, so schreiben wir auch kurz* $\min M$ *bzw.* $\max M$.

2.2 Graphen und Bäume

Definition 2.2.1 (Graph). *Ein Graph G ist ein Tupel $G = (V, E, \Sigma)$ von*

- *einer Menge V von* Knoten,

- *einer Menge Σ von* Gewichten *mit $V \cap \Sigma = \emptyset$,*

- *einer Menge $E \subseteq V \times \Sigma \times V$ von* (gewichteten) Kanten.

Für $e = (v, t, v') \in E$ schreiben wir auch $v \xrightarrow{t} v'$ und sagen, dass die Kante e von v nach v' führt und das Gewicht (oder den Namen *oder die* Beschriftung*) t besitzt.*

Kehrt man die Pfeilrichtung um, erhält man das Reverse *eines Graphen: Der reverse Graph G^{rev} von $G = (V, E, \Sigma)$ ist das Tupel $G^{rev} = (V, E', \Sigma)$ mit $(v', t, v) \in E' \iff (v, t, v') \in E$ für alle $v, v' \in V$ und $t \in \Sigma$.*

Ein initialer Graph *G besitzt zusätzlich einen ausgezeichneten Knoten v_0 aus V, den* Startknoten, *und wird mit (G, v_0) oder (V, E, Σ, v_0) angegeben.*

Ist $|\Sigma| = 1$, so ist der Graph trivial gewichtet. *Er heißt dann auch* ungewichteter Graph *und wird nur als $G = (V, E)$ angegeben.*

Ein knotengewichteter Graph *besitzt zusätzlich eine Menge Γ von* Knotengewichten *und eine* Knotengewichtsfunktion *$\gamma : V \to \Gamma$. Er wird auch als (G, Γ, γ) oder $(V, E, \Sigma, \Gamma, \gamma)$ angegeben.*

Sind V, E und Σ endliche Mengen, so heißt G auch ein endlicher *Graph.*

G heißt lokal determiniert, *falls gilt: $\forall v, v_1, v_2 \in V \; \forall a \in \Sigma$: $(v \xrightarrow{a} v_1 \land v \xrightarrow{a} v_2 \implies v_1 = v_2)$.*

Ein unendlicher Weg *w in G ist eine unendliche Folge $(e_i)_{i \in \mathbb{N}}$ von Kanten $e_i = (v_i, t_i, v_i') \in E$ mit $v_i' = v_{i+1}$ für alle i.*

Ein Weg *w in G ist eine endliche Folge $(e_i)_{1 \le i \le n}$ (für ein $n \in \mathbb{N}$) von Kanten $e_i = (v_i, t_i, v_{i+1}) \in E$ mit $v_i' = v_{i+1}$ für $1 \le i < n$. Dabei heißt n auch* Länge *von w und w ein Weg von v_0 nach v_n'.*

Ein Kreis *in G ist ein Weg w von einem Knoten $v \in V$ zu sich selbst. Ein Weg $w = ((v_i, t_i, v_{i+1}))_{1 \le i \le n}$ heißt* einfach, *falls $v_i \ne v_j$ für alle i, j mit $1 \le i, j \le n$ und $i \ne j$ gilt.*

Ein Kreis w heißt Euler-Kreis, *falls w jede Kante in E genau einmal benutzt.*

Die Beschriftung *eines Weges* $w = ((v_i, t_i, v_{i+1}))_{1 \leq i \leq n}$ *ist das Wort* $t_1 \ldots t_n$ *der Namen der in w benutzten Kanten. Ist w ein Weg von v nach v' mit Beschriftung* $\sigma \in \Sigma^*$, *so schreiben wir auch* $v \xrightarrow{w} v'$ *und* $v \xrightarrow{\sigma} v'$. *In diesem Fall heißt v auch ein* Vorfahre *oder* Vorgänger *von v' und v' ein* Nachfolger *von v. Gilt* $v \xrightarrow{t} v'$ *für ein* $t \in \Sigma$, *so heißt v' auch* Sohn *oder* direkter Nachfolger *von v und v* Vater *oder* direkter Vorgänger *von v'. Ein* Knoten *ohne Söhne heißt auch ein* Blatt. *Ist* $e = (v, t, v') \in E$ *eine Kante, so setzen wir* $^\bullet e = v$ *und* $e^\bullet = v'$. *Ist* $v \in V$ *ein Knoten in G, so setzen wir* $^\bullet v = \{e \in E \mid e^\bullet = v\}$ *und* $v^\bullet = \{e \in E \mid {}^\bullet e = v\}$. *Der* In-Grad *eines Knotens v ist* $|^\bullet v|$, *die Zahl der Kanten, die in v führen. Der* Out-Grad *von v ist* $|v^\bullet|$. *Ein Graph G heißt* balanciert, *falls für jeden Knoten in G In- und Out-Grad übereinstimmen. Ein Knoten v heißt* isoliert, *falls In- und Out-Grad von v gleich Null sind.*

$^\bullet v$ ist die Menge aller Kanten in E, die in v enden, $v^\bullet$ die Menge aller Kanten, die in v beginnen. Ist ein Graph G lokal determiniert, so kann zu gegebenem Knoten v und zu gegebener Beschriftung σ höchstens ein Weg w in G existieren, der in v beginnt und die Beschriftung σ besitzt. Ist dieser Startknoten bekannt, so können wir also in lokal-determinierten Graphen Wege mit deren Beschriftungen identifizieren.

Definition 2.2.2. *Ein Graph $G = (V, E, \Sigma)$ heißt* streng zusammenhängend, *falls zu je zwei Knoten v, v' zwei Wege w_1, w_2 in G existieren mit $v \xrightarrow{w_1} v' \xrightarrow{w_2} v$. Ist $v \in V$ ein Knoten eines beliebigen Graphen $G = (V, E, \Sigma)$, so ist die* strenge Zusammenhangskomponente G_v^{zsh} *von v definiert als der Graph* $G_v^{zsh} = (V', E', \Sigma')$ *mit*

- $V' = \{v' \in V \mid \exists \text{ Wege } w_1, w_2 \text{ in } G \text{ mit } v \xrightarrow{w_1} v' \xrightarrow{w_2} v\}$,

- $E' = \{(v, t, v') \in E \mid v, v' \in V'\}$,

- $\Sigma' = \{t \in \Sigma \mid \exists v, v' \in V' : (v, t, v') \in E'\}$.

G_v^{zsh} ist also der Teilgraph von G, der alle Knoten enthält, die auf einem Kreis liegen, der durch v geht. Bekannt ist der folgende elementare Satz.

Satz 2.2.3 (Euler-Kreise). *Es sei G ein endlicher Graph ohne isolierte Knoten. G besitzt genau dann einen Euler-Kreis, falls G streng zusammenhängend und balanciert ist.*

Ein einfacher Beweis findet sich etwa in [Knu68] (Band 1, Kapitel 2.3.4.2, Theorem 6).

Wir brauchen später noch folgende einfache Konsequenz aus diesem Satz:

Lemma 2.2.4. *Sei $G = (V, E, \Sigma, \varrho)$ ein endlicher, streng zusammenhängender Graph mit einer zusätzlichen Kantengewichtung ϱ: $E \to \mathbb{N}_+ = \{n \in \mathbb{N} \mid n \geq 1\}$. Gilt $\sum_{e \in {}^\bullet v} \varrho(e) = \sum_{e \in v^\bullet} \varrho(e)$ für jeden Knoten $v \in V$, so existiert in G ein Kreis, der jede Kante $e \in E$ genau $\varrho(e)$-mal durchläuft.*

Beweis: G^ϱ entstehe aus G, indem jede Kante $e \in E$ genau $\varrho(e)$-mal kopiert wird. Also ist $G^\varrho := (V, E', \Sigma')$ mit $\Sigma' := \Sigma \times \{1, \ldots, n\}$ mit $n := \max_{e \in E} \varrho(e)$ und $(v, (a, i), v') \in E'$: $\iff$ $(v, a, v') \in E \wedge i \leq \varrho((v, a, v'))$. G^ϱ ist wegen $\varrho(e) \geq 1$ ebenfalls streng zusammenhängend. Wegen $\sum_{e \in {}^\bullet v} \varrho(e) = \sum_{e \in v^\bullet} \varrho(e)$ für alle $v \in V$ ist G^ϱ auch balanciert und besitzt damit einen Eulerkreis, der jede Kante $(v, (a, i), v') \in E'$ genau einmal benutzt. Dieser Kreis liefert bei Rückprojektion auf G sofort den gewünschten Kreis, der jede Kante (v, a, v') genau $\varrho((v, a, v'))$-mal benutzt. $\blacksquare$

Definition 2.2.5 (Baum). *Ein* Baum B *ist ein ungewichteter, initialer Graph $B = (V, E, v_0)$ mit*

- $\forall v \in V \; \exists \; Weg \; w \; in \; G$: $(v_0 \overset{w}{\longrightarrow} v)$,

- $\forall v, v' \in V \; \forall \; Wege \; w_1, w_2 \; in \; G$: $(v \overset{w_1}{\longrightarrow} v' \wedge v \overset{w_2}{\longrightarrow} v' \implies w_1 = w_2)$.

v_0 *heißt auch* Wurzel *des Baumes B. Die* Tiefe *eines Knotens $v \in V$ ist die Länge des einzigen Weges von v_0 nach v. Die* Tiefe *eines Baumes ist die maximale Tiefe seiner Knoten. Sie kann unendlich sein.*

Einen Weg von der Wurzel v_0 zu einem Knoten v nennen wir einen Ast.

Der Grad *eines Baumes ist* $\sup\{|v^\bullet| \mid v \in V\}$, *die maximale Anzahl der Söhne eines Knotens in V. Der Grad kann ebenfalls unendlich sein.*

Aus obiger Definition folgt sofort, dass von v_0 aus zu jedem Knoten $v \in V$ genau ein Weg existiert. Insbesondere muss B kreisfrei sein. Ein Baum mit unendlich vielen Kanten muss daher auch unendlich viele Knoten besitzen, da zwischen zwei Knoten höchstens eine Kante laufen kann. Zwischen der Anzahl der Knoten und der Blätter, der Tiefe und dem Grad besteht in endlichen Bäumen folgender trivialer Zusammenhang, den man leicht durch Induktion über die Tiefe beweist.

Lemma 2.2.6. *Es sei $B = (V, E, \Sigma, v_0)$ ein endlicher Baum der Tiefe t und vom Grad g mit b Blättern. Dann gilt:*

$b \leq g^t$ *und* $|V| \leq 2 \cdot g^t$.

Ein wichtiger Satz über unendliche Bäume ist König's Lemma.

Satz 2.2.7 (König's Lemma). *Ist B ein unendlicher Baum, dessen Knoten jeweils höchstens endlich viele Söhne besitzen, so existiert in B ein unendlicher Weg von der Wurzel aus.*

Beweis: Ein unendlicher Weg ist eine Folge $(v_i)_{i \in \mathbb{N}}$ von Knoten aus T, so dass eine gerichtete Kante von v_i nach v_{i+1} existiert für alle $i \in \mathbb{N}$.

Hilfsüberlegung: Für jedes $i \in \mathbb{N}$ existiert ein Knoten v_i in T der Tiefe i (d.h. es existiert ein Weg der Länge i von v_0, der Wurzel von T, zu v_i), so dass v_i unendlich viele Nachfolger in T besitzt.

Beweis der Hilfsüberlegung: Durch Induktion über die Tiefe i. $i = 0$: v_0, die Wurzel von T, besitzt unendlich viele Nachfolger in T, da jeder Knoten in T Nachfolger von v_0 ist, und T unendlich ist.

$i \rightarrow i + 1$: Sei v_i bereits ein Knoten der Tiefe i in T mit unendlich vielen Nachfolgern. Da v_i nur endlich viele Söhne, $v_i^1, \ldots, v_i^n$, besitzt, muss einer dieser Söhne selbst unendlich viele Nachfolger besitzen. Wähle diesen Sohn als v_{i+1}.

Aus der Hilfsüberlegung folgt sofort die Behauptung: Wähle den Weg $(v_i)_{i \in \mathbb{N}}$ mit der Wurzel als v_0 und v_{i+1} stets als Sohn von v_i mit selbst unendlich vielen Nachfolgern. ∎

Eine wichtige Konsequenz aus König's Lemma ist das folgende Lemma:

Lemma 2.2.8. *Ist $\rightarrow \subseteq V \times V$ eine Relation über V und existieren für alle $i \in \mathbb{N}$ endliche, nichtleere Mengen $V_i \subseteq V$, so dass für alle $i \in \mathbb{N}$ und $v \in V_{i+1}$ ein $v' \in V_i$ mit $v' \rightarrow v$ existiert, dann gibt es eine unendliche Folge $(v_i)_{i \in \mathbb{N}}$ mit $v_i \in V_i$ und $v_i \rightarrow v_{i+1}$ für alle $i \in \mathbb{N}$.*

Beweis: Wir definieren eine endliche Menge $\{B_v \mid v \in V_0\}$ von Bäumen wie folgt durch Induktion über $\mathbb{N}$.

$i = 0$: Jeder Knoten v in V_0 sei Wurzel eines noch zu konstruierenden Baumes B_v.

$i \rightarrow i + 1$: Sei jeder Knoten $v' \in V_i$ bereits mindestens einem Baum B_v zugeordnet. Sei $v'' \in V_{i+1}$. Es existiert (mindestens) ein $v' \in V_i$ mit $v' \rightarrow v''$. v' sei Knoten in B_v. So nehmen wir v'' als neuen Sohn von v' in B_v auf.

Da V_i stets endlich und nicht leer ist, bricht diese Konstruktion nie ab, und mindestens einer der endlich vielen Bäume B_v, $v \in V_0$, muss damit selbst unendlich sein. Dieser Baum B_v besitzt damit einen unendlich langen Weg von v aus, der genau die gesuchte unendliche Folge darstellt. ∎

Diese Konsequenz (Satz 2.2.8) war bereits König bekannt. Er hat sie in der folgenden, schönen Form anschaulich dargestellt (vgl. Knuth [Knu68]): „Falls die Menschheit nie ausstirbt, existiert heute ein Mensch mit einer unendlich langen Linie von Nachfahren."

Es gibt viele alternative Definitionen und Modifikationen des Graphkonzeptes. Unser Graphbegriff kann alternativ als „gerichteter, kantengewichteter Graph" aufgefasst werden. Da ungerichtete oder nicht-kantengewichtete Graphen in diesem Buch kaum eine Rolle spielen, haben wir dieses Konzept der Einfachheit halber als Graphbegriff gewählt.

2.3 Ringe und Körper

Definition 2.3.1 (Monoid, Gruppe). *Seien M eine Menge und $\circ\colon M \times M \to M$ eine Verknüpfung auf M. Wir bezeichnen das Paar $(M, \circ)$ als* Halbgruppe, *falls folgende Bedingung erfüllt ist:*

- $\forall a, b, c \in M\colon (a \circ b) \circ c = a \circ (b \circ c)$ *(Assoziativität).*

Anstelle von $a \circ b$ schreiben wir verkürzt auch oft einfach ab. Wir nennen eine Halbgruppe frei, *falls es eine endliche Teilmenge $M' \subseteq M$ gibt, so dass jedes $m \in M$ genau eine endliche Darstellung $m = a_1 \circ \ldots \circ a_j$ mit $j \in \mathbb{N}$ und $a_i \in M'$ für alle $1 \le i \le j$ besitzt.*

Eine Halbgruppe $(M, \circ)$ heißt kommutativ *oder* abelsch, *falls*

- $\forall a, b \in M\colon a \circ b = b \circ a$ *(Kommutativität)*

gilt. Wir bezeichnen eine Halbgruppe $(M, \circ)$ als Monoid, *falls sie ein neutrales Element besitzt:*

- $\exists e \in M \;\forall a \in M\colon e \circ a = a = a \circ e$ *(Einselement).*

Ein Monoid $(M, \circ)$ heißt Gruppe, *falls jedes Element ein Inverses besitzt, d.h. es gilt*

- $\forall a \in M \;\exists a^{-1} \in M\colon a \circ a^{-1} = e = a^{-1} \circ a$ *(Inverses Element).*

Definition 2.3.2 (Ring, Körper). *Sei $(M, +)$ eine abelsche Gruppe, in der 0 das Neutrale Element und $-a$ das Inverse zu a bezeichne. Ferner sei $\cdot\colon M \times M \to M$ eine weitere Verknüpfung auf M. Wir bezeichnen $(M, +, \cdot)$ als* Ring, *falls $(M \backslash \{0\}, \cdot)$ eine Halbgruppe ist, sowie folgende Bedingungen erfüllt sind:*

- $\forall a, b, c \in M: (a + b) \cdot c = (a \cdot c) + (b \cdot c)$ (Distributivität 1),

- $\forall a, b, c \in M: a \cdot (b + c) = (a \cdot b) + (a \cdot c)$ (Distributivität 2).

Ein Ring $(M, +, \cdot)$, für den $(M \backslash \{0\}, \cdot)$ ein Monoid ist, heißt auch Ring mit Eins. Ein Ring $(M, +, \cdot)$, für den $(M \backslash \{0\}, \cdot)$ eine abelsche Gruppe ist, heißt auch Körper. Das Einselement von $(M \backslash \{0\}, \cdot)$ wird als 1 geschrieben (sofern vorhanden), während man 0 auch als Nullelement bezeichnet.

Bekannte Körper sind $\mathbb{Q}$ und $\mathbb{R}$. Wichtige Ringe, die in diesem Buch immer wieder vorkommen, sind $\mathbb{Z}$ und der Polynomring über $\mathbb{Z}$. Wir definieren Polynome wie folgt:

Definition 2.3.3 (Polynom). *Ein* Polynom *über $\mathbb{Z}$ (bzw. $\mathbb{N}$) vom Grad n mit r Variablen und Koeffizienten in $\mathbb{Z}$ (bzw. $\mathbb{N}$) ist eine Abbildung $f : \mathbb{Z}^r \to \mathbb{Z}$ ($f : \mathbb{N}^r \to \mathbb{N}$) definiert durch $\forall x_1, \ldots, x_r \in \mathbb{Z}$ (bzw. $\mathbb{N}$):*

$$f(x_1, \ldots, x_r) := \sum_{(i_1, \ldots, i_r) \in \{0, \ldots, n\}^r} a_{i_1, \ldots, i_r} \cdot x_1^{i_1} \cdot \ldots \cdot x_r^{i_r}$$

mit $a_{i_1, \ldots, i_r} \in \mathbb{Z}$ (bzw. aus $\mathbb{N}$) für alle $i_j \in \{0, \ldots, n\}$ mit $1 \leq j \leq r$. r heißt auch die Dimension *von f, $r = \dim f$. Die Größe $|f|$ von f ist definiert als*

$$|f| := \sum_{\substack{0 \leq i_j \leq n \\ 1 \leq j \leq r \\ a_{i_1, \ldots, i_r} \neq 0}} i_j + \sum_{\substack{0 \leq i_j \leq n \\ 1 \leq j \leq r}} |a_{i_1, \ldots, i_r}|.$$

Die Menge aller Polynome (beliebigen Grades) mit Koeffizienten in $\mathbb{N}$ bezeichnen wir mit $\mathbb{N}[\vec{X}]$, die aller Polynome mit Koeffizienten in $\mathbb{Z}$ mit $\mathbb{Z}[\vec{X}]$. Mit $\mathbb{Z}[\vec{X}]_{\mathbb{N}}$ bezeichnen wir alle Polynome $f : \mathbb{N}^r \to \mathbb{N}$ in $\mathbb{Z}[\vec{X}]$, r beliebig, d.h., alle solche Polynome f aus $\mathbb{Z}[\vec{X}]$, die für jedes Argument $\vec{n} \in \mathbb{N}^r$ nur einen Wert $f(\vec{n}) \in \mathbb{N}$ annehmen können.

Es ist zu beachten, dass für Polynome f in $\mathbb{Z}[\vec{X}]_{\mathbb{N}}$ als Argumente nur Vektoren über $\mathbb{N}$ zugelassen sind. $f : \mathbb{N}^r \to \mathbb{N}$ gilt für ein $r \in \mathbb{N}$ für jedes $f \in \mathbb{Z}[\vec{X}]_{\mathbb{N}}$. Nur die Koeffizienten dürfen aus $\mathbb{Z}$ sein. In die Größe $|f|$ gehen nur die Terme ein mit Koeffizienten $\neq 0$.

Es lässt sich leicht überprüfen, dass $(\mathbb{Z}[\vec{X}], +, \cdot)$ mit dem Nullelement $0 \in \mathbb{Z} \subseteq \mathbb{Z}[\vec{X}]$ und dem Einselement $1 \in \mathbb{Z} \subseteq \mathbb{Z}[\vec{X}]$ einen Ring mit Eins bildet, den wir den *Polynomring* über $\mathbb{Z}$ nennen. Mangels inverser Elemente bzgl. der Addition bilden $\mathbb{N}[\vec{X}]$ und $\mathbb{Z}[\vec{X}]_{\mathbb{N}}$ zwar keine Ringe, werden sich jedoch trotzdem noch als nützlich erweisen.

Definition 2.3.4 (Modul, Vektorraum). *Sei* $(R, +, \cdot)$ *ein Ring mit Eins. Ein R-Modul ist ein Tripel* $(M, +, \cdot)$ *mit zwei (anderen!) Verknüpfungen* $+$: $M \times M \to M$ *und* $\cdot : R \times M \to M$ *(Skalarmultiplikation), die folgende Bedingungen erfüllen:*

- $\forall \lambda, \mu \in R \ \forall v \in M \colon (\lambda + \mu) \cdot v = (\lambda \cdot v) + (\mu \cdot v),$

- $\forall \lambda \in R \ \forall v, v' \in M \colon \lambda \cdot (v + v') = (\lambda \cdot v) + (\lambda \cdot v'),$

- $\forall \lambda, \mu \in R \ \forall v \in M \colon \lambda \cdot (\mu \cdot v) = (\lambda \cdot \mu) \cdot v,$

- $\forall v \in M \colon 1 \cdot v = v.$

Ein R-Modul heißt auch R-Vektorraum, falls R ein Körper ist.

In diesem Buch arbeiten wir ständig mit den beiden R-Moduln R^m und $R^{m \times n}$, wobei R meistens der Ring $\mathbb{Z}$ sein wird. Obwohl $\mathbb{N}$ kein Ring ist, erlauben wir auch $R := \mathbb{N}$ zu setzen, alle Rechenregeln werden dann aus $\mathbb{Z}$ übernommen, solange keine negativen Zahlen auftreten. Generell erklären wir R^n als den R-Modul aller m-dimensionalen Vektoren über R mit der Vektoraddition und Skalarmultiplikation als weitere Operationen. $R^{m \times n}$ ist der R-Modul aller $m \times n$-Matrizen über R mit der Matrixaddition und Skalarmultiplikation als weitere Operationen. Eine $m \times n$-Matrix A schreiben wir auch als rechteckiges Schema mit m Zeilen und n Spalten. Wir schreiben $A = (a_{i,j})_{1 \leq i \leq m, 1 \leq j \leq n}$ mit jeweils dem Eintrag $a_{i,j} \in R$ in Zeile i und Spalte j. $m \times n$ nennen wir auch die *Dimension* von A. Ist sie bekannt oder unwichtig, so lassen wir sie weg und schreiben nur $A = (a_{i,j})_{i,j}$. Die Zeilen einer Matrix heißen Zeilenvektoren, ihre Spalten entsprechend Spaltenvektoren.

Die Transponierte A^T einer $m \times n$-Matrix $A = (a_{i,j})_{i,j}$ über R ist die $n \times m$-Matrix $A^\mathsf{T} = (a_{j,i})_{i,j}$.

Das Produkt AB zweier Matrizen $A = (a_{i,j})_{i,j}$ und $B = (b_{k,\ell})_{k,\ell}$ ist die $m \times p$-Matrix $AB = (c_{i,\ell})_{i,\ell}$ mit $c_{i,\ell} := \sum_{j=1}^{m} a_{i,j} \cdot b_{j,\ell}$, falls A eine $m \times n$-Matrix und B eine $n \times p$-Matrix ist.

Als *Nullmatrix* $\mathbf{0} = (a_{i,j})_{i,j}$ bezeichnen wir jede $m \times n$-Matrix mit $a_{i,j} = 0$ für alle $1 \leq i \leq m$ und $1 \leq j \leq n$. Als *Einheitsmatrix* E bezeichnen wir alle $n \times n$-Matrizen $E = (e_{i,j})_{i,j}$ mit $e_{i,j} = 1$ falls $i = j$ und $e_{i,j} = 0$ sonst. Die Nullmatrix ist neutrales Element der Addition von Matrizen, während die Einheitsmatrix neutrales Element der Multiplikation für quadratische Matrizen (mit $m = n$) ist. Zu einer $m \times n$-Matrix A sei $-A$ die Matrix mit $A + (-A) = \mathbf{0}$. Ist A eine $n \times n$-Matrix und gilt $AA^{-1} = E$ oder $A^{-1}A = E$ für eine $n \times n$-Matrix A^{-1}, so nennen wir A^{-1} *Rechts-* bzw. *Linksinverses* von A.

Für eine $m \times n$-Matrix $A = (a_{i,j})_{i,j}$ gilt $A \geq \mathbf{0}$, falls $a_{i,j} \geq 0$ für alle $i \in \{1, \ldots, m\}$ und $j \in \{1, \ldots, n\}$ ist. Es ist $A > \mathbf{0}$, falls $A \geq \mathbf{0}$ und $a_{i,j} \neq 0$ für ein Paar i, j gilt. Analog gilt $A \geq B$, falls $A + (-B) \geq \mathbf{0}$ ist, etc.

Wir merken noch an, dass jeder Spaltenvektor und jeder Zeilenvektor mit n Komponenten gerade eine $n \times 1$- bzw. $1 \times n$-Matrix ist. Damit lassen sich zwei Vektoren v, v' vergleichen, wenn sie die gleiche Dimension besitzen, und es gilt $v < v'$, wenn v in jeder Komponente höchstens so groß wie v' und in mindestens einer Komponente echt kleiner als v' ist.

Ein Spezialfall des Matrizenmoduls $R^{m \times n}$ ist der Modul $R^m := R^{m \times 1}$ der m-dimensionalen (Spalten-)Vektoren über R. Für R wählen wir den Ring $\mathbb{Z}$ oder – wie oben bereits erwähnt – die Menge $\mathbb{N}$ als Teilmenge von $\mathbb{Z}$. $\mathbb{N}^m$ besitzt keine schönen algebraischen Eigenschaften mehr, wie können in $\mathbb{N}^m$ aber wie in $\mathbb{Z}^m$ arbeiten, solange keine negativen Zahlen auftreten. Ist $a \in \mathbb{N}^m$ oder $a \in \mathbb{Z}^m$, so schreiben wir dabei $a = (a_1, \ldots, a_m)^\mathsf{T}$ oder $a = (a(1), \ldots, a(m))^\mathsf{T}$, wobei $a_i = a(i) \in \mathbb{N}$ (oder $\mathbb{Z}$) die *Komponenten* von a sind. Ein i mit $1 \leq i \leq m$ heißt auch *Koordinate* von a.

Wir führen für einige Spaltenvektoren abkürzende Schreibweisen ein. So ist mit $\mathbf{0} = (0, \ldots, 0)^\mathsf{T}$ der Nullvektor einer vom Kontext abhängigen Dimension gemeint. Wir schreiben also beispielsweise $\mathbf{0}$ sowohl für den Nullvektor im $\mathbb{R}^7$ als auch im $\mathbb{N}^3$. Analog ist mit $\mathbf{1} = (1, \ldots, 1)^\mathsf{T}$ der Einheitsvektor gemeint, der aus einer vom Kontext abhängigen Anzahl von Einsen besteht. In einer Formel $\mathbf{1}^\mathsf{T} \cdot \mathbb{M} \cdot \mathbf{1} = k$ mit einer $m \times n$-Matrix $\mathbb{M}$ besitzt der erste $\mathbf{1}$-Vektor die Dimension m, der zweite die Dimension n.

Sei P eine Menge. Wir bezeichnen mit $\mathbb{N}^P$ die Menge der Abbildungen $f : P \to \mathbb{N}$. Für endliche Mengen $P = \{p_1, \ldots, p_n\}$ identifizieren wir $\mathbb{N}^P$ mit $\mathbb{N}^{|P|}$, der Menge aller $|P|$-dimensionalen Spaltenvektoren über $\mathbb{N}$.

Mit π bezeichnen wir Projektionen. Ist p ein ausgezeichnetes Element in P, $P' \subseteq P = \{p_1, \ldots, p_n\}$ eine ausgezeichnete Teilmenge von P, so sind $\pi_p : \mathbb{N}^P \to \mathbb{N}$ und $\pi_{P'} : \mathbb{N}^P \to \mathbb{N}^{P'}$ die Projektionen mit $\pi_p(v) = v(p)$ und $\pi_{P'}(v) = (v(p_{i_1}), \ldots, v(p_{i_k}))^\mathsf{T}$, falls $P' = \{p_{i_1}, \ldots, p_{i_k}\}$ mit $i_1 < \ldots < i_k$ gilt. Ein $v \in \mathbb{N}^{P'}$ fassen wir als Element von $\mathbb{N}^P$ auf, indem wir $v(p) = 0$ für alle $p \in P - P'$ festlegen. Wir bezeichnen dies als *kanonische Einbettung* von $\mathbb{N}^{P'}$ in $\mathbb{N}^P$.

2.4 Erweiterte natürliche Zahlen

Wir erweitern die natürlichen Zahlen $\mathbb{N}$ um einen Wert ω, der größer als alle natürlichen Zahlen ist. Man kann ω als unendlich oder, mathematisch genauer, als erste Limeszahl begreifen. Sei $\mathbb{N}_\omega := \mathbb{N} \cup \{\omega\}$ mit $a + \omega = \omega - a = \omega$

und $a < \omega$ für alle $a \in \mathbb{N}$. Wir übertragen die für Vektoren und Matrizen über $\mathbb{N}$ bekannten Begriffe auf Vektoren und Matrizen über $\mathbb{N}_\omega$. Wir setzen die übliche komponentenweise Halbordnung $\leq$ für r-dimensionale Vektoren über $\mathbb{N}^n$ kanonisch auf $\mathbb{N}_\omega^n$ fort. Zusätzlich definieren wir noch eine Halbordnung $\leq_\omega$, wobei $a = (a_1, \ldots, a_n)^\mathsf{T} \leq_\omega b = (b_1, \ldots, b_n)^\mathsf{T}$ für $a, b \in \mathbb{N}_\omega^n$ genau dann gilt, wenn $a_i = b_i$ oder $b_i = \omega$ für alle $1 \leq i \leq n$ gilt.

Wegen der Wichtigkeit dieser Begriffe und der relativen Unbekanntheit von $\leq_\omega$ wollen wir dazu eine gesonderte Definition benutzen.

Definition 2.4.1. *Auf $\mathbb{N}_\omega^n$ sind zwei Halbordnungen $\leq$ und $\leq_\omega$ wie folgt definiert:*
$\forall a, b \in \mathbb{N}_\omega^n$:

$$a \leq b : \Longleftrightarrow \forall i \in \{1, \ldots, n\} : a_i \leq b_i$$
$$a \leq_\omega b : \Longleftrightarrow \forall i \in \{1, \ldots, n\} : (b_i = \omega \vee a_i = b_i).$$

a und b heißen unvergleichbar, *falls weder $a \leq b$ noch $b \leq a$ gilt. Gilt $a \leq_\omega b$, so heißt a spezifizierter als b. Es sind $<, \geq, >$ und $<_\omega, \geq_\omega, >_\omega$ aus $\leq$ und $\leq_\omega$ wie üblich definiert, z.B. ist $a \geq b : \Longleftrightarrow b \leq a$ und $a \geq_\omega b : \Longleftrightarrow b \leq_\omega a$. Eine Koordinate i, $1 \leq i \leq n$, heißt ω-Koordinate von a, falls $a_i = \omega$ gilt.*

Es gilt natürlich $a \leq_\omega b \Longrightarrow a \leq b$, aber nicht umgekehrt, wie folgende einfache Beispiele zeigen:
$(1, 1) \leq_\omega (1, \omega)$
$(1, 1) \leq (1, \omega)$
$(1, 1) \leq (2, \omega)$
$(1, 1) \not\leq_\omega (2, \omega)$
Ist a echt spezifizierter als b, d.h. gilt $a <_\omega b$, so besitzt a auf einer ω-Koordinate i von b einen spezifizierten endlichen Wert $a_i \in \mathbb{N}$, während $b_i = \omega$ gilt. Ist b_i spezifiziert, d.h. gilt $b_i \in \mathbb{N}$, so muss a_i gleich b_i sein. Es ist zu beachten, dass sich „Unvergleichbarkeit" auf $\leq$ und nicht auf $\leq_\omega$ bezieht.

Wir brauchen später den wichtigen, aber relativ unbekannten Satz, dass jede Menge $M \subseteq \mathbb{N}_\omega^n$ von n-Vektoren über $\mathbb{N}_\omega$ höchstens endlich viele paarweise unvergleichbare Elemente besitzen kann. Äquivalent ist, dass in M nur endlich viele $\leq$-minimale Elemente vorkommen, vergleiche Definition 2.1.5.

Satz 2.4.2. *Es sei eine Teilmenge $M \subseteq \mathbb{N}_\omega^n$ von $\mathbb{N}_\omega^n$ gegeben. Dann gilt*

- *M besitzt genau endlich viele paarweise unvergleichbare Elemente,*

- *M besitzt genau endlich viele $\leq$-minimale Elemente.*

- *Jede unendliche Folge F von Elementen aus $\mathbb{N}_\omega^n$ (mit $n \in \mathbb{N}$) besitzt eine bzgl. $\leq$ monoton wachsende unendliche Teilfolge F'. Kommt in F kein Element aus $\mathbb{N}_\omega^n$ mehrfach vor, so ist F' sogar streng monoton wachsend.*

Beweis: Wir zeigen nur die dritte Aussage, aus der die beiden ersten sofort folgen.

Induktion über n: Für $n = 0$ ist die Aussage trivial. Sei $F = (s_i)_{i \in \mathbb{N}}$ eine unendliche Folge über $\mathbb{N}_\omega^{n+1}$ und der Satz gelte für Folgen über $\mathbb{N}_\omega^n$. Sei $\pi : \mathbb{N}_\omega^{n+1} \to \mathbb{N}_\omega^n$ die Projektion auf die ersten n Komponenten. Dann ist $\pi(F) = (\pi(s_i))_{i \in \mathbb{N}}$ selbst eine unendliche Folge. Also besitzt $\pi(F)$ eine unendliche, monoton wachsende Teilfolge, und damit F eine unendliche Teilfolge $F_0 = (s_i')_{i \in \mathbb{N}}$, die in den ersten n Komponenten monoton wächst. Wir bestimmen nun von jedem Element s_i' die letzte Komponente $s_i'(n+1)$ und betrachten die Folge $(s_i'(n+1))_{i \in \mathbb{N}}$. Es sind zwei Fälle zu unterscheiden:

- Eine Zahl $n_0 \in \mathbb{N}_\omega$ kommt in $(s_i'(n+1))_{i \in \mathbb{N}}$ unendlich oft vor. Dann wählen wir als neue Folge F' eine Teilfolge von F_0, in der sämtliche $n+1$-ten Komponenten n_0 sind. Die Folge F' ist offenbar unendlich und monoton wachsend (aber nicht streng monoton).

- Keine Zahl kommt in $(s_i'(n+1))_{i \in \mathbb{N}}$ unendlich oft vor. Daher muss diese Folge unbeschränkt sein. Wir können also zu jedem $s_j'(n+1)$ ein $s_k'(n+1)$ mit $k > j$ finden, so dass $s_j'(n+1) < s_k'(n+1)$ gilt. Dann finden wir aber auch eine Teilfolge $(s_{i_j}'(n+1))_{j \in \mathbb{N}}$ und $i_1 < i_2 < i_3 < \ldots$, die streng monoton wächst. Wir wählen als $F' := (s_{i_j}')_{j \in \mathbb{N}}$ und haben eine monoton wachsende Teilfolge von F gefunden.

Kommt in F kein Element mehrfach vor, so gilt dies offenbar auch für die monoton wachsende Teilfolge F', die deshalb bereits streng monoton wachsend sein muss. ∎

2.5 Sprachen und Sprachoperationen

Ein Alphabet ist, wie stets, eine endliche, nicht-leere Menge.

Definition 2.5.1 (Wort, Sprache). *Ein* Wort w *über einem Alphabet Σ besteht aus einer endlichen (evtl. leeren) Folge von Buchstaben aus Σ. Das leere Wort bezeichnen wir mit ε. Mit $|w|$ bezeichnen wir die Anzahl der Buchstaben in w und mit $w(i)$ für $1 \leq i \leq |w|$ den i-ten Buchstaben des Wortes w. Ferner sei $\#_a(w)$ die Anzahl der Vorkommen des Buchstabens $a \in \Sigma$ im Wort w. Eine* Sprache *über Σ ist eine Menge von Worten über Σ. Die Menge* *aller Worte über Σ bezeichnen wir mit Σ^*, die leere Sprache mit $\emptyset$. Zu einer Sprache L bezeichne $\Sigma_L := \{a \mid \exists w \in L\ \exists i \in \{1, \dots, |w|\} : w(i) = a\}$ das (minimale) Alphabet, welches aus allen Buchstaben besteht, die in wenigstens einem Wort aus L tatsächlich vorkommen. Für $L \subseteq \Sigma^*$ gilt also $\Sigma_L \subseteq \Sigma$. Eine Sprachklasse $\mathbb{L}$ ist eine Menge von Sprachen. Das Parikh-Bild $P(w)$ eines Wortes $w \in \Sigma^*$ ist der Vektor in $\mathbb{N}^\Sigma$ mit $P(w)(a) := \#_a(w)$ für $a \in \Sigma$. Die Abbildung $P : \Sigma^* \to \mathbb{N}^\Sigma$ mit $P(w)$ dem Parikh-Bild von w heißt auch Parikh-Abbildung.*

Ist $L = \{\varepsilon\}$, so ist $\Sigma_L = \emptyset$. Damit ist Σ_L per Definition gar kein Alphabet. Der Einfachheit halber sprechen wir in diesem Fall aber auch vom minimalen „Alphabet" Σ_L für L.

Definition 2.5.2. *Wir definieren zu einem Wort $w \in \Sigma^*$ die Mengen aller Präfixe, Infixe bzw.* Suffixe *durch*

$$\text{Prä}\, w := \{v_1 \in \Sigma^* \mid \exists v_2 \in \Sigma^* : v_1 v_2 = w\}$$

$$\text{Inf}\, w := \{v_2 \in \Sigma^* \mid \exists v_1, v_3 \in \Sigma^* : v_1 v_2 v_3 = w\}$$

$$\text{Suf}\, w := \{v_3 \in \Sigma^* \mid \exists v_2 \in \Sigma^* : v_2 v_3 = w\}$$

Einzelne Elemente aus diesen Mengen bezeichnen wir entsprechend als Präfix, Infix *oder* Suffix *von w. Die Fortsetzung auf Sprachen L ist kanonisch gegeben durch* $\text{Prä}\, L = \bigcup_{w \in L} \text{Prä}\, w$, $\text{Inf}\, L = \bigcup_{w \in L} \text{Inf}\, w$ *und* $\text{Suf}\, L = \bigcup_{w \in L} \text{Suf}\, w$.

Sprachen wurden in der Theorie der Formalen Sprachen der Informatik untersucht. Es sind eine Vielzahl von Operationen auf Sprachen bekannt, von denen hier einige kurz vorgestellt werden sollen.

Definition 2.5.3 (Sprachoperationen). *Seien L_1 und L_2 Sprachen über einem Alphabet Σ. Wir definieren folgende Operationen:*

- *Vereinigung($\cup$). Die Vereinigung $L_1 \cup L_2$ ist definiert als $L_1 \cup L_2 := \{w \in \Sigma^* \mid w \in L_1 \vee w \in L_2\}$.*

- *Durchschnitt($\cap$). Der Durchschnitt $L_1 \cap L_2$ ist definiert als $L_1 \cap L_2 := \{w \in \Sigma^* \mid w \in L_1 \wedge w \in L_2\}$. Als Spezialfall betrachten wir die Einschränkung einer Sprache.*

- *Einschränkung($|_{\Sigma_0}$). Sei $L \subseteq \Sigma^*$ eine Sprache und Σ_0 ein Alphabet (oftmals mit $\Sigma_0 \subseteq \Sigma$). Dann ist $L|_{\Sigma_0} := L \cap \Sigma_0^*$.*

- *Σ-Komplement($\neg$). Das Σ-Komplement von L_1 ist definiert durch $\neg L_1 := \Sigma^* - L_1 := \{w \in \Sigma^* \mid w \notin L_1\}$.*

- *Konkatenation($\cdot$).* Die Konkatenation $L_1 \cdot L_2$ oder $L_1 L_2$ ist definiert durch $L_1 L_2 := \{w_1 w_2 \mid w_1 \in L_1 \wedge w_2 \in L_2\}$. Wir bemerken an dieser Stelle noch, dass $(\Sigma^*, \cdot)$ ein Monoid (mit ε als Einselement) bildet.

- *Kleene-Stern(*).* Der Kleene-Stern-Abschluss von L_1 ist gegeben als $L_1^* := \bigcup_{i \geq 0} L_1^i$ mit $L_1^0 := \{\varepsilon\}$ und $L_1^{i+1} := L_1^i \cdot L$.

- *Homomorphismen(h).* Ist $h : \Gamma \to \Sigma^*$ eine Abbildung, so ist der Homomorphismus $\hat{h} : \Gamma^* \to \Sigma^*$ induktiv gegeben durch $\hat{h}(\varepsilon) := \varepsilon$ und für $w_1, w_2 \in \Gamma^*$: $\hat{h}(w_1 w_2) := \hat{h}(w_1) \cdot \hat{h}(w_2)$. Gewöhnlich unterscheidet man nicht zwischen h und $\hat{h}$. $h(L_1)$ ist dann definiert als $h(L_1) := \{h(w) \mid w \in L_1\}$. Es gibt einige interessante Unterfälle:

  - *Einen Homomorphismus $h : \Gamma \to \Sigma^* - \{\varepsilon\}$ nennen wir auch einen ε-freien Homomorphismus.*

  - *Einen Homomorphismus $h_f : \Gamma \to \Sigma \cup \{\varepsilon\}$ nennen wir auch einen* feinen *Homomorphismus.*

  - *Einen Homomorphismus $h_s : \Gamma \to \Sigma$ nennen wir auch einen* sehr feinen *Homomorphismus.*

  - *Ein sehr feiner Homomorphismus $r : \Gamma \to \Sigma$ heißt* Renaming, *falls r injektiv ist, d.h. $\forall a, b \in \Gamma$: $(r(a) = r(b) \implies a = b)$.*

  - *Das Renaming $r : \Gamma \to \Gamma$ mit $r(a) = a$ für alle $a \in \Gamma$ ist die* Identität *auf Γ und wird mit id_Γ bezeichnet.*

  - *Ein feiner Homomorphismus $\delta_\Sigma : \Gamma \to (\Gamma - \Sigma) \cup \{\varepsilon\}$ mit $\delta_\Sigma(a) = \varepsilon$ für alle $a \in \Sigma$ und $\delta_\Sigma(a) = a$ für alle $a \in \Gamma - \Sigma$ heißt auch* Löschhomomorphismus. *Ist Σ einelementig, etwa $\Sigma = \{a\}$, so schreiben wir auch δ_a anstelle von $\delta_{\{a\}}$. δ_Σ löscht („deletes") also alle Zeichen in Σ.*

- *Shuffle($\shuffle$).* Den Shuffle visualisiert man sich am besten als das "Ineinanderstecken" zweier Stapel Spielkarten beim Mischen. Die einzelnen Spielkarten stehen dabei für Buchstaben und die beiden Kartenstapel für zwei Worte. Formal definiert man den Shuffle induktiv oder algebraisch. Die induktive Definition für $w_1 \shuffle w_2$, $w_1, w_2 \in \Sigma^*$, lautet $w_1 \shuffle \varepsilon := \{w_1\}$, $\varepsilon \shuffle w_2 := \{w_2\}$, $\forall a, b \in \Sigma$: $w_1 a \shuffle w_2 b := (w_1 a \shuffle w_2) b \cup (w_1 \shuffle w_2 b) a$. Gleichwertig ist die folgende algebraische Definition: $w_1 \shuffle w_2 := \{h(w) \mid w \in (\Sigma \cup \Sigma')^* \wedge \delta_{\Sigma'}(w) = w_1 \wedge \delta_\Sigma(w) = g(w_2)\}$, wobei $\Sigma' := \{a' \mid a \in \Sigma\}$ eine umbenannte Version von Σ, $h: (\Sigma \cup \Sigma')^* \to \Sigma^*$ der sehr feine Homomorphismus mit $h(a) := a$ und $h(a') := a$ für alle $a \in \Sigma$, und $g: \Sigma^* \to \Sigma'^*$ der sehr feine Homomorphismus $g(a) := a'$ für alle $a \in \Sigma$ ist. Der Shuffle wird kanonisch auf Sprachen $L_1, L_2 \subseteq \Sigma^*$ fortgesetzt als $L_1 \shuffle L_2 := \bigcup_{w_1 \in L_1, w_2 \in L_2} w_1 \shuffle w_2$. Dabei lässt sich $L_1 \shuffle L_2$ eleganter mittels $L_1 \shuffle L_2 = h(\delta_{\Sigma'}^{-1}(L_1) \cap \delta_\Sigma^{-1}(g(L_2)))$ ausdrücken.

- *Inverser Homomorphismus(h^{-1}). Zu jedem Homomorphismus $h : \Gamma^* \to \Sigma^*$ existiert ein sogenannter inverser Homomorphismus $h^{-1} : \Sigma^* \to 2^{\Gamma^*}$ mit $h^{-1}(w) := \{w' \in \Gamma^* \mid h(w') = w\}$ für alle $w \in \Sigma^*$ und $h^{-1}(L) := \bigcup_{w \in L} h^{-1}(w)$ für $L \subseteq \Sigma^*$.*

- *Präfixabschluss(Prä). L_1 heißt Präfixabschluss von L_2, falls $L_1 = $ Prä L_2 gilt.*

- *Restriktion(⊛). Wir definieren den Restriktionsoperator ⊛ für zwei Sprachen L_1 und L_2 über (den minimal gewählten) Alphabeten Σ_{L_1} und Σ_{L_2} durch*

$$L_1 \circledR L_2 := (L_1 \sqcup (\Sigma_{L_2} - \Sigma_{L_1})^*) \cap (L_2 \sqcup (\Sigma_{L_1} - \Sigma_{L_2})^*).$$

Unter all diesen Operationen treten Homomorphismen und deren Inverse auf eine besondere Weise hervor: Sie sind die einzigen Operationen, die neben den Sprachen, auf denen operiert wird, noch einen weiteren Parameter benötigen. Dies ist gerade die Abbildung, die dem Homomorphismus zugrundeliegt. Wir erlauben, auch hiervon zu abstrahieren, indem wir das Anwenden beliebiger Homomorphismen auf Klassen von Sprachen beschreiben.

Definition 2.5.4 (Homomorphe Bilder). *Ist $\mathbb{L}$ eine Klasse von Sprachen, so ist*

$$hom(\mathbb{L}) := \{L' \mid \exists \text{ Homomorphismus } h, \ \exists L \in \mathbb{L} : \ L' = h(L)\}$$

das homomorphe Bild von $\mathbb{L}$. Analog bezeichnen wir mit ε-freie hom($\mathbb{L}$), feine hom($\mathbb{L}$) und sehr feine hom($\mathbb{L}$) die Sprachklassen, die entstehen, wenn man bei der Konstruktion des homomorphen Bildes von $\mathbb{L}$ nur ε-freie, feine bzw. sehr feine Homomorphismen zulässt. Das invers-homomorphe Bild einer Sprachklasse $\mathbb{L}$ bezeichnen wir dementsprechend mit hom$^{-1}(\mathbb{L})$.

2.6 Maschinen und Komplexität

Zur Beschreibung von Sprachen nutzt man in der Theoretischen Informatik verschiedene Konzepte von Automaten. Wir definieren hier zwei davon, den endlichen Automaten und die Turingmaschine. Mit beiden Konzepten lassen sich jeweils unterschiedliche Sprachklassen beschreiben.

Definition 2.6.1 (Endlicher Automat). *Ein (deterministischer) endlicher Automat A ist ein Tupel $A = (S, \Sigma, \delta, s_0, S_f)$ mit*

- *einer endlichen Menge von Zuständen S,*

- *einem Alphabet Σ,*

- *einer (partiellen) Übergangsfunktion $\delta : S \times \Sigma \to S$,*

- *einem Startzustand $s_0 \in S$ und*

- *einer Menge von Finalzuständen S_f.*

Wir setzen die Funktion δ kanonisch zu einer Funktion $\delta^* : S \times \Sigma^* \to S$ durch $\delta^*(s, \varepsilon) = s$ und $\delta^*(s, wa) = \delta(\delta^*(s, w), a)$ für alle $s \in S$, $w \in \Sigma^*$ und $a \in \Sigma$ fort.

Eine Sprache L heißt regulär, *falls ein endlicher Automat A existiert mit $L = L(A) := \{w \in \Sigma^* \mid \delta^*(s_0, w) \in S_f\}$. $\mathcal{R}eg$ bezeichnet die Klasse aller regulären Sprachen, $Prä\mathcal{R}eg$ bezeichnet die Klasse aller präfix-abgeschlossenen regulären Sprachen, d.h.*

$$Prä\mathcal{R}eg = \bigcup_{L \in \mathcal{R}eg} Prä\, L.$$

Üblicherweise wird δ als totale Funktion definiert, aber es ist egal, ob man auch partielle Funktionen zulässt, und besser für Petri-Netze geeignet.

Weit mächtiger ist das Konzept der Turingmaschine. Eine Turingmaschine besitzt neben einer endlichen Menge von Zuständen noch ein zweiseitig unendliches Band mit einem Schreib/Lesekopf. Die Turingmaschine kann dabei – abhängig vom Zustand und dem Symbol, auf das der Schreib/Lesekopf zeigt –, dieses Zeichen ändern oder den Schreib/Lesekopf einen Schritt nach links oder rechts bewegen, und den Zustand wechseln.

Definition 2.6.2 (Turingmaschine). *Eine (nichtdeterministische) Turingmaschine M ist ein Tupel $M = (S, \Sigma, \Delta, s_0, I)$ mit*

- *einer endlichen Menge von Zuständen S sowie einem ausgezeichneten Zustand $halt \notin S$,*

- *einem Alphabet Σ mit einem ausgezeichneten Symbol $\# \in \Sigma$,*

- *einer Übergangsrelation $\Delta \subseteq (S \times \Sigma) \times ((S \cup \{halt\}) \times (\Sigma \cup \{L, R\}))$ mit Symbolen $L, R \notin \Sigma$,*

- *einem Startzustand $s_0 \in S$*

- *und einem Eingabealphabet $I \subseteq \Sigma - \{\#\}$.*

Eine Turingmaschine ist deterministisch, *falls Δ eine (partielle) Funktion mit Definitionsbereich $S \times \Sigma$ ist.*

Den aktuellen "Gesamtzustand" einer Turingmaschine beschreibt man mittels Konfigurationen, die den Zustand, den Inhalt des Bandes und die aktuelle Position des Schreib/Lesekopfes enthalten. Wir notieren eine solche Konfiguration als ein endliches Wort (leere "Bandenden" werden nicht notiert), in dem die Position des Schreib/Lesekopfes durch das auf den Zustand folgende Symbol markiert ist.

Definition 2.6.3 (Konfiguration). *Eine* Konfiguration C *einer Turingmaschine* $M = (S, \Sigma, \Delta, s_0, I)$ *ist ein Wort* $C = vsaw$ *mit* $v \in \{\varepsilon\} \cup ((\Sigma - \{\#\}) \cdot \Sigma^*)$, $s \in S$, $a \in \Sigma$ *und* $w \in \{\varepsilon\} \cup (\Sigma^* \cdot (\Sigma - \{\#\}))$. *D.h.,* v *beginnt nicht und* w *endet nicht mit* $\#$, *da die „leeren" Bandenden nicht mit notiert werden.*

$C' = v's'a'w'$ *heißt* Nachfolgekonfiguration *von* $C = vsaw$ *(mit* $v, v', w, w' \in \Sigma^*$, $a, a' \in \Sigma$, $s \in S$ *und* $s' \in S \cup \{halt\}$*),*

- *falls* $(s, a, s, a') \in \Delta$, $v = v'$ *und* $w = w$, *oder*

- *falls* $(s, a, s', R) \in \Delta$ *und*
  $(v' = va \neq \#$ *oder* $v' = v = \varepsilon \wedge a = \#)$ *und*
  $(a'w' = w \neq \#$ *oder* $w' = w = \varepsilon \wedge a' = \#)$, *oder*

- *falls* $(s, a, s', L) \in \Delta$ *und*
  $(v'a' = v \neq \#$ *oder* $v' = v = \varepsilon \wedge a' = \#)$ *und*
  $(w' = aw \neq \#$ *oder* $w' = w = \varepsilon \wedge a = \#)$.

Wir schreiben dann auch $C \vdash C'$. *Sei weiter* $\vdash^*$ *der reflexive, transitive Abschluss von* $\vdash$.

Wir sagen, dass eine Rechnung *von* C *nach* C' *führt, falls* $C \vdash^* C'$ *gilt. Ein Wort* $w \in I^*$ *heißt* Input *einer Rechnung* $C_0 \vdash C_1 \vdash \ldots$, *falls* $C_0 = s_0 w$ *gilt, und ein Zahlentupel* $(x_1, \ldots, x_r) \in \mathbb{N}^r$ *heißt* Input*, falls* $C_0 = s_0 |^{x_1} \# |^{x_2} \# \ldots \# |^{x_r}$ *gilt. Für* $w \in I^*$ *ist* $C_w := s_0 w$ *die* Startkonfiguration *bei Input* w.

$C = vsaw$ *heißt* Haltekonfiguration *von* M, *falls* $s = halt$ *gilt.*

Es gibt zwei unterschiedliche Sprachbegriffe bei Turingmaschinen.

Definition 2.6.4 (akzeptierbar, entscheidbar). *Sei* $M = (S, \Sigma, \Delta, s_0, I)$ *eine Turingmaschine.* M akzeptiert *ein Wort* $w \in I^*$, *falls* $C_w \vdash^* C$ *für eine Haltekonfiguration* C *gilt.* M akzeptiert *eine Sprache* $L \subseteq I^*$, *wenn gilt:* M *akzeptiert* $w \iff w \in L$.

Ist M deterministisch, so entscheidet M eine Sprache $L \subseteq I^*$, falls für alle $w \in I^*$ gilt $C_w \vdash^* halt\, x$ mit $x \in \{0,1\}$, und zudem $x = 1 \iff w \in L$ zutrifft.

Dabei ist der Begriff akzeptierbar äquivalent zu *rekursiv aufzählbar* (r.a.) und entscheidbar ist äquivalent zu *rekursiv*.

Zusätzlich zu der Frage, ob und mit welchem Ergebnis eine Turingmaschine bei einer Eingabe w hält, ist auch die Frage nach dem Zeit- und Platzbedarf einer Turingmaschine von Interesse. Als Zeitbedarf messen wir dabei die Anzahl der Rechenschritte, d.h. Δ-Übergänge, die bis zum Halten der Turingmaschine vergehen, und als Platzbedarf die Anzahl der verschiedenen dabei besuchten Bandfelder. Meist ist der genaue Platz- und Zeitbedarf uninteressant, wir wollen nur deren Größenordnung wissen. Diese Größenordnung messen wir mit Hilfe der O-Notation.

Definition 2.6.5 (O-Notation). *Für zwei Funktionen $f, g : \mathbb{N} \to \mathbb{N}$ sagen wir, „g ist O von f", Schreibweise: $g = O(f)$, falls Konstanten $c_1, c_2 \in \mathbb{N}$ existieren mit $g(n) \leq c_1 \cdot f(n)$ für alle $n \geq c_2$. Äquivalent dazu ist für Funktionen $f : \mathbb{N} \to \mathbb{N}$ mit $\forall n \in \mathbb{N}$: $f(n) > 0$, dass eine Konstante c existiert mit $g(n) \leq c \cdot f(n)$ für alle $n \in \mathbb{N}$.*

Mit Hilfe von Funktionen geben wir den Platz- und Zeitbedarf einer Turingmaschine in Abhängigkeit von der Eingabe an.

Definition 2.6.6 (Platz- und Zeitbedarf). *Eine Turingmaschine M akzeptiert eine Sprache $L \subseteq I^*$ mit einer Platzbedarfsfunktion (bzw. einer Schrittzahlfunktion) $f : \mathbb{N} \to \mathbb{N}$, falls M L akzeptiert und für jedes $w \in L$ eine Rechnung von M mit Input w existiert, die zu einer Haltekonfiguration führt und dabei maximal $f(|w|)$ Bandfelder benutzt (bzw. nach maximal $f(|w|)$ vielen Schritten hält).*

Eine determinierte Turingmaschine M berechnet eine Funktion $h : \mathbb{N}^r \to \mathbb{N}$ mit Platzbedarfsfunktion (bzw. Schrittzahlfunktion) $f : \mathbb{N} \to \mathbb{N}$, falls M bei Input $(x_1, \ldots, x_r)$ gestartet nach endlich vielen Schritten hält mit dem Resultat $h(x_1, \ldots, x_r)$ auf dem Arbeitsband und in dieser Rechnung maximal $f(\sum_{1 \leq i \leq r} x_i)$ viele Bandfelder benutzt (bzw. höchstens $f(\sum_{1 \leq i \leq r} x_i)$ viele Schritte benötigt).

M akzeptiert eine Sprache L oder berechnet eine Funktion h mit Platzkomplexität (bzw. Zeitkomplexität) $g : \mathbb{N} \to \mathbb{N}$, falls M L akzeptiert, bzw. h berechnet mit einer Platzbedarfsfunktion (bzw. einer Schrittzahlfunktion) f aus $O(g)$.

Eine Funktion f heißt *berechenbar* (oder auch *rekursiv*), falls eine Turingmaschine existiert, die f berechnet (egal mit welcher Komplexität).

Zu verschiedenen Komplexitäten kann man nun die jeweils zugehörigen Klassen von Turingmaschinen betrachten.

Definition 2.6.7 (TIME, SPACE). *Mit* NTIME($\mathcal{F}$) *für eine Menge* $\mathcal{F}$ *von Funktionen von* $\mathbb{N}$ *nach* $\mathbb{N}$ *bezeichnen wir alle Sprachen, die von einer nichtdeterminierten Turingmaschine mit Zeitkomplexität in* $\mathcal{F}$ *akzeptiert werden. Analog ist* NSPACE($\mathcal{F}$) *die Klasse aller Sprachen, die von nichtdeterminierten Turingmaschinen mit Platzkomplexität in* $\mathcal{F}$ *akzeptiert werden.* TIME($\mathcal{F}$) *und* SPACE($\mathcal{F}$) *sind die Klassen aller Sprachen und Funktionen, die von deterministischen Turingmaschinen mit Zeitkomplexität bzw. Platzkomplexität in* $\mathcal{F}$ *akzeptiert bzw. berechnet werden.*

Wir benötigen im Folgenden nur die bekannten Klassen P := TIME($\mathbb{Z}[\vec{X}]_{\mathbb{N}}$), NP := NTIME($\mathbb{Z}[\vec{X}]_{\mathbb{N}}$) und EXPSPACE := SPACE($\{\lambda n.2^{cn} \mid c > 0\}$).

Es ist bekannt, dass EXPSPACE = NSPACE($\{\lambda n.2^{cn} \mid c > 0\}$) ebenfalls gilt (Satz von Savitch [Sav70]). Die Klassen NTIME($\mathcal{F}$), TIME($\mathcal{F}$), NSPACE($\mathcal{F}$) und SPACE($\mathcal{F}$) heißen auch *Komplexitätsklassen*. Hierbei sind für $\mathcal{F}$ nur berechenbare Funktionen erlaubt. Damit sind alle Sprachen und Funktionen in beliebigen Komplexitätsklassen selbst berechenbar.

Ein weiteres wichtiges Konzept ist die Reduzierbarkeit. Ein Problem L_1 lässt sich umgangssprachlich auf ein anderes Problem L_2 reduzieren, wenn sich L_1 mittels L_2 lösen lässt. Die Komplexität geht hier als die Schwierigkeit der Konversion des Problems L_1 zu L_2 ein.

Definition 2.6.8 ($\mathcal{K}$-reduzierbar). *Seien* $\mathcal{K}$ *eine Komplexitätsklasse,* L_i *Sprachen über Alphabeten* Σ_i, $i \in \{1, 2\}$, *so heißt* L_1 $\mathcal{K}$-*reduzierbar auf* L_2, $L_1 \leq_{\mathcal{K}} L_2$, *falls ein* $h : \Sigma_1^* \to \Sigma_2^*$ *aus* $\mathcal{K}$ *existiert mit*

$$\forall w \in \Sigma_1^* : (w \in L_1 \iff h(w) \in L_2).$$

Ist statt $h \in \mathcal{K}$ *nur gefordert, dass* h *berechenbar ist, so heißt* L_1 *effektiv auf* L_2 *reduzierbar, in Zeichen* $L_1 \leq L_2$. *Für* $L_1 \leq_{\mathcal{K}} L_2 \wedge L_2 \leq_{\mathcal{K}} L_1$ *(bzw.* $L_1 \leq L_2 \wedge L_2 \leq L_1$) *schreiben wir auch* $L_1 \simeq_{\mathcal{K}} L_2$ *(bzw.* $L_1 \simeq L_2$).

Liegt L_2 in $\mathcal{K}$ und gilt $L_1 \leq_{\mathcal{K}} L_2$, so liegt auch L_1 in $\mathcal{K}$: Um $w \in L_1$ zu entscheiden, berechnen wir zuerst $h(w)$ und können mit Mitteln aus $\mathcal{K}$ dazu $h(w) \in L_2$ entscheiden.

Besonders schwere Probleme, auf die sich alle Probleme in einer Komplexitätsklasse reduzieren lassen, nennen wir *hart*.

Definition 2.6.9 ($\mathcal{K}$-hart). *Eine Sprache L_0 heißt $\mathcal{K}$-hart, falls für alle L aus $\mathcal{K}$ gilt: $L \leq_{\mathcal{K}} L_0$.*

Da wir im Folgenden nur Klassen $\mathcal{K} = (\mathsf{N})\mathsf{TIME}(\mathsf{SPACE})(\mathcal{F})$ betrachten werden, wobei $\lambda n.n = O(f)$ für ein $f \in \mathcal{F}$ gilt (d.h. $\mathcal{F}$ enthält eine Funktion, die mindestens linear wächst), folgt für solche Klassen bereits aus $L \leq_P L_0$ und $L_0 \in \mathcal{K}$, dass auch L in $\mathcal{K}$ liegt. Im Fall von $L_1 \leq_P L_2$ heißt L_1 auch *polynomiell* auf L_2 reduzierbar.

In Komplexitätsklassen messen wir den Platzbedarf bzw. die Schrittzahl nur im O-Kalkül, vgl. die Definition von der Platzbedarfs- bzw. Schrittzahlfunktion und der Platz- bzw. Zeitkomplexität. Der Grund dafür liegt in den bekannten „Speed-Up-Theoremen" der Komplexitätstheorie. So gilt für Platzklassen etwa folgendes Speed-Up-Theorem:

Zu jedem $c \in \mathbb{R}$, $c > 0$, und zu jeder Turingmaschine M, die eine Sprache L mit einer Platzbedarfsfunktion $g : \mathbb{N} \to \mathbb{N}$ akzeptiert, existiert eine weitere Turingmaschine M_c, die L mit der Platzbedarfsfunktion $c \cdot g$ akzeptiert.

Da wir den Platz und die Zeit nur „modulo O" messen, können wir uns auf Turingmaschinen und Sprachen über $\{0,1\}^*$ beschränken. M mit Bandalphabet $\Sigma = \{a_1, \ldots, a_n\}$ akzeptiere eine Sprache L mit Platzbedarfs- oder Schrittzahlfunktion $f : \mathbb{N} \to \mathbb{N}$. Wir verschlüsseln jede Bandbeschriftung w für M als $bin_k(w)$ mit $bin_k(a_i)$ ist das k-stellige Binärwort über $\{0,1\}$ für i (eventuell mit führenden Nullen, um k Ziffern zu gewährleisten). $bin_k(a_{i_1} \ldots a_{i_n})$ definieren wir durch $bin_k(a_{i_1}) \cdot \ldots \cdot bin_k(a_{i_n})$. M' arbeite jetzt auf $bin_k(w)$ wie M auf w. Damit ändert sich die Platzkomplexität und die Zeitkomplexität von M' gegenüber M nicht.

Analog zeigt man sofort, dass L_0 $\mathcal{K}$-hart ist, falls für alle L über $\{0,1\}$ mit $L \in \mathcal{K}$ gilt: $L \leq_{\mathcal{K}} L_0$.

Teil I

Interleaving Verhalten von Petri-Netzen

3. Grundlegende Eigenschaften

3.1 Petri-Netze

Definition 3.1.1. *Ein Petri-Netz, PN, ist ein Tupel* $(P, T, \mathbb{F}, \mathbb{B})$ *von*

- *einer endlichen, angeordneten Menge* $P = \{p_1, \ldots, p_{|P|}\}$ *von* Places,

- *einer endlichen, angeordneten Menge* $T = \{t_1, \ldots, t_{|T|}\}$ *von* Transitionen,

- *mit* $P \cap T = \emptyset$,

- *einer* $|P| \times |T|$-*Matrix* $\mathbb{F}$ *über* $\mathbb{N}$, *und*

- *einer* $|P| \times |T|$-*Matrix* $\mathbb{B}$ *über* $\mathbb{N}$.

In der graphischen Darstellung erhält jeder Place einen Kreis und jede Transition einen Balken (Kasten) und vom i-ten Place p_i führen genau $\mathbb{F}_{i,j}$-viele Pfeile zur j-ten Transition t_j und von der j-ten Transition t_j führen genau $\mathbb{B}_{i,j}$-viele Pfeile zum i-ten Place p_i.

$\mathbb{B}$ heißt auch *backward*-Matrix und $\mathbb{F}$ auch *forward*-Matrix. Dies ist aus der Sicht der Places zu verstehen: Pfeile die von einem Place ausgehen, also vorwärts gerichtet sind, sind in der forward-Matrix notiert. Will man von einem Place aus rückwärts schauen, so muss man entlang der Pfeile blicken, die in den Place münden. Sie stehen deshalb in der backward-Matrix. In der Literatur kommt auch die umgekehrte Betrachtungsweise vor, aus Sicht der Transitionen, und führt entsprechend zur genau umgekehrten Benennung der Matrizen.

Definition 3.1.2. *Es sei* $(P, T, \mathbb{F}, \mathbb{B})$ *ein Petri-Netz. So ist* $F : P \times T \cup T \times P \to \mathbb{N}$, *die* Kantenfunktion, *definiert als* $\forall x, y \in P \cup T$:

$$F(x, y) := \begin{cases} \mathbb{F}_{i,j}, & \textit{falls } x = p_i \textit{ und } y = t_j \\ \mathbb{B}_{i,j}, & \textit{falls } x = t_j \textit{ und } y = p_i \end{cases}$$

Für $x \in P \cup T$ nennen wir $^{\bullet}x := \{y \in P \cup T \mid F(y,x) \geq 1\}$ *den* Vorbereich *von x*, $x^{\bullet} := \{y \in P \cup T \mid F(x,y) \geq 1\}$ *den* Nachbereich *von x.*

Analog ist für $X \subseteq P \cup T$: $^{\bullet}X := \bigcup_{x \in X} {}^{\bullet}x$, $X^{\bullet} := \bigcup_{x \in X} x^{\bullet}$.

Petri-Netze werden i.a. auch als (P, T, F) definiert. Diese Darstellung ist im Prinzip äquivalent zu Definition 3.1.1, abgesehen davon, dass P und T hier nicht mehr geordnet sein müssen. Enthält ein Petri-Netz keine Mehrfachkanten, so kann man F auch als Teilmenge von $P{\times}T \cup T{\times}P$ auffassen. Will man explizit ausdrücken, dass Mehrfachkanten erlaubt sind, spricht man auch von *generalisierten* Petri-Netzen.

Definition 3.1.3. *Es sei $N = (P, T, \mathbb{F}, \mathbb{B})$ bzw. $N = (P, T, F)$ ein Petri-Netz. Der* Zustandsraum *dieses Petri-Netzes ist $\mathbb{N}^P$. Eine Abbildung s: $P \to \mathbb{N}$ heißt* Zustand *oder* Markierung *des Petri-Netzes. Gilt $s(p_i) = k$, so sagt man: "Der Place p_i trägt k Token (im Zustand s)", o.ä. Wir schreiben Zustände auch als Spaltenvektoren.*

Graphisch werden Token durch Punkte in einem Place gezeichnet.

Definition 3.1.4. *Ein Paar $x, y \in P \cup T$ heißt* Schlinge, *falls gilt: $y \in {}^{\bullet}x \cap x^{\bullet}$ (bzw. äquivalent: $x \in {}^{\bullet}y \cap y^{\bullet}$). $x \in P \cup T$ heißt* isoliert, *falls gilt: $^{\bullet}x \cup x^{\bullet} = \emptyset$.*

Beispiel 3.1.5. Das in Abbildung 3.1 gezeigte Petri-Netz wird durch das Tupel $(P, T, \mathbb{F}, \mathbb{B})$ und den Zustand s mit

$$P = \{p_1, p_2, p_3\}, \quad T = \{t_1, t_2, t_3\},$$

$$\mathbb{F} = \begin{pmatrix} t_1\ t_2\ t_3 \\ 1\ \ 0\ \ 0 \\ 0\ \ 1\ \ 0 \\ 0\ \ 0\ \ 1 \end{pmatrix} \begin{matrix} p_1 \\ p_2 \\ p_3 \end{matrix}, \quad \mathbb{B} = \begin{pmatrix} t_1\ t_2\ t_3 \\ 1\ \ 0\ \ 1 \\ 0\ \ 0\ \ 0 \\ 1\ \ 2\ \ 0 \end{pmatrix} \begin{matrix} p_1 \\ p_2 \\ p_3 \end{matrix}, \quad s = \begin{pmatrix} 1 \\ 2 \\ 0 \end{pmatrix}$$

beschrieben.

Definition 3.1.6. *Ein* initiales Petri-Netz *N ist gegeben als $N = (P, T, \mathbb{F}, \mathbb{B}, s_0)$, bzw. $N = (P, T, F, s_0)$, von*

- *einem Petri-Netz $(P, T, \mathbb{F}, \mathbb{B})$, bzw. (P, T, F),*

- *einem* initialen *Zustand $s_0 \in \mathbb{N}^P$.*

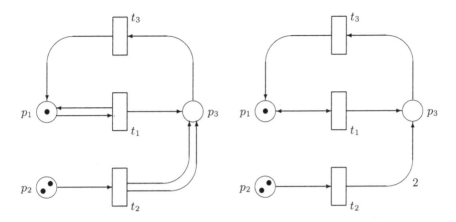

Abb. 3.1. Zwei Darstellungen desselben Petri-Netzes. Schlingen werden statt durch zwei Pfeile in beide Richtungen auch mittels eines Pfeils mit einer Spitze an beiden Enden dargestellt. Mehrfachkanten werden mit der Zahl der Kanten gewichtet durch eine Kante dargestellt

Mit (N, s_0) bezeichnen wir auch das Petri-Netz N mit s_0 als initialem Zustand.

Wir werden im folgenden auch ein initiales Petri-Netz kurz als Petri-Netz bezeichnen, sofern aus dem Kontext klar ist, dass es sich um ein Petri-Netz mit Startzustand handelt.

Für die Matrizen $\mathbb{F}$, $\mathbb{B}$ und F aus Definition 3.1.1 und 3.1.2 schreiben wir auch $\mathbb{B}(p)$ für die p-te Zeile in $\mathbb{B}$, für $p \in P$, und $\mathbb{B}(t)$ für die t-te Spalte, für $t \in T$, sowie $\mathbb{B}(p,t)$ für den Eintrag an Zeile p und Spalte t. Analog für $\mathbb{F}$ und F.

3.2 Der Feuerbegriff

Definition 3.2.1. *Seien $N = (P, T, \mathbb{F}, \mathbb{B})$ ein Petri-Netz, $s \in \mathbb{N}^P$ ein Zustand von N und $t \in T$ eine Transition von N. Wir nennen t s-aktiviert (oder* enabled, *feuerbar im Zustand s), falls gilt*

$$s \geq \mathbb{F}(t)$$

(d.h. $\forall p \in P: s(p) \geq \mathbb{F}_{p,t} = F(p,t)$).

Weiter feuert t vom Zustand s in den Zustand s', *falls gilt:*

- $s \geq \mathbb{F}(t)$,

- $s' = s - \mathbb{F}(t) + \mathbb{B}(t)$.

Für "t feuert von s nach s'" schreiben wir kurz $s \, [t{>}\, s'$.

Beispiele für das Feuern eines Petri-Netzes finden sich bereits in der Einleitung.

Wir werden auch häufig den verschiedensten Notationen wie $\rhd$, $\mathbb{F}$ etc. Indizes wie $\rhd_N$, $\mathbb{F}_N$ zuordnen, wenn wir deutlich machen wollen, auf welches Petri-Netz wir uns gerade beziehen.

Definition 3.2.2. *Es sei $N = (P, T, F, s_0)$ ein Petri-Netz. Wir definieren induktiv: $\forall t \in T$, $\sigma \in T^*$:*

$$s \, [\varepsilon{>}\, s' :\Longleftrightarrow s = s'$$
$$s \, [\sigma t{>}\, s' :\Longleftrightarrow \exists s'' \in \mathbb{N}^P : \; s \, [\sigma{>}\, s'' \, [t{>}\, s'.$$

$s \, [\sigma{>}\, s'$ lesen wir als "σ feuert von s nach s'".

$$s \, [\sigma{>} \quad :\Longleftrightarrow \quad \exists s' \in \mathbb{N}^P : \; s \, [\sigma{>}\, s'.$$

σ heißt Feuersequenz von s :$\Longleftrightarrow s \, [\sigma{>}$.
Weiter ist $\mathcal{E}(s) := \{s' \mid \exists \sigma \in T^* : s \, [\sigma{>}\, s'\}$ die Erreichbarkeitsmenge (Reachabilitymenge) von s, $\mathcal{E}(N) := \mathcal{E}(s_0)$ ist die Erreichbarkeitsmenge von N.

3.2.1 Transitionssysteme

Betrachten wir nur die Zustände und die feuerbaren Transitionen, so können wir Petri-Netze auch mit dem Begriff des Transitionssystems beschreiben, den wir nun vorstellen wollen.

Definition 3.2.3. *Ein Transitionssystem $A = (S, \Sigma, \rightarrow)$ ist ein gerichteter, kantengewichteter Graph mit einer endlichen Menge Σ von Kantengewichten, vgl. Definition 2.2.1, d.h. $\rightarrow \subseteq S \times \Sigma \times S$ gilt. Statt $(s, t, s') \in \rightarrow$ schreiben wir $s \xrightarrow{t}_A s'$ oder auch einfach $s \xrightarrow{t} s'$. Wir setzen die Relation $\rightarrow$ induktiv auf Worte fort, indem wir $s \xrightarrow{\varepsilon} s$ und $s \xrightarrow{\sigma t} s' :\Longleftrightarrow \exists s'' \in S : (s \xrightarrow{\sigma} s'' \wedge s'' \xrightarrow{t} s')$ für alle $s, s' \in S$ festlegen. Die reflexive, transitive Hülle von $\rightarrow$ ist somit $\xrightarrow{*} = \bigcup_{\sigma \in \Sigma^*} \xrightarrow{\sigma}$. Wir schreiben $s \xrightarrow{\sigma}$ als Abkürzung für $\exists s' \in S : s \xrightarrow{\sigma} s'$.*

Ein initiales Transitionssystem ist ein Tupel (A, s_0), bestehend aus einem Transitionssystem A und einem initialen Zustand s_0 aus S. Für $A =$

$(S, \Sigma, \rightarrow)$ *schreiben wir auch* $(S, \Sigma, \rightarrow, s_0)$ *statt* (A, s_0). *Der erreichbare Teil* A^{err} *eines initialen Transitionssystems* (A, s_0) *ist gerade* $(S', \Sigma', \rightarrow')$ *mit* $S' := \{s' \in S \mid \exists \sigma \in \Sigma^*\colon s_0 \xrightarrow{\sigma} s'\}$, $\Sigma' := \{a \in \Sigma \mid \exists s' \in S'\colon s' \xrightarrow{a}\}$ *und* $\rightarrow' := \rightarrow \cap (S' \times \Sigma' \times S')$.

Jedes Petri-Netz $N = (P, T, F)$ *kann kanonisch als Transitionssystem* $T_N := (\mathbb{N}^P, T, \rightarrow)$ *mit* $\forall s, s' \in \mathbb{N}^P\colon (s \xrightarrow{t} s' :\Longleftrightarrow s\,[t{>}s')$ *aufgefasst werden. Damit sind* $s\,[\sigma{>}_N s'$ *und* $s \xrightarrow{\sigma}_{T_N} s'$ *gleichberechtigte Schreibweisen dafür, dass die Feuersequenz* σ *von* s *nach* s' *feuert.*

$s \xrightarrow{\sigma} s'$ heißt also nicht anderes, als dass es im Graphen einen Weg von s nach s' mit der Beschriftung σ gibt. Transitionssysteme sind allgemeiner als Petri-Netze, in dem Sinne, dass wir zwar jedem Petri-Netz ein Transitions-System zuordnen können, aber nicht umgekehrt. Wir untersuchen jetzt einige Eigenschaften von Transitionssystemen, um ein besseres Verständnis der Funktionsweise von Petri-Netzen zu erlangen.

Definition 3.2.4 (Eigenschaften von Transitionssystemen). *Ein Transitionssystem* $(S, \Sigma, \rightarrow)$ *heißt*

- lokal determiniert, *falls* $\forall t \in \Sigma \; \forall s, s', s'' \in S\colon (s \xrightarrow{t} s' \wedge s \xrightarrow{t} s'' \Longrightarrow s' = s'')$,

- kommutativ, *falls* $\forall t, t' \in \Sigma \; \forall s \in S\colon (s \xrightarrow{tt'} \wedge s \xrightarrow{t't} \Longrightarrow \exists s' \in S\colon (s \xrightarrow{tt'} s' \wedge s \xrightarrow{t't} s'))$,

- persistent, *falls* $\forall t, t' \in \Sigma \; \forall s \in S\colon (t \neq t' \wedge s \xrightarrow{t} \wedge s \xrightarrow{t'} \Longrightarrow s \xrightarrow{tt'})$,

- konfluent, *falls* $\forall s, s', s'' \in S\colon (s \xrightarrow{*} s' \wedge s \xrightarrow{*} s'' \Longrightarrow \exists \hat{s} \in S\colon (s' \xrightarrow{*} \hat{s} \wedge s'' \xrightarrow{*} \hat{s}))$,

- lokal konfluent, *falls* $\forall s, s', s'' \in S\colon (s \rightarrow s' \wedge s \rightarrow s'' \Longrightarrow \exists \hat{s} \in S\colon (s' \rightarrow \hat{s} \wedge s'' \rightarrow \hat{s}))$,

- modular, *falls es kommutativ und persistent ist.*

Ein Transitionssystem $(S, \Sigma, \rightarrow)$, *das mit einer Verknüpfung* $+\colon S \times S \rightarrow S$ *ein kommutatives Monoid* $(S, +)$ *bildet, heißt* monoton, *falls* $\forall s, s', s'' \in S$ $\forall t \in \Sigma\colon (s \xrightarrow{t} s' \Longrightarrow s + s'' \xrightarrow{t} s' + s'')$ *gilt.*

Konfluenz wird auch als Church-Rosser-Eigenschaft bezeichnet. Persistenz ist eine wichtige Art der Konfliktfreiheit: eine feuerbare Transition kann seine Feuermöglichkeit nicht durch das Feuern einer anderen Transition verlieren. Modularität bezieht sich hauptsächlich auf Teilnetze eines Petri-Netzes. Ein modulares Teilnetz verhält sich wie ein Modul in der Schaltwerktheorie: es schaltet bei Feuermöglichkeit unabhängig von anderen Moduln und ist dabei kommutativ. Man kann allerdings i.A. von einem modularen Transitionssystem keine lokale Determiniertheit erwarten, da lokale Determiniertheit, Kommutativität und Persistenz bereits Konfluenz implizieren, wie wir jetzt zeigen werden.

Lemma 3.2.5. *Ein lokal determiniertes und modulares Transitionssystem* $(S, \Sigma, \rightarrow)$ *ist lokal konfluent.*

Beweis: Seien $s, s', s'' \in S$ mit $s' \neq s''$, $s \rightarrow s'$ und $s \rightarrow s''$. Wegen der lokalen Determiniertheit existieren $t, t' \in \Sigma$ mit $t \neq t'$ und $s \xrightarrow{t} s'$ und $s \xrightarrow{t'} s''$. Aufgrund der Persistenz folgt nun $s \xrightarrow{tt'}$ und $s \xrightarrow{t't}$, und wegen der Kommutativität existiert ein $\hat{s}$ mit $s \xrightarrow{tt'} \hat{s}$ und $s \xrightarrow{t't} \hat{s}$, d.h. es gilt $s \xrightarrow{t} s' \xrightarrow{t'} \hat{s}$ und $s \xrightarrow{t'} s'' \xrightarrow{t} \hat{s}$. Also ist das Transitionssystem lokal konfluent. ∎

Lemma 3.2.6. *Jedes lokal konfluente Transitionssystem* $(S, \Sigma, \rightarrow)$ *ist konfluent.*

Beweis: Seien $s, s', s'' \in S$ mit $s \xrightarrow{*} s'$ und $s \xrightarrow{*} s''$. Dann gibt es $m, n \in \mathbb{N}$ und Zustände $s_{i,0}$, $s_{0,j}$ für $0 \leq i \leq m$ und $0 \leq j \leq n$, so dass $s = s_{0,0} \rightarrow s_{1,0} \rightarrow \ldots \rightarrow s_{m,0} = s'$ und $s = s_{0,0} \rightarrow s_{0,1} \rightarrow \ldots \rightarrow s_{0,n} = s''$ gilt.

Wir zeigen die folgende Behauptung durch Induktion: Für alle $0 \leq k \leq m+n$, $0 \leq i \leq m$, $0 \leq j \leq n$ mit $i + j = k$ existieren $s_{i,j}$, so dass für $1 \leq i \leq m$, $0 \leq j \leq n$ gerade $s_{i-1,j} \rightarrow s_{i,j}$ und für $0 \leq i \leq m$, $1 \leq j \leq n$ $s_{i,j-1} \rightarrow s_{i,j}$ gilt. Aus dieser Behauptung folgt $s_{0,j} \xrightarrow{*} s_{i,j}$ und $s_{i,0} \xrightarrow{*} s_{i,j}$ für alle i, j mit $0 \leq i \leq m$ und $0 \leq j \leq n$. Insbesondere gilt dann für den gesuchten Zustand $\hat{s} = s_{m,n}$ gerade $s' = s_{m,0} \xrightarrow{*} s_{m,n}$ und $s'' = s_{0,n} \xrightarrow{*} s_{m,n}$.

Wir zeigen die Behauptung per Induktion über k. Für $k = 0$ ist nichts zu zeigen. Nehmen wir nun an, die Behauptung gelte bereits für k. Seien $i, j \in \mathbb{N}_0$ mit $0 \leq i \leq m$, $0 \leq j \leq n$ und $i + j = k + 1$. Für $i = 0$ oder $j = 0$ existieren die Zustände $s_{i,j}$ bereits, dies sind, siehe zu Beginn des Beweises, gerade die Zwischenzustände, die in $s \xrightarrow{*} s'$ und $s \xrightarrow{*} s''$ erreicht werden. Wir wenden uns also dem Fall $i > 0 \wedge j > 0$ zu. Dann existieren $s_{i-1,j}$ und $s_{i,j-1}$ mit den gewünschten Eigenschaften nach Induktionsvoraussetzung für k. Insbesondere folgt die Existenz eines Zustandes $s_{i-1,j-1}$ mit $s_{i-1,j-1} \rightarrow s_{i,j-1}$ und $s_{i-1,j-1} \rightarrow s_{i-1,j}$. Wegen der lokalen Konfluenz unseres Transitionssystems folgt die Existenz eines Zustandes, den wir $s_{i,j}$ nennen wollen, mit $s_{i-1,j} \rightarrow s_{i,j}$ und $s_{i,j-1} \rightarrow s_{i,j}$. ∎

Wir können nun untersuchen, welche der eingeführten Eigenschaften Petri-Netze besitzen.

Satz 3.2.7. *Petri-Netze (als Transitionssysteme betrachtet) sind monoton (bzgl. der Vektoraddition), lokal determiniert und kommutativ, aber im allgemeinen nicht persistent, konfluent, lokal konfluent oder modular.*

Beweis: Monotonie: Gilt $s\ [t{>}s'$ für Zustände s, s' und eine Transition t, und ist s'' ein weiterer Zustand, so ist $\mathbb{F}(t) \le s \le s{+}s''$ und aus $s' = s - \mathbb{F}(t) + \mathbb{B}(t)$ folgt $s' + s'' = s + s'' - \mathbb{F}(t) + \mathbb{B}(t)$. Also gilt $s + s''\ [t{>}s' + s''$.

Lokale Determiniertheit: Gilt $s\ [t{>}s'$, so ist $s' = s - \mathbb{F}(t) + \mathbb{B}(t)$ eindeutig bestimmt.

Kommutativität: Seien s, s_1, s_2, s_3, s_4 Zustände und t, t' Transitionen mit $s\ [t{>}s_1\ [t'{>}s_2$ und $s\ [t'{>}s_3\ [t{>}s_4$, dann gilt $s_2 = s_1 - \mathbb{F}(t') + \mathbb{B}(t') = s - \mathbb{F}(t') + \mathbb{B}(t') - \mathbb{F}(t) + \mathbb{B}(t) = s - \mathbb{F}(t) + \mathbb{B}(t) - \mathbb{F}(t') + \mathbb{B}(t') = s_3 - \mathbb{F}(t) + \mathbb{B}(t) = s_4$.

Zur Widerlegung der übrigen Eigenschaften benutzen wir das in Abbildung 3.2 auf Seite 61 gezeigte Petri-Netz N als Gegenbeispiel.

Konfluenz: Wir betrachten die Feuersequenzen t_1 und t_2. Es gilt $(1, 0, 0)^{\mathsf{T}}$ $[t_1{>}\ (0, 1, 0)^{\mathsf{T}}$ und $(1, 0, 0)^{\mathsf{T}}\ [t_2{>}(1, 0, 2)^{\mathsf{T}}$. Da von $(0, 1, 0)^{\mathsf{T}}$ aus keine Transitionen feuerbar sind, müssen wir, um die Konfluenz zu erfüllen, eine Feuersequenz σ mit $(1, 0, 2)^{\mathsf{T}}\ [\sigma{>}(0, 1, 0)^{\mathsf{T}}$ finden. Da keine Transition in N beim Feuern die Gesamtzahl der Token verringert, ist dies unmöglich. Also ist das Petri-Netz N nicht konfluent.

Lokale Konfluenz: Nach Lemma 3.2.6 kann N nicht lokal konfluent sein, da es nicht konfluent ist.

Modularität: N ist lokal determiniert, aber nicht lokal konfluent, gemäß dem bisher in diesem Satz bewiesenen Eigenschaften. Nach Lemma 3.2.5 kann N dann aber nicht modular sein.

Persistenz: Da N nicht modular, aber kommutativ ist, kann es nach der Definition der Modularität nicht persistent sein. ∎

3.2.2 Hürde und Zustandswechsel

Wir wenden uns nun wieder direkt dem Feuerbegriff zu. Während wir für einzelne Transitionen einfach sehen können, unter welchen Zuständen sie feuerbar sind und wie sich der Zustand durch das Feuern verändert, ist dies bei ganzen Feuersequenzen nicht mehr so trivial. Insbesondere können später feuernde Transitionen die benötigten Token eventuell direkt von früher feuernden Transitionen beziehen, ohne den Zustand zu Beginn der Feuersequenz damit zu belasten. Wir führen die Begriffe Hürde und Zustandswechsel ein, um die Feuerbarkeit von ganzen Feuersequenzen besser fassen zu können.

Definition 3.2.8. *Sei $N = (P, T, F, s_0)$. Ein Zustand s heißt eine* Hürde *eines Wortes $\sigma \in T^*$, falls $s\ [\sigma{>}$ gilt und kein $s' < s$ existiert mit $s'\ [\sigma{>}$.*

Der Zustandswechsel $W(s,\sigma) \in \mathbb{Z}^P$ einer Feuersequenz σ im Zustand s ist der Effekt eines Feuerns von σ, d.h.

$$W(s,\sigma) := s' - s \text{ mit } s \,[\sigma{>}s'.$$

Dieser Zustandswechsel ist wegen der lokalen Determiniertheit von Petri-Netzen eindeutig bestimmt.

Zu beachten ist die triviale Eigenschaft, dass die Hürde ein Vektor über $\mathbb{N}$, der Wechsel aber über $\mathbb{Z}$ ist. Um $W(s,\sigma)$ zu analysieren, empfiehlt es sich mit der Parikh-Abbildung zu arbeiten. Dabei wird sich herausstellen, dass $W(s,\sigma)$ von s unabhängig ist.

Lemma 3.2.9. *Für ein Petri-Netz $N = (P,T,\mathbb{F},\mathbb{B})$, einen Zustand s und eine Feuersequenz σ gilt $W(s,\sigma) = (\mathbb{B} - \mathbb{F}) \cdot P(\sigma)$. Hierbei ist $P(\sigma)$ das Parikh-Bild von σ, vergleiche Definition 2.5.1.*

Beweis: Wir führen einen induktiven Beweis über T^*.
Induktionsbeginn: $\sigma = \varepsilon$. Es gilt $W(s,\sigma) = \mathbf{0} = (\mathbb{B} - \mathbb{F}) \cdot P(\varepsilon)$, wegen $P(\varepsilon) = \mathbf{0}$. Hierbei ist $W(s,\sigma)$ der $|P|$-dimensionale Nullvektor, $P(\varepsilon)$ der $|T|$-dimensionale.

Induktionsschritt: $\sigma \mapsto \sigma t$. Es gilt:

$$
\begin{aligned}
W(s,\sigma t) &= W(s,\sigma) + \mathbb{B}(t) - \mathbb{F}(t)\\
&= W(s,\sigma) + (\mathbb{B} - \mathbb{F})e_t\\
&\overset{Ind.Vor.}{=} (\mathbb{B} - \mathbb{F}) \cdot P(\sigma) + (\mathbb{B} - \mathbb{F})e_t\\
&= (\mathbb{B} - \mathbb{F}) \cdot (P(\sigma) + e_t)\\
&= (\mathbb{B} - \mathbb{F}) \cdot P(\sigma t),
\end{aligned}
$$

wobei e_t der $|T|$-Einheitsvektor mit $e_t(t) = 1$ und $e_t(t') = 0$ für $t \neq t'$ ist. ∎

Damit ist der Wechsel $W(s,\sigma)$ von s unabhängig. Also definieren wir:

Definition 3.2.10 (Wechsel). *Für ein Petri-Netz $N = (P,T,\mathbb{F},\mathbb{B})$ und ein Wort $\sigma \in T^*$ heißt $(\mathbb{B} - \mathbb{F}) \cdot P(\sigma)$ der Wechsel von σ und wird mit $W(\sigma)$ bezeichnet.*

Beachten wir, dass $W(t) = (\mathbb{B} - \mathbb{F})(t)$ gilt, so folgt sofort mit den Bezeichnungen aus Lemma 3.2.9:

Korollar 3.2.11. $W(\sigma) = \sum_{t \in T} W(t) \cdot P(\sigma)(t).$

Nicht nur der Zustandswechsel, auch die Hürde ist eindeutig bestimmt.

Lemma 3.2.12. *(und Definition) Sei* $N = (P, T, F, s_0)$ *ein Petri-Netz. Zu jedem* $\sigma \in T^*$ *existiert eine eindeutig bestimmte Hürde, die wir im Folgenden die Hürde von* σ *nennen und mit* $H(\sigma)$ *bezeichnen.*

Beweis: Wir stellen folgende Behauptung auf: Sind s_1 und s_2 Zustände mit $s_1 \, [\sigma\rangle$ und $s_2 \, [\sigma\rangle$, so gilt im Zustand $\hat{s}$ mit $\hat{s}(p) := \min\{s_1(p), s_2(p)\}$ für alle $p \in P$ ebenfalls $\hat{s} \, [\sigma\rangle$. Wir beweisen diese Behauptung per Induktion über die Länge von σ. Ist $\sigma = \varepsilon$, so gilt $s \, [\sigma\rangle$ für jedes $s \in \mathbb{N}^P$. Sei nun $\sigma = \sigma' t$ mit $t \in T$ und $\sigma' \in T^*$ und die Induktionsvoraussetzung gelte für σ'. Seien s_1', s_2' Zustände mit $s_1 \, [\sigma' > s_1'$ und $s_2 \, [\sigma' > s_2'$, dann gilt demnach auch $\hat{s} \, [\sigma' > s'$ für einen Zustand s'. Betrachten wir nun jeden Place $p \in P$ einzeln, so sind immer zwei Fälle zu unterscheiden. Ist $s_1(p) \leq s_2(p)$, so gilt $s'(p) = \hat{s}(p) + W(\sigma')(p) = s_1(p) + W(\sigma')(p) = s_1'(p) \geq F(p, t)$, im Fall $s_1(p) \geq s_2(p)$ gilt $s'(p) = \hat{s}(p) + W(\sigma')(p) = s_2(p) + W(\sigma')(p) = s_2'(p) \geq F(p, t)$. Insgesamt erhalten wir $s' \geq F(\cdot, t) = \mathbb{F}(t)$ und damit gilt $\hat{s} \, [\sigma' t\rangle$.

Nehmen wir nun an, σ habe zwei verschiedene Hürden s_1 und s_2. Nach der gerade gemachten Überlegung existiert nun ein Zustand $\hat{s}$ mit $\hat{s} \, [\sigma\rangle$, $\hat{s} \leq s_1$ und $\hat{s} \leq s_2$. Wegen $s_1 \neq s_2$ gilt $\hat{s} < s_1$ oder $\hat{s} < s_2$. Dies ist ein Widerspruch zu der Annahme, dass s_1 und s_2 Hürden und damit minimal sind. ∎

Offensichtlich gilt:

Korollar 3.2.13. $\forall \sigma \in T^* \; \forall s \in \mathbb{N}^P$:

- $s \, [\sigma\rangle \iff s \geq H(\sigma)$,

- $s \, [\sigma > s' \iff s \geq H(\sigma)$ *und* $s' = s + W(\sigma)$,

- $H(\sigma) + W(\sigma) \geq \mathbf{0}$.

Haben zwei Feuersequenzen σ_1, σ_2 den gleichen Wechsel $W(\sigma_1) = W(\sigma_2)$, so ist noch nicht garantiert, dass sie auch dieselbe Hürde besitzen. Schon für die einfachsten Feuersequenzen $\sigma_1 = t_1$ und $\sigma_2 = t_2$ im Petri-Netz $N = (\{p\}, \{t_1, t_2\}, F)$ mit $F(p, t_1) = 2$, $F(t_1, p) = 1 = F(p, t_2)$ und $F(t_2, p) = 0$ sieht man z.B. $W(t_1) = W(t_2)$, aber $H(t_1)(p) = 2 \neq 1 = H(t_2)(p)$. Analog sieht man für die Feuersequenzen σ_1 und $\sigma_3 = t_1 t_2$ auch $H(\sigma_1) = H(\sigma_3)$ aber $W(\sigma_1)(p) = 1 \neq 2 = W(\sigma_3)(p)$. Die Hürde und der Wechsel hängen also nicht ganz so eng zusammen, wie man zunächst vielleicht meinen könnte.

Wir brauchen später das folgende einfache Lemma.

Lemma 3.2.14. *Seien $N = (P, T, F)$ ein Petri-Netz, $s \in \mathbb{N}^P$, $k \in \mathbb{N}$ und $\sigma \in T^*$ eine Feuersequenz. Gilt $s\, [\sigma >$ und $(s + k \cdot W(\sigma))\, [\sigma >$, so gilt auch $s\, [\sigma^{k+1} >$.*

Beweis: $s\, [\sigma >$ impliziert $s(p) \geq H(\sigma)(p)$ und $(s + k \cdot W(\sigma))\, [\sigma >$ impliziert $s(p) + k \cdot W(\sigma)(p) \geq H(\sigma)(p)$ für alle $p \in P$. Damit gilt auch $s(p) + m \cdot W(\sigma)(p) \geq H(\sigma)(p)$ für alle $p \in P$ und alle m mit $0 \leq m \leq k$, auch für $W(\sigma)(p) < 0$. Also gilt auch $s\, [\sigma^m >$ für alle $0 \leq m \leq k$. Damit gilt auch $s\, [\sigma^k > (s + k \cdot W(\sigma))\, [\sigma >$, also $s\, [\sigma^{k+1} >$. ∎

3.2.3 Alternative Petri-Netz-Modelle

Neben Petri-Netzen wurden in der Literatur noch einige andere Modelle von dynamischen Systemen vorgestellt, die in einem sehr strengen Sinn zu Petri-Netzen äquivalent sind. Wir stellen hier die Vektor-Replacement-Systeme und kommutativen Semi-Thue-Systeme als zu Petri-Netzen äquivalente Darstellungsform vor, und betrachten auch Vektor-Additionssysteme, die äquivalent zu schlingenfreien Petri-Netzen sind. Letztlich sind die hier vorgestellten Isomorphien von Petri-Netzen zu diesen Modellen nur einfache, formale Fingerfertigkeiten. Inhaltlich zeigen sie hingegen, dass man Petri-Netze auch in ganz anderer Gestalt wiederfinden kann.

Definition 3.2.15. *Zwei initiale Transitionssysteme $A_1 = (S_1, \Sigma_1, \rightarrow_1, s_1)$ und $A_2 = (S_2, \Sigma_2, \rightarrow_2, s_2)$ heißen* isomorph, *falls es Bijektionen $\alpha : S_1 \rightarrow S_2$ und $\beta : \Sigma_1 \rightarrow \Sigma_2$ mit $\alpha(s_1) = s_2$ und $s \xrightarrow{t} s' \iff \alpha(s) \xrightarrow{\beta(t)} \alpha(s')$ für alle Zustände s, s' und Buchstaben t gibt.*

Sprechen wir im Folgenden von Isomorphie bei Petri-Netzen, so meinen wir damit stets Isomorphie von Petri-Netzen aufgefasst als (initiale) Transitionssysteme.

Definition 3.2.16. *Ein* Vektor-Replacement-System *(VRS) $(S, \Sigma, \rightarrow, s_0)$ ist ein initiales Transitionssystem mit*

- $\exists n \in \mathbb{N}: S = \mathbb{N}^n$, *und*

- $\forall t \in \Sigma\ \exists u_t, v_t \in \mathbb{Z}^n: (u_t \leq v_t \wedge \forall s, s' \in S: (s \xrightarrow{t} s' :\iff s \geq -u_t \wedge s' = s + v_t))$.

Wir nennen n die Dimension *des VRS.*

Ein Vektor-Additions-System *(VAS) ist ein initiales Transitionssystem* $(S, \Sigma, \to, s_0)$ *mit*

- $\exists n \in \mathbb{N}\colon S = \mathbb{N}^n$, *und*

- $\forall t \in \Sigma \ \exists v_t \in \mathbb{Z}^n \ \forall s, s' \in S\colon (s \xrightarrow{t} s' :\Longleftrightarrow s' = s + v_t)$.

Ebenfalls mit VRS und VAS bezeichnen wir die Klassen aller Vektor-Replacement-Systeme bzw. Vektor-Additions-Systeme.

In einem VRS operiert man also im "positiven n-dimensionalen Quadranten" $\mathbb{N}^n$, indem man zu einem Vektor s in $\mathbb{N}^n$ einen ganzzahligen Vektor $v_t \in \mathbb{Z}^n$ addieren darf, solange $s \geq -u_t$ für einen weiteren ganzzahligen Vektor $u_t \in \mathbb{Z}^n$ mit $u_t \leq v_t$ gilt. Dabei stellt $u_t \leq v_t$ sicher, dass sich das Resultat dieser "Vektorersetzung" $s \mapsto s + v_t$ immer noch im positiven Quadranten $\mathbb{N}^n$ befindet.

Interessanterweise könnte man VAS gleichwertig auch als spezielle VRS mit $u_t = v_t$ für alle $t \in \Sigma$ definieren. Sind $s \in \mathbb{N}^n$, v_t ganzzahlig aus $\mathbb{Z}^n$, so dass $s + v_t$ im positiven Quadranten bleibt, so ist diese "Vektoraddition" $s \mapsto s + v_t$ erlaubt. (Dies ist keine "Ersetzung", da keine Vorbedingung notwendig ist.)

Satz 3.2.17. *Die Klasse der Petri-Netze ist isomorph zu VRS; die Klasse der schlingenfreien Petri-Netze ist isomorph zu VAS.*

Beweis: Sind $N = (P, T, F, s_0)$ ein Petri-Netz und $(\mathbb{N}^P, T, \to, s_0)$ das zugehörige initiale Transitionssystem, so ist dieses Transitionssystem offenbar isomorph zu einem VRS, wenn wir folgende Zuordnungen treffen: Als Dimension wählen wir $|P|$, die u_t und v_t aus der Definition des VRS setzen wir auf $u_t := -H(t)$ und $v_t := W(t)$, wodurch der Feuerbegriff im VRS reflektiert wird. Da u_t immer negativ ist, ist die Bedingung $u_t \leq v_t$ lediglich für negative v_t relevant. Die Bedeutung ist offensichtlich, dass die Hürde nie kleiner sein kann als die Zahl der tatsächlich konsumierten Token. Dies ist in einem Petri-Netz aber stets erfüllt.

Ist umgekehrt ein VRS $V = (\mathbb{N}^n, \Sigma, \to, s_0)$ gegeben, so konstruieren wir daraus ein isomorphes Petri-Netz $N = (P, T, \mathbb{F}, \mathbb{B}, s_0')$ wie folgt: Wir setzen $P := \{p_1, \ldots, p_n\}$, $T := \Sigma$, $s_0' := s_0$. Damit $t \in T$ nur im Zustand s feuern kann falls $s \geq -u_t$ gilt, setzen wir für $t \in T$ nun $\mathbb{F}(p_i, t) := \max\{0, -u_t(i)\}$. Damit gilt bereits: $s\,[t{>}_N \Longleftrightarrow s \geq \mathbb{F}(t) \Longleftrightarrow s \xrightarrow{t}$ gilt in V. $\mathbb{B}$ definieren wir nun einfach als $\mathbb{B}(t) := v_t - \mathbb{F}(t)$ und erhalten

$$s\,[t{>}s' \Longleftrightarrow s' = s - \mathbb{F}(t) + \mathbb{B}(t) \wedge s \geq \mathbb{F}(t)$$
$$\Longleftrightarrow s' = s + v_t \wedge s \geq -u_t$$
$$\Longleftrightarrow s \xrightarrow{t} s' \text{ gilt in } V.$$

Sei $N = (P, T, \mathbb{F}, \mathbb{B}, s_0)$ ein schlingenfreies Petri-Netz. Nun bedeutet $^\bullet t \cap t^\bullet = \emptyset$ für alle $t \in T$, dass $\mathbb{F}(p, t) \cdot \mathbb{B}(p, t) = 0$ gilt für alle $p \in P$ und $t \in T$. Damit gilt:

$$s \, [t{>}s' \iff \forall p \in P : (s(p) \geq \mathbb{F}(p,t) \wedge s'(p) = s(p) - \mathbb{F}(p,t) + \mathbb{B}(p,t))$$
$$\iff \forall p \in P : (s'(p) = s(p) + (\mathbb{B}(p,t) - \mathbb{F}(p,t)) \wedge s'(p) \geq 0)$$

(da im Fall von $\mathbb{F}(p,t) > 0$ bereits $\mathbb{B}(p,t) = 0$ gelten muss). Wir konstruieren ein zu N isomorphes VAS $V = (S, \Sigma, \rightarrow, s_0')$ damit einfach mittels $S := \mathbb{N}^{|P|}$, $\Sigma := T$, $v_t := \mathbb{B}(t) - \mathbb{F}(t)$, $s_0' := s_0$.

Umgekehrt sei $V = (\mathbb{N}^n, \Sigma, \rightarrow, s_0)$ ein VAS mit gegebenen Vektoren $v_t \in \mathbb{Z}^n$ für $t \in \Sigma$. Zu V konstruieren wir ein isomorphes Petri-Netz $N = (P, T, \mathbb{F}, \mathbb{B}, s_0')$ mittels $P := \{p_1, \ldots, p_n\}$, $T := \Sigma$, $s_0' := s_0$, $\mathbb{B}(p_i, t) := \max\{0, -v_t(i)\}$ und $\mathbb{F}(p_i, t) := \max\{0, v_t(i)\}$. Offensichtlich ist N schlingenfrei und es gilt $s \, [t{>}s' \iff s \xrightarrow{t} s'$. ∎

Wir betrachten hierzu die Beispiele in Abbildung 3.2 und 3.3. In Abbildung 3.2 sind zu dem Petri-Netz jeweils das Transitionssystem A und das Vektor-Replacement-System V angegeben. Man sieht die fast vollkommene Übereinstimmung; die u_i stellen jeweils die negativen Hürden und die v_i die Zustandswechsel dar. Dies ist in Abbildung 3.3 etwas anders: Die v_i stellen die Zustandswechsel des Vektor-Additions-Systems dar, die Hürde ist hier einfach, dass der Zustandswechsel „durchführbar" sein muss, also keine negativen Werte auftreten; u_i sind also nicht bzw. nur implizit vorhanden. Das VRS in Abbildung 3.2 lässt sich nicht in ein VAS umformen. Da t_2 eine Schlinge besitzt, ist die Hürde $(1, 0, 0)^\mathsf{T}$, der Zustandswechsel jedoch ist $(0, 0, 2)^\mathsf{T}$. Würden wir v_2 auf $(0, 0, 2)^\mathsf{T}$ setzen, so wäre der Übergang $(0, 0, 0)^\mathsf{T} \xrightarrow{t_2} (0, 0, 2)^\mathsf{T}$ möglich, was nicht dem Feuern von t_2 im Petri-Netz entspricht. Daher ist es nicht möglich schlingenbehaftete Petri-Netze als Vektor-Additions-Systeme darzustellen.

Definition 3.2.18. *Ein Semi-Thue-System $(A^*, R, \rightarrow, s_0)$ ist ein initiales Transitionssystem mit einem (endlichen) Alphabet A und einer endlichen Menge $R \subseteq A^* \times A^*$, für die gilt: $\forall (P, Q) \in R \; \forall w, w' \in A^* : (w \rightarrow_{(P,Q)} w' \iff \exists w_1, w_2 \in A^* : (w = w_1 P w_2 \wedge w' = w_1 Q w_2)).$*

Sei $K_A = (A^*, R_A, \rightarrow, A^*)$ das Semi-Thue-System mit $R_A = \{(ab, ba) \mid a, b \in A\}$, welches beliebiges Kommutieren von Buchstaben mittels $\rightarrow$ erlaubt. Wir definieren die Äquivalenzrelation $\sim_A \subseteq A^* \times A^*$ durch $\forall w, w' \in A^* : (w \sim_A w' \iff w \xrightarrow{*}_{K_A} w')$. Ein kommutatives Semi-Thue-System ist nun ein initiales Transitionssystem $(A^*/_{\sim_A}, R, \rightarrow_\sim, [s_0]_{\sim_A})$, wobei $(A^*, R, \rightarrow, s_0)$ ein Semi-Thue-System mit $R_A \subseteq R$ und $\rightarrow_\sim$ die kanonische Fortsetzung von $\rightarrow$ auf $(A^*/_{\sim_A})^2$ ist.

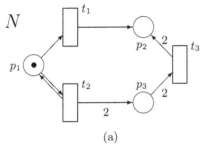

$$A = (\mathbb{N}^{\{p_1,p_2,p_3\}}, \{t_1, t_2, t_3\}, \to, s_0)$$

mit $s_0 = (1, 0, 0)^\mathsf{T}$

$$s \xrightarrow{t_1} s + (-1, 1, 0)^\mathsf{T} \qquad \forall s \geq (1, 0, 0)^\mathsf{T}$$

$$s \xrightarrow{t_2} s + (0, 0, 2)^\mathsf{T} \qquad \forall s \geq (1, 0, 0)^\mathsf{T}$$

$$s \xrightarrow{t_3} s + (0, 2, -2)^\mathsf{T} \qquad \forall s \geq (0, 0, 2)^\mathsf{T}$$

(a)   (b)

$V = (\mathbb{N}^3, \{1, 2, 3\}, \to, s_0)$

mit $s_0 = (1, 0, 0)^\mathsf{T}$

$u_1 = (-1, 0, 0)^\mathsf{T} \quad v_1 = (-1, 1, 0)^\mathsf{T}$

$u_2 = (-1, 0, 0)^\mathsf{T} \quad v_2 = (0, 0, 2)^\mathsf{T}$

$u_3 = (0, 0, -2)^\mathsf{T} \quad v_3 = (0, 2, -2)^\mathsf{T}$

$S = (^{P^*}/_{\sim_P}, R, \to_\sim, s_0)$ mit $s_0 = \{p_1\}$

$R = \{(p_1p_2, p_2p_1), (p_1p_3, p_3p_1),$
$\quad (p_2p_3, p_3p_2), (p_2p_1, p_1p_2),$
$\quad (p_3p_1, p_1p_3), (p_3p_2, p_2p_3),$
$\quad (p_1, p_2), (p_1, p_1p_3p_3), (p_3p_3, p_2p_2)\}$

(c)   (d)

Abb. 3.2. **(a)** Ein Petri-Netz N mit **(b)** zugehörigem T-System A, **(c)** Vektor-Replacement-System V und **(d)** kommutativem Semi-Thue-System S

Beispiel 3.2.19. Betrachten wir als Beispiel das Semi-Thue-System $S = (A^*, R, \to, b)$ mit $A = \{b, c, d, e\}$ und $R = \{(b, cb), (cc, de)\}$. Folgende Übergänge sind z.B. möglich: $b \to cb \to ccb \to cccb \to ccccb \to cdecb \to \dots$. Man sieht leicht, dass die Menge der erreichbaren Zustände gerade durch den regulären Ausdruck $(c + de)^*b$ beschrieben wird. Das zugehörige kommutative Semi-Thue-System hat die Gestalt $S' = (^{A^*}/_{\sim_A}, R \cup R_A, \to_\sim, \{b\})$ (wobei der Initialzustand nun diejenige Menge von Worten ist, die aus genau einem b bestehen, also $[b]_{\sim_A} = \{b\}$). Da nun alle Buchstaben kommutieren, lässt sich die Menge der erreichbaren Zustände als $\{[w] \mid \#_b(w) = 1 \wedge \#_d(w) = \#_e(w)\}$ beschrieben, wobei $[w] := [w]_{\sim_A} = \{w' \in A^* \mid \forall x \in A : \#_x(w) = \#_x(w')\}$ Äquivalenzklassen von Worten sind, in denen alle Buchstaben je gleich häufig vorkommen.

Kommutative Semi-Thue-Systeme entsprechen also Semi-Thue-Systemen, in deren Wörtern die Reihenfolge der Buchstaben irrelevant ist. Alternativ gesagt, operiert man jetzt nicht auf A^* als Zustandsraum, sondern auf dem Parikh-Bild $P(A^*)$ von A^*.

Satz 3.2.20. *Die Klasse der kommutativen Semi-Thue-Systeme ist isomorph zur Klasse der Petri-Netze.*

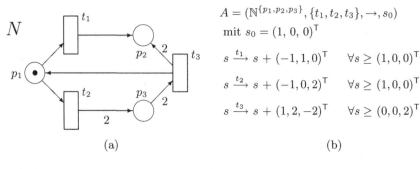

$$A = (\mathbb{N}^{\{p_1, p_2, p_3\}}, \{t_1, t_2, t_3\}, \rightarrow, s_0)$$

mit $s_0 = (1,\, 0,\, 0)^\mathsf{T}$

$$s \xrightarrow{t_1} s + (-1, 1, 0)^\mathsf{T} \qquad \forall s \geq (1,0,0)^\mathsf{T}$$

$$s \xrightarrow{t_2} s + (-1, 0, 2)^\mathsf{T} \qquad \forall s \geq (1,0,0)^\mathsf{T}$$

$$s \xrightarrow{t_3} s + (1, 2, -2)^\mathsf{T} \qquad \forall s \geq (0,0,2)^\mathsf{T}$$

(a)   (b)

$V = (\mathbb{N}^3, \{1, 2, 3\}, \rightarrow, s_0)$

mit $s_0 = (1,\, 0,\, 0)^\mathsf{T}$

$$v_1 = (-1, 1, 0)^\mathsf{T}$$

$$v_2 = (-1, 0, 2)^\mathsf{T}$$

$$v_3 = (1, 2, -2)^\mathsf{T}$$

$S = (^{P^*}/_{\sim_P}, R, \rightarrow_\sim, s_0)$ mit $s_0 = \{p_1\}$

$R = \{(p_1p_2, p_2p_1), (p_1p_3, p_3p_1),$
$\quad (p_2p_3, p_3p_2), (p_2p_1, p_1p_2),$
$\quad (p_3p_1, p_1p_3), (p_3p_2, p_2p_3),$
$\quad (p_1, p_2), (p_1, p_3p_3), (p_3p_3, p_1p_2p_2)\}$

(c)   (d)

Abb. 3.3. (a) Ein schlingenfreies Petri-Netz N mit **(b)** zugehörigem T-System A, **(c)** Vektor-Additions-System V und **(d)** kommutativem Semi-Thue-System S

Beweis: Ist $S = (^{A^*}/_{\sim_A}, R, \rightarrow_\sim, [s_0])$ ein kommutatives Semi-Thue-System, so definieren wir ein Petri-Netz $N = (P, T, \mathbb{F}, \mathbb{B}, s_0')$ wie folgt. Wir setzen $P := A$, $T := R - R_A$, $s_0' := P(s_0)$, das Parikh-Bild von s_0. Gilt für $t = (P_t, Q_t) \in T$: $P_t \sim_A a_1^{i_1} \ldots a_n^{i_n}$ und $Q_t \sim_A a_1^{j_1} \ldots a_n^{j_n}$ (mit $n = |A|$), so setzen wir $\mathbb{F}(t) = (i_1, \ldots, i_n)^\mathsf{T}$ und $\mathbb{B}(t) = (j_1, \ldots, j_n)^\mathsf{T}$. Damit gilt $\forall w, w' \in A^*$ $\forall t \in R$:

$$[w]_{\sim_A} \rightarrow_{(P_t, Q_t)} [w']_{\sim_A} \iff P(w) \geq (i_1, \ldots, i_n)$$
$$\wedge\, P(w') = P(w) - (i_1, \ldots, i_n) + (j_1, \ldots, j_n)$$
$$\iff P(w) \geq \mathbb{F}(t) \wedge P(w') = P(w) - \mathbb{F}(t) + \mathbb{B}(t)$$
$$\iff P(w)\, [t\!>\! P(w')$$

Also sind S und N isomorph.

Ist $N = (P, T, \mathbb{F}, \mathbb{B}, s_0)$ ein Petri-Netz, so konstruieren wir ein Semi-Thue-System $S = (^{A^*}/_{\sim_A}, R, \rightarrow_\sim, [P^{-1}(s_0)]_{\sim_A})$ mit $P^{-1}((s_1, \ldots, s_{|P|})) = p_1^{s_1} \ldots p_{|P|}^{s_{|P|}}$, $A := P$ und $R := R_A \cup \{(a_1^{i_1} \ldots a_n^{i_n}, a_1^{j_1} \ldots a_n^{j_n}) \mid \exists t \in T : (\mathbb{F}(t) = (i_1, \ldots, i_n)^\mathsf{T} \wedge \mathbb{B}(t) = (j_1, \ldots, j_n)^\mathsf{T})\}$. Dann sind N und S isomorph. ∎

In den Abbildungen 3.2 und 3.3 haben wir auch die zu den Petri-Netzen passenden kommutativen Semi-Thue-Systeme angegeben. Die Zustände des Petri-Netzes werden jeweils als Elemente des kommutativen Monoids $P^*/_{\sim_P}$, oder äquivalent als Parikh-Bilder, angegeben. Jedem Token auf einem Place p_i entspricht ein Vorkommen des Buchstaben p_i im Wort. In der Relation R sind die ersten sechs Elemente für die Kommutativität verantwortlich, d.h. sie gewährleisten, dass Token nicht in einer bestimmten Reihenfolge konsumiert/produziert werden müssen, sondern unabhängig voneinander sind, wie es ja auch im Petri-Netz der Fall ist. Die weiteren Einträge in R stellen das Feuern der drei Transitionen des Petri-Netzes dar, in dem sie jeweils die Vor- und Nachbereiche angeben. Die Relation $\rightarrow_\sim$ ist im Bild jeweils nicht angegeben; sie ergibt sich aber auf kanonische Weise aus $\rightarrow$.

3.2.4 Erreichbare Markierungen

Wir wissen nun, wie das Feuern von Transitionen den Zustand eines Petri-Netzes verändert, und wir können einem Petri-Netz entnehmen, in welchen Zuständen es starten soll. Damit sind wir auch in der Lage, zu formalisieren, welche Zustände ein Petri-Netz überhaupt annehmen kann. Dies ist die bereits bekannte Erreichbarkeitsmenge $\mathcal{E}(N)$ eines Petri-Netzes N. Eine der Kernfragen zu Petri-Netzen ist, ob ein Zustand zur Erreichbarkeitsmenge eines Petri-Netzes gehört.

Definition 3.2.21. *Das Erreichbarkeitsproblem (engl. reachability problem)* EP *ist die Frage, ob ein Algorithmus existiert, der bei Eingabe eines Petri-Netzes N und zweier Zustände $s_1, s_2 \in \mathbb{N}^P$ entscheidet, ob s_2 zur Erreichbarkeitsmenge $\mathcal{E}(s_1)$ gehört oder nicht. Formaler ist* EP *die folgende Menge:*

$$EP = \{(N, s_1, s_2) \mid N = (P, T, \mathbb{F}, \mathbb{B}, s_0) \text{ ist ein Petri-Netz}$$
$$\wedge\, s_1, s_2 \in \mathbb{N}^P \wedge \exists \sigma \in T^* : s_1\, [\sigma>_N s_2\}.$$

Damit ist das Erreichbarkeitsproblem das Elementproblem der Menge EP: liegt (N, s_1, s_2) in EP, für ein Petri-Netz N und Zustände s_1, s_2?

Das Erreichbarkeitsproblem ist ein sehr schwieriges Problem, das jahrelang ungelöst blieb. Wir wollen einige Hilfsmittel vorstellen, die nützlich erscheinen, um dieses Problem genauer zu beleuchten. Im Kapitel 4 wird das Erreichbarkeitsproblem dann eingehend untersucht.

3.2.5 Erreichbarkeits- und Überdeckungsgraphen

Wir verallgemeinern den Zustandsbegriff und den Feuerbegriff von Petri-Netzen mittels verallgemeinerter Zustände, in denen auch ω vorkommen darf. Der Begriff der erweiterten natürlichen Zahlen $\mathbb{N}_\omega$, vergleiche Abschnitt 2.4, ist hier entscheidend. Die wichtigsten „Rechenregeln" für $\mathbb{N}_\omega = \mathbb{N} \cup \{\omega\}$ sind $a + \omega = \omega + a = \omega = \omega - a$ und $a < \omega$ für $a \in \mathbb{N}$. Entscheidend werden die beiden Halbordnungen $\leq$ und $\leq_\omega$, vergleiche Abschnitt 2.4, auf $\mathbb{N}_\omega^n$ sein. Zur Erinnerung: $s \leq_\omega s'$ impliziert $s(p) = s'(p)$ für $s'(p) \neq \omega$. D.h. s' besitzt eventuell mehr ω-Koordinaten als s, stimmt aber sonst mit s überein.

Definition 3.2.22 (Verallgemeinerter Zustand). *Sei $N = (P, T, \mathbb{F}, \mathbb{B})$ ein Petri-Netz. Ein* verallgemeinerter Zustand *(oder einfach nur* Zustand *im Folgenden genannt) von N ist ein Vektor $s \in \mathbb{N}_\omega{}^P$.*

Für (verallgemeinerte) Zustände $s, s' \in \mathbb{N}_\omega{}^P$ von N und $t \in T$ sagen wir

$$t \text{ ist in } s \text{ feuerbar, } s\,[t> \ : \iff \ \mathbb{F}(t) \leq s$$
$$t \text{ feuert } s \text{ nach } s', s\,[t>s' \ : \iff \ \mathbb{F}(t) \leq s \wedge s' = s + \mathbb{B}(t) - \mathbb{F}(t).$$

Alle Begriffe, wie etwa $\mathcal{E}(N)$, $s\,[\sigma>s'$, etc. werden damit auf verallgemeinerte Zustände übertragen.

Folgendes Lemma ist offensichtlich.

Lemma 3.2.23. *Seien $N = (P, T, F)$ ein Petri-Netz, $s_1, s_2 \in \mathbb{N}_\omega{}^P$ und $\sigma \in T^*$. Dann gilt*

- $s_1\,[\sigma>_N s_2 \implies \forall p \in P \colon (s_1(p) = \omega \iff s_2(p) = \omega)$,

- $s_1\,[\sigma>_N s_2 \implies \exists \hat{s}_1, \hat{s}_2 \in \mathbb{N}^P \colon (\hat{s}_1 \leq_\omega s_1 \wedge \hat{s}_2 \leq_\omega s_2 \wedge \hat{s}_1\,[\sigma>_N \hat{s}_2)$.

Zum Beweis von Teil 2 definiert man nur

$$\hat{s}_1(p) := \begin{cases} s_1(p) & \text{falls } s_1(p) \neq \omega \\ H(\sigma)(p) & \text{falls } s_1(p) = \omega. \end{cases}$$

Damit gilt $\hat{s}_1\,[\sigma>_N$ und $\hat{s}_2$ setzt man nun auf $\hat{s}_1 + W(\sigma)$.

Erreichbarkeitsgraph. Im sogenannten Erreichbarkeitsgraphen wollen wir alle Zustände erfassen, die ein Petri-Netz annehmen kann, und auch alle Zustandswechsel anzeigen, die durch das Feuern von Transitionen herbeigeführt werden können.

Definition 3.2.24. *Seien $N = (P, T, \mathbb{F}, \mathbb{B})$ ein Petri-Netz und $s \in \mathbb{N}_\omega{}^P$. Der Erreichbarkeitsgraph $EG(N, s)$ ist (T_N^{err}, s), wobei T_N^{err} der erreichbare Teil des initialen Transitionssystems (T_N, s) ist, vergleiche Definition 3.2.3. Ist N ein initiales Petri-Netz mit initialem Zustand s_0, so ist der Erreichbarkeitsgraph von N, $EG(N)$, gerade der Erreichbarkeitsgraph $EG(N, s_0)$.*

Beispiel 3.2.25. Zu dem in Abbildung 3.4 gezeigten Petri-Netz ist der Erreichbarkeitsgraph bereits unendlich groß, da unendlich viele Zustände erreicht werden können. In Abbildung 3.5 ist ein Anfangsstück des Erreichbarkeitsgraphen mit dem Startzustand $(3, 0, 0, 0)^\mathsf{T}$ ganz oben graphisch dargestellt.

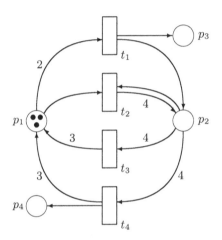

Abb. 3.4. Ein Petri-Netz N

Manche Systemeigenschaften von Petri-Netzen, die ja über Transitionssysteme definiert wurden, übertragen sich direkt auf den Erreichbarkeitsgraphen. So sind Erreichbarkeitsgraphen stets lokal determiniert und kommutativ, im allgemeinen aber nicht persistent, konfluent oder monoton. Monotonie gilt jetzt nicht mehr, da mit $s \xrightarrow{t}_E s'$ in einem Erreichbarkeitsgraphen E nicht auch $s_1 \xrightarrow{t}_E s_1'$ für $s_1 \geq s$ und s_1' geeignet gelten muss: s_1 muss ja gar nicht erreichbar sein und kommt dann auch in E nicht vor.

Natürlich ist ein unendlicher großer Erreichbarkeitsgraph unpraktikabel. Wir suchen also nach einer besseren Lösung zur Darstellung der erreichbaren Zustände. Versucht man eine stets endliche Darstellung zu finden, so gehen allerdings zwangsläufig Informationen verloren. Trotzdem ist ein solcher

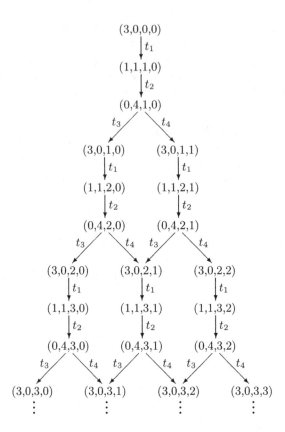

Abb. 3.5. Ein Ausschnitt des Erreichbarkeitsgraphen zum Petri Netz N

Graph mit vermindertem Informationsgehalt immer noch wertvoll für die Beantwortung einiger Fragen. Wir stellen im folgenden den sogenannten Überdeckungsgraphen vor.

Überdeckungsgraph. Die folgende Konstruktion eines Überdeckungsgraphen kann von der Reihenfolge abhängen, in der Zustände und Transitionen betrachtet werden. Um im Algorithmus eine feste Reihenfolge vorgeben zu können, benötigen wir eine Anordnung von verallgemeinerten Zuständen und Transitionen. Dazu betrachten wir einfach irgendeine Bijektion $o \colon \mathbb{N}_\omega{}^P \cup T \to \mathbb{N}$. s ist damit *o-kleiner* als s', falls $o(s) \leq o(s')$ gilt, analog ist t *o-kleiner* als t', falls $o(t_1) \leq o(t_2)$ gilt, für $s, s' \in \mathbb{N}_\omega{}^P$ und $t, t' \in T$.

Definition 3.2.26. *Seien $N = (P, T, \mathbb{F}, \mathbb{B})$ ein Petri-Netz, $s \in \mathbb{N}_\omega^P$ und $o \colon \mathbb{N}_\omega{}^P \cup T \to \mathbb{N}$ eine Bijektion, d.h. eine wiederholungsfreie Aufzählung von $\mathbb{N}_\omega{}^P \cup T$. Der* Überdeckungsgraph *(engl. cover graph) $Cov_o(N, s)$ von N, s*

und o ist definiert als der kantengewichtete Graph $G = (V, E, T)$, der wie folgt konstruiert wird. (Einrückungen sind hier als begin ... end-Schachtelungen zu verstehen; alles auf gleicher Schachtelungstiefe gehört zur selben Umgebung.)

$V := \{s\};$
$E := \emptyset;$
$Neu := V;$
solange $Neu \neq \emptyset$
    wähle das o-minimale $\hat{s} \in Neu;$
    für alle $t \in T$ *in der durch o gegebenen Reihenfolge*
      falls $\hat{s} \, [t >_N$:
        berechne $\hat{s}' \in \mathbb{N}_\omega{}^P$ *mit* $\hat{s} \, [t >_N \hat{s}';$
        falls ein $s' \in \mathbb{N}_\omega{}^P$ *auf einem einfachen Weg von s nach* $\hat{s}$ *im bereits erzeugten Teilgraphen* (V, E, T) *existiert mit* $s' < \hat{s}'$
            setze $\hat{s}'(p) := \omega$ *für* $p \in P$ *mit* $s'(p) < \hat{s}'(p)$
        $E := E \cup \{(\hat{s}, t, \hat{s}')\};$
        falls $\hat{s}' \notin V$ *setze* $V := V \cup \{\hat{s}'\}$ *und* $Neu := Neu \cup \{\hat{s}'\};$
      $Neu := Neu \backslash \{\hat{s}\}$

Existiert in $Cov_o(N, s)$ *ein Knoten* s' *und ein Place* p *mit* $s'(p) = \omega$, *so heißt* p *auch* ω-*Place oder* ω-*Koordinate von* $Cov_o(N, s)$.

Ist die Anordnung o unerheblich, so sprechen wir auch von einem Überdeckungsgraphen $Cov(N, s)$. *Ist* $N = (P, T, F, s)$ *ein initiales Petri-Netz, so schreiben wir auch* $Cov_o(N)$ *statt* $Cov_o(N, s)$.

Häufig werden Überdeckungsgraphen $Cov_o(N, s)$ nur für echte Zustände $s \in \mathbb{N}^P$ betrachtet. Jedoch werden wir aus technischen Gründen im nächsten Kapitel auch Überdeckungsgraphen mit verallgemeinerten Startzuständen benötigen.

Die Konstruktionsvorschrift lässt sich etwas umgangsprachlicher so beschreiben:

- Man beginne mit dem Graphen $G = (\{s\}, \emptyset)$, der nur den Knoten s enthält.

- Für jeden bisher unbehandelten Knoten $\hat{s} \in \mathbb{N}_\omega{}^P$ aus G und jede Transition t bestimme man den Zustand $\hat{s}' \in \mathbb{N}_\omega{}^P$ mit $\hat{s} \, [t > \hat{s}'$. Existiert $\hat{s}'$, d.h., kann t unter $\hat{s}$ feuern, so arbeitet man folgende Punkte ab:

    - Existiert auf einem einfachen Weg von der "Wurzel" s des Graphen G zu $\hat{s}$ ein Knoten, der in allen Komponenten kleiner oder gleich $\hat{s}'$ ist, so ändere man die Komponenten, die in $\hat{s}'$ größer sind, in ω ab.

– Falls der Knoten $\hat{s}'$ in G nicht existiert, so füge man ihn zum Graphen hinzu. $(V := V \cup \{\hat{s}'\})$

– Man füge eine mit t beschriftete Kante von $\hat{s}$ nach $\hat{s}'$ hinzu. $(E := E \cup \{(\hat{s}, t, \hat{s}')\})$

Beispiel 3.2.27. In Abbildung 3.6 ist ein Überdeckungsgraph des Petri-Netzes N aus Abbildung 3.4 zu sehen. Die Zustände $(3,0,0,0)^\mathsf{T}$, $(1,1,1,0)^\mathsf{T}$ und $(0,4,1,0)^\mathsf{T}$ werden jeweils unverändert eingeführt, da es keine vor ihnen liegenden Zustände gibt, die echt in diesen Zuständen enthalten sind. Daher entspricht der erste Teil dem Erreichbarkeitsgraphen. Weiter gilt $(0,4,1,0)^\mathsf{T}$ $[t_3> (3,0,1,0)^\mathsf{T}$ und offensichtlich wird $(3,0,1,0)^\mathsf{T}$ zu $(3,0,\omega,0)^\mathsf{T}$ verändert, da dieser Zustand "hinter" dem Startzustand liegt und diesen echt enthält. Dabei bezieht sich die Echtheit auf die 3. Koordinate, die wegen ihrer Unbeschränkheit zu ω wird. Vom Zustand $(3,0,\omega,0)^\mathsf{T}$ kommt man durch Feuern von t_1 und dann t_2 zu den Zuständen $(1,1,\omega,0)^\mathsf{T}$ und $(0,4,\omega,0)^\mathsf{T}$, die ebenfalls echt größer sind als die vor ihnen liegenden Zustände $(1,1,1,0)^\mathsf{T}$ und $(0,4,1,0)$, aber unverändert bleiben, da sie in den zu verändernden Koordinaten bereits den Wert ω besitzen. Von $(0,4,\omega,0)^\mathsf{T}$ gelangt man durch Feuern von t_3 zurück zu $(3,0,\omega,0)^\mathsf{T}$ und mittels t_4 zu $(3,0,\omega,1)^\mathsf{T}$, welches in den beiden letzten Koordinaten echt größer ist als $(3,0,0,0)^\mathsf{T}$. Wir fügen also $(3,0,\omega,\omega)^\mathsf{T}$ in den Graphen ein. Von $(0,4,1,0)^\mathsf{T}$ gelangt man mittels t_4 zu $(3,0,1,1)^\mathsf{T}$, das ebenfalls zu $(3,0,\omega,\omega)^\mathsf{T}$ modifiziert wird. Schließlich erhält man analog zur bisherigen Konstruktion $(1,1,\omega,\omega)^\mathsf{T}$ und $(0,4,\omega,\omega)^\mathsf{T}$, von wo aus man mittels t_3 und t_4 stets wieder zu $(3,0,\omega,\omega)^\mathsf{T}$ zurückkehrt. Damit endet die Konstruktion, da keine weiteren Knoten mehr in den Graphen aufgenommen werden. Das Resultat ist der in Abbildung 3.6 gezeigte Graph. Die Wahl von o ist, wie man leicht ausprobieren kann, in diesem Beispiel irrelevant.

Überdeckungsgraphen können leicht unterschiedlich definiert werden. So ist es etwa möglich, anstelle einfacher Wege im Graphen G beliebige Wege zu betrachten. Ebenso führt eine unterschiedliche Wahl von o zu unterschiedlichen Überdeckungsgraphen. Der Unterschied ist jedoch marginal: Lediglich die Einführung von ω-Koordinaten kann durch eine unterschiedliche Wahl von o verzögert werden, da eventuell noch ein einfacher Weg von einem Knoten s zu einem Knoten $\hat{s}$ in G nicht realisiert ist, auf dem ein s' mit $s' < \hat{s}'$ liegt. Da jedoch jeder Knoten aus Neu nach endlicher Zeit bearbeitet wird, wird auch dieser Weg schließlich realisiert. Ein Beispiel soll das verdeutlichen.

Es sei N das Petri-Netz aus Abb. 3.7. In o_1 sei $(0,1,0,0)^\mathsf{T}$ der "größte" aller in $Cov_{o_1}(N, (1,0,0,0)^\mathsf{T})$ vorkommenden Zustände, in o_2 sei dies $(0,0,1,0)^\mathsf{T}$. D.h. beim Aufbau von $Cov_{o_1}(N, (1,0,0,0)^\mathsf{T})$ wird $(0,1,0,0)^\mathsf{T}$ erst "ganz am Schluss" bearbeitet. In $Cov_{o_2}(N, (1,0,0,0)^\mathsf{T})$ wird $(0,0,1,0)^\mathsf{T}$ als letzter Zustand gewählt. Durch diese unterschiedliche Konstruktionsreihenfolge liefert

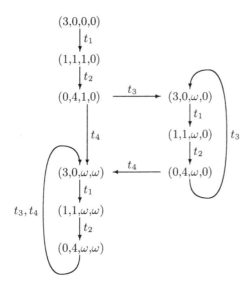

Abb. 3.6. Der Überdeckungsgraph zum Petri Netz N

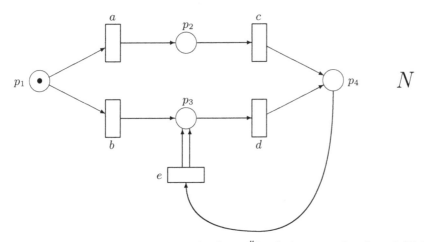

Abb. 3.7. Ein Petri-Netz N mit verschiedenen Überdeckungsgraphen je nach Wahl der Knotenaufzählung o

der obige Algorithmus auch zwei unterschiedliche Überdeckungsgraphen, wie in Abbildung 3.8 dargestellt.

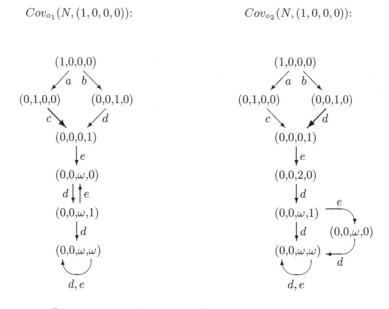

Abb. 3.8. Überdeckungsgraphen zum Petri-Netz aus Abbildung 3.7. In der Aufzählung o_1 wird $(0,1,0,0)$ zuletzt aufgezählt, bei o_2 wird $(0,0,1,0)$ zuletzt aufgezählt. Die fett gedruckten Kanten werden daher zuletzt eingefügt

Wie das Beispiel zeigt, kann die Anordnung o der verallgemeinerten Zustände und der Transitionen die Reihenfolge bestimmen, in der ein Überdeckungsgraph $Cov(N, s)$ aufgebaut wird. Je nach dieser Reihenfolge können eventuell einfache Wege von s nach $\hat{s}$ über ein s' mit $s' < \hat{s}'$ schon in $Cov(N, s)$ vorkommen und eine ω-Koordinate einführen. Werden niemals ω-Koordinaten neu in $Cov(N, s)$ eingeführt, so spielt die Anordnung o keine Rolle.

Wird bei Einführung einer Kante $(\hat{s}, t, \hat{s}')$ in $Cov(N, s)$ in $\hat{s}'$ an der Stelle p eine neue ω-Koordinate eingeführt, so muss bereits in $Cov(N, s)$ ein einfacher Weg von s über ein s' nach $\hat{s}$ existieren mit $s' \leq \hat{s}'$ und $s'(p) < \hat{s}'(p)$. Sei σ die Beschriftung dieses Weges von s' nach $\hat{s}$. Damit gilt, wie wir gleich zeigen werden, auch $\hat{s}' \lfloor (\sigma t)^k >_N$ für jedes k und wir können auf den Place p beliebig viele Token legen. ω steht also für „beliebig viele" Token. Dies soll präzisiert werden. Dabei werden wir auch sehen, dass Überdeckungsgraphen stets endlich sein müssen.

Ursprünglich wurde ein anderes Konzept, das des Überdeckungsbaumes, als eine Art Entfaltung des Überdeckungsgraphen eingeführt. Dieser Begriff ist sehr nützlich, zeigt er doch sofort, dass alle Überdeckungsgraphen endlich sein müssen.

Definition 3.2.28 (Überdeckungsbaum). *Seien* $N = (P, T, \mathbb{F}, \mathbb{B})$ *ein Petri-Netz und* $s \in \mathbb{N}_\omega{}^P$. *Der Überdeckungsbaum* $B(N, s)$ *von* N *und* s *ist als ein kanten- und knotengewichteter Baum* $B = (V, E, T, \mathbb{N}_\omega{}^P, \gamma)$ *mit einer Knotengewichtung* $\gamma \colon V \to \mathbb{N}_\omega{}^P$ *wie folgt definiert:*

$i := 0; \ V := \{i\}; \ \gamma(i) := s; \ E := \emptyset;$
$Neu := V;$
solange $Neu \neq \emptyset$
  wähle ein $j \in Neu; \ Neu := Neu - \{j\};$
  für alle $t \in T$ *mit* $\gamma(j) \, [t\!>$
    berechne $\hat{s}'$ *mit* $\gamma(j) \, [t\!>\!\hat{s}';$
    falls ein k *auf dem Ast von* 0 *nach* j *vorkommt mit* $\gamma(k) < \hat{s}'$
      setze $\hat{s}'(p) := \omega$ *für alle* $p \in P$ *mit* $\gamma(k)(p) < \hat{s}'(p)$
    $E := E \cup \{(j, t, i+1)\}; \ V := V \cup \{i+1\}; \ \gamma(i+1) := \hat{s}';$
    $i := i + 1;$
    setze $Neu := Neu \cup \{i\}$, *falls kein Knoten* $k \neq i$ *auf dem Ast von* 0 *nach* i *vorkommt mit* $\gamma(k) = \gamma(i)$.

Abbildung 3.9 zeigt den Überdeckungsbaum für das Petri-Netz aus Abbildung 3.7. Dabei sind die Namen i der Knoten weggelassen und deren Gewichte γ direkt angegeben. Aus dem Beispiel sollte klar werden, inwiefern der Überdeckungsbaum eine „Entfaltung aller o-Überdeckungsgraphen" ist. Im Überdeckungsbaum werden ω-Koordinaten maximal spät eingeführt, wenn auf dem gerade betrachteten Ast ein echtes Vergrößern im Zustand erreicht wird. Offensichtlich existiert kein Überdeckungsgraph $Cov_o(N, s)$ über N und s, der mehr Knoten als $B(N, s)$ besitzt. Überdeckungsgraphen sind eine kompaktere Darstellung als Überdeckungsbäume, hängen dafür aber von der Bearbeitungsreihenfolge o ab. In der Literatur haben sich Überdeckungsgraphen gegenüber Überdeckungsbäumen durchgesetzt. Obwohl manche Untersuchungen für Überdeckungsbäume einfacher werden, folgen auch wir der Literatur und werden fast nur mit Überdeckungsgraphen arbeiten.

Satz 3.2.29 (Endlichkeit). *Jedes Petri-Netz besitzt nur endliche Überdeckungsgraphen und -bäume.*

Beweis: Wir nehmen an, zu einem Petri-Netz $N = (P, T, \mathbb{F}, \mathbb{B})$ und einem Zustand $s \in \mathbb{N}_\omega{}^P$ sei ein Überdeckungsgraph $Cov(N, s)$ nicht endlich. Dann ist auch der Überdeckungsbaum $B(N, s)$ nicht endlich. Da in $B(N, s)$ jeder

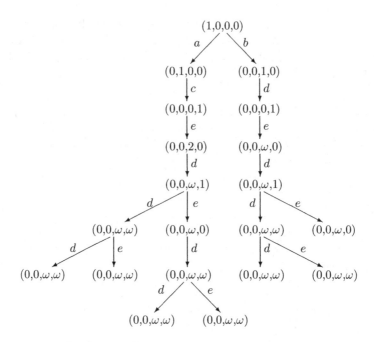

Abb. 3.9. Der Überdeckungsbaum zum Petri Netz N aus Abbildung 3.7

Knoten höchstens $|T|$-viele Söhne besitzen kann, existiert nach König's Lemma ein unendlich langer Weg von der Wurzel 0 aus. Die Folge aller Knotengewichte auf diesem Weg ist eine unendlich lange Folge von verallgemeinerten Zuständen $(s_i)_{i\in\mathbb{N}}$, $s_i \in \mathbb{N}_\omega{}^P$, die nach Satz 2.4.2 eine unendliche, monoton wachsende $F' = (s_{i_j})_{j\in\mathbb{N}}$ besitzen muss. Da sich auf einem Ast keine Knotengewichte wiederholen können (außer in einem Blatt) muss diese monotone Teilfolge bereits streng monoton sein, d.h. $s_{i_j} < s_{i_{j+1}}$ gilt für alle $j \in \mathbb{N}$. Da s_{i_j} aber das Knotengewicht eines Knotens auf dem Weg von 0 bis zum Knotengewicht $s_{i_{j+1}}$ ist, muss $s_{i_{j+1}}$ mindestens eine ω-Koordinate mehr als s_{i_j} aufweisen. Dies ist aber nur endlich oft möglich. Ein Widerspruch.   ■

Lemma 3.2.30. *Seien $N = (P,\ T,\ F)$ ein Petri-Netz, $s, s_1, s_2 \in \mathbb{N}_\omega{}^P$ Zustände, $\sigma, \sigma_1, \sigma_2 \in T^*$ Feuersequenzen und $C := Cov(N, s)$ ein Überdeckungsgraph, dann gilt:*

- $s\ [\sigma_1{>}_N s_1\ [\sigma_2{>}_N s_2 \implies \exists s_1' \geq_\omega s_1\ \exists s_2' \geq_\omega s_2'\colon s \xrightarrow{\sigma_1}_C s_1' \xrightarrow{\sigma_2}_C s_2'$,

- $s_1 \xrightarrow{\sigma}_C s_2 \implies \exists \hat{s}_2 \leq_\omega s_2\colon s_1\ [\sigma{>}_N \hat{s}_2$,

- *liegt s_1 in C und gilt $s_1\ [\sigma_1{>}_N s_2$, so existiert ein s_2' in C mit $s_1 \xrightarrow{\sigma_1}_C s_2' \geq_\omega s_2$.*

Beweis: Gilt $s_1 \ [t{>}_N s_2$ für einen Zustand s_1, der von s aus in N erreichbar ist, und ist s_1' ein Zustand mit $s_1' \geq_\omega s_1$, der in $Cov(N, s)$ vorkommt, so gilt auch $s_1' \ [t{>}_N$. Per Konstruktion von $Cov(N, s)$ wird dann eine Kante (s_1', t, s_2') in $Cov(N, s)$ aufgenommen mit einem s_2', für das $s_2' \geq_\omega s_1' + W(t)$ gilt. Damit folgen alle Behauptungen sofort. ∎

Hiermit wird auch sofort klar, dass die wichtigen Systemeigenschaften aus Definition 3.2.4 sich von Petri-Netzen auch auf deren Überdeckungsgraphen, die ja per Definition auch Transitionssysteme sind, übertragen.

Korollar 3.2.31. *Überdeckungsgraphen von Petri-Netzen sind als Transitionssysteme stets lokal determiniert und kommutativ, im allgemeinen aber nicht persistent, konfluent, lokal konfluent, modular oder monoton.*

Im Gegensatz zu Überdeckungsgraphen können Erreichbarkeitsgraphen unendlich groß werden, vergleiche etwa Beispiel 3.2.25.

Lemma 3.2.32. *Seien $N = (P, T, F)$ ein Petri-Netz, $s \in \mathbb{N}_\omega{}^P$ ein Zustand und $E := EG(N, s)$ der Erreichbarkeitsgraph von N und s. Ist E unendlich groß, so gilt*

- $\exists s', s'' \in \mathbb{N}_\omega{}^P : s \xrightarrow{*}_E s' \xrightarrow{*}_E s'' \wedge s' < s''$

- $\exists s', s'' \in \mathbb{N}_\omega{}^P \ \exists p \in P \colon s \xrightarrow{*}_E s' \xrightarrow{*}_E s'' \wedge s' < s'' \wedge s'(p) < s''(p) \Longrightarrow p$ *ist ω-Place in jedem Überdeckungsgraphen $Cov(N, s)$.*

Beweis: Wir definieren in E als V_i die Menge aller Knoten, die den Abstand i von s haben. D.h., der kürzeste Weg in E von s zu einem $s' \in V_i$ enthält genau i Kanten. Da jeder Knoten in E höchstens $|T|$ Söhne besitzt, sind alle V_i endlich. Da E unendlich ist, ist kein V_i leer. Zu jedem $s'' \in V_{i+1}$ muss auch ein $s' \in V_i$ existieren, so dass $s' \to s''$ in E vorkommt. Damit können wir die Variante Lemma 2.2.8 von König's Lemma anwenden und finden eine unendliche Folge $F = (s_i)_{i \in \mathbb{N}}$ von Knoten s_i in E mit $s_i \in V_i$ und $s_i \to s_{i+1}$ für alle i. Wegen $s_i \in \mathbb{N}_\omega{}^P$ existiert nach Satz 2.4.2 eine unendliche, monoton wachsende Teilfolge $F' = (s_{i_j})_{j \in \mathbb{N}}$ von F. Da jedes s_j aus V_j ist, folgt $s_j \neq s_k$ für $j \neq k$. D.h. F' ist sogar streng monoton wachsend. Damit ist die erste Behauptung bereits gezeigt. Da $F' = (s_{i_j})_{j \in \mathbb{N}}$ streng monoton wachsend ist, existiert ein $p \in P$, für das $(s_{i_j}(p))_{j \in \mathbb{N}}$ ebenfalls monoton wachsend, unbeschränkt und nirgends gleich ω ist. Man beachte, dass im Erreichbarkeitsgraphen jeder Zustand die gleichen ω-Koordinaten besitzt, da außer eventuell bereits im Startzustand $s \in \mathbb{N}_\omega{}^P$ vorhandenen ω-Koordinaten keine neuen im Erreichbarkeitsgraphen eingeführt werden. Wegen $s_{i_j} \xrightarrow{*} s_{i_k}$, $s_{i_j}(p) < s_{i_k}(p)$ und $s_{i_j} < s_{i_k}$ für ein j und k muss im Überdeckungsbaum bei

p eine ω-Koordinate eingeführt werden. Damit ist p im Überdeckungsbaum und damit auch in jedem Überdeckungsgraphen $Cov_o(N, s)$ ein ω-Place. Dies zeigt Behauptung zwei.   ∎

Umgekehrt, ist p ein ω-Place in einem Überdeckungsgraphen, aber nicht im Erreichbarkeitsgraphen, so können in p beliebig große Werte im Erreichbarkeitsgraphen überschritten werden.

Lemma 3.2.33. *Seien $N = (P, T, F)$ ein Petri-Netz, $p \in P$ und $s \in \mathbb{N}_\omega{}^P$. Genau dann ist p in einem Überdeckungsgraphen $Cov(N, s)$ ein ω-Place, wenn zu jedem $k \in \mathbb{N}$ Knoten s_k in $EG(N, s)$ mit $s_k(p) \geq k$ existieren.*

Beweis: Sei p ein Place, der im Erreichbarkeitsgraphen „beliebig groß" wird, d.h., zu dem zu jedem $k \in \mathbb{N}$ ein s_k in $EG(N, s)$ existiert mit $s_k(p) \geq k$. Nach Lemma 3.2.30 existiert zu jedem s_k in $Cov(N, s)$ ein s'_k mit $s_k \leq_\omega s'_k$. Also muss auch $s'_k(p) \geq k$ gelten. Da $Cov(N, s)$ endlich ist, gilt also $s'_k(p) = \omega$.

Zur anderen Richtung. Gilt bereits $s(p) = \omega$, so auch $s(p) \geq k$ für alle $k \in \mathbb{N}$. Setze $s_k := s$. Ist p ein ω-Place in $Cov(N, s)$, aber $s(p) \neq \omega$, so musste ein ω für p in der Konstruktion des Überdeckungsgraphen eingeführt worden sein. Damit existieren s', $\hat{s}$, $\hat{s}'$, σ_1, σ_2 und t in $C := Cov(N, s)$ mit $s \xrightarrow{\sigma_1}_C s' \xrightarrow{\sigma_2}_C \hat{s}\,[t\rangle_N \hat{s}'$ mit $s' < \hat{s}'$ und $s'(p) < \hat{s}'(p)$. Damit gilt auch $W_N(\sigma_2 t)(p) > 0$ und $s\,[\sigma_1\rangle_N \tilde{s}'\,[\sigma_1 t\rangle_N \tilde{s}''$ für geeignete $\tilde{s}'$, $\tilde{s}''$ mit $\tilde{s}'(p) < \tilde{s}''(p)$. Insbesondere gilt auch $s\,[\sigma_1(\sigma_1 t)^r\rangle_N \tilde{s}_r$ mit $\tilde{s}_r(p) > r$ für jedes r mit einem geeigneten $\tilde{s}_r$.   ∎

Man beachte, dass wir in Lemma 3.2.33 nicht die Existenz eines Knotens s_k zu $k \in \mathbb{N}$ in $EG(N, s)$ fordern können mit $s_k(p) = k$. Wir können nur $s_k(p) \geq k$ erhalten. Insgesamt haben wir bereits den folgenden Zusammenhang zwischen Erreichbarkeitsgraphen und Überdeckungsgraphen gezeigt.

Satz 3.2.34 (ω-Places in Überdeckungsgraphen). *Seien N ein Petri-Netz und $s \in \mathbb{N}_\omega{}^P$. Dann gilt:*

- *Alle Überdeckungsgraphen $Cov(N, s)$ besitzen dieselben ω-Places.*

- *Folgende Aussagen sind äquivalent:*

  - *$EG(N, s)$ ist unendlich.*

  - *Jeder Überdeckungsgraph $Cov(N, s)$ besitzt einen ω-Place p mit $s(p) \neq \omega$.*

Wir können noch mehr zeigen: Kommen in einem Überdeckungsgraphen in einem Zustand mehrere ω-Koordinaten vor, so kann man im Petri-Netz so feuern, dass auf diesen ω-Places eine beliebig hohe Anzahl von Token simultan überschritten wird. Dieser Beweis ist aber nicht ganz so einfach wie die bisherigen.

Lemma 3.2.35 (Simultane ω-Places). *Seien $N = (P, T, F)$ ein Petri-Netz, $s \in \mathbb{N}_\omega{}^P$, $Cov(N, s)$ ein Überdeckungsgraph und s' ein Knoten in $Cov(N, s)$. Dann existiert zu jedem $k \in \mathbb{N}$ ein Zustand $\hat{s}'$ im Erreichbarkeitsgraphen $EG(N, s)$ mit $\hat{s}' \leq_\omega s'$ und für alle $p \in P$ gilt: $s'(p) = \omega \Longrightarrow \hat{s}'(p) \geq k$.*

Beweis: Es sei $C := Cov(N, s)$ ein solcher Überdeckungsgraph. Wir führen den Beweis über die Länge ℓ eines kürzesten Weges in C von s nach s'.

Induktionsbeginn: $\ell = 0$. Dann gilt $s' = s$. $\hat{s}' := s'$ erfüllt dann alle gewünschten Eigenschaften.

Induktionsschritt: $\ell \to \ell + 1$. Es sei $s \xrightarrow{*}_C s'' \xrightarrow{t}_C s'$ ein kürzester Weg in C von s nach s' der Länge $\ell + 1$

Fall 1: s'' und s' besitzen die gleichen ω-Koordinaten. Laut Induktionsvoraussetzung für s'' existiert zu $K \in \mathbb{N}$ ein $\varrho \in T^*$ und ein $\hat{s}''$ mit $s \, [\varrho{>}_N \hat{s}'' \leq_\omega s''$ und $s''(p) = \omega \Longrightarrow \hat{s}''(p) \geq K$. Für K groß genug gilt dann $H_N(t) \leq \hat{s}''$, d.h. $s'' \geq_\omega \hat{s}'' \, [t{>}_N \hat{s}'' + W_N(t) \leq_\omega s'$. Wir setzen $\hat{s}' := \hat{s}'' + W_N(t)$. Damit gilt

- $s \, [\varrho_1{>}_N \hat{s}'' \, [t{>}_N \hat{s}'$ für geeignetes $\varrho_1 \in T^*$,

- $s'(p) \neq \omega \Longrightarrow s''(p) \neq \omega \Longrightarrow s'(p) = s''(p) + W_N(t)(p) = \hat{s}''(p) + W_N(t)(p) = \hat{s}'(p)$, d.h. $\hat{s}' \leq_\omega s'$,

- $s'(p) = \omega \Longrightarrow s''(p) = \omega \Longrightarrow \hat{s}''(p) \geq K \Longrightarrow \hat{s}'(p) = \hat{s}''(p) + W_N(t)(p) \geq k$, für K groß genug.

Fall 2: Die ω-Koordinaten von s'' und s' seien ungleich. Jede ω-Koordinate von s'' ist auch eine von s'. Also gilt $P' := \{p \in P_N \mid s'(p) = \omega \neq s''(p)\} \neq \emptyset$. Es sei $P' = \{p_1, \ldots, p_r\} \subseteq P_N$. Es gilt also: $s \xrightarrow{*}_C s'' \, [t{>}_N \tilde{s}'$ für ein $\tilde{s}' \in \mathbb{N}_\omega{}^P$, und s' entstand aus $\tilde{s}'$ auf Grund der Einführung neuer ω-Koordinaten laut Konstruktionsvorschrift für C. Damit müssen aber zu jedem $p \in P'$ nun s_p und σ_p existieren mit

- $s_p \xrightarrow{\sigma_p}_C s'' \, [t{>}_N \tilde{s}' \leq_\omega s'$,

- $s_p \leq \tilde{s}'$,

- $s_p(p) < \tilde{s}'(p)$.

D.h. für $\hat{p} \in P_N$ gilt

$$W_N(\sigma_p t)(\hat{p}) \begin{cases} \geq 0, & \text{für } s''(\hat{p}) \neq \omega \\ > 0, & \text{für } \hat{p} = p \\ \text{beliebig} & \text{für } s''(\hat{p}) = \omega \end{cases}$$

Insbesondere gilt $s'\ [\sigma_p t\!\!>$ für alle p. Setzen wir $\sigma := \sigma_{p_1} t \sigma_{p_2} t \ldots \sigma_{p_r} t$, so folgt

$$W_N(\sigma)(\hat{p}) \begin{cases} \geq 0, & \text{für } s''(\hat{p}) \neq \omega \\ > 0, & \text{für } \hat{p} \in P' \\ \text{beliebig} & \text{für } s''(\hat{p}) = \omega \end{cases}$$

Insbesondere gilt $s'\ [\sigma^r\!\!>$ für beliebiges $r \in \mathbb{N}$, also auch $s''\ [t\sigma^r\!\!>_N$ für jedes $r \in \mathbb{N}$. Per Induktionsvoraussetzung für s'' finden wir zu $K \in \mathbb{N}$ ein $\hat{s}''_K$ und ein $\varrho \in T^*$ mit

$$s\ [\varrho\!\!>_N \hat{s}''_K, \quad \hat{s}''_K \leq_\omega s'', \quad s''(p) = \omega \Longrightarrow \hat{s}''_K(p) \geq K.$$

Für jedes $r \in \mathbb{N}$ existiert damit ein K mit $\hat{s}''_K\ [t\sigma^r\!\!>_N$. Es sei $\hat{s}'_K := \hat{s}''_K + W_N(t\sigma^r)$. Für $\hat{s}'_K$ gilt damit

- $s\ [\varrho\!\!>_N \hat{s}''_K\ [t\sigma^r\!\!>_N \hat{s}'_K$,

- $\hat{s}'_K \leq_\omega s'$, wegen $s'' \geq_\omega \hat{s}''_K\ [t\!\!>_N \hat{s}''_K + W_N(t) \leq_\omega s'' + W_N(t) \leq_\omega s'$ und $s' + W_N(\sigma^r) \leq_\omega s'$,

- $s'(p) = \omega$ impliziert

$$\begin{aligned} \hat{s}'_K(p) &= \hat{s}''_K(p) + W_N(t)(p) + r \cdot W_N(\sigma)(p) \\ &\geq \hat{s}''_K(p) + W_N(t)(p), \text{ für } p \notin P', \text{ d.h. } s''(p) = \omega \\ &\geq K + W_N(t)(p) \\ &\geq k, \text{ für } K \text{ groß genug, bzw.} \end{aligned}$$

$$\begin{aligned} \hat{s}'_K(p) &= \hat{s}''_K(p) + W_N(t)(p) + r \cdot W_N(\sigma)(p) \\ &\geq \hat{s}''_K(p) + W_N(t)(p) + r, \text{ für } p \in P' \\ &\geq k, \text{ für } r \text{ groß genug,} \end{aligned}$$

Für K groß genug ist damit $\hat{s}' := \hat{s}'_K$ gefunden. ∎

Existieren in einem Überdeckungsgraphen $Cov(N, s)$ zwei Knoten s_1, s_2 mit $s \leq_\omega s_1$, $s \leq_\omega s_2$ und $s_1 \neq s_2$, so müssen s_1 und s_2 unterschiedliche ω-Koordinaten besitzen. Dann existiert, wie wir gleich zeigen werden, auch ein Knoten s_3 in $Cov(N, s)$ mit $s_1 \leq_\omega s_3$ und $s_2 \leq_\omega s_3$. D.h., s_3 besitzt die ω-Koordinaten von s_1 und s_2 und $s \leq_\omega s_3$ gilt. Insbesondere existiert bezüglich $\leq_\omega$ ein zu s maximales Element in $Cov(N, s)$. Dieses maximale Element ist in allen Überdeckungsgraphen gleich.

Lemma 3.2.36 (und Definition). *Es seien $N = (P, T, F)$ ein Petri-Netz, $s \in \mathbb{N}_\omega^P$ und $Cov(N, s)$ ein Überdeckungsgraph. Ein Knoten s^+ heißt Maximum von s in $Cov(N, s)$, falls s^+ in $Cov(N, s)$ vorkommt und für jeden Knoten s' in $Cov(N, s)$ mit $s \leq_\omega s'$ bereits $s' \leq_\omega s^+$ gilt. Solch ein Maximum von s existiert in jedem $Cov_o(N, s)$ und ist von der Wahl von o unabhängig. Es wird mit $\max(s)$ bezeichnet.*

Beweis: Für $i = 1, 2$ seien $C_i := Cov_{o_i}(N, s)$ Überdeckungsgraphen von N und s mit Knoten s_i in C_i mit $s \leq_\omega s_i$. Es genügt zu zeigen, dass in C_1 und C_2 ein Knoten s^+ existiert mit $s_1 \xrightarrow{*}_{C_1} s^+$, $s_2 \xrightarrow{*}_{C_2} s^+$, $s_1 \leq_\omega s^+$ und $s_2 \leq_\omega s^+$.

Gilt $s_1 = s_2$ sind wir fertig, indem wir $s^+ := s_1$ setzen. Es gelte also $s_1 \neq s_2$. Wegen $s \leq_\omega s_1$ und $s \leq_\omega s_2$ existiert damit ein $p_0 \in P$ mit $s_1(p_0) \neq \omega = s_2(p_0)$ oder $s_1(p_0) = \omega \neq s_2(p_0)$. Es sei $G(s_1, s_2) := \{p \in P \mid s_1(p) = \omega = s_2(p)\}$. Es sei N_0 die größte natürliche Zahl, die in einer Koordinate eines Zustandes in C_1 oder C_2 vorkommt. Wir setzen $k := N_0 + 1$. Nach Lemma 3.2.35 finden wir damit Feuersequenzen σ_1, σ_2 und Zustände $\hat{s}_1$, $\hat{s}_2$ mit $s \, [\sigma_1>_N \hat{s}_1 \leq_\omega s_1$ und $s \, [\sigma_2>_N \hat{s}_2 \leq_\omega s_2$ und $\forall p \in P$: $(s_1(p) = \omega \implies \hat{s}_1(p) \geq k) \wedge (s_2(p) = \omega \implies \hat{s}_2(p) \geq k)$. Damit gilt für $i = 1, 2$:

$$W_N(\sigma_i)(p) = \begin{cases} 0, & \text{falls } s_i(p) \neq \omega \\ \geq k - s(p) \geq 0, & \text{falls } s_i(p) = \omega \end{cases} \tag{$*$}$$

Aus $s \, [\sigma_i>_N \hat{s}_i = s + W_N(\sigma_i) \geq s$ für $i = 1, 2$ folgt dann auch $s \, [\sigma_1\sigma_2>_N$ und $s \, [\sigma_2\sigma_1>_N$. Für $s_3 := s + W_N(\sigma_1) + W_N(\sigma_2)$ gilt also

$$s \, [\sigma_1>_N \hat{s}_1 \, [\sigma_2>_N s_3 \text{ und } s \, [\sigma_2>_N \hat{s}_2 \, [\sigma_1>_N s_3.$$

Damit gilt auch $s_1 \, [\sigma_2>_N$ und $s_2 \, [\sigma_1>_N$. Daher existieren mit Lemma 3.2.30 zwei zusätzliche Zustände s_1' und s_2' in C_1 bzw. C_2 mit $s \xrightarrow{*}_{C_1} s_1 \xrightarrow{\sigma_2}_{C_1} s_1' \geq_\omega s_3$ und $s \xrightarrow{*}_{C_2} s_2 \xrightarrow{\sigma_1}_{C_2} s_2' \geq_\omega s_3$. Gilt $s_1(p) = \omega$ oder $s_2(p) = \omega$, so gilt mit $(*)$ nun $s_3(p) = s_1(p) + W_N(\sigma_1)(p) + W_N(\sigma_2)(p) \geq k$. Aus $s_3 \leq_\omega s_1'$ und $s_3 \leq_\omega s_2'$ folgt damit auch $s_1'(p) = \omega$ und $s_2'(p) = \omega$, da in C_1 oder C_2 keine natürliche Zahl $\geq k$ in den Koordinaten der Zustände vorkommt. D.h. $s_1 \leq_\omega s_1'$ und $s_2 \leq_\omega s_2'$ gilt und $p_0 \in G(s_1', s_2') - G(s_1, s_2)$. Gilt bereits $s_1' = s_2'$, so sind wir fertig. Ansonsten iterieren wir das Verfahren mit s_1' und s_2' anstelle von s_1 und s_2. Wegen $G(s_1, s_2) \subsetneq G(s_1', s_2') \subseteq P_N$ bricht das Verfahren ab. ∎

3.2.6 Reverse Petri-Netze

Kehrt man in einem Petri-Netz $N = (P, T, \mathbb{F}, \mathbb{B})$ die Richtungen der Pfeile um, so erhält man das sogenannte reverse Petri-Netz N^{rev} von N. Formal werden nur die Rollen von $\mathbb{F}$ und $\mathbb{B}$ vertauscht. Reverse Netze werden beim Entscheidungsverfahren für das Erreichbarkeitsproblem eine nützliche Rolle spielen.

Definition 3.2.37 (Reverse Netze). *Es sei $N = (P, T, \mathbb{F}, \mathbb{B}, s_0)$ ein Petri-Netz. Dann ist $N^{rev} := (P, T^{rev}, \mathbb{B}, \mathbb{F}, s_0)$ mit $T^{rev} := \{t^{rev} \mid t \in T\}$ das reverse Netz von N. Dabei t^{rev} entsteht aus $t \in T$ einfach durch Umbenennen. Für Feuersequenzen σ wird σ^{rev} wie üblich induktiv erklärt: $\varepsilon^{rev} := \varepsilon$,*

$(\sigma t)^{rev} := t^{rev}\sigma^{rev}$. *Ist* $A = (V, E, \Sigma, v_0)$ *ein Transitionssystem, so ist* $A^{rev} := (V, E^{rev}, \Sigma^{rev}, v_0)$ *mit* $\Sigma^{rev} := \{a^{rev} \mid a \in \Sigma\}$ *und* $\forall v, v' \in V$ $\forall a \in \Sigma: (v', a^{rev}, v) \in E^{rev} : \iff (v, a, v') \in E$.

Offensichtlich gilt $(N^{rev})^{rev} = N$ und auch das folgende Lemma ist offensichtlich.

Lemma 3.2.38. *Es seien* N *ein Petri-Netz,* $s, s' \in \mathbb{N}_\omega{}^P$ *und* σ *eine Feuersequenz. Dann gilt:* $s \lceil \sigma >_N s' \iff s' \lceil \sigma^{rev} >_{N^{rev}} s$

Beispiel 3.2.39. Es sei N das Petri-Netz aus Abbildung 3.2. Abbildung 3.10 zeigt dann N^{rev}.

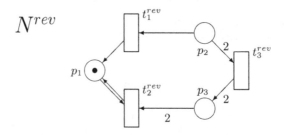

Abb. 3.10. N^{rev} zu N aus Abbildung 3.2

Da der Erreichbarkeitsgraph $EG(N, s)$ und auch der Überdeckungsgraph $Cov(N, s)$ von N und s als Transitionssysteme definiert wurden, ist auch bereits $EG^{rev}(N, s)$ und $Cov^{rev}(N, s)$ als deren Reverses erklärt. Weder der Erreichbarkeitsgraph $EG(N^{rev}, s)$ noch der Überdeckungsgraph $Cov(N^{rev}, s)$ entsprechen dabei den reversen Graphen (vgl. Definition 2.2.1) $EG^{rev}(N, s)$ bzw. $Cov^{rev}(N, s)$. Beim Erreichbarkeitsgraphen hakt es dabei nur an einer Kleinigkeit: Da $EG(N, s)$ als *erreichbarer* Teil eines Transitionssystems definiert ist, kann es einen Vorgängerzustand $s' \in \mathbb{N}^P$ mit $s' \lceil t >_N s$ für ein $t \in T$ geben, ohne dass s' in $EG(N, s)$ und $EG^{rev}(N, s)$ vorkommt. In $EG(N^{rev}, s)$ ist ein solcher Knoten jedoch vorhanden. Bei Überdeckungsgraphen liegt der Fall etwas tiefer. Hier gilt nicht $Cov(N^{rev}, s) = Cov^{rev}(N, s)$, da in $C := Cov(N, s)$ die Situation $s' \xrightarrow{t}_C s'' >_\omega s'$ eintreten kann, d.h. s'' hat mehr ω-Komponenten als s'. In $Cov^{rev}(N, s)$ gilt dann $s'' \xrightarrow{t^{rev}} s' <_\omega s''$, was in $Cov(N^{rev}, s)$ natürlich nicht gelten kann. Die beiden Überdeckungsgraphen $Cov^{rev}(N, s)$ und $Cov(N^{rev}, s)$ sind dadurch strukturell verschieden.

Da in N^{rev} im Vergleich zu N $\mathbb{F}$ und $\mathbb{B}$ vertauscht sind, gilt natürlich $W_{N^{rev}}(t^{rev}) = -W_N(t)$ und $W_{N^{rev}}(\sigma^{rev}) = W_{N^{rev}}(\sigma) = -W_N(\sigma)$ für alle

$\sigma \in T^*$, wobei $W_{N^{rev}}(t^{rev})$ in N^{rev} und $W_N(t)$ in N berechnet wird. Für die Hürde $H_N(t)$ für ein $t \in T$ gilt in N $H_N(t) \, [t >_N$ und $\forall s \in \mathbb{N}^P \colon s \, [t >_N \wedge s \leq H_N(t) \Longrightarrow s = H_N(t)$. Damit gilt auch $H_N(t) + W_N(t) \, [t^{rev} >_{N^{rev}} H_N(t)$.

Falls ein $s \leq H_N(t) + W_N(t)$ in $\mathbb{N}^P$ existiert mit $s \, [t^{rev} >_{N^{rev}}$, so gilt auch $s \, [t^{rev} >_{N^{rev}} s + W_{N^{rev}}(t^{rev}) = s - W_N(t) \in \mathbb{N}^P$, und damit auch $s - W_N(t) \, [t >_N s$ und $s \leq H_N(t) + W_N(t)$ impliziert $s - W_N(t) \leq H_N(t)$. Also muss bereits $s - W_N(t) = H_N(t)$ gelten, da $H_N(t)$ minimal ist. D.h. $s = H_N(t) + W_N(t)$ ist die Hürde von t^{rev} in N^{rev}.

Damit haben wir bereits gezeigt:

Lemma 3.2.40. *Es seien $N = (P, T, F)$ ein Petri-Netz, N^{rev} dessen Reverses und $\sigma \in T^*$. Dann gilt für die Hürden und Wechsel in N und N^{rev}:*

$$H_{N^{rev}}(\sigma^{rev}) = H_N(\sigma) + W_N(\sigma),$$
$$W_{N^{rev}}(\sigma^{rev}) = W_{N^{rev}}(\sigma) = -W_N(\sigma).$$

3.3 Invarianten, Lebendigkeit, Sicherheit

3.3.1 Invarianten

Invarianten beschreiben unveränderliche Eigenschaften von ansonsten dynamischen Systemen. Bei Petri-Netzen, deren Dynamik gerade durch Zustandsveränderungen beschrieben wird, untersucht man dabei zweierlei Form von Invarianten, die sogenannten T- und P-Invarianten. Anstelle von P-Invarianten findet man in der Literatur auch den äquivalenten Begriff der S-Invarianten. Dies lässt sich auf eine unterschiedliche Benennung der Menge der Places zurückführen, die ebenfalls manchmal mit P und manchmal mit S bezeichnet wird.

T-Invarianten. Eine T-Invariante ist eine Gewichtung aller Transitionen, bei der die Vor- und Nachbereiche der gewichteten Transitionen aufsummiert identisch sind. Hat man also eine Feuersequenz, in der jede Transition genauso häufig vorkommt wie in der Gewichtung angegeben, so verändert das Feuern dieser Sequenz den Zustand des Petri-Netzes nicht.

Definition 3.3.1. *Sei $N = (P, T, \mathbb{F}, \mathbb{B})$ ein Petri-Netz. $I_T \in \mathbb{Z}^T$ heißt T-Invariante von N, falls $\mathbb{F} \cdot I_T = \mathbb{B} \cdot I_T$ gilt.*

Satz 3.3.2. *Sei* $N = (P, T, \mathbb{F}, \mathbb{B})$. *Ein nicht-negativer Vektor* $I_T \in \mathbb{N}^T$ *ist eine T-Invariante, genau dann, wenn eine Feuersequenz* $\sigma \in T^*$ *mit* $\#_t(\sigma) = I_T(t)$ *für alle* $t \in T$ *existiert, so dass für* $s \geq H(\sigma)$ *gilt* $s \,[\sigma > s$.

Beweis: Wir rechnen aus: $W(\sigma) = \sum_{t \in T} \#_t(\sigma) \cdot (\mathbb{B}(t) - \mathbb{F}(t)) = \sum_{t \in T} I_T(t) \cdot (\mathbb{B}(t) - \mathbb{F}(t)) = \sum_{t \in T} I_T(t) \cdot (\mathbb{B} - \mathbb{F})(t) = (\mathbb{B} - \mathbb{F}) \cdot I_T = \mathbb{B} \cdot I_T - \mathbb{F} \cdot I_T$. Damit gilt $s \,[\sigma > s \iff W(\sigma) = 0 \iff I_T$ ist T-Invariante. ∎

Dies hat eine interessante Konsequenz: Es sei σ die Beschriftung eines Kreises im Erreichbarkeitsgraphen. Es gilt also $s \,[\sigma >_N s$ für ein geeignetes $s \in \mathbb{N}^P$. Dann definiert σ mit diesem Satz sofort eine nicht-negative T-Invariante I_T mit $I_T = P(\sigma)$, das Parikhbild von σ. Also gilt

Beobachtung 3.3.3. Jeder Kreis σ in einem Erreichbarkeitsgraphen eines Petri-Netzes N definiert die nicht-negative T-Invariante $P(\sigma)$ für N.

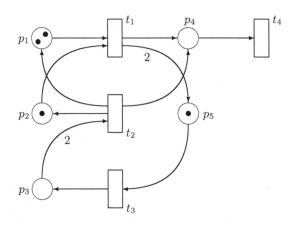

Abb. 3.11. Ein Petri-Netz zur Invariantenbetrachtung

Wir sehen uns als Beispiel das Petri-Netz in Abbildung 3.11 an. Die Matrizen für dieses Netz sehen wir folgt aus:

$$
\mathbb{F} = \begin{pmatrix}
 & t_1 & t_2 & t_3 & t_4 & \\
 & 1 & 0 & 0 & 0 & p_1 \\
 & 1 & 0 & 0 & 0 & p_2 \\
 & 0 & 2 & 0 & 0 & p_3 \\
 & 0 & 0 & 0 & 1 & p_4 \\
 & 0 & 0 & 1 & 0 & p_5
\end{pmatrix}, \quad
\mathbb{B} = \begin{pmatrix}
 & t_1 & t_2 & t_3 & t_4 & \\
 & 0 & 1 & 0 & 0 & p_1 \\
 & 0 & 1 & 0 & 0 & p_2 \\
 & 0 & 0 & 1 & 0 & p_3 \\
 & 1 & 1 & 0 & 0 & p_4 \\
 & 2 & 0 & 0 & 0 & p_5
\end{pmatrix}
$$

Eine T-Invariante dieses Petri-Netzes ist $I_T = (1, 1, 2, 2)^\mathsf{T}$. Wir berechnen $\mathbb{F} \cdot I_T = (1, 1, 2, 2, 2)^\mathsf{T} = \mathbb{B} \cdot I_T$, um uns von der Richtigkeit dieser Aussage zu überzeugen. Eine zu I_T gehörige Feuersequenz wäre etwa $\sigma = t_1 t_4 t_3 t_3 t_2 t_4$: für die Startmarkierung $s_0 = (2, 1, 0, 0, 1)^\mathsf{T}$ gilt klar $s_0 \, [\sigma{>}s_0$. Verschiedene Feuersequenzen zur selben T-Invarianten können übrigens verschiedene Hürden besitzen, so ist etwa $\sigma' = t_1 t_2 t_3 t_3 t_4 t_4$ unter s_0 nicht feuerbar.

T-Invarianten mit negativen Einträgen wollen wir hier nicht betrachten; in einer zum vorigen Satz analogen Aussage über solche T-Invarianten würden negative Einträgen so interpretiert werden müssen, dass man Transitionen quasi "rückwärts" feuert.

P-Invarianten. Wir definieren P-Invarianten analog zu T-Invarianten.

Definition 3.3.4. *Sei $N = (P, T, \mathbb{F}, \mathbb{B})$ ein Petri-Netz. $I_P \in \mathbb{Z}^P$ heißt P-Invariante von N, falls $I_P^\mathsf{T} \cdot \mathbb{F} = I_P^\mathsf{T} \cdot \mathbb{B}$ gilt.*

Eine P-Invariante gibt dabei eine Tokengewichtung an, so dass sich beim Feuern von Transitionen die gewichtete Summe aller Token im Petri-Netz nie ändert.

Satz 3.3.5. *Seien $N = (P, T, F)$ ein Petri-Netz, $I_P \in \mathbb{Z}^P$ eine beliebige P-Invariante von N, $s, s' \in \mathbb{N}^P$ Zustände und $\sigma \in T^*$ eine Feuersequenz mit $s \, [\sigma{>}s'$, so gilt $I_P^\mathsf{T} \cdot s = I_P^\mathsf{T} \cdot s'$.*

Beweis: Wir zeigen diesen Satz per Induktion über die Länge von σ. Ist $\sigma = \varepsilon$, so gilt $s = s'$ und die Aussage ist trivial. Sei nun $\sigma = \sigma' t$ mit $\sigma' \in T^*$, $t \in T$ und die Aussage gelte bereits für σ'. Sei s'' der Zustand mit $s \, [\sigma'{>}s'' \, [t{>}s'$. Per Induktionsvoraussetzung gilt $I_P^\mathsf{T} \cdot s = I_P^\mathsf{T} \cdot s''$. Wir rechnen weiter $I_P^\mathsf{T} \cdot s' = I_P^\mathsf{T} \cdot (s'' - \mathbb{F}(t) + \mathbb{B}(t)) = I_P^\mathsf{T} \cdot s'' + I_P^\mathsf{T} \cdot (\mathbb{B}(t) - \mathbb{F}(t))$. Wegen $I_P^\mathsf{T} \cdot \mathbb{F} = I_P^\mathsf{T} \cdot \mathbb{B}$ gilt aber auch $I_P^\mathsf{T} \cdot (\mathbb{B}(t) - \mathbb{F}(t)) = 0$ für alle $t \in T$, und daher ist $I_P^\mathsf{T} \cdot s' = I_P^\mathsf{T} \cdot s'' = I_P^\mathsf{T} \cdot s$. ∎

Wir betrachten auch hier das Petri-Netz aus Abbildung 3.11 als Beispiel. Man kann sich leicht durch Nachrechnen der Definitionsgleichung überzeugen, dass $I_1 = (1, -1, 0, 0, 0)^\mathsf{T}$, $I_2 = (2, 0, 1, 0, 1)^\mathsf{T}$, $I_3 = (1, 1, 1, 0, 1)^\mathsf{T}$ und $I_4 = (1, 3, 2, 0, 2)^\mathsf{T}$ vier P-Invarianten sind. Wir nehmen uns nun einige Zustände, etwa den Startzustand s_0, $s_1 = (1, 0, 1, 1, 2)^\mathsf{T}$ und $s_2 = (1, 1, 2, 1, 1)^\mathsf{T}$ und berechnen ihr Produkt mit einer der Invarianten. So ist $I_4^\mathsf{T} \cdot s_0 = 7 = I_4^\mathsf{T} \cdot s_1$ aber $I_4^\mathsf{T} \cdot s_2 = 10$. Dies entspricht unseren Erwartungen, da $s_0 \, [t_1 t_3{>}s_1$ gilt, s_2 jedoch von s_0 aus nicht erreichbar ist. Andererseits zeigt uns die Berechnung $I_2^\mathsf{T} \cdot s_0 = 5 = I_2^\mathsf{T} \cdot s_2$, dass der obige Satz leider nicht umkehrbar ist, da offensichtlich kein $\sigma \in T^*$ mit $s_0 \, [\sigma{>}s_2$ existiert. Wir können also P-Invarianten nicht benutzen, um Erreichbarkeit von Zuständen zu testen.

Der vierte Place kommt bei diesem Beispiel übrigens in keiner P-Invarianten (mit Gewicht ungleich null) vor. Dies liegt daran, dass für die Feuersequenz $\sigma = t_1 t_3 t_3 t_2$ gilt $s_0 = (2,\,1,\,0,\,0,\,1)^\mathsf{T} \, [\sigma >(2,\,1,\,0,\,2,\,1)^\mathsf{T}$, die beiden beteiligten Zustände also das gleiche "Tokengesamtgewicht" haben müssen. Eine P-Invariante, die dies leistet, kann für p_4 also nur den Eintrag Null haben.

P- und T-Invarianten sind Lösungen eines homogenen linearen Gleichungssystems, da $\mathbb{B} \cdot I_T = \mathbb{F} \cdot I_T$ gleichwertig zu $(\mathbb{B} - \mathbb{F}) \cdot I_T = \mathbf{0}$ und $I_P^\mathsf{T} \cdot \mathbb{B} = I_P^\mathsf{T} \cdot \mathbb{F}$ gleichwertig zu $\mathbb{B}^\mathsf{T} \cdot I_P = \mathbb{F}^\mathsf{T} \cdot I_P$, d.h. zu $(\mathbb{B} - \mathbb{F})^\mathsf{T} \cdot I_P = \mathbf{0}$ ist. Also gilt:

Korollar 3.3.6. *Sind I_1 und I_2 (P- oder T-) Invarianten und ist $n \in \mathbb{Z}$, so sind auch $I_1 + I_2$ und $n \cdot I_1$ Invarianten. Die Menge der (P- oder T-) Invarianten bildet also einen $\mathbb{Z}$-Modul.*

3.3.2 Beschränkte Petri-Netze und Sicherheit

Definition 3.3.7. *Sei $N = (P, T, F, s_0)$ ein Petri-Netz. Ein Place $p \in P$ heißt*

$$k - beschränkt :\Longleftrightarrow \forall s \in \mathcal{E}(N): \ s(p) \le k,$$
$$beschränkt :\Longleftrightarrow \exists k \in \mathbb{N}: \ p \ ist \ k\text{-}beschränkt.$$
$$sicher :\Longleftrightarrow p \ ist \ 1\text{-}beschränkt,$$

N heißt sicher, (k-)beschränkt, falls jeder Place in N sicher bzw. (k-)beschränkt ist.

Beschränkte Petri-Netze sind eng mit Petri-Netzen mit Kapazitäten verwandt.

Definition 3.3.8. *Ein Petri-Netz mit Kapazität ist ein Tupel $N = (P, T, \mathbb{F}, \mathbb{B}, s_0, \kappa)$ bestehend aus einem Petri-Netz $(P, T, \mathbb{F}, \mathbb{B}, s_0)$ und einer Kapazitätsfunktion $\kappa : P \to \mathbb{N}$.*

$S_\kappa := \{ s \in \mathbb{N}^P \mid \forall p \in P: s(p) \le \kappa(p) \}$ ist die Menge der κ-Zustände von N. Das Feuern $s\,[t> s'$ einer Transition t vom Zustand s in den Zustand s' ist jetzt nur noch erlaubt, falls dabei s und s' in S_κ liegen, d.h. $s\,[t> :\Longleftrightarrow s \in S_\kappa \wedge s \ge \mathbb{F}(t) \wedge s - \mathbb{F}(t) + \mathbb{B}(t) \in S_\kappa$.

Alle Begriffe von Petri-Netzen werden, soweit sinnvoll, unmittelbar auf Petri-Netze mit Kapazitäten übertragen.

Der Unterschied zwischen einem k-beschränkten Petri-Netz $N = (P, T, \mathbb{F}, \mathbb{B}, s_0)$ und einem Petri-Netz $N = (P, T, \mathbb{F}, \mathbb{B}, s_0, \kappa)$ mit der konstanten Kapazitätsfunktion $\kappa(p) = k$ für alle $p \in P$ ist subtil: Während in einem k-beschränkten Petri-Netz bei erreichbaren Zuständen inhärent sichergestellt ist, dass bei unbeschränktem Feuern niemals mehr als k Token pro Place zu liegen kommen, darf in Petri-Netzen mit vorgegebener Kapazität von k pro Place niemals gefeuert werden, falls dadurch die Anzahl der Token über k erhöht würde. Beide Konzepte sind aber isomorph.

Satz 3.3.9. *Beschränkte Petri-Netze und Petri-Netze mit Kapazitäten sind isomorph.*

Beweis: Sei $N = (P, T, \mathbb{F}, \mathbb{B}, s_0)$ ein k-beschränktes Petri-Netz, dann ist N auch ein Petri-Netz mit Kapazitäten bzgl. der konstanten Kapazitätsfunktion k. Umgekehrt, sei $N = (P, T, \mathbb{F}, \mathbb{B}, s_0, \kappa)$ ein Petri-Netz mit einer Kapazitätsfunktion κ. Wir konstruieren zu N ein isomorphes Petri-Netz $N' = (P', T', \mathbb{F}', \mathbb{B}', s_0')$ (ohne Kapazität) wie folgt:
$P' := P^+ \cup P^-$ mit $P^+ = \{p^+ \mid p \in P\}$ und $P^- = \{p^- \mid p \in P\}$, $T' := T$.
Für $s \in S_\kappa$ sei $\hat{s} \in \mathbb{N}^{P'}$ definiert durch $\pi_{P+}(\hat{s}) := s$, $\pi_{P-}(\hat{s}) := \kappa - s$, $s_0' := \hat{s}_0$, vergleiche mit dem letzten Absatz von Abschnitt 2.3 zur Definition von π_P. $\mathbb{F}'$ und $\mathbb{B}'$ werden für alle $p \in P$ und $t \in T$ definiert als

$$\mathbb{B}'(p^+, t) = \mathbb{B}(p, t), \quad \mathbb{B}'(p^-, t) := \max\{0, \mathbb{F}(p, t) - \mathbb{B}(p, t)\},$$

$$\mathbb{F}'(p^+, t) = \mathbb{F}(p, t), \quad \mathbb{F}'(p^-, t) := \max\{0, \mathbb{B}(p, t) - \mathbb{F}(p, t)\}.$$

Seien $W_N(t)$ und $W_{N'}(t)$ die Zustandswechsel von t in N bzw. N'. Es gilt für alle $p \in P$:

$$W_{N'}(t)(p^+) = \mathbb{B}'(p^+, t) - \mathbb{F}'(p^+, t) = \mathbb{B}(p, t) - \mathbb{F}(p, t) = W_N(t)(p),$$

$$W_{N'}(t)(p^-) = \mathbb{B}'(p^-, t) - \mathbb{F}'(p^-, t) = \mathbb{F}(p, t) - \mathbb{B}(p, t) = -W_N(t)(p).$$

Ferner gilt $\pi_{P+}(\hat{s}) \geq \pi_{P+}(\mathbb{F}'(t)) \iff s \geq \mathbb{F}(t)$ und

$$\begin{aligned}
\hat{s}(p^-) \geq \mathbb{F}'(p^-, t) &\iff \kappa(p) - s(p) \geq \mathbb{F}'(p^-, t) \\
&\iff \kappa(p) \geq s(p) + \mathbb{F}'(p^-, t) \\
&= \max\{s(p), s(p) + W_N(t)(p)\} \\
&\iff \kappa(p) \geq s(p) \wedge \kappa(p) \geq s(p) + W_N(t)(p)
\end{aligned}$$

Wir können dies auch kürzer als $\pi_{P-}(\hat{s}) \geq \pi_{P-}(\mathbb{F}'(t)) \iff \kappa \geq s \wedge \kappa \geq s + W_N(t)$ ausdrücken. Damit rechnet man sofort aus:

$$\begin{aligned}
s \,]t\rangle_N &\iff s \geq \mathbb{F}(t) \wedge \kappa \geq s \wedge \kappa \geq s + W_N(t) \\
&\iff \pi_{P+}(\hat{s}) \geq \pi_{P+}(\mathbb{F}'(t)) \wedge \pi_{P-}(\hat{s}) \geq \pi_{P-}(\mathbb{F}'(t)) \\
&\iff \hat{s} \geq \mathbb{F}'(t) \\
&\iff \hat{s} \,]t\rangle_{N'}
\end{aligned}$$

und ist s' der Zustand mit $s\,[t>_N s'$ so gilt weiter

$$\pi_{P+}(\hat{s}') = s' = s + W_N(t) = \pi_{P+}(\hat{s}) + \pi_{P+}(W_{N'}(t)) \text{ und}$$

$$\pi_{P-}(\hat{s}') = \kappa - s' = \kappa - s - W_N(t) = \pi_{P-}(\hat{s}) + \pi_{P-}(W_{N'}(t)).$$

Wir erhalten also $s\,[t>_N s' \iff \hat{s}\,[t>_{N'}\hat{s}'$. Damit gilt offensichtlich $\mathcal{E}(N') = \{\hat{s} \mid s \in \mathcal{E}(N)\}$. Per Konstruktion sind in N' bei initialem Zustand aus S_κ stets $\kappa(p)$ Token zusammen auf den Places p^+ und p^-. Insbesondere ist N' damit beschränkt und zu N isomorph. ∎

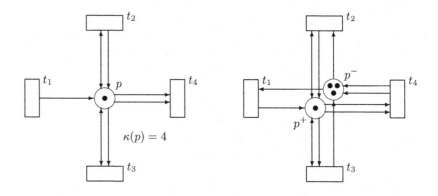

Abb. 3.12. Umformung von Petri-Netzen mit Kapazitäten in isomorphe Petri-Netze ohne Kapazitäten am Beispiel. Links ein Petri-Netz mit einem Place mit Kapazität 4, rechts das entsprechende Netz ohne Kapazitäten

Abbildung 3.12 zeigt ein Beispiel, wie mittels der Paarkonstruktion p^+, p^- ein Place p mit Kapazität in normalen Petri-Netzen simuliert wird.

Überdeckungsgraphen beschränkter Netze enthalten kein ω. Das Zeichen ω im Überdeckungsgraphen zeigt eine unbeschränkte Stelle an: die ω-Koordinaten im Überdeckungsgraphen entsprechen genau den unbeschränkten Places. Aus den Resultaten aus Abschnitt 3.2.5 folgt unmittelbar:

Lemma 3.3.10 (Überdeckungsgraphen beschränkter Netze).

- *Ein Petri-Netz N ist beschränkt genau dann, wenn in einem Überdeckungsgraphen $Cov(N)$ kein Knoten mit einer ω-Koordinate existiert. Das ist genau dann der Fall, wenn $Cov(N) = EG(N)$ gilt.*

- *N ist k-beschränkt genau dann, wenn Cov(N) in keinem Knoten eine Komponente größer als k besitzt.*

- *Seien $N = (P, T, \mathbb{F}, \mathbb{B}, s_0)$ ein Petri-Netz und $P' \subseteq P$. P' heißt simultan unbeschränkt, falls zu jedem $k \in \mathbb{N}$ eine Feuersequenz $\sigma \in T^*$ existiert mit $s_0 \lfloor \sigma > s$ und $s(p) \geq k$ für alle $p \in P'$. Es gilt: P' ist simultan unbeschränkt genau dann, wenn ein Knoten s in $Cov(N)$ existiert mit $s(p) = \omega$ für alle $p \in P'$.*

Von positiven P-Invarianten überdeckte Netze sind beschränkt.
Ein weiteres Kriterium zur Beschränktheit von Petri-Netzen lässt sich aus den P-Invarianten ableiten. Dieses Kriterium ist zwar nur hinreichend, d.h. es existieren beschränkte Netze, die es nicht erfüllen, hat jedoch einen entscheidenden Vorteil gegenüber dem Ansatz über den Überdeckungsgraphen. Der Überdeckungsgraph eines k-beschränkten Netzes kann, wenn P die Menge der Places ist, bis zu $k^{|P|}$ verschiedene erreichbare Zustände besitzen. All diese Zustände müssen untersucht werden, bevor eine positive Entscheidung getroffen werden kann, bevor man also feststellen kann, dass das Petri-Netz k-beschränkt ist. (Ist das Netz unbeschränkt, so lässt sich dies bei Einführen einer ω-Koordinate eventuell früher feststellen.) Für den gleich vorzustellenden Ansatz muss man lediglich eine Basis des P-Invariantenraumes ermitteln, und die bekommt man mittels linearer Algebra durch Lösen des Gleichungssystems $I_P(\mathbb{B} - \mathbb{F}) = \mathbf{0}$ selbst mit den einfachsten Algorithmen mit quadratischem Aufwand. Sodann muss man nur noch feststellen, ob es in diesem Invariantenraum Vektoren mit ausschließlich positiven Werten gibt, dies ist ebenfalls mittels linearer Algebra schnell zu lösen. Ist dies der Fall, so zeigt uns das folgende Lemma, dass das untersuchte Petri-Netz beschränkt ist.

Lemma 3.3.11. *Seien $N = (P, T, \mathbb{F}, \mathbb{B}, s_0)$ ein Petri-Netz und I_P eine positive P-Invariante von N, d.h. $I_P(p) > 0$ für alle $p \in P$. Dann ist N beschränkt.*

Beweis: Wir wählen $k := I_P^\mathsf{T} s_0 = \sum_{p \in P} I_P(p) \cdot s_0(p)$. Seien $s \in \mathcal{E}(N)$ ein erreichbarer Zustand und $\sigma \in T^*$ eine Feuersequenz mit $s_0 \lfloor \sigma > s$. Dann gilt auch $I_P^\mathsf{T} \cdot s = k$ nach Satz 3.3.5. Also ist $I_P^\mathsf{T} \cdot s = k$ für alle $s \in \mathcal{E}(N)$. Wegen $I_P(p) > 0$ für alle $p \in P$ muss damit $s(p) \leq k$ für alle $p \in P$ gelten, also ist N k-beschränkt. ∎

3.3.3 Lebendigkeit

Lebendigkeit beschreibt ein gewisses *gutartiges* Verhalten eine Petri-Netzes, indem die Feuerbarkeit einer Transition zu einem späteren Zeitpunkt zugesichert wird. Je nach Stärke dieser Zusicherung unterscheiden wir vier verschiedene Grade an Lebendigkeit.

Definition 3.3.12. *Eine Transition t heißt im Zustand s*

$1 - lebendig :\Longleftrightarrow \exists s' \in \mathcal{E}(s) : s' \lfloor t \rangle$

$2 - lebendig :\Longleftrightarrow \forall n \in \mathbb{N} \exists \sigma_1, \ldots, \sigma_n \in T^* : s \lfloor \sigma_1 t \sigma_2 t \ldots \sigma_n t \rangle$

$3 - lebendig :\Longleftrightarrow \exists \sigma \in T^\omega$ *(unendlich lang) mit* $s \lfloor \sigma \rangle$ *und*

t kommt in σ *unendlich oft vor*

$4 - lebendig :\Longleftrightarrow \forall s' \in \mathcal{E}(s) \exists \sigma \in T^* : s' \lfloor \sigma t \rangle$

lebendig $:\Longleftrightarrow t$ *ist* $4-lebendig$.

Dabei definiert man für die 3-Lebendigkeit, dass ein unendlich langes Wort $\sigma \in T^*$ *von s aus feuerbar ist,* $s \lfloor \sigma \rangle$, *falls* $s \lfloor \sigma' \rangle$ *für jedes endliche Anfangsstück* σ' *von* σ *gilt.*

Wir nennen eine Transition t tot im Zustand s, wenn sie im Zustand s nicht 1-lebendig ist. N heißt im Zustand s tot, i-lebendig (1 ≤ i ≤ 4), bzw. lebendig, falls jede Transition t von N im Zustand s tot, i-lebendig, bzw. lebendig ist. N heißt tot bzw. i-lebendig, falls N im initialen Zustand tot bzw. i-lebendig ist. N heißt wohlgeformt, *falls N sicher und lebendig ist.*

Satz 3.3.13. *Für beliebige Petri-Netze N, Transitionen t und Zustände s gilt:*

$$\begin{array}{ccccccc} t \text{ ist in } s & \Longrightarrow & t \text{ ist in } s & \Longrightarrow & t \text{ ist in } s & \Longrightarrow & t \text{ ist in } s \\ 4-lebendig & \not\Longleftarrow & 3-lebendig & \not\Longleftarrow & 2-lebendig & \not\Longleftarrow & 1-lebendig. \end{array}$$

Beweis: "$\Longrightarrow$": klar. Für "$\not\Longleftarrow$" siehe Abbildung 3.13. ∎

Lebendige Netze sind in der Praxis oft von großer Bedeutung. Beschreibt ein Petri-Netz zum Beispiel den Ablauf eines sich (evtl. mit Abweichungen) wiederholenden Fertigungsprozesses, so möchte man natürlich Fehlerquellen ausschließen, die den Prozess zum Halten bringen. Sind solche Fehlerquellen im Prozess vorhanden, so ist das beschreibende Petri-Netz nicht lebendig. Dies würde man gern von vornherein feststellen können.

Lebendigkeit und der Überdeckungsgraph. Mittels des Überdeckungsgraphen lassen sich einige Lebendigkeitseigenschaften, so die 1- und 2-Lebendigkeit von Transitionen feststellen.

Lemma 3.3.14. *Es ist mittels des Überdeckungsgraphverfahrens entscheidbar, ob eine Transition eines Petri-Netzes in einem Zustand s 1-lebendig oder 2-lebendig ist.*

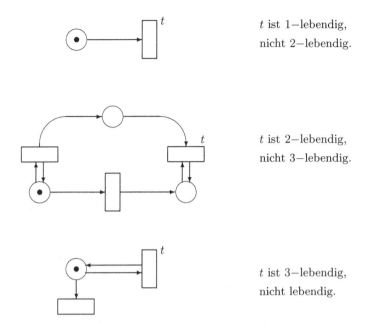

t ist 1−lebendig,
nicht 2−lebendig.

t ist 2−lebendig,
nicht 3−lebendig.

t ist 3−lebendig,
nicht lebendig.

Abb. 3.13. Varianten der Lebendigkeit im Vergleich

Beweis: Eine Transition t ist offensichtlich im Zustand s 1-lebendig genau dann, wenn im Überdeckungsgraphen $Cov(N, s)$ von N eine Kante mit Beschriftung t existiert.

Eine Transition t ist im Zustand s 2-lebendig genau dann, wenn im Überdeckungsgraphen $Cov(N, s)$ ein Kreis mit einer mit t beschrifteten Kante existiert. Das sieht man wie folgt: Ist t 2-lebendig, so finden wir Feuersequenzen, die t beliebig oft enthalten. Dazu finden wir in $Cov(N, s)$ auch jeweils einen Weg, in dessen Beschriftung t beliebig oft vorkommt. Da t in $Cov(N, s)$ wegen dessen Endlichkeit aber selbst nur endlich oft als Beschriftung auftaucht, muss der betrachtete Weg bei genügender Anzahl von t's einen Kreis enthalten.

Sei nun t eine Kantenbeschriftung auf einem Kreis in $Cov(N, s)$ Dann ist t in N von s aus beliebig häufig feuerbar. Also ist t im Zustand s 2-lebendig. ∎

Die 3- und 4-Lebendigkeit kann man hingegen am Überdeckungsgraphen nicht ablesen, wie wir gleich sehen werden. Das heißt natürlich nicht, dass diese Probleme unentscheidbar sind.

Satz 3.3.15. *Sei $N = (P, T, \mathbb{F}, \mathbb{B}, s_0)$ ein Petri-Netz. Mit Hilfe des Über-deckungsgraphen $Cov(N)$ lässt sich nicht entscheiden, ob*

1. *eine Transition t 3-lebendig ist,*

2. *eine Transition t lebendig ist,*

3. *das Netz N lebendig ist,*

4. *ein gegebener Zustand $s \in \mathbb{N}^P$ erreichbar ist.*

Beweis: Wir zeigen jeden dieser Punkte durch Angabe zweier Petri-Netze, von denen eins die jeweilige Bedingung erfüllt und das andere nicht, und die denselben Überdeckungsgraphen besitzen. Zu 1. und 2. sind in Abbildung 3.14 zwei Petri-Netze zu sehen, in denen die Transition t_3 im ersten Netz lebendig, im zweiten jedoch nicht einmal 3-lebendig ist. Der gemeinsame Überdeckungsgraph ist ebenfalls abgebildet. Zu 3. sehen wir uns Abbildung 3.15 an. Das erste Netz ist lebendig, im zweiten führt jedoch $(1, 0, 0)^\mathsf{T}$ $[t_1 t_2 t_3 >(0, 0, 1)^\mathsf{T}$ in einen Zustand, in dem das Netz tot ist. Für Punkt 4. schließlich zeigt Abbildung 3.16 zwei Petri-Netze mit unterschiedlichen Erreichbarkeitsgraphen aber gleichem Überdeckungsgraphen. Insbesondere ist der Zustand $(1, 1)^\mathsf{T}$ im ersten Netz erreichbar, im zweiten jedoch nicht. ∎

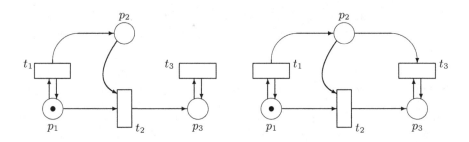

$$Cov: \quad (1, 0, 0) \xrightarrow{t_1} (1, \omega, 0) \xrightarrow{t_2} (0, \omega, 1)$$

Abb. 3.14. Zwei Petri-Netze mit demselben Überdeckungsgraphen. Im linken Netz ist t_3 lebendig, im rechten nur 2-lebendig

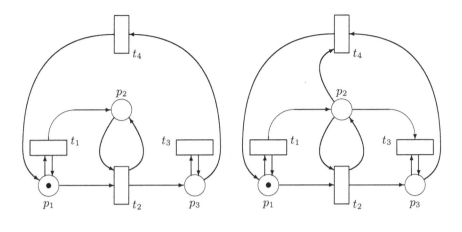

Abb. 3.15. Zwei Petri-Netze mit demselben Überdeckungsgraphen. Nur das linke Netz ist lebendig, das rechte ist nach Feuern von $t_1 t_2 t_3$ tot

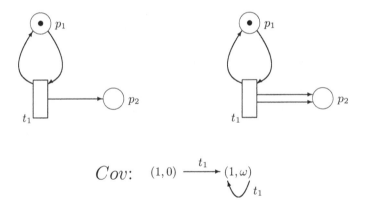

Abb. 3.16. Zwei Petri-Netze mit verschiedenen Erreichbarkeitsmengen, aber gleichem Überdeckungsgraphen

Betrachten wir jedoch Lebendigkeit zusammen mit der Sicherheit, also die Wohlgeformtheit von Netzen, so lässt sich die Entscheidung wiederum mit Hilfe des Überdeckungsgraphen fällen.

Lemma 3.3.16. *Es ist anhand der Überdeckungsgraphmethode entscheidbar, ob Petri-Netze wohlgeformt sind.*

Beweis: Ein Petri-Netz $N = (P, T, \mathbb{F}, \mathbb{B}, s_0)$ ist genau dann beschränkt, falls $Cov(N, s_0) = EG(N, s_0)$ ist. In diesem Fall ist die Lebendigkeit jetzt leicht in $EG(N, s_0)$ testbar: N ist nämlich lebendig, wenn es für jede Transition von jedem Knoten im Erreichbarkeitsgraphen aus einen Weg gibt, an dem diese Transition als Kanteninschrift vorkommt. ∎

Lebendigkeit und T-Invarianten. Auch T-Invarianten können zu Lebendigkeitsuntersuchungen herangezogen werden, insbesondere wenn das zu untersuchende Petri-Netz beschränkt ist.

Lemma 3.3.17. *Sei $N = (P, T, \mathbb{F}, \mathbb{B}, s_0)$ ein lebendiges, beschränktes Petri-Netz. Dann existiert eine positive T-Invariante I_T von N, d.h. $\forall t \in T$: $I_T(t) > 0$.*

Beweis: Da N beschränkt ist, ist der Erreichbarkeitsgraph $EG(N)$ endlich. Sei $t \in T$ eine feste Transition. Wegen der Lebendigkeit von t muss nun im Erreichbarkeitsgraphen ein Kreis existieren, der t enthält und von s_0 aus erreichbar ist. Der Kreis stellt offensichtlich eine Feuersequenz σ mit $W(\sigma) = 0$ dar. Nach Satz 3.3.2 existiert eine T-Invariante I_t, in der jeder Transition die Anzahl ihrer Vorkommen auf dem Kreis zugeordnet wird. Diese Invariante ist nicht-negativ und es gilt $I_t(t) > 0$. Wir ermitteln für jede Transition t eine solche T-Invariante I_t und erhalten durch Summation die neue, positive T-Invariante $I_T = \sum_{t \in T} I_t$. ∎

Man benutzt nun den Umkehrschluss: Existiert keine positive T-Invariante in einem beschränkten Netz, so kann das Netz nicht lebendig sein.

3.3.4 Einige notwendige Kriterien zur Erreichbarkeit von Markierungen

Es erweist sich, wie wir auch im kommenden Kapitel noch sehen werden, als sehr schwierig, zu entscheiden, ob eine bestimmte Markierung erreichbar ist. Hin und wieder bieten sowohl Überdeckungsgraph als auch P-Invarianten eine einfache Möglichkeit, festzustellen, ob eine Markierung *nicht* erreichbar ist.

Unerreichbarkeit via Überdeckungsgraph.

Korollar 3.3.18. *Sei* $N = (P, T, \mathbb{F}, \mathbb{B}, s_0)$ *ein Petri-Netz und* $s \in \mathbb{N}^P$ *eine Markierung. Gilt* $s \in \mathcal{E}(N)$*, so existiert im Überdeckungsgraph ein Knoten* $s' \in \mathbb{N}_\omega{}^P$ *mit* $s' \geq_\omega s$*.*

Wir können also am Überdeckungsgraphen (trivialerweise) erkennen, dass eine Markierung unerreichbar ist, wenn sie von keinem Knoten von $Cov(N)$ überdeckt wird.

Unerreichbarkeit via P-Invarianten. Vom Aufwand her weit günstiger ist wiederum der Ansatz über Invarianten. Im Gegensatz zum Überdeckungsgraphen, dessen Größe zwar stets endlich, aber eventuell noch nicht einmal mittels primitiv rekursiver Funktionen beschränkbar ist, wie wir im übernächsten Kapitel sehen werden, kommt man bei der Berechnung von P-Invarianten mit dem Lösen eines linearen Gleichungssystems aus.

Wir haben bereits Satz 3.3.5 gezeigt und brauchen diesen Satz bloß noch anzuwenden. Ist etwa s ein Zustand, von dem wir zeigen möchten, dass er unerreichbar ist, so prüfen wir lediglich für die uns bekannten P-Invarianten I_P, ob $I_P^\mathsf{T} \cdot s_0 \neq I_P^\mathsf{T} \cdot s$ gilt. Ist dies der Fall, so kann nach Satz 3.3.5 s nicht von s_0 aus erreichbar sein.

Keine der in diesem Kapitel vorgestellten Techniken erlaubt eine unmittelbare Lösung des Erreichbarkeitsproblems oder des Lebendigkeitsproblems (die Frage, ob ein Petri-Netz lebendig ist). Allerdings liefern Überdeckungsgraphen ein entscheidendes Hilfsmittel bei dem nun folgenden Algorithmus zur Entscheidbarkeit des Erreichbarkeitsproblems.

4. Die Entscheidbarkeit des Erreichbarkeitsproblems

4.1 Zum Erreichbarkeitsproblem EP

In diesem Kapitel stellen wir einen Algorithmus vor, der das Erreichbarkeitsproblem entscheidet. Dieser Algorithmus ist allerdings recht kompliziert. Wie wir in späteren Kapiteln sehen werden, ist dieser Algorithmus noch nicht einmal primitiv rekursiv. Ferner werden wir auch zeigen, dass das Erreichbarkeitsproblem EXPSPACE-hart ist, d.h., jeder Algorithmus, der das Erreichbarkeitsproblem löst, hat mindestens einen exponentiellen Speicherbedarf.

Der Leser, der an solch einer komplexen Beweisführung nicht interessiert ist, kann den Beweis, und damit dieses gesamte Kapitel, ruhig überschlagen, ohne dass das Verständnis für die darauffolgenden Kapitel eingeschränkt würde. Er sollte aus Kapitel 4 nur die Erkenntnis mitnehmen, dass das Erreichbarkeitsproblem überhaupt entscheidbar ist.

Laut Definition 3.2.21 ist das Erreichbarkeitsproblem die Menge

$$EP = \{(N, s_1, s_2) \mid N = (P, T, F) \text{ ist ein Petri-Netz}$$
$$\wedge\, s_1, s_2 \in \mathbb{N}^P \wedge \exists \sigma \in T^* : s_1\, [\sigma{>}_N s_2\}.$$

Ein Algorithmus, der EP entscheidet, sagt also zu jedem Petri-Netz N und jedem Paar $s_1, s_2 \in \mathbb{N}^P$ von Zuständen von N, ob man in N von s_1 nach s_2 feuern kann. Damit ist dann auch eine solche Feuersequenz σ von s_1 nach s_2 konstruierbar, falls sie existiert: Falls der Algorithmus sagt, dass eine Feuersequenz von s_1 nach s_2 in N existiert, so testet man systematisch alle Feuersequenzen, bis man schließlich eine findet, die von s_1 nach s_2 feuert. Hierbei ist es natürlich trivial zu gegebenen N, σ, s_1 und s_2 festzustellen, ob $s_1\, [\sigma{>}_N s_2$ gilt oder nicht.

Entsprechende "Erreichbarkeitsprobleme" sind für endliche Automaten (existiert ein Weg in A von s_1 nach s_2), Pushdown-Automaten oder linear beschränkte Automaten (kann man von einer Konfiguration C_1 aus eine Konfiguration C_2 erreichen) entscheidbar, für Turingmaschinen allerdings unentscheidbar. Für Petri-Netze war dieses Problem über ein Jahrzehnt offen.

Gelöst wurde es von E. Mayr. Wir folgen hier einer Beweisvariante von J.L. Lambert, der ohne den Begriff der "Semilinearität" auskommt. Dafür benötigt er Sätze über Lösungen in $\mathbb{N}$ von inhomogenen linearen Gleichungssystemen über $\mathbb{Z}$.

Wir werden in diesem Kapitel häufig mit Fallunterscheidungen vom Typ "falls $a \in M$ dann setze $b := f(a)$ sonst $b := g(a)$" arbeiten. Damit diese Art Fallunterscheidung in Algorithmen erlaubt ist, reicht es nicht, dass M berechenbar oder sogar endlich ist und f und g auch berechenbar sind. Man benötigt zusätzlich, dass M, f und g *konstruktiv* sind. Der Unterschied zwischen berechenbar und konstruktiv ist dabei wie folgt: Eine Menge M (oder Funktion f) heißt berechenbar, falls eine Turingmaschine existiert, die diese Menge M entscheidet (bzw. diese Funktion f berechnet). Hingegen nennen wir M (oder f) konstruktiv, falls eine Turingmaschine bekannt ist, die M entscheidet (bzw. f berechnet). Um eine Fallunterscheidung der obigen Art in einem Algorithmus verwenden zu dürfen, muss man natürlich einen Algorithmus (z.B. eine Turingmaschine) kennen, der M entscheidet, bzw. f oder g berechnet. So ist z.B. jede endliche Menge berechenbar, aber im Allgemeinen nicht konstruktiv. Ein Beispiel soll das verdeutlichen. Die endliche Menge P sei definiert durch $P := \{1\}$ falls es unendlich viele Primzahlzwillinge gibt und $P := \{0\}$ sonst. Damit ist P wohldefiniert und endlich. P ist auch entscheidbar, da es eine Turingmaschine M_P gibt, die P entscheidet. Im Fall $P = \{0\}$ ist das jede Turingmaschine, die die Menge $\{0\}$ entscheidet, im Fall $P = \{1\}$ jede Turingmaschine, die die Menge $\{1\}$ entscheidet. Aber P ist (zur Zeit) nicht konstruktiv, da niemand explizit eine Turingmaschine angeben kann, die P entscheidet. Das liegt einfach daran, dass man (noch?) nicht weiß, ob unendlich viele Primzahlzwillinge existieren. Eine Anweisung wie "$a := 0$ falls $0 \in P$" ist daher erst dann in einem Algorithmus erlaubt, wenn P konstruktiv ist.

4.2 Lineare Gleichungssysteme über $\mathbb{Z}$

Wir verwenden die Notationen aus Abschnitt 2.3.

Definition 4.2.1 (Inhomogene lineare Gleichungssysteme). *Es seien R ein Ring, A eine $m \times n$-Matrix über R und b ein Vektor $b = (b_1, \ldots, b_m)^\mathsf{T}$ über R der Dimension m. Dann heißt $Ax = b$ ein lineares Gleichungssystem (über R). Im Fall $b = \mathbf{0}$ heißt $Ax = \mathbf{0}$ auch ein homogenes lineares Gleichungssystem. Im Fall $b \neq \mathbf{0}$ sprechen wir von einem inhomogenen linearen Gleichungssystem. Es sei R' eine Teilmenge von R. Jeder Vektor $u = (u_1, \ldots, u_n)^\mathsf{T}$ über R', der $Au = b$ erfüllt, heißt Lösung von $Ax = b$ in R'.*

Im Folgenden ist stets $R = \mathbb{Z}$ und $R' = \mathbb{Z}$ oder $R' = \mathbb{N}$, d.h. wir suchen Lösungen in $\mathbb{Z}$ oder in $\mathbb{N}$ von linearen Gleichungssystemen über $\mathbb{Z}$.

Bekanntlich bilden die Lösungen in $\mathbb{Z}$ eines homogenen linearen Gleichungssystems $Ax = 0$ über $\mathbb{Z}$ selbst ein Modul über $\mathbb{Z}$, da mit u_1, u_2 Lösungen von $Ax = 0$ und $a \in \mathbb{Z}$ auch $-u_1$, au_1 und $u_1 + u_2$ Lösungen von $Ax = 0$ in $\mathbb{Z}$ sind. Über $\mathbb{N}$ bilden die Lösungen zwar keinen Modul, aber zumindest sind mit Lösungen u_1, u_2 in $\mathbb{N}$ von $Ax = 0$ und $a \in \mathbb{N}$ auch au_1 und $u_1 + u_2$ wieder Lösungen in $\mathbb{N}$ von $Ax = 0$.

Wir lassen in Zukunft die Dimensionsangaben meist weg und verwenden Gleichungen wie $Ax = b$ und $z = C^{-1}AC$ nur, wenn alle Dimensionen zueinander passen. Ferner verwenden wir ausschließlich endlich-dimensionale Matrizen und Vektoren in diesem Buch.

Um die Lösungen in $\mathbb{N}$ eines linearen Gleichungssystems zu bestimmen, ist es wichtig zu wissen, in welchen Koordinaten die Lösungen unbeschränkt groß werden können. Diese Koordinaten wollen wir den Support nennen.

Definition 4.2.2 (Support). *Es sei A eine $m \times n$-Matrix über $\mathbb{Z}$, dann ist der* Support $\operatorname{supp} A$ *von A definiert als*

$$\operatorname{supp} A := \{i \mid 0 \le i \le n \wedge \exists x \in \mathbb{N}^n : (Ax = 0 \wedge x(i) > 0)\}.$$

Eine Support-Lösung u *von $Ax = 0$ ist eine Lösung u von $Ax = 0$ mit $u(i) \ge 1$ für jedes $i \in \operatorname{supp} A$.*

Eine Koordinate i, $1 \le i \le n$, liegt also genau dann nicht im Support von A, falls $u(i) = 0$ für jede Lösung u in $\mathbb{N}$ von $Ax = 0$ gilt. Zum Begriff des Supports interessieren also nur Lösungen in $\mathbb{N}$, nicht Lösungen in $\mathbb{Z}$. Da die Summen von Lösungen in $\mathbb{N}$ stets Lösungen in $\mathbb{N}$ sind, muss stets eine Support-Lösung existieren. Man beachte, dass $\operatorname{supp} A = \emptyset$ sein darf. In diesem Falle ist 0 eine Support-Lösung.

Im Folgenden wird das Verhalten von Lösungen des inhomogenen linearen Gleichungssystems $Ax = b$ außerhalb des Supports von A wichtig.

Definition 4.2.3. *Es seien A eine $m \times n$-Matrix über $\mathbb{Z}$ und b ein Vektor in $\mathbb{Z}^m$.*

$$S_{A,b} := \{\pi_{\overline{\operatorname{supp} A}}(x) \mid x \in \mathbb{N}^n \wedge Ax = b\}$$

ist die Menge der Werte außerhalb des Supports von A – es ist $\overline{\operatorname{supp} A} = \{1, \ldots, n\}$–$\operatorname{supp} A$ das Komplement von $\operatorname{supp} A$ –, die von Lösungen in $\mathbb{N}$ von $Ax = b$ angenommen werden können. Hierbei ist $\pi_{\overline{\operatorname{supp} A}}(x)$ die Projektion von x auf alle Koordinaten, die nicht im Support liegen.

Wir benötigen in Kapitel 4 zur Konstruktion des Algorithmus zum Erreichbarkeitsproblem EP folgenden Satz an entscheidender Stelle.

Satz 4.2.4 (Konstruktivität von Lösungen). *Es seien A eine $m \times n$-Matrix über $\mathbb{Z}$ und $b \in \mathbb{Z}^n$ ein Vektor. Dann gilt*

- supp A *ist konstruktiv*

- $S_{A,b}$ *ist endlich und konstruktiv*

- *zumindest eine Support-Lösung von $Ax = 0$ ist konstruktiv.*

Dieser Satz ist relativ unbekannt. Deshalb zeigen wir einen ausführlichen und recht elementaren Beweis im Anhang. Hier soll dieser Beweis übersprungen werden, da er nur die Sicht auf die weiteren Argumente aus der Petri-Netz-Theorie versperren würde. Aus Satz 4.2.4 folgt sofort

Korollar 4.2.5. *Es ist konstruktiv, ob $Ax = b$ für Matrizen A und Vektoren b über $\mathbb{Z}$ eine Lösung x über $\mathbb{N}$ besitzt.*

Offensichtlich existiert solch eine Lösung genau dann, wenn $S_{A,b} \neq \emptyset$ gilt.

4.3 Gesteuerte Überdeckungsgraphen und Keime

Wir betrachten eine Verallgemeinerung des Überdeckungsgraphen, in dem nur solche t-Übergänge erlaubt sind, die gleichzeitig in einem steuernden Transitionssystem möglich sind. Als solche steuernde Transitionssysteme werden wir im Folgenden nur sogenannte Keime, das werden spezifiziertere, bereits gebildete Überdeckungsgraphen sein, heranziehen.

Definition 4.3.1 (Gesteuerter Überdeckungsgraph). *Seien $A = (V_A, E_A, \Sigma_A)$ ein Transitionssystem, $v_A \in V_A$, $N = (P_N, T_N, F_N)$ ein Petri-Netz mit $\Sigma_A = T_N =: T$ und $s_N \in \mathbb{N}_\omega{}^P$. Es existiere eine totale Ordnung o auf T und $V_A \times \mathbb{N}_\omega{}^P$. Der (A, v_A)-gesteuerte Überdeckungsgraph $Cov_o(A, v_A, N, s_N)$ von N und s_N ist das durch den folgenden Algorithmus definierte Transitionssystem $C = (V_C, E_C, T, v_C)$:*

$v_C := (v_A, s_N); \; V_C := \{v_C\}; \; E_C := \emptyset; \; C := (V_C, E_C, T, v_C);$
$Neu := V_C;$
$solange\ Neu \neq \emptyset$

wähle das o-minimale (v, s) aus Neu;
für alle $t \in T$ in der o-Reihenfolge:
  für alle v', s' mit s $[t>_N s' \wedge v \xrightarrow{t}_A v'$:
    für alle $(\hat{v}, \hat{s})$ auf einem Weg in C von (v_A, s_N)
    nach (v, s) mit $\hat{v} = v'$ und $\hat{s} < s'$:
      für alle $p \in P$ mit $\hat{s}(p) < s'(p)$:
        setze $s'(p) := \omega$;
  $V_C := V_C \cup \{(v', s')\}$;
  $Neu := Neu \cup \{(v', s')\}$;
  $E_C := E_C \cup \{((v, s), t, (v', s'))\}$;
$Neu := Neu - \{(v, s)\}$; $C := (V_C, E_C, T, v_C)$

Beispiel 4.3.2. Wir betrachten wieder das Petri-Netz N aus Abbildung 3.4 mit initialem Zustand $s_N = (3, 0, 0, 0)$ und mit dem Überdeckungsgraphen wie in Abbildung 3.6. Wir wollen N jetzt mit folgendem Transitionssystem A steuern:

$A := (\{x, y\}, E_A, \{t_1, t_2, t_3, t_4\})$, wobei E_A aus den folgenden Übergängen besteht:

$$x \xrightarrow{t_1} y, \qquad x \xrightarrow{t_2} x, \qquad x \xrightarrow{t_3} y, \qquad x \xrightarrow{t_4} x,$$

$$y \xrightarrow{t_1} x, \qquad y \xrightarrow{t_2} y, \qquad y \xrightarrow{t_3} y.$$

o ist hierbei unerheblich. Dann gibt Abbildung 4.1 den von (A, x) gesteuerten Überdeckungsgraphen $Cov(A, x, N, s_N)$ von (N, s_N) mit $s_N = (3, 0, 0, 0)$ wieder.

Im Gegensatz zu Abbildung 3.6 kann jetzt bei $(*)$ noch keine ω-Koordinate eingeführt werden. Zwar überdeckt $(3, 0, 1, 0)$ den Startzustand $(3, 0, 0, 0)$ von N, aber A ist jetzt im Zustand y statt x. In $(y, (0, 4, 1, 0))$ ist auch kein t_4-Übergang möglich, da A einen solchen im Zustand y nicht erlaubt. Der Rest sollte unmittelbar einsichtig sein.

Der einzige Unterschied zur Konstruktion des Überdeckungsgraphen in Kapitel 3 ist, dass nur bei solchen Vergleichen von Knoten (v', s') ω-Koordinaten eingeführt werden können, bei denen der überdeckte Knoten $(\hat{v}, \hat{s})$ zusätzlich denselben Zustand im steuernden Transitionssystem besitzt, d.h. $\hat{v} = v'$ gilt. Dies wirkt sich jedoch nicht auf die in Kapitel 3 erzielten Ergebnisse aus, so dass man ganz analog zu Kapitel 3 zeigen kann:

Lemma 4.3.3. *Mit den Bezeichnungen aus Definition 4.3.1 gilt:*

- *Ist A lokal determiniert, so auch C.*

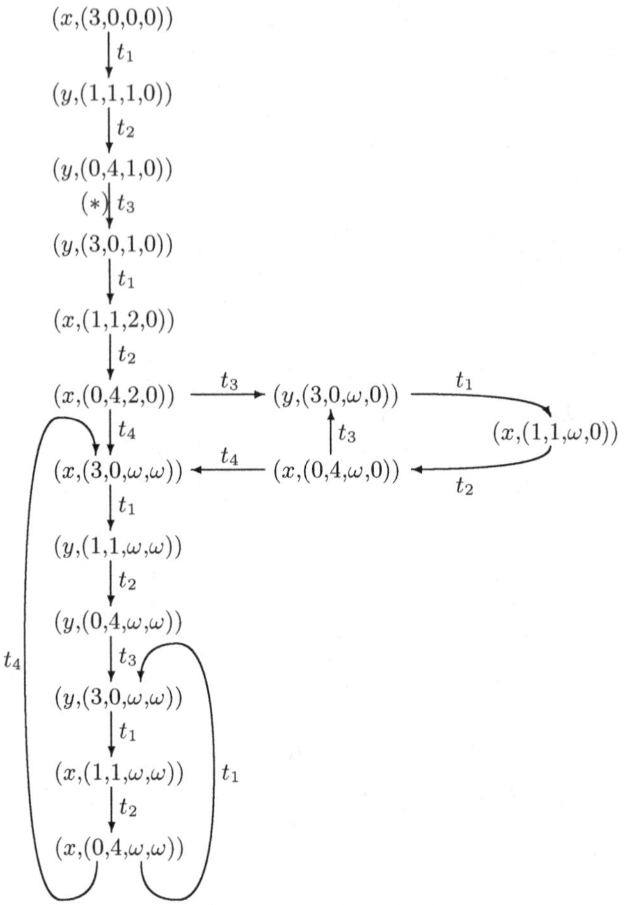

Abb. 4.1. Ein gesteuerter Überdeckungsgraph zum Petri-Netz N aus Abb. 3.4 und dem Überdeckungsgraphen aus Abb. 3.6

- Ist A kommutativ, so auch C.

- C ist i.A. nicht persistent, konfluent oder monoton.

- $C := Cov_o(A, v_A, N, s_N)$ ist ein endliches Transitionssystem

- $\forall \sigma \in T^* \ \forall s, s' \in \mathbb{N}_\omega{}^P \ \forall v, v' \in V_A \ \exists s'' \in \mathbb{N}_\omega{}^P:$

  1. $s \,[\sigma>_N s' \wedge v \xrightarrow{\sigma}_A v' \wedge (v, s) \in V_C \implies (v, s) \xrightarrow{\sigma}_C (v', s'') \wedge s' \leq_\omega s''$

  2. $(v, s) \xrightarrow{\sigma}_C (v', s') \implies s \,[\sigma>_N s + W_N(\sigma) \leq_\omega s' \wedge v \xrightarrow{\sigma}_A v'$

3. $\forall P' \subseteq P_N \ \forall k \in \mathbb{N} \ \exists \sigma_k \in T^* \ \exists s_k \in \mathbb{N}_\omega{}^*:$
$$((v,s) \in V_C \wedge \pi_{P'}(s) = (\omega, \ldots, \omega)^\mathsf{T})$$
$$\Longrightarrow (v_A \xrightarrow{\sigma_k}_A v \wedge s_N \, [\sigma_k >_N s_k \leq_\omega s \wedge \pi_{P'}(s_k) \geq (k, \ldots, k)^\mathsf{T}).$$

Wir erweitern $\leq$ und $\leq_\omega$ auf $V_A \times \mathbb{N}_\omega{}^P$ durch

$$(v,s) \leq (v',s') :\Longleftrightarrow v = v' \wedge s \leq s'$$
$$(v,s) \leq_\omega (v',s') :\Longleftrightarrow v = v' \wedge s \leq_\omega s'$$

(v^+, s^+) *heißt* Maximum *von* (v_A, s_N), $\max(v_A, s_N)$ *in Zeichen, falls für jedes* (v',s') *in C mit* $(v_A, s_N) \leq_\omega (v',s')$ *bereits* $(v',s') \leq_\omega (v^+, s^+)$ *gilt. Dann gilt weiter:*

- $\max(v_A, s_N)$ *existiert, hängt nicht von der Wahl der totalen Ordnung o ab und hat die Form* $\max(v_A, s_N) = (v_A, s^+)$ *für ein* $s^+ \in \mathbb{N}_\omega{}^P$.

Im obigen Beispiel gilt $\max(x, (3,0,0,0)) = (x, (3,0,\omega,\omega))$.

Definition 4.3.4 (Überdeckende Feuersequenz). *Es gelten die Bezeichnungen aus Definition 4.3.1. Dann heißt eine Feuersequenz $\sigma \in T^*$ überdeckend genau dann, wenn gilt*

- $v_A \xrightarrow{\sigma}_A v_A$,

- $s_N \, [\sigma >_N$ *und*

- $\forall p \in P_N:$ *mit* $\max(v_A, s_N) = (v_A, s^+)$ *gilt*

  - $s_N(p) = s^+(p) \in \mathbb{N} \Longrightarrow W_N(\sigma)(p) \geq 0$ *und*

  - $s_N(p) \in \mathbb{N} \wedge s^+(p) = \omega \Longrightarrow W_N(\sigma)(p) > 0.$

Natürlich kann nicht $s_N(p) = \omega$ und $s^+(p) \in \mathbb{N}$ gelten, da $(v_A, s_N) \leq_\omega \max(v_A, s_N)$ gilt. Für das Beispiel 4.3.2 sind $t_1 t_2 t_3 t_1 t_2 t_4$ und $t_1 t_2 t_3 t_1 t_2 t_3 t_1 t_2 t_4$ überdeckende Feuersequenzen. Es muss aber nicht jeder Weg σ von (v_A, s_N) nach $\max(v_A, s_N)$ eine überdeckende Feuersequenz sein, da manche Wege nicht alle ω-Koordinaten <u>simultan</u> auf so hohe Werte setzen müssen, dass s_N im Sinn von $\leq$ überschritten wird.

Lemma 4.3.5 (Existenz überdeckender Feuersequenzen).

- *Ist σ überdeckend, so gilt in $C = Cov_o(A, v_A, N, s_N)$:*
  $(v_A, s_N) \xrightarrow{\sigma}_C \max(v_A, s_N).$

- *Eine überdeckende Feuersequenz ist stets konstruierbar.*

Beweis: Die erste Aussage ist offensichtlich. Um eine überdeckende Feuersequenz zu konstruieren, muss man nur einen Weg von (v_A, s_N) nach $\max(v_A, s_N)$ finden, der in allen ω-Koordinaten von $\max(v_A, s_N)$ Werte größer als in s_N erreicht. Das ist nach Lemma 3.2.35 stets möglich. Die Beweistechnik dieses Lemmas zeigt auch, wie solch ein Weg konstruktiv gefunden werden kann. ∎

Definition 4.3.6 (Keim). *Seien $A = (V_A, E_A, \Sigma_A)$ ein Transitionssystem und $N = (P, T, F)$ ein Petri-Netz. A heißt ein* Keim *(oder* Preüberdeckungsgraph*) von N, falls gilt:*

- *A ist endlich,*

- *A ist lokal determiniert,*

- *A ist streng zusammenhängend,*

- *$V_A \subseteq \mathbb{N}_\omega{}^P$,*

- *$\Sigma_A = T$ und*

- *$\forall s, s' \in V_A \; \forall t \in T \colon (s \xrightarrow{t}_A s' \implies s\,[t>_N s + W_N(t) \leq_\omega s')$.*

Die Kanten eines Keimes sind also mit Transitionen von N annotiert, die Knoten eines Keimes sind verallgemeinerte Zustände von N. Die Wege in einem Keim entsprechen genau Feuersequenzen in N, wie das folgende Lemma zeigt.

Lemma 4.3.7. *Sei $A = (V_A, E_A, T)$ Keim eines Petri-Netzes $N = (P, T, F)$, so gilt:*

- *Jeder streng zusammenhängende Teilgraph von A ist selbst ein Keim von N.*

- *$\forall s, s' \in V_A \; \forall p \in P \colon (s(p) = \omega \iff s'(p) = \omega)$.*

- *$\forall s, s' \in V_A \; \forall \sigma \in T^* \colon (s \xrightarrow{\sigma}_A s' \implies s\,[\sigma>_N s')$.*

Beweis: Der erste Punkt ist trivial und der dritte folgt sofort aus dem zweiten. Aber auch der zweite Punkt wird klar, wenn man bedenkt, dass A streng zusammenhängend ist. Gilt etwa $s_1(p) \in \mathbb{N}$ und $s_2(p) = \omega$ für ein $p \in P$ und $s_1, s_2 \in V_A$, so folgt aus dem strengen Zusammenhang sofort die Existenz von Feuersequenzen $\sigma_1, \sigma_2 \in T^*$ mit $s_1 \xrightarrow{\sigma_1}_A s_2 \xrightarrow{\sigma_2}_A s_1$. Dann muss aber auch $s_2\,[\sigma_2>_N s_2 + W_N(\sigma_2) \leq_\omega s_1$ gelten im Widerspruch zu $s_2(p) >_\omega s_1(p)$. ∎

Im Folgenden betrachten wir nur noch solche gesteuerten Überdeckungsgraphen eines Petri-Netzes N, die von einem Keim von N gesteuert werden, und für die $s_N \leq_\omega v_A$ gilt.

Beispiel 4.3.8. Es sei A der Keim aus Abb. 4.2 mit $(3, 0, \omega, 0)$ als Startknoten v_A.

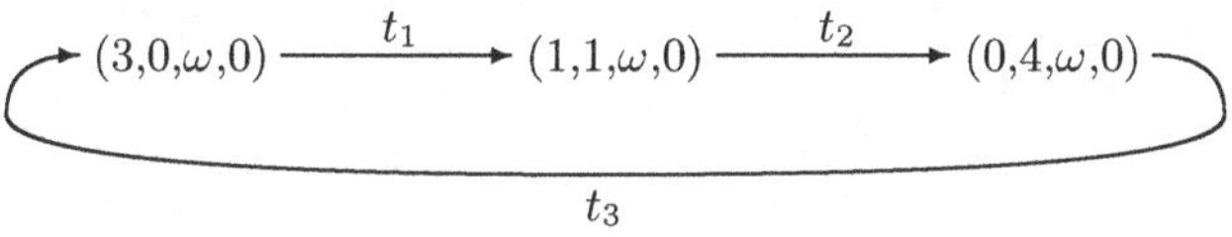

Abb. 4.2. Ein Keim A

Für N aus Abb. 3.4 mit Startzustand $(3, 0, 0, 0)$ ist dann $Cov(A, (3, 0, \omega, 0), N, (3, 0, 0, 0))$ wie in Abb. 4.3.

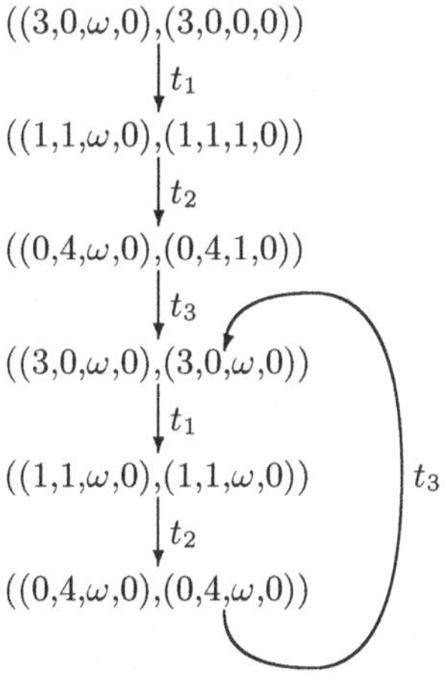

Abb. 4.3. Ein in der 2. Projektion injektiver, gesteuerter Überdeckungsgraph

Satz 4.3.9 (Projektionssatz). *Seien $N = (P, T, F)$ ein Petri-Netz mit einem initialen Zustand $\hat{s} \in \mathbb{N}_\omega{}^P$, $A = (V_A, E, T)$ ein Keim von N mit einem initialen Knoten $s \in \mathbb{N}_\omega{}^P$ mit $\hat{s} \leq_\omega s$ und $C = Cov_o(A, s, N, \hat{s})$ sei der von (A, s) gesteuerte Überdeckungsgraph $(V_C, E_C, T, (s, \hat{s}))$ von $(N, \hat{s})$. Dann gilt:*

- $\forall s', \hat{s}' \in \mathbb{N}_\omega{}^P \colon ((s', \hat{s}') \in V_C \Longrightarrow \hat{s}' \leq_\omega s')$.

- *Die Projektion* $\pi_2 \colon V_A \times \mathbb{N}_\omega{}^P \to \mathbb{N}_\omega{}^P$ *von* $V_A \times \mathbb{N}_\omega{}^P$ *auf die zweite Komponente ist injektiv.*

- $\pi_2(C)$ *entstehe aus* C, *indem jeder Knoten* v *in* V_C *durch* $\pi_2(v)$ *ersetzt wird. Dann entstehen keine zwei Knoten gleichen Namens* $\pi_2(v)$ *in* $\pi_2(C)$ *und* $\pi_2(C)$ *ist zu* C *isomorph.*

Beweis: Der dritte Punkt ist unmittelbare Konsequenz des zweiten.
Zu Punkt 1: Es sei $(s', \hat{s}') \in V_C$. Da V_C per Konstruktion nur von $(s, \hat{s})$ erreichbare Knoten besitzt, existiert ein $\sigma \in T^*$ mit $(s, \hat{s}) \xrightarrow{\sigma}_C (s', \hat{s}')$. Mit Lemma 4.3.3 gilt also $\hat{s}\, [\sigma >_N \hat{s} + W_N(\sigma) \leq_\omega \hat{s}' \wedge s \xrightarrow{\sigma}_A s'$, also auch $s\, [\sigma >_N s'$, da A ein Keim ist. Also gilt $s' = s + W_N(\sigma) \geq_\omega \hat{s} + W_N(\sigma) \leq_\omega \hat{s}'$. Insbesondere gilt damit $s'(p) = \hat{s}'(p)$, falls $s'(p) \in \mathbb{N}$ und $\hat{s}'(p) \in \mathbb{N}$ ist. Damit bleibt nur noch zu zeigen, dass $\hat{s}'(p) = \omega$ bereits $s'(p) = \omega$ impliziert. Sei also $\hat{s}'(p) = \omega$. Nach Lemma 4.3.3 existieren dann zu jedem $k \in \mathbb{N}$ ein $\sigma_k \in T^*$ und ein $\hat{s}_k \in \mathbb{N}_\omega{}^P$ mit $\hat{s}\, [\sigma_k >_N \hat{s}_k \leq_\omega \hat{s}' \wedge \hat{s}_k(p) \geq k \wedge s \xrightarrow{\sigma_k}_A s'$, d.h. $s\, [\sigma_k >_N s'$. Es gilt also $s'(p) = (s + W_N(\sigma_k))(p) \geq (\hat{s} + W_N(\sigma_k))(p) = \hat{s}_k(p) \geq k$ für jedes $k \in \mathbb{N}$, also $s'(p) = \omega$.

Zu Punkt 2: Es seien $(s_1, \hat{s}_1)$ und $(s_2, \hat{s}_2)$ aus V_C mit $\hat{s}_1 = \hat{s}_2$. Aus $\hat{s}_1 \leq_\omega s_1$ und $\hat{s}_2 \leq_\omega s_2$ folgt, dass s_1 und s_2 auf allen endlichen Koordinaten übereinstimmen. Da alle Knoten eines Keimes nach Lemma 4.3.7 auch die gleichen ω-Koordinaten besitzen, gilt bereits $s_1 = s_2$. ∎

Im Folgenden identifizieren wir stets C mit $\pi_2(C)$. Startzustand ist also jetzt nur noch $\hat{s}$ statt $(s, \hat{s})$, $\max(s, \hat{s})$ heißt jetzt $\max \hat{s}$ etc. Es gilt $\max(s, \hat{s}) = (s, s^+)$ für ein $s^+ \in \mathbb{N}_\omega{}^P$ geeignet. Aus $\hat{s} \leq_\omega s$ folgt mit Satz 4.3.9 auch $s^+ \leq_\omega s$. Identifizieren wir C mit $\pi_2(C)$ wird dann s^+ selbst zu $\max \hat{s}$ ($= \max(s, \hat{s})$). D.h., es gilt in $\pi_2(C)$ das

Korollar 4.3.10. $\hat{s} \leq_\omega s$ *impliziert* $\max \hat{s} \leq_\omega s$.

Definition 4.3.11 (Keim-Transition-Folge). *Gegeben seien ein Petri-Netz* $N = (P, T, F)$, $n \in \mathbb{N}$, n *Transitionen* t_i, $1 \leq i \leq n$, *und* $n + 1$ *Keime* $K_i = (V_i, E_i, T_i)$, $0 \leq i \leq n$, *von* N. *Die alternierende Folge*

$$\mathbb{F} = K_0 t_1 K_1 t_2 \ldots t_n K_n$$

von Keimen und Transitionen heißt eine Keim-Transition-Folge *von* N.

$\mathbb{F}$ *heißt markiert, falls zu jedem Keim* K_i, $0 \leq i \leq n$, *drei weitere Zustände* $s_i \in V_i$, s_i^{in}, $s_i^{out} \in \mathbb{N}_\omega{}^P$ *annotiert sind mit* $s_i^{in} \leq_\omega s_i$ *und* $s_i^{out} \leq_\omega s_i$, *wobei* s_i *der Startzustand,* s_i^{in} *der Input und* s_i^{out} *der Output von* K_i *heißen.* s_0^{in} *heißt auch Input von* $\mathbb{F}$ *und* s_n^{out} *auch Output von* $\mathbb{F}$.

Ein Wort $\sigma \in T^*$ heißt ein Weg *durch $\mathbb{F}$, falls für $0 \leq i \leq n$ Kreise σ_i in K_i von s_i nach s_i, $s_i \xrightarrow{\sigma_i}_{K_i} s_i$, existieren und $\sigma = \sigma_0 t_1 \sigma_1 t_2 \ldots t_n \sigma_n$ gilt.*

Ein Weg $\sigma = \sigma_0 t_1 \sigma_1 t_2 \ldots t_n \sigma_n$ durch $\mathbb{F}$ heißt Lösung von $\mathbb{F}$ *oder $\mathbb{F}$-Feuersequenz, falls gilt:* $\forall i \in \{0, \ldots, n\} \; \exists \check{s}_i^{in}, \check{s}_i^{out} \in \mathbb{N}^P$:

- $\check{s}_i^{in} \leq_\omega s_i^{in}$,

- $\check{s}_i^{out} \leq_\omega s_i^{out}$,

- $\check{s}_i^{in} \lfloor \sigma_i >_N \check{s}_i^{out}$,

- $\check{s}_i^{out} \lfloor t_{i+1} >_N \check{s}_{i+1}^{in}$ *(für $0 \leq i < n$).*

Abbildung 4.4 veranschaulicht diese Situation.

Beobachtung 4.3.12. Ist $\sigma = \sigma_0 t_1 \sigma_1 \ldots t_n \sigma_n$ eine $\mathbb{F}$-Feuersequenz mit obigen Bezeichnungen, so gilt bereits

$$\check{s}_0^{in} \lfloor \sigma_0 >_N \check{s}_0^{out} \lfloor t_1 >_N \check{s}_1^{in} \lfloor \sigma_1 >_N \check{s}_1^{out} \ldots \check{s}_{n-1}^{out} \lfloor t_n >_N \check{s}_n^{in} \lfloor \sigma_n >_N \check{s}_n^{out}.$$

Insbesondere sind mit σ und $\check{s}_0^{in}$ alle weiteren Zwischenzustände $\check{s}_i^{in}$, $1 \leq i \leq n$, und $\check{s}_i^{out}$, $0 \leq i \leq n$, eindeutig festgelegt, da sowohl Keime als auch Petri-Netze lokal determiniert sind. Besitzt also der Input s_0^{in} von $\mathbb{F}$ keine ω-Koordinate, so gilt wegen $\check{s}_0^{in} \leq_\omega s_0^{in}$ auch $\check{s}_0^{in} = s_0^{in}$ und in allen Lösungen von $\mathbb{F}$ sind die jeweiligen erreichten Zwischenzustände identisch. Im Fall von ω-Koordinaten im Input s_0^{in} von $\mathbb{F}$ gibt es eventuell sehr viele Lösungen, wobei die angenommenen Zwischenzustände in den endlichen Komponenten aber jeweils gleich sind.

Definition 4.3.13 (Keim-Transition-Problem). *Das* Keim-Transition-Problem *ist die Frage, ob ein Algorithmus existiert, der zu einer gegebenen, markierten Keim-Transition-Folge bestimmt, ob diese eine Lösung besitzt.*

Lemma 4.3.14 (EP). *Eine positive Antwort zum Keim-Transition-Problem impliziert einen Algorithmus, der das Petri-Netz Erreichbarkeitsproblem EP löst.*

Beweis: Das Petri-Netz Erreichbarkeitsproblem ist offensichtlich ein Spezialfall des Keim-Transition-Problems. Gegeben seien ein Petri-Netz $N = (P, T, F)$ und $s, s' \in \mathbb{N}^P$. Wir definieren den trivialen Keim K von N als $K = (V, E, T)$ mit $V := \{v\}$, $v = (\omega, \ldots, \omega)^\mathsf{T}$ und $E := \{(v, t, v) \mid t \in T\}$. K annotieren wir mit v als Start, s als Input und s' als Output. Abbildung 4.5 zeigt die Situation für $T = \{t_1, \ldots, t_n\}$.

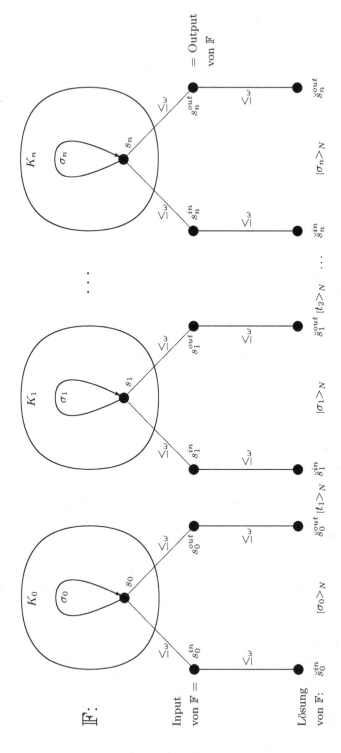

Abb. 4.4. Eine Keim-Transition-Folge $\mathbb{F} = K_0 t_1 K_1 \ldots t_n K_n$ mit einer $\mathbb{F}$-Lösung $\sigma = \sigma_0 t_1 \sigma_1 \ldots t_n \sigma_n$. Hierbei sind die $\check{s}_i^{in}$ i.A. spezifizierter als die Inputs s_i^{in} von K_i und die $\check{s}_i^{out}$ spezifizierter als die Outputs s_i^{out} von K_i. Die Inputs s_i^{in} und die Outputs s_i^{out} von K_i müssen selbst nicht in K_i liegen. Sie sind i.A. spezifizierter als der Startzustand s_i von K_i, der in K_i liegen muß

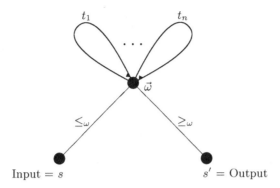

Abb. 4.5. Die einfachste Form der Keim-Transition-Folge: Ein Keim mit dem einzigen Knoten $\vec{\omega} = (\omega, \ldots, \omega)^{\mathsf{T}}$

Die einzige mögliche Lösung der trivialen Keim-Transition-Folge K, die nur aus K besteht, ist ein $\sigma \in T^*$ mit $s \, [\sigma>_N s'$. ∎

Wir gehen hier wie häufig in der Mathematik vor: Anstelle ein Problem P direkt zu lösen (hier: das Petri-Netz Erreichbarkeitsproblem), lösen wir eine Verallgemeinerung P' von P (hier: das Keim-Transition-Problem). Die komplexe Struktur von P' erlaubt jetzt aber einen neuen strukturellen Zugang zum Problem (hier: diverse Reduktionsschritte).

Wir beginnen im nächsten Abschnitt den Algorithmus vorzustellen, der das Keim-Transition-Problem löst.

4.4 Die Charakteristische Gleichung

Wir werden jeder markierten Keim-Transition-Folge $\mathbb{F}$ ein inhomogenes lineares Gleichungssystem $Ax = b$ über $\mathbb{Z}$ zuordnen. Dabei ist b ein $\mathbb{Z}$-Vektor und A eine Matrix über $\mathbb{Z}$, beide von einer recht hohen Dimension. Die Variable x ist ein Vektor $x = (x(1), \ldots, x(\ell))^{\mathsf{T}}$. Des besseren Verständnisses wegen werden wir den Koordinaten i der Variablen $x(i)$ Namen zuordnen, die die Intention dieser Variablen $x(i)$ widerspiegeln.

Im gesamten restlichen Kapitel 4 benutzen wir folgende Bezeichnungen: $\mathbb{F}$ ist eine Keim-Transition-Folge $\mathbb{F} = K_0 t_1 K_1 \ldots t_n K_n$ von einem Petri-Netz $N = (P, T, F)$. Jedes K_i ist ein Transitionssystem $K_i = (V_i, E_i, T_i)$, annotiert mit dem Start s_i, dem Input s_i^{in} und dem Output s_i^{out}. $E := \bigcup_{i=0}^{n} E_i$ ist die Menge der Kanten aller Keime. Für jedes $e \in E$ ist $x(e)$ eine Variable im Variablenvektor x, mit $W(e)$ bezeichnen wir den Wechsel $W_N(t)$, falls die

Kante e mit t beschriftet ist. Ferner seien $I := \{i^{in}(p) \mid 0 \leq i \leq n \wedge p \in P\}$, $O := \{i^{out}(p) \mid 0 \leq i \leq n \wedge p \in P\}$ Mengen von weiteren Namen von Koordinaten des Variablenvektors x. Zu jedem i, $0 \leq i \leq n$ und $p \in P$ sind $i^{in}(p)$ und $i^{out}(p)$ also zwei Koordinaten, $x(i^{in}(p))$ und $x(i^{out}(p))$ sind zwei Variablen in x.

Definition 4.4.1 (Charakteristische Gleichung). *Es sei $\mathbb{F}$ eine markierte Keim-Transition-Folge eines Petri-Netzes N, mit den Bezeichnungen von oben. Die Charakteristische Gleichung $Ax = b$ für $\mathbb{F}$ ist durch folgende fünf Gleichungssysteme bestimmt:* $\forall i \in \{0, \ldots, n\}$ $\forall p \in P$:

i) $x(i^{in}(p)) = s_i^{in}(p)$, *falls* $s_i^{in}(p) \neq \omega$,

ii) $x(i^{out}(p)) = s_i^{out}(p)$, *falls* $s_i^{out}(p) \neq \omega$,

iii) $x(i^{out}(p)) - x(i^{in}(p)) - \sum_{e \in E_i} W(e)(p) \cdot x(e) = 0$,

$\forall i \in \{0, \ldots, n-1\}$ $\forall p \in P$:

iv) $x((i+1)^{in}(p)) - x(i^{out}(p)) = W_N(t_{i+1})(p)$,

und $\forall i \in \{0, \ldots, n\}$ $\forall v \in V_i$:

v) $\sum_{e \in v^{\bullet}} x(e) - \sum_{e \in {}^{\bullet}v} x(e) = 0$.

Die fünf Gleichungssysteme lassen sich als $Ax = b$ schreiben. Die Werte $s_i^{in}(p) \neq \omega$, $s_i^{out}(p) \neq \omega$ sowie $W_N(t_{i+1})(p)$ bestimmen den Vektor b. Ist u eine Lösung über $\mathbb{Z}$ von $Ax = b$, so gilt $u \in \mathbb{Z}^{E \cup I \cup O}$, d.h. $|E \cup I \cup O|$ ist die Spaltenanzahl in A.

Beobachtung 4.4.2. Ist $\sigma = \sigma_0 t_1 \sigma_1 \ldots t_n \sigma_n$ eine Lösung von $\mathbb{F}$ mit

$$\breve{s}_0^{in} \ [\sigma_0 >_N \breve{s}_0^{out} \ [t_1 >_N \breve{s}_1^{in} \ \ldots \ [t_n >_N \breve{s}_n^{in} \ [\sigma_n >_N \breve{s}_n^{out}$$

und $\breve{s}_i^{in} \leq_\omega s_i^{in}$, $\breve{s}_i^{out} \leq_\omega s_i^{out}$ und $\breve{s}_i^{in}, \breve{s}_i^{out} \in \mathbb{N}^P$ für $0 \leq i \leq n$, so erhält man eine Lösung $u \in \mathbb{N}^{E \cup I \cup O}$ der Charakteristischen Gleichung $Ax = b$ von $\mathbb{F}$, indem man u für alle i, $0 \leq i \leq n$ wie folgt festlegt:

$$\forall p \in P: \ u(i^{in}(p)) := \breve{s}_i^{in}(p)$$
$$\forall p \in P: \ u(i^{out}(p)) := \breve{s}_i^{out}(p)$$
$$\forall e \in E_i: \ u(e) := P(\sigma_i)(e).$$

Dies rechnet man einfach nach. i) bis iv) sind klar. Zu beachten ist hierbei nur, dass $W(\sigma) = \sum_{e \in E} P(\sigma)(e) \cdot W(e)$ gilt, vergleiche Korollar 3.2.11, $P(\sigma)$

ist die Parikhabbildung von σ. v) gilt deshalb, da jedes σ_i einen Kreis in K_i von s_i nach s_i darstellt und für jeden Kreis die Anzahl der in einem Knoten ankommenden Kanten des Kreises gleich der diesen Knoten verlassenden Kanten des Kreises ist.

Definition 4.4.3 (Assoziierte Lösung). *Seien σ eine Lösung von $\mathbb{F}$ und u wie eben aus σ konstruiert eine Lösung der Charakteristischen Gleichung von $\mathbb{F}$. Dann nennen wir u die zu σ assoziierte Lösung von $Ax = b$ und bezeichnen sie mit u_σ.*

Nun liefert umgekehrt aber nicht jede Lösung u über $\mathbb{N}$ von $Ax = b$ eine Lösung von $\mathbb{F}$. Definieren wir $\breve{s}_i^{in}(p) := u(i^{in}(p))$ und $\breve{s}_i^{out}(p) := u(i^{out}(p))$ für $0 \le i \le n$ und $p \in P$ und σ_i als einen Kreis in K_i von s_i nach s_i mit $P(\sigma_i) = \pi_{E_i}(u)$, so gilt zwar

$$\breve{s}_i^{in} + W(\sigma_i) = \breve{s}_i^{out} \text{ für } 0 \le i \le n \text{ und}$$

$$\breve{s}_i^{out} + W(t_{i+1}) = \breve{s}_{i+1}^{in} \text{ für } 0 \le i \le n,$$

aber wir können noch nicht folgern, dass bereits $\breve{s}_i^{in}\ [\sigma_i>_N$ und $\breve{s}_i^{out}\ [t_{i+1}>_N$ gilt, also die notwendigen Hürden $H(\sigma_i)$ bzw. $H(t_{i+1})$ übersprungen werden.

Folgendes entnimmt man unmittelbar der Definition der Charakteristischen Gleichung: Ist u_0 eine Lösung der homogenen Gleichung $Ax = \mathbf{0}$, so erfüllt u_0

i') $u_0(i^{in}(p)) = 0$ für $0 \le i \le n$, $p \in P$ mit $s_i^{in}(p) \neq \omega$,

ii') $u_0(i^{out}(p)) = 0$ für $0 \le i \le n$, $p \in P$ mit $s_i^{out}(p) \neq \omega$,

iv') $u_0((i+1)^{in}(p)) - u_0(i^{out}(p)) = 0$ für $0 \le i < n$, $p \in P$, und

iii) und v) wie zuvor.

In Definition 4.2.2 haben wir den Support von A definiert als

$$\operatorname{supp} A := \{i \in E \cup I \cup O \mid \exists u \in \mathbb{N}^{E \cup I \cup O} : (Au = \mathbf{0} \wedge u(i) > 0)\}.$$

Aus i') und ii') folgt sofort, dass

$$\operatorname{supp} A \subseteq E \cup \{i^{in}(p) \in I \mid s_i^{in}(p) = \omega\} \cup \{i^{out}(p) \in O \mid s_i^{out}(p) = \omega\}$$

gilt.

Definition 4.4.4 (Perfekt, $\mathbb{F}$-Doppelfolge). *Sei $\mathbb{F}$ eine markierte Keim-Transition-Folge eines Petri-Netzes N mit obigen Bezeichnungen. Es seien $C_i := Cov(K_i, s_i, N, s_i^{in})$ der (K_i, s_i)-gesteuerte Überdeckungsgraph von*

(N, s_i^{in}) *und* $C_i' := Cov(K_i^{rev}, s_i, N^{rev}, s_i^{out})$ *der* (K_i^{rev}, s_i)-*gesteuerte Überdeckungsgraph im reversen Netz* N^{rev} *mit* s_i^{out} *als initialem Zustand. Es sei* $\max_{C_i} s_i^{in}$ *die maximale Überdeckung von* s_i^{in} *in* C_i *und* $\max_{C_i'} s_i^{out}$ *die maximale Überdeckung von* s_i^{out} *in* C_i', *d.h. im reversen Netz.* $Ax = b$ *sei die Charakteristische Gleichung von* $\mathbb{F}$.

$\mathbb{F}$ *heißt* perfekt, *falls gilt:*

- $\text{supp}\, A = E \cup \{i^{in}(p) \in I \mid s_i^{in}(p) = \omega\} \cup \{i^{out}(p) \in O \mid s_i^{out}(p) = \omega\}$ *und*

- $s_i = \max_{C_i} s_i^{in} = \max_{C_i'} s_i^{out}$.

Eine $\mathbb{F}$-*Doppelfolge* $(\eta_i, \mu_i)_{0 \leq i \leq n}$ *ist eine endliche Folge von Wörtern* $\eta_i, \mu_i \in T^*$, *so dass* η_i *überdeckende Feuersequenz in* C_i *ist, die unter* s_i^{in} *feuern kann, und* μ_i^{rev} *überdeckende Feuersequenz in* C_i' *ist, die unter* s_i^{out} *feuern kann.*

Da überdeckende Feuersequenzen nach Lemma 4.3.5 stets existieren und konstruierbar sind, kann man auch stets eine $\mathbb{F}$-Doppelfolge finden.

Lemma 4.4.5. *Es seien* $\mathbb{F}$ *eine perfekte Keim-Transition-Folge und dazu* $(\eta_i, \mu_i)_{0 \leq i \leq n}$ *eine* $\mathbb{F}$-*Doppelfolge. Dann gilt*

- $s_i^{in} \xrightarrow{\eta_i}_{C_i} s_i \xrightarrow{\eta_i}_{C_i} s_i$,

- $s_i^{in} \,[\eta_i \rangle_N s_i^{in} + W_N(\eta_i) \leq_\omega s_i \,[\eta_i \rangle_N s_i$,

- $s_i^{out} \xrightarrow{\mu_i^{rev}}_{C_i'} s_i \xrightarrow{\mu_i^{rev}}_{C_i'} s_i$,

- $s_i^{out} \,[\mu_i^{rev} \rangle_{N^{rev}} s_i^{out} + W_{N^{rev}}(\mu_i^{rev}) \leq_\omega s_i \,[\mu_i^{rev} \rangle_{N^{rev}} s_i \,[\mu_i \rangle_N s_i$,

- $s_i^{out} - W_N(\mu_i) \,[\mu_i \rangle_N s_i^{out}$.

Beweis: Dies folgt unmittelbar aus den Überdeckungseigenschaften von η_i für s_i^{in} und μ_i^{rev} für s_i^{out} wegen $s_i = \max_{C_i} s_i^{in} = \max_{C_i'} s_i^{out}$. Zum letzten Punkt ist nur zu beachten, dass stets $W_{N^{rev}}(\sigma^{rev}) = -W_N(\sigma)$ gilt. ∎

4.5 Perfekte Keim-Transition-Folgen

In diesem Abschnitt werden wir das Keim-Transition-Problem für perfekte Keim-Transition-Folgen lösen. Wir beweisen dazu den folgenden Satz.

Satz 4.5.1. *Es sei $\mathbb{F}$ eine perfekte Keim-Transition-Folge eines Petri-Netzes N mit den obigen Bezeichnungen. Dann sind folgende Aussagen äquivalent:*

i) $\mathbb{F}$ *besitzt eine Lösung.*

ii) $Ax = b$ *besitzt eine Lösung in $\mathbb{N}$ und $s_i^{out} \, _{[t_{i+1}>_N}$ gilt für $0 \leq i < n$.*

Wir wissen bereits aus dem letzten Abschnitt, dass jede Lösung von $\mathbb{F}$ eine Lösung von $Ax = b$ impliziert. Damit gilt i) $\Longrightarrow$ ii). Zur Rückrichtung nutzen wir das folgende Pumping-Lemma.

Satz 4.5.2 (Pumping-Lemma von Lambert). *Es sei $\mathbb{F}$ eine perfekte Keim-Transition-Folge mit der Charakteristischen Gleichung $Ax = b$. Besitzt $Ax = b$ eine Lösung in $\mathbb{N}$ und gilt $s_i^{out} \, _{[t_{i+1}>_N}$ für $0 \leq i < n$, so gilt für jede $\mathbb{F}$-Doppelfolge $(\eta_i, \mu_i)_{0 \leq i \leq n}$, dass ein $k_0 \in \mathbb{N}$ und Wörter α_i, $\beta_i \in T_i^*$ für $0 \leq i \leq n$ konstruierbar sind mit*

- $s_i \xrightarrow{\alpha_i}_{K_i} s_i$ *und* $s_i \xrightarrow{\beta_i}_{K_i} s_i$,

- $\forall k \geq k_0$ *ist* $\eta_0^k \beta_0 \alpha_0^k \mu_0^k t_1 \eta_1^k \beta_1 \alpha_1^k \mu_1^k t_2 \ldots t_n \eta_n^k \beta_n \alpha_n^k \mu_n^k$ *eine $\mathbb{F}$-Feuersequenz, d.h. eine Lösung für $\mathbb{F}$.*

Beweis: Mit Korollar 4.2.5 kann man konstruktiv feststellen, ob $Ax = b$ eine Lösung über $\mathbb{N}$ besitzt, und im positiven Fall eine solche Lösung konstruieren. $Ax = b$ besitze nun eine Lösung über $\mathbb{N}$ und $u_1 \in \mathbb{N}^{E \cup I \cup O}$ sei eine solche. Ferner sei u_{supp} eine mit Satz 4.2.4 stets konstruierbare Supportlösung von $Ax = 0$ mit $\pi_{\text{supp} A}(u_{supp}) \geq 1$. Damit existiert ein $c \in \mathbb{N}$, so dass auch für $\overline{u} := u_1 + c \cdot u_{supp} \in \mathbb{N}^{E \cup I \cup O}$ nun $\pi_{\text{supp} A}(\overline{u}) \geq 1$ und damit insbesondere $\pi_{E_i}(\overline{u}) \geq 1$ für die Kantenmenge jedes Keims K_i gilt. $\overline{u}$ ist natürlich auch Lösung von $Ax = b$. Da u_1 und u_{supp} die Gleichung v) erfüllen, gilt dies auch für $\overline{u}$: $\sum_{e \in v^{\bullet}} \overline{u}(e) = \sum_{e \in {}^{\bullet}v} \overline{u}(e)$ für alle $v \in V_i$ und $0 \leq i \leq n$.

Nach Lemma 2.2.4 aus Kapitel 2 über Graphen kann man damit einen Kreis β_i in K_i von s_i nach s_i mit $P(\beta_i) = \pi_{E_i}(\overline{u})$ (≥ 1) konstruieren. Für $0 \leq i < n$ und $a \in \mathbb{N}$ setzen wir

$$u_{i,a} := a \cdot \pi_{E_i}(u_{supp}) - P(\eta_i \mu_i).$$

Für a groß genug gilt $\pi_{E_i}(u_{i,a}) \geq 1$. Da $\eta_i \mu_i$ ein Kreis in K_i ist, gilt auch $\sum_{e \in v^{\bullet}} P(\eta_i \mu_i)(e) = \sum_{e \in {}^{\bullet}v} P(\eta_i \mu_i)(e)$. Da Gleichung v) auch für u_{supp} gilt, gilt v) also auch für $u_{i,a}$.

Damit finden wir wieder mit Lemma 2.2.4 für a_1 groß genug einen Kreis α_{i,a_1} in K_i von s_i nach s_i mit

$$P(\alpha_{i,a_1}) = \pi_{E_i}(u_{i,a_1}) = a_1 \pi_{E_i}(u_{supp}) - P(\eta_i \mu_i).$$

Also gilt auch

$$a_1 \pi_{E_i}(u_{supp}) = P(\eta_i \alpha_{i,a_1} \mu_i). \tag{4.1}$$

Ebenso finden wir ein a_2 groß genug mit

$$a_2 u_{supp}(i^{in}(p)) + W_N(\eta_i)(p) \geq 1 \text{ für alle } p \in P \text{ mit } s_i(p) = \omega \tag{4.2}$$

Das sieht man wie folgt: Es sei $s_i(p) = \omega$ für einen Place $p \in P$.

Fall 1: Es sei $s_i^{in}(p) \in \mathbb{N}$. Da η_i für s_i^{in} überdeckend ist, gilt $W_N(\eta_i)(p) \geq 1$. Da u_{supp} Lösung von $Ax = b$ in $\mathbb{N}$ ist, gilt $a_2 u_{supp}(i^{in}(p)) \geq 0$. Also gilt (4.2).

Fall 2: Es sei $s_i^{in}(p) = \omega$. Da $\mathbb{F}$ perfekt ist, liegt $i^{in}(p)$ im Support supp A von A. Damit gilt $u_{supp}(i^{in}(p)) \geq 1$. Wir können jetzt a_2 groß genug wählen, damit (4.2) gilt, auch für negatives $W_N(\eta_i)(p)$.

Ganz analog finden wir ein a_3 groß genug mit

$$a_3 u_{supp}(i^{out}(p)) + W_{N^{rev}}(\mu_i^{rev})(p) \geq 1 \text{ für alle } p \in P \text{ mit } s_i(p) = \omega \tag{4.3}$$

Hierzu ist nur zu beachten, dass μ_i^{rev} überdeckend für s_i^{out} in N^{rev} ist.

Wir finden ein a_4 groß genug für die Hürde von η_i:

$$(\overline{u} + a_4 u_{supp})(i^{in}) \geq H_N(\eta_i). \tag{4.4}$$

Dies sieht man wie folgt: Da η_i überdeckend für s_i^{in} ist, gilt insbesondere $s_i^{in} [\eta_i >_N$ und $s_i^{in} \geq H_N(\eta_i)$. Für jedes $p \in P$ gilt einer der beiden folgenden Fälle:

Fall 1: $s_i^{in}(p) \in \mathbb{N}$. Nach den Gleichungen i) und i') von $Ax = b$ und $Ax = 0$ gilt damit für $\overline{u}$: $\overline{u}(i^{in}(p)) = s_i^{in}(p)$, und für u_{supp}: $u_{supp}(i^{in}(p)) = 0$. Also gilt auch $(\overline{u} + a_4 u_{supp})(i^{in}(p)) = s_i^{in}(p) \geq H_N(\eta_i)(p)$.

Fall 2: $s_i^{in}(p) = \omega$. Da $\mathbb{F}$ perfekt ist, gilt $i^{in}(p) \in$ supp A und damit $u_{supp}(i^{in}(p)) \geq 1$. Also finden wir ein a_4, so dass (4.4) gilt.

Ganz analog konstruiert man ein a_5 mit

$$(\overline{u} + a_5 u_{supp})(i^{out}) \geq H_{N^{rev}}(\mu_i^{rev}). \tag{4.5}$$

Laut Voraussetzung des Pumping-Lemmas gilt $s_i^{out} [t_{i+1} >_N$, also auch $s_i^{out} \geq H_N(t_{i+1})$. Gilt $s_i^{out}(p) \in \mathbb{N}$, so gilt bereits $(\overline{u} + a u_{supp})(i^{out}(p)) = s_i^{out}(p)$ $(\geq H_N(t_{i+1})(p))$ für jedes a. Gilt $s_i^{out}(p) = \omega$, so gilt $i^{out}(p) \in$ supp A und $u_{supp}(i^{out}(p)) \geq 1$, also gilt $(\overline{u} + a_6 u_{supp})(i^{out}(p)) \geq H_N(t_{i+1})(p)$ für ein a_6 geeignet. D.h., es existiert ein a_6 mit

$$(\overline{u} + a_6 u_{supp})(i^{out}) \geq H_N(t_{i+1}). \tag{4.6}$$

Diese Werte a_1 bis a_6 hängen auch von i ab. Da i aber nur von 0 bis n läuft, finden wir ein $a \in \mathbb{N}$, für das alle Gleichungen (4.1) bis (4.5) für i mit

$0 \leq i \leq n$ und Gleichung (4.6) für i mit $0 \leq i < n$ gelten. Solch ein a sei jetzt fest gewählt. Insbesondere sei α_i der Kreis $\alpha_{i,a}$ in K_i von s_i nach s_i. Für $0 \leq i \leq n$ und $k \in \mathbb{N}$ setzen wir

$$\breve{s}_{i,k}^{in} := (\overline{u} + k \cdot a \cdot u_{supp})(i^{in}) \in \mathbb{N}^P, \text{ und}$$

$$\breve{s}_{i,k}^{out} := (\overline{u} + k \cdot a \cdot u_{supp})(i^{out}) \in \mathbb{N}^P.$$

Für $p \in P_N$ mit $s_i^{in}(p) \neq \omega$ folgt aus den Gleichungen i) und i') der charakteristischen Gleichung von $\mathbb{F}$ sofort $\breve{s}_{i,k}^{in}(p) = s_i^{in}(p)$. Analog gilt $\breve{s}_{i,k}^{out}(p) = s_i^{out}(p)$ für $p \in P_N$ mit $s_i^{out}(p) \neq \omega$. Also gilt $\breve{s}_{i,k}^{in} \leq_\omega s_i^{in}$ und $\breve{s}_{i,k}^{out} \leq_\omega s_i^{out}$ für jedes k. Wir rechnen leicht aus:

$$\breve{s}_{i,k}^{out} + W_N(t_{i+1}) = \breve{s}_{i+1,k}^{in}, \tag{4.7}$$

gemäß Gleichung iv) für $\overline{u}$ und iv') für u_{supp}. Aus Gleichung (4.6) schließen wir $\breve{s}_{i,k}^{out} \lceil t_{i+1} \rangle_N$, also insgesamt $\breve{s}_{i,k}^{out} \lceil t_{i+1} \rangle_N \breve{s}_{i+1,k}^{in}$ für $0 \leq i < n$ und $k \in \mathbb{N}$. Ebenso rechnen wir leicht aus:

$$\breve{s}_{i,k}^{in} + W_N(\eta_i^k \beta_i \alpha_i^k \mu_i^k)$$

$$= \breve{s}_{i,k}^{in} + \sum_{e \in E_i}(P(\beta_i) + kP(\eta_i \alpha_i \mu_i))(e)W(e)$$

$$= \breve{s}_{i,k}^{in} + \sum_{e \in E_i}(\overline{u}(e) + k \cdot a \cdot u_{supp}(e))W(e),$$

gemäß der Definition von β_i und α_i $(= \alpha_{i,a})$,

$$= (\overline{u} + k \cdot a \cdot u_{supp})(i^{in}) + \sum_{e \in E_i}(\overline{u}(e) + k \cdot a \cdot u_{supp}(e))W(e)$$

$$= \overline{u}(i^{in}) + \sum_{e \in E_i}\overline{u}(e)W(e) + k \cdot a \cdot (u_{supp}(i^{in}) + \sum_{e \in E_i}u_{supp}(e)W(e))$$

$$= \overline{u}(i^{out}) + k \cdot a \cdot u_{supp}(i^{out}), \quad \text{gemäß iii) für } \overline{u} \text{ und } u_{supp}.$$

$$= \breve{s}_{i,k}^{out}$$

Wir müssen jetzt noch $\breve{s}_{i,k}^{in} \lceil \eta_i^k \beta_i \alpha_i^k \mu_i^k \rangle_N$ für k groß genug beweisen. Zuerst zeigen wir:

$$\breve{s}_{i,k}^{in} \lceil \eta_i^k \rangle_N \text{ für jedes } k \in \mathbb{N}. \tag{4.8}$$

Zu zeigen genügt: $\breve{s}_{i,k}^{in} \geq H_N(\eta_i^k) \ (\leq k \cdot H_N(\eta_i))$.

1. Fall. $s_i^{in}(p) \in \mathbb{N}$. Wegen $s_i^{in} \xrightarrow{\eta_i}_{K_i} s_i \xrightarrow{\eta_i}_{K_i} s_i$ gilt auch $s_i^{in}(p) \geq H_N(\eta_i^k)(p)$. D.h. $\breve{s}_{i,k}^{in}(p) = s_i^{in}(p) \geq H_N(\eta_i^k)(p)$.

2. Fall. $s_i^{in}(p) = \omega$. Es gilt mit (4.4) $\breve{s}_{i,k}^{in}(p) = (\overline{u} + k \cdot a \cdot u_{supp})(i^{in}(p)) \geq H_N(\eta_i)(p)$ und mit (4.2) $\breve{s}_{i,k}^{in}(p) + W_N(\eta_i^k)(p) = (\overline{u} + k \cdot a \cdot u_{supp})(i^{in}(p)) + W_N(\eta_i^k)(p) \geq k(a \cdot u_{supp}(i^{in}(p)) + W_N(\eta_i)(p)) \geq k$, mit $H_N(\eta_i^k) \geq -W_N(\eta_i^k)$ folgt damit $\breve{s}_{i,k}^{in}(p) \geq k - W_N(\eta_i^k)(p) \geq k + H_N(\eta_i^k)(p) \geq H_N(\eta_i^k)(p)$.

Analog folgt aus (4.3) und (4.5)

$$\breve{s}_{i,k}^{out} \, \lfloor (\mu_i^{rev})^k \rangle_{N^{rev}} \text{ für jedes } k \in \mathbb{N}. \tag{4.9}$$

Mit Lemma 4.4.5 gilt auch $s_i \xrightarrow{\eta_i^k}_{K_i} s_i \xrightarrow{\mu_i^k}_{K_i} s_i$. Da β_i und α_i Kreise in K_i von s_i nach s_i sind, gilt insbesondere $s_i \xrightarrow{\eta_i^k \beta_i \alpha_i^k \mu_i^k}_{K_i} s_i$, und mit Lemma 4.3.7 dann auch $s_i \, \lfloor \eta_i^k \beta_i \alpha_i^k \mu_i^k \rangle_N s_i$.

Wir zeigen als nächstes $\breve{s}_{i,k}^{in} \, \lfloor \eta_i^k \beta_i \alpha_i \rangle_N$ für k groß genug: Für $s_i(p) = \omega$ gilt nach (4.2) für k groß genug $(\breve{s}_{i,k}^{in} + k \cdot W_N(\eta_i))(p) \geq k \geq H_N(\beta_i \alpha_i)(p)$. Für $s_i(p) \in \mathbb{N}$ gilt $(\breve{s}_{i,k}^{in} + k \cdot W_N(\eta_i))(p) = (s_i + k \cdot W_N(\eta_i))(p) \geq H_N(\beta_i \alpha_i)(p)$, da $s_i + k \cdot W_N(\eta_i) \, \lfloor \beta_i \alpha_i \rangle_N$. D.h. $\breve{s}_{i,k}^{in} + k \cdot W_N(\eta_i) \, \lfloor \beta_i \alpha_i \rangle_N$, also mit (4.8) auch $\breve{s}_{i,k}^{in} \, \lfloor \eta_i^k \beta_i \alpha_i \rangle_N$, für k groß genug.

Genauso sieht man, dass $\breve{s}_{i,k}^{out} \, \lfloor (\mu_i^{rev})^k \alpha_i^{rev} \rangle_{N^{rev}}$ für k groß genug gilt. Aus $\breve{s}_{i,k}^{out} \, \lfloor (\mu_i^{rev})^k \alpha_i^{rev} \rangle_{N^{rev}} \breve{s}_{i,k}^{out} + W_{N^{rev}}((\mu_i^{rev})^k \alpha_i^{rev}) = \breve{s}_{i,k}^{out} - W_N(\mu_i^k \alpha_i) = \breve{s}_{i,k}^{in} + W_N(\eta_i^k \beta_i \alpha_i^{k-1})$ folgt sofort $\breve{s}_{i,k}^{in} + W_N(\eta_i^k \beta_i \alpha_i^{k-1}) \, \lfloor \alpha_i \mu_i^k \rangle_N \breve{s}_{i,k}^{out}$.

Damit gilt also insbesondere $\breve{s}_{i,k}^{in} + W_N(\eta_i^k \beta_i) \, \lfloor \alpha_i \rangle_N$ und $\breve{s}_{i,k}^{in} + W_N(\eta_i^k \beta_i) + W_N(\alpha_i^{k-1}) \, \lfloor \alpha_i \rangle_N$, also mit Lemma 3.2.14 auch $\breve{s}_{i,k}^{in} + W_N(\eta_i^k \beta_i) \, \lfloor \alpha_i^k \rangle_N$. D.h. $\breve{s}_{i,k}^{in} \, \lfloor \eta_i^k \beta_i \alpha_i^k \rangle_N$, und damit auch $\breve{s}_{i,k}^{in} \, \lfloor \eta_i^k \beta_i \alpha_i^k \rangle_N \breve{s}_{i,k}^{out} - W_N(\mu_i^k) \, \lfloor \mu_i^k \rangle \breve{s}_{i,k}^{out}$ für k groß genug.

Insgesamt haben wir damit für k groß genug gezeigt, dass $s_0^{in} \geq_\omega \breve{s}_{0,k}^{in}$ $\lfloor \eta_0^k \beta_0 \alpha_0^k \mu_0^k \rangle_N \breve{s}_0^{out} \, \lfloor t_1 \rangle_N \breve{s}_{1,k}^{in} \, \lfloor \eta_1^k \beta_1 \alpha_1^k \mu_1^k \rangle_N \breve{s}_1^{out} \ldots \lfloor t_n \rangle_N \breve{s}_{n,k}^{in} \, \lfloor \eta_n^k \beta_n \alpha_n^k \mu_n^k \rangle_N \breve{s}_{n,k}^{out} \leq_\omega s_n^{out}$ gilt, d.h. $\eta_0^k \beta_0 \alpha_0^k \mu_0^k t_1 \ldots t_n \eta_n^k \beta_n \alpha_n^k \mu_n^k$ ist die gesuchte Lösung von $\mathbb{F}$. ∎

4.6 Dekomposition in perfekte Keim-Transition-Folgen

Es folgt der letzte Schritt im Beweis der Entscheidbarkeit des Erreichbarkeits-problems. Wir zeigen nun, wie man eine beliebige markierte Keim-Transition-Folge $\mathbb{F}$ in eine endliche, konstruktive Menge von perfekten Keim-Transition-Folgen $\mathcal{M}$ zerlegen kann, so dass ein σ genau dann eine Lösung von $\mathbb{F}$ ist, falls es auch Lösung einer perfekten Keim-Transition-Folge in $\mathcal{M}$ ist.

Definition 4.6.1 (einfacher, Dekomposition). *Die Mengen der ω-Vorkommen eines Keimes K für Start s, Input s^{in} und Output s^{out} sind definiert* *durch*

$$\Omega_S(K) := \{p \mid s(p) = \omega\},$$
$$\Omega_I(K) := \{p \mid s^{in}(p) = \omega\} \ und$$
$$\Omega_O(K) := \{p \mid s^{out}(p) = \omega\}.$$

Offenbar gilt $\Omega_I(K) \subseteq \Omega_S(K)$ und $\Omega_O(K) \subseteq \Omega_S(K)$.

Die Mengen der ω-Vorkommen einer Keim-Transition-Folge $\mathbb{F} = K_0 t_1 K_1 \ldots t_n K_n$ sind definiert durch $\Omega_S(\mathbb{F}) := \bigcup_{i=0}^{n} \Omega_S(K_i)$, $\Omega_I(\mathbb{F}) := \bigcup_{i=0}^{n} \Omega_I(K_i)$ und $\Omega_O(\mathbb{F}) := \bigcup_{i=0}^{n} \Omega_O(K_i)$.

Ein Keim $K_1 = (V_1, E_1, T_1)$ heißt einfacher als ein Keim $K_2 = (V_2, E_2, T_2)$ falls gilt $\Omega_S(K_1) \subset \Omega_S(K_2)$ oder $\Omega_S(K_1) = \Omega_S(K_2) \wedge |E_1| < |E_2|$ oder $\Omega_S(K_1) = \Omega_S(K_2) \wedge |E_1| = |E_2| \wedge \Omega_I(K_1) \subset \Omega_I(K_2)$ oder $\Omega_S(K_1) = \Omega_S(K_2) \wedge |E_1| = |E_2| \wedge \Omega_I(K_1) = \Omega_I(K_2) \wedge \Omega_O(K_1) \subset \Omega_O(K_2)$.

Eine markierte Keim-Transition-Folge $\mathbb{F} = K_0 t_1 \ldots t_n K_n$ heißt einfacher als ein Keim K, falls jeder Keim K_i in $\mathbb{F}$ einfacher als K ist.

Eine Keim-Transition-Folge $\mathbb{F}'$ heißt einfacher als eine Keim-Transition-Folge $\mathbb{F}$, falls $\mathbb{F}'$ aus $\mathbb{F}$ durch iteriertes Ersetzen von Keimen durch einfachere Keim-Transition-Folgen entsteht.

Wir sagen, dass eine Menge $\mathcal{M}_2$ von Keim-Transition-Folgen aus einer endlichen Menge $\mathcal{M}_1$ von Keim-Transition-Folgen durch Dekomposition entsteht, falls $\mathcal{M}_2$ nach folgendem Schema gewonnen wird:

$\mathcal{M}_2 := \mathcal{M}_1;$
1: *wähle ein $\mathbb{F} = K_0 t_1 \ldots t_n K_n$ aus $\mathcal{M}_2$:*
    wähle ein K_i aus $\mathbb{F}$:
        wähle eine endliche Menge $\mathcal{M}$ von Keim-Transition-Folgen, die alle einfacher sind als K_i:
            für alle $\mathbb{G}$ in $\mathcal{M}$:
                $\mathbb{F}_\mathbb{G}$ entstehe aus $\mathbb{F}$ durch Ersetzen von K_i in $\mathbb{F}$ durch $\mathbb{G}$;
                $\mathcal{M}_2 := \mathcal{M}_2 \cup \{\mathbb{F}_\mathbb{G}\}$
  $\mathcal{M}_2 := \mathcal{M}_2 - \{\mathbb{F}\}$
2: *gehe zurück zu 1. oder halte.*

In solch einem Dekompositionsschema mag $\mathcal{M}_2$ in der Größe explodieren. Aber da jeweils ein einzelner Keim durch eine endliche Menge einfacherer Keim-Transition-Folgen ersetzt wird, terminiert jedes Dekompositionsschema schließlich mit einer endlichen Menge $\mathcal{M}_2$.

Wir werden jetzt eine solche Dekompositionstechnik auf eine nicht-perfekte Keim-Transition-Folge $\mathbb{F}$ ansetzen ($\mathcal{M}_1 = \{\mathbb{F}\}$ gilt hier). Ferner werden wir in jedem $\mathbb{F}'$ aus $\mathcal{M}_2$ ein K_i nur durch solch eine Menge $\mathcal{M}$ von Keim-Transition-Folgen ersetzen, dass gelten wird:

σ ist Lösung von $\mathbb{F}' \iff \exists \mathbb{G} \in \mathcal{M}$: σ ist Lösung von $\mathbb{F}'_\mathbb{G}$.

Damit gilt insbesondere für das Resultat $\mathcal{M}_2$ dieser Dekomposition von $\mathcal{M}_1 = \{\mathbb{F}\}$ aus, dass σ eine Lösung von $\mathbb{F}$ ist, genau dann wenn ein $\mathbb{F}^+$ in $\mathcal{M}_2$ existiert, so dass σ Lösung von $\mathbb{F}^+$ ist.

Satz 4.6.2 (Dekompositionstheorem). *Sei $\mathbb{F}$ eine markierte Keim-Transition-Folge. Dann existiert zu $\mathbb{F}$ eine konstruktive, endliche Menge $\mathcal{M}_\mathbb{F}$ von perfekten Keim-Transition-Folgen mit*

σ *ist Lösung von $\mathbb{F} \iff \exists \mathbb{G} \in \mathcal{M}_\mathbb{F}$: σ ist Lösung von $\mathbb{G}$.*

Beweis: Ist $\mathbb{F}$ perfekt, so sind wir bereits fertig.

Wir werden nun zeigen, wie wir zu jedem nicht-perfekten $\mathbb{F}$ eine konstruktive, endliche Menge $\mathcal{M}$ von einfacheren Keim-Transition-Folgen finden, die im Sinne des letzten Absatzes beim Ersetzen eines K_i von $\mathbb{F}$ den Lösungsraum nicht verändert. Da also für nicht-perfekte Keim-Transition-Folgen stets eine weitere Dekomposition möglich sein wird, das gesamte Dekompositionsverfahren aber terminiert, muss es mit einer konstruktiven, endlichen Menge $\mathcal{M}_\mathbb{F}$ von perfekten Keim-Transitions-Folgen terminieren, für die gilt:

σ ist Lösung von $\mathbb{F} \iff \exists \mathbb{G} \in \mathcal{M}_\mathbb{F}$: $\mathbb{G}$ ist perfekt und σ Lösung von $\mathbb{G}$.

Zu den Details:
Es sei $\mathbb{F} = K_0 t_1 K_1 \ldots t_n K_n$ eine Keim-Transition-Folge von N mit der Charakteristischen Gleichung $Ax = b$. Ist $\mathbb{F}$ nicht perfekt, muss mindestens einer der folgenden fünf Fälle vorliegen, man vergleiche mit der Definition der Perfektheit.

Fall 1: $\exists i \in \{0, \ldots, n\}\ \exists p \in P$: $(s_i^{in}(p) = \omega \wedge i^{in}(p) \notin \operatorname{supp} A)$.
Nun ist $S_{A,b} = \{\pi_{\overline{\operatorname{supp} A}}(x) \mid x \in \mathbb{N}^{E \cup I \cup O} \wedge Ax = b\}$ laut Satz 4.2.4 endlich und konstruktiv.

Es sei $S_{A,b} = \{x_1, \ldots, x_t\}$. Für $1 \le \tau \le t$ entstehe $K_{i,\tau}$ aus K_i, indem wir in s_i^{in} den Wert $s_i^{in}(p) = \omega$ durch $x_\tau(i^{in}(p)) \in \mathbb{N}$ ersetzen. $\mathbb{F}_\tau$ entstehe aus $\mathbb{F}$, indem wir K_i in $\mathbb{F}$ durch $K_{i,\tau}$ ersetzen. Damit ist $\mathbb{F}_\tau$ einfacher als $\mathbb{F}$ und es gilt: $\sigma \in T^*$ ist Lösung von $\mathbb{F} \iff \exists \tau \in \{1, \ldots, t\}$: $\sigma \in T^*$ ist Lösung von $\mathbb{F}_\tau$.

Letzteres ist offensichtlich, da für jede Lösung $\sigma = \sigma_0 t_1 \sigma_1 t_2 \ldots t_n \sigma_n$ von $\mathbb{F}$ mit der zu σ assoziierten Lösung u_σ von $Ax = b$ gilt, dass $\breve{s}_i^{in}(p) = u_\sigma(i^{in}(p))$ ist. Also kommt für $\breve{s}_i^{in}(p)$ nur einer der Werte $x_\tau(i^{in}(p))$ für $1 \leq \tau \leq t$ in Frage. Ist umgekehrt σ_τ eine Lösung von $\mathbb{F}_\tau$, so ist σ_τ bereits eine Lösung von $\mathbb{F}$, da in $\mathbb{F}$ ja wegen $s_i^{in}(p) = \omega$ nichts für $s_i^{in}(p)$ gefordert wird.

Fall 2: $\exists i \in \{1, \ldots, n\}\ \exists p \in P\colon (s_i^{out}(p) = \omega \wedge i^{out}(p) \notin \operatorname{supp} A)$.
Dies wird ganz analog zu Fall 1 behandelt. Man ersetze in Fall 1 stets s_i^{in} durch s_i^{out} und argumentiert dann genauso.

Fall 3: $\exists i \in \{0, \ldots, n\}\ \exists \hat{e} \in E_i\colon \hat{e} \notin \operatorname{supp} A$.
Sei σ eine Lösung von $\mathbb{F}$ mit assoziierter Lösung u_σ von $Ax = b$. Damit durchläuft σ die Kante $\hat{e}$ genau $u_\sigma(\hat{e})$-mal. Es ist $S_{A,b}(\hat{e}) = \{x(\hat{e}) \mid x \in \mathbb{N}^{E \cup I \cup O} \wedge Ax = b\}$ eine endliche, konstruierbare Menge $\{m_1, \ldots, m_t\}$. σ muss also $\hat{e}$ m_i-mal durchlaufen für ein i mit $1 \leq i \leq t$.

Wir werden jetzt zu K_i eine endliche Menge $\widehat{\mathcal{K}}^{\hat{e}}$ von markierten Keim-Transition-Folgen konstruieren mit

- σ ist Lösung von K_i (d.h. $\exists \breve{s}_i^{in} \in \mathbb{N}^P\colon \breve{s}_i^{in} \leq_\omega s_i^{in}$ und $\breve{s}_i^{in} [\sigma\!>_N \breve{s}_i^{in} + W_N(\sigma) \leq_\omega s_i^{out}$ und $s_i \xrightarrow{\sigma}_{K_i} s_i$ gilt) $\iff \exists \mathbb{G} \in \widehat{\mathcal{K}}^{\hat{e}}\colon \sigma$ ist Lösung von $\mathbb{G}$.

- Jedes $\mathbb{G}$ in $\widehat{\mathcal{K}}^{\hat{e}}$ ist einfacher als K_i.

Als erstes wollen wir zeigen, dass jeder Weg in K_i von s' nach s'', der die Kante $\hat{e}$ nicht benutzt, bereits Weg in einer endlichen Menge von einfacheren Keim-Transition-Folgen ist. Diese werden aus allen *einfachen* Wegen von s' nach s'' ohne $\hat{e}$ aufgespannt. Für $s', s'' \in V_i$ sei $EW_{K_i}(s', s'') := \{\epsilon \in T_i^* \mid \epsilon$ ist einfacher Weg in K_i von s' nach $s''\}$. Einfache Wege sind nach Definition 2.2.1 gerade kreisfreie, gerichtete Wege. Es sei $\epsilon = (s', t_1, s_1)(s_1, t_2, s_2) \ldots (s_{\ell-1}, t_\ell, s'')$ ein einfacher Weg der Länge ℓ von s' nach s'', in dem die Kante $\hat{e}$ nicht benutzt wird. Da K_i als Keim lokal determiniert ist, wird ϵ schon durch seinen Startzustand s' und seine Beschriftung $t_1 \ldots t_\ell$ eindeutig bestimmt. Wir identifizieren daher ϵ auch mit $t_1 \ldots t_\ell$, falls s' bekannt ist. Wir ordnen ϵ die Keim-Transition-Folge

$$\mathbb{G}_\epsilon^{\hat{e}} := K_{s'}^{\hat{e}} t_1 K_{s_1}^{\hat{e}} t_2 \ldots t_\ell K_{s''}^{\hat{e}}$$

zu. Hierbei ist $K_s^{\hat{e}}$ die strenge Zusammenhangskomponente von dem Zustand s aus in $K_i - \{\hat{e}\}$. $K_i - \{\hat{e}\}$ ist der Graph K_i ohne die Kante $\hat{e}$. Offensichtlich liegt jeder Weg in K_i von s' nach s'' ohne $\hat{e}$-Kante in einem $\mathbb{G}_\epsilon^{\hat{e}}$, wobei ϵ ein einfacher Weg ohne $\hat{e}$-Kante ist.

Für zwei Keim-Transition-Folgen $\mathbb{G}^i = K_0^i t_1^i K_1^i t_2^i \ldots t_{\ell_i}^i K_{\ell_i}^i$, $i = 1, 2$, und eine Transition t ist $\mathbb{G}^1 t \mathbb{G}^2$ die Keim-Transition-Folge

$$\mathbb{G}^1 t \mathbb{G}^2 = K_0^1 t_1^1 \ldots t_{\ell_1}^1 K_{\ell_1}^1 t K_0^2 t_1^2 \ldots t_{\ell_2}^2 K_{\ell_2}^2.$$

Analog sei für Mengen $\mathcal{M}^i$, $i = 1, 2$, von Keim-Transition-Folgen $\mathcal{M}^1 t \mathcal{M}^2$ die Menge

$$\mathcal{M}^1 t \mathcal{M}^2 := \{\mathbb{G}^1 t \mathbb{G}^2 \mid \mathbb{G}^1 \in \mathcal{M}^1 \wedge \mathbb{G}^2 \in \mathcal{M}^2\}.$$

Für jedes Paar $s', s'' \in V_i$ ist die endliche Menge $\mathcal{K}^{\hat{e}}_{s', s''} = \{\mathbb{G}^{\hat{e}}_{\epsilon} \mid \epsilon \in EW_{K_i}(s', s'')$ und $\hat{e}$ kommt in ϵ nicht vor$\}$ konstruierbar, denn K_i ist als Keim ein endliches Transitionssystem mit endlichem und konstruierbarem $EW_{K_i}(s', s'')$ für alle $s', s'' \in V_i$. Es sei $\hat{e}$ in K_i eine Kante von einem Knoten $s_{\hat{e}}$ zu einem Knoten $s'_{\hat{e}}$. Für $m \in \mathbb{N}$ setzen wir $\mathcal{K}^{\hat{e}}_0 := \mathcal{K}^{\hat{e}}_{s_i, s_i}$ und $\mathcal{K}^{\hat{e}}_{m+1} := \mathcal{K}^{\hat{e}}_{s_i, s_{\hat{e}}} (\hat{e} \mathcal{K}^{\hat{e}}_{s'_{\hat{e}}, s_{\hat{e}}})^m \hat{e} \mathcal{K}^{\hat{e}}_{s'_{\hat{e}}, s_i}$. Jeder Weg von s_i nach s_i durch ein $\mathbb{G} \in \mathcal{K}^{\hat{e}}_m$ benutzt damit $\hat{e}$ genau m-mal und jeder Weg durch K_i, der $\hat{e}$ m-mal benutzt, ist ein Weg von s_i nach s_i durch ein $\mathbb{G} \in \mathcal{K}^{\hat{e}}_m$. Ferner ist $\mathcal{K}^{\hat{e}}_m$ stets eine endliche, konstruierbare Menge von Keim-Transition-Folgen. Wir setzen nun

$$\mathcal{K}^{\hat{e}} := \bigcup_{m \in S_{A, b}(\hat{e})} \mathcal{K}^{\hat{e}}_m.$$

Damit ist ebenso $\mathcal{K}^{\hat{e}}$ eine endliche, konstruierbare Menge von Keim-Transition-Folgen, allerdings unmarkierten.

Sei $\mathbb{G} = K_0^+ t_1^+ \ldots t_\ell^+ K_\ell^+$ aus $\mathcal{K}^{\hat{e}}$. Wir müssen $\mathbb{G}$ noch markieren. Das geschieht wie folgt: Es seien $s_{i,j} := s_i + W_N(t_1^+ \ldots t_\ell^+)$. Wir annotieren K_0^+ mit s_i^{in} als Input und $s_i = s_{i,0}$ als Start und Output. K_ℓ^+ annotieren wir mit s_i^{out} als Output und $s_i = s_{i,\ell}$ als Start und Input. Alle K_j mit $0 < j < \ell$ erhalten $s_{i,j}$ als Start, Input *und* Output. Offensichtlich gilt $\Omega_S(\mathbb{G}) = \Omega_S(K_i)$, da alle $s_{i,j}$ die gleichen ω-Koordinaten wie s_i besitzen.

Was haben wir eigentlich erreicht? σ ist eine Lösung von K_i genau dann, wenn $\check{s}_i^{in}, \check{s}_i^{out} \in \mathbb{N}^P$ existieren mit

$$s_i^{in} \geq_\omega \check{s}_i^{in} \ [\sigma >_N \check{s}_i^{out} \leq_\omega s_i^{out}.$$

Damit beschreibt σ auch einen Weg in K_i von s_i nach s_i. Dieser Weg kann $\hat{e}$ genau m-mal durchlaufen, für ein $m \in S_{A,b}(\hat{e})$. Damit ist σ ein Weg in einer Keim-Transition-Folge $\mathbb{G}$ in $\mathcal{K}^{\hat{e}}_m$, wobei $\mathbb{G}$ die Form $\mathbb{G}_1 \hat{e} \mathbb{G}_2 \hat{e} \ldots \hat{e} \mathbb{G}_{m+1}$ besitzt. Da σ als Weg in K_i zwischen zwei Kanten $\hat{e}$ beliebige Kreise durchlaufen kann, werden diese Kreise als Wege in einer Keim-Transition-Folge $\mathbb{G}_\ell$ aufgefasst, wobei $\mathbb{G}_\ell = \mathbb{G}_\ell^1 t_\ell^1 \mathbb{G}_\ell^2 t_\ell^2 \ldots t_\ell^r \mathbb{G}_\ell^{r+1}$ von einem einfachen Weg $t_\ell^1 \ldots t_\ell^r$ von $s'_{\hat{e}}$ nach $s_{\hat{e}}$ aufgespannt wird. Jeden Keim $\mathbb{G}_\ell^j$ haben wir nun mit den Zuständen, den der „kreisfreie" Anteil von σ (d.h. ohne Durchlaufen der Keime $\mathbb{G}_\ell^j$, nur über $t_1^1 \ldots t_1^{r_1} t_2^1 \ldots t_j^\ell$) gerade erreichen muss, annotiert. Also gilt:

$$\sigma \text{ ist Lösung in } K_i \iff \exists \mathbb{G} \in \mathcal{K}^{\hat{e}} : \sigma \text{ ist Lösung in } \mathbb{G}.$$

Ferner ist $\hat{\mathcal{K}}^{\hat{e}}$ einfacher als K_i, da jeder Keim K^+ eines $\mathbb{G}$ aus $\hat{\mathcal{K}}^{\hat{e}}$ nur Kanten aus $E_i - \{\hat{e}\}$ besitzt, bei gleichem ω-Vorkommen in den Startzuständen.

Für $\mathbb{G}$ aus $\widehat{\mathcal{K}}^{\hat{e}}$ definieren wir $\mathbb{F}_{\mathbb{G}}$, indem wir K_i in $\mathbb{F}$ durch $\mathbb{G}$ ersetzen. Damit ist σ eine Lösung für $\mathbb{F}$ genau dann, wenn ein $\mathbb{G}$ aus $\widehat{\mathcal{K}}^{\hat{e}}$ existiert, so dass σ eine Lösung von $\mathbb{F}_{\mathbb{G}}$ ist.

Fall 4: $\exists i \in \{0, \ldots, n\}: s_i \neq \max_{C_i} s_i^{in}$.
Mit Korollar 4.3.10 gilt $\max_{C_i} s_i^{in} \leq_\omega s_i$. Wegen $\max_{C_i} s_i^{in} \neq s_i$ muss also $\max_{C_i} s_i^{in} <_\omega s_i$ gelten. Damit besitzt $\max_{C_i} s_i^{in}$ weniger ω-Koordinaten als s_i, ist also spezifizierter.

Es sei $EW_{C_i}(s', s'')$ die Menge aller einfachen Wege in C_i von s' nach s''. Wir betrachten hier nur $EW_{C_i}(s_i^{in}, s^+)$ für $s^+ \in \mathbb{N}_\omega{}^P$ mit $s_i^{in} \leq_\omega s^+$ ($\leq_\omega \max_{C_i} s_i^{in}$), Es sei ϵ solch ein einfacher Weg von s_i^{in} nach $s^+ \leq_\omega \max_{C_i} s_i^{in}$ mit $\epsilon = (\overline{s}_0, t_1, \overline{s}_1)(\overline{s}_1, t_2, \overline{s}_2) \ldots (\overline{s}_{\ell-1}, t_\ell, \overline{s}_\ell)$ mit $\overline{s}_0 = s_i^{in}$, $\overline{s}_\ell = s^+$. Es sei $K_{\overline{s}_j}^{zsh}$ die strenge Zusammenhangskomponente von $\overline{s}_j$ in C_i. Wir ordnen ϵ die Keim-Transition-Folge $\mathbb{G}_\epsilon := K_{\overline{s}_0}^{zsh} t_1 K_{\overline{s}_1}^{zsh} t_2 \ldots t_\ell K_{\overline{s}_\ell}^{zsh}$ zu.

Jeder Weg in C_i von s_i^{in} nach s^+ ist damit ein Weg durch ein $\mathbb{G}_\epsilon$ für $\epsilon \in EW_{C_i}(s_i^{in}, s^+)$.

Ist σ ein Weg in K_i von s_i nach s_i, der auch im Petri-Netz N von s_i^{in} aus feuerbar ist, so ist σ auch ein Weg in C_i von s_i^{in} zu solch einem s^+ mit $s_i^{in} \leq_\omega s^+ \leq_\omega \max_{C_i} s_i^{in}$.

Lösungen von K_i sind genau die Wege σ in K_i von s_i nach s_i, die in N von einem $\breve{s}_i^{in} \in \mathbb{N}^P$ mit $\breve{s}_i^{in} \leq_\omega s_i^{in}$ aus feuerbar sind in einen Zustand s' mit $s' \leq_\omega s_i^{out}$ ($\leq_\omega s_i$). Es sei

$$\widehat{\mathcal{M}} := \{\mathbb{G}_\epsilon \mid \exists s^+ : s^+ \leq_\omega \max_{C_i} s_i^{in} \wedge \epsilon \in EW_{C_i}(s_i^{in}, s^+)\}$$

Sei $\mathbb{G} = K_0 t_1 K_1 \ldots t_\ell K_\ell$ eine Keim-Transition-Folge in $\widehat{\mathcal{M}}$ mit $K_j := K_{\overline{s}_j}^{zsh}$ für ein $\epsilon = (s_i^{in}, t_0, \overline{s}_1) \ldots (\overline{s}_\ell, t_\ell, s^+)$. Wir müssen $\mathbb{G}$ markieren. Für K_0 wählen wir s_i^{in} als Input, Start und Output. Seien $s_{i,j}$ die Zustände in C_i mit $s_i^{in} \xrightarrow{t_1 \ldots t_j}_{C_i} s_{i,j}$ für $0 \leq j \leq \ell$. Insbesondere gilt $s_{i,0} = s_i^{in}$ und $s_{i,\ell} = s^+ <_\omega s_i$. Jedem K_j mit $0 < j < \ell$ ordnen wir $s_{i,j}$ als Start, Input und Output zu. K_ℓ erhält $s_{i,\ell}$ ($= s^+$) als Start und Input. s_i^{out} können wir aber nicht mehr so einfach als Output für K_ℓ wählen, da $s_i^{out} \leq_\omega s^+$ nicht sichergestellt ist. Wir wissen nur $s_i^{out} \leq_\omega s_i$ und $s^+ <_\omega s_i$. Also wählen wir als Output von K_ℓ den Zustand $\min(s_i^{out}, s^+)$ mit

$$\min(s_i^{out}, s^+)(p) := \begin{cases} s_i^{out}(p), & \text{falls } s_i^{out}(p) \neq \omega, \\ s^+(p), & \text{falls } s_i^{out}(p) = \omega \wedge s^+(p) \neq \omega, \\ \omega, & \text{sonst.} \end{cases}$$

Wegen $s_i^{in} \leq_\omega s^+ \leq_\omega \max_{C_i} s_i^{in} <_\omega s_i$ besitzen alle Keime der konstruierten Keim-Transition-Folge einen Startzustand mit weniger ω-Koordinaten als K_i, sind also einfacher als K_i. Es gilt:

$$\sigma \text{ ist Lösung von } K_i \iff \exists \mathbb{G} \in \widehat{\mathcal{M}} : \sigma \text{ ist Lösung von } \mathbb{G}.$$

$\widehat{\mathcal{M}}$ ist offensichtlich endlich. Damit setzen wir $\mathcal{M} := \{\mathbb{F}_\mathbb{G} \mid \mathbb{G} \in \widehat{\mathcal{M}}\}$, wobei $\mathbb{F}_\mathbb{G}$ aus $\mathbb{F}$ durch Ersetzen von K_i durch $\mathbb{G}$ entsteht, und wir haben eine endliche Menge $\mathcal{M}$ konstruiert mit

- σ ist Lösung von $\mathbb{F}$ $\iff$ $\exists \mathbb{F}' \in \mathcal{M}$: σ ist Lösung von $\mathbb{F}'$.

- Jedes $\mathbb{F}' \in \mathcal{M}$ ist einfacher als $\mathbb{F}$.

Fall 5: $\exists i \in \{0, \dots, n\}$: $s_i \neq \max_{C_i'} s_i^{out}$.
Dies wird aus Symmetriegründen (von N, s_i^{in}, s_i zu N^{rev}, s_i^{out}, s_i) völlig analog zu Fall 4 behandelt.

Weitere Möglichkeiten für eine Keim-Transition-Folge, nicht perfekt zu sein, existieren gemäß Definition der Perfektheit nicht. Da wir immer nur Keime durch einfachere Keime oder Keim-Transition-Folgen ersetzen, bricht das Verfahren irgendwann ab, und wir erhalten eine endliche Menge von perfekten Keim-Transition-Folgen. ∎

Satz 4.6.2 reduziert also das Keim-Transition-Problem auf perfekte Keim-Transition-Folgen. Satz 4.5.1 zeigt die Äquivalenz der Lösbarkeit perfekter Keim-Transition-Folgen zur Lösbarkeit von Gleichungssystemen $Ax = b$ über $\mathbb{N}$, eine entscheidbare Frage nach Korollar 4.2.5. Damit ist die Entscheidbarkeit des Keim-Transition-Problems und mit Lemma 4.3.14 auch des Petri-Netz-Erreichbarkeitsproblems gezeigt.

5. Berechenbarkeit, Erreichbarkeit, Erzeugbarkeit

5.1 Varianten des Erreichbarkeitsproblems

In diesem Abschnitt untersuchen wir einige Varianten des Erreichbarkeits- und des Lebendigkeitsproblems und vergleichen sie bezüglich ihrer Komplexität. Dies ist deshalb von Interesse, weil Petri-Netze ein ganz natürliches mathematisches Objekt darstellen, zu dem viele Fragestellungen gerade die Grenze zwischen entscheidbar und unentscheidbar berühren. So haben wir bereits das Petri-Netz Erreichbarkeitsproblem als entscheidbar erkannt. Der hier vorgestellte Algorithmus ist aber nicht primitiv rekursiv, wie wir noch zeigen werden. Jeder Algorithmus, der das Erreichbarkeitsproblem löst, muss mindestens exponentiellen Speicherplatz benutzen. Eine kanonische Variante des Erreichbarkeitsproblems, nämlich die Frage, ob zwei Petri-Netze gleiche Erreichbarkeitsmengen besitzen, wird hingegen als unentscheidbar nachgewiesen werden. Außerdem stellen wir einige „endliche" Probleme vor, die als endliche Probleme natürlich entscheidbar sind, aber nicht mit primitiv-rekursiven Mitteln. Insbesondere zeigen wir, dass der Aufwand, solche Probleme zu lösen, stärker wächst als jede primitiv-rekursive Funktion. Solche Probleme sind zwar auch in der Theorie der Berechenbarkeit bekannt, aber meist extrem künstlich. Hier findet man in der Petri-Netz-Theorie aber „natürliche" Fragestellungen nicht primitiv-rekursiver Komplexität.

5.1.1 Komplexität von Petri-Netzen

In Abschnitt 2.6 wurden Komplexitätsbegriffe und $\mathcal{K}$-Reduzierbarkeit vorgestellt. Ein „Problem" P stellt man in der theoretischen Informatik häufig als eine Sprache L_P dar, wobei $w \in L_P$ genau dann gilt, falls w eine Instanz des Problems mit positiver Antwort ist. Z.B. wird die Frage, ob n eine Primzahl ist, in die Sprache $Prim = \{n \in \mathbb{N} \mid n \text{ ist prim}\}$ übersetzt. Noch exakter muss gelten $Prim = \{w \in \{0,1\}^* \mid w \text{ als Binärzahl aufge-}$ fasst ist eine Primzahl$\}$, womit $Prim$ eine Sprache über dem Alphabet $\{0,1\}$ ist. $Prim$ liegt nun z.B. dann in der Komplexitätsklasse $\mathsf{TIME}(\mathcal{F})$, falls eine Turingmaschine M existiert, die bei Eingabe $w \in \{0,1\}^*$ stets in maximal

$f(|w|)$- vielen Schritten entscheidet, ob w eine Primzahl ist, mit einer Funktion $f \in \mathcal{F}$. Um also Komplexitätsmaße für Petri-Netze verwenden zu können, müssen wir zuerst festlegen, wie wir ein Petri-Netz N einer Turingmaschine als Input mitteilen können. Dazu ist lediglich eine geeignete Kodierung zu finden, mittels derer Petri-Netze in die Bandbeschriftung einer Turingmaschine übersetzt werden. Wir definieren die Größe n eines Petri-Netzes $N = (P, T, F, s_0) = (P, T, \mathbb{F}, \mathbb{B}, s_0)$ als $n = |P| + |T| + |F| + |s_0|$, wobei $|F| = \mathbf{1}^\mathsf{T} \cdot (\mathbb{F} + \mathbb{B}) \cdot \mathbf{1}$ (also die Anzahl der Pfeile in F) und $|s_0| = \mathbf{1}^\mathsf{T} \cdot s_0$ (die Anzahl der Token in s_0) ist. Notiert man in der Kodierung F tabellarisch, so müssen auch Einträge mit $F(p, t) = 0$ aufgeführt werden, und man benötigt $O(n^2)$ Platz, um N aufzuschreiben. Führt man nur die tatsächlich vorhandenen Kanten auf, so ist es erforderlich, Places und Transitionen zur Identifikation zu nummerieren. Dies führt zu einem logarithmischen Mehraufwand, also zu $O(n \log n)$ Platzaufwand für die Kodierung. Alle Komplexitätsmaße hier sind jedoch mindestens polynomiell und alle Reduktionen, die im Folgenden durchgeführt werden, dürfen stets polynomiell sein, so dass beide Kodierungen möglich sind.

Wir machen weiter Aussagen wie „$\forall n \in \mathbb{N} \; \exists$ PN N der Größe $O(n)$ mit Eigenschaft $\mathcal{E}(n)$". Dies bedeutet im Kontext des O-Kalküls, dass eine Funktion $f : \mathbb{N} \to \mathbb{N}$ mit $f = O(n)$ existiert und dass zu jedem $n \in \mathbb{N}$ ein Petri-Netz N_n der Größe $f(n)$ mit der geforderten Eigenschaft $\mathcal{E}(n)$ existiert.

5.1.2 Varianten des Erreichbarkeitsproblems (EP)

EP ist die Frage, ob ein Zustand s' von einem Zustand s eines Petri-Netzes N aus erreichbar ist. Formal:

$$\mathsf{EP} = \{(N, s, s') \mid N = (P, T, F) \land s, s' \in \mathbb{N}^P \land \exists \sigma \in T^* : s \,[\sigma>_N s'\}.$$

Wir führen nun einige Varianten von EP ein.

Definition 5.1.1. *Das Null-Erreichbarkeitsproblem* NEP *ist die Frage, ob der Nullzustand* $\mathbf{0}$ *in einem Petri-Netz* N *von einem Zustand* s *aus erreichbar ist, formal:*

$$\mathsf{NEP} = \{(N, s) \mid N = (P, T, F) \land s \in \mathbb{N}^P \land \exists \sigma \in T^* : s \,[\sigma>_N \mathbf{0}\}.$$

Das Teilraum-Erreichbarkeitsproblem TEP *ist die Frage, ob von einem Zustand* s *in einem Petri-Netz* N *aus ein Zustand erreichbar ist, der mit einem vorgegebenen Zustand* s' *auf einer vorgegebenen Teilmenge von Places* P' *exakt übereinstimmt, formal:*

$$\mathsf{TEP} = \{(N, s, s', P') \mid N = (P, T, F) \land s, s' \in \mathbb{N}^P \land P' \subseteq P$$
$$\land \exists \sigma \in T^* \exists \hat{s}' : (s \, [\sigma >_N \hat{s}' \land \pi_{P'}(\hat{s}') = \pi_{P'}(s'))\}.$$

Das Teilraum-Null-Erreichbarkeitsproblem TNEP *vereinigt die Bedingungen an das* TEP *und* NEP :

$$\mathsf{TNEP} = \{(N, s, P') \mid N = (P, T, F) \land s \in \mathbb{N}^P \land P' \subseteq P$$
$$\land \exists \sigma \in T^* \exists \hat{s} : (s \, [\sigma >_N \hat{s} \land \pi_{P'}(\hat{s}) = \mathbf{0})\}.$$

Wir zeigen, dass die Probleme EP, NEP, TEP und TNEP polynomiell äquivalent sind (in Zeichen: $\simeq_P$, vergleiche Definition 2.6.8). P-Reduzierbarkeit, $\leq_P$, nennen wir auch polynomielle Reduzierbarkeit. Zwei Probleme P_1 und P_2 sind gegenseitig aufeinander polynomiell reduzierbar, wenn es deterministische, in polynomieller Zeit arbeitende Turingmaschinen M, M' gibt, die jeden Input für P_1 in einen für P_2 umwandeln und umgekehrt, und dabei die Mitgliedschaft in L_{P_1} bzw. in L_{P_2} exakt erhalten. Es gilt also, etwas informell ausgedrückt, $M(L_{P_1}) \subseteq L_{P_2}$, $M'(L_{P_2}) \subseteq L_{P_1}$, $M(\overline{L_{P_1}}) \subseteq \overline{L_{P_2}}$ und $M'(\overline{L_{P_2}}) \subseteq \overline{L_{P_1}}$. Dabei sind $\overline{L_{P_1}}$ und $\overline{L_{P_2}}$ die Komplemente von L_{P_1} bzw. L_{P_2} bezüglich der Alphabete, in denen diese Sprachen formuliert sind, typischerweise ist das $\{0, 1\}^*$. Die Probleme P_1 und P_2 sind also bis auf den polynomiellen Umformungsaufwand für die Eingaben gleich komplex.

Satz 5.1.2. EP $\simeq_P$ TEP $\simeq_P$ NEP $\simeq_P$ TNEP.

Beweis: Es gilt: NEP ist ein Spezialfall von EP und TNEP , EP ein Spezialfall von TEP und TNEP ebenfalls ein Spezialfall von TEP , d.h.

$$\mathsf{NEP} \leq_{\mathcal{K}} \mathsf{EP} \leq_{\mathcal{K}} \mathsf{TEP} \quad \land \quad \mathsf{NEP} \leq_{\mathcal{K}} \mathsf{TNEP} \leq_{\mathcal{K}} \mathsf{TEP}$$

gilt für jede Komplexitätsklasse $\mathcal{K}$, die mindestens die Funktion $f(n) = n$ enthält. Man sieht dies leicht, denn es gilt z.B.

$$(N, s) \in \mathsf{NEP} \iff (N, s, \mathbf{0}) \in \mathsf{EP}.$$

Die Umformung des Inputs (N, s) zu $(N, s, \mathbf{0})$ lässt sich von einer Turingmaschine trivial in Linearzeit, d.h. TIME$(O(n))$, bewerkstelligen. Man kann nun das NEP entscheiden, indem man einen Input (N, s) für NEP in den passenden Input $(N, s, \mathbf{0})$ für EP umformt und dieses entscheidet. Ganz Analoges gilt auch in den übrigen Fällen, denn es gilt $(N, s, s') \in$ EP $\iff (N, s, s', P) \in$ TEP, $(N, s) \in$ NEP $\iff (N, s, P) \in$ TNEP und $(N, s, P') \in$ TNEP $\iff (N, s, \mathbf{0}, P) \in$ TEP. Falls wir noch TEP $\leq_P$ NEP zeigen können, ist der Satz bewiesen.

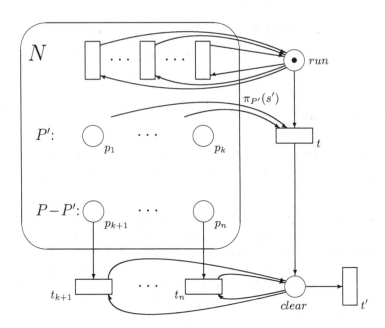

Abb. 5.1. Die Konstruktionsidee für die Reduktion von TEP auf NEP

Sei (N, s, s', P') ein Input für das TEP , also $N = (P, T, F)$ ein Petri-Netz, $s, s' \in \mathbb{N}^P$ Zustände und $P' \subseteq P$. Ohne Beschränkung der Allgemeinheit nehmen wir $P' = \{p_1, \ldots, p_k\}$ und $P = \{p_1, \ldots, p_n\}$ mit $k \le n$ an. Es ist die Frage zu entscheiden, ob $(N, s, s', P') \in$ TEP gilt. Wir konstruieren nun ein Petri-Netz N' aus N wie in Abbildung 5.1 gezeigt.

N' entsteht aus N durch Hinzunahme zweier neuer Places run und $clear$. Dabei ist run mit jeder Transition in N über eine Schlinge verbunden. Je nachdem, ob ein Token auf run liegt oder nicht, können damit die Transitionen von N entweder wie gehabt feuern, oder alle Transitionen in N sind durch den fehlenden Token auf run blockiert. Man kann den run-Place also nutzen, um das ursprüngliche Netz N zu kontrollieren. Entfernt man den Token von run, so legt man ihn gewöhnlich danach auf $clear$. Dadurch kann einen Teil des Petri-Netzes aktivieren, der dem „Aufräumen" dient, und z.B. noch einige Places leeren.

Ist s ein Zustand von N, so bezeichnen wir mit s auch den Zustand in N', dessen Projektion auf P_N gerade $s \in \mathbb{N}^{P_N}$ ergibt, und der zusätzlich noch ein Token auf run trägt. Eine Transition t kann den Token von run entfernen und auf $clear$ legen, falls N in einem Zustand $\bar{s}$ ist mit $\pi_{P'}(\bar{s}) \ge \pi_{P'}(s')$, da t von jedem Place p in P' noch genau $s'(p)$ viele Inputpfeile besitzt. Für jeden „uninteressanten" Place p_i in $P - P'$ besitzt N' eine weitere Transition t_i, die einen Inputpfeil von p_i und eine Schlinge mit $clear$ erhält. Schließlich kann t' einen Token von $clear$ entfernen. Der Sinn dieser run- und $clear$-

Konstruktion dürfte klar sein: liegt ein Token auf *run*, kann N' genau wie N arbeiten. Wird der Token von *run* auf *clear* gelegt, kann im *clear*-Konstrukt jetzt jeder Token von $P - P'$ entfernt werden. Derartige Konstruktionen mit *run*-, *start*-, *clear*-Konstrukten, etc., werden im nächsten Kapitel unter Normalformen von Petri-Netzen genauer untersucht. Etwas genauer:

Sei $\sigma_{i_{k+1},\ldots,i_n} := tt_{k+1}^{i_{k+1}} \ldots t_n^{i_n} t'$ für $i_{k+1}, \ldots, i_n \in \mathbb{N}$. Für jeden Zustand $\hat{s}$ von N' mit $\hat{s}(run) = 1$ errechnen wir aufgrund des Zustandswechsels $W(\sigma_{i_{k+1},\ldots,i_n})$:

$$\hat{s}\,[\sigma_{i_{k+1},\ldots,i_n} >_{N'} \mathbf{0} \iff \pi_{P'}(\hat{s}) = \pi_{P'}(s') \wedge \forall j \in \{k+1, \ldots, n\}: \hat{s}(p_j) = i_j.$$

Der Zustand $\mathbf{0}$ kann außerdem in N' nur erreicht werden, wenn genau einmal t und t' feuern, d.h. jede Feuersequenz, die in den Zustand $\mathbf{0}$ führt, hat die Form $\sigma_N \sigma_{i_{k+1},\ldots,i_n}$, wobei σ_N eine Feuersequenz aus N ist. Somit wissen wir nun

$$\begin{aligned}
(N, s, s', P') \in \mathsf{TEP} &\iff \exists \sigma_N \, \exists \hat{s} : s\,[\sigma_N >_N \hat{s} \wedge \pi_{P'}(\hat{s}) = \pi_{P'}(s') \\
&\iff \exists \sigma_N \, \exists \hat{s} : s\,[\sigma_N >_{N'} \hat{s} \, [\sigma_{\hat{s}(p_{k+1}),\ldots,\hat{s}(p_n)} >_{N'} \mathbf{0} \\
&\iff \exists \sigma : s\,[\sigma >_{N'} \mathbf{0} \\
&\iff (N', s) \in \mathsf{NEP}
\end{aligned}$$

Damit können wir nun mittels eines Entscheidungsalgorithmus für das NEP auch das TEP entscheiden, haben also TEP auf NEP reduziert. Da die Größe von N' proportional der Größe von N ist (Größe $N' = O$(Größe N)), ist diese Reduktion sogar linear und damit auch polynomiell. ∎

5.1.3 Varianten des Lebendigkeitsproblems (LP)

Neben Fragen der Erreichbarkeit von Zuständen wird häufig auch die Frage nach der Lebendigkeit von Netzen oder einzelnen Transitionen gestellt. Wir definieren zunächst einige solche Lebendigkeitsprobleme und zeigen dann, dass sie gegenseitig polynomiell aufeinander reduzierbar sind.

Definition 5.1.3. *Das Lebendigkeitsproblem* LP *ist die Frage, ob ein Petri-Netz N in einem Zustand s lebendig ist, formal:*

$$\mathsf{LP} = \{(N, s) \mid N = (P, T, F) \wedge s \in \mathbb{N}^P \wedge \forall t \in T : t \text{ ist lebendig in } s\}.$$

Das Teilraum-Lebendigkeitsproblem TLP *ist die Frage, ob eine Menge von Transitionen T' in einem Zustand s eines Petri-Netzes N lebendig ist, formal:*

$$\begin{aligned}
\mathsf{TLP} = \{(N, T', s) \mid N = (P, T, F) \wedge T' \subseteq T \wedge s \in \mathbb{N}^P \\
\wedge \forall t \in T' : t \text{ ist lebendig in } s\}.
\end{aligned}$$

Das Einzeltransition-Lebendigkeitsproblem ELP *ist die Frage, ob eine Transition t in einem Zustand s eines Petri-Netzes N lebendig ist, formal:*

$$\text{ELP} = \{(N, t, s) \mid N = (P, T, F) \wedge t \in T \wedge s \in \mathbb{N}^P \wedge t \text{ ist lebendig in } s\}.$$

Satz 5.1.4. LP $\simeq_P$ TLP $\simeq_P$ ELP .

Beweis: Da LP ein Spezialfall von TLP ist, gilt LP $\leq_P$ TLP . Ferner können wir die Frage, ob $(N, T', s) \in$ TLP für ein Petri-Netz $N = (P, T, F)$, $T' \subseteq T$ und $s \in \mathbb{N}^P$ gilt, leicht umformulieren:

$$(N, T', s) \in \text{TLP} \iff \forall t \in T' : (N, t, s) \in \text{ELP}.$$

Somit ist auch die Reduktion TLP $\leq_P$ ELP durchgeführt, da T' ja eine endliche Menge ist mit $|T'| <$ Größe N. Damit der Satz gilt, ist noch ELP $\leq_P$ LP zu zeigen.

Sei also eine Fragestellung der Form „Gilt $(N, t_0, s) \in$ ELP ?" gegeben für ein Petri-Netz $N = (P, T, F)$, eine Transition $t_0 \in T$ und einen Zustand $s \in \mathbb{N}^P$. Wir konstruieren ein neues Netz $N' = (P', T', F')$. Die Idee ist, dass in N' t_0 genau dann in einem s entsprechenden Zustand $\hat{s}$ lebendig sein soll, falls t_0 in N in s lebendig ist. Alle Transitionen in N' außer t_0 werden aber per Konstruktion von N' in $\hat{s}$ lebendig sein. D.h. $(N, t_0, s) \in$ ELP $\iff (N, s) \in$ LP wird gelten. P' enthält gegenüber P einen zusätzlichen run-Place und für jede Transition $t \neq t_0$ Places $p_{t,in}$, $p_{t,out}$, $p_{t,run1}$ und $p_{t,run2}$, also $P' := P \cup \{run\} \cup \bigcup_{t \in T - \{t_0\}} \{p_{t,in}, p_{t,out}, p_{t,run1}, p_{t,run2}\}$. T' enthalte gegenüber T für jede Transition $t \neq t_0$ zusätzlich t_{ein}, t_{skip}, t_{aus}, t_{add} und t_{sub}. Somit ist $T' := T \cup \bigcup_{t \in T - \{t_0\}} \{t_{ein}, t_{skip}, t_{aus}, t_{add}, t_{sub}\}$. Jedem Zustand s' in N ordnen wir einen Zustand $\hat{s}'$ in N' zu mit $\pi_P(\hat{s}') = s'$, $\hat{s}'(run) = 1$ und $\hat{s}'(p) = 0$ für $p \in P' - (P \cup \{run\})$. In N' übernehmen wir alle Kanten aus N und fügen zusätzlich weitere Kanten gemäß der Konstruktion in Abbildung 5.2 für jedes $t \neq t_0$ sowie eine Schlinge zwischen t_0 und run hinzu.

Seien $s', s'' \in \mathbb{N}^P$ zwei Zustände von N. Gilt s' $\lfloor t_0 > s''$ in N, so auch $\hat{s}'$ $\lfloor t_0 > \hat{s}''$ in N'. Gilt s' $\lfloor t > s''$ für ein $t \neq t_0$ in N, so gilt auch $\hat{s}'$ $\lfloor t_{ein} t t_{aus} > \hat{s}''$ in N'. Damit wissen wir für beliebiges $t' \in T$: Ist t' lebendig in s' im Netz N, so ist t' lebendig in $\hat{s}'$ im Netz N'. Ferner sind in jedem Zustand $\hat{s} \in \mathbb{N}^{P'}$ mit $\hat{s}(run) = 1$ alle Feuersequenzen σ der Form $\sigma = t_{add} t t_{sub}$ und $\sigma = t_{ein} t_{skip} t_{aus}$ für $t \neq t_0$ feuerbar mit $\hat{s} \lfloor \sigma > \hat{s}$. D.h., ein Feuern eines solchen σ ist stets „zwischendurch" möglich, also ohne die Simulation der Arbeitsweise von N zu stören. Also sind alle Transitionen aus $T - \{t_0\}$ im zu s' gehörigen Zustand $\hat{s}'$ lebendig in N'. Daher folgern wir, dass t_0 lebendig in $\hat{s}'$ im Netz N' ist, genau dann, wenn N' in $\hat{s}'$ lebendig ist, genau dann, wenn N in s' lebendig ist. Also gilt

$$(N, t_0, s) \in \text{ELP} \iff (N', \hat{s}) \in \text{LP}.$$

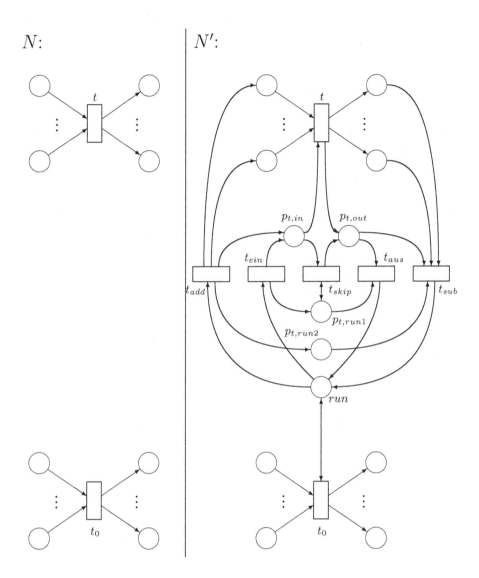

Abb. 5.2. Konstruktion für den Lebendigkeitstest für t_0. t_0 erhält nur eine Schlinge an den run-Place, alle anderen Transitionen t erhalten je eine eigene Konstruktion, die t lebendig werden läßt.

Wir haben also ELP auf LP reduziert und die Reduktion ist offensichtlich polynomiell.   ∎

5.1.4 Der Zusammenhang EP – LP

Nachdem nun gezeigt wurde, dass einerseits alle Varianten des Erreichbarkeitsproblems polynomiell aufeinander reduzierbar sind, und Gleiches auch für die Varianten des Lebendigkeitsproblems gilt, bleibt noch zu klären, in welchem Verhältnis das Erreichbarkeitsproblem und das Lebendigkeitsproblem zueinander stehen. Wir fangen mit der einfacheren Aussage an, und zeigen, dass eine polynomielle Reduktion vom Erreichbarkeitsproblem auf das Lebendigkeitsproblem möglich ist.

Satz 5.1.5. NEP $\leq_P$ ELP .

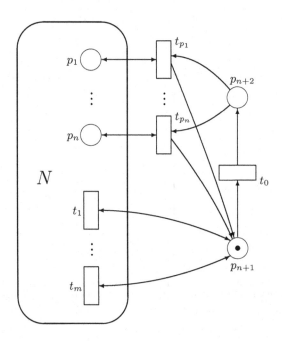

Abb. 5.3. Konstruktion für die Reduktion von NEP auf ELP

Beweis: Sei (N, s) mit $N = (P, T, F)$ ein Input für das NEP. Ohne Beschränkung der Allgemeinheit sei $P = \{p_1, \ldots, p_n\}$ und $T = \{t_1, \ldots, t_m\}$ für $m, n \in \mathbb{N}$. Man konstruiere ein Netz $N' = (P', T', F')$ mit $P' := P \cup \{p_{n+1}, p_{n+2}\}$, $T' := T \cup \{t_0\} \cup \{t_{p_i} \mid 1 \leq i \leq n\}$, F' ist durch die Konstruktion in Abbildung 5.3 gegeben. Zu jedem Zustand $s' \in \mathbb{N}^P$ definieren wir $\hat{s}' \in \mathbb{N}^{P'}$ durch $\pi_P(\hat{s}') = s'$, $\hat{s}'(p_{n+1}) = 1$ und $\hat{s}'(p_{n+2}) = 0$. Man sieht leicht für $s', s'' \in \mathbb{N}^P$:

$$\exists \sigma \in T^* : s' \, [\sigma >_N s'' \iff \exists \sigma' \in T'^* : \hat{s}' \, [\sigma' >_{N'} \hat{s}''.$$

Es gilt $\hat{0} = (0, 1, 0)^\mathsf{T} \, [t_0 > (0, 0, 1)^\mathsf{T} =: \tilde{0}$. In $\tilde{0}$ trägt nur noch p_{n+2} einen Token und N' und damit auch t_0 sind tot in $\tilde{0}$. Offensichtlich ist $\tilde{0}$ sogar der einzig potentiell von $\hat{s}$ aus erreichbare Zustand, in dem t_0 in N' tot ist: trägt ein Place p_{i_0}, $1 \leq i_0 \leq n$, einen Token und p_{n+1} oder p_{n+2} einen Token, so kann ein Zyklus $t_0 t_{n_{i_0}}$ oder $t_{n_{i_0}} t_0$ feuern. Von $\hat{s}$ aus ist kein Zustand erreichbar, in dem weder p_{n+1} noch p_{n+2} einen Token tragen. Daher ist t_0 lebendig in N' genau dann, wenn $\tilde{0}$ unerreichbar ist. Es gilt also

$$
\begin{aligned}
(N, s) \in \text{NEP} &\iff 0 \in \mathcal{E}(s) \\
&\iff \hat{0} \in \mathcal{E}(\hat{s}) \\
&\iff \tilde{0} \in \mathcal{E}(\hat{s}) \\
&\iff (N', t_0, \hat{s}) \notin \text{ELP}
\end{aligned}
$$

Damit ist NEP polynomiell auf das Komplement von ELP und somit trivial auch auf ELP reduzierbar (durch Inversion des Ergebnisses). ∎

Damit lässt sich natürlich auch jede Variante des Erreichbarkeitsproblems polynomiell auf jede Variante des Lebendigkeitsproblems reduzieren. Ob auch die Umkehrung hiervon gilt, ist bisher nicht bekannt. Man kann zwar eine effektive Reduktion z.B. von ELP auf TEP angeben, es ist jedoch keine obere Schranke für die Schrittzahlfunktion des Reduktionsalgorithmus' bekannt.

Bevor wir uns diesem Algorithmus zuwenden, definieren wir noch einige Begriffe, die wir im weiteren Verlauf benötigen werden.

Definition 5.1.6. *Sei $N = (P, T, F)$ ein Petri-Netz und $t_0 \in T$ eine Transition. Wir bezeichnen mit T_{t_0} die Menge aller verallgemeinerten Zustände, in denen t_0 tot ist, und mit $T_{t_0}^{max}$ alle maximalen Zustände aus T_{t_0}:*

$$T_{t_0} := \{s \in \mathbb{N}_\omega^P \mid t_0 \text{ ist tot in } s\},$$

$$T_{t_0}^{max} := \max_{\leq} T_{t_0} := \{s \in T_{t_0} \mid \nexists s' \in T_{t_0} : s < s'\}.$$

Eine Menge von Zuständen $M \subseteq \mathbb{N}_\omega^P$ heißt unvergleichbar $:\iff \forall s, s' \in M$: *$(s \neq s' \implies s \not\leq s' \not\leq s)$. $s \in \mathbb{N}_\omega^P$ heißt* unvergleichbar zu $M \subseteq \mathbb{N}_\omega^P$ $:\iff$

$\forall s' \in M: (s \neq s' \Longrightarrow s \not\leq s' \not\leq s)$.

$M \subseteq \mathbb{N}_\omega{}^P$ heißt maximal unvergleichbar $:\Longleftrightarrow M$ ist unvergleichbar und $\nexists s \in \mathbb{N}_\omega{}^P - M: s$ ist unvergleichbar zu M.

Satz 5.1.7. ELP $\leq$ TEP .

Beweis: Seien $N = (P, T, F)$ ein Petri-Netz und $t_0 \in T$ eine Transition. Es genügt zu zeigen, wie man die Lebendigkeit von t_0 in einem Zustand s_0 mit Hilfe des TEP entscheiden kann. Im Folgenden sei $r := |P|$. Wir betrachten verallgemeinerte Zustände aus $\mathbb{N}_\omega^r$. Es sei an die Definitionen in 3.2.22, 3.2.26 und 3.3.12 erinnert. So ist „tot" das Negat von 1-lebendig und nicht von „lebendig", das 4-lebendig bedeutet. Es gilt

$$t_0 \text{ ist in } s_0 \text{ nicht lebendig} \iff \exists s' \in \mathcal{E}(s_0): t_0 \text{ ist tot in } s', \quad \text{und}$$

$$t_0 \text{ ist tot in } s \in \mathbb{N}_\omega^r \iff t_0 \text{ ist nicht 1-lebendig in } s \in \mathbb{N}_\omega^r, \quad \text{d.h.}$$

$$t_0 \text{ ist tot in } s \in \mathbb{N}_\omega^r \iff \nexists s' \in \mathcal{E}(s): s' [t_0\!>$$
$$\iff \text{in } Cov(N, s) \text{ kommt } t_0 \text{ nicht als Kante vor}.$$

Da $Cov(N, s)$ stets endlich und konstruierbar ist, ist auch $\{(t_0, s) \mid t_0 \text{ ist tot in } s\} \subseteq T \times \mathbb{N}_\omega^r$ konstruktiv. Das heißt noch nicht, dass bereits $\{s \mid t_0 \text{ ist lebendig in } s\}$ entscheidbar ist. Wir wollen die Menge der Zustände in $\mathbb{N}_\omega^r$, in denen t_0 tot ist, also T_{t_0} bzw. $T_{t_0}^{max}$ genauer analysieren. Sei $\leq_1 \subseteq \mathbb{N}_\omega^r \times \mathbb{N}_\omega^r$ definiert durch

$$\forall s, s' \in \mathbb{N}_\omega^r: (s \leq_1 s' :\Longleftrightarrow s \leq s' \wedge \forall p \in P: (s(p) = \omega \iff s'(p) = \omega)).$$

Sei $T_{t_0}^{fin} := \{s \in \mathbb{N}_\omega^r \mid \exists s' \in T_{t_0}^{max}: s \leq_1 s'\}$.

Offensichtlich gilt:

- Ist $M \subseteq \mathbb{N}_\omega^r$ unvergleichbar, dann ist M endlich (vgl. auch Satz 2.4.2),

- $T_{t_0}^{max}$ ist unvergleichbar,

- $s \in T_{t_0} \iff \exists s' \in T_{t_0}^{max}: s \leq s' \iff \exists s' \in T_{t_0}^{fin}: s \leq s'$,

- $T_{t_0}^{max}$ und $T_{t_0}^{fin}$ sind endliche Mengen,

Damit gilt sofort

$$t_0 \text{ ist nicht lebendig in } s_0$$
$$\iff \exists s \in \mathcal{E}(s_0): t_0 \text{ ist tot in } s$$
$$\iff \exists s \in \mathbb{N}_\omega^r \exists \hat{s} \in T_{t_0}^{fin}: (s \in \mathcal{E}(s_0) \wedge s \leq \hat{s})$$
$$\iff \exists \hat{s} \in T_{t_0}^{fin}: \pi_{P'}(\hat{s}) \in \mathcal{E}(s_0) \text{ mit } P' = \{p \in P \mid \hat{s}(p) \neq \omega\}$$
$$\iff \exists \hat{s} \in T_{t_0}^{fin}: (N, s_0, \hat{s}, P') \in \text{TEP für } P' = \{p \in P \mid \hat{s}(p) \neq \omega\}$$

D.h., die (Nicht-) Lebendigkeit von t_0 haben wir damit auf endlich viele Tests, ob gewisse verallgemeinerte Zustände von s_0 aus erreichbar sind, reduziert. Dabei ist $\hat{s} \in \mathbb{N}_\omega^r$ in diesem Sinne erreichbar, falls $\hat{s}$ auf $P' = \{p \in P \mid \hat{s}(p) \neq \omega\}$ von s_0 aus teilraum-erreichbar ist. Falls wir noch zeigen können, dass $T_{t_0}^{fin}$ konstruierbar ist, haben wir bereits ELP $\leq$ TEP gezeigt. $T_{t_0}^{fin}$ ist natürlich konstruierbar, falls $T_{t_0}^{max}$ konstruierbar ist. Dies zeigt der nächste Satz.   ∎

Satz 5.1.8. *Seien $N = (P, T, F)$ ein Petri-Netz, $t_0 \in T$. Dann ist $T_{t_0}^{max}$ konstruierbar.*

Beweis: Wir müssen unvergleichbare Mengen noch etwas detaillierter analysieren: Ist $M \subseteq \mathbb{N}_\omega^r$, $r = |P|$, M unvergleichbar, so wissen wir, dass M endlich ist. Es existiert aber keine universelle obere Schranke für die Größe von M. Z.B. gilt in $\mathbb{N}^2$ bereits, dass zu $(x, y) \in \mathbb{N}^2$ weitere $x + y$ paarweise unvergleichbare Elemente in $\mathbb{N}^2$ existieren. Dies sind z.B. alle $(x - i, y + i)$ für $1 \leq i \leq x$ und $(x + j, y - j)$ für $1 \leq j \leq y$. Sind $s, s' \in \mathbb{N}_\omega^r$ unvergleichbar, so existieren zwei Koordinaten i_0, j_0, $1 \leq i_0, j_0 \leq r$, mit $s(i_0) > s'(i_0)$ und $s(j_0) < s'(j_0)$.

Sei $Q_k := \{\omega, 0, 1, \ldots, k\}$ für $k \in \mathbb{N}$ und $Q_{-1} := \{\omega\}$. Wir definieren $\varphi : \mathbb{N}_\omega^* \to \mathbb{N}$ und $\leq_Q \subseteq \bigcup_{r>0} \mathbb{N}_\omega^r \times \mathbb{N}_\omega^r$ wie folgt.

- Für $s, s' \in \mathbb{N}_\omega$ sei $\varphi(\omega) := 0$, $\varphi(i) := i + 1$ für alle $i \in \mathbb{N}$ und $s \leq_Q s' :\Longleftrightarrow \varphi(s) \leq \varphi(s')$.

- Für $s, s' \in \mathbb{N}_\omega^r$ mit $r > 1$ seien

  - $\max_{\leq_Q} s := \max_{\leq} \{\varphi(s(i)) \mid 1 \leq i \leq r\}$, die „höchste Q-Koordinate" in s,

  - $\varphi(s) := \sum_{j=1}^r \varphi(s(j)) \cdot (1 + \max_{\leq_Q} s)^{j-1}$,

  - $s \leq_Q s' :\Longleftrightarrow \max_{\leq_Q} s < \max_{\leq_Q} s' \vee (\max_{\leq_Q} s = \max_{\leq_Q} s' \wedge \varphi(s) \leq \varphi(s'))$,

  - $<_Q, >_Q, \geq_Q$ seien kanonisch mittels $\leq_Q$ definiert.

Man sieht unmittelbar:

- Sind $s \in Q_k^r$ und $s' \in \mathbb{N}_\omega^r - Q_k^r$, so ist $s <_Q s'$.

- $\forall k \in \mathbb{N} \, \forall r > 0 \, \exists s, s' \in Q_k^r$: $(s < s' \wedge s' <_Q s)$. Ein Beispiel hierfür ist $s = (0, \omega, \ldots, \omega)$ und $s' = (\omega, \omega, \ldots, \omega)$.

- $\leq_Q |_{\mathbb{N}_\omega^r \times \mathbb{N}_\omega^r}$ ist total für alle $r \in \mathbb{N}$ mit $r > 0$.

Ist s ein Zustand, so bezeichnen wir mit $s^{k \to \omega}$ den Zustand mit $s^{k \to \omega}(p) = \omega$ falls $s(p) \geq k$ und $s^{k \to \omega}(p) = s(p)$ sonst, für alle $p \in P$.

Man beachte, dass für $s \in \mathbb{N}_\omega^r - Q_{k-1}^r$ gilt:

- $s^{k \to \omega} \in Q_{k-1}^r$,

- $s >_Q s^{k \to \omega}$,

- $s < s^{k \to \omega}$

Wir nennen Q_k^r t_0-voll $:\Longleftrightarrow$

$$\forall s \in (Q_k^r - Q_{k-1}^r) : (t_0 \text{ ist tot in } s \Longrightarrow t_0 \text{ ist tot in } s^{k \to \omega}).$$

Offensichtlich ist es konstruktiv, ob ein Q_k^r t_0-voll ist, da $\{(t_0, s) \mid t_0 \text{ ist tot in } s\}$ stets konstruktiv ist.

Wir geben nun einen Algorithmus an, von dem wir zeigen werden, dass er $T_{t_0}^{max}$ berechnet.

Algorithmus $\mathcal{A}$:
$T_{t_0}^{-1} := \emptyset;\ k := 0;$
wiederhole
$\quad T_{t_0}^k := T_{t_0}^{k-1};\ H := Q_k^r - Q_{k-1}^r;$
$\quad$ *wiederhole*
$\quad\quad s := \min_{\leq_Q} H;\ H := H - \{s\};$
$\quad\quad$ *falls* t_0 *ist tot in* $s \wedge \nexists s' \in T_{t_0}^k : s \leq s'$
$\quad\quad\quad$ *dann* $T_{t_0}^k := (T_{t_0}^k - \{s' \in T_{t_0}^k \mid s' < s\}) \cup \{s\}$
$\quad$ *solange bis* $H = \emptyset;$
$\quad k := k + 1;$
solange bis Q_{k-1}^r *ist* t_0-*voll.*

Für $M \subseteq \mathbb{N}_\omega^r$ definieren wir $Cl^{\leq}(M) := \{s \in \mathbb{N}_\omega^r \mid \exists s' \in M : s \leq s'\}$. Wir machen folgende Beobachtungen:

- $\forall k \in \mathbb{N}$: falls $T_{t_0}^k$ definiert ist (d.h. die äußere Schleife wird mindestens k-mal durchlaufen), gilt:

  - $T_{t_0}^k \subseteq T_{t_0}$,

  - $T_{t_0}^k$ ist unvergleichbar,

  - $Cl^{\leq}(T_{t_0}^{k-1}) \subseteq Cl^{\leq}(T_{t_0}^k) \subseteq T_{t_0} = Cl^{\leq}(T_{t_0}^{max})$,

  - $Q_k^r \cap T_{t_0} \subseteq Cl^{\leq}(T_{t_0}^k)$ (gemäß Schritt k in $\mathcal{A}$).

  - $Cl^{\leq}(T_{t_0}^k) = Cl^{\leq}(T_{t_0}^{max}) \Longrightarrow T_{t_0}^k = T_{t_0}^{max}$.
    Beweis: durch Widerspruch. Fall 1: Sei $s \in T_{t_0}^{max} - T_{t_0}^k$. Es gilt $s \in T_{t_0}^{max} \subseteq Cl^{\leq}(T_{t_0}^{max}) = Cl^{\leq}(T_{t_0}^k)$, also existiert ein $s' \in T_{t_0}^k$ mit $s \leq s'$. Es gilt $s' \in T_{t_0}^k \subseteq Cl^{\leq}(T_{t_0}^k) = Cl^{\leq}(T_{t_0}^{max})$, also existiert ein $s'' \in T_{t_0}^{max}$ mit $s' \leq s''$. Aus $s \leq s' \leq s''$ mit $s, s'' \in T_{t_0}^{max}$ und der Unvergleichbarkeit

von $T_{t_0}^{max}$ schließt man $s = s''$ und damit auch $s = s'$. Also gilt $s \in T_{t_0}^k$, im Widerspruch zur Annahme. Fall 2, $s \in T_{t_0}^k - T_{t_0}^{max}$, führt aus Symmetriegründen vollkommen analog zum Widerspruch.   □

- $\exists k_0 \in \mathbb{N} \; \forall s \in Q_{k_0}^r - Q_{k_0-1}^r$: ($t_0$ ist tot in $s \Longrightarrow t_0$ ist tot in $s^{k_0 \to \omega}$).
  Beweis: Wir wählen k_0 so, dass $T_{t_0}^{max} \subseteq Q_{k_0-1}^r$ gilt. Wir nehmen an, es existiert ein $s \in Q_{k_0}^r - Q_{k_0-1}^r$, so dass t_0 in s tot ist, nicht jedoch in $s^{k_0 \to \omega}$. Es gilt $s^{k_0 \to \omega} \in Q_{k_0-1}^r \supseteq T_{t_0}^{max}$. Es existiert ein $s' \in T_{t_0}^{max}$ mit $s \leq s'$. s' besitzt in allen Koordinaten i, in denen s einen Wert $\geq k_0$ hat, den Wert ω, da $s' \in Q_{k_0-1}^r$ und $s' \geq s$ gilt. Wir folgern $s^{k_0 \to \omega} \leq s'$, im Widerspruch dazu, dass t_0 in $s^{k_0 \to \omega}$ 1-lebendig und in s' tot ist.   □

- $\exists k_0 \in \mathbb{N}$: $Q_{k_0}^r$ ist t_0-voll.

- $\forall k \in \mathbb{N}$: (Q_k^r ist t_0-voll $\Longrightarrow T_{t_0}^k = T_{t_0}^{max}$).
  Beweis: Angenommen, Q_k^r sei t_0-voll und $T_{t_0}^k \neq T_{t_0}^{max}$. Dann muss, siehe oben, auch $Cl^{\leq}(T_{t_0}^k) \neq Cl^{\leq}(T_{t_0}^{max}) = T_{t_0}$ gelten. Also existiert ein $s \in T_{t_0} - Cl^{\leq}(T_{t_0}^k)$. Es gilt $s \notin Q_k^r$, da $s \notin Cl^{\leq}(T_{t_0}^k) \supseteq Q_k^r \cap T_{t_0}$ ist. Wir definieren $\hat{s}$ durch $\hat{s}(p) = k$ falls $s(p) \geq k$ und $\hat{s}(p) = s(p)$ sonst, für alle $p \in P$. Offenbar gilt $\hat{s} \leq s$ und damit ist t_0 tot in $\hat{s}$. Außerdem ist $\hat{s} \in Q_k^r - Q_{k-1}^r$, da s in mindestens einer Koordinate größer als k war. Wegen der Vollheit von Q_k^r ist t_0 auch in $\hat{s}^{k \to \omega}$ tot und es gilt $\hat{s}^{k \to \omega} \in Q_{k-1}^r \cap T_{t_0} \subseteq Q_k^r \cap T_{t_0} \subseteq Cl^{\leq}(T_{t_0}^k)$. Ferner gilt für alle $p \in P$: $s(p) \geq k \Longrightarrow \hat{s}(p) = k \Longrightarrow \hat{s}^{k \to \omega}(p) = \omega$ und $s(p) < k \Longrightarrow s(p) = \hat{s}(p) = \hat{s}^{k \to \omega}(p)$, also ist $s \leq \hat{s}^{k \to \omega} \in Cl^{\leq}(T_{t_0}^k)$. Es folgt trivial $s \in Cl^{\leq}(T_{t_0}^k)$ im Widerspruch zur Annahme.   □

Die Konsequenz ist: $\mathcal{A}$ terminiert, und wenn $\mathcal{A}$ mit $T_{t_0}^{k_0}$ terminiert, dann ist $T_{t_0}^{k_0} = T_{t_0}^{max}$.   ∎

5.2 Schwache PN-Berechenbarkeit

In diesem Abschnitt wollen wir eine Möglichkeit vorstellen, wie man mit Petri-Netzen Funktionen über den natürlichen Zahlen berechnen kann. Wir werden sehen, dass man so zwar beliebig stark wachsende Funktionen berechnen kann, aber auf der anderen Seite schon einfachste Funktionen jenseits der Möglichkeiten eines normalen Petri-Netzes liegen.

Bevor wir zeigen, wie man komplexe Funktionen mit Petri-Netzen berechnet, werden wir zunächst einmal natürliche Zahlen erzeugen. Die Frage ist, was "erzeugen" dabei überhaupt bedeutet. Wollen wir mittels eines Petri-Netzes in der Lage sein, eine Zahl $b \in \mathbb{N}$ zu erzeugen, so soll das Petri-Netz anfangen zu feuern, irgendwann später wieder aufhören, wobei genau b Token auf einem speziellen, zuvor leeren Place liegen. Da wir Transitionen nicht zwingen können zu feuern, werden wir in diesem Abschnitt auch erlauben, dass am Ende auch weniger als b Token auf dem ausgezeichneten Place liegen. Auf keinen Fall wollen wir jedoch gestatten, dass mehr als b Token produziert werden.

Definition 5.2.1. *Ein initiales Petri-Netz $N = (P, T, F, (1, 0)^\mathsf{T})$ erzeugt eine Zahl $b \in \mathbb{N}$ schwach genau dann, wenn N ausgezeichnete Places start($=$ p_1), halt($= p_2$) und out($= p_3$) besitzt, so dass gilt:*

- $\forall k \leq b \; \exists \sigma \in T^* \; \exists x \in \mathbb{N}^{|P|-3} : (1, 0)^\mathsf{T} \, [\sigma{>}(0, 1, k, x)^\mathsf{T}, \quad und$

- $\forall s \in \mathcal{E}(N) : s(out) \leq b.$

Abbildung 5.4 zeigt ein Petri-Netz, das b erzeugt. Da per Definition auf *out* k Token für jedes $k \leq b$ liegen können sollen, werden t_2 und t_3 zur Entfernung beliebiger Token von *out* verwendet.

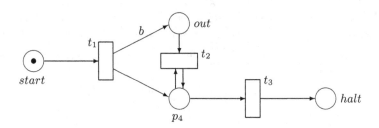

Abb. 5.4. Ein Petri-Netz zur Erzeugung einer Konstanten b

Auf ähnliche Weise können wir die schwache Berechenbarkeit von Funktionen definieren, nur dass wir hier zusätzlich für eine Funktion $f : \mathbb{N}^r \to \mathbb{N}$ noch r Inputs berücksichtigen müssen, die wir natürlich auf ebenso vielen Places in Form von Token eines Startzustandes erwarten.

Definition 5.2.2. *Ein Petri-Netz $N = (P, T, F, s_0)$ berechnet eine Funktion $f : \mathbb{N}^r \to \mathbb{N}$ schwach genau dann, wenn folgende Bedingungen erfüllt sind:*

- *N besitzt ausgezeichnete Places start, halt, out, $in_1, \ldots, in_r$ als ersten bis $r + 3$-ten Place,*

- *$s_0 = 0,$*

- für $x_1, \ldots, x_r \in \mathbb{N}$ sei $s_{x_1,\ldots,x_r}$ der eindeutig bestimmte Zustand aus $\mathbb{N}^P$ mit $s_{x_1,\ldots,x_r}(in_i) = x_i$ für $1 \leq i \leq r$, $s_{x_1,\ldots,x_r}(start) = 1$ und $s_{x_1,\ldots,x_r}(p) = 0$ sonst.

- $\forall x_1, \ldots, x_r, m \in \mathbb{N}$:

  - $\exists s \in \mathcal{E}(s_{x_1,\ldots,x_r})$: $(s(halt) = 1 \land s(out) = m) \iff m \leq f(x_1, \ldots, x_r)$,

  - $\forall s \in \mathcal{E}(s_{x_1,\ldots,x_r}) \; \exists s' \in \mathcal{E}(s)$: $s'(halt) = 1$,

  - $\forall s \in \mathcal{E}(s_{x_1,\ldots,x_r})$: $(s(halt) > 0 \implies N$ ist tot in $s)$,

  - $\forall s \in \mathcal{E}(s_{x_1,\ldots,x_r}) \; \forall p \in P$: $s(p) \leq \max\{1, x_1, \ldots, x_r, f(x_1, \ldots, x_r)\}$.

Existiert ein Petri-Netz N, das eine Funktion f schwach berechnet, so sagen wir auch, f ist schwach PN-berechenbar *und N ist ein* schwacher PN-Computer *für f.*

Als Startzustand s_0 eines schwachen PN-Computers werden wir stets den Zustand $\mathbf{0}$ nutzen. Dies wird sich erst später bei anderen Berechnungsmodellen ändern. Alle zur Berechnung erforderlichen Argumente werden dem Petri-Netz mittels einer Zustandsänderung $\hat{s}$ übergeben, ebenso wie ein Token für den *start*-Place, um das Netz zu aktivieren. Schwache PN-Computer $N = (P, T, F, s_0)$ besitzen eine interessante Lebendigkeitseigenschaft: Egal, wie man in N feuert ($\forall s \in \mathcal{E}(s_{x_1,\ldots,x_r})$), man kann so fortsetzen ($\exists s' \in \mathcal{E}(s)$), dass ein Token *halt* erreicht ($s'(halt) = 1$). Da ein Token auf *halt* die Terminierung der Rechnungssimulation bedeutet, soll jetzt N natürlich tot sein und nicht weiterarbeiten können. N kann also nur sterben, indem ein Token *halt* erreicht. Wir können allerdings auch in dieser Haltesituation nicht sicherstellen, dass auf *out* genau $f(x_1, \ldots, x_r)$ Token liegen. Vielmehr können dann auf *out* b Token liegen für jedes b mit $0 \leq b \leq f(x_1, \ldots, x_r)$. Niemals können mehr als $f(x_1, \ldots, x_r)$ Token *out* erreichen.

Lemma 5.2.3. *Sei $f : \mathbb{N}^r \to \mathbb{N}$ eine schwach PN-berechenbare Funktion. Dann ist f monoton, d.h. $\forall m, n \in \mathbb{N}^r$: $(m \leq n \implies f(m) \leq f(n))$.*

Beweis: Angenommen, f sei nicht monoton und N berechne f schwach. Es existieren Vektoren $m, n \in \mathbb{N}^r$ mit $m \leq n$ und $f(m) > f(n)$. Mit $m \leq n$ gilt auch $s_m \leq s_n$, siehe Definition 5.2.2. Damit existieren $\sigma \in T^*$, $s \in \mathcal{E}(s_m)$ mit $s_m [\sigma > s$ und $s(out) = f(m)$. Nun gilt aber mit $s' := s_n - s_m \geq 0$ auch $s_n = (s_m + s') [\sigma > (s + s')$ mit $(s + s')(out) \geq f(m) > f(n)$, im Widerspruch zu $\hat{s}(out) \leq f(n) \; \forall \hat{s} \in \mathcal{E}(s_n)$. ∎

5.2.1 Addition und Multiplikation

Für einige einfache Grundbausteine wie Konstanten, Addition und Multiplikation lassen sich nun Petri-Netze angeben, die diese schwach berechnen.

Lemma 5.2.4. *Die Konstantenfunktion* $c : \mathbb{N}^0 \to \mathbb{N}$ *mit* $c() := c$, *die Addition und die Multiplikation sind schwach PN-berechenbar.*

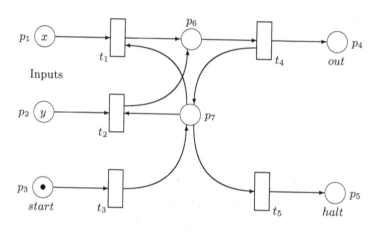

Abb. 5.5. Ein Petri-Netz zur Berechnung der Addition $x + y$

Beweis: Für Konstanten haben wir bereits in Abbildung 5.4 gesehen, wie man sie erzeugt. Da die Konstantenfunktion keinen Input benötigt, ist dies auch bereits das Netz, das die Konstantenfunktion schwach berechnet.

Die Addition zweier natürlicher Zahlen x und y wird in Abbildung 5.5 dargestellt. Das Netz besitzt zwei P-Invarianten $I_1 = (1,1,0,1,0,1,0)^\mathsf{T}$ und $I_2 = (0,0,1,0,1,1,1)^\mathsf{T}$. Daher gilt $\forall s \in \mathcal{E}(s_{x,y})\colon I_1^\mathsf{T} \cdot s = I_1^\mathsf{T} \cdot s_{x,y} = x + y \wedge I_2^\mathsf{T} \cdot s = I_2^\mathsf{T} \cdot s_{x,y} = 1$. Damit gilt $s(out) \leq f(x,y) = x + y$ für alle $s \in \mathcal{E}(s_{x,y})$ und mit $s_{x,y} \lfloor t_3(t_1 t_4)^i (t_2 t_4)^j t_5 \!>\! s' = (x - i, y - j, 0, 1, i + j)^\mathsf{T}$ erhält man für $0 \leq i \leq x$ und $0 \leq j \leq y$ gerade $0 \leq s'(out) = i + j \leq x + y$ und $s'(halt) = 1$. Wegen ${}^\bullet t \cap \{start, p_6, p_7\} \neq \emptyset$ für alle $t \in T$ und der Invariante I_2 ist das Netz in allen Zuständen s'' mit $s''(halt) = 1$ tot.

Für die Multiplikation $x \cdot y$ betrachten wir das Netz in Abbildung 5.6. Im Zustand $s_{x,y}$ kann $t_1(t_2^y \sigma t_3^y t_6 t_5^* t_4)^{(x-1)} t_2^y \sigma t_3^y t_7 t_8^* t_9$ feuern, wobei σ Platzhalter für Feuersequenzen aus dem inneren Additionsnetz ist, das gerade x-mal gestartet wird. Insgesamt können so bis zu $x * y$ Token mittels t_8 auf out gelegt werden. ∎

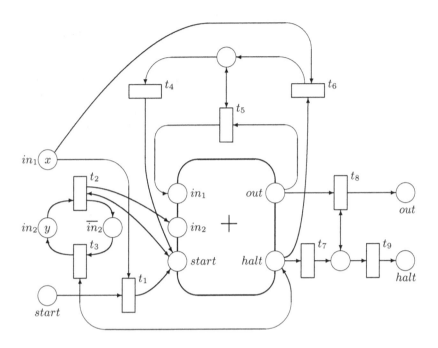

Abb. 5.6. Ein Petri-Netz, das die Multiplikation $x * y$ berechnet. Es benutzt das Additionsnetz aus Abbildung 5.5

Bei dieser Berechnung von einer Konstanten (Abb. 5.4) können wir den schönen Nebeneffekt erreichen, dass, sobald *halt* einen Token trägt, *out* genau b Token trägt und alle anderen Places leer sind. Dazu müssen wir lediglich beachten, dass die Transition t_2 nur dazu dient, Token wieder von *out* zu entfernen, um nicht stets *genau b* Token auf *out* zu erzeugen. Solche schönen Nebeneffekte lassen sich aber generell nicht erreichen. Erhält bei der Berechnung der Addition in Abbildung 5.5 *halt* einen Token, so sind alle restlichen Places leer, falls *out* exakt $x + y$ Token besitzt. Liegen jetzt aber auf *out* nur k Token mit $k < x + y$, so befinden sich irgendwo im Additionsnetz noch weitere Token. Halten wir aber fest, dass bei korrektem Output $x + y$ auf *out* und Terminierung (1 Token auf *halt*) die Inputplaces geleert sind. Dies ist bei der Multiplikation in Abbildung 5.6 nicht so. Die "korrekte" Rechnung ist wie folgt: Um das interne Additionsnetz + zu starten, wird ein Token von x auf in_1 und *start* benötigt. Liegt ein Token auf *start* von +, so kann der Input y von in_2 auf den internen Input in_2 von + und auf $\overline{in_2}$ kopiert werden. Nach Beendigung der Addition kann mittels *halt* (von +) y von $\overline{in_2}$ auf in_2 zurückkopiert und danach, falls $x > 0$ noch gilt, ein Token von x abgezogen, das Resultat der Addition von *out* in + auf in_1 in + kopiert und + erneut gestartet werden. Ist hingegen $x = 0$, so kann *halt* von + nur noch die Token von *out* in + auf den Gesamtoutput *out* kopieren und die Gesamtrechnung durch einen Token auf dem Gesamthalt *halt* beenden. Liegen jetzt auf *out* weniger als $x * y$ Token, so sind manche "im Netz hängen geblieben". Aber auf jeden Fall liegen bei Multiplikationsende immer noch die y Inputtoken von in_2 im Netz, und zwar verteilt auf in_2 und $\overline{in_2}$. D.h. auch bei Multiplikationsende mit $x * y$ Token auf *out* ist das Netz ansonsten *nicht* leer. Es kann bei schwachen PN-Computern *nicht* generell sichergestellt werden, dass bei Rechnungsende (*halt* besitzt ein Token) außer *out* und *halt* alle Places leer sind. Einen Beweis zu dieser Tatsache findet man etwa bei [Hac74].

Bei der Multiplikation ist die Benutzung eines Additionsnetzes eigentlich unnötig. Man sieht dies recht schnell, wenn man die Kante von t_2 nach in_2 von + entfernt und dafür eine Kante von t_2 nach *out* (der Multiplikation) legt. Das Additionsnetz dient jetzt nur noch der Weitergabe eines Tokens von *start* nach *halt*, um den t_2/t_3-Kreis zu kontrollieren. Die Transition t_5 ist tot. Die Konstruktion aus Abbildung 5.6 zeigt aber auch ganz deutlich, wie man komplexe Funktionen aus einfacheren Funktionen aufbaut. Man kann dabei recht kanonisch vorgehen, anstatt schwache PN-Computer jedesmal mühsam per Hand neu zu konstruieren.

Aus den Grundbausteinen Konstante, Addition und Multiplikation können wir nun z.B. Polynome (vgl. Seite 34) aufbauen.

Lemma 5.2.5. *Alle Polynome aus $\mathbb{N}[\vec{X}]$ sind schwach PN-berechenbar.*

Beweis: Da sich jedes Polynom durch Kopieren der Inputs, und dann Benutzung von Konstanten, Multiplikation und Addition gemäß dem strukturellen Aufbau des betreffenden Polynoms berechnen lässt, ist jedes Polynom auch schwach PN-berechenbar. Das Kopieren eines Werts ist offenbar mittels einer einzigen Transition möglich. Das Verschalten der Additionen/Multiplikationen erfolgt durch Kanten vom jeweiligen *out*-Place zum nächsten Input-Place und vom *halt*-Place zum nächsten *start*-Place (wobei alle vorigen Netze gehalten und ihre Inputs weitergereicht haben müssen, bevor dieser *start*-Place sein Token erhält). Abbildung 5.7 zeigt ein einfaches Beispiel. ∎

Hierbei ist auch die Größe der Petri-Netze, die ein Polynom $f \in \mathbb{N}[\vec{X}]$ berechnen, proportional zur Größe von f, vergleiche Definition 2.3.3 für $|f|$:

Satz 5.2.6. $\forall f \in \mathbb{N}[\vec{X}] \; \exists$ *Petri-Netz N_f: (N_f berechnet f schwach und die Größe von N_f ist $O(|f|)$).*

Beweis: Offensichtlich, aus den vorhergehenden Konstruktionen für N_f. ∎

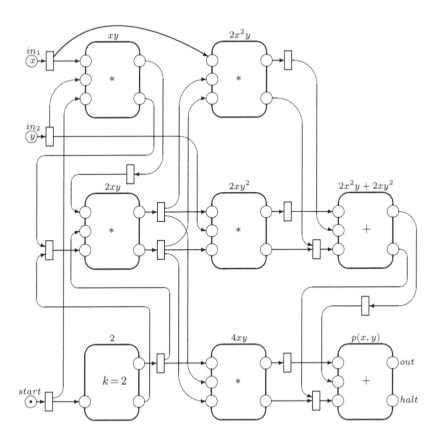

Abb. 5.7. Schwacher PN-Computer für $p(x, y) = 2x^2y + 2xy^2 + 4xy$, konstruiert unter Benutzung der PN-Computer für Konstante, Addition und Multiplikation

5.2.2 Die Ackermann-Funktion

Bei der schwachen Multiplikation nutzen wir die Anzahl der Token x auf in_1, um x-mal die Anzahl der Token y auf in_2 nach *out* zu transportieren. Analog kann man nun die Anzahl der Token x auf in_1 nutzen, um x-mal das Produkt von der Anzahl der Token y auf in_2 mit sich selbst nach *out* zu transportieren. Dies führt zu einer modifizierten monotonen Potenzfunktion (mit $y^0 = 0$). Abbildung 5.8 zeigt die Konstruktion.

Die "Kontrollstruktur" in Abbildung 5.8 zur Iteration der Multiplikation ist fast identisch zu der in Abbildung 5.6 zur Iteration der Addition. Die Unterschiede sind marginal. In Abbildung 5.6 muss der Input y auf in_2 bei jedem Iterationsschritt neu auf den Input des Additionsnetzes + kopiert werden (da

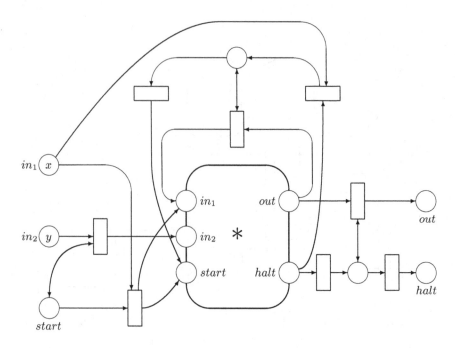

Abb. 5.8. Ein Petri-Netz, das die modifizierte Potenz y^x berechnet

+ nach Rechnungsende die Inputs leert oder leeren kann). In Abbildung 5.8 ist das nicht nötig, da nach Rechnungsende von $*$ der Input y immer noch auf in_2 und $\overline{in}_2$ gespeichert bleibt.

Natürlich können wir mit der gleichen Technik die modifizierte Potenz weiter iterieren. Dazu ist in Abbildung 5.8 nur das Diagramm für die Multiplikation durch ein entsprechendes für die modifizierte Potenz zu ersetzen. Dies lässt sich beliebig fortsetzen. Beachtet man, dass dies die ursprüngliche Idee von Ackermann zur Generierung einer Turingmaschinen-berechenbaren, nicht primitiv-rekursiven Funktion war, liegt die Vermutung nahe, dass auch Ackermann-Funktionen schwach PN-berechenbar sein könnten. Dies ist in der Tat der Fall.

Definition 5.2.7. *Die Funktionenschar* $(A_i : \mathbb{N} \to \mathbb{N})_{i \in \mathbb{N}}$ *sei gegeben durch* $A_0(x) := x + 1$, $A_{n+1}(0) := A_n(1)$ *und* $A_{n+1}(x+1) := A_n(A_{n+1}(x))$. *Wir definieren die* Ackermann-Funktion $a : \mathbb{N} \to \mathbb{N}$ *durch* $a(n) := A_n(n)$. *Wir schreiben auch* $\lambda x.A_n(x)$, *um zu zeigen, dass* $A_n(x)$ *eine mit* n *parametrisierte Funktion mit dem einzigen Argument* x *ist.*

Die Ackermann-Funktion, oder eine leicht modifizierte Variante davon, wird häufig als Paradebeispiel einer nicht primitiv rekursiven Funktion eingeführt. Wir definieren kurz den Begriff der primitiv rekursiven Funktion.

Definition 5.2.8. *Eine Funktion $f\colon \mathbb{N}^r \to \mathbb{N}$ entsteht aus $g\colon \mathbb{N}^k \to \mathbb{N}$ und $h_1, \ldots, h_k\colon \mathbb{N}^r \to \mathbb{N}$ durch* simultanes Einsetzen, *falls $f(x) = g(h_1(x), \ldots, h_k(x))$ für alle $x \in \mathbb{N}^r$ gilt.*

Eine Funktion $f\colon \mathbb{N}^{r+1} \to \mathbb{N}$ entsteht aus $g\colon \mathbb{N}^r \to \mathbb{N}$ und $h\colon \mathbb{N}^{r+2} \to \mathbb{N}$ durch primitive Rekursion, *falls $f(x, 0) = g(x)$ und $f(x, n+1) = h(x, n, f(x, n))$ für alle $x \in \mathbb{N}^r$ und $n \in \mathbb{N}$ gilt.*

Die Klasse der primitiv rekursiven Funktionen $\wp$ *ist die kleinste Klasse von Funktionen, die die Grundfunktionen 0, $+1(x) = x + 1$ und $\pi_j^i(x_1, \ldots, x_j) = x_i$ enthält und gegen simultanes Einsetzen und primitive Rekursion abgeschlossen ist.*

Die bekannten Standardfunktionen inklusive Addition, Multiplikation und Exponentiation sind primitiv rekursiv. Es lässt sich aber zeigen, dass die Ackermann-Funktion nicht primitiv rekursiv ist.

Lemma 5.2.9. *Die Ackermann-Funktion ist nicht primitiv rekursiv.*

Beweis: Die Einzelheiten des Beweises überlassen wir dem Leser. Es ist jedoch relativ leicht möglich folgende Aussagen in der gegebenen Reihenfolge zu zeigen.

- $x + 2 = A_1(x)$,
  $2x < A_2(x)$,
  $2^{x+1} < A_3(x)$,

- $x < A_n(x)$,
  $A_n(x) < A_n(x + 1)$,
  $A_n(x + 1) \leq A_{n+1}(x)$,
  $A_n(x) < A_{n+1}(x)$,
  $A_n(2x) < A_{n+3}(x)$.

Für $x = (x_1, \ldots, x_r)^T \in \mathbb{N}^r$ definieren wir $|x| := \sum_{i=1}^r x_i$. Sei $B_m := \{f \mid f$ ist primitiv rekursiv und für alle x gilt $f(x) < A_m(|x|)\}$. Nun zeigt man:

- $0, +1 \in B_0$,
  $\pi_j^i \in B_1$.

- Entsteht f durch simultanes Einsetzen aus $g, h_1, \ldots, h_k \in B_m$, so gilt $f \in B_{m+3\lceil \log_2 k \rceil + 2}$.

- Entsteht f durch primitive Rekursion aus $g, h \in B_m$, so gilt $f \in B_{m+4}$.
- $\forall f \in \wp \ \exists m \in \mathbb{N}: f \in B_m$.
- Die Ackermann-Funktion a wächst stärker als jede primitiv rekursive Funktion. ∎

Die A_n-Funktionen sind nun trotz der Tatsache, dass sie extrem schnell wachsen – für $n = 3$ bereits so schnell wie die Exponentialfunktion – immer noch schwach PN-berechenbar.

Lemma 5.2.10. *Für jedes $n \in \mathbb{N}$ ist $\lambda x.A_n(x)$ schwach PN-berechenbar.*

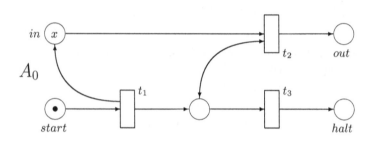

Abb. 5.9. Ein Petri-Netz, das $A_0(x) = x + 1$ schwach berechnet

Beweis: Das Petri-Netz aus Abbildung 5.9 berechnet offensichtlich A_0. Nehmen wir an, für ein $n \in \mathbb{N}$ sei A_n schwach PN-berechenbar. Wir zeigen nun mittels des in Abbildung 5.10 gezeigten Petri-Netzes, dass dann auch A_{n+1} schwach PN-berechenbar ist. Für $x \in \mathbb{N}$ erhalten wir dabei unter Anwendung der Definition der Ackermann-Funktion

$$A_{n+1}(x) = \underbrace{A_n(\ldots A_n(1) \ldots)}_{x+1-mal}.$$

Es gilt $p_1 = start_{n+1}$, $p_2 = halt_{n+1}$, $p_3 = out_{n+1}$, $p_4 = in_{n+1}$, vergleiche Definition 5.2.2. Nun gibt es eine Feuersequenz $t_1\sigma$ (wobei σ nur Transitionen aus dem Teilnetz A_n enthält) und einen Zustand s_0 mit $(1, 0, 0, x, \mathbf{0}) \, [t_1\sigma{>}s_0$ und $s_0(p) = 0$ für $p \notin \{in_{n+1}, out_n, halt_n\}$, $s_0(out_n) = A_n(1) = A_{n+1}(0)$, $s_0(in_{n+1}) = x$ und $s_0(halt_n) = 1$. Ist s_i ein Zustand, in dem $s_i(out_n) = A_{n+1}(i)$, $s_i(in_{n+1}) = x - i > 0$ und $s_i(halt_n) = 1$ ist, und alle anderen Places leer sind, so existieren σ und s_{i+1} mit $s_i \, [t_4 t_3^{s_i(out_n)} t_2\sigma{>}s_{i+1}$ und $s_{i+1}(out_n) = A_n(s_i(out_n)) = A_n(A_{n+1}(i)) = A_{n+1}(i + 1)$, $s_{i+1}(in_{n+1}) = s_i(in_{n+1}) - 1 = x - (i + 1)$, $s_{i+1}(halt_n) = 1$ und alle anderen Places sind leer. Offenbar

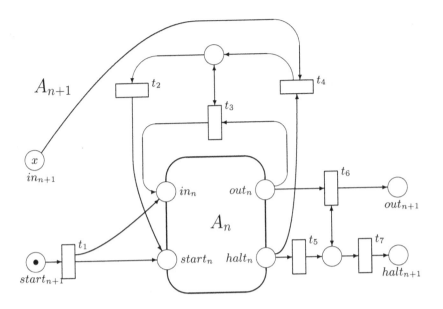

Abb. 5.10. Ein Petri-Netz, das $A_{n+1}(x)$ schwach berechnet

ist $s_x(out_n) = A_{n+1}(x)$, $s_x(in_{n+1}) = 0$, $s_x(halt_n) = 1$ und alle anderen Places sind leer. Nun führt das Feuern von $s_x [t_5 t_6^{A_{n+1}(x)} t_7 > s$ zur gewünschten Berechnung mit $s(out_{n+1}) = A_{n+1}(x)$ und $s(halt_{n+1}) = 1$ und das Netz ist tot. Weniger als $A_{n+1}(x)$ Token bekommen wir, indem wir in A_0 (dem innersten Petri-Netz) beim letzten Durchlauf einige Token "verschlucken". Mehr als $A_{n+1}(x)$ Token sind aber nicht möglich. Token können nur auf dem in_i- oder out_i-Place irgendeines A_i liegen bleiben. Wegen $A_i(x)+1 \leq A_i(x+1)$ trägt ein liegen gebliebener Token (der nicht durch t_3 zurückgelegt oder durch t_6 weitergereicht wird) aber weniger zur Gesamtzahl der Token bei als einer der in der Berechnung benutzt wird. Dieser Effekt verstärkt sich bei jedem Start eines A_i-Netzes, da alle A_i streng monoton wachsend sind.   ∎

Insgesamt haben wir gezeigt:

Satz 5.2.11.

- *Alle Polynome aus $\mathbb{N}[\vec{X}]$ sind schwach PN-berechenbar.*

- *Jede der Funktionen $A_n : \mathbb{N} \to \mathbb{N}$ ist schwach PN-berechenbar.*

- *$\forall f \in \wp \, \exists \, g : \mathbb{N} \to \mathbb{N}$, so dass g schwach PN-berechenbar ist und f majorisiert, d.h. $\forall x_1, \ldots, x_r : f(x_1, \ldots, x_r) \leq g(\sum_{i=1}^{r} x_i)$.*

Beweis: Die beiden ersten Punkte gelten gemäß Lemma 5.2.5 und Lemma 5.2.10. Für den dritten Punkt sei $f : \mathbb{N}^r \to \mathbb{N}$ eine feste, primitiv rekursive Funktion. Im Beweis zu Lemma 5.2.9 existiert dann ein $m \in \mathbb{N}$ mit $f \in B_m$ und es gilt $f(x_1, \ldots, x_r) < A_m(\sum_{i=1}^r x_i)$ für alle Argumente $(x_1, \ldots, x_r)$. Also wird f von A_m majorisiert. ∎

Satz 5.2.12. *Für alle $n \in \mathbb{N}$ existiert ein Petri-Netz N_n der Größe $O(n)$, das die Zahl $a(n) = A_n(n)$ schwach erzeugt.*

Beweis: Wir stellen durch direktes Nachzählen in Abbildung 5.9 und 5.10 fest, dass die Größe von A_n gerade $34n + 18$ ist. Zur Erzeugung des Argumentes n für $a(n)$ müssen wir zunächst noch die Zahl n schwach erzeugen. Diese ist mit einem Petri-Netz G_n der Größe $n + 15$ schwach erzeugbar, vergleiche Abbildung 5.4. Wir verbinden nun den Generator G_n für n mit A_n, indem wir den *halt*-Place von G_n mit dem *start*-Place von A_n und den *out*-Place von G_n mit dem *in*-Place von A_n identifizieren. Sei $P_{a(n)}$ das so erhaltene Petri-Netz. Damit besitzt $P_{a(n)}$ eine Größe von $35n + 31$ und erzeugt $a(n)$ schwach. ∎

Offensichtlich haben wir damit bereits mitbewiesen:

Korollar 5.2.13. *Für jedes $n \in \mathbb{N}$ ist die Funktion A_n $(= \lambda x.A_n(x))$ durch ein Petri-Netz N_n der Größe $O(n)$ schwach berechenbar.*

5.2.3 Komplexität von Überdeckungsgraphen

Satz 5.2.12 hat eine triviale Konsequenz, die aber so interessant ist, dass wir ihr einen eigenen Platz im Abschnitt 5.2 einräumen. Das Petri-Netz $P_{a(n)}$ aus dem Beweis zu Satz 5.2.12 hat die Größe $35n + 31$ und kann die enorme Zahl $a(n) = A_n(n)$ schwach generieren. $P_{a(n)}$ ist beschränkt, da auf keinem Place mehr als $a(n)$ Token liegen können. Insbesondere ist der Erreichbarkeitsgraph gleich dem Überdeckungsgraphen von $P_{a(n)}$ und besitzt mindestens $a(n)$-viele Knoten. Es sei PN_{finite} die Klasse aller beschränkten Petri-Netze, d.h. aller Petri-Netze mit endlichem Erreichbarkeitsgraphen. Dann kann keine primitiv rekursive Funktion f existieren, so dass alle Petri-Netze in PN_{finite} der Größe n auch einen Erreichbarkeitsgraphen einer Größe (= Anzahl der Kanten plus Knoten) $\leq f(n)$ besitzen. Wir fassen das zusammen:

Satz 5.2.14. *Die Größe eines Überdeckungsgraphen $Cov(N)$ oder Erreichbarkeitsgraphen $EG(N)$ in Abhängigkeit der Größe von N ist nicht durch eine primitiv rekursive Funktion beschränkbar.*

Insbesondere ist die Komplexität eines Algorithmus, der explizit die Konstruktion von Überdeckungsgraphen oder Erreichbarkeitsgraphen ausnutzt, nicht primitiv rekursiv. Als Konsequenz ist der in Kapitel 4 vorgestellte Algorithmus zur Entscheidbarkeit des Erreichbarkeitsproblems nicht primitiv rekursiv. Natürlich kann es damit noch andere Entscheidungsalgorithmen für das Erreichbarkeitsproblem geben, die eventuell primitiv rekursiv sind. In Abschnitt 5.4 werden wir zeigen, dass alle Entscheidungsalgorithmen für das Erreichbarkeitsproblem aber mindestens EXPSPACE kompliziert sein müssen, d.h. man benötigt stets mindestens exponentiellen Speicherbedarf.

5.2.4 Schwache Graphen

Eine Funktion $f : \mathbb{N} \to \mathbb{N}$ kann man auch als Graphen auffassen, der für jeden Input alle Punkte "unterhalb" des Funktionswertes enthält (etwa so, wie man sich das Integral einer Funktion als die Fläche "unterhalb" der Funktion vorstellt).

Definition 5.2.15. *Sei* $f : \mathbb{N}^r \to \mathbb{N}$, *so ist der* schwache Graph G_f *von* f *die Relation* $G_f \subseteq \mathbb{N}^{r+1}$ *mit* $\forall x_1, \ldots, x_r, y \in \mathbb{N}$: $(G_f(x_1, \ldots, x_r, y) \iff f(x_1, \ldots, x_r) \leq y)$.

Auch für schwache Graphen können wir eine Definition zur Erzeugbarkeit angeben, und es ist nicht weiter überraschend, dass ein schwacher Graph von einem Petri-Netz erzeugbar ist, wenn die zugehörige Funktion schwach PN-berechenbar ist.

Definition 5.2.16. *Ein Petri-Netz* $N = (P, T, F, s_0)$ *erzeugt eine Relation* $G \subseteq \mathbb{N}^r$ *genau dann, wenn eine ausgezeichnete, angeordnete Menge* $P' \subseteq P$ *von* r *Places existiert mit* $\pi_{P'}(\mathcal{E}(N)) = G$.

Satz 5.2.17. *Sei* $f : \mathbb{N}^r \to \mathbb{N}$ *eine schwach PN-berechenbare Funktion. Dann ist* G_f *PN-erzeugbar.*

Beweis: Wir führen die in Abbildung 5.11 gezeigte Konstruktion durch. Das so erzeugte Petri-Netz N kann den Input-Places des schwachen Computers N_f für f beliebige Inputs zuweisen, diese Inputs auf p_1 bis p_r kopieren, und es dann starten. Für die Inputs $(x_1, \ldots, x_r)$ und $y \in \mathbb{N}$ gilt

$$f(x_1, \ldots, x_r) \leq y \iff \exists \sigma \ \exists s: (s_{x_1, \ldots, x_r} [\sigma >_{N_f} s \land s(out) = y)$$
$$\iff \exists s \in \mathcal{E}(N): \pi_{\{p_1, \ldots, p_{r+1}\}}(s) \in G_f.$$

Also ist $\pi_{\{p_1, \ldots, p_{r+1}\}}(\mathcal{E}(N)) = G_f$ und G_f wird von N erzeugt. ∎

Wir werden schwache Funktionsgraphen im nächsten Abschnitt einsetzen, um einige Entscheidbarkeitsfragen zu Petri-Netzen zu klären.

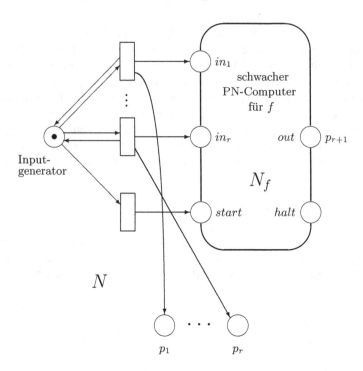

Abb. 5.11. Ein Petri-Netz zur Berechnung des schwachen Graphen von f

5.3 Das Petri-Netz-Gleichheitsproblem

In diesem Kapitel werden die Ergebnisse über schwache Berechenbarkeit unmittelbar auf Unentscheidbarkeitsresultate bzw. Komplexitätsresultate übertragen. Wir werden zeigen, dass das Erreichbarkeitsmengen-Gleichheitsproblem EGP, die Frage, ob die Erreichbarkeitsmengen zweier Petri-Netze gleich sind, unentscheidbar ist und dass eine beschränkte Version davon, BEGP, die Frage, ob die Erreichbarkeitsmengen zweier beschränkter Petri-Netze gleich sind, zwar entscheidbar ist, aber nicht mit primitiv rekursiven Mitteln.

Es existiert ein recht kurzer, eleganter Beweis für die Unentscheidbarkeit des Erreichbarkeitsmengen-Gleichheitsproblems von Jančar [Jan95]. Aus dieser Unentscheidbarkeit folgt unmittelbar die Unentscheidbarkeit des Erreichbarkeitsmengen-Inklusionsproblems. (Wegen $M = N \iff M \subseteq N \wedge N \subseteq M$ impliziert die Unentscheidbarkeit eines Mengen-Gleichheitsproblems sofort die Unentscheidbarkeit des entsprechenden Mengen-Inklusionsproblems. Der umgekehrte Schluss gilt aber allgemein nicht. So ist die Frage, ob eine kontextfreie Sprache in einer regulären Sprache enthalten ist, entscheidbar, die Frage, ob eine kontextfreie Sprache gleich einer regulären Sprache ist, aber unentscheidbar, siehe etwa [EP00].

Wir werden den Beweis von Jančar, allerdings nur für die Unentscheidbarkeit des Sprachgleichheitsproblems von Petri-Netzen, in Kapitel 6 vorstellen. Hier folgen wir einem deutlich komplexeren und älteren Vorgehen, das auf Rabin und Hack zurückgeht. Der Grund dafür ist simpel: Aus diesem älteren Beweis können wir dann unmittelbar folgern, dass einige entscheidbare Probleme (die „endlichen Versionen" der Gleichheits- und Inklusionsprobleme) nicht mittels primitiv-rekursiver Algorithmen entschieden werden können. Diese Schlussfolgerung lässt der einfachere Beweis von Jančar nicht zu. Nun sind natürliche, entscheidbare, aber nicht primitiv-rekursive Probleme derart rar, dass diese Probleme hier aufgezeigt werden sollen.

Wir benötigen einige Ergebnisse aus der Rekursionstheorie und Logik. Eine Teilmenge R von $\mathbb{N}^k$ heißt *akzeptierbar* oder *rekursiv aufzählbar* (r.a.), falls eine Turingmaschine M existiert, die bei Input $x \in \mathbb{N}^k$ genau dann hält, falls $x \in R$ gilt. Hierbei ist es unerheblich, ob man x in Unär- oder Binär- oder Dezimaldarstellung, o.ä., M als Input mitteilt. Bekanntlich ist $R \subseteq \mathbb{N}^k$ genau dann r.a., falls eine TM-berechenbare (rekursive) Funktion $f : \mathbb{N}^{k+1} \to \mathbb{N}$ existiert mit $R = \{x \mid \exists m : f(x,m) = 0\}$.

Eine *diophantische Gleichung* ist eine Polynomgleichung $f(x) = 0$ für ein $f \in \mathbb{Z}[\vec{X}]$. Eine *Lösung* einer diophantischen Gleichung ist ein Vektor $x_0 \in \mathbb{Z}^r$, für ein geeignetes r, mit $f(x_0) = 0$. Ein *diophantisches Prädikat* $D \subseteq \mathbb{N}^k$ ist gegeben als $D := \{x \mid \exists y \in \mathbb{Z}^r : f(x,y) = 0\}$ für ein $r \in \mathbb{N}$ und ein Polynom $f \in \mathbb{Z}[\vec{X}]$.

Es war schon Ende der Fünfziger bis Anfang der Sechziger Jahre durch Arbeiten von insbesondere Davis, Putnam und Robinson bekannt, dass die r.a. Mengen genau die diophantischen Prädikate sind, bei denen im Polynom auch exponentielle Terme wie $x_i^{x_j}$ zugelassen sind. Nachdem Matijasevič 1970 in einem berühmten Resultat zeigen konnte, dass auch die Exponentiation mittels diophantischer Gleichungen beschreibbar ist, war bewiesen, dass r.a. Mengen und diophantische Prädikate übereinstimmen. Letztlich besagt dies, dass man alle Algorithmen als Polynomgleichungen darstellen kann. Insbesondere folgt aus den genannten Resultaten sofort:

$R \subseteq \mathbb{N}^k$ ist r.a.

$\Longleftrightarrow \exists f \in \mathbb{Z}[\vec{X}] \, \exists r \in \mathbb{N} : R = \{x \in \mathbb{N}^k \mid \exists y \in \mathbb{Z}^r : f(x,y) = 0\}$

$\Longleftrightarrow \exists f \in \mathbb{Z}[\vec{X}] \, \exists r \in \mathbb{N} : R = \{x \in \mathbb{N}^k \mid \exists y \in \mathbb{N}^r : f(x,y) = 0\}$

Die letzte Äquivalenz sieht man sofort, wenn man bedenkt, dass ein Polynom f mit Koeffizienten in $\mathbb{Z}$ und s Variablen genau dann eine Nullstelle x_0 in $\mathbb{Z}^s$ besitzt, wenn eine Kombination f' von f, entstehend durch Multiplikation mancher Variablen von f mit -1, eine Nullstelle x_1 in $\mathbb{N}^s$ besitzt. $f_1, \ldots, f_{2^s}$ seien die 2^s möglichen Kombinationen dieser Art aus f, $g := \prod_{1 \le j \le 2^s} f_j \in$

$\mathbb{Z}[\vec{X}]$. So gilt: f besitzt eine Nullstelle in $\mathbb{Z}^s$ genau dann, wenn g eine Nullstelle in $\mathbb{N}^s$ besitzt.

Umgekehrt sei g ein Polynom aus $\mathbb{Z}[\vec{X}]$ mit einer Nullstelle x_0 in $\mathbb{N}^s$. So findet man ein Polynom f in $\mathbb{Z}[\vec{X}]$ mit einer Nullstelle irgendwo in $\mathbb{Z}^s$ genau dann, wenn g eine Nullstelle in $\mathbb{N}^s$ besitzt, wie folgt. Nach dem Satz von Lagrange hat jede natürliche Zahl $n \in \mathbb{N}$ eine Darstellung als Summe von vier Quadratzahlen, d.h. $n = a^2 + b^2 + c^2 + d^2$, mit $a, b, c, d \in \mathbb{N}$ (und damit aus $\mathbb{Z}$). Also gilt $g(x_1, \ldots, x_s)$ hat eine Lösung in $\mathbb{N}^s$ $\iff$ $g((a_1^2 + b_1^2 + c_1^2 + d_1^2), \ldots, (a_s^2 + b_s^2 + c_s^2 + d_s^2)) =: f(a_1, \ldots, d_1, \ldots, a_s, \ldots, d_s)$ hat eine Lösung in $\mathbb{Z}^{4s}$.

Zur Erinnerung: Nach Definition 2.3.3 bezeichnet $\mathbb{Z}[\vec{X}]$ ($\mathbb{N}[\vec{X}]$) die Klasse aller Polynome mit Koeffizienten in $\mathbb{Z}$ ($\mathbb{N}$), und $\mathbb{Z}[\vec{X}]_\mathbb{N}$ die Klasse aller Polynome in $\mathbb{Z}[\vec{X}]$, die nur Werte in $\mathbb{N}$ annehmen können.

Wir schließen weiter:

$$R \subseteq \mathbb{N}^k \text{ ist r.a.} \iff \exists f \in \mathbb{Z}[\vec{X}]_\mathbb{N} \; \exists r \in \mathbb{N} : R = \{x \mid \exists y \in \mathbb{N}^r : f(x, y) = 0\}$$

Dazu muss man nur von f zu f^2 übergehen, mit $f^2 \in \mathbb{Z}[\vec{X}]_\mathbb{N}$ (siehe Definition 2.3.3) und gleichen Nullstellen wie f. Es seien f_1 und f_0 die Polynome, die aus f^2 entstehen durch Addition aller Terme mit positiven Koeffizienten (für f_1), bzw. mit negativen Koeffizienten (für f_0). Wegen $f^2 : \mathbb{Z}^s \to \mathbb{N}$ gilt $-f_0 \le f_1$ und $f_1, -f_0 \in \mathbb{N}[\vec{X}]$. Ist hierbei $f^2 : \mathbb{Z}^s \to \mathbb{N}$ ein Polynom der Dimension s, so fassen wir f_1 und $-f_0$ ebenfalls als Polynome der Dimension s auf, d.h. $f_1, -f_0 : \mathbb{N}^s \to \mathbb{N}$, unabhängig davon, ob in f_1 oder $-f_0$ eventuell manche der s Variablen fortgefallen sind. Generell können wir bei zwei gegebenen Polynomen $f_1, f_2 \in \mathbb{N}[\vec{X}]$ immer bei Bedarf annehmen, dass sie gleiche Dimension besitzen, indem wir beide als Polynome über der Vereinigung beider Variablenmengen auffassen. Wir setzen $f_2 := -f_0$ und erhalten, dass die Nullstellen von f^2 gerade die Schnittpunkte von f_1 und f_2 sind. D.h., es gilt:

$$R \subseteq \mathbb{N}^k \text{ ist r.a.} \iff \exists f_1, f_2 \in \mathbb{N}[\vec{X}] \; \exists r \in \mathbb{N} : (f_1 \ge f_2 \; \wedge$$
$$R = \{x \mid \exists y \in \mathbb{N}^r : f_1(x, y) = f_2(x, y)\})$$

Setzen wir $f_2 := -f_0 + 1$, so gilt wegen $f_1 \ge -f_0$: $f^2(x, y) = 0 \iff f_1(x, y) = -f_0(x, y) \iff f_1(x, y) < f_2(x, y)$. Also schließen wir weiter:

$$R \subseteq \mathbb{N}^k \text{ ist r.a.} \iff \exists f_1, f_2 \in \mathbb{N}[\vec{X}] \; \exists r \in \mathbb{N} :$$
$$R = \{x \mid \exists y \in \mathbb{N}^r : f_1(x, y) < f_2(x, y)\}$$

Bekanntlich ist es nicht entscheidbar, ob r.a. Mengen leer sind. Damit sind insbesondere die Fragen, ob diophantische Gleichungen Lösungen in $\mathbb{Z}^r$ besitzen, oder ob zwei Polynome f_1, f_2 aus $\mathbb{N}[\vec{X}]$ mit $f_1 \ge f_2$ sich im $\mathbb{N}^r$

schneiden können, oder ob ein Polynom in einem Punkt des $\mathbb{N}^r$ größer als ein anderes werden kann, unentscheidbar. Damit sind auch die Komplemente der genannten Probleme unentscheidbar. Insbesondere ist damit das *Polynom-Inklusions-Problem*, PIP, unentscheidbar:

$$\mathsf{PIP} := \{(f_1, f_2) \mid f_1, f_2 \in \mathbb{N}[\vec{X}] \wedge \dim f_1 = \dim f_2$$
$$\wedge \forall x \in \mathbb{N}^{\dim f_1} : f_1(x) \geq f_2(x)\}.$$

Wir nutzen nun die schwachen Graphen G_f von Polynomen f, vgl. Definition 5.2.15. Offensichtlich gilt

$$\forall x \in \mathbb{N}^r : f_1(x) \geq f_2(x) \iff G_{f_1} \supseteq G_{f_2}$$

für Polynome f_1, f_2 einer gemeinsamen Dimension r. Das *schwache-Graph-Inklusionsproblem*

$$\mathsf{sGIP} := \{(f_1, f_2) \mid f_1, f_2 \in \mathbb{N}[\vec{X}] \wedge \dim f_1 = \dim f_2 \wedge G_{f_1} \supseteq G_{f_2}\}$$

ist damit unentscheidbar, denn es ist äquivalent zum Polynom-Inklusions-problem. Da mit Satz 5.2.11 alle Polynome in $\mathbb{N}[\vec{X}]$ schwach PN-berechenbar sind, sind mit Satz 5.2.17 auch deren schwache Graphen PN-erzeugbar. D.h., für jedes $f \in \mathbb{N}[\vec{X}]$ existiert ein Petri-Netz $N_f = (P, T, F, s_0)$ und ein $P' \subseteq P$ mit $G_f = \pi_{P'}(\mathcal{E}(N))$.

Damit ist aber auch folgendes *Teilraum-Erreichbarkeitsmengen-Inklusions-Problem* TEIP schon als unentscheidbar nachgewiesen:

Satz 5.3.1.

> $\mathsf{TEIP} := \{(N_1, N_2, P') \mid N_i = (P_i, T_i, F_i, s_i)$ *sind Petri-Netze für*
> $i \in \{1, 2\}$ *mit* $P' \subseteq P_1 \cap P_2$ *und* $\pi_{P'}(\mathcal{E}(N_1)) \supseteq \pi_{P'}(\mathcal{E}(N_2))\}$

ist unentscheidbar.

Die Unentscheidbarkeit von TEIP wurde bereits 1966 von Rabin (unveröffent-licht) bewiesen, also bevor Matijasevičs Resultat bekannt war. Rabin bezog sich dabei auf die damals bekannte Darstellbarkeit von r.a. Mengen mittels diophantischer Gleichungen mit zusätzlichen exponentiellen Termen. Da wir sogar gesehen haben, dass A_n schwach PN-berechenbar ist, gilt dies auch analog für die Exponentiation.

Die Unentscheidbarkeit von TEIP lässt sich leicht auf das *Erreichbarkeits-mengen-Inklusions-Problem* EIP übertragen.

Satz 5.3.2. *Es sei*

$$\text{EIP} := \{(N_1, N_2) \mid N_1 \text{ und } N_2 \text{ sind Petri-Netze mit } \mathcal{E}(N_1) \supseteq \mathcal{E}(N_2)\},$$

so gilt:

- TEIP $\leq_P$ EIP ,

- EIP *ist unentscheidbar.*

Beweis: Wir müssen eine Funktion $f \in \mathsf{P}$ angeben mit $(N_1, N_2, P') \in \text{TEIP}$ $\Longleftrightarrow f(N_1, N_2, P') \in \text{EIP}$. $f(N_1, N_2, P')$ muss also ein Paar (N_1', N_2') von Petri-Netzen sein mit

$$\pi_{P'}(\mathcal{E}(N_1)) \supseteq \pi_{P'}(\mathcal{E}(N_2)) \iff \mathcal{E}(N_1') \supseteq \mathcal{E}(N_2').$$

Wir wählen N_2' als das Petri-Netz N_2 ergänzt um die Places $\{run, free\}$ $\dot{\cup}$ $(P_{N_1} - P_{N_2})$, die isoliert, d.h. ohne jegliche Pfeilverbindungen zu N_2 hinzugefügt werden. Der Startzustand von N_2' ist gerade der Startzustand von N_2 plus genau ein Token auf dem $free$-Place.

N_1' entsteht aus N_1 ebenfalls unter Hinzunahme neuer Places $\{run, free\}$ $\dot{\cup}$ $(P_{N_2} - P_{N_1})$. Damit gilt $P_{N_1'} = P_{N_2'} =: P$. run besitzt jetzt aber eine Schlinge mit jeder Transition in N_1. Der Startzustand von N_1' ist gerade der Startzustand von N_1 plus genau einem zusätzlichen Token auf run. N_1' erhält ferner eine neue Transition t_{free}, die den Token vom run-Place auf den $free$-Place legt, und für jeden Place $p \in (P_{N_1} \cup P_{N_2}) - P'$ zwei zusätzliche Transitionen t_p^+ und t_p^-. t_p^+ besitzt eine Schlinge mit $free$ und einen Pfeil zu p hin, t_p^- besitzt ebenfalls eine Schlinge mit $free$, aber einen Pfeil aus p heraus. Abbildung 5.12 zeigt die Konstruktion für N_1'.

Solange der Token auf run liegt, arbeitet N_1' genau wie N_1. Wird der Token von run auf $free$ gelegt, ist das Teilnetz N_1 von N_1' tot, jede Transition t_p^+ und t_p^- aber frei, beliebig häufig zu feuern. D.h., jede Tokenverteilung kann jetzt auf $P - P'$ von N_1' eingestellt werden. Damit gilt offensichtlich:

$$\pi_{P'}(\mathcal{E}(N_1)) \supseteq \pi_{P'}(\mathcal{E}(N_2)) \iff \mathcal{E}(N_1') \supseteq \mathcal{E}(N_2'),$$

d.h.

$$(N_1, N_2, P') \in \text{TEIP} \iff (N_1', N_2') \in \text{EIP},$$

und die Größe von N_i' ist in O in der Summe der Größen von N_1, N_2 und P'. D.h. f ist sogar in linearer Zeit berechenbar. ∎

Hack konnte 1976 zeigen, dass auch das *Erreichbarkeitsmengen-Gleichheits-Problem* EGP unentscheidbar ist.

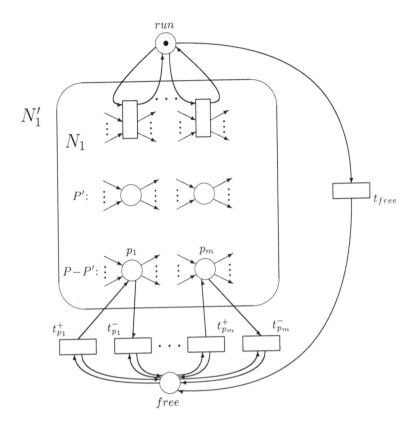

Abb. 5.12. Die Konstruktion zur Unentscheidbarkeit des Inklusionsproblems

Satz 5.3.3. *Es sei*

EGP := $\{(N_1, N_2) \mid N_1$ *und* N_2 *sind Petri-Netze mit* $\mathcal{E}(N_1) = \mathcal{E}(N_2)\}$,

so gilt

- EIP $\leq_\mathrm{P}$ EGP ,

- EGP *ist unentscheidbar.*

Beweis: Gesucht wird eine Funktion $f \in \mathsf{P}$, die jedem Paar (N_1, N_2) von Petri-Netzen ein neues Paar (N_1', N_2'), mit

$$(N_1, N_2) \in \mathsf{EIP} \iff (N_1', N_2') \in \mathsf{EGP}$$

zuordnet. D.h., es soll gelten

$$\mathcal{E}(N_1) \supseteq \mathcal{E}(N_2) \iff \mathcal{E}(N_1') = \mathcal{E}(N_2')$$

OBdA können wir dabei annehmen, dass N_1 und N_2 die gleichen Mengen $P_{N_1} = P_{N_2}$ von Places besitzen, analog für N_1' und N_2'. Gilt dies nicht, nehmen wir die Places des einen Netzes einfach als zusätzliche, isolierte Places zum anderen Petri-Netz hinzu. Das neue Netz N_1' entsteht dabei aus N_1 und N_2 durch "Verschmelzen" der beiden Netze, wobei die Places mit gleichem Namen einfach identifiziert werden, alle Transition und Kanten bleiben so erhalten, wie sie sind. Sei $n := |P|$. Dann fügen wir zusätzlich run-Places p_{n+2} und p_{n+3} ein, die jeweils die Transitionen aus N_2 bzw N_1 kontrollieren, sowie einen neuen Startplace p_{n+1}, von dem aus man wahlweise mit t_{N_1} den Startzustand $s_0^{N_1}$ und einen Token für den run-Place von N_1 oder mit t_{N_2} den Startzustand $s_0^{N_2}$ und einen Token für den run-Place von N_2 bereitstellen kann. Im Startzustand $(\mathbf{0}, 1, 0, 0)^{\mathsf{T}}$ des neuen Netzes N_1' liegt genau ein Token auf dem Startplace p_{n+1}. Schließlich enthält N_1' eine Transition $t_{N_1'}$, die einen Token vom run-Place für N_1 abziehen kann. Das Netz N_2' ist genauso aufgebaut wie N_1', und enthält zusätzlich noch eine Transition $t_{N_2'}$, die einen Token vom run-Place für N_2 abziehen kann. Die Konstruktion ist in Abbildung 5.13 zu sehen.

Je nachdem, ob man am Anfang in N_1' bzw. N_2' die Transition t_{N_1} oder t_{N_2} feuert, wird nun der N_1-Anteil oder N_2-Anteil des Netzes aktiviert, und N_1 oder N_2 kann simuliert werden. Daher erhalten wir die folgenden Erreichbarkeitsmengen für N_1' und N_2':

$$
\begin{aligned}
\mathcal{E}(N_1') = \{(\mathbf{0}, 1, 0, 0)^{\mathsf{T}}\} &\cup \mathcal{E}(N_1) \times \{(0, 0, 1)^{\mathsf{T}}\} \\
&\cup \mathcal{E}(N_1) \times \{(0, 0, 0)^{\mathsf{T}}\} \\
&\cup \mathcal{E}(N_2) \times \{(0, 1, 0)^{\mathsf{T}}\}, \\
\mathcal{E}(N_2') = \mathcal{E}(N_1') &\cup \mathcal{E}(N_2) \times \{(0, 0, 0)^{\mathsf{T}}\}.
\end{aligned}
$$

Damit gilt

$$
\begin{aligned}
\mathcal{E}(N_2) \subseteq \mathcal{E}(N_1) &\iff \mathcal{E}(N_1) = \mathcal{E}(N_1) \cup \mathcal{E}(N_2) \\
&\iff \mathcal{E}(N_1) \times \{(0, 0, 0)^{\mathsf{T}}\} = (\mathcal{E}(N_1) \cup \mathcal{E}(N_2)) \times \{(0, 0, 0)^{\mathsf{T}}\} \\
&\iff \mathcal{E}(N_1') = \mathcal{E}(N_2')
\end{aligned}
$$

∎

Wir haben sogar gezeigt:

Korollar 5.3.4. *Es ist unentscheidbar, ob das Weglassen einer einzelnen Transition die Erreichbarkeitsmenge ändert.*

Offensichtlich gilt auch EGP $\leq_P$ EIP, denn generell gilt $M = N \iff M \subseteq N \wedge N \subseteq M$. D.h. $f(M, N) = (M \times N, N \times M)$ hat die Eigenschaft, dass

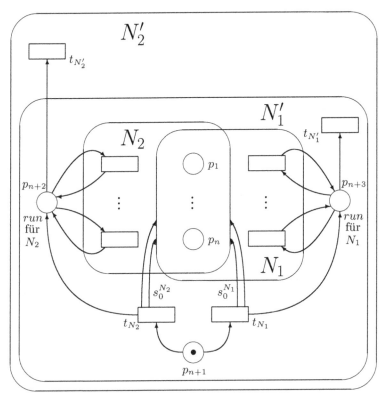

Abb. 5.13. Die Konstruktionsidee zur Unentscheidbarkeit des EGP

$(M, N) \in \mathsf{EGP} \iff f(M, N) \in \mathsf{EIP}$ gilt. Genauso trivial gilt $\mathsf{EIP} \leq_P \mathsf{TEIP}$, da EIP ein Spezialfall von TEIP ist. Damit gilt bereits

Korollar 5.3.5. $\mathsf{EGP} \simeq_P \mathsf{EIP} \simeq_P \mathsf{TEIP}$

Interessanterweise haben die hier genannten unentscheidbaren Probleme auch „endliche Versionen", die dann natürlich entscheidbar sind, aber von „beliebiger Schwierigkeit". Dies soll jetzt präzisiert werden. In den Beweisen der diophantischen Charakterisierungen von r.a. Mengen werden Algorithmen, seien es Rechnungen von Turingmaschinen oder Registermaschinen, durch diophantische Gleichungen verschlüsselt. Eine Konsequenz daraus ist, dass man im Wesentlichen alle Argumente durchprobieren muss, um Nullstellen von Polynomen mehrerer Variablen zu finden. Adleman und Manders untersuchen dies in [AM75] genauer. Eine Konsequenz ihres Polynomial Compression Theorems ist, dass die folgende Menge

$$\mathsf{BP} := \{(f, n) \mid f \in \mathbb{Z}[\vec{X}]_{\mathbb{N}} \wedge n \in \mathbb{N} \wedge \exists x \in \{0, 1, \ldots, a(n)\}^{\dim f} : f(x) = 0\},$$

wobei a die Ackermannfunktion aus Definition 5.2.7 ist, natürlich entscheidbar ist, da der $\exists$-Quantor beschränkt ist, aber nicht primitiv rekursiv sein kann.

Daraus folgt, vergleiche mit der Herleitung der Unentscheidbarkeit des PIP, dass auch die Menge

$$\{(f_1, f_2, n) \mid f_1, f_2 \in \mathbb{N}[\vec{X}] \; \wedge \; \dim f_1 = \dim f_2 \; \wedge$$
$$\exists x \in \{0, 1, \dots, a(n)\}^{\dim f_1} : \; f_1(x) < f_2(x)\}$$

sowie ihr Komplement

$$\text{BPIP} := \{(f_1, f_2, n) \mid f_1, f_2 \in \mathbb{N}[\vec{X}] \; \wedge \; \dim f_1 = \dim f_2 \; \wedge$$
$$\forall x \in \{0, 1, \dots, a(n)\}^{\dim f_1} : \; f_1(x) \geq f_2(x)\}$$

nicht primitiv rekursiv aber entscheidbar sind. BPIP steht nach Cardoza, Lipton und Meyer für das *beschränkte Polynom-Inklusions-Problem*. Halten wir das Resultat in einem Lemma fest:

Lemma 5.3.6. BPIP *ist entscheidbar, aber nicht primitiv rekursiv.*

Definition 5.3.7. *Das* beschränkte Teilraum-Erreichbarkeitsmengen-Inklusions-Problem BTEIP *ist*

$$\text{BTEIP} := \{(N_1, N_2, P') \mid N_1 \text{ und } N_2 \text{ sind beschränkte Petri-Netze} \wedge$$
$$P' \subseteq P_{N_1} \cap P_{N_2} \wedge \pi_{P'}(\mathcal{E}(N_1)) \supseteq \pi_{P'}(\mathcal{E}(N_2))\}$$

Das beschränkte Erreichbarkeitsmengen-Inklusions-Problem BEIP *ist*

$$\text{BEIP} := \{(N_1, N_2) \mid N_1 \text{ und } N_2 \text{ sind beschränkte Petri-Netze}$$
$$\wedge \, \mathcal{E}(N_1) \supseteq \mathcal{E}(N_2)\}$$

Das beschränkte Erreichbarkeitsmengen-Gleichheits-Problem BEGP *ist*

$$\text{BEGP} := \{(N_1, N_2) \mid N_1 \text{ und } N_2 \text{ sind beschränkte Petri-Netze}$$
$$\wedge \, \mathcal{E}(N_1) = \mathcal{E}(N_2)\}$$

Lemma 5.3.8. BTEIP, BEIP *und* BEGP *sind entscheidbar.*

Beweis: Ein Petri-Netz N ist genau dann beschränkt, wenn seine Erreichbarkeitsmenge endlich ist. Dies ist aber mit Hilfe des Überdeckungsgraphen $Cov(N)$ entscheidbar. Für endliche Mengen sind natürlich diese Inklusionsfragen bzw. die Gleichheitsfrage entscheidbar. ∎

Lemma 5.3.9. BPIP $\leq_P$ BTEIP .

Beweis: Gesucht ist eine Funktion f in P, die jedem Tripel (f_1, f_2, n) ein Tripel (N_1, N_2, P') zuordnet mit

$$(f_1, f_2, n) \in \text{BPIP} \iff (N_1, N_2, P') \in \text{BTEIP}.$$

Seien f_1, f_2 Polynome aus $\mathbb{N}[\vec{X}]$ einer gemeinsamen Dimension r. Dann wählen wir als N_1 und N_2 zwei Petri-Netze, die zuerst einen schwachen Petri-Netz-Generator für die Zahl $a(n)$ (einer Größe $O(n)$, siehe Abschnitt 5.1.1) besitzen und die erzeugten Werte b, $0 \leq b \leq a(n)$, auf die r Inputstellen eines schwachen PN-Computers N_{f_i} der Größe $O(|f_i|)$ für f_i, $i \in \{1, 2\}$, legen. Abbildung 5.14 zeigt N_1. Die Größe von N_i ist damit $O(n) + O(|f_i|)$. N_i kann

N_1:

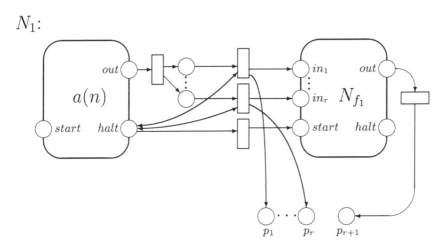

Abb. 5.14. Die Konstruktion für das beschränkte Teilraum-Erreichbarkeitsmengen-Inklusionsproblem

$f_i(x)$ schwach berechnen für jedes x aus $\{0, 1, \ldots, a(n)\}^r$. Als P' wählen wir $\{p_1, \ldots, p_{r+1}\}$. Damit ist offensichtlich:

$$\begin{aligned}
(N_1, N_2, P') \in \text{BTEIP} &\iff \pi_{P'}(\mathcal{E}(N_1)) \supseteq \pi_{P'}(\mathcal{E}(N_2)) \\
&\iff \forall x \in \{0, 1, \ldots, a(n)\}^r : f_1(x) \geq f_2(x) \\
&\iff (f_1, f_2, n) \in \text{BPIP}. \quad \blacksquare
\end{aligned}$$

Diese Konstruktion überträgt offensichtlich die Konstruktion eines Petri-Netzes zur Berechnung eines schwachen Graphen in Abbildung 5.11 auf den Fall durch $a(n)$ beschränkter Argumente. Die Konstruktion von TEIP $\leq_P$ EIP können wir allerdings nicht direkt auf BTEIP $\leq_P$ BEIP übertragen, da dabei (vgl. Abbildung 5.12) alle uninteressanten Places aus $P - P'$ künstlich unbeschränkt gemacht wurden. D.h., die Konstruktion in Lemma 5.3.2 führt von beschränkten Petri-Netzen N_1 und N_2 zu einem unbeschränkten Petri-Netz N_1'. Wir zeigen stattdessen:

Lemma 5.3.10. BPIP $\leq_P$ BEIP .

Beweis: Gesucht ist eine Funktion f in P, die jedem Tripel (f_1, f_2, n) ein Paar (N_1', N_2') zuordnet mit

$$(f_1, f_2, n) \in \text{BPIP} \iff (N_1', N_2') \in \text{BEIP}.$$

Wählen wir N_1' wie im letzten Beweis, so können in den verschiedenen schwachen PN-Computern N_{f_i} für f_i in N_i auch unterschiedlich viele Places liegen über deren Tokenverteilung wir außer auf $P' = \{p_1, \ldots, p_{r+1}\}$ nichts aussagen können. Unser Ziel ist es, mit geeigneten Petri-Netzen N_1' und N_2' wie folgt zu argumentieren:

$$
\begin{aligned}
(f_1, f_2, n) \in \text{BPIP} &\iff \forall x \in \{0, 1, \ldots, a(n)\}^r : f_1(x) \geq f_2(x) \\
&\iff \pi_{P'}(\mathcal{E}(N_2)) \subseteq \pi_{P'}(\mathcal{E}(N_1)) \\
&\iff \forall s : (\pi_{P'}(s) \in \mathcal{E}(N_2) \implies \pi_{P'}(s) \in \mathcal{E}(N_1)) \\
&\overset{!}{\iff} \forall s : (s \in \mathcal{E}(N_2') \implies s \in \mathcal{E}(N_1')) \\
&\iff \mathcal{E}(N_2') \subseteq \mathcal{E}(N_1') \\
&\iff (N_1', N_2') \in \text{BEIP}.
\end{aligned}
$$

Die Schwierigkeit liegt in $\overset{!}{\implies}$. Dazu werden wir N_2' und N_1' „aus N_2 und N_1" vom letzten Beweis so weiterentwickeln, dass jeder erreichbare Teilzustand $\pi_{P_{N_2} - P'}(s)$ aus $\mathcal{E}(N_2')$ auf jeden Fall auch erreichbar in $\mathcal{E}(N_1')$ ist. Wir nutzen jetzt aus, dass in N_2 jeder Place maximal $f_2(a(n))$ viele Token tragen kann und sorgen bei der Konstruktion von N_1' dafür, dass „nach Ende der Rechnung von N_1 in N_1'" jede Tokenzahl i, $0 \leq i \leq f_2(a(n))$ auf den „Rest"-Places in N_1 eingestellt werden kann. D.h. jeder in N_2 erreichbare Zustand $\pi_{P_{N_2} - P'}(s)$ ist damit auch in N_1 erreichbar.

Zu den Details: P_1 und P_2 seien die Petri-Netze aus Lemma 5.3.9, vergleiche auch Abbildung 5.14, die gerade $f_1(x)$ bzw. $f_2(x)$ schwach berechnen für $x \in \{0, 1, \ldots, a(n)\}^s$ mit $s := \dim f_1 = \dim f_2$. OE gelte wieder $P_{N_1} = P_{N_2}$. Wir konstruieren aus N_1 das Netz N_1' wie folgt: N_1' entstehe aus N_1 durch

- Hinzunahme eines *run*-Places, der mit jeder Transition in N_1 eine Schlinge besitzt.

- Hinzunahme einer komlexeren $free$-Konstruktion, vergleiche Abb. 5.12, die die Rechnung von N_1 jederzeit durch Entnahme des Tokens von run ausschalten kann und anschließend

  - beliebig viele Token von allen Places in P_{N_1} entfernen kann (mittels t_p^--Transitionen aus Abbildung 5.12),

  - i Token für $0 \leq i \leq f_2(a(n))$ auf die Places in $P_{N_1} - P'$ ($= P_{N_1} - \{p_1, \ldots, p_{r+1}\}$) legen kann. Dazu muss $free$ lediglich eine Kopie von N_2 zur Berechnung von $f_2(a(n))$ besitzen.

N_2' entstehe nun aus N_2 durch Hinzunahme genügend vieler isolierter Places, damit wieder $P_{N_2'} = P_{N_1'} =: P^+$ gilt. Damit haben wir für die Places in $P^+ - P'$ erreicht:

$$\pi_{P^+ - P'}(s) \in \mathcal{E}(N_2') \Longrightarrow \pi_{P^+ - P'}(s) \in \mathcal{E}(N_1').$$

D.h., die Implikation $\overset{!}{\Longrightarrow}$ aus unserer Anfangsüberlegung ist jetzt erfüllt. Damit gilt

$$(f_1, f_2, n) \in \mathsf{BPIP} \iff (N_1', N_2') \in \mathsf{BEIP}$$

und die Graphen von N_1' und N_2' sind sogar linear in $|f_1|$, $|f_2|$ und n.   ∎

Lemma 5.3.11. $\mathsf{BEIP} \simeq_P \mathsf{BEGP}$.

Beweis: Der Beweis von $\mathsf{EIP} \leq_P \mathsf{EGP}$ kann genauso für $\mathsf{BEIP} \leq_P \mathsf{BEGP}$ übernommen werden, da in dieser Konstruktion keine unbeschränkten Places eingeführt werden, die Umkehrung $\mathsf{BEGP} \leq_P \mathsf{BEIP}$ ist trivial, vergleiche Korollar 5.3.5.   ∎

Insgesamt haben wir damit gezeigt:

Lemma 5.3.12. $\mathsf{BPIP} \leq_P \mathsf{BEIP} \simeq_P \mathsf{BEGP} \leq_P \mathsf{BTEIP}$.

Da BPIP nicht primitiv-rekursiv ist, folgt sofort:

Satz 5.3.13. BTEIP, BEIP *und* BEGP *sind entscheidbar, aber nicht primitiv rekursiv.*

5.4 Starke PN-Berechenbarkeit

Wir stellen jetzt einen weiteren Berechenbarkeitsbegriff für Petri-Netze vor, mit dem wir auch nicht-monotone Funktionen berechnen können. Der Trick dabei ist, dass wir nur dann das Ergebnis auf *out* nachschlagen, falls das Gesamtnetz in einen besonderen "Fertigzustand" gerät. Insbesondere müssen in diesem "Fertigzustand" alle Inputtoken berücksichtigt worden sein.

Definition 5.4.1. *Ein Petri-Netz $N = (P, T, F, s_0)$ berechnet eine partielle Funktion $f : \mathbb{N}^r \to \mathbb{N}$ auf $D \subseteq \mathbb{N}^r$ stark genau dann, wenn folgende Bedingungen erfüllt sind:*

- *N besitzt ausgezeichnete Places start, halt, out, in_1, ..., in_r, als 1. bis $r + 3$. Place,*

- *$s_0 = \mathbf{0}$,*

- *für $x_1, \ldots, x_r \in \mathbb{N}$ sei $s_{x_1,\ldots,x_r}$ der eindeutig bestimmte Zustand aus $\mathbb{N}^P$ mit $s_{x_1,\ldots,x_r}(in_i) = x_i$ für $1 \leq i \leq r$, $s_{x_1,\ldots,x_r}(start) = 1$ und $s_{x_1,\ldots,x_r}(p) = 0$ sonst,*

- *$\forall(x_1, \ldots, x_r) \in D$:*

  - *$\exists s \in \mathcal{E}(s_{x_1,\ldots,x_r})$: $(s(halt) = 1 \land \forall p \in P - \{halt, out\}$: $s(p) = 0)$ $\Longleftrightarrow$ $f(x_1, \ldots, x_r)$ ist definiert,*

  - *$\forall s \in \mathcal{E}(s_{x_1,\ldots,x_r})$: $(s(halt) > 0 \Longrightarrow N$ ist tot in $s)$,*

  - *$\forall s \in \mathcal{E}(s_{x_1,\ldots,x_r})$: $((s(halt) = 1 \land \forall p \in P - \{halt, out\}$: $s(p) = 0) \Longrightarrow s(out) = f(x_1, \ldots, x_r))$.*

Existiert ein Petri-Netz N, das eine partielle Funktion f auf D stark berechnet, so sagen wir auch, f ist stark PN-berechenbar auf D und N ist ein starker PN-Computer auf D für f. Gilt $D = \mathbb{N}^r$, so lassen wir den Zusatz „auf D" auch weg.

Zwei Unterschiede zwischen schwacher und starker PN-Berechenbarkeit fallen sofort ins Auge: In der starken PN-Berechenbarkeit wird das korrekte Ergebnis $f(x_1, \ldots, x_r)$ auf *out* stets dann sichergestellt, falls das Netz bis auf *halt* und *out* leer ist. Dies ist der oben genannte „Fertigzustand". Dafür wird keine Lebendigkeitseigenschaft mehr garantiert. Es kann in starken PN-Computern zu toten Zuständen kommen, ohne dass *halt* einen Token trägt, d.h. ohne dass die Berechnung korrekt beendet wurde. „Inkorrekte" Berechnungsenden sind auch möglich, falls *halt* zwar einen Token trägt, das Netz aber nicht bis auf *halt* und *out* geleert wurde.

Schwache und starke PN-Berechenbarkeit sind unvergleichbar. Wir werden Funktionen kennenlernen, die zwar stark, aber nicht schwach PN-berechenbar sind (wie etwa δ_0 im folgenden Lemma), und welche, die zwar schwach aber nicht stark PN-berechenbar sind (wie etwa die Multiplikation).

Lemma 5.4.2.

- *Es gibt nicht-monotone, stark PN-berechenbare Funktionen.*

- *Es gibt stark PN-berechenbare Funktionen, die nicht schwach PN-berechenbar sind.*

Beweis: Die zweite Aussage folgt mit Lemma 5.2.3 sofort aus der ersten. Sei $\delta_0 : \mathbb{N} \to \mathbb{N}$ durch $\delta_0(n) = \begin{cases} 1, & \text{falls } n = 0 \\ 0, & \text{sonst,} \end{cases}$ definiert. δ_0 ist nicht monoton und damit wegen Lemma 5.2.3 auch nicht schwach PN-berechenbar. Abbildung 5.15 zeigt ein Petri-Netz, das δ_0 stark PN-berechnet. Ist der Input Null, so kann nur t_0 feuern und liefert das korrekte Ergebnis. Bei einem Input größer Null kann das Netz (abgesehen von *halt* und *out*) nur geleert werden, wenn t_1 feuert, danach t_2 den Input komplett konsumiert, und schließlich t_3 einen Token auf *halt* legt. Auch hier können wir nicht zum falschen Ergebnis kommen. ∎

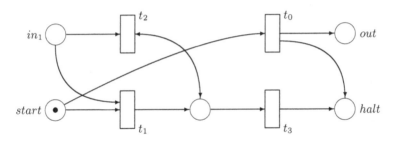

Abb. 5.15. Ein Petri-Netz, das die Funktion δ_0 stark berechnet

Satz 5.4.3. *Folgende Funktionen sind stark PN-berechenbar:*

- $c : \mathbb{N}^0 \to \mathbb{N}$ *mit* $c() = c$ *für alle* $c \in \mathbb{N}$ *(Konstante),*

- $+ : \mathbb{N}^2 \to \mathbb{N}$ *mit* $+(m, n) = m + n$ *(Addition),*

- $-_\perp : \mathbb{N}^2 \to \mathbb{N}$ *mit* $-_\perp(m, n) = \begin{cases} m - n, & \text{falls } m \geq n \\ \perp, & \text{sonst,} \end{cases}$
  (modifizierte Subtraktion, wobei $\perp$ *das Symbol für „undefiniert" ist),*

- $int_r : \mathbb{N}^r \to \mathbb{N}$ *mit* $int_r(x_1, \ldots, x_r) := \sum_{i=1}^{r} x_i 2^{i-1},$

- $*c : \mathbb{N} \to \mathbb{N}$ *mit* $*c(x) := \lfloor c * x \rfloor$ *für alle* $c \in \mathbb{Q}$ *(Multiplikation mit rationalen Konstanten).*

Beweis: Abbildung 5.16 zeigt Petri-Netze, die diese fünf Funktionen stark berechnen. Da bei einer korrekten Rechnung außer *halt* und *out* keine Places mehr Token haben dürfen, sieht man bei der Addition und Subtraktion sofort, dass auf *out* dann die Summe bzw. Differenz der Inputs liegen muss. Die Konstantenfunktion ist trivial. Bei der Funktion int_r sehen wir, dass beim Übertragen von Token von einem Place in_i nach in_{i-1} jeder Token verdoppelt wird. Man erhält leicht eine P-Invariante I_P mit $I_P(out) = I_P(in_1) = 1$, $I_P(in_{i+1}) = 2 \cdot I_P(in_i)$ für $1 \leq i < r$ und alle anderen Einträge sind Null. Ist $s \in \mathcal{E}(s_{x_1,\ldots,x_r})$ und sind in s alle Inputplaces in_i leer, so gilt also $s(out) = I_P(out) \cdot s(out) = I_P^\mathsf{T} \cdot s = I_P^\mathsf{T} \cdot s_{x_1,\ldots,x_r} = \sum_{i=1}^r x_i \cdot I_P(in_i) = \sum_{i=1}^r x_i \cdot 2^{i-1} = int_r(x_1,\ldots,x_r)$. Für den letzten Punkt sei $c := \frac{m}{n}$ mit $m, n \in \mathbb{N}$, $n \neq 0$ eine rationale Konstante. Das Petri-Netz in Abbildung 5.16 berechnet $\lfloor c*x \rfloor$ stark, indem es den Input zunächst ver-m-facht und dann für jedes vorhandene Vielfache von n einen Token auf *out* produziert. Ein eventuell vorhandener Rest $< n$ dieser Division wird beim Erzeugen des Tokens auf *halt* gleich mit konsumiert. ∎

Satz 5.4.4. *Stark PN-berechenbare Funktionen sind abgeschlossen gegen*

- *Einsetzen, d.h. sind $g, h_i : \mathbb{N}^r \to \mathbb{N}$ für $1 \leq i \leq r$ stark PN-berechenbar auf $D \subseteq \mathbb{N}^r$ und ist $f : \mathbb{N}^r \to \mathbb{N}$ definiert durch $f(x_1,\ldots,x_r) := g(h_1(x_1,\ldots,x_r),\ldots,h_r(x_1,\ldots,x_r))$, so ist auch f stark PN-berechenbar auf D.*

- *Fallunterscheidung, d.h. sind $g, h_1, h_2 \colon \mathbb{N}^r \to \mathbb{N}$ auf $D \subseteq \mathbb{N}^r$ stark PN-berechenbar und ist $f \colon \mathbb{N}^r \to \mathbb{N}$ definiert durch*
$$f(\boldsymbol{x}) := \begin{cases} h_1(\boldsymbol{x}), & \text{falls } g(\boldsymbol{x}) = 0 \text{ und } \boldsymbol{x} \in D, \\ h_2(\boldsymbol{x}), & \text{falls } \bot \neq g(\boldsymbol{x}) \neq 0 \text{ und } \boldsymbol{x} \in D, \end{cases}$$
so ist auch f stark PN-berechenbar auf D.

- *partiellen Existenzquantor, d.h. ist $g : \mathbb{N}^{r+k} \to \mathbb{N}$ stark PN-berechenbar auf $D \subseteq \mathbb{N}^{r+k}$ und ist $f : \mathbb{N}^r \to \mathbb{N}$ definiert durch*
$$f(x_1,\ldots,x_r) := \begin{cases} 1, & \text{falls } \exists x_{r+1},\ldots,x_{r+k} \in \mathbb{N} : g(x_1,\ldots,x_{r+k}) = 0 \\ \bot, & \text{sonst,} \end{cases}$$
so ist f stark PN-berechenbar auf $\pi_{\{1,\ldots,r\}}(D)$.

Beweis: Ein starker PN-Computer für das Einsetzen ist in Abbildung 5.17 dargestellt. Den starken PN-Computern für die h_i werden zunächst die Inputs zur Verfügung gestellt, dann werden alle h_i gestartet. Wird irgendein Input in_i nicht vollständig übertragen, so kann dies später nicht nachgeholt werden, und das Netz wird nie korrekt terminieren (d.h. mit allen Places bis auf *halt* und *out* leer). Haben alle h_i gehalten, können die Ergebnisse an g weitergegeben werden; auch hier führt die unvollständige Weitergabe der Ergebnisse später nicht mehr zum korrekten Terminieren.

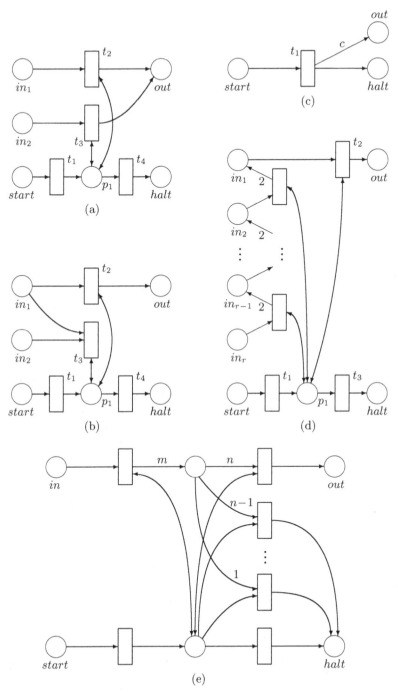

Abb. 5.16. Petri-Netze, die **(a)** die Addition, **(b)** die modifizierte Subtraktion, **(c)** die Konstante c, **(d)** die Funktion int_r und **(e)** die Multiplikation mit einer rationalen Konstanten $\frac{m}{n}$ stark berechnen

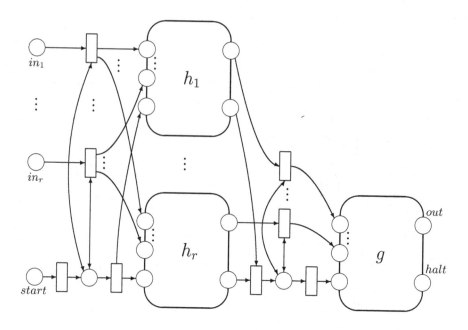

Abb. 5.17. Konstruktion des Einsetzens für starke PN-Computer

Die Fallunterscheidung wird in Abbildung 5.18 gezeigt. Zunächst wird der starke PN-Computer für g mit den Inputs versorgt und dann gestartet. Hat g terminiert, so gibt es zwei Möglichkeiten. Liefert g den Wert Null, so ist t_0 feuerbar, nicht aber t_1. Eine Kopie der Inputs kann nun an h_1 geliefert werden und h_1 kann starten. Das Ergebnis von h_1 kann schließlich an *out* weitergereicht werden. Liefert g einen Wert größer als Null, und feuern wir t_0, so kann das Ergebnis von g nicht gelöscht werden, und das Gesamtnetz terminiert nicht korrekt. Feuern wir hingegen t_1, und raten damit richtig, dass g einen Wert größer Null geliefert hat, können wir das Ergebnis von g löschen und nun h_2 auf die Kopie der Inputs ansetzen. Sollte die Kopie der Inputs nicht komplett an h_1 bzw. h_2 weitergereicht worden sein, so kann dies nach dem Start von h_1 bzw. h_2 nie mehr nachgeholt werden, und das Netz terminiert nicht korrekt. Gleiches gilt, wenn das Ergebnis von h_1 bzw. h_2 nicht komplett an *out* weitergereicht wird oder g von vornherein nicht den gesamten Input zur Verfügung gestellt bekommt.

Die Konstruktion für den partiellen Existenzquantor sehen wir in Abbildung 5.19. Während die Inputs x_1 bis x_r einfach an den starken PN-Computer für g weitergereicht werden, können für die Argumente x_{r+1} bis x_{r+k} beliebige Werte geraten werden. Liefert g nun den Wert Null, so halten wir korrekt mit dem Ergebnis Eins, ansonsten kann das von g gelieferte Ergebnis nicht entfernt werden, und wir erhalten gar kein Ergebnis. ∎

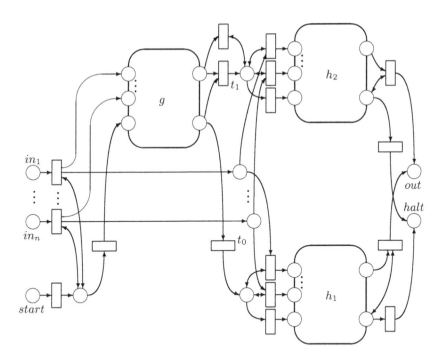

Abb. 5.18. Konstruktion der Fallunterscheidung für starke PN-Computer

Es ist offensichtlich, dass wir nur dann ein korrektes Resultat $f(x_1, \ldots, x_r)$ auf *out* finden können, falls zumindest alle Inputtoken „abgearbeitet" wurden, d.h. falls auf in_j, $1 \leq j \leq r$, keine Token mehr liegen. Wir haben auch gefordert, dass das restliche Netz, bis auf *halt* und *out*, leer ist, damit wir einige Abschlusseigenschaften zeigen können. Bei nullstelligen Funktionen $f : \mathbb{N}^0 \to \mathbb{N}$ (wie der Konstanten c) muss natürlich kein Inputplace geleert werden. Hier liegt immer das korrekte Ergebnis auf *out* sobald *halt* ein Token trägt.

Satz 5.4.5. *Die Multiplikation* $* : \mathbb{N}^2 \to \mathbb{N}$ *und das Quadrieren* $\cdot^2 : \mathbb{N} \to \mathbb{N}$ *sind nicht stark PN-berechenbar. Die Klasse der stark PN-berechenbaren Funktionen ist nicht abgeschlossen gegen diverse Iterationen.*

Beweis: Angenommen, die Multiplikation sei stark PN-berechenbar. Da Konstante und Addition stark PN-berechenbar sind, und stark PN-berechenbare Funktionen gegen Einsetzen abgeschlossen sind, ist dann ganz $\mathbb{N}[\vec{X}]$ bereits stark PN-berechenbar. Es ist wie gehabt $\mathbb{Z}[\vec{X}]_\mathbb{N}$ die Klasse aller Polynome $p : \mathbb{N}^r \to \mathbb{N}$, $r \in \mathbb{N}$, mit Koeffizienten in $\mathbb{Z}$, Argumenten aus $\mathbb{N}^r$ und Werten für Argumente aus $\mathbb{N}^r$ ebenfalls in $\mathbb{N}$. Offensichtlich existieren zu jedem $p \in \mathbb{Z}[\vec{X}]_\mathbb{N}$ zwei Polynome $p_1, p_2 \in \mathbb{N}[\vec{X}]$ mit $p = p_1 - p_2$ und $p_1 \geq p_2$:

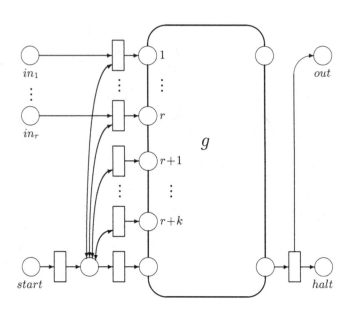

Abb. 5.19. Konstruktion des partiellen Existenzquantors für starke PN-Computer

Wähle dazu p_1 als Polynom der Summe aller Terme von p mit positiven Koeffizienten und p_2 als (-1)-mal das Polynom der Summe aller Terme von p mit negativen Koeffizienten. Damit ist dann, wegen $p = p_1 - p_2 = p_1 -_\perp p_2$ (für $p_1 \geq p_2$), auch ganz $\mathbb{Z}[\vec{X}]_\mathbb{N}$ stark PN-berechenbar. Sei $K \subseteq \mathbb{N}$ eine rekursiv aufzählbare (r.a.), aber nicht rekursive Teilmenge von $\mathbb{N}$. Es ist bekannt, vgl. Abschnitt 5.3, dass zu jedem r.a. $K \subseteq \mathbb{N}$ ein Polynom $p : \mathbb{N}^r \to \mathbb{N}$ für ein r aus $\mathbb{Z}[\vec{X}]_\mathbb{N}$ existiert mit $K = \{n \mid \exists y_2, \ldots, y_r \in \mathbb{N}: p(n, y_2, \ldots, y_r) = 0\}$. Es ist

p stark PN-berechenbar und damit auch $f(n) = \begin{cases} 1, & \text{falls } \exists \boldsymbol{y} : p(n, \boldsymbol{y}) = 0 \\ \perp, & \text{sonst.} \end{cases}$

$N_f = (P, T, F, s_0)$ berechne f stark. Es sei s_n der „Input-Zustand" für Input n gemäß Definition 5.4.1 und s' der „Haltezustand" mit Ergebnis 1. D.h. für s' gilt $s'(halt) = 1 = s'(out)$ und $s'(p) = 0$ für alle $p \in P - \{halt, out\}$. Damit gilt:

$$n \in K \iff \exists \boldsymbol{y} : p(n, \boldsymbol{y}) = 0$$
$$\iff f(n) = 1$$
$$\iff \exists \sigma \in T^* : s_n \, [\sigma>_{N_f} s'$$
$$\iff (N_f, s_n, s') \in \mathsf{EP}$$

Somit ist K auf EP reduziert. Ein Widerspruch, da K nicht rekursiv, EP aber entscheidbar ist.

Zu $\cdot^2$: Angenommen, $\cdot^2 : \mathbb{N} \to \mathbb{N}$ sei stark PN-berechenbar. Dann wäre auch die Multiplikation stark PN-berechenbar, denn $x*y = \frac{1}{2}((x+y)^2 -_{\perp} (x^2+y^2))$ gilt, und $+$, $-_{\perp}$ und $*c$ sind stark PN-berechenbar.

Da man mittels aller üblichen Iterationskonzepte – wie FOR-, WHILE-Schleifen, primitive Rekursion, etc. – aus der Addition die Multiplikation erhalten kann, kann die Klasse der stark PN-berechenbaren Funktionen nicht gegen solche Iterationskonzepte abgeschlossen sein.   ∎

Wir übernehmen nun einige Standardbegriffe aus der Theoretischen Informatik.

Eine *m-k-Registermaschine* (RM) M ist ein Tupel $(P_M, R_1, \ldots, R_m)$ aus Registern R_i ($1 \leq i \leq m$), die jeweils eine beliebig große Zahl aus $\mathbb{N}$ speichern, und einem Programm P_M, das aus k durchlaufend nummerierten Befehlen $1 : B_1; 2 : B_2; \ldots; k : B_k$ besteht. Der Befehl B_1 ist dabei ein START-Befehl, B_k ein HALT-Befehl und alle B_j, $1 < j < k$ haben eine der folgenden Formen:

- $R_i + 1$ (für $1 \leq i \leq m$). Dieser Befehl erhöht den Inhalt des Registers R_i um Eins.

- $R_i - 1$ (für $1 \leq i \leq m$). Dieser Befehl erniedrigt den Inhalt des Registers R_i um Eins, falls dieser Inhalt größer als Null ist. Im Fall, dass R_i den Inhalt Null hat, bricht die Programmausführung ab (Fehler).

- if $R_i = 0$ then goto k_1 else goto k_2 (für $1 \leq i \leq m$ und $1 < k_1, k_2 \leq k$). Die Programmausführung wird in Abhängigkeit von R_i entweder bei Befehl B_{k_1} oder bei B_{k_2} fortgesetzt.

Einen fehlerhaften Programmabbruch kann man natürlich vermeiden, indem man vor jeder Subtraktion $R_i - 1$ zunächst testet, ob das Register einen Inhalt größer Null besitzt, und den $R_i - 1$-Befehl nur dann ausführt. Im Folgenden sei dies stets der Fall. Ferner nehmen wir oBdA an, dass als Sprungadressen in einem *if-then-else*-Befehl nur $1, \ldots, k$ benutzt werden.

Eine *Konfiguration* C einer m-k-RM ist ein $(m+1)$-Tupel $C = (j, x_1, \ldots, x_m)$ $\in \mathbb{N}^{m+1}$ mit $1 \leq j \leq k$. $C = (j, x_1, \ldots, x_m)$ bedeutet, dass M aktuell die Inhalte x_i in Register R_i für $1 \leq i \leq m$ speichert und den Befehl $j : B_j$ als Nächstes ausführt. Eine *direkte Nachfolgerelation* $\to_M \subseteq \mathbb{N}^{m+1} \times \mathbb{N}^{m+1}$ auf Konfigurationen, $C \to_M C'$, beschreibt gerade, dass M in Konfiguration $C = (j, x_1, \ldots, x_m)$ gestartet nach Ausführung des Befehls $j : B_j$ in die Konfiguration $C' = (j', x_1', \ldots, x_m')$ gelangt, d.h. anschließend die neuen Registerinhalte x_i' in R_i, $1 \leq i \leq m$, besitzt und den Befehl $j' : B_{j'}$ ausführen muss. Eine Ausführung des letzten Befehls k:HALT bedeutet, dass M die Arbeit abbricht, d.h. $(k, x_1, \ldots, x_m)$ besitzt keine Nachfolgekonfiguration in $\to_M$. Mit $\to_M^*$ bezeichnen wir den reflexiven, transitiven Abschluss von $\to_M$.

$\mathcal{C}_M$ sei die Menge aller Konfigurationen von M. Eine endliche oder unendliche Folge $C \to_M C_1 \to_M C_2 \to_M \ldots \to_M C_i \to_M \ldots$ von Konfigurationen heißt auch *Rechnung* der RM (von C aus). Da RM determiniert sind, existiert zu jeder Konfiguration C eine eindeutig bestimmte, endliche oder unendliche Rechnung von C aus. $\mathcal{E}(C)$ bezeichnet die Menge aller von C aus in M *erreichbaren* Konfigurationen. Das sind alle Konfigurationen, die in der eindeutig bestimmten, endlichen oder unendlichen Rechnung von C aus vorkommen. Für eine Menge $\mathcal{C} \subseteq \mathcal{C}_M$ ist $\mathcal{E}(\mathcal{C})$ natürlich als $\bigcup_{C \in \mathcal{C}} \mathcal{E}(C)$ definiert.

Definition 5.4.6. *Eine m-k-RM M berechnet eine partielle Funktion f : $\mathbb{N}^r \to \mathbb{N}$ auf $D \subseteq \mathbb{N}^r$, falls Folgendes gilt:*

- $r < m$,

- $\forall (x_1, \ldots, x_r) \in D$: *($f(x_1, \ldots, x_r)$ ist undefiniert $\iff$ die Rechnung von M von der Konfiguration $(1, x_1, \ldots, x_r, \mathbf{0})$ aus ist unendlich),*

- $\forall (x_1, \ldots, x_r) \in D \ \forall y \in \mathbb{N}$: *($f(x_1, \ldots, x_r) = y \iff (1, x_1, \ldots, x_r, \mathbf{0}) \to_M^*$ $(k, \underbrace{0, \ldots, 0}_{r}, y, \mathbf{0})$).*

Wir sagen, dass M f berechnet, falls M f auf ganz $\mathbb{N}^r$ berechnet.

Das heißt gerade, dass M die Argumente $x_1, \ldots, x_r$ von f in den Registern R_1 bis R_r speichert (mit allen weiteren Registern auf 0), und bei (eventuellem) Ende der Rechnung den Funktionswert y in R_{r+1} speichert und 0 in allen anderen Registern. Es darf dabei zu keinerlei fehlerhaften Programmabbrüchen kommen.

Es ist bekannt, dass RM gerade genau die Klasse aller "berechenbaren" Funktionen berechnen können. Zahlreiche Fragen über RM sind unentscheidbar.

Definition 5.4.7. *Ein Petri-Netz $N = (P, T, F, s_0)$ simuliert eine m-k-RM M auf einer Menge $\mathcal{C} \subseteq \mathcal{C}_M$ von Konfigurationen, genau dann, wenn gilt*

- *zu jedem Befehl $j : B_j$, $1 \leq j \leq k$, von M existiert ein ausgezeichneter Place B_j in N,*

- *zu jedem Register R_i, $1 \leq i \leq m$, von M existiert in N ein ausgezeichneter Place R_i oder ein Paar (R_i^+, R_i^-) von ausgezeichneten Places mit einer Konstanten $b_i \in \mathbb{N}$,*

- *im Startzustand s_0 liegen auf den ausgezeichneten Places B_j, $1 \leq j \leq k$, null Token und auf den ausgezeichneten Places R_i bzw. (R_i^+, R_i^-) für $1 \leq i \leq m$ null Token auf R_i bzw. R_i^+ und b_i Token auf R_i^-,*

- *zu jeder Konfiguration $C = (j, x_1, \ldots, x_m) \in \mathcal{E}(\mathcal{C})$ sei $s_C \in \mathbb{N}^P$ definiert als $s_C := s_0 + \hat{s}_C$ mit $\hat{s}_C(B_j) = 1$ und $\hat{s}_C(B_\ell) = 0$ für $1 \le \ell \le k$ und $\ell \ne j$, $\hat{s}_C(R_i) = x_i$ bzw. $\hat{s}_C(R_i^+) = x_i \wedge \hat{s}_C(R_i^-) = -x_i$, für $1 \le i \le m$, wobei die Zuordnung von Paaren (R_i^+, R_i^-) und einer Konstanten b_i zu einem Register R_i nur dann erlaubt ist, falls $b_i - x_i \ge 0$ gilt für alle x_i, die als Inhalt im Register R_i in $\mathcal{E}(\mathcal{C})$ vorkommen können. Schließlich gilt $\hat{s}_C(p) = 0$ für alle anderen Places p in N.*

- *für alle Konfigurationen $C, C' \in \mathcal{E}(\mathcal{C})$ gilt $C \overset{*}{\to}_M C' \iff \exists \sigma \in T^*$: $s_C [\sigma\!>_N s_{C'}$.*

Wir sagen auch, dass N M simuliert, falls N M auf ganz $\mathcal{C}_M$ simuliert.

Die Zuordnung von einem Paar (R_i^+, R_i^-) und einer Konstanten b_i zum Register R_i ist in N also nur dann erlaubt, falls in $\mathcal{E}(\mathcal{C})$ die Registerinhalte von R_i durch b_i beschränkt sind. In diesem Fall speichert der Place R_i^+ den aktuellen Registerinhalt x_i und R_i^- das Komplement $b_i - x_i$ bezüglich b_i. Man vergleiche hierzu den Beweis von Satz 3.3.9 zu Petri-Netzen mit Kapazitäten und Abbildung 3.12. Mit solchen Place-Paaren kann man generell beschränkte Places simulieren und einen „Nulltest" nachspielen: R_i ist leer ($x_i = 0$), falls R_i^- die maximale Zahl b_i von Token trägt.

Die Forderung

$$C \overset{*}{\to}_M C' \iff \exists \sigma \in T^* : s_C [\sigma\!>_N s_{C'}$$

sieht sehr stark aus. In Wirklichkeit kann man aber ein „Rechnen durch Raten" teilweise im Petri-Netz N verstecken. Denn obige Forderung sagt nur, dass die richtige Rechnung $C \overset{*}{\to}_M C'$ von M auch in N durchgeführt werden kann: $s_C [\sigma\!>_N s_{C'}$ gilt für ein geeignetes σ. Aber mit einem falsch geratenen σ' darf man in N auch weiterrechnen, $s_C [\sigma'\!>_N s'$ ist erlaubt, solange nicht $s' = s_{C''}$ gilt für eine Konfiguration C'' mit $C \overset{*}{\not\to}_M C''$. Insbesondere werden wir ein Petri-Netz N, das eine Registermaschine M simuliert, so konstruieren, dass die richtige Rechnung in N sehr „unwahrscheinlich" ist, alle falschen Rechnungen aber sterben, ohne jemals einen Zustand $s_{C''}$ mit einem $C'' \in \mathcal{E}(\mathcal{C})$ zu erreichen.

5.4.1 Inhibitorische PN und PN mit Prioritäten

Es ist klar, dass Petri-Netze, in der Form wie wir sie eingeführt haben, nicht die Mächtigkeit von Registermaschinen besitzen, sonst wäre das Erreichbarkeitsproblem unentscheidbar. Wir können in einem Petri-Netz zwar prüfen, ob sich mindestens ein Token auf einem Place befindet, indem wir versuchen, einen Token abzuziehen und sofort wieder hinzulegen. Auf diese Art können wir prüfen, ob ein Registerinhalt größer als 0 ist. Es ist im Allgemeinen jedoch nicht möglich, zu testen, ob ein Place *keine* Token enthält. Wegen der Monotonie von Petri-Netzen ist eine Transition, die bei leerem Place feuerbar ist, auch dann noch feuerbar, wenn wir zusätzliche Token auf diesen Place legen. Wir können also ein Register nicht auf 0 testen. Dieses Manko lässt sich einfach beseitigen, indem man den Petri-Netzen ebendiese Fähigkeit zum Test auf 0 mitgibt. Wir führen dazu zwei Erweiterungen zu Petri-Netzen mit abgewandelten Feuerbegriffen ein.

Definition 5.4.8. *Ein* inhibitorisches *Petri-Netz* $N = (P, T, \mathbb{F}, \mathbb{B}, s_0, inh)$ *besteht aus einem Petri-Netz* $(P, T, \mathbb{F}, \mathbb{B}, s_0)$ *und einer Abbildung* $inh : T \to 2^P$, *die (zusätzliche) sogenannte* inhibitorische Kanten *von Places auf Transitionen definiert. Eine Transition* $t \in T$ *ist feuerbar in einem Zustand* $s \in \mathbb{N}^P$, $s \lfloor t \rangle$, *genau dann, wenn* $s \geq \mathbb{F}(t) \wedge \pi_{inh(t)}(s) = \mathbf{0}$ *gilt. D.h., Places, von denen inhibitorische Kanten zu* t *führen, können keine Token tragen, wenn* t *feuerbar ist.*

Ein Petri-Netz mit Prioritäten $N = (P, T, \mathbb{F}, \mathbb{B}, s_0, >)$ *besteht aus einem Petri-Netz* $(P, T, \mathbb{F}, \mathbb{B}, s_0)$ *und einer irreflexiven, transitiven Relation* $> \subseteq T \times T$, *die Prioritäten für Transitionen angibt. Eine Transition* $t \in T$ *ist feuerbar in einem Zustand* $s \in \mathbb{N}^P$, $s \lfloor t \rangle$, *genau dann, wenn* $s \geq \mathbb{F}(t) \wedge \nexists t' \in T$: $(s \geq \mathbb{F}(t') \wedge t' > t)$ *gilt.*

Alle weiteren Definitionen, insbesondere die Berechnung des Nachfolgezustands beim Feuern einer Transition, bleiben unverändert.

Hier bedeutet $inh(t) = P' \subseteq P$, dass von jedem Place $p \in P'$ genau eine inhibitorische Kante zu t führt. In diesem Fall heißt $p \in P'$ auch ein *inhibitorischer Inputplace* für t. Eine ansonsten feuerbare Transition t verliert in inhibitorischen Petri-Netzen die Feuerbarkeitseigenschaft, falls mindestens ein inhibitorischer Inputplace mindestens ein Token enthält. Wir zeichnen inhibitorische Kanten durch eine Linie mit einem kleinen Kreis an ihrem Ende.

In einem Petri-Netz mit Prioritäten verliert eine ansonsten feuerbare Transition t ihre Feuerbarkeit, falls eine weitere Transition t' mit höherer Priorität ($t' > t$) ebenfalls feuerbar ist. Beide Modelle sind als Transitionssysteme nicht mehr monoton. Damit besitzen inhibitorische Petri-Netze und Petri-Netze mit Prioritäten den normalen Petri-Netzen überlegene Modellierungseigenschaften.

Satz 5.4.9. *Zu jeder* m-k-*RM* M *existieren ein inhibitorisches Petri-Netz* N_1 *und ein Petri-Netz mit Prioritäten* N_2, *so dass folgendes gilt:*

- N_1 und N_2 simulieren M.

- Für N_1 und N_2 gilt:

   a) $\forall C, C' \in \mathcal{C}_M : (C \to_M C' \iff \exists t \in T : s_C\ [t{>}s_{C'}))$,

   b) $\forall C \in \mathcal{C}_M\ \forall t_1, t_2 \in T : (s_C\ [t_1{>} \wedge s_C\ [t_2{>} \implies t_1 = t_2)$.

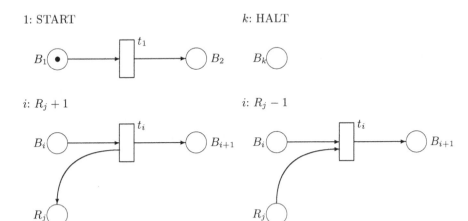

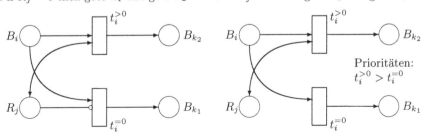

Abb. 5.20. Petri-Netze zur Simulation des RM-Befehlssatzes. Nur im Falle des Tests sind für inhibitorische PN und PN mit Prioritäten unterschiedliche Konstrukte erforderlich, diese sind unten links und unten rechts (respektive) dargestellt

Beweis: In diesen Konstruktionen von $N_q = (P_q, T_q, F_q, s_{0q})$, $q \in \{1, 2\}$, zur m-k-Registermaschine M gehört zu jedem Register R_i ein ausgezeichneter Place R_i und zu jedem Befehl B_j, $1 \leq j \leq k$, gehört ein ausgezeichneter Place B_j. Weitere Places werden N_1 und N_2 nicht besitzen, d.h. $P_q := \{R_i \mid 1 \leq i \leq m\} \cup \{B_j \mid 1 \leq j \leq k\}$.

Für jeden Befehl $j : B_j$, $1 \leq j \leq k$, aus M konstruieren wir das in Abbildung 5.20 angegebene, zum Befehl B_j (und dem darin benutzten Register R_i) gehörige Teilnetz. Für den Test "j: if $R_i = 0$ then goto k_1 else goto k_2" müssen wir dabei zwischen der inhibitorischen Variante für N_1 (im Bild unten links) und der Variante mit Prioritäten für N_2 (unten rechts) unterscheiden. Wir vereinigen nun alle so gewählten Teilnetze und identifizieren Places mit gleicher Bezeichnung. Insgesamt gilt $T_q := \{t_j \mid B_j$ ist ein Additions-, Subtraktions- oder START-Befehl, $1 \leq j \leq k\} \cup \bigcup_{B_j \text{ ist Testbefehl, } 1 \leq j \leq k} \{t_j^{=0}, t_j^{>0}\}$. F_q entnehmen wir Abbildung 5.20, als Startzustand wählen wir $s_{0q} = \mathbf{0}$. Man beachte, dass die anfänglichen Registerinhalte und der "Befehlszähler" gemäß Definition 5.4.7 durch einen Zustand $\hat{s} \in \mathbb{Z}^P$ bereitgestellt werden, der auf s_{0q} addiert wird.

Da immer genau ein Token auf einem der Places B_j liegt, und jede Transition einen der B_j-Places im Vorbereich hat, können bei einem Token auf B_j höchstens die Transitionen des j-ten Teilnetzes feuern. Kommt in diesem Teilnetz mehr als eine Transition vor, also $t_j^{=0}$ und $t_j^{>0}$, sind nicht beide feuerbar. Damit gilt b). In jedem Teilnetz führt das Feuern der (einen evtl. feuerbaren) Transition zur gewünschten Registerveränderung und zum Erreichen des nächsten auszuführenden Befehls. ∎

Korollar 5.4.10. *Für jede m-k-RM M gibt es ein inhibitorisches Petri-Netz und ein Petri-Netz mit Prioritäten, die M deterministisch und eins-zu-eins simulieren, d.h. jedem Rechenschritt in M entspricht das Feuern einer eindeutig bestimmten Transition, und andere Transitionen sind nicht feuerbar.*

Mit inhibitorischen Petri-Netzen oder Petri-Netzen mit Prioritäten lassen sich somit alle (RM-) berechenbaren partiellen Funktionen $f : \mathbb{N}^r \to \mathbb{N}$ berechnen.

5.4.2 Beschränkte Simulation von Registermaschinen

Wir werden jetzt zeigen, wie man mit einem Petri-Netz der Größe $O(n)$ die Rechnung einer 2^{2^n}-beschränkten Registermaschine simulieren kann. 2^{2^n}-beschränkt heißt hier, dass im Laufe der Rechnung der Registermaschine kein Register eine Zahl größer als 2^{2^n} speichern darf. Da man mit 2^{2^n}-beschränkten Registermaschinen die Arbeit von Turingmaschinen mit 2^n Bandfeldern simulieren kann, können Petri-Netze einer Größe $O(n)$ die Arbeit von Turingmaschinen mit in n exponentiellem Platzbedarf simulieren. Die Konsequenz wird sein, dass das Erreichbarkeitsproblem mindestens EXPSPACE-hart ist.

Definition 5.4.11. *Eine Konfiguration $C = (j, x_1, \ldots, x_m)$ einer m-k-RM M nennen wir b-beschränkt für ein $b \in \mathbb{N}$, wenn $x_i \leq b$ für alle $1 \leq i \leq m$ gilt. Die Menge aller b-beschränkten Konfigurationen von M bezeichnen wir mit b-$\mathcal{C}_M$.*

Definition 5.4.12. *Eine m-k-Registermaschine M heißt* (inhärent) *auf $\mathcal{C} \subseteq \mathcal{C}_M$ b-beschränkt, falls M mit Konfigurationen aus $\mathcal{C}$ gestartet nur b-beschränkte Konfigurationen erreichen kann. (Insbesondere müssen dazu alle Konfigurationen in $\mathcal{C}$ b-beschränkt sein.)*

Man könnte den Begriff der auf $\mathcal{C}$ b-beschränkten Registermaschine M auch so definieren, dass eine mit einer Konfiguration $C_0 \in \mathcal{C}$ gestartete Rechnung von M dann abbrechen muss, wenn M in eine nicht-b-beschränkte Konfiguration geraten würde. Beide Konzepte sind aber (als Transitionssysteme aufgefasst) isomorph, da man einer im neuen Sinn auf $\mathcal{C}$ b-beschränkten Registermaschine M eine isomorphe, inhärent auf $\mathcal{C}$ b-beschränkte Registermaschine M' zuordnen kann. Dazu besitzt M' für jedes Register R_i von M zwei Register R_i^+ und R_i^-. In M' speichert R_i^+ genau wie M in R_i den aktuellen Inhalt x_i, R_i^- speichert $b - x_i$. Einem Additionsbefehl $j : R_i + 1$ in M wird jetzt in M' ein Test vorgeschaltet, ob die Addition R_i^+ nicht über b hinaus vergrößert:

j: if $R_i^- = 0$ then goto k (Haltebefehl) else goto j';
j': $R_i^+ + 1$;
$j' + 1$: $R_i^- - 1$

Definition 5.4.13. *Ein Petri-Netz $N = (P, T, F, s_0)$ b-simuliert auf $\mathcal{C} \subseteq \mathcal{C}_M$ eine m-k-RM M, falls gilt:*

- *M ist auf $\mathcal{C}$ b-beschränkt,*

- *N simuliert M auf $\mathcal{C}$.*

Satz 5.4.14. *Zu jeder auf $\mathcal{C} \subseteq \mathcal{C}_M$ b-beschränkten m-k-RM M existiert ein b-beschränktes Petri-Netz N, das M auf $\mathcal{C}$ b-simuliert.*

Beweis: Zur m-k-Registermaschine M konstruieren wir $N = (P, T, F, s_0)$ wie folgt. Als ausgezeichnete Places, die dem Register R_i von M zugeordnet werden, wählen wir die Paarkonstruktion (R_i^+, R_i^-) laut Definition 5.4.7. D.h. der aktuelle Registerinhalt x_i in R_i wird durch x_i Token auf R_i^+ und $b - x_i$ Token auf R_i^- wiedergegeben. Insgesamt liegen zusammen stets b Token auf R_i^+ und R_i^-. Wir ordnen jedem Befehl B_j von M einen Place B_j zu. Damit gilt $P = \bigcup_{1 \leq j \leq k} \{B_j\} \cup \bigcup_{1 \leq i \leq m} \{R_i^+, R_i^-\}$, weitere Places existieren nicht. Den Startzustand s_0 definieren wir durch $s_0(R_i^-) := b$ für $1 \leq i \leq m$ und $s_0(p) = 0$ sonst. Mit Definition 5.4.7 ist der einer Konfiguration $C = (j, x_1, \ldots, x_m)$ von M entsprechende Zustand s_C von N gerade durch $s_C(B_j) = 1$, $s_C(R_i^+) = x_i$, $s_C(R_i^-) = b - x_i$ für $1 \leq i \leq m$ und $s_C(p) = 0$ sonst charakterisiert.

Wir sehen uns die Konstruktionen in Abbildung 5.21 an, die für jeden Befehl B_j, der auf Register R_i zugreift, das zu verwendende Teilnetz angibt. Wir

j: $R_i + 1$ j: $R_i - 1$

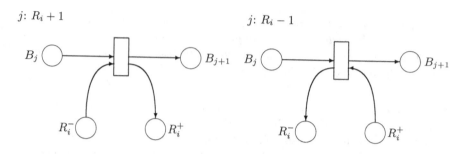

j: if $R_i = 0$ then goto k_1 else goto k_2

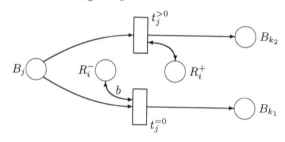

Abb. 5.21. Petri-Netze zur Simulation des RM-Befehlssatzes auf b-beschränkten Konfigurationen. Die Places R_i^+ und R_i^- enthalten zusammen stets b Token, R_i^+ enthält den Wert des Registers R_i, der Test auf 0 erfolgt, indem von R_i^- „kurzzeitig" b Token entfernt werden

benutzen für jeden Befehl B_j genau eines der Teilnetze und identifizieren wieder gleich benannte Places der verschiedenen verwendeten Netze. Der Test $R_i = 0$ wird nun einfach durch den Test ersetzt, ob R_i^- gerade b (also alle) Token enthält. Da M auf $\mathcal{C}$ b-beschränkt ist, enthält der Place R_i^+ (der ja den Registerinhalt von R_i repräsentiert) vor Simulation eines Befehls j : $R_i + 1$ stets weniger als b Token, und damit ist die zu diesem Befehl gehörige Transition in N auch feuerbar, wenn ein Token auf B_j liegt. Der Befehl j : $R_i - 1$ wird genau wie in Satz 5.4.9 behandelt. Damit wissen wir, dass N tatsächlich M auf $\mathcal{C}$ simuliert, also auch b-simuliert. ∎

Wir können also sehr einfach b-beschränkte Registermaschinen durch Petri-Netze einer Größe $O(b)$ simulieren. Es ist aber noch mehr möglich. Wir können die erstaunliche Tatsache beweisen, dass Petri-Netze einer Größe $O(n)$ bereits b-beschränkte Registermaschinen simulieren können mit $b = 2^{2^n}$. D.h. mit kleinen Petri-Netzen einer Größe $O(n)$ können wir doppelt-exponentiell große Registerinhalte beherrschen. Als ersten Schritt dazu beweisen wir folgendes Lemma, in dem über die Zahl der notwendigen Token in N bzw. s_0 nichts ausgesagt wird:

Satz 5.4.15. *Zu jedem $n \in \mathbb{N}$ und zu jeder m-k-RM M existiert ein Petri-Netz $N = (P, T, F, s_0)$, das M 2^{2^n}-simuliert mit $|P| + |T| + |F| = O(n)$.*

Beweis: Wie im vorigen Satz wollen wir auch hier ein Register R_i durch zwei Places R_i^+ und R_i^- darstellen, die zusammen nun stets 2^{2^n} Token enthalten. Die Addition und Subtraktion von Eins kann wie in Abbildung 5.21 bereits gezeigt durchgeführt werden. Lediglich der Test auf Null kann so nicht durchgeführt werden; man sieht klar, dass dafür in Abbildung 5.21 ein Teilnetz mit $|F| = 2b + 6 = 2^{2^n+1} + 6$ Kanten erforderlich wäre. Dies übersteigt aber die Forderung $|P| + |T| + |F| = O(n)$. Eine andere Vorgehensweise ist also erforderlich.

Die Menge der Places P von N enthält ausgezeichnete Places B_ℓ für $1 \leq \ell \leq k$, R_i^+, R_i^-, test R_i^+, test R_i^-, $R_i^+{=}0$, $R_i^-{=}0$, $R_i^+{>}0$ und $R_i^-{>}0$ für $1 \leq i \leq m$ und ^jX, $^j\bar{X}$, ^jY, $^j\bar{Y}$, ^jZ, $^j\bar{Z}$, test ^jX, $^jX{=}0$ und $^jX{>}0$ für $0 \leq j < n$. Den Startzustand $s_0 \in \mathbb{N}^P$ legen wir durch $s_0(R_i^-) = 2^{2^n}$ für $1 \leq i \leq m$, $s_0(^jX) = s_0(^jY) = s_0(^jZ) = 2^{2^j}$ für $0 \leq j < n$ und $s_0(p) = 0$ für alle $p \in P - (\{R_i^- \mid 1 \leq i \leq m\} \cup \bigcup_{0 \leq i < n}\{^jX, ^jY, ^jZ\})$ fest. Mit Definition 5.4.7 gilt somit für den einer Konfiguration $C = (j, x_1, \ldots, x_m)$ von M zugeordneten Zustand s_C von N, dass $s_C(B_j) = 1$, $s_C(R_i^+) = x_i$, $s_C(R_i^-) = 2^{2^n} - x_i$, für $1 \leq i \leq m$, $s_C(^jX) = s_C(^jY) = s_C(^jZ) = 2^{2^j}$, für $0 \leq j \leq n$, und $s_C(p) = 0$ sonst ist. Wir werden die Konstruktion so durchführen, dass die Places ^jX zu $^j\bar{X}$ „komplementär", ^jY zu $^j\bar{Y}$ und ^jZ zu $^j\bar{Z}$ komplementär werden. Dabei heißt „komplementär", dass je ein Paar $(^jX, ^j\bar{X})$, $(^jY, ^j\bar{Y})$ oder $(^jZ, ^j\bar{Z})$ zusammen stets 2^{2^j} Token tragen wird.

Ferner enthält N für jedes j, $0 \leq j < n$, und für jedes i, $1 \leq i \leq m$, "Testmodule" Test ^jX, Test R_i^+ und Test R_i^-. Test ^jX, Test R_i^+ und Test R_i^- erhalten Diagramme wie in Abbildung 5.22. Die Funktionalität dieser "Testmodule" in N soll wie folgt sein.

Die Testmodule Test ^jX, Test R_i^+ und Test R_i^- dienen dazu, zu prüfen, ob sich auf den Places ^jX, R_i^+ bzw. R_i^- Token befinden. Legt man einen Token auf den Place test ^jX, so „prüft" Test ^jX, ob null Token auf ^jX liegen. Liegt mindestens ein Token auf ^jX, so kann Test ^jX den Token von test ^jX entfernen und auf $^jX{>}0$ legen; die Tokenverteilung in N bleibt ansonsten unverändert. Liegt kein Token auf ^jX, so wird Test ^jX den Token von test ^jX stattdessen auf $^jX{=}0$ legen. Dabei tritt jedoch ein Seiteneffekt ein: nach dem Test liegen nun 2^{2^j} Token auf ^jX, die sich zuvor auf dem Komplementärplace $^j\bar{X}$ von ^jX befunden haben. Es wird aber nicht garantiert, dass irgendwann nachdem man einen Token auf test ^jX gelegt hat, tatsächlich ein Token entweder auf $^jX{=}0$ oder $^jX{>}0$ ankommt. Es ist lediglich sichergestellt, dass das korrekte Resultat erzielt werden kann und niemals ein falsches Resultat erzielt wird, wenn das Netz nicht zwischendurch „stirbt".

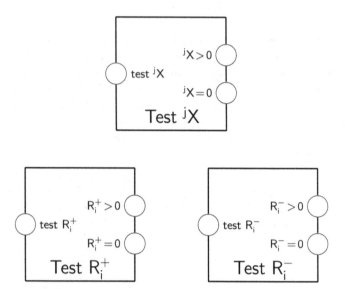

Abb. 5.22. Graphische Darstellung der Testmodule Test ^jX, Test R_i^+ und Test R_i^-

Die Tests für R_i^+ und R_i^- funktionieren analog zu dieser Beschreibung. R_i^+ und R_i^- sind ebenfalls zueinander komplementär. Die Antwort „$=0$" bei Test R_i^+ oder Test R_i^- vertauscht ebenfalls die Inhalte R_i^+ mit R_i^-, die Antwort „>0" lässt sie unverändert.

Die Places ^jX, $^j\bar{X}$, ^jY, $^j\bar{Y}$, ^jZ, $^j\bar{Z}$ und die Testmodule Test ^jX, $0 \le j < n$, dienen nur dazu, eine korrekte Anwendung des Testmoduls Test R_i^+ oder Test R_i^-, die zur Simulation der Registermaschine benötigt werden, zu unterstützen. Zu Beginn und am Ende eines jeden Makroschrittes des Tests, ob ein R_i^- oder R_i^+ den Wert Null hat, tragen die Places ^jX, ^jY und ^jZ genau je 2^{2^j} Token und $^j\bar{X}$, $^j\bar{Y}$ und $^j\bar{Z}$ sind jeweils leer, für $0 \le j < n$.

Wir abstrahieren kurzfristig vom Aufbau der Testmodule und betrachten erst einmal die generelle Funktionsweise des Netzes N. Ist $C = (\ell, x_1, \ldots, x_m)$ $(1 \le \ell \le k)$ eine Konfiguration von M, so ist gemäß dem Simulationsbegriff in Definition 5.4.7 eindeutig ein C zugeordneter Zustand $s_C = s_0 + \hat{s} \in \mathbb{N}^P$ des Netzes N definiert, und es gilt $s_C(R_i^+) = x_i$, $s_C(R_i^-) = 2^{2^n} - x_i$, $s_C(^jX) = s_C(^jY) = s_C(^jZ) = 2^{2^j}$, $s_C(B_\ell) = 1$ und $s_C(p) = 0$ sonst, für alle $i, j \in \mathbb{N}$ mit $1 \le i \le m$ und $0 \le j < n$.

j: $R_i + 1$ $\qquad\qquad\qquad\qquad$ j: $R_i - 1$

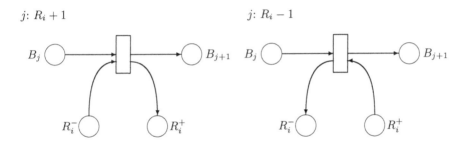

j: if $R_i = 0$ then goto k_1 else goto k_2

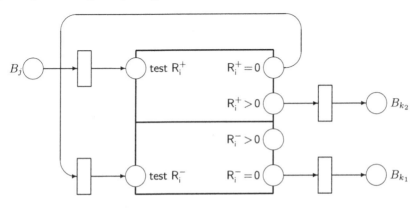

Abb. 5.23. Petri-Netze zur Simulation des RM-Befehlssatzes auf 2^{2^n}-beschränkten Konfigurationen. Der Test auf $R_i = 0$ erfolgt durch eine spezielle Testbox für R_i^+. Im Falle $R_i^+ = 0$ wird dabei die Tokenverteilung auf R_i^+ und R_i^- umkehrt. Daher ist zur Wiederherstellung des korrekten Zustands ein analoger Test auf R_i^- nötig

Die erforderlichen Netze zur Simulation einzelner Befehle sind in Abbildung 5.23 dargestellt. Das Testmodul für das Register R_i ist durch eine "Blackbox" dargestellt, bei der im Falle $R_i = 0$ hintereinander Tests für R_i^+ und R_i^- durchgeführt werden. Dies ist auf Grund der Spezifikation des Tests notwendig, der im Fall, dass $R_i^+ = 0$ gilt, ja als Seiteneffekt 2^{2^n} Token von R_i^- entfernt und auf R_i^+ legt. Um diesen Effekt aufzuheben, wird einfach ein Test auf R_i^- gemacht: da R_i^- ja nun keine Token mehr enthält, tritt der Seiteneffekt erneut ein, und legt die 2^{2^n} Token zurück auf R_i^-.

Wir werden die Teilstrukturen Test ^{j}X induktiv über j, $0 \le j < n$, aufbauen. Test R_i^+ wird de facto ein „Test ^{n}X" werden, Test R_i^- analog. Wir wollen nun (induktiv über j) beweisen, dass alle Testmodule korrekt konstruiert werden können. Hierbei wird für einen Makroschritt eines Tests, ob ^{j}X null Token trägt, zu Beginn und am Ende jeder Place ^iX, ^iY und ^iZ für $0 \leq i < j$ genau 2^{2^i} Token tragen.

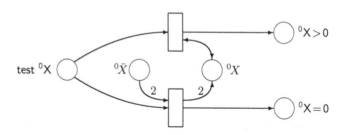

Abb. 5.24. Testnetz für ^0X. Der Spezifikation für Testnetze entsprechend wird die interne Tokenverteilung auf ^0X und $^0\bar{X}$ im Falle eines erfolgreichen Tests auf Null vertauscht. Die Summe der Token auf ^0X und $^0\bar{X}$ ist 2 ($= 2^{2^0}$)

Die Konstruktion für Test ^0X ist in Abbildung 5.24 gegeben. Zu ^0X ist zu beachten, dass auf dem Komplementärpaar ^0X und $^0\bar{X}$ zusammen stets 2 ($= 2^{2^0}$) Token liegen sollen. Der Test auf Null bei ^0X ist also gleichwertig zu dem Test auf Zwei bei $^0\bar{X}$.

Die Konstruktion von Test ^{j+1}X, unter der Voraussetzung, dass Test ^jX bereits korrekt konstruiert ist (Induktionsschritt), zeigt Abbildung 5.25 und 5.26. Dabei sind allerdings die Pfeilverbindungen der Places ^jX, $^j\bar{X}$, ^jY, $^j\bar{Y}$, ^jZ, $^j\bar{Z}$, ^{j+1}X und $^{j+1}\bar{X}$ aus Gründen der Lesbarkeit der Abbildung nicht eingezeichnet. Stattdessen sind diese Verbindungen in den Transitionen wie folgt abgekürzt: Eine Beschriftung „$p + 1$" innerhalb einer Transition t heißt, dass ein (nicht eingezeichneter) Pfeil von t nach p führt (t erhöht die Tokenzahl in p um Eins). „$p - 1$" innerhalb t sagt, dass ein Pfeil von p nach t führt (t subtrahiert einen Token von p). Insbesondere kann t in diesem Fall nicht feuern, falls p leer ist. Ferner tauchen in manchen Transitionen noch Kommentare wie „rate $p = 0$" auf, die nur dem Verständnis dienen sollen und die Feuereigenschaften von t nicht beeinflussen.

Dass ein Test, ob ^{j+1}X null Token trägt, korrekt funktioniert, unter der Voraussetzung, dass zu Beginn ^iX, ^iY und ^iZ je 2^{2^i} Token tragen für $0 \leq i \leq j$, sieht man leicht intuitiv wie folgt:

Um die Transition t_9 passieren zu können, musste ein Test auf $^jX=0$ erfolgreich gewesen sein, d.h. alle 2^{2^j} Token auf ^jX mussten auf $^j\bar{X}$ „umgeschaufelt" werden. Dazu musste die innere Schleife 2 genau 2^{2^j}-mal durchlaufen werden. Das geht nur, falls zuvor die 2^{2^j} Token von ^jZ auf $^j\bar{Z}$ transportiert wurden (anderenfalls wäre t_6 nicht 2^{2^j}-mal passierbar gewesen). Um die 2^{2^j} Token von ^jZ auf $^j\bar{Z}$ zu transportieren, muss die innere Schleife 1 2^{2^j}-mal durchlaufen worden sein, mit dem erwünschten Nebeneffekt, dass 2^{2^j}-mal ein Token von $^{j+1}\bar{X}$ auf ^{j+1}X transportiert wurde.

Man beachte, dass ein erfolgreicher Test auf $^jX=0$ per Induktionsvoraussetzung als Nebeneffekt wieder 2^{2^j} Token auf ^jX und null Token auf $^j\bar{X}$ legt. Um schließlich einen Token auf dem Outputplace $^{j+1}X=0$ zu erhalten, musste t_{15} passierbar sein, d.h. ein weiterer Test, ob ^jX null Token enthält, musste erfolgreich mit der Antwort $^jX=0$ hinter Transition t_{14} abgeschlossen worden sein. Dies ist nur durch ein 2^{2^j}-maliges Durchlaufen der inneren Schleife 3 möglich, wozu aber 2^{2^j} Token auf $^j\bar{Y}$ benötigt werden. Wie kann man aber von ^jY die 2^{2^j} Token auf $^j\bar{Y}$ verlagern? Nur durch ein 2^{2^j}-maliges Durchlaufen der äußeren Schleife, wobei als Nebeneffekt jedes einzelne Mal 2^{2^j} Token von $^{j+1}\bar{X}$ entfernt werden. Um t_{15} zu passieren, muss also die äußere Schleife 2^{2^j}-mal 2^{2^j} Token von $^{j+1}\bar{X}$ entfernen, das sind $2^{2^{j+1}}$ Token. Dies ist aber nur möglich, falls null Token auf ^{j+1}X lagen.

Als Nebeneffekt eines korrekten Nulltests bei ^{j+1}X sind jetzt wieder $2^{2^{j+1}}$ Token von $^{j+1}\bar{X}$ auf ^{j+1}X zurückverlagert worden, und alle Places ^iX, ^iY und ^iZ für $0 \leq i < \leq j$ besitzen wieder, wie zu Beginn des Tests, 2^{2^i} Token.

Dies ist kein formaler Beweis. Ein solcher ist recht aufwendig und erfordert einige Hilfssätze und geeignete Invarianten. Er wird jetzt präsentiert:

Hilfsüberlegung 1:
$\forall C \in 2^{2^n}\text{-}\mathcal{C}_M \ \forall s \in \mathcal{E}(s_C)$: $(\forall j \in \{0,\dots,n-1\}$: $s(^jX) + s(^j\bar{X}) = s(^jY) + s(^j\bar{Y}) = s(^jZ) + s(^j\bar{Z}) = 2^{2^j} \ \wedge \ \forall i \in \{1,\dots,m\}$: $s(R_i^+) + s(R_i^-) = 2^{2^n})$

Beweis: Jede Transition in N, die einen Token von ^jX (bzw. ^jY, ^jZ, R_i^+) entfernt, legt gleichzeitig einen Token auf $^j\bar{X}$ (bzw. $^j\bar{Y}$, $^j\bar{Z}$, R_i^-), und umgekehrt. $\square$

Es wird in den folgenden Schritten häufig eine Voraussetzung $V^j(s)$ benötigt, die besagt, dass im Zustand s auf den Places ^kX, ^kY und ^kZ für $0 \leq k < j$ genau 2^{2^k} Token liegen sollen:

$$V^j(s) :\Longleftrightarrow \forall k \in \{0,\dots,j-1\} : s(^kX) = s(^kY) = s(^kZ) = 2^{2^k}.$$

(Natürlich muss mit Hilfsüberlegung 1 auch $s(^k\bar{X}) = s(^k\bar{Y}) = s(^k\bar{Z}) = 0$ für $0 \leq k < j$ gelten, falls $V^j(s)$ gilt.)

Es sei $C \in 2^{2^n}\text{-}\mathcal{C}_M$ eine 2^{2^n}-beschränkte Konfiguration von M, s_1 sei aus $\mathcal{E}(s_C)$ und $s_1(\text{test } ^jX) = 1$ gelte. D.h. wir wollen einen Test ^jX durchführen. $s \in \mathcal{E}(s_1)$ sei irgendein Zustand von N, der *während der Ausführung* dieses Testes Test ^jX auftreten kann (einschließlich s_1 und der Zustände, die ein Ergebnis beschreiben, d.h. 1 Token liegt auf $^jX=0$ oder $^jX>0$). $S_{j\text{-}Test}$ sei die Menge dieser Zustände.

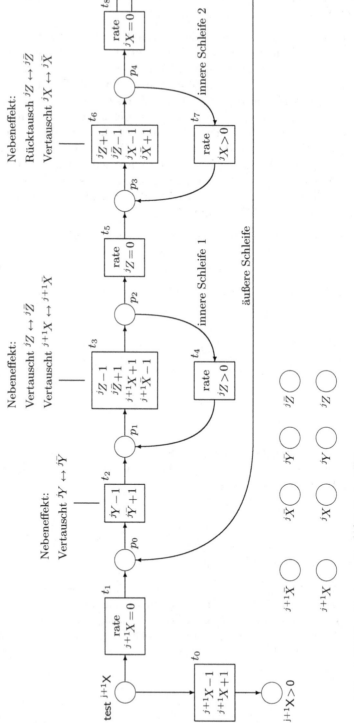

Abb. 5.25. Das Testnetz für ^{j+1}X, linke Hälfte

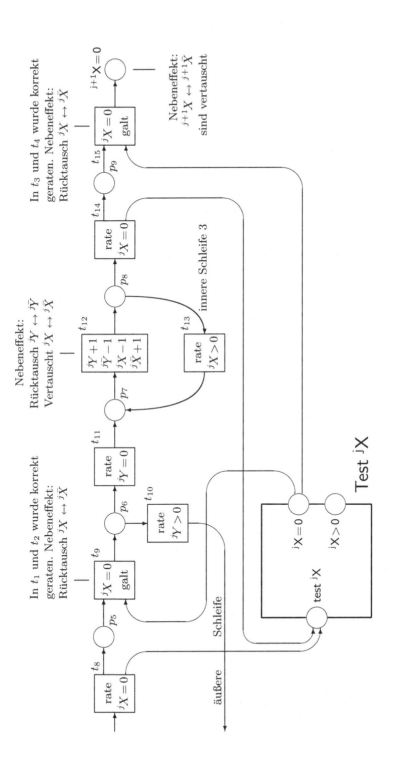

Abb. 5.26. Das Testnetz für ^{j+1}X, rechte Hälfte

Korrektheitsbeweis der Konstruktionen für Test ^{j}X:

Induktionsbeginn $j = 0$: Soll ein Test ^{0}X, vgl. Abbildung 5.24, durchgeführt werden, so gilt $V^{0}(s_1)$, denn $V^{0}(s_1)$ ist stets wahr, da ja nur etwas über nicht vorhandene Places $k < 0$ gefordert wird. Die Konstruktion liefert das gewünschte korrekte Verhalten: Ein Token auf $^{0}X>0$ ist nur möglich, falls $s_1(^{0}X) > 0$ gilt. Bei $s_1(^{0}X) = 0$ (d.h. $^{0}\bar{X} = 2^{2^{0}} = 2$) kann ein Token nur $^{0}X=0$ erreichen, mit dem gewünschten Seiteneffekt, dass jetzt ^{0}X 2 Token trägt und $^{0}\bar{X}$ keinen mehr.

Induktionsschritt $j \to j + 1$: Wir setzen voraus, dass Test ^{k}X korrekt arbeitet für $0 \le k \le j$. Die Konstruktion für Test ^{j+1}X ist in Abbildung 5.25 und 5.26 dargestellt. Die „innere Schleife 1" bezeichnet den Kreis von p_1 über t_3, p_2 und t_4 zurück nach p_1. Analog für „innere Schleife 2" ($p_3 \to t_6 \to p_4 \to t_7 \to p_3$) und „innere Schleife 3" ($p_7 \to t_{12} \to p_8 \to t_{13} \to p_7$). Die „äußere Schleife" bezeichnet irgendeinen Weg von p_0 über p_6 zurück nach p_0. Wir beweisen gleich die beiden Hilfsüberlegungen 2 und 3.

Hilfsüberlegung 2: Sei $s \in S_{j+1\text{-}Test}$ mit $s(p_1) = 1$, und es gelten $V^{j}(s)$ und $s(^{j}X) = s(^{j}Z) = 2^{2^{j}}$ (d.h. $V^{j+1}(s)$ gilt abgesehen von der Bedingung $s(^{j}Y) = 2^{2^{j}}$). Gilt jetzt $s\,[\sigma{>}s'$ mit $s'(p_6) = 1$ und t_{10} kommt in σ nicht vor (d.h. die äußere Schleife wurde nicht benutzt), so gilt auch $V^{j}(s')$ und $s'(^{j}X) = s'(^{j}Z) = 2^{2^{j}}$, und σ benutzt die inneren Schleifen 1 und 2 genau $2^{2^{j}}$-mal.

Hilfsüberlegung 3: Gilt $V^{j+1}(s_1)$ und $s_1\,[\sigma{>}s_1'$ mit $s_1'(^{j+1}X{=}0) = 1$, so gilt auch $V^{j+1}(s_1')$ und σ hat die äußere Schleife genau $2^{2^{j}}$-mal durchlaufen.

Wir stellen die Beweise für diese beiden Hilfsüberlegungen einen Moment zurück und betrachten zuvor einige Konsequenzen.
Hilfsüberlegung 3 impliziert $V^{j+1}(s_1)$.

Beweis für $V^{j+1}(s_1)$: Falls wir Test ^{j+1}X in s_1 zum ersten Mal benutzen, wurde noch kein Token von einem Place ^{k}X, $^{k}\bar{X}$, ^{k}Y, $^{k}\bar{Y}$, ^{k}Z oder $^{k}\bar{Z}$, $0 \le k \le j$, verändert (gegenüber s_C, dem Zustand, der der Konfiguration C entspricht), da diese Places ^{k}X bis $^{k}\bar{Z}$ nur zu Transitionen aus der inneren Struktur von Test ^{j+1}X Verbindungen haben. Also gilt $V^{j+1}(s_1)$ vor der ersten Benutzung von Test ^{j+1}X. Damit bleibt $V^{j+1}(s)$ bei der Antwort $^{j+1}X>0$ bestehen (da hier nur Transition t_0 einmal feuert), und bei der Antwort $^{j+1}X = 0$ (ein Token erreicht den Outputplace $^{j+1}X{=}0$ von Test ^{j+1}X) gilt $V^{j+1}(s_1')$ wieder nach Hilfsüberlegung 3. Dieses Argument zieht sich für alle Benutzungen von Test ^{j+1}X durch.   □

Hilfsüberlegung 4: Gilt $s_1\,[\sigma{>}s_1'$ mit $s_1'(^{j+1}X{=}0) = 1$, so wurde in σ die innere Schleife 1 genau $2^{2^{j+1}}$-mal durchlaufen. In s_1' gilt ferner $s_1'(^{j+1}X) = 0$ und $s_1'(^{j+1}\bar{X}) = 2^{2^{j+1}}$.

Beweis der Hilfsüberlegung 4: Nach Hilfsüberlegung 3 durchläuft σ die äußere Schleife genau 2^{2^j}-mal, dabei wird der Weg von p_1 nach p_6 2^{2^j}-mal durchlaufen. Mit Hilfsüberlegung 2 durchläuft jeder Weg von p_1 nach p_6 genau 2^{2^j}-mal die innere Schleife 1. Damit wird diese insgesamt genau $2^{2^j} \cdot 2^{2^j} = 2^{2^{j+1}}$ mal durchlaufen. Bei jedem Durchlauf wird t_3 einmal benutzt mit dem Effekt, dass ^{j+1}X insgesamt um $2^{2^{j+1}}$ hochgezählt wird und $^{j+1}\bar{X}$ (von $2^{2^{j+1}}$) auf 0 heruntergezählt wird. $\qquad\square$

Als Konsequenz arbeitet Test $^{j+1}$X korrekt gemäß seiner Spezifikation.

Beweis der Hilfsüberlegung 2: In s' gilt $s'(p_6) = 1$. Der Token p_6 muss Test ^{j}X mit dem Output ^{j}X$=0$ passiert haben, damit t_9 feuern konnte. Da in s noch $s(^jX) = 2^{2^j}$ gilt, muss σ diese 2^{2^j} Token von ^jX entfernt haben. Das ist nur in t_6 möglich. Also hat σ die innere Schleife 2 genau 2^{2^j}-mal durchlaufen. Dazu musste t_6 2^{2^j}-mal von $^j\bar{Z}$ einen Token entfernen. Daher musste zum Zeitpunkt des Feuerns von t_5 $^j\bar{Z}$ genau 2^{2^j} Token enthalten. Da wegen $V^{j+1}(s)$ im Zustand s ebenfalls $^j\bar{Z}$ keine Token besitzt und $^j\bar{Z}$ nur durch Feuern von t_3 Token erhalten kann, musste in σ t_3 genau 2^{2^j}-mal vorkommen. D.h., auch die innere Schleife 1 wurde genau 2^{2^j}-mal durchlaufen. Insgesamt hat σ den Inhalt von ^jZ mit dem von $^j\bar{Z}$ vertauscht (2^{2^j}-maliges Feuern von t_3), diese Inhalte zurückgetauscht (2^{2^j}-maliges Feuern von t_6), den Inhalt von ^jX und $^j\bar{X}$ vertauscht (2^{2^j}-maliges Feuern von t_6) und zurückgetauscht (Nebeneffekt des Testes Test ^jX bei Ausgabe ^{j}X$=0$). D.h. es gilt $s'(^jX) = s'(^jZ) = 2^{2^j}$. Nun können wir aus $V^j(s)$ auch $V^j(s')$ folgern, wenn wir beachten, dass Test $^{j+1}$X nur in Gestalt des darin enthaltenen Tests Test ^{j}X diese Folgerung invalidieren kann: In Test $^{j+1}$X selbst kommen Places ^kX, $^k\bar{X}$, ^kY, $^k\bar{Y}$, ^kZ und $^k\bar{Z}$ für $k < j$ gar nicht vor. Der Test ^{j}X arbeitet nach Induktionsvoraussetzung aber korrekt und erfüllt insbesondere Hilfsüberlegung 3. Daher können wir aus $V^j(s)$ auch $V^j(s')$ folgern, und Hilfsüberlegung 2 ist bewiesen. $\qquad\square$

Beweis der Hilfsüberlegung 3: In s'_1 gilt $s'_1(^{j+1}$X$=0) = 1$. Wir argumentieren völlig analog zum Beweis für Hilfsüberlegung 2, dass damit die innere Schleife 3 und auch die äußere Schleife genau 2^{2^j}-mal durchlaufen wurden und somit $s'_1(^jX) = s'_1(^jY) = 2^{2^j}$ gilt. Hilfsüberlegung 2 garantiert außerdem $s(^jZ) = 2^{2^j}$ nach dem letzten Durchlauf der äußeren Schleife, und daher auch in s'_1, weil „nach" p_6 keine Veränderungen an ^jZ mehr vorgenommen werden. Außerdem folgt aus $V^j(s_1)$ bereits $V^j(s'_1)$ da der Inhalt der beteiligten Places nur im Test ^{j}X verändert werden kann, dieser aber per Induktionsvoraussetzung bereits korrekt funktioniert und Hilfsüberlegung 3 erfüllt. Insgesamt gilt also $V^{j+1}(s'_1)$, und Hilfsüberlegung 3 ist bewiesen. $\qquad\square$

Insgesamt wurden $n + k$ Teilstrukturen mit jeweils konstanter Anzahl von Kanten konstruiert und verschaltet, um die Simulation durchzuführen – je eines für jeden der ^jX-Tests, die einander rekursiv aufrufen, und je eines für jeden Befehl B_ℓ, $1 \leq \ell \leq k$. Da wir k als Konstante betrachten, erhält man insgesamt ein Netz mit $|P| + |T| + |F| = O(n)$, das die gewünschte RM 2^{2^n}-simuliert.   ∎

Dieses Petri-Netz N zur Simulation einer Registermaschine M besitzt allerdings noch eine Größe $O(2^{2^n})$, da auch die Tokenverteilung auf einem Startzustand s_C zur Simulation der Rechnung M's von C aus berücksichtigt werden muss. N benötigt aber $O(2^{2^n})$ Token auf den Places. Diese Zahl von Token wollen wir so reduzieren, dass im Startzustand N mit $O(n)$ Token beginnt (tatsächlich genügt ein Token) und sich die benötigten $O(2^{2^n})$ Token selbst generiert.

Definition 5.4.16. *Ein Petri-Netz* $N = (P, T, F, (1, \mathbf{0})^{\mathsf{T}})$ *erzeugt eine Zahl* $b \in \mathbb{N}$ *stark genau dann, wenn* N *ausgezeichnete Places* start$(= p_1)$, *halt*$(= p_2)$ *und out*$(= p_3)$ *besitzt, so dass gilt:*

- $\exists \sigma \in T^*$: $(1, \mathbf{0})^{\mathsf{T}} [\sigma{>}(0, 1, b, \mathbf{0})^{\mathsf{T}}$ *und*

- $\forall s \in \mathcal{E}((1, \mathbf{0})^{\mathsf{T}})$: $(s(halt){=}1 \wedge \forall p \in P{-}\{halt, out\}$: $s(p) = 0 \Longrightarrow s(out) = b)$.

Gilt zusätzlich

- $\forall s \in \mathcal{E}((1, \mathbf{0})^{\mathsf{T}})$: $(s(halt) = 1 \Longrightarrow s(out) = b)$.

so sagen wir auch, dass N b *sicher erzeugt.*

Lemma 5.4.17. *Für jedes* $n \in \mathbb{N}$ *wird die Zahl* 2^{2^n} *von einem Petri-Netz der Größe* $O(n)$ *sicher erzeugt.*

Beweis: Wir werden noch etwas mehr zeigen, als in Definition 5.4.16 und Lemma 5.4.17 gefordert, nämlich dass wir mit einem Petri-Netz $N = (P, T, F, s_0)$ der Größe $O(n)$ *simultan* jede Zahl 2^{2^j} für $0 \leq j \leq n$ wie folgt erzeugen können: N besitzt ausgezeichnete Places $start$, $halt$, ${}^jX$, ${}^j\bar{X}$, ${}^jY$, ${}^j\bar{Y}$, ${}^jZ$, ${}^j\bar{Z}$ für $0 \leq j < n$ und out mit

- $s_0(start) = 1 \wedge \forall p \in P - \{start\}$: $s_0(p) = 0$,

- s_f sei definiert durch
  $s_f(halt) = 1 \wedge s_f(p) = 2^{2^j}$ für $p \in \{{}^jX, {}^jY, {}^jZ\}$, $0 \leq j < n \wedge s_f(out) = 2^{2^n}$
  $\wedge s_f(p) = 0$ für $p \in P - (\{out, halt\} \cup \bigcup_{0 \leq j < n}\{{}^jX, {}^jY, {}^jZ\})$, so gilt

  - $\exists \sigma \in T^*$: $s_0 [\sigma{>}s_f$, und

  - $\forall s \in \mathcal{E}(s_0)$: $(s(halt) > 0 \Longrightarrow s(out) = 2^{2^n} \wedge \forall p \in \bigcup_{0 \leq j < n}\{{}^jX, {}^jY, {}^jZ\}$:
    $s(p) = 2^{2^j})$.

Wir erzeugen sukzessiv die Zahlen 2^{2^j} für $0 \leq j \leq n$. In Abbildung 5.27 ist eine Konstruktion für zunächst 2^{2^0} dargestellt. Dieses Teilnetz Lade 2^{2^0} besteht nur aus ^0start, ^0X, ^0Y, ^0Z und einem internen Halteplace ^0halt.

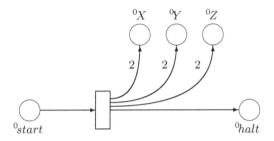

Abb. 5.27. Das Modul Lade 2^{2^0}

Für den Induktionsschritt $j \to j + 1$ für „Lade $2^{2^{j+1}}$" nutzen wir aus, dass bei einem Token auf ^jhalt die ausgezeichneten Places ^kX, ^kY und ^kZ für $0 \leq k \leq j$ bereits korrekt mit 2^{2^k} Token „geladen" sind. Die Aufgabe ist nun, die noch unbenutzten Places ^{j+1}X, ^{j+1}Y und ^{j+1}Z auf $2^{2^{j+1}}$ zu laden. Wir nutzen eine Konstruktion ganz analog zu Test ^{j+1}X, in der eine innere Schleife genau $2^{2^{j+1}}$ $(= 2^{2^j} \cdot 2^{2^j})$ mal durchlaufen wird, falls ^jX, ^jY und ^jZ bereits genau 2^{2^j} Token tragen. Der Unterschied zu Test ^{j+1}X ist minimal: Da wir ^{j+1}X nicht testen, sondern laden wollen, besitzt t_3 in der inneren Schleife als Inputplaces $^\bullet t_3$ nur noch ^jZ und nicht mehr $^{j+1}\bar{X}$, und als Outputplaces $t_3^\bullet$ neben $^j\bar{Z}$ und ^{j+1}X auch noch ^{j+1}Y und ^{j+1}Z. Der „untere Ast" von Test ^{j+1}X mit dem Place $^{j+1}X > 0$ entfällt, test ^{j+1}X nennen wir jetzt $^{j+1}start$, $^{j+1}X = 0$ wird jetzt $^{j+1}halt$ genannt, und der Output ^jhalt von Lade 2^{2^j} wird mit $^{j+1}start$ von Lade $2^{2^{j+1}}$ verbunden. Abbildung 5.28 und 5.29 zeigen das Teilnetz Lade $2^{2^{j+1}}$.

Im letzten Schritt für $j + 1 = n$ entfallen in t_3 in der inneren Schleife 1 die Outputplaces ^nY und ^nZ, der Place ^nX wird *out* genannt.

Zu beachten ist, dass in obiger Konstruktion die verwendeten Test ^jX-Teilnetze die gleichen sind wie in der Konstruktion in Satz 5.4.15 verwendet, vergleiche Abbildung 5.25 und 5.26. Abbildung 5.30 zeigt die Gesamtkonstruktion.

Sei k_0 die Größe von Lade 2^{2^0}. Die Größen von Lade 2^{2^j} für $0 < j < n$ sind jeweils konstant, k, unabhängig von n. Damit ist die Größe von N höchstens $\max\{k_0, k\} \cdot n = O(n)$. N nennen wir auch „2^{2^n}-Generator". ∎

Wir werden gleich aus technischen Gründen ein Netz benötigen, das auf alle ^jX, ^jY, ^jZ, $0 \leq j < n$, genau $2^{c \cdot 2^j}$ und auf *out* genau $2^{c \cdot 2^n}$ Token legt, für

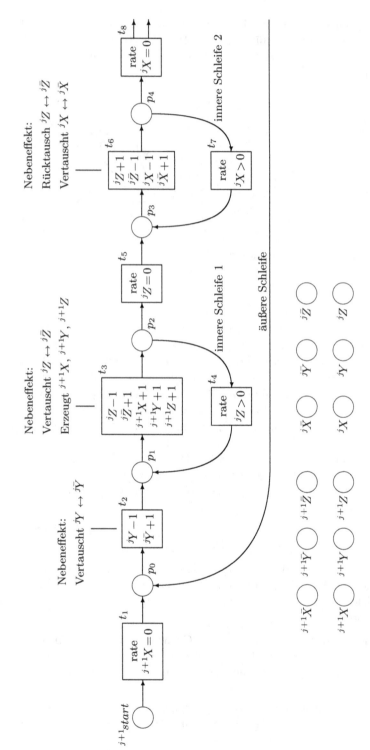

Abb. 5.28. Das Teilnetz Lade $^{j+1}$X, linke Hälfte

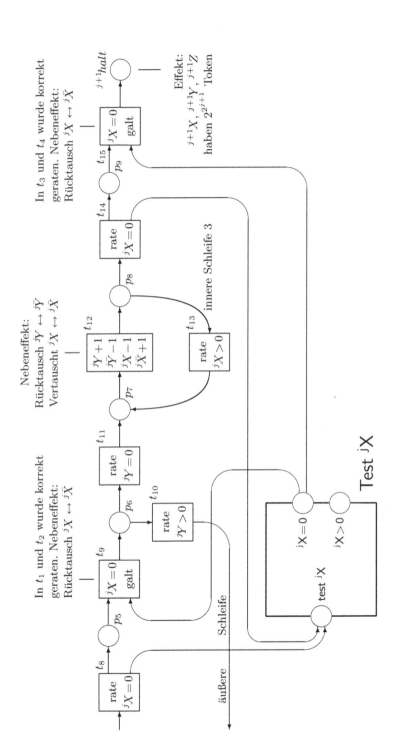

Abb. 5.29. Das Teilnetz Lade ^{j+1}X, rechte Hälfte

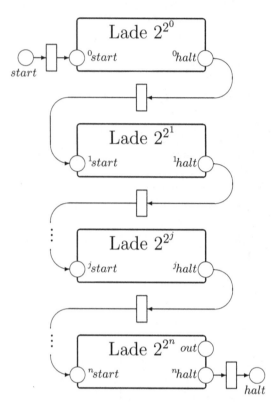

Abb. 5.30. Der 2^{2^n}-Generator zur simultanen Erzeugung der Zahlen 2^{2^j} für $0 \leq j \leq n$

ein $c \in \mathbb{N}$. Dazu bedarf es aber nur einer trivialen Modifikation des 2^{2^n}-Generators. Man beachte, dass $2^{c \cdot 2^{j+1}} = 2^{c(2^j + 2^j)} = 2^{c \cdot 2^j + c \cdot 2^j} = 2^{c \cdot 2^j} * 2^{c \cdot 2^j}$ gilt. D.h. erzeugte Lade 2^{2^j} bereits $2^{c \cdot 2^j}$ Token auf ^jX, ^jY und ^jZ, so erzeugt die *gleiche* Konstruktion für Lade $2^{2^{j+1}}$ wie in Lemma 5.4.17 schon $2^{c \cdot 2^{j+1}}$ viele Token auf ^{j+1}X, ^{j+1}Y und ^{j+1}Z. Wir müssen also nur Lade 2^{2^0} so ändern, dass es $2^{c \cdot 2^0} = 2^c$ viele Token statt 2 Token auf ^0X, ^0Y und ^0Z erzeugt. Dazu ersetzt man in Abbildung 5.27 die 2-fach Pfeile der einzigen Transition nach ^0X, ^0Y und ^0Z durch 2^c-fach Pfeile. Insgesamt gilt also auch:

Ändern wir in der Konstruktion eines Netzes für Satz 5.4.15 nur in Abbildung 5.24 das Testnetz für ^0X so ab, dass wir die 2-fach Pfeile durch 2^c-fach Pfeile ersetzen, so testen wir jetzt, ob $^0\bar{X}$ genau 2^c Token besitzt. Lassen wir alle anderen Konstrukte unverändert, so erhalten wir mit dem gleichen Argument wie eben ein Petri-Netz mit $2^{c \cdot 2^j}$ Token auf ^jX, ^jY und ^jZ, $0 \leq j < n$ und $2^{c \cdot 2^n}$ Token auf R_i^-, $1 \leq i \leq m$, im Normalzustand, das eine m-k-Registermaschine jetzt $2^{c \cdot 2^n}$-simuliert. Damit haben wir bereits bewiesen:

Korollar 5.4.18.

- *Für $n, c \in \mathbb{N}$ existiert ein $2^{c \cdot 2^n}$-Generator der Größe $O(n)$ mit ausgezeichneten Places start $(= p_1)$, halt, out und ^jX, ^jY, ^jZ für $0 \leq j < n$, so dass für den initialen Zustand $(1, \mathbf{0})^\top$ gilt:*

  - $\exists s \in \mathcal{E}((1, \mathbf{0})^\top)$: $(s(halt) = 1 \wedge \forall j \in \{0, \ldots, n-1\}$: $s(^jX) = s(^jY) = s(^jZ) = 2^{c \cdot 2^j} \wedge s(out) = 2^{c \cdot 2^n} \wedge \forall p \in P - (\{halt, out\} \cup \bigcup_{0 \leq j < n} \{^jX, ^jY, ^jZ\})$: $s(p) = 0)$

  - $\forall s \in \mathcal{E}((1, \mathbf{0})^\top)$: $(s(halt) > 0 \wedge \forall p \in P - (\{halt, out\} \cup \bigcup_{0 \leq j < n} \{^jX, ^jY, ^jZ\})$: $s(p) = 0 \implies s(out) = 2^{c \cdot 2^n} \wedge \forall j \in \{0, \ldots, n-1\}$: $s(^jX) = s(^jY) = s(^jZ) = 2^{c \cdot 2^j})$.

- *Zu jeder m-k-Registermaschine M und zu jedem $c \in \mathbb{N}$ existiert ein Petri-Netz der Größe $O(n)$, das M $2^{c \cdot 2^n}$-simuliert.*

Anstelle von Registermaschinen wollen wir nun versuchen Turingmaschinen durch Petri-Netze zu simulieren. Da Turingmaschinen nicht auf natürlichen Zahlen, sondern auf Wörtern über jeweils festen Alphabeten arbeiten, müssen wir zunächst zeigen, wie wir ein Eingabewort der Turingmaschine in einem Petri-Netz darstellen. Wir sind insbesondere an Turingmaschinen interessiert, die Sprachen entscheiden oder akzeptieren, und erwarten daher als Ausgabe der Turingmaschine kein Wort, sondern höchstens einen Wert 0 oder 1 als Ergebnis "nein" oder "ja". Wir beschränken daher die zu berechnenden Funktionen auf Funktionen mit Definitionsbereich Σ^* für ein Alphabet Σ und Wertebereich $\mathbb{N}$.

Definition 5.4.19. *Eine* Schar $(N_n)_{n \in \mathbb{N}}$ von kleinen Petri-Netzen $N_n = (P_n, T_n, F_n, \mathbf{0})$ approximiert *eine Funktion $f : \Sigma^* \to \mathbb{N}$ mit $\Sigma = \{a_0, \ldots, a_r\}$* stark *genau dann, wenn*

- *für jedes n gilt: N_n besitzt ausgezeichnete Places start, halt, out, in_1, ..., in_n,*

- *für jedes $w \in \Sigma^n$ sei s_w der eindeutig definierte Zustand aus $\mathbb{N}^{P_n}$ mit*

  - $s_w(start) = 1$,

  - $s_w(in_i) = \ell \iff w(i) = a_\ell$ für $1 \leq i \leq n$,

  - $s_w(p) = 0$ für alle $p \in P_n - \{start, in_1, \ldots, in_n\}$,

- $\forall w \in \Sigma^n$:

  - $\exists s \in \mathcal{E}_{N_n}(s_w)$: $(s(halt) = 1 \wedge \forall p \in P - \{halt, out\}$: $s(p) = 0)$,

- $\forall s \in \mathcal{E}_{N_n}(s_w)$: $(s(halt) > 0 \implies N$ ist tot in $s)$,

- $\forall s \in \mathcal{E}_{N_n}(s_w)$: $(s(halt) > 0 \wedge \forall p \in P - \{halt, out\}$: $s(p) = 0 \implies$ $s(out) = f(w))$,

- $\forall n \in \mathbb{N}$: N_n hat die Größe $O(n)$.

D.h. zur Approximation von f durch $(N_n)_{n \in \mathbb{N}}$ nutzen wir für einen Input $w \in \Sigma^*$ der Länge $|w| = n$ gerade das Netz N_n zur Berechnung von $f(w)$. Dabei hat N_n gerade eine Größe von $O(n)$. Es lässt sich nun zeigen, dass jede Funktion $f : \Sigma^* \to \mathbb{N}$, die von einer Turingmaschine mit exponentiellem Platzaufwand berechnet werden kann, auch von einer Schar von kleinen Petri-Netzen approximiert werden kann.

Satz 5.4.20. Ist $f : \Sigma^* \to \mathbb{N}$ in EXPSPACE, dann kann f durch eine Schar von kleinen Petri-Netzen stark approximiert werden.

Beweis: Sei $f : \Sigma^* \to \mathbb{N}$ aus EXPSPACE mit $\Sigma = \{0, 1\}$, vergleiche Seite 46. Es sei T_f eine Turingmaschine mit maximalem Platzbedarf $O(2^n)$ für Eingabewörter der Länge n, die f berechnet. Wieder können wir ohne Einschränkung annehmen, dass T_f nur mit dem Bandalphabet $\{0, 1\}$ arbeitet. Die Platzbedarfsfunktion für T_f sei $c \cdot 2^n$ für ein festes $c \in \mathbb{N}$. Mit den Standardtechniken der Theoretischen Informatik kann man T_f mittels einer Registermaschine R_f simulieren.

Ist $w \in \{0, 1\}^n$ die Eingabe der Turingmaschine, so erhält R_f als Eingabe $int_n(w)$, vgl. Satz 5.4.3, in Register 1. T_f speichert höchstens Worte v der Länge $c \cdot 2^n$, daher kann R_f mit Registern auskommen, die $int_{c \cdot 2^n}(v)$ speichern können. Wegen $int_{c \cdot 2^n}(v) \leq 2^{c \cdot 2^n}$ für $v \in \{0, 1\}^*$ ist R_f also $2^{c \cdot 2^n}$-beschränkt. Wir müssen nun für alle $n \in \mathbb{N}$ ein Petri-Netz $N_{f,n}$ konstruieren, das Definition 5.4.19 erfüllt. Wir zeigen die Konstruktion in Abbildung 5.31. Nach Korollar 5.4.18 existiert ein Petri-Netz $N = (P, T, F, s_0)$, das R_f $2^{c \cdot 2^n}$-simuliert mit $|P| + |T| + |F| = O(n)$. Den Startzustand s_0 können wir nach Lemma 5.4.17 mit einem Petri-Netz der Größe $O(n)$ erzeugen. Der $2^{c \cdot 2^n}$-Generator lädt auch alle ^jX-Places, etc., mit $2^{c \cdot 2^j}$, $0 \leq j \leq n$, ohne dass dies in Abbildung 5.31 angedeutet ist. Die Kodierung des Eingabewortes $w \in \{0, 1\}^n$ (auf die Places in_1 bis in_n verteilt, gemäß der Definition des Zustandes $\hat{s}$ in Definition 5.4.19) durch $int_n(w)$ lässt sich gemäß Abbildung 5.16 ebenfalls mit einem Petri-Netz der Größe $O(n)$ durchführen. Nach dem Start der Simulation von R_f können keine Token mehr aus int_n oder dem Lademodul entfernt werden. Bei einer korrekten Terminierung wissen wir also, dass das R_f simulierende Netz die korrekte Eingabe erhalten hat und int_n und das Lademodul leer sind. (Die Places ^jX, ^jY, ^jZ betrachten wir als zum Simulator für R_f gehörig.) Falls die Simulation terminiert, also ein Token auf B_k landet, können wir nun das Ergebnis von R_2^+ nach out transferieren. Da wir mit leerem Netz bis auf *out* und *halt* halten müssen, dürfen wir die Token von allen Places in R_f abziehen – bis auf R_2^+, um das Ergebnis nicht zu verfälschen. Also kann R_f auch kein falsches Resultat liefern. Die Simulation arbeitet insgesamt richtig. ∎

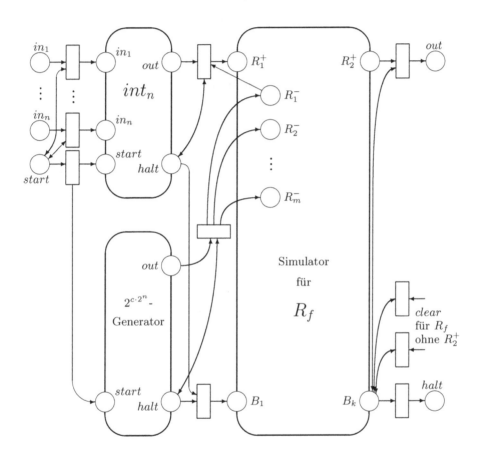

Abb. 5.31. Berechnung einer EXPSPACE-Funktion f durch ein Petri-Netz. Es wurden jeweils nur nach außen in Erscheinung tretende Places eingezeichnet

Damit können wir nun zeigen, dass das Erreichbarkeitsproblem für Petri-Netze sehr schwer zu lösen ist: Eine Turingmaschine, die EP löst, benötigt dafür mindestens exponentiellen Platzaufwand. Ob man mit diesem Platz immer auskommen kann, ist nach wie vor eine offene Frage.

Satz 5.4.21. EP *ist* EXPSPACE-*hart.*

Beweis: Sei $L \subseteq \{0,1\}^*$ eine beliebige Sprache in EXPSPACE. Damit liegt die charakteristische Funktion χ_L von L mit $\chi_L(w) = $ if $w \in L$ then 1 else 0 auch in EXPSPACE. Mit Satz 5.4.20 existiert damit zu jedem $n \in \mathbb{N}$ ein Petri-Netz $N_{\chi_L,n} = (P, T, F, s_0)$, das χ_L stark berechnet auf $D_n = \{w \in \{0,1\}^* \mid |w| = n\}$. Es sei s_w der in Definition 5.4.19 festgelegte Zustand zu w aus $\mathbb{N}^P$, und $\hat{s}$ der eindeutige Zustand in $\mathbb{N}^P$ mit $\hat{s}(halt) = \hat{s}(out) = 1$ und $\hat{s}(p) = 0$ für alle $p \in P - \{halt, out\}$. Es sei $f \colon 2^{\{0,1\}^*} \times \{0,1\}^* \to PN \times \mathbb{N}^* \times \mathbb{N}^*$ mit $f(L, w) := (N_{\chi_L,|w|}, s_w, \hat{s})$. Da die Größen $|N_{\chi_L,|w|}|$, $|s_w|$ und $|\hat{s}|$ linear von $n = |w|$ abhängen, ist f damit von einer deterministischen Turingmaschine in Polynomialzeit berechenbar. Ferner gilt

$$w \in L \iff \exists \sigma \in T^* : s_w \, [\sigma >_{N_{\chi_L,|w|}} \hat{s}$$
$$\iff f(L, w) = (N_{\chi_L,|w|}, s_w, \hat{s}) \in \text{EP}.$$

Also ist das Wortproblem für L auf EP polynomiell reduzierbar, d.h. EP ist EXPSPACE-hart. ∎

6. Petri-Netz-Sprachen

6.1 Grundlagen

Generell kann man ein Transitionssystem $A = (S, \Sigma, \rightarrow)$, vergleiche Definition 3.2.3, als ein abstraktes Modell sequentieller Rechnungen auffassen, vergleiche Kapitel 1. S entspricht der Menge der erlaubten Konfigurationen, $(s, t, s') \in \rightarrow$, auch als $s \xrightarrow{t} s'$ geschrieben, sagt, dass s' ein direkter Nachfolger von s ist, und zwar entstanden durch Aktivität eines Agenten $t \in \Sigma$. Die Menge aller Transitionssequenzen σ mit $s_0 \xrightarrow{\sigma}$, für einen initialen Zustand s_0 von A, bildet die Sprache $L(A)$. Interessiert man sich für bestimmte terminale Konfigurationen $S_f \subseteq S$, so ist $L_t(A) = \{\sigma \in \Sigma^* \mid \exists s_f \in S_f : s_0 \xrightarrow{\sigma} s_f\}$ die (terminale) Sprache von A.

Betrachten wir Petri-Netze, so kann man zu N als A das Transitionssystem T_N, vergleiche Definition 3.2.3, wählen. Die Sprache von N werden dann alle ausführbaren Feuersequenzen. Meist empfiehlt es sich jedoch, verschiedene Transitionen in einem Petri-Netz als Vorkommen eines gleichen Agenten zu interpretieren. Dies kann man leicht fassen, indem man verschiedenen Transitionen einen gleichen Namen (Beschriftung) gibt, und als Σ in T_N nicht T, sondern die Namen der Transitionen in T wählt.

Letztendlich studiert man in dieser Sprachtheorie von Petri-Netzen das sequentielle Verhalten von Petri-Netzen – gegen die Intuition von Petri-Netzen als Modelle für nebenläufige Rechnungen. Dennoch, dieses Studium ist elementar und liefert wichtige Einsichten, die direkt im übernächsten Kapitel für eine „verteilte Sprachtheorie" mittels Stepsprachen und Pomsetsprachen benötigt werden.

Definition 6.1.1 (Beschriftetes Netz). *Ein beschriftetes Petri-Netz N ist ein Tupel $N = (P, T, \mathbb{F}, \mathbb{B}, s_0, \Sigma, h_\ell)$ von einem Petri-Netz $(P, T, \mathbb{F}, \mathbb{B}, s_0)$, einem Alphabet Σ, einem Zeichen $\tau \notin \Sigma$, und einer Beschriftung $h_\ell : T \rightarrow \Sigma \cup \{\tau\}$. Gilt zusätzlich $h_\ell(t) \neq \tau \; \forall t \in T$, so heißt N τ-freies Petri-Netz.*

Ein terminales Petri-Netz N ist ein Tupel $N = (P, T, \mathbb{F}, \mathbb{B}, s_0, S_f)$ bestehend aus einem Petri-Netz $(P, T, \mathbb{F}, \mathbb{B}, s_0)$, und einer endlichen Menge $S_f \subseteq \mathbb{N}^P$

von finalen (terminalen) Zuständen. Analog ist ein terminales, beschriftetes Petri-Netz ein Tupel $N = (P, T, \mathbb{F}, \mathbb{B}, s_0, \Sigma, h_\ell, S_f)$.

Wir identifizieren die Beschriftung τ *für Transitionen mit dem leeren Wort* ε. *Damit kann man* h_ℓ *wie üblich zu einem Homomorphismus* $h_\ell : T^* \to \Sigma^*$ *ergänzen:*

$$h_\ell(\varepsilon) := \varepsilon,$$
$$h_\ell(t) := \begin{cases} t, & \text{falls } t \in \Sigma - \{\tau\} \\ \varepsilon, & \text{falls } t = \tau \end{cases},$$
$$h_\ell(\sigma t) := h_\ell(\sigma) h_\ell(t)$$

Ein (terminales) beschriftetes Petri-Netz heißt frei, *falls* $\Sigma = T$ *und* $h_\ell = \mathbf{id}_T$ *gilt. Zu einem (terminalen) beschrifteten Petri-Netz* $N = (P, T, \mathbb{F}, \mathbb{B}, s_0, \Sigma, h_\ell, S_f)$ *ist* $N^f := (P, T, \mathbb{F}, \mathbb{B}, s_0, T, \mathbf{id}_T, S_f)$ *die* freie Version *von* N.

τ ist nur ein anderer Name für das leere Wort ε. In der Petri-Netz-Theorie hat sich τ eingebürgert. Eine Vorstellung ist, dass mit τ beschriftete Transitionen für einen Betrachter eines Petri-Netzes unsichtbar sein sollen. Für τ findet man häufig auch das Zeichen λ.

Definition 6.1.2 (Sprachbegriff). *Sei* $N = (P, T, \mathbb{F}, \mathbb{B}, s_0, \Sigma, h_\ell)$ *ein beschriftetes Petri-Netz, so ist*

$$L(N) := \{w \in \Sigma^* \mid \exists \sigma \in T^* : \ s_0 \, [\sigma> \ \wedge \ w = h_\ell(\sigma)\}$$

die Sprache *von* N.

Sei $N = (P, T, \mathbb{F}, \mathbb{B}, s_0, \Sigma, h_\ell, S_f)$ *ein terminales, beschriftetes Petri-Netz, so ist*

$$L_t(N) := \{w \in \Sigma^* \mid \exists \sigma \in T^* \ \exists s_f \in S_f : \ s_0 \, [\sigma>s_f \ \wedge \ w = h_\ell(\sigma)\}$$

die terminale Sprache *von* N.

$\mathcal{L}^\tau$ *ist die Klasse aller Sprachen von beliebigen Petri-Netzen.*
$\mathcal{L}$ *ist die Klasse aller Sprachen von* τ*-freien Petri-Netzen.*
$\mathcal{L}^f$ *ist die Klasse aller Sprachen von freien Petri-Netzen.*
$\mathcal{L}_t^\tau$ *ist die Klasse aller terminalen Sprachen von beliebigen Petri-Netzen.*
$\mathcal{L}_t$ *ist die Klasse aller terminalen Sprachen von* τ*-freien Petri-Netzen.*
$\mathcal{L}_t^f$ *ist die Klasse aller terminalen Sprachen von freien Petri-Netzen.*

Beobachtung 6.1.3. Offensichtlich gilt $L(N) = h_\ell(L(N^f))$ und $L_t(N) = h_\ell(L_t(N^f))$. Daraus folgt sofort mit Definition 2.5.3 und 2.5.4:

$$\mathcal{L}^\tau = \quad \text{feine hom}(\mathcal{L}^f) \subseteq \quad \text{hom}(\mathcal{L}^f)$$
$$\mathcal{L}_t^\tau = \quad \text{feine hom}(\mathcal{L}_t^f) \subseteq \quad \text{hom}(\mathcal{L}_t^f)$$
$$\mathcal{L} = \text{sehr feine hom}(\mathcal{L}^f) \subseteq \varepsilon\text{-freie hom}(\mathcal{L}^f)$$
$$\mathcal{L}_t = \text{sehr feine hom}(\mathcal{L}_t^f) \subseteq \varepsilon\text{-freie hom}(\mathcal{L}_t^f).$$

Beispiel 6.1.4. Gegeben sei das Petri-Netz aus Abbildung 6.1 mit dem initialen Zustand $s_0 = (1,0,0,0,0)^\mathsf{T}$. Für die Sprache dieses Petri-Netzes gilt dann

$$L(N) = \{a^m b^n c^\ell \mid m \geq n \geq \ell\}.$$

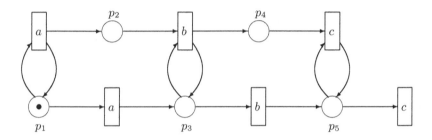

Abb. 6.1. Ein Petri-Netz mit nicht kontextfreier Sprache

Wählt man $S_f := \{\mathbf{0}\}$ als Menge der Finalzustände, so gilt für die terminale Sprache:

$$L_t(N) = \{a^m b^m c^m \mid m \in \mathbb{N},\ m \geq 1\}.$$

Diese Sprache ist bekanntermaßen nicht kontextfrei. Wählt man alternativ etwa $S_f = \{\mathbf{0}, (0,0,1,0,0)^\mathsf{T}\}$, so gilt

$$L_t(N) = \{a^m b^m c^m \mid m \in \mathbb{N},\ m \geq 1\} \cup \{a\}.$$

Alle Sprachen L in $\mathcal{L}^f$, $\mathcal{L}$ und $\mathcal{L}^\tau$ sind präfixabgeschlossen, d.h. es gilt $L = \text{Prä}\,L$. In $\mathcal{L}_t^f$, $\mathcal{L}_t$ und $\mathcal{L}_t^\tau$ existieren natürlich Sprachen L mit $L \neq \text{Prä}\,L$.

6.1.1 Gleichheit von Petri-Netz-Sprachen

In Abschnitt 5.3 haben wir gesehen, dass das Gleichheitsproblem für Erreichbarkeitsmengen unentscheidbar ist. Das Gleichheitsproblem für Sprachen SGP ist nun die Frage, ob die Sprachen zweier Petri-Netze gleich sind. Formal ist also

$$\mathsf{SGP}^\tau = \{(N_1, N_2) \mid N_1 \text{ und } N_2 \text{ sind beschriftete Petri-Netze}$$
$$\text{mit } L(N_1) = L(N_2)\}$$
$$\mathsf{SGP}_t^\tau = \{(N_1, N_2) \mid N_1 \text{ und } N_2 \text{ sind beschriftete Petri-Netze}$$
$$\text{mit } L_t(N_1) = L_t(N_2)\}$$

Analog sind SGP und SGP$_t$ für Paare von τ-freien Petri-Netzen definiert.

Es ist bekannt, dass das Sprachgleichheitsproblem bereits für kontextfreie Sprachen unentscheidbar ist. Daher darf man auch die Unentscheidbarkeit von $\mathsf{SGP}^{(\tau)}_{(t)}$ erwarten.

Verblüffend ist nur, welch ein einfacher Beweis von Jančar für diese Unentscheidbarkeit gefunden werden konnte. Dieser Beweis ist ungleich einfacher als der der Unentscheidbarkeit des Erreichbarkeits-Gleichheitsproblems und nutzt einen schönen Trick zur Simulation von Registermaschinen. Da dieser Beweis keine weiteren Kenntnisse über Petri-Netz-Sprachen benötigt, können wir ihn sogar unseren Untersuchungen in diesem Kapitel voranstellen.

Satz 6.1.5. SGP *und* SGP$_t$ *(und damit auch* SGP$^\tau$ *und* SGP$_t^\tau$*) sind unentscheidbar.*

Beweis: Wir betrachten eine beliebige m-k-Registermaschine M gemäß Abschnitt 5.4. M besitze das Programm 1: B_1, ..., k: B_k mit Befehlen der Art 1: $START$, k: $HALT$, i: $R_j + 1$, i: $R_j - 1$ und i: if $R_i = 0$ then goto k_1 else goto k_2.

N_1' sei das Petri-Netz mit Prioritäten, dass gemäß der Konstruktion des Beweises zu Satz 5.4.9 M zugeordnet wurde. D.h. N_1' besitzt für jeden Befehl i einen Place B_i und für jedes Register j einen Place R_j, $1 \leq i \leq k$, $1 \leq j \leq m$. Für jeden Befehl i: $R_j + 1$ erhält N_1' eine Transition t_i, die wie in Abbildung 5.20 gezeigt den Token vom Place B_i auf den Place B_{i+1} legt und dabei einen zusätzlichen Token auf R_j generiert. Für i: $R_j - 1$ erhält N_1' eine Transition t_i, die ebenfalls einen Token von B_i nach B_{i+1} legt, dabei aber einen Token von R_j entfernen muss. Für einen Befehl i: if $R_j = 0$ then goto k_1 else goto k_2 erhält N_1' zwei Transitionen, die wie in Abbildung 6.2 gezeigt mit B_i, B_{k_1}, B_{k_2} und R_j verbunden sind.

Dabei sollte die Transition $t_i^{=0}$ Priorität vor der Transition $t_i^{>0}$ haben. Wir fassen nun das Petri-Netz aus Abbildung 6.2 als normales Petri-Netz ohne Prioritäten auf: N_1 sei das Petri-Netz ohne Prioritäten, das entsteht, wenn man in N_1' auf die Prioritäten verzichtet. Die START- und HALT-Befehle werden wie in Abbildung 5.20 trivial behandelt.

Wir betrachten hier M mit der Startkonfiguration $C_0 = (1, 0, \ldots, 0)$, d.h. alle Register sind zu Beginn leer. Für N_1 heißt das, dass in dem Startzustand s_0 genau B_1 einen Token trägt und alle anderen Places leer sind.

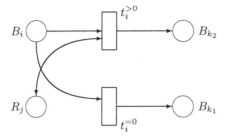

Abb. 6.2. Ein Petri-Netz für den if-then-else-Befehl

Nun wird man kaum noch sagen können, dass N_1 M simuliert, da N_1 auch bei Registerinhalt $R_j > 0$ (es liegen Token auf R_j) die Transition $t_i^{=0}$ wählen und inkorrekt mit dem Befehl k_1 die Programmausführung fortsetzen kann. Natürlich kann man auch die korrekte Programmausführung in N_1 ohne Vorliegen von Prioritäten raten, aber wie stellt man das sicher? Der Trick von Jančar ist es nun, dies durch Vergleiche mit einem zweiten Petri-Netz zu erreichen.

Dazu betrachten wir ein zweites Petri-Netz N_2, das ganz analog zu N_1 aus M konstruiert wird, nur dass für jeden Befehl i: if $R_j = 0$ then goto k_1 else goto k_2 statt zweier Transitionen $t_i^{=0}$ und $t_i^{>0}$ verschaltet mit B_i, B_{k_1}, B_{k_2} und R_j nach Abbildung 6.2, jetzt drei Transitionen $t_i^{=0}$, $t_i^{>0}$ und t_i^+ gewählt werden, die mit B_i, B_{k_1}, B_{k_2} und R_j jetzt wie in Abbildung 6.3 gezeigt verbunden werden. Zusätzlich erhält N_2 noch einen neuen Place S (der zu Beginn in s_0 einen Token trägt), das einen Pfeil zu jeder t_i^+-Transition in N_2 erhält. Damit ist in N_2 maximal einmal eine t_i^+-Transition feuerbar.

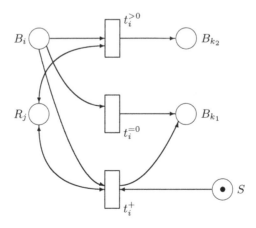

Abb. 6.3. Ein Petri-Netz, das den if-then-else-Befehl ziemlich falsch simuliert

Offensichtlich simuliert dieses Netz den gewünschten Befehl i: if $R_j = 0$ then goto k_1 else goto k_2 ziemlich falsch. Ein Feuern von t_i^+ ist nur im Fall von $R_j > 0$ möglich, dennoch wird der falsche Nachfolgebefehl B_{k_1} gewählt. Während das Petri-Netz aus Abbildung 6.2 nur falsch raten kann, kann das Petri-Netz aus Abbildung 6.3 richtiggehend betrügen, allerdings nur einmal solange der Token auf S liegt. Wir betrachten nun N_1 und N_2 als beschriftete Petri-Netze, indem wir für alle Transitionen t aus N auch t als Namen wählen, als Namen der Transitionen t_i^+ in N_2 wählen wir die (bereits existierenden) Namen $t_i^{=0}$.

Man überzeugt sich leicht, dass $L_{(t)}(N_1) = L_{(t)}(N_2)$ gilt: Da N_1 ein Teilnetz von N_2 ist, gilt offensichtlich $L_{(t)}(N_1) \subseteq L_{(t)}(N_2)$. Umgekehrt kann ein Feuern einer t_i^+-Transition in N_2 stets durch ein Feuern der entsprechenden $t_i^{=0}$-Transition in N_1 mit ansonsten identischem Effekt simuliert werden.

Da N_1 ein freies Petri-Netz ist, ist ein Wort aus $L_{(t)}(N_1)$ nichts Anderes als eine Feuersequenz σ mit $s_0 \, [\sigma >_{N_1}$. Insbesondere kann man σ eindeutig ansehen, ob es eine korrekte Simulation einer Rechnung von M ist. Dies ist genau dann der Fall, wenn in jedem (eindeutig aus s_0 und σ berechenbaren) Zustand, in dem ein $t_i^{=0}$ feuert, das im zugehörigen if-then-else-Befehl getestete Register R_j keinen Token trägt. In N_2 ist das nicht so. Einem Wort kann man nicht mehr ansehen, ob $t_i^{=0}$ oder t_i^+ gefeuert hat, da beide die gleiche Beschriftung $t_i^{=0}$ tragen. Dennoch ist klar, in einem Wort, das einer <u>korrekten</u> Rechnung von M entspricht, ein Vorkommen eines Buchstaben $t_i^{=0}$ auch das Feuern von $t_i^{=0}$ und nicht von t_i^+ meint. Bei korrekten Rechnungen liegt hier ja der Fall vor, dass R_j keinen Token trägt und somit t_i^+ nicht feuerbar ist!

Wir ändern nun N_1 und N_2 zu zwei Petri-Netzen N_1^+ und N_2^+ ab, indem wir nur die Behandlung des Befehls k: HALT anders regeln.

Für N_1^+ wählen wir hierzu eine neue Transition t_k und einen neuen Place S', der im Startzustand einen Token besitzt, wobei wir t_k mit B_k und S' wie in Abbildung 6.4 verbinden.

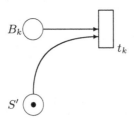

Abb. 6.4. Die Behandlung von k: HALT in N_1^+

Für N_2^+ wählen wir ebenfalls eine neue Transition t_k und einen neuen Place S', der allerdings im Startzustand keinen Token tragen soll. t_k wird mit B_k und S' wie in N_1^+ verbunden. S' erhält aber zusätzlich einen Pfeil von jeder t_i^+-Transition in N_2^+. Abbildung 6.5 verdeutlicht die Situation, wobei zum besseren Verständnis auch der Place S mit eingezeichnet ist.

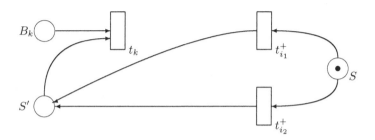

Abb. 6.5. Die Behandlung von k: HALT in N_2^+

Betrachten wir den Fall, dass M gestartet von C_0, d.h. mit leeren Registern, nicht hält. Dann wird der Befehl k: HALT nicht benutzt. Keine korrekte Rechnung in N_1^+ oder N_2^+ feuert damit t_k und die Teilsprachen aller korrekten Rechnungen von $L(N_1^+)$ und $L(N_2^+)$ sind gleich. Wird in N_1^+ durch eine inkorrekte Rechnung ein Token auf B_k gelegt und t_k kann feuern, so muss eine Transition $t_i^{=0}$ „inkorrekt" gefeuert haben, obwohl das im Befehl i zu testende Register R_j einen Token trägt. In diesem Fall kann jetzt (einmalig) t_i^+ in N_2^+ feuern und als Nebeneffekt den Token von S auf S' legen, so dass letztlich auch t_k in N_2^+ feuerbar wird. Insgesamt gilt also $L(N_1^+) = L(N_2^+)$.

Betrachten wir den Fall, dass M bei Startkonfiguration $(1, 0, \ldots, 0)$ hält. Dann existiert eine korrekte Rechnung σ in $L(N_1^+)$, die einen Token auf B_k legt und zu σt_k in $L(N_1^+)$ fortgesetzt werden kann. Da σ korrekt ist, ist das Wort σ in $L(N_2^+)$ nur bei korrektem Feuern aller $t_i^{=0}$-Transitionen möglich, nicht durch inkorrektes Feuern einer t_i^+-Transition. D.h., es existiert keine Feuersequenz in N_2^+ mit Beschriftung σ, die den Token von S nach S' legt. Damit ist σt_k kein Wort in $L(N_2^+)$. Also gilt $L(N_1^+) \neq L(N_2^+)$.

Insgesamt haben wir damit gezeigt, dass gilt:

M hält bei Startkonfiguration $(1, 0, \ldots, 0)$ nicht
$$\Longleftrightarrow \quad L(N_1^+) \neq L(N_2^+)$$

Da bekanntlich das Nullhalteproblem

$$H_0 = \{M \mid \text{ Die Registermaschine } M \text{ hält}$$
$$\text{bei Startkonfiguration } (1, 0, \ldots, 0)\}$$

nicht entscheidbar ist, folgt damit sofort die Unentscheidbarkeit von SGP. Man kann leicht jede Registermaschine so modifizieren, dass sie nur mit leeren Registern halten kann. Damit ist auch das „Nullnullhalteproblem", ob Registermaschinen gestartet mit leeren Registern auch mit leeren Registern halten, unentscheidbar. Wählen wir also $\mathbf{0}$ als terminalen Zustand von N, so gilt jetzt

$$M \text{ gestartet mit } (1, 0, \ldots, 0) \text{ hält nicht mit } (k, 0, \ldots, 0)$$
$$\iff \quad L_t(N_1^+) \neq L_t(N_2^+),$$

also ist auch SGP_t unentscheidbar Da SGP und SGP_t Teilprobleme von SGP^τ bzw. SGP_t^τ sind, sind auch letztere Probleme damit unentscheidbar. ∎

6.1.2 Normalformen für Petri-Netze

Wir führen im folgenden einige Normalformen für Petri-Netze ein. Unser Wunsch ist es dabei, ein Petri-Netz so umzuformen, dass es bestimmte erwünschte Eigenschaften bekommt, bestimmte andere schon vorhandene Eigenschaften aber erhalten bleiben. Die wesentliche zu erhaltende Eigenschaft soll dabei die Petri-Netz-Sprache sein, so dass wir den Begriff der Normalform wie folgt definieren.

Definition 6.1.6 (Normalform). *Eine Klasse $\mathcal{N}$ von Petri-Netzen heißt $\mathcal{L}^\tau$-Normalform, falls zu jeder Sprache $L \in \mathcal{L}^\tau$ ein Petri-Netz $N \in \mathcal{N}$ existiert mit $L = L(N)$. D.h. Netze aus $\mathcal{N}$ erzeugen schon ganz $\mathcal{L}^\tau$.*

Analog definieren wir $\mathcal{L}_t$-, $\mathcal{L}$-, $\mathcal{L}_t^\tau$-, $\mathcal{L}^f$- und $\mathcal{L}_t^f$-Normalformen.

Wir werden im Folgenden zu jeder dieser Sprachklassen eine Normalform einführen, und diese dann auch als *die* Normalform bezeichnen. Natürlich kann man sich weitere Normalformen konstruieren, die hier jedoch nicht benutzt werden.

Unser Ziel bei der Konstruktion dieser Normalformen ist es, Petri-Netze besser kontrollieren zu können. Dazu sollen die Petri-Netze zusätzlich einen *start*-Place und einen *run*-place erhalten (sowie evtl. einige weitere Komponenten). Die Anfangsmarkierung soll stets aus genau einem Token auf dem *start*-Place bestehen, und wenn sich kein Token auf dem *run*-Place befindet, so sollen die ursprünglichen Transitionen des Petri-Netzes allesamt nicht feuerbar sein. Ferner wollen wir, sofern es sich um ein terminales Petri-Netz handelt, erreichen, dass der leere Zustand $\mathbf{0}$ stets der einzige Finalzustand ist. Wir werden allerdings feststellen, dass wir diese Anforderungen an unsere Normalformen nicht immer ganz exakt einhalten können.

Normalformen für Netze mit τ-Beschriftungen. Wir beginnen zunächst mit der einfachsten Normalform, der für Petri-Netze N mit beliebigen Beschriftungen. Obwohl wir im Moment nur die Sprachen $L(N)$ und nicht die terminalen Sprachen $L_t(N)$ betrachten, führen wir unsere Konstruktion dennoch gleich für die Klasse der terminalen Petri-Netze durch. Dies hat keinen Einfluss auf die betrachteten Sprachen $L(N)$, da wir in $L(N)$ einfach die terminalen Zustände S_f von N ignorieren, erlaubt uns jedoch später einen Vergleich der Klassen $\mathcal{L}^\tau$ und $\mathcal{L}_t^\tau$.

Definition 6.1.7 ($\mathrm{NF}^\tau(N)$). *Sei* $N = (P, T, \mathbb{F}, \mathbb{B}, s_0, \Sigma, h_\ell, S_f)$ *ein Petri-Netz. Wir definieren das Petri-Netz* $\mathrm{NF}^\tau(N) := (P', T', \mathbb{F}', \mathbb{B}', (1, \mathbf{0})^\mathsf{T}, \Sigma, h'_\ell, \{\mathbf{0}\})$ *mit*
$P' := \{start, run, clear\} \cup P$
(wobei start, run und clear die ersten drei Places in P' sind),
$T' := T \cup \{t_{start}, t_{clear}, t_{halt}\} \cup \{t_p \,|\, p \in P\}$,
$\forall t \in T: h'_\ell(t) := h_\ell(t)$,
$\forall t \in T' - T: h'_\ell(t) := \tau$,
$\forall t \in T: \mathbb{F}'(t) := \mathbb{F}(t) + (0, 1, 0, \mathbf{0})^\mathsf{T} \wedge \mathbb{B}'(t) := \mathbb{B}(t) + (0, 1, 0, \mathbf{0})^\mathsf{T}$,
$\forall p \in P: \mathbb{F}'(t_p) := (0, 0, 1, s_p)^\mathsf{T} \wedge \mathbb{B}'(t_p) := (0, 0, 1, \mathbf{0})^\mathsf{T}$ *mit* $s_p(q) = 1$ *für* $p = q$ *und* $s_p(q) = 0$ *sonst,*
$\mathbb{F}'(t_{start}) := (1, 0, 0, \mathbf{0})^\mathsf{T} \wedge \mathbb{B}'(t_{start}) := (0, 1, 0, s_0)^\mathsf{T}$,
$\mathbb{F}'(t_{clear}) := (0, 1, 0, \mathbf{0})^\mathsf{T} \wedge \mathbb{B}'(t_{clear}) := (0, 0, 1, \mathbf{0})^\mathsf{T}$,
$\mathbb{F}'(t_{halt}) := (0, 0, 1, \mathbf{0})^\mathsf{T} \wedge \mathbb{B}'(t_{halt}) := \mathbf{0}$.

Die Konstruktion ist in Abbildung 6.6 zu sehen. In Abbildung 5.1 im letzten Kapitel wurden diese Konstrukte, bis auf die Start-Behandlung, bereits zum ersten Mal verwendet. Im Startzustand kann im Netz $\mathrm{NF}^\tau(N)$ genau die Transition $start$ einmal feuern. Diese Transition erzeugt nun den Startzustand s_0 von N und legt einen weiteren Token auf den run-Place. Solange dieser Token auf run liegt, kann das Netz N als Teil von $\mathrm{NF}^\tau(N)$ wie gehabt feuern und erzeugt logischerweise auch dieselbe Sprache. Mit dem Feuern von t_{clear} unterbindet man das weitere Feuern von Transitionen aus N in $\mathrm{NF}^\tau(N)$. Die an den Place $clear$ angeschlossenen Transitionen t_p erlauben, die im Teilnetz N auf einem Place p zurückgebliebenen Token vollständig zu entfernen. Hat man alle Token, die im Teilnetz N lagen, entfernt, so kann man abschließend durch Feuern von t_{halt} den letzten im Netz $\mathrm{NF}^\tau(N)$ verbliebenen Token entfernen und so den finalen Zustand $\mathbf{0}$ von $\mathrm{NF}^\tau(N)$ erreichen.

Wir müssen noch zeigen, dass diese Konstruktion eine $\mathcal{L}^\tau$-Normalform liefert.

Satz 6.1.8 ($\mathcal{L}^\tau$-**Normalform**). *Sei* $\mathrm{NF}^\tau := \{\mathrm{NF}^\tau(N) \,|\, N \text{ ist ein Petri-Netz}\}$. *Es gilt:*

a) NF^τ *ist eine* $\mathcal{L}^\tau$-*Normalform.*

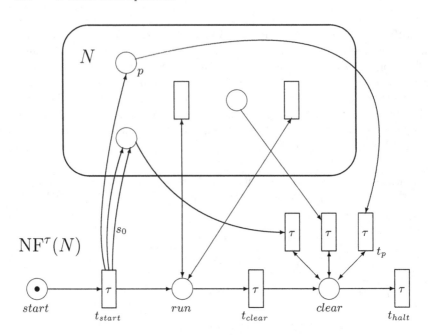

Abb. 6.6. Die Konstruktion der Normalform $\mathrm{NF}^\tau(N)$ zu einem Petri-Netz N

b) *Für alle $L \in \mathcal{L}^\tau$ existiert ein Netz $N \in \mathrm{NF}^\tau$ mit $L_t(N) = L$.*

c) $\mathcal{L}^\tau \subseteq \mathcal{L}_t^\tau$.

Beweis: Seien $N = (P, T, \mathbb{F}, \mathbb{B}, s_0, \Sigma, h_\ell, S_f)$ ein beliebiges Petri-Netz und $\mathrm{NF}^\tau(N) = (P', T', \mathbb{F}', \mathbb{B}', (1, \mathbf{0})^\mathsf{T}, \Sigma, h'_\ell, \{\mathbf{0}\})$. Für a) genügt nun $L(N) = L(\mathrm{NF}^\tau(N))$ zu zeigen. Für b) und c) genügt $L(N) = L_t(\mathrm{NF}^\tau(N))$.

Zu a): Gilt für $\sigma \in T^*$ nun $s_0 \, [\sigma \!>_N$, so gilt offenbar auch $(1, \mathbf{0})^\mathsf{T} \, [t_{start}\sigma \!>_{\mathrm{NF}^\tau(N)}$ und es ist $h_\ell(\sigma) = h'_\ell(t_{start}\sigma)$. Ist andererseits $\sigma' \in T'^*$ eine Feuersequenz mit $(1, \mathbf{0})^\mathsf{T} \, [\sigma' \!>_{\mathrm{NF}^\tau(N)}$, so ist σ' ein Präfix von $t_{start}\sigma t_{clear}\{t_p \mid p \in P\}^* t_{halt}$, wobei σ eine Feuersequenz in N von s_0 aus ist. Man sieht sofort $h'_\ell(\sigma') = h_\ell(\sigma)$. Damit gilt $L(N) = L(\mathrm{NF}^\tau(N))$.

Zu b): Gilt für $\sigma \in T^*$ nun $s_0 \, [\sigma \!>_N s$ mit einem $s \in \mathbb{N}^{P'}$, so gilt offenbar auch $(1, \mathbf{0})^\mathsf{T} \, [t_{start}\sigma \!>_{\mathrm{NF}^\tau(N)}(0, 1, 0, s)$, d.h. wir erhalten ebenfalls s plus einen zusätzlichen Token auf *run*, und es gilt $h_\ell(\sigma) = h'_\ell(t_{start}\sigma)$. Ist $P = \{p_1, \ldots, p_n\}$, so können wir nun $\sigma_{clear} = t_{clear}t_{p_1}^{s(p_1)} \ldots t_{p_n}^{s(p_n)} t_{halt}$ feuern, und es gilt $(0, 1, 0, s)^\mathsf{T} \, [\sigma_{clear} \!>_{\mathrm{NF}^\tau(N)} \mathbf{0}$ und $h_\ell(\sigma) = h'_\ell(t_{start}\sigma) = h'_\ell(t_{start}\sigma\sigma_{clear})$. Ist andererseits $\sigma' \in T'^*$ eine Feuersequenz mit $(1, \mathbf{0})^\mathsf{T}$ $[\sigma' \!>_{\mathrm{NF}^\tau(N)} \mathbf{0}$, so hat σ' die Gestalt $t_{start}\sigma t_{clear}\{t_p \mid p \in P\}^* t_{halt}$, wobei σ eine Feuersequenz von N ist. Man sieht sofort $h'_\ell(\sigma') = h_\ell(\sigma)$. Damit gilt $L(N) = L_t(\mathrm{NF}^\tau(N))$.

c) folgt sofort aus b). ∎

Dies bedeutet aber nicht, dass NF^τ nun auch eine $\mathcal{L}_t^\tau$-Normalform wäre. Dafür muss man sicherstellen, dass man in $NF^\tau(N)$ den Finalzustand $\mathbf{0}$ nur erreichen kann, wenn man in N ebenfalls einen Finalzustand erreicht hatte, und nicht bei beliebigen Zuständen von N. Wir definieren dazu eine Konstruktion $NF_t^\tau(N)$, in der man das Teilnetz N plus den run-Place nur leeren kann, wenn in N ein Finalzustand erreicht wird.

Definition 6.1.9 (NF_t^τ). *Sei* $N = (P, T, \mathbb{F}, \mathbb{B}, s_0, \Sigma, h_\ell, S_f)$ *ein Petri-Netz. Wir definieren das Petri-Netz* $NF_t^\tau(N) := (P', T', \mathbb{F}', \mathbb{B}', (1, \mathbf{0})^\mathsf{T}, \Sigma, h_\ell', \{\mathbf{0}\})$ *mit*

$P' := \{start, run, clear\} \cup P$, *start, run und clear sind die drei ersten Places in* P',

$T' := T \cup \{t_{start}, t_{clear}\} \cup \{t_s \mid s \in S_f\}$,

$\forall t \in T\colon h_\ell'(t) := h_\ell(t)$,

$\forall t \in T' - T\colon h_\ell'(t) := \tau$,

$\forall t \in T\colon \mathbb{F}'(t) := \mathbb{F}(t) + (0, 1, 0, \mathbf{0})^\mathsf{T} \wedge \mathbb{B}'(t) := \mathbb{B}(t) + (0, 1, 0, \mathbf{0})^\mathsf{T}$,

$\forall s \in S_f\colon \mathbb{F}'(t_s) := (0, 0, 1, s)^\mathsf{T} \wedge \mathbb{B}'(t_s) := \mathbf{0}$,

$\mathbb{F}'(t_{start}) := (1, 0, 0, \mathbf{0})^\mathsf{T} \wedge \mathbb{B}'(t_{start}) := (0, 1, 0, s_0)^\mathsf{T}$,

$\mathbb{F}'(t_{clear}) := (0, 1, 0, \mathbf{0})^\mathsf{T} \wedge \mathbb{B}'(t_{clear}) := (0, 0, 1, \mathbf{0})^\mathsf{T}$

(vergleiche auch Abbildung 6.7).

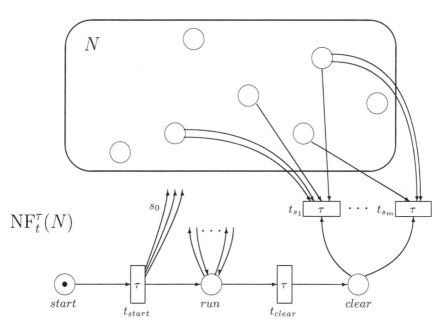

Abb. 6.7. Die Konstruktionsidee der Normalform NF_t^τ

Wir zeigen, dass die Menge aller Konstruktionen $\mathrm{NF}_t^\tau(N)$ für terminale Petri-Netze N eine $\mathcal{L}_t^\tau$-Normalform bilden. Insbesondere bilden Petri-Netze mit $(1,0,0,0)^\top$ als Startzustand und $\mathbf{0}$ als einzigem finalen Zustand eine $\mathcal{L}_t^\tau$-Normalform.

Satz 6.1.10 ($\mathcal{L}_t^\tau$-Normalform). *Sei* $\mathrm{NF}_t^\tau := \{\mathrm{NF}_t^\tau(N) \mid N$ *ist ein terminales Petri-Netz$\}$, dann ist* NF_t^τ *ist eine $\mathcal{L}_t^\tau$-Normalform.*

Beweis: Seien $L = L_t(N)$ mit $N = (P, T, \mathbb{F}, \mathbb{B}, s_0, \Sigma, h_\ell, S_f)$ und $\mathrm{NF}_t^\tau(N) = (P', T', \mathbb{F}', \mathbb{B}', (1,0,0,0)^\top, \Sigma, h_\ell', \{\mathbf{0}\})$. Ferner sei $w \in \Sigma^*$ ein beliebiges Wort. Es gilt:

$$
\begin{aligned}
w \in L_t(N) \iff & \exists \sigma \in T^* \; \exists s \in S_f : (s_0 \, [\sigma >_N s \; \wedge \; w = h_\ell(\sigma)) \\
\iff & \exists \sigma \in T^* \; \exists s \in S_f : ((1,0,0,0)^\top \, [t_{start}\sigma t_{clear} t_s >_{\mathrm{NF}_t^\tau(N)} \mathbf{0} \\
& \wedge \; w = h_\ell(\sigma) = h_\ell(t_{start}\sigma t_{clear} t_s)) \\
\iff & w \in L_t(\mathrm{NF}_t^\tau(N)).
\end{aligned}
$$

Damit ist $L_t(N) = L_t(\mathrm{NF}_t^\tau(N))$. ∎

Normalformen für τ-freie Petri-Netze. Auch bei einem τ-freien Petri-Netz N soll versucht werden, das Netz in eine τ-freie Konstruktion NF einzubauen, die uns die gewünschte Kontrolle mit einem *start*-Place und einem *run*-Place liefert. Man kann jedoch nicht wie bei den vorigen Konstruktionen eine Transition vorschalten, die zunächst den einen Token des Startzustandes von NF(N) nimmt und daraus den Startzustand von N produziert. Die Beschriftung einer Transition, die solches leistet, ist in der Sprache von NF(N) sichtbar und macht sie damit von der Sprache von N verschieden. Ähnliche Probleme ergeben sich auch beim Entfernen eines finalen Zustands von N, um den finalen Zustand $\mathbf{0}$ in NF(N) zu erreichen.

Wir nehmen daher das Erzeugen des Startzustandes von N "gleichzeitig" mit dem Feuern einer ersten Transition t von N vor. Wir erzeugen also tatsächlich nicht den Startzustand von N, sondern einen zweiten Zustand, d.h. den Startzustand plus den Zustandswechsel $W_N(t)$ (und einen Token auf *run*). Damit erreicht man dann denselben Zustand (abgesehen von *run*) wie im ursprünglichen Netz N nach Feuern von t und hat sein Ziel erreicht.

Ist also N ein Netz, in dem eine Transition t im Startzustand s_0 feuern kann, so gibt es in der Normalform dazu eine Kopie t_s, die vom neuen Startzustand $(1, \mathbf{0})^\top$ aus feuerbar ist und in denselben Zustand führt wie $s_0 \, [t>$ (plus einen Token auf *run* legt).

Definition 6.1.11 (NF(N)). *Sei* $N = (P, T, \mathbb{F}, \mathbb{B}, s_0, \Sigma, h_\ell)$ *ein Petri-Netz. Wir definieren das Petri-Netz* $\mathrm{NF}(N) := (P', T', \mathbb{F}', \mathbb{B}', (1, \mathbf{0})^\top, \Sigma, h_\ell')$ *mit*

$P' := \{start, run\} \cup P$ *(mit erstem Place start und zweitem Place run)*,
$T' := T \cup \{t_s \mid t \in T \wedge s_0 \, [t>_N\}$,
$\forall t \in T \colon h'_\ell(t) := h_\ell(t) =: h'_\ell(t_s)$,
$\forall t_s \in T' \colon \mathbb{F}'(t_s) := (1,0,\mathbf{0})^\mathsf{T} \wedge \mathbb{B}'(t_s) := (0,1,s_0 - \mathbb{F}(t) + \mathbb{B}(t))^\mathsf{T}$,
$\forall t \in T \colon \mathbb{F}'(t) := (0,1,\mathbb{F}(t))^\mathsf{T} \wedge \mathbb{B}'(t) := (0,1,\mathbb{B}(t))^\mathsf{T}$.

Satz 6.1.12 ($\mathcal{L}$-Normalform). *Sei* NF $:= \{\mathrm{NF}(N) \mid N$ *ist ein τ-freies Petri-Netz$\}$. Es gilt:* NF *ist eine $\mathcal{L}$-Normalform.*

Beweis: Seien $N = (P, T, \mathbb{F}, \mathbb{B}, s_0, \Sigma, h_\ell)$ ein beliebiges Petri-Netz und $\mathrm{NF}(N) = (P', T', \mathbb{F}', \mathbb{B}', (1,0,\mathbf{0})^\mathsf{T}, \Sigma, h'_\ell)$. Wir zeigen $L(N) = L(\mathrm{NF}(N))$:

Wir betrachten zunächst das Wort ε, dann Worte einer Länge größer als Null. Für ε gilt $\varepsilon \in L(N)$ und $\varepsilon \in L(\mathrm{NF}(N))$, also stimmen die Sprachen hier überein.

Wir prüfen nun Feuersequenzen mit einer Länge ≥ 1. Gilt für $\sigma \in T^*$ und $t \in T$ nun $s_0 \, [t\sigma>_N$, so ist offenbar auch $(1,0,\mathbf{0})^\mathsf{T} \, [t_s\sigma>_{\mathrm{NF}(N)}$ feuerbar und es ist $h_\ell(t\sigma) = h'_\ell(t_s\sigma)$. Ist andererseits $\sigma' \in T'^*$ mit $|\sigma'| \geq 1$ eine Feuersequenz von $\mathrm{NF}(N)$, so gilt $\sigma' = t_s\sigma$ für ein $t \in T$, also $(1,0,\mathbf{0})^\mathsf{T} \, [t_s\sigma>_{\mathrm{NF}(N)}^{\bullet}$. Damit ist aber auch $s_0 \, [t\sigma>_N$ feuerbar mit $h'_\ell(t_s\sigma) = h_\ell(t\sigma)$. Also gilt $L(N) = L(\mathrm{NF}(N))$. ∎

Der erreichte Zustand ist für die Sprache des Petri-Netzes hier nicht relevant. Anders ist dies natürlich, wenn man eine $\mathcal{L}_t$-Normalform konstruieren will. Hier muss man deshalb – analog zu den Starttransitionen t_s – auch Haltetransitionen t_{h,s_f} vorsehen, die den Token vom run-Place entfernen und – soll $\mathbf{0}$ der allgemeine Finalzustand sein – die Token der Finalmarkierung s_f von N entfernen. Da diese Haltetransitionen (analog zu den Starttransitionen) sichtbar sein müssen, führen sie zusätzlich den Wechsel der letzten feuernden Transition t einer Feuersequenz aus, bevor sie dann die Token vom Finalzustand s_f und vom run-Place entfernen.

Da nun jede Feuersequenz in der Normalform eine Start- und eine Haltetransition aufweist, ist es zunächst unmöglich, mit Feuersequenzen einer Länge kürzer als zwei in den gewünschten Finalzustand $\mathbf{0}$ zu gelangen. Für solche Feuersequenzen müssen also gesonderte Vorkehrungen getroffen werden. Zu einer einzelnen Transition t mit $s_0 \, [t>s_f \in S_f$ konstruiert man dabei eine Transition t_{sh}, die Token des Startzustandes $(1,0)^\mathsf{T}$ entfernt und sofort in den Zustand $\mathbf{0}$ übergeht, natürlich mit derselben Beschriftung wie t. Ist ε eine Feuersequenz, die in einen Finalzustand führt, gilt also $s_0 \in S_f$ in N, so haben wir keine Möglichkeit den gewünschten Finalzustand $\mathbf{0}$ in einer Normalform zu erreichen, da ja keine (sichtbare) Transition feuern darf. Wir müssen in diesem Ausnahmefall also zulassen, dass der Startzustand in der Normalform auch gleichzeitig Finalzustand ist. Abbildung 6.10 visualisiert diese Lösung.

Definition 6.1.13 (NF$_t$). *Sei* $N = (P, T, \mathbb{F}, \mathbb{B}, s_0, \Sigma, h_\ell, S_f)$ *ein Petri-Netz. Wir definieren das Petri-Netz* NF$_t(N) := (P', T', \mathbb{F}', \mathbb{B}', (1, \mathbf{0})^\mathsf{T}, \Sigma, h'_\ell, S'_f)$ *mit*

$P' := \{start, run\} \cup P$,

$T' := T \cup \{t_s \mid t \in T \wedge s_0 \: [t >_N\} \cup \{t_{sh} \mid t \in T \wedge \exists s_f \in S_f : \: s_0 \: [t >_N s_f\} \cup \{t_{h,s'} \mid t \in T \wedge s' \in \mathbb{N}^P \wedge \exists s_f \in S_f : \: s' \: [t >_N s_f\}$,

$h'_\ell(t) := h'_\ell(t_s) := h'_\ell(t_{sh}) := h'_\ell(t_{h,s'}) := h_\ell(t)$ *für alle* $t \in T$ *und* $s, s' \in \mathbb{N}^P$, *soweit diese Transitionen existieren,*

$\forall t_s \in T' \colon \mathbb{F}'(t_s) := (1, 0, \mathbf{0})^\mathsf{T} \wedge \mathbb{B}'(t_s) := (0, 1, s_0 - \mathbb{F}(t) + \mathbb{B}(t))^\mathsf{T}$,

$\forall t \in T \colon \mathbb{F}'(t) := (0, 1, \mathbb{F}(t))^\mathsf{T} \wedge \mathbb{B}'(t) := (0, 1, \mathbb{B}(t))^\mathsf{T}$,

$\forall t_{h,s'} \in T' \colon \mathbb{F}'(t_{h,s'}) := (0, 1, s')^\mathsf{T} \wedge \mathbb{B}'(t_{h,s'}) := \mathbf{0}$,

$\forall t_{sh} \in T' \colon \mathbb{F}'(t_{sh}) := (1, 0, \mathbf{0})^\mathsf{T} \wedge \mathbb{B}'(t_{sh}) := \mathbf{0}$ *und*

$S'_f := \{\mathbf{0}\}$ *falls* $s_0 \notin S_f$ *bzw.*

$S'_f := \{\mathbf{0}, (1, 0, \mathbf{0})^\mathsf{T}\}$ *falls* $s_0 \in S_f$.

Satz 6.1.14 ($\mathcal{L}_t$-**Normalform**). *Sei* NF$_t := \{\text{NF}_t(N) \mid N$ *ist ein* τ-*freies Petri-Netz*\}. *Es gilt:* NF$_t$ *ist eine* $\mathcal{L}_t$-*Normalform.*

Beweis: Seien $N = (P, T, \mathbb{F}, \mathbb{B}, s_0, \Sigma, h_\ell, S_f)$ ein beliebiges Petri-Netz und $\text{NF}_t(N) = (P', T', \mathbb{F}', \mathbb{B}', (1, 0, \mathbf{0})^\mathsf{T}, \Sigma, h'_\ell, S'_f)$. Wir zeigen $L_t(N) = L_t(\text{NF}_t(N))$.

Ist $\varepsilon \in L_t(N)$, so gilt per Definition $(1, 0, \mathbf{0})^\mathsf{T} \in S'_f$ und damit ist $\varepsilon \in L_t(\text{NF}_t(N))$. Ansonsten gilt $S_f = \{\mathbf{0}\}$ und $\varepsilon \notin L_t(\text{NF}_t(N))$.

Für $w \in L_t(N)$ mit $|w| = 1$ existiert eine Transition $t \in T$ mit $h_\ell(t) = w$ und $s_0 \: [t >_N s_f$ für ein $s_f \in S_f$. Daher ist $t_{sh} \in T'$ und es gilt $(1, 0, \mathbf{0})^\mathsf{T} \: [t_{sh} >_{\text{NF}_t(N)} \mathbf{0} \in S'_f$ sowie $h'_\ell(t_{sh}) = h_\ell(t)$. Ferner sind Feuersequenzen $\sigma = t_{sh}$ die einzigen Feuersequenzen mit $|\sigma| = 1$, die in einen Finalzustand führen. Für ein solches t_{sh} existiert nun ein $s_f \in S'_f$ mit $s_0 \: [t > s_f$ und $h_\ell(t) = h'_\ell(t_{sh})$. Damit enthalten $L_t(N)$ und $L_t(\text{NF}_t(N))$ dieselben Worte der Länge ≤ 1.

Gilt für $\sigma \in T^*$ und $t, t' \in T$ gerade $s_0 \: [t\sigma >_N s' \: [t' >_N s_f$ mit $s' \in \mathbb{N}^P$ und $s_f \in S_f$, so ist offenbar auch $(1, 0, \mathbf{0})^\mathsf{T} \: [t_s \sigma t'_{h,s'} >_{\text{NF}_t(N)} \mathbf{0}$ feuerbar und es ist $h_\ell(t\sigma t') = h'_\ell(t_s \sigma t'_{h,s'})$. Ist andererseits $\sigma' \in T'^*$ eine Feuersequenz von $\text{NF}_t(N)$ der Länge ≥ 2, die zum einzig möglichen Finalzustand $\mathbf{0}$ führt, $((1, 0, \mathbf{0})^\mathsf{T}$ ist nach einmaligem Feuern nie wieder erreichbar,) so gilt $\sigma' = t_s \sigma t'_{h,s'}$ für bestimmte $t, t' \in T$, $\sigma \in T^*$ und $s' \in \mathbb{N}^P$. Also gilt $(1, 0, \mathbf{0})^\mathsf{T} \: [t_s \sigma t'_{h,s'} >_{\text{NF}_t(N)} \mathbf{0}$, und somit per Definition von $\text{NF}_t(N)$ auch $s_0 \: [t\sigma >_N s' \: [t' >_N s_f$ für ein $s_f \in S_f$. Wegen $h_\ell(t\sigma t') = h'_\ell(t_s \sigma t'_{h,s_f})$ ist nun $L_t(N) = L_t(\text{NF}_t(N))$ sofort klar. ∎

Betrachtet man noch einmal alle vier Normalformen, so stellt man einige Übereinstimmungen fest, die wir später ausnutzen werden. In jeder dieser Normalformen existiert ein *start*-Place, der am Anfang einen Token enthält, und es existiert ein *run*-Place, der es erlaubt, dass Netz „auszuschalten", und zwar mittels einer oder mehrerer Haltetransitionen. Ist ε Element der Sprache, so kann der Token des Startzustandes evtl. einfach liegen bleiben.

Beispiel 6.1.15. Sei $N = (P, T, \mathbb{F}, \mathbb{B}, s_0, \Sigma, h_\ell, S_f)$ wie in Abbildung 6.8 gezeigt mit $s_0 = (1,1,0)^\mathsf{T}$ und $S_f = \{\mathbf{0}, (0,0,1)^\mathsf{T}\}$. Die erzeugten Sprachen dieses Netzes sind

$$L_t(N) = \{a^n b^{n+1} \mid n \geq 1\} \cup \{a^n b^n \mid n \geq 1\}, \text{ und}$$

$$L(N) = \{a^n b^m \mid n \geq 1 \wedge m \leq n+1\} \cup \{\varepsilon\}.$$

Für das Netz $N' := \mathrm{NF}_t^\tau(N)$ in Abbildung 6.9 mit $(1,\mathbf{0})^\mathsf{T}$ als Start- und $\mathbf{0}$ als Endzustand ist dann $L_t(N') = L_t(N)$ gegeben. In Abbildung 6.10 ist die Normalform $\mathrm{NF}_t(N)$ dargestellt.

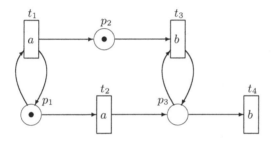

Abb. 6.8. Ein Petri-Netz N ohne *start*- und *run*-Place

6.2 Abschlußeigenschaften

In diesem Abschnitt wollen wir einige im Zusammenhang mit formalen Sprachen typische Operationen untersuchen. Uns interessiert, welche der von uns untersuchten Petri-Netz-Sprachklassen gegen welche Operationen abgeschlossen sind. Mit Hilfe solcher Abschlusseigenschaften lassen sich Sprachklassen algebraisch charakterisieren; bekannte Beispiele hierfür sind z.B. der Hauptsatz von Kleene, der die regulären Sprachen als kleinste Klasse von Sprachen erklärt, die alle atomaren Sprachen enthält und gegen Vereinigung, Konkatenation und Bildung des Kleene-Sterns abgeschlossen ist, oder auch der Satz von Chomsky-Schützenberger (siehe [RS97]), der jede kontextfreie Sprache mit Hilfe einer Dycksprache aller korrekten Klammerausdrücke mit zwei Klammerpaaren und Homomorphismen, inversen Homomorphismen und dem Durchschnitt mit regulären Mengen darzustellen erlaubt.

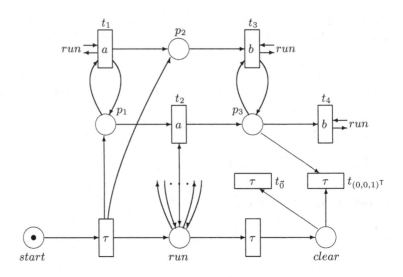

Abb. 6.9. Die Normalform $\mathrm{NF}_t^\tau(N) =: N'$ zum Petri-Netz N aus Abb. 6.8 mit $L_t(N) = L_t(N')$. Jede Transition von N ist mit dem *run*-Place zu verbinden

Definition 6.2.1 (Abschluss). *Sei $\mathcal{C}$ eine Klasse von Sprachen und op eine k-stellige Operation auf Sprachen (mit $k \geq 0$). $\mathcal{C}$ ist abgeschlossen gegen op, falls für alle $L_1, \ldots, L_k \in \mathcal{C}$ gilt: $op(L_1, \ldots, L_k) \in \mathcal{C}$.*

Sei $\mathcal{C}$ eine Klasse von Sprachen und $op_1, \ldots, op_n$ seien Operationen auf Sprachen, so ist

$$\overline{Cl}^{op_1, \ldots, op_n}(\mathcal{C})$$

die kleinste Klasse von Sprachen, die $\mathcal{C}$ umfasst und abgeschlossen ist gegen die Operationen op_1 bis op_n.

Bevor wir die Abschlusseigenschaften der Sprachklassen von Petri-Netzen im Detail untersuchen, zeigen wir, dass jede reguläre Sprache auch eine Petri-Netz-Sprache ist, vergleiche Definition 2.6.1.

Satz 6.2.2 (Reguläre Sprachen sind Petri-Netz-Sprachen).

- $\mathcal{R}eg \subseteq \mathcal{L}_t$,

- $Pr\ddot{a}\mathcal{R}eg - \{\emptyset\} \subseteq \mathcal{L}$.

Beweis: Für den ersten Teil zeigen wir, dass es zu jedem endlichen Automaten $A = (S, \Sigma, \delta, s_0, S_f)$ ein Petri-Netz N (ohne τ-Transitionen) gibt

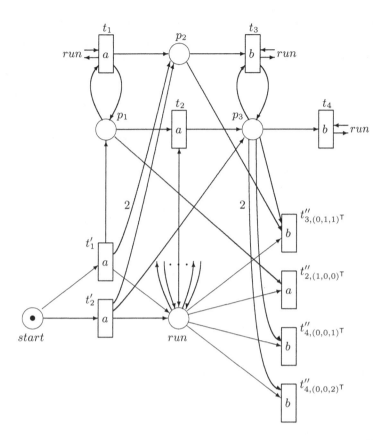

Abb. 6.10. Die Normalform $\mathrm{NF}_t(N)$ zum Petri-Netz N aus Abb. 6.8 mit $L_t(N') = L_t(N)$ und N' ist ohne τ. Start-Transitionen sind mit einem Strich, Haltetransitionen mit zwei Strichen markiert

mit $L_t(N) = L(A)$. Wir definieren dazu $N := (S, T, F, s_0, \Sigma, h_\ell, S_f)$ mit $T := \{(s, a, s') \mid \delta(s, a) = s'\}$. Seien $F(s, (s, a, s')) := 1$, $F((s, a, s'), s') := 1$ und F sei 0 sonst, und $h_\ell((s, a, s')) := a$ für alle $(s, a, s') \in T$. Daraus kann man unmittelbar die folgende Äquivalenz ablesen:

$$\forall s, s' \in S \,\forall (\hat{s}, a, \hat{s}') \in T : (s \mid\! (\hat{s}, a, \hat{s}')\! > s' \iff s = \hat{s} \wedge s' = \hat{s}' \wedge \delta(s, a) = s').$$

Da Start- und Finalzustände direkt in N übernommen wurden, folgern wir $L_t(N) = L(A)$. Es gilt hier sogar, dass der Erreichbarkeitsgraph $EG(N, s_0)$ endlich und isomorph zu A (aufgefasst als Transitionssystem) ist.

Zum zweiten Teil: Sei A ein endlicher Automat, $\emptyset \neq L = L(A) \in \mathrm{Pr\ddot{a}Reg}$. Der endliche Automat A' entstehe nun aus A durch Streichen aller Zustände und Kanten, von denen kein Weg (mittels δ) zu einem Finalzustand führt, und aller Zustände und Kanten, die nicht mittels δ-Übergängen vom Startzustand aus erreichbar sind. Der endliche Automat A', der so entsteht, heißt auch *trimmer* Teil von A und besitzt offensichtlich dieselbe Sprache, d.h. $L(A) = L(A')$. Man überlegt sich leicht, dass alle Zustände von A' Final-zustände sein müssen, da $L(A)$ präfix-abgeschlossen ist. Jeder Zustand liegt auf irgendeinem Weg, auf dem ein Wort akzeptiert wird, und wegen des De-terminismus des Automaten ist dies auch der einzige Weg für dieses Wort. Da alle Präfixe des Wortes akzeptiert werden, müssen alle Zustände auf dem Weg Finalzustände sein. Daher führt die Konstruktion aus dem ersten Teil des Beweises zu einem Petri-Netz N, in dem alle endlich vielen, erreichbaren Zustände final sind. Also gilt $L(N) = L_t(N) = L(A)$. Die leere Sprache $\emptyset$ selbst kann aber nicht in $\mathcal{L} \cup \mathcal{L}^\tau \cup \mathcal{L}^f$ sein, da jedes Petri-Netz einen Start-zustand s_0 besitzen muss und in s_0 stets $s_0 \lfloor \varepsilon \rangle$ gilt. D.h. ε liegt in jeder Sprache in $\mathcal{L} \cup \mathcal{L}^\tau \cup \mathcal{L}^f$. Gilt etwa $P_N = \emptyset$, so ist $() \in \mathbb{N}^\emptyset$ der einzig mögliche nulldimensionale Startzustand, und es ist $L(\emptyset) = \{\varepsilon\}$ ∎

6.2.1 Shuffle, Vereinigung, Konkatenation

Als erste zu untersuchende Operation betrachten wir den Shuffle, den wir zusammen mit anderen Operationen bereits in Definition 2.5.3 eingeführt haben.

Betrachten wir den Shuffle zunächst an einem Beispiel, um seine Funktions-weise noch einmal klarzumachen.

Beispiel 6.2.3. Für die beiden Sprachen $\{ab, ad\}$ und $\{ef\}$ gilt

$$\{ab, ad\} \shuffle \{ef\} = \{abef, aebf, aefb, eabf, eafb, efab,$$
$$adef, aedf, aefd, eadf, eafd, efad\}$$

Die geshuffelten Worte setzen sich also aus je einem Wort aus jeder der betei-ligten Sprachen zusammen, wobei die Reihenfolge von zwei Buchstaben aus demselben Ursprungswort gleich bleibt, von zwei Buchstaben aus verschiede-nen Ursprungsworten jedoch wahlfrei ist.

Während die Buchstaben desselben Wortes in der vorgegebenen Reihenfolge bleiben, können die Buchstaben verschiedener Worte im Shuffle in beliebiger Reihenfolge auftreten. Es existieren also hier keine Abhängigkeiten. In diesem Sinne spiegelt der Shuffle $\shuffle$ *Nebenläufigkeit* wieder, allerdings ist diese Ne-benläufigkeit in einem Zielwort nicht direkt erkennbar. Für die Betrachtung "sichtbarer" Nebenläufigkeit verweisen wir auf das nächste Kapitel.

Modelliert man das inhärent nebenläufige Verhalten von Petri-Netzen mittels Shuffle, so spricht man auch von *Interleaving*-Modellen. In diesem Sinn sind

Petri-Netz-Sprachen nichts Anderes als Interleaving Semantiken von Petri-Netzen. In Kapitel 7 werden diese Zusammenhänge genauer untersucht.

Es lässt sich nun zeigen, dass die vier Petri-Netz-Sprachklassen $\mathcal{L}$, $\mathcal{L}_t$, $\mathcal{L}^\tau$ und $\mathcal{L}_t^\tau$ nicht nur gegen Shuffle, sondern auch gegen die bekannteren sprachtheoretischen Operationen der Vereinigung und Konkatenation abgeschlossen sind. Für die Sprachklassen $\mathcal{L}^f$ und $\mathcal{L}_t^f$ gilt dies – wie wir später noch sehen werden – übrigens nicht.

Satz 6.2.4 (Abschlusseigenschaften). *Die vier Petri-Netz-Sprachklassen $\mathcal{L}$, $\mathcal{L}_t$, $\mathcal{L}^\tau$, $\mathcal{L}_t^\tau$ sind abgeschlossen gegen Shuffle, Vereinigung und Konkatenation.*

Beweis: Seien $N_1 = (P_1, T_1, F_1, s_1, \Sigma_1, h_{\ell 1}, S_{f,1})$ und $N_2 = (P_2, T_2, F_2, s_2, \Sigma_2, h_{\ell 2}, S_{f,2})$ zwei beliebige (bzw. τ-freie) Petri-Netze. OBdA seien die Netze N_1 und N_2 disjunkt in dem Sinn, dass $P_1 \cap P_2 = \emptyset = T_1 \cap T_2$ gilt. Dies kann man durch Umbenennen der Places und Transitionen eines Netzes stets erreichen, ohne die Sprache des umbenannten Netzes zu verändern. Wir beweisen die Abschlusseigenschaften mit Hilfe dreier Konstruktionsideen, wie man aus N_1 und N_2 ein neues Petri-Netz N mit $L_{(t)}(N) = L_{(t)}(N_1)\,op\,L_{(t)}(N_2)$ gewinnt. Dabei ist op jeweils eine der drei Operationen Shuffle, Konkatenation bzw. Vereinigung. Der Shuffle wird in Abbildung 6.11, die Vereinigung in Abbildung 6.12 und die Konkatenation in Abbildung 6.13 dargestellt. Je nach Sprachklasse $\mathcal{L}$, $\mathcal{L}_t$, $\mathcal{L}^\tau$ und $\mathcal{L}_t^\tau$ sind die Details jeweils unterschiedlich.

Der Shuffle wird einfach durch das disjunkte Nebeneinanderlegen der Petri-Netze erzeugt, formal also durch das Netz $N = (P_1 \dot{\cup} P_2, T_1 \dot{\cup} T_2, F_1 \cup F_2, (s_1, s_2), \Sigma_1 \cup \Sigma_2, h_{\ell_1} \cup h_{\ell_2}, S_{f,1} \times S_{f,2})$. Wegen der Disjunktheit von T_1 und T_2 erhalten wir für $\sigma \in (T_1 \dot{\cup} T_2)^*$, $\sigma_1 \in T_1^*$, $\sigma_2 \in T_2^*$ und die Löschhomomorphismen – vgl. Definition 2.5.3 – δ_{T_1} und δ_{T_2} gerade $\sigma \in \sigma_1 \sqcup\!\!\sqcup \sigma_2 \iff \delta_{T_2}(\sigma) = \sigma_1 \wedge \delta_{T_1}(\sigma) = \sigma_2$. Seien nun $s, s' \in \mathbb{N}^P$ Zustände von N. Aufgrund der Disjunktheit der Teilnetze N_1 und N_2 in N wissen wir, dass $s\,[\sigma{>}_N s' \iff \pi_{P_i}(s)\,[\sigma_i{>}_{N_i}\pi_{P_i}(s')$ für $i \in \{1,2\}$ gilt. Ferner gilt $\pi_{P_i}((s_1, s_2)) = s_i$ und $\pi_{P_i}(S_{f,1} \times S_{f,2}) = S_{f,i}$ für $i \in \{1,2\}$. Aus $h_\ell(\sigma) \in h_{\ell 1}(\sigma_1) \sqcup\!\!\sqcup h_{\ell 2}(\sigma_2)$ schließen wir nun mittels

$$
\begin{aligned}
&h_\ell(\sigma) \in L_t(N) \\
\iff\ & \exists (s_{f1}, s_{f2}) \in S_{f,1} \times S_{f,2} : (s_1, s_2)\,[\sigma{>}_N(s_{f1}, s_{f2}) \\
\iff\ & \forall i \in \{1,2\}\ \exists s_{fi} \in S_{f,i} : s_i\,[\sigma_i{>}_{N_i}s_{fi} \\
\iff\ & h_{\ell i}(\sigma_i) \in L_t(N_i) \text{ für } i \in \{1,2\}
\end{aligned}
$$

auf $L_t(N) = L_t(N_1) \sqcup\!\!\sqcup L_t(N_2)$. Durch Weglassen der Finalzustände erhält man analog $L(N) = L(N_1) \sqcup\!\!\sqcup L(N_2)$.

Für die Vereinigung benötigen wir jeweils Petri-Netze in Normalform. Wie in Abbildung 6.12 gezeigt, werden einfach die *start*-Places der Normalformen miteinander identifiziert und die erste feuernde Transition entscheidet, welches der beiden beteiligten Netze feuern kann. Das andere Teilnetz ist jeweils tot. Das entstehende Netz ist natürlich kein Petri-Netz in Normalform mehr.

Für die Konkatenation nutzen wir ebenfalls Petri-Netze in Normalform. Abbildung 6.13 zeigt die Idee. Hier sind NF-Normalformen eingezeichnet. Wir betrachten zunächst die Klasse $\mathcal{L}^\tau$. Für die Sprache $L(N_1) \circ L(N_2)$ verbinden wir die Normalformen $\mathrm{NF}^\tau(N_1)$ und $\mathrm{NF}^\tau(N_2)$ analog wie in Abbildung 6.13 gezeigt. Speziell erhält die Haltetransition t_{halt} von $\mathrm{NF}^\tau(N_1)$ eine Kante zum *start*-Place von $\mathrm{NF}^\tau(N_2)$. Da wir das abschließende Feuern von t_{halt} in $\mathrm{NF}^\tau(N_1)$ für jedes Wort aus $w_1 \in L(N_1)$ garantieren können, wissen wir auch, dass wir danach noch jedes Wort aus $w_2 \in L(N_2)$ mittels $\mathrm{NF}^\tau(N_2)$ erzeugen können. Insgesamt erhalten wir also mit $\{w_1 \circ w_2 \mid w_1 \in L(N_1) \wedge w_2 \in L(N_2)\}$ genau die gewünschte Sprache.

In $\mathcal{L}_t^{(\tau)}$ sind wir an der terminalen Sprache $L_t(N_1) \circ L_t(N_2)$ interessiert. Gilt $\varepsilon \notin L_t(N_1)$, d.h. ist in N_1 der Startzustand $(1, \mathbf{0})^\mathsf{T}$ kein Finalzustand, so können wir wie bei $\mathcal{L}^\tau$ vorgehen, mit dem kleinen Unterschied, dass wir nun die Normalform $\mathrm{NF}_t^{(\tau)}$ verwenden. Wir stellen fest, dass die letzte feuernde Transition von $\mathrm{NF}_t^{(\tau)}(N_1)$ eine der Haltetransitionen der Normalform ist. Zieht man wieder eine Kante von jeder der Haltetransitionen zum *start*-Place des Netzes $\mathrm{NF}_t^{(\tau)}(N_2)$, so ist garantiert, dass $\mathrm{NF}_t^{(\tau)}(N_2)$ erst zu feuern beginnt, wenn $\mathrm{NF}_t^{(\tau)}(N_1)$ tot ist. Die Finalzustände des entstehenden Netzes sind einfach die Finalzustände von $\mathrm{NF}_t^{(\tau)}(N_2)$ mit keinem Token mehr in N_1. Damit ist garantiert, dass beide Netze korrekt gearbeitet haben, wenn ein Finalzustand erreicht wird.

Ist aber $\varepsilon \in L_t(N_1)$, so liefert die Konstruktion von eben nur die Sprache $(L_t(N_1) - \{\varepsilon\}) \circ L_t(N_2)$. Da die Petri-Netz-Sprachklassen aber gegen Vereinigung abgeschlossen sind, können wir einfach zu dieser Sprache $L_t(N_2) = \{\varepsilon\} \circ L_t(N_2)$ hinzuvereinigen und erhalten so die gewünschte Konkatenation $L_t(N_1) \circ L_t(N_2)$.

Für die Sprachklasse $\mathcal{L}$ haben wir keine τ-Transitionen zur Verfügung, dafür müssen wir auch keine Finalzustände mehr beachten. Wir verdoppeln etwa jede Transition t in $\mathrm{NF}(N_1)$; das Duplikat t', eine jeweils neue Transition, erhält den gleichen Vorbereich wie t und genau den *start*-Place von $\mathrm{NF}(N_2)$ als Nachbereich. Ein Feuern von t' entfernt den Token des *run*-Places von $\mathrm{NF}(N_1)$, deaktiviert somit $\mathrm{NF}(N_1)$, ohne dort alle Token zu entfernen, und aktiviert $\mathrm{NF}(N_2)$. Als Startzustand legen wir einen Token auf den *start*-Place von $\mathrm{NF}(N_1)$. Mit dieser Konstruktion erhalten wir $(L(N_1) - \{\varepsilon\}) \circ (L(N_2) - \{\varepsilon\})$. Ist $\varepsilon \in L(N_1)$, so müssen wir also noch $L(N_2)$ zu dieser Sprache hinzuvereinigen, im Falle $\varepsilon \in L(N_2)$ fehlt noch $L(N_1)$. Wegen des Abschlusses von $\mathcal{L}$ gegen Vereinigung ist dies problemlos möglich. ∎

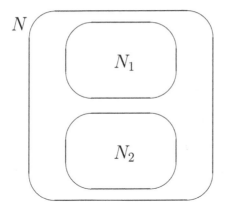

Abb. 6.11. Konstruktionsidee des Beweises für den Abschluß der Petri-Netz Sprachklassen gegen Shuffle

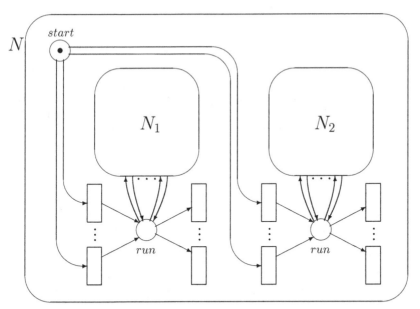

Abb. 6.12. Konstruktionsidee des Beweises für den Abschluß der Petri-Netz Sprachklassen gegen Vereinigung

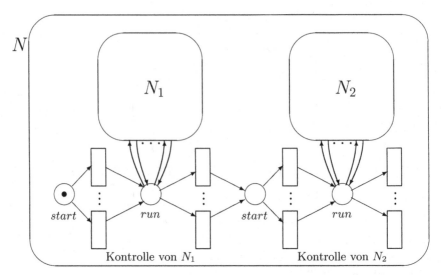

Abb. 6.13. Konstruktionsidee des Beweises für den Abschluß der Petri-Netz Sprachklassen gegen Konkatenation

6.2.2 Durchschnitt und Synchronisation

Es empfiehlt sich, eine in der klassischen Theorie formaler Sprachen weniger bekannte Operation, die Synchronisation, zu untersuchen. Denn einige Operationen wie Durchschnitt, Shuffle und Restriktion, vergleiche Definition 2.5.3, sind einfache Spezialfälle von Synchronisation, und Synchronisation ist für Petri-Netze eine recht natürliche Operation. Dafür ist sie leider als Sprachoperation um so umständlicher. Hierbei lassen wir auch ein leeres „Synchronisationsalphabet" Σ zu.

Definition 6.2.5 (Synchronisation von Sprachen). *Seien Σ_1, Σ_2 Alphabete, Σ eine endliche Menge und $L_1 \subseteq \Sigma_1^*$ und $L_2 \subseteq \Sigma_2^*$ zwei Sprachen. Die Σ-Synchronisation $L_1 \, sy_\Sigma \, L_2$ von L_1 und L_2 ist definiert als*

$$L_1 \, sy_\Sigma \, L_2 := g((h(L_1) \shuffle (\Sigma_2 - \Sigma)^*) \cap (L_2 \shuffle h((\Sigma_1 - \Sigma)^*))),$$

wobei $h\colon \Sigma_1^* \to (\Sigma_1' \cup \Sigma)^*$ der Homomorphismus mit $h(a) := a$ für $a \in \Sigma$ und $h(a) := a'$ für $a \in \Sigma_1 - \Sigma$ ist – Σ_1' ist das Alphabet $\Sigma_1' := \{a' \mid a \in \Sigma_1\}$ – und $g\colon (\Sigma_2 \cup h(\Sigma_1 - \Sigma))^* \to (\Sigma_1 \cup \Sigma_2 \cup \Sigma)^*$ der Homomorphismus mit $g(a') := a$ für $a' \in \Sigma_1'$ und $g(a) := a$ für $a \in \Sigma_2$ ist.

Σ heißt auch Synchronisationsalphabet *und darf – im Gegensatz zu Alphabeten sonst – auch leer sein.*

Ein Beispiel soll diesen Operator verdeutlichen. Sei $\Sigma_1 = \{a, b, c, d\}$, $\Sigma_2 = \{a, b, c, x, y\}$, $\Sigma = \{b, c, z\}$, $L_1 = \{abacbd, aacd, bdbc\}$, $L_2 = \{bxaycb, bxcaba,$

$xc\}$, so gilt

$$
\begin{aligned}
L_1 \, sy_\Sigma \, L_2 &= g((\{a'ba'cbd', a'a'cd', bd'bc\} \sqcup \{a, x, y\}^*) \\
&\quad \cap (\{bxaycb, bxcaba, xc\} \sqcup \{a', d'\}^*)) \\
&= g(a'b(a' \sqcup xay)cbd' \cup a'b(a' \sqcup x)cab(d' \sqcup a)cd') \\
&= ab(a \sqcup xay)cbd \cup ab(a \sqcup x)cab(d \sqcup a) \cup (aa \sqcup x)cd.
\end{aligned}
$$

Die Sprache $ab(a \sqcup xay)cbd$ entsteht hierbei aus der Synchronisation von $abacbd$ und $bxaycb$ auf den Buchstaben b und c. Weiter können auf den Buchstaben b und c noch $abacbd$ und $bxcaba$ sowie $aacd$ und xc synchronisiert werden. Das Wort $bdbc$ kann mit keinem Wort aus L_2 über b und c synchronisiert werden, da in L_2 kein Wort der Form $w_1 b w_2 b w_3 c w_4$ mit w_1, w_2, w_3, w_4 ohne b und c vorkommt.

Zum besseren Verständnis der sy_Σ-Operation definieren wir sy_Σ auch auf Wörtern.

Definition 6.2.6 (Synchronisation von Worten). *Für Alphabete Σ, Σ_1, Σ_2 und Wörter $w_1 \in \Sigma_1^*$ und $w_2 \in \Sigma_2^*$ sei die Σ-Synchronisation von w_1 und w_2 definiert als die Sprache $w_1 \, sy_\Sigma \, w_2$ mit*

$$
\begin{aligned}
w \in w_1 \, sy_\Sigma \, w_2 : \Longleftrightarrow \ & \exists n \in \mathbb{N} \, \exists x_1, \dots, x_n \in \Sigma \, \exists u_0, \dots, u_n \in (\Sigma_1 - \Sigma)^* \\
& \exists v_0, \dots, v_n \in (\Sigma_2 - \Sigma)^* : w_1 = u_0 x_1 u_1 \dots x_n u_n \\
& \wedge w_2 = v_0 x_1 v_1 \dots x_n v_n \\
& \wedge w \in (u_0 \sqcup v_0) x_1 (u_1 \sqcup v_1) \dots x_n (u_n \sqcup v_n).
\end{aligned}
$$

Damit gilt folgende Verbindung zwischen der Synchronisation von Wörtern und der von Sprachen:

Lemma 6.2.7. *Seien Σ, Σ_1, Σ_2 Alphabete und $L_1 \subseteq \Sigma_1^*$ und $L_2 \subseteq \Sigma_2^*$. Dann gilt:*

$$
L_1 \, sy_\Sigma \, L_2 = \bigcup_{w_1 \in L_1} \bigcup_{w_2 \in L_2} w_1 \, sy_\Sigma \, w_2.
$$

Beweis: Man sieht für $w_1 \in L_1$ und $w_2 \in L_2$ leicht:

$$
w_1 \, sy_\Sigma \, w_2 = g((h(w_1) \sqcup (\Sigma_2 - \Sigma)^*) \cap (w_2 \sqcup h(\Sigma_1 - \Sigma)^*)).
$$

∎

Lemma 6.2.8. *Die Operationen Durchschnitt, Shuffle, Restriktion und Einschränkung sind Spezialfälle der Synchronisation.*

Beweis: Es seien $L_1 \subseteq \Sigma_1^*$, $L_2 \subseteq \Sigma_2^*$ Sprachen. Es gilt $L_1 \cap L_2 = L_1 \, sy_{\Sigma_1 \cup \Sigma_2} \, L_2$. Dies sieht man unmittelbar wie folgt:

$$
\begin{aligned}
L_1 \, sy_{\Sigma_1 \cup \Sigma_2} \, L_2 &= g((h(L_1) \uplus \emptyset^*) \cap (L_2 \uplus \emptyset^*)) \\
&= g((h(L_1) \uplus \{\varepsilon\}) \cap (L_2 \uplus \{\varepsilon\})) \\
&= g(h(L_1) \cap L_2) \\
&= L_1 \cap L_2,
\end{aligned}
$$

da in dem Spezialfall $\Sigma_1 \subseteq \Sigma$ sofort $h = g = \mathbf{id}_\Sigma$ gilt. Ferner sieht man unmittelbar

$$
\begin{aligned}
L_1 \, sy_\emptyset \, L_2 &= g((h(L_1) \uplus \Sigma_2^*) \cap (L_2 \uplus \Sigma_1'^*)) \\
&= L_1 \uplus L_2.
\end{aligned}
$$

Nach Definition 2.5.3 ist die Restriktion gerade durch

$$
L_1 \circledR L_2 := (L_1 \uplus (\Sigma_2 - \Sigma_1)^*) \cap (L_2 \uplus (\Sigma_1 - \Sigma_2)^*))
$$

definiert. Damit gilt

$$
\begin{aligned}
L_1 \, sy_{\Sigma_1 \cap \Sigma_2} \, L_2 &= g((h(L_1) \uplus (\Sigma_2 - (\Sigma_1 \cap \Sigma_2))^* \\
&\quad \cap (L_2 \uplus h(\Sigma_1 - (\Sigma_1 \cap \Sigma_2))^*)) \\
&= g((h(L_1) \uplus (\Sigma_2 - \Sigma_1)^*) \cap (L_2 \uplus h(\Sigma_1 - \Sigma_2)^*)) \\
&\overset{(*)}{=} (L_1 \uplus (\Sigma_2 - \Sigma_1)^*) \cap (L_2 \uplus (\Sigma_1 - \Sigma_2)^*) \\
&= L_1 \circledR L_2
\end{aligned}
$$

$(*)$ sieht man sofort, da h genau die Buchstaben in $\Sigma_2 - \Sigma_1$ umbenennt, d.h. gerade diejenigen, die sowieso nicht in L_2 vorkommen. Also kann man auch auf h und g verzichten. Die Einschränkung $L|_\Sigma$ einer Sprache L über einem Alphabet Σ_1 auf ein Alphabet Σ ist gerade trivial definiert als $L|_\Sigma := \{w \in \Sigma^* \mid w \in L\}$. Damit gilt

$$
\begin{aligned}
\{\varepsilon\} \, sy_{\Sigma_1 - \Sigma} \, L &= g((h(\{\varepsilon\}) \uplus (\Sigma_1 - (\Sigma_1 - \Sigma))^*) \cap (L \uplus (\emptyset - (\Sigma_1 - \Sigma)^*)) \\
&= g((h(\{\varepsilon\}) \uplus \Sigma^*) \cap (L \uplus \emptyset^*)) \\
&= g((h(\{\varepsilon\}) \uplus \Sigma^*) \cap (L \uplus \{\varepsilon\})) \\
&= \Sigma^* \cap L \\
&= L|_\Sigma.
\end{aligned}
$$

■

Wir führen ebenfalls noch eine Σ-Synchronisation $N_1 \, sy_\Sigma \, N_2$ zweier Petri-Netze ein. Diese Operation wird gerade mit der Σ-Synchronisation von

Sprachen in dem Sinne verträglich sein, dass wir $L_{(t)}(N_1)\, sy_\Sigma\, L_{(t)}(N_2) = L_{(t)}(N_1\, sy_\Sigma\, N_2)$ zeigen können.

Definition 6.2.9 (Synchronisation von Netzen). *Seien* $N_i = (P_i,\, T_i,\, \mathbb{F}_i,\, \mathbb{B}_i,\, s_i,\, \Sigma_i,\, h_{\ell i},\, S_{f,i})$ *für* $i \in \{1,2\}$ *zwei Petri-Netze und* Σ *ein (evtl. leeres) Synchronisationsalphabet (mit* $\tau \notin \Sigma$*). OBdA gehen wir davon aus, dass diese Netze disjunkt sind. Wir definieren die* Σ-*Synchronisation der Netze* N_1 *und* N_2 *als*

$$N_1\, sy_\Sigma\, N_2 := (P_1 \,\dot\cup\, P_2, \hat{T}_1 \cup T^\times \cup \hat{T}_2, \mathbb{F}, \mathbb{B}, (s_1, s_2), \Sigma_1 \cup \Sigma_2, h_\ell, S_{f,1} \times S_{f,2})$$

mit folgenden Komponenten:
$\hat{T}_i := \{t \in T_i \mid h_{\ell i}(t) \notin \Sigma\}$ *für* $i \in \{1,2\}$,
$T^\times := \{(t_1, t_2) \in T_1 \times T_2 \mid h_{\ell 1}(t_1) = h_{\ell 2}(t_2) \in \Sigma\}$,
$\forall t \in \hat{T}_1\colon \mathbb{F}(t) := (\mathbb{F}_1(t), \mathbf{0})^\mathsf{T} \wedge \mathbb{B}(t) := (\mathbb{B}_1(t), \mathbf{0})^\mathsf{T} \wedge h_\ell(t) := h_{\ell 1}(t)$,
$\forall t \in \hat{T}_2\colon \mathbb{F}(t) := (\mathbf{0}, \mathbb{F}_2(t))^\mathsf{T} \wedge \mathbb{B}(t) := (\mathbf{0}, \mathbb{B}_2(t))^\mathsf{T} \wedge h_\ell(t) := h_{\ell 2}(t)$,
$\forall (t_1, t_2) \in T^\times\colon \mathbb{F}(t) := (\mathbb{F}_1(t_1), \mathbb{F}_2(t_2))^\mathsf{T} \wedge \mathbb{B}(t) := (\mathbb{B}_1(t_1), \mathbb{B}_2(t_2))^\mathsf{T} \wedge h_\ell((t_1, t_2)) := h_{\ell 1}(t_1) = h_{\ell 2}(t_2)$.

Die Synchronisation erfolgt über die Transitionen, deren Beschriftungen im Synchronisationsalphabet Σ liegen. Dabei werden je eine Transition aus N_1 und N_2 mit derselben Beschriftung aus Σ miteinander kombiniert, und zwar inklusive ihrer bisherigen Vor- und Nachbereiche. Die resultierenden Transitionen befinden sich in $T^\times$. Alle anderen Transitionen werden einfach in das neue Netz übernommen, ebenso wie alle Places. In Abbildung 6.14 demonstrieren wir diese Konstruktion an einem Beispiel.

Lemma 6.2.10. *Seien* $N_i = (P_i, T_i, \mathbb{F}_i, \mathbb{B}_i, s_{0i}, \Sigma_i, h_{\ell i}, S_{f,i})$ *mit* $i \in \{1,2\}$ *zwei Petri-Netze,* Σ *ein eventuell leeres Synchronisationsalphabet mit* $\tau \notin \Sigma$, *dann gilt:*

$$L(N_1)\, sy_\Sigma\, L(N_2) = L(N_1\, sy_\Sigma\, N_2) \text{ und}$$
$$L_t(N_1)\, sy_\Sigma\, L_t(N_2) = L_t(N_1\, sy_\Sigma\, N_2).$$

Beweis: Wir beweisen nur die Behauptung für L_t. Für L ist der Beweis völlig analog. Es gilt mit Lemma 6.2.7

$$w \in L_t(N_1)\, sy_\Sigma\, L_t(N_2)$$
$$\iff \exists w_1 \in L_t(N_1)\, \exists w_2 \in L_t(N_2) : w \in w_1\, sy_\Sigma\, w_2$$

N_1 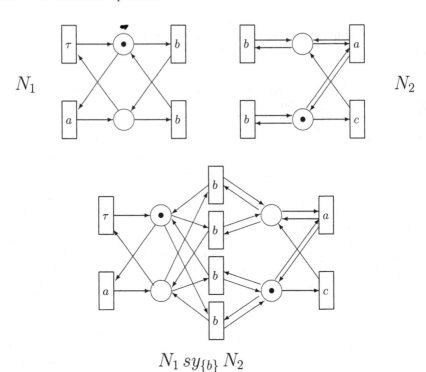 N_2

$$N_1 \, sy_{\{b\}} \, N_2$$

Abb. 6.14. Die Synchronisation zweier Netze N_1 und N_2 über dem Synchronisationsalphabet $\Sigma = \{b\}$. Transitionen mit einem Label aus dem Synchronisationsalphabet werden synchronisiert, alle anderen Transitionen werden einfach übernommen.

$\Longleftrightarrow \exists w_1 \in L_t(N_1)\, \exists w_2 \in L_t(N_2)\, \exists n \in \mathbb{N}\, \exists x_1, \ldots, x_n \in \Sigma$

$\qquad \exists u_0, \ldots, u_n \in (\Sigma_1 - \Sigma)^* \, \exists v_0, \ldots, v_n \in (\Sigma_2 - \Sigma)^* :$

$\qquad w_1 = u_0 x_1 u_1 \ldots x_n u_n \, \wedge \, w_2 = v_0 x_1 v_1 \ldots x_n v_n$

$\qquad \wedge\, w \in (u_0 \sqcup\!\sqcup v_0) x_1 (u_1 \sqcup\!\sqcup v_1) \ldots x_n (u_n \sqcup\!\sqcup v_n)$

$\Longleftrightarrow \exists n \in \mathbb{N}\, \exists x_1, \ldots, x_n \in \Sigma\, \exists \hat{x}_1, \ldots, \hat{x}_n \in T_1\, \exists \check{x}_1, \ldots, \check{x}_n \in T_2$

$\qquad \forall i \in \{1, \ldots, n\} : h_{\ell 1}(\hat{x}_i) = h_{\ell 2}(\check{x}_i) = x_i \, \wedge \, \exists u_0, \ldots, u_n \in (\Sigma_1 - \Sigma)^*$

$\qquad \exists \hat{u}_0, \ldots, \hat{u}_n \in T_1^* \, \forall i \in \{0, \ldots, n\} : h_{\ell 1}(\hat{u}_i) = u_i$

$\qquad \wedge\, \exists v_0, \ldots, v_n \in (\Sigma_2 - \Sigma)^* \, \exists \hat{v}_0, \ldots, \hat{v}_n \in T_2^* \, \forall i \in \{0, \ldots, n\} :$

$\qquad h_{\ell 2}(\hat{v}_i) = v_i \, \wedge \, \exists s_{f,1} \in S_{f,1}\, \exists s_{f,2} \in S_{f,2} : s_1 \, [\hat{u}_0 \hat{x}_1 \hat{u}_1 \ldots \hat{x}_n \hat{u}_n \!>_{N_1} s_{f,1}$

$\qquad \wedge\, s_2 \, [\hat{v}_0 \check{x}_1 \hat{v}_1 \ldots \check{x}_n \hat{v}_n \!>_{N_2} s_{f,2} \, \wedge \, w \in (u_0 \sqcup\!\sqcup v_0) x_1 (u_1 \sqcup\!\sqcup v_1) \ldots x_n (u_n \sqcup\!\sqcup v_n)$

$\Longleftrightarrow \exists n \in \mathbb{N}\, \exists x_1, \ldots, x_n \in \Sigma\, \exists \hat{x}_1, \ldots, \hat{x}_n \in T^\times \, \exists u_0, \ldots, u_n \in (\Sigma_1 - \Sigma)^*$

$\qquad \exists \hat{u}_0, \ldots, \hat{u}_n \in \hat{T}_1^* \, \forall i \in \{0, \ldots, n\} : h_\ell(\hat{u}_i) = u_i$

$\qquad \wedge\, \exists v_0, \ldots, v_n \in (\Sigma_2 - \Sigma)^* \, \exists \hat{v}_0, \ldots, \hat{v}_n \in \hat{T}_2^* \, \forall i \in \{0, \ldots, n\} :$

$\qquad h_\ell(\hat{v}_i) = v_i \, \wedge \, \exists s_{f,1} \in S_{f,1}\, \exists s_{f,2} \in S_{f,2}$

$\qquad \exists \sigma \in (\hat{u}_0 \sqcup\!\sqcup \hat{v}_0) \hat{x}_1 (\hat{u}_1 \sqcup\!\sqcup \hat{v}_1) \ldots \hat{x}_n (\hat{u}_n \sqcup\!\sqcup \hat{v}_n) : (s_1, s_2)\, [\sigma \!>_N (s_{f,1}, s_{f,2})$

$\qquad \wedge\, h_\ell(\sigma) = w$

$\Longleftrightarrow w \in L_t(N_1 \, sy_\Sigma \, N_2),$ laut Definition 6.2.9.

■

Satz 6.2.11. *Die Klassen $\mathcal{L}$, $\mathcal{L}^\tau$, $\mathcal{L}_t$ und $\mathcal{L}_t^\tau$ sind gegen Synchronisation abgeschlossen. Die Klassen $\mathcal{L}^f$, und $\mathcal{L}_t^f$ sind gegen Durchschnitt abgeschlossen.*

Beweis: Seien N_1 und N_2 zwei Petri-Netze, Σ ein Synchronisationsalphabet und $N = N_1 \, sy_\Sigma \, N_2$. Dann gilt $L(N_1) \, sy_\Sigma \, L(N_2) = L(N)$ und $L_t(N_1) \, sy_\Sigma \, L_t(N_2) = L_t(N)$. Es bleibt zu zeigen, dass N keine τ-beschrifteten Transitionen besitzt, wenn N_1 und N_2 keine besitzen und (im Falle des Durchschnitts) dass N frei ist, wenn N_1 und N_2 frei sind. Beides wird aus der Konstruktion der Synchronisation klar: Da in N nur Beschriftungen auftreten, die bereits zumindest in N_1 oder N_2 auftauchen, ist der erste Punkt offensichtlich. Betrachten wir nun freie Netze N_1 und N_2. Dann können in $N_1 \, sy_\Sigma \, N_2$ Beschriftungen nur dann mehrfach vorkommen, wenn sie Beschriftungen in $\hat{T}_1$ und $\hat{T}_2$ sind. In $N_1 \cap N_2 = N_1 \, sy_{\Sigma_1 \cup \Sigma_2} \, N_2$ ist aber $\hat{T}_1 = \hat{T}_2 = \emptyset$, da alle Transitionen aus N_1 und N_2 eine Beschriftung aus $\Sigma_1 \cup \Sigma_2$ besitzen. Zwei Transitionen $t_1 \in T_1$ und $t_2 \in T_2$ mit der Beschriftung a werden damit zur einzigen Transition $(t_1, t_2) \in T^\times$ in $N_1 \cap N_2$ verschmelzen, die in $N_1 \cap N_2$ die Beschriftung a erhält. Also ist $N_1 \cap N_2$ auch frei. ■

Aus Satz 6.2.11 und Lemma 6.2.8 folgt sofort:

Korollar 6.2.12. *Die Klassen $\mathcal{L}$, $\mathcal{L}^\tau$, $\mathcal{L}_t$ und $\mathcal{L}_t^\tau$ sind abgeschlossen gegen Durchschnitt, Restriktion und Einschränkung.*

6.2.3 Homomorphismen

Wir haben bereits gesehen, dass sich jede Petri-Netz-Sprache als homomorphes Bild einer freien Petri-Netz-Sprache ergibt, wenn man einen feinen oder sehr feinen Homomorphismus anwendet. Dies kann man für eine Darstellung über einen Abschluss nutzen. Interessanterweise sind die terminalen Petri-Netz-Sprachklassen jedoch sogar gegen beliebige (evtl. ε-freie) Homomorphismen abgeschlossen.

Satz 6.2.13 (Charakterisierung über Homomorphismen).

- $\mathcal{L}_t^\tau = \overline{Cl}^{\,\text{hom}}(\mathcal{L}_t^f)$

- $\mathcal{L}_t = \overline{Cl}^{\,\tau-\text{freie hom}}(\mathcal{L}_t^f)$

- $\mathcal{L}^\tau = \overline{Cl}^{\,\text{feine hom}}(\mathcal{L}^f)$

- $\mathcal{L} = \overline{Cl}^{\,\text{sehr feine hom}}(\mathcal{L}^f)$.

Beweis: Wegen $L_{(t)}(N) = h_\ell(L_{(t)}(N^f))$, vgl. Beobachtung 6.1.3, gilt:

$$\mathcal{L}_{(t)}^\tau \subseteq \overline{\mathrm{Cl}}^{\text{feine hom}}(\mathcal{L}_{(t)}^f)$$

$$\mathcal{L}_{(t)} \subseteq \overline{\mathrm{Cl}}^{\text{sehr feine hom}}(\mathcal{L}_{(t)}^f)$$

Damit bleibt nur zu zeigen, dass $\mathcal{L}_{(t)}^{(\tau)}$ gegen obige Operationen abgeschlossen sind.

- $\mathcal{L}_t^\tau$ ist abgeschlossen gegen Anwendung von Homomorphismen:
  Wir zeigen im Folgenden: sind $L = L_t(N_1) \in \mathcal{L}_t^\tau$, $L \subseteq \Sigma_1^*$ und ein Homomorphismus $h : \Sigma_1^* \to \Sigma_2^*$ gegeben, so existiert ein Petri-Netz N_2 mit $h(L) = L_t(N_2)$. Dabei können wir ohne Einschränkung davon ausgehen, dass das Petri-Netz N_1 in Normalform vorliegt. Insbesondere ist jede Transition von N_1 über eine Schleife mit dem run-Place verbunden.

  Wir konstruieren das Petri-Netz N_2 folgendermaßen:
  Sei $a \in \Sigma_1$, $h(a) = w \in \Sigma_2^*$.

  1.Fall: $|w| > 1$. Sei $w = a_1 \ldots a_n$, $a_i \in \Sigma_2$. Ersetze in N_1 jede Transition t

mit Beschriftung a durch

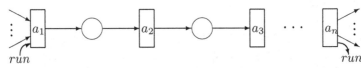

wobei die erste Transition dieser Kette den gleichen Vorbereich wie t und die letzte Transition den gleichen Nachbereich wie t bekommt. Offensichtlich gilt jetzt $L_t(N_2) = h(L)$.

  2.Fall: $|w| \leq 1$. Benenne in N_1 jede Transition t mit Beschriftung a in die neue Beschriftung w um.

- $\mathcal{L}_t$ ist abgeschlossen gegen ε-freie Homomorphismen:
  Ist $L = L_t(N_1) \in \mathcal{L}_t$, N_1 τ-frei, $L \subseteq \Sigma_1^*$, und $h : \Sigma_1^* \to \Sigma_2^*$ ein ε-freier Homomorphismus gegeben, so führt obige Konstruktion von N_2 zu einem τ-freien Petri-Netz mit $h(L_t(N_1)) = L_t(N_2) \in \mathcal{L}_t$.

- $\mathcal{L}^\tau$ ist abgeschlossen gegen feine Homomorphismen.
  Nach der gleichen Konstruktion wie oben in Fall 2.

- $\mathcal{L}$ ist abgeschlossen gegen sehr feine Homomorphismen.
Nach der gleichen Konstruktion wie oben in Fall 2.

∎

Bemerkung 6.2.14. Warum ist $\mathcal{L}^\tau$ nicht gegen beliebige Homomorphismen abgeschlossen? Man weiß, dass jede Sprache $L \in \mathcal{L}^\tau$ präfix-abgeschlossen sein muss. Ersetzt man beispielsweise mit Hilfe eines Homomorphismus einen Buchstaben a durch das Wort $a_1 a_2$, so geht die Präfix-Abgeschlossenheit aber gerade verloren: es existieren zwar nun Worte, die auf $a_1 a_2$ enden, aber keine, die mit a_1 aufhören.

6.2.4 Inverse Homomorphismen

Wir untersuchen nun inverse Homomorphismen. Die Abgeschlossenheit von Sprachklassen gegen inverse Homomorphismen lässt sich typischerweise relativ einfach beweisen, wenn die Sprachklassen auf einem Automatenmodell basieren. Die übliche Vorgehensweise ist dabei, solange aufeinander folgende Zustandsübergänge des Automaten zu sammeln, bis sie das Bild eines Buchstaben unter dem Homomorphismus bilden, und dann die gesamte Kette von Übergängen in einen einzelnen Übergang mit diesem Buchstaben zu übersetzen. Dabei muss jede mögliche Kette von Zustandsübergängen in Betracht gezogen werden, allerdings nur bis zu einer gewissen Länge. Diese ist durch das längste Wort bestimmt, das Bild eines einzelnen Buchstaben unter dem Homomorphismus ist. Diese Vorgehensweise wird allerdings unmöglich, wenn es τ-beschriftete Zustandsübergänge gibt, da wir dann keine Obergrenze für die Länge der zu betrachtenden Ketten mehr finden. Dennoch können wir auch in diesem Fall die Abgeschlossenheit gegen inverse Homomorphismen beweisen. Hierzu nutzen wir, dass jede Sprachklasse, die die regulären Sprachen enthält und gegen Shuffle, Durchschnitt und feine Homomorphismen abgeschlossen ist, automatisch auch gegen inverse Homomorphismen abgeschlossen ist. Zuerst präsentieren wir den Beweis ohne τ-Transitionen.

Satz 6.2.15. *Die Sprachklassen $\mathcal{L}$ und $\mathcal{L}_t$ sind abgeschlossen gegen inverse Homomorphismen.*

Beweis: Gegeben seien ein τ-freies Petri-Netz $N_1 = (P_1, T_1, \mathbb{F}_1, \mathbb{B}_1, s_1, \Sigma_1, h_{\ell,1}, S_{f,1})$ mit $L = L(N_1)$ bzw. $L = L_t(N_1)$, $L \subseteq \Sigma_1^*$, und ein Homomorphismus $h : \Sigma_2^* \to \Sigma_1^*$. Wir suchen nun ein Petri-Netz $N_2 = (P_2, T_2, \mathbb{F}_2, \mathbb{B}_2, s_2, \Sigma_2, h_{\ell,2}, S_{f,2})$ mit $L_{(t)}(N_2) = h^{-1}(L)$.

Konstruktion von N_2:
$P_2 := P_1$, $s_2 := s_1$, $S_{f,2} := S_{f,1}$, $T_2 := \emptyset$.

Für jedes a' aus Σ_2 unterscheide zwei Fälle:

Fall 1: $h(a') = \varepsilon$.

Konstruiere eine neue Transition $t_{a'}$ mit $h_{\ell,2}(t_{a'}) = a'$
und leerem Vor- und Nachbereich.

$T_2 := T_2 \cup \{t_{a'}\}$.

Fall 2: $h(a') = a_{i_1} \ldots a_{i_n}$, $a_{i_j} \in \Sigma_1$, $n \geq 1$.

Für jede Folge $\sigma = t_{i_1} \ldots t_{i_n} \in T_1^*$ mit $h_{\ell,1}(\sigma) = h(a')$

Konstruiere eine neue Transition $t_{i_1,\ldots,i_n}$ mit:

$\mathbb{F}_2(t_{i_1,\ldots,i_n}) := H(\sigma)$,

$\mathbb{B}_2(t_{i_1,\ldots,i_n}) := H(\sigma) + W(\sigma)$,

und der Beschriftung $h_{\ell,2}(t_{i_1,\ldots,i_n}) := a' \in \Sigma_2$.

$T_2 := T_2 \cup \{t_{i_1,\ldots,i_n}\}$.

Das Feuern der Sequenz $\sigma = t_{i_1} \ldots t_{i_n}$ mit Beschriftung $a_{i_1} \ldots a_{i_n}$ ist in N_1
in allen Zuständen $s' \geq H(\sigma)$ möglich und bewirkt die Zustandsänderung
$s' [\sigma{>}s' + W(\sigma)$. Das gleiche gilt für das Feuern von $t_{i_1,\ldots,i_n}$, jetzt aber in
N_2 und mit Beschriftung $a' \in h^{-1}(a_{i_1} \ldots a_{i_n})$. Das Feuern einer Transition
$t_{a'}$ ist jederzeit möglich und ändert den Zustand des Netzes N_2 nicht, falls
$h(a') = \varepsilon$ ist. Auch dies ist richtig, da der inverse Homomorphismus h^{-1} an
jeder Stelle eines Wortes den Buchstaben a' zusätzlich einfügen darf. Also
gilt $L_{(t)}(N_2) = h^{-1}(L_{(t)}(N_1))$. ∎

Wir betrachten das Petri-Netz N in Abbildung 6.15 als Beispiel. Als Alphabete wählen wir $\Sigma_1 = \{a, b, c\}$ und $\Sigma_2 = \{a', b', c'\}$, ein Homomorphismus
$h : \Sigma_2^* \to \Sigma_1^*$ sei gegeben durch $h(a') := ca$, $h(b') := \varepsilon$ und $h(c') := abc$. In
der folgenden Tabelle sind alle Feuersequenzen σ dargestellt, die Worte aus
$h(\Sigma_2)$ erzeugen, sowie ihre Hürden und Zustandswechsel. Das Petri-Netz N
wird daher per Konstruktion in das Netz $h^{-1}(N)$ aus Abb. 6.16 umgewandelt.

Satz 6.2.16. *Die Sprachklassen $\mathcal{L}^\tau$ und $\mathcal{L}_t^\tau$ sind abgeschlossen gegen inverse
Homomorphismen.*

Beweis: Gegeben seien ein Petri-Netz N_1 mit τ-Beschriftungen mit $L = L(N_1)$ bzw. $L = L_t(N_1)$, $L \subseteq \Sigma_1^*$, und ein Homomorphismus $h : \Sigma_2^* \to \Sigma_1^*$.
Wir suchen nun ein Petri-Netz N_2 mit $L_{(t)}(N_2) = h^{-1}(L)$.

Fall 1: $L = L_t(N_1) \in \mathcal{L}_t^\tau$. Ohne Einschränkung nehmen wir $\Sigma_1 \cap \Sigma_2 = \emptyset$
an, ansonsten kann man Σ_1 umbenennen. Dies ist für die Konstruktion
von $h^{-1}(L)$ unerheblich. Wir erzeugen zunächst zwei Sprachen $L_1 :=$
$\left(\bigcup_{a \in \Sigma_2} h(a)a\right)^* \in \mathcal{Reg} \subseteq \mathcal{L}_t^\tau$ und $L_2 := L \sqcup \Sigma_2^* \in \mathcal{L}_t^\tau$. In L_1 wechseln
sich dabei Buchstaben über Σ_2 und ihre homomorphen Bilder über Σ_1
ab, während in L_2 die Buchstaben über Σ_1 nur Worte aus L bilden, aber
Symbole aus Σ_2 frei hinzugemischt werden dürfen. Bilden wir nun den
Durchschnitt, so erhalten wir die Sprache $L_3 = L_1 \cap L_2 = \{w \in (\Sigma_1 \cup \Sigma_2)^* \mid \exists a_{i_1}, \ldots, a_{i_n} \in \Sigma_2 : w = h(a_{i_1})a_{i_1} \ldots h(a_{i_n})a_{i_n} \wedge h(a_{i_1} \ldots a_{i_n}) \in$

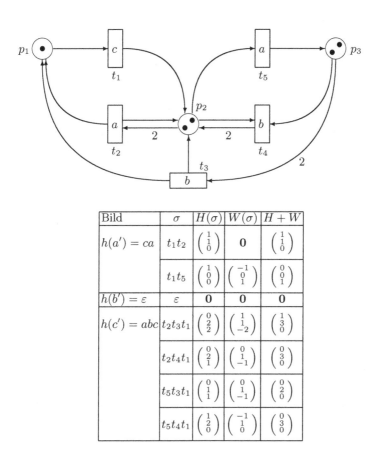

Bild	σ	$H(\sigma)$	$W(\sigma)$	$H+W$
$h(a') = ca$	$t_1 t_2$	$\begin{pmatrix}1\\1\\0\end{pmatrix}$	0	$\begin{pmatrix}1\\1\\0\end{pmatrix}$
	$t_1 t_5$	$\begin{pmatrix}1\\0\\0\end{pmatrix}$	$\begin{pmatrix}-1\\0\\1\end{pmatrix}$	$\begin{pmatrix}0\\0\\1\end{pmatrix}$
$h(b') = \varepsilon$	ε	0	0	0
$h(c') = abc$	$t_2 t_3 t_1$	$\begin{pmatrix}0\\2\\2\end{pmatrix}$	$\begin{pmatrix}1\\1\\-2\end{pmatrix}$	$\begin{pmatrix}1\\3\\0\end{pmatrix}$
	$t_2 t_4 t_1$	$\begin{pmatrix}0\\2\\1\end{pmatrix}$	$\begin{pmatrix}0\\1\\-1\end{pmatrix}$	$\begin{pmatrix}0\\3\\0\end{pmatrix}$
	$t_5 t_3 t_1$	$\begin{pmatrix}0\\1\\1\end{pmatrix}$	$\begin{pmatrix}0\\1\\-1\end{pmatrix}$	$\begin{pmatrix}0\\2\\0\end{pmatrix}$
	$t_5 t_4 t_1$	$\begin{pmatrix}1\\2\\0\end{pmatrix}$	$\begin{pmatrix}-1\\1\\0\end{pmatrix}$	$\begin{pmatrix}0\\3\\0\end{pmatrix}$

Abb. 6.15. Ein Petri-Netz N mit Hürden und Wechseln und einem Homomorphismus h.

$L\}$, die die Eigenschaften von L_1 und L_2 gleichermaßen besitzt. Daher müssen die Σ_2-Anteile in Worten aus L_3 nun homomorphe Urbilder von Worten aus L darstellen. Mittels des Löschhomomorphismus δ_{Σ_1} können wir nun die uninteressanten Teile, die aus L stammen, löschen. In der Sprache $L_4 := \delta_{\Sigma_1}(L_3) = \{w \in \Sigma_2^* \mid h(w) \in L\} = h^{-1}(L)$ verbleiben also gerade die Urbilder von L unter h. Da $\mathcal{L}_t^\tau$ gegen Vereinigung, Shuffle, Durchschnitt und Homomorphismen abgeschlossen ist, gilt also $h^{-1}(L) \in \mathcal{L}_t^\tau$.

Fall 2: $L = L(N_1) \in \mathcal{L}^\tau$. Wir können dabei nicht direkt analog zum vorigen Fall vorgehen, weil die Zwischensprachen L_1 und L_3 im allgemeinen nicht präfix-abgeschlossen sind. Damit gilt leider auch nur $L_4 = h^{-1}(L) \in \mathcal{L}_t^\tau$.

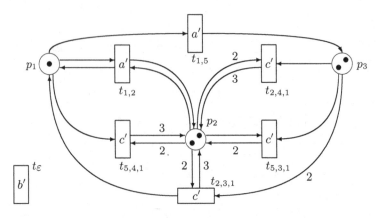

Abb. 6.16. Das Petri-Netz $h^{-1}(N)$.

Es ist jedoch sehr leicht zu sehen, dass der Shuffle, der Durchschnitt und Bilder von feinen Homomorphismen präfix-abgeschlossener Sprachen wieder präfix-abgeschlossener Sprachen sind. Daher reicht es uns, die Sprache L_1 (unter Beibehaltung des Gesamtergebnisses) so zu modifizieren, dass sie in PräReg $\subseteq \mathcal{L}^\tau$ liegt. Wir wählen als neue Sprache L_1' einfach den Präfix-Abschluss von L_1. Ein Wort in $L_1 \cap L_2$ hat die allgemeine Form $w = w_1 h(a) a w_2$ (für $a \in \Sigma_2$ und w_1, w_2 geeignet), wobei dann $\delta_{\Sigma_1}(w_1) a \delta_{\Sigma_1}(w_2) \in L_4$ liegt. Worte in $L_1' \cap L_2$ haben die Form $w_1 h(a) a$ oder $w_1 a_1 \dots a_n$ mit $a_1 \dots a_n \in \text{Prä } h(a)$. Im ersten Fall ist damit $\delta_{\Sigma_1}(w_1) a$ korrekterweise als Präfix von $\delta_{\Sigma_1}(w_1) a \delta_{\Sigma_1}(w_2)$ in L_4, im zweiten Fall ist $g(w_1 a_1 \dots a_n) = g(w_1)$ als korrekter Präfix von $\delta_{\Sigma_1}(w_1) a \delta_{\Sigma_1}(w_2)$ in L_4. Es werden also alle nötigen Präfixe in L_4 erzeugt, und der Präfixabschluss von L_1 führt nicht dazu, dass zusätzliche Worte in L_4 aufgenommen werden. Damit ist $h^{-1}(L) = L_4 \in \mathcal{L}^\tau$ klar.

∎

6.3 Algebraische Sprachcharakterisierung

6.3.1 Restriktion

Mit Hilfe der gezeigten Abschlusseigenschaften wollen wir die Sprachklassen für Petri-Netze algebraisch darstellen. Dabei ist es sinnvoll, zunächst die von relativ kleinen Netzen erzeugten Sprachen zu bestimmen. Kleinere Netze werden dann zu größeren Netzen zusammengesetzt, und wir zeigen, wie sich dabei die erzeugten Sprachen verändern. Um die Sprache eines bestimmten Petri-Netzes zu erhalten, zerlegen wir dieses Netz in kleine Teilnetze, berechnen die Sprachen dieser Teilnetze und ermitteln aus den Zerlegungsschritten (sozusagen in umgekehrter Reihenfolge), welche Operationen man ausführen muss, um die gesuchte Sprache zu ermitteln.

Definition 6.3.1 (Teilnetz). *Seien ein Petri-Netz* $N = (P, T, F, s_0, \Sigma, h_\ell, S_f)$ *und* $P' \subseteq P$ *gegeben. Wir definieren*

$$s_{0,P'} := \pi_{P'}(s_0), \quad S_{f,P'} := \pi_{P'}(S_f).$$

Mit $T' := {}^\bullet P' \cup P'^\bullet$ *sei nun das von* P' *erzeugte Teilnetz* $N(P')$ *gegeben als* $N(P') := (P', T', F|_{(P' \times T') \cup (T' \times P')}, s_{0,P'}, \Sigma, h_\ell|_{T'}, S_{f,P'})$.

Wir nennen N' *geschlossenes Teilnetz von* N, *falls* $P' \subseteq P$ *mit* $N' = N(P')$ *existiert, und* elementar, *falls zusätzlich* $|P'| = 1$ *gilt.*

Elementare Netze stellen dabei die kleinsten Einheiten dar, in die hier Petri-Netze zerlegt werden. In Kapitel 7 werden wir dann noch feinere Zerlegungen vornehmen.

Bemerkung 6.3.2. Für $N = (P, T, \mathbb{F}, \mathbb{B}, s_0, \Sigma, h_\ell, S_f)$, $P' \subseteq P$ und $N' = N(P')$ gilt offensichtlich: $\forall s, s' \in \mathbb{N}^P \; \forall \sigma \in T^*$:

$$s \,[\sigma{>}_N\, s' \implies \pi_{P'}(s) \,[\hat{\sigma}{>}_{N'}\, \pi_{P'}(s'),$$

wobei $\hat{\sigma}$ aus σ durch Weglassen aller Transitionen entsteht, die nicht in $N(P')$ liegen (d.h., $\hat{\sigma}$ ist die Projektion von σ auf $T^*_{N(P')}$, oder $\hat{\sigma} = \delta_{T_N - T_{N'}}(\sigma)$, wobei δ_Σ der Löschhomomorphismus ist, der alle Buchstaben aus Σ auf ε abbildet, vergleiche Definition 2.5.3).

Zerlegt man ein Petri-Netz in eine Menge von disjunkten Teilnetzen, so kann man die obige Folgerung umkehren, und aus den Feuersequenzen und erreichten Zuständen der Teilnetze auf die Feuersequenzen und erreichten Zustände des Gesamtnetzes schließen. Besonders einfach ist diese Zerlegung und Synthese bei freien Petri-Netzen mit Hilfe der Synchronisation darstellbar.

Satz 6.3.3 (Zerlegung von freien Netzen). *Sei* $N = (P, T, \mathbb{F}, \mathbb{B}, s_0, T, \mathrm{id}_T, S_f)$ *ein freies Petri-Netz ohne isolierte Transitionen. Seien* $P_1, P_2 \subseteq P$ *Mengen von Places mit* $P_1 \cup P_2 = P$ *und* $P_1 \cap P_2 = \emptyset$ *und* $\Sigma = T_{N(P_1)} \cap T_{N(P_2)}$ *seien die gemeinsamen Transitionen der von* P_1 *und* P_2 *erzeugten Teilnetze. Gilt für die Finalzustandsmengen* S_f, $S_{f,1}$, $S_{f,2}$ *von* N, $N(P_1)$ *und* $N(P_2)$

$$S_f = S_{f,1} \times S_{f,2},$$

dann gilt ebenfalls

$$N = N(P_1) sy_\Sigma N(P_2).$$

Beweis: Mit den Notationen von Def. 6.2.9 gilt im Netz $N(P_1) sy_\Sigma N(P_2) = (P', T', \mathbb{F}', \mathbb{B}', s'_0, \Sigma', h'_\ell, S'_f)$ gerade $P' = P_1 \cup P_2 = P$, $\hat{T}_1 = \{t \in T_{N(P_1)} \mid t \notin \Sigma\} = T_{N(P_1)} \backslash T_{N(P_2)}$, $\hat{T}_2 = \{t \in T_{N(P_2)} \mid t \notin \Sigma\} = T_{N(P_2)} \backslash T_{N(P_1)}$, $T^\times = \{(t,t) \mid t \in \Sigma\}$. Abstrahiert man von der Umbenennung $t \mapsto (t,t)$, so gilt $T' = \hat{T}_1 \cup T^\times \cup \hat{T}_2 = T_{N(P_1)} \cup T_{N(P_2)}$. Da keine isolierten Transitionen existieren, ist dann auch $T' = T_{N(P_1)} \cup T_{N(P_2)} = T$. Per Definition erhält eine Transition t in $N(P_1) sy_\Sigma N(P_2)$ ihre Kanten aus allen Teilnetzen, in denen sie vorkommt. Es gilt

$$\mathbb{F}'(t) = \begin{cases} (\mathbb{F}_{N(P_1)}(t), \mathbf{0})^\mathsf{T}, & \text{falls } t \in \hat{T}_1 = T_{N(P_1)} \backslash T_{N(P_2)}, \\ (\mathbf{0}, \mathbb{F}_{N(P_2)}(t))^\mathsf{T}, & \text{falls } t \in \hat{T}_2 = T_{N(P_2)} \backslash T_{N(P_1)}, \\ (\mathbb{F}_{N(P_1)}(t), \mathbb{F}_{N(P_2)}(t))^\mathsf{T}, & \text{falls } t \in T^\times = T_{N(P_1)} \cap T_{N(P_2)}, \end{cases}$$

und damit $\mathbb{F}'(t) = (\mathbb{F}_{N(P_1)}(t), \mathbb{F}_{N(P_2)}(t))^\mathsf{T} = \mathbb{F}(t)$, denn jede Kante aus N kommt auch in genau einem der beiden Teilnetze vor. Analoges gilt für $\mathbb{B}'$. Anfangsmarkierung ist der Definition zufolge $s'_0 = (s_0|_{P_1}, s_0|_{P_2})^\mathsf{T} = s_0$, Beschriftungsalphabet ist $\Sigma' = T_{N(P_1)} \cup T_{N(P_2)} = T$, Beschriftungsfunktion ist $h'_\ell = \mathrm{id}_{T_{N_{P_1}}} \cup \mathrm{id}_{T_{N_{P_1}}} = \mathrm{id}_T$ und für die Finalzustände gilt $S'_f = S_{f,1} \times S_{f,2} = S_f$ per Voraussetzung. Insgesamt sind N und $N(P_1) sy_\Sigma N(P_2)$ damit identisch (bis auf die zu vernachlässigende Umbenennung der Transitionsnamen).

∎

Es sei noch bemerkt, dass wir uns bei Sprachuntersuchungen generell auf Petri-Netze ohne isolierte Transitionen beschränken können. Denn existiert in einem Petri-Netz eine isolierte Transition t mit ${}^\bullet t = t^\bullet = \emptyset$, so fügen wir zu t als neuen Vorbereich und neuen Nachbereich einen neuen Place p_t mit einem Token hinzu. Damit werden isolierte Transitionen durch Hinzufügen einer Schlinge zu nicht isolierten, ohne die Sprache des Netzes zu verändern.

Nun müssen wir uns überlegen, wie man die Sprache eines Petri-Netzes berechnet, wenn die Sprachen seiner Teilnetze bekannt sind. Dabei stellen wir fest, dass man beim Zusammensetzen der Teilnetze Transitionen, die in mehreren Teilnetzen vorkommen, synchronisieren muss. Dies weist auf den Einsatz der Synchronisation hin. Für unsere Zwecke ist dabei genau die Restriktion geeignet. Nach Definition 2.5.3 und Lemma 6.2.8 gilt gerade

$$L_1 \otimes L_2 = (L_1 \sqcup (\Sigma_{L_2} - \Sigma_{L_1})^*) \cap (L_2 \sqcup (\Sigma_{L_1} - \Sigma_{L_2})^*)$$
$$= L_1 \, sy_{\Sigma_{L_1} \cap \Sigma_{L_2}} \, L_2.$$

Wir zeigen nun, dass wir die Sprache eines aus Teilnetzen zusammengesetzten Petri-Netzes erhalten, indem wir den Restriktionsoperator auf die Sprachen der Teilnetze anwenden.

Satz 6.3.4 (Anwendung der Restriktion). *Sei N^f die freie Version eines Petri-Netzes N in Normalform (mit Startzustand $(1,0)^\top$ und $S_f = \{0\}$ oder $S_f = \{0, (1,0)^\top\}$). Seien $P_1, P_2 \subseteq P$ Mengen von Places mit $P_1 \cup P_2 = P$ und $P_1 \cap P_2 = \emptyset$. Setzen wir $N_i := N^f(P_i)$ für $i \in \{1,2\}$, so gilt:*

$$L(N^f) = L(N_1) \circled\otimes L(N_2) \text{ und}$$
$$L_t(N^f) = L_t(N_1) \circled\otimes L_t(N_2).$$

Beweis: Man beachte, dass $\Sigma_{L_i} \subseteq T_{N_i}$, der Menge der Beschriftungen des Netzes N_i, ist, da wir freie Netze betrachten. Insbesondere wollen wir voraussetzen, dass in N^f (und damit auch in N_1 und N_2) im Startzustand keine toten Transitionen (vergleiche Definition 3.3.12) existieren. Da eine tote Transition in keinem Wort der Sprache des Petri-Netzes auftritt, können wir sie weglassen, ohne die Sprache zu ändern. Damit setzen wir $\Sigma_{L_i} = T_{N_i}$ voraus.

Ferner besitze N ohne Einschränkung keine isolierten Transitionen. Dann schließen wir mit den Lemmata 6.2.10 und 6.3.3 wie folgt:

$$L(N^f) \overset{6.3.3}{=} L(N_1 sy_\Sigma N_2) \overset{6.2.10}{=} L(N_1) sy_\Sigma L(N_2) \overset{def}{=} L(N_1) \circled\otimes L(N_2).$$

Da nur 0 oder $(1,0)^\top$ als Finalzustand in Frage kommen, gilt auch, dass die Finalzustandsmenge von N das Produkt der beiden Finalzustandsmengen der Teilnetze N_1 und N_2 ist. Damit können wir Lemma 6.3.3 anwenden und es folgt sofort

$$L_t(N^f) \overset{6.3.3}{=} L_t(N_1 sy_\Sigma N_2) \overset{6.2.10}{=} L_t(N_1) sy_\Sigma L_t(N_2) \overset{def}{=} L_t(N_1) \circled\otimes L_t(N_2).$$

∎

Beispiel 6.3.5. Wir demonstrieren die Zerlegung in Teilnetze anhand des freien Petri-Netzes N in Abbildung 6.17. Wir zerlegen die Menge der Places in zwei disjunkte Teilmengen $P_1 = \{p_1, p_2\}$ und $P_2 = \{p_3, p_4\}$ und erhalten so die geschlossenen Teilnetze $N_1 = N(P_1)$ und $N_2 = N(P_2)$ wie in Abbildung 6.18 gezeigt. Die von N_1 und N_2 erzeugten (Präfix-)Sprachen sind nun leicht zu ermitteln: $L(N_1) = \text{Prä}(ac)^*$ und $L(N_2) = \text{Prä}(bd)^*a$. Offensichtlich gilt $\Sigma_1 \cap \Sigma_2 = \{a\}$. Also:

$$
\begin{aligned}
L(N_1) \circled\otimes L(N_2) &= L(N_1)\, sy_{\Sigma_1 \cap \Sigma_2}\, L(N_2) \\
&= L(N_1)\, sy_{\{a\}}\, L(N_2) \\
&= \text{Prä}(ac)^*\, sy_{\{a\}}\, \text{Prä}(bd)^*a \\
&= \text{Prä}(bd)^*ac \\
&= L(N).
\end{aligned}
$$

N:

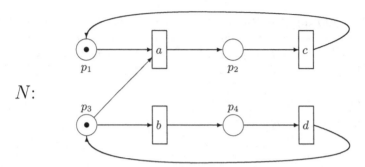

Abb. 6.17. Ein Beispiel für die Anwendung des Restriktionsoperators

$N_1 = N(P_1)$:

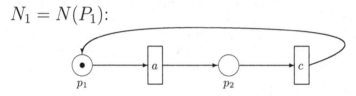

$N_2 = N(P_2)$:

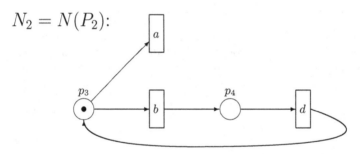

Abb. 6.18. Das Netz aus Abb. 6.17 zerlegt in zwei Teilnetze N_1 und N_2

6.3.2 Sprachen elementarer Netze

Ein Netz N ist elementar genau dann, wenn es nur einen Place und keine isolierten Transitionen besitzt, vergleiche Definition 6.3.1. Ein Beispiel wird in Abbildung 6.19 gezeigt. Elementare Teilnetze eines Petri-Netzes in Normalform haben typischerweise (abgesehen von dem vom Startplace erzeugten Teilnetz) eine leere Start- wie auch Finalmarkierung **0**. Wir zeigen nun, wie die Sprache eines solchen elementaren Teilnetzes aussieht.

Satz 6.3.6 (Sprachen elementarer Netze). *Sei $N^f = (P, T, F, s_0, T,$ $\mathrm{id}_T, S_f)$ die freie Version eines Petri-Netzes N in Normalform, $p \in P$ ein Place von N (abgesehen vom start-place), und $N' = N^f(\{p\})$ das elementare Teilnetz von p. Dann existiert ein Homomorphismus h mit*

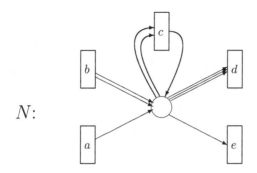

Abb. 6.19. Ein elementares Petri-Netz

$L_t(N') = h^{-1}(D)$

$L(N') = h^{-1}(\text{Prä } D)$

wobei $D = \{w \in \{+,-\}^* \mid \#_+(w) = \#_-(w) \ \wedge \ \forall u \in \text{Prä } w : \#_+(u) \geq \#_-(u)\}$ *Dyck's korrekte Klammersprache mit einer Sorte Klammern ist.*

Beweis: Sei $T' := {}^\bullet p \cup p^\bullet$ die Menge aller Transitionen von N'. Wir definieren einen Homomorphismus $h : T'^* \to \{+,-\}^*$. Für jede Transition $t \in T'$ wählen wir $h(t) := -^{\mathbb{F}(p,t)}+^{\mathbb{B}(p,t)}$, also für jede Kante von p nach t ein Minuszeichen, und für jede Kante von t nach p ein Pluszeichen, in dieser Reihenfolge. Jedes $+$ steht also für ein Token, das von t produziert wird, jedes $-$ für ein konsumiertes Token. Sei $w \in T'^*$ ein beliebiges Wort einer Länge $|w|$. Mit $w(j)$ bezeichnen wir wie üblich den j-ten Buchstaben in w. Es gilt

$w \in L(N')$

$\Longleftrightarrow \mathbf{0} \, [w\rangle_{N'}$

$\Longleftrightarrow H_{N'}(w) = \mathbf{0}$

$\overset{(*)}{\Longleftrightarrow} \forall 1 \leq i \leq |w| : \sum_{1 \leq j < i} (\mathbb{B}(p,w(j)) - \mathbb{F}(p,w(j))) \geq \mathbb{F}(p,w(i))$

$\Longleftrightarrow \forall 1 \leq i \leq |w| : \sum_{1 \leq j < i} \#_+ h(w(j)) - \sum_{1 \leq j < i} \#_- h(w(j)) \geq \#_- h(w(i))$

$\Longleftrightarrow \forall 1 \leq i \leq |w| : \#_+ h(w(1) \ldots w(i-1)) \geq \#_- h(w(1) \ldots w(i))$

$\overset{(**)}{\Longleftrightarrow} \forall u \in \text{Prä } h(w) : \#_+(u) \geq \#_-(u)$

$\Longleftrightarrow h(w) \in \text{Prä } D$

$\Longleftrightarrow w \in h^{-1}(\text{Prä } D)$

Zu (∗) stellen wir fest: Ist die Hürde Null, so müssen die früher feuernden Transitionen jeweils die notwendigen Token für die später feuernden Transitionen liefern.

Wir wollen etwas genauer auf (∗∗) eingehen. Es sei $v = w(1) \ldots w(i-1)$ ein Präfix von w. Für welches Wort u mit $h(v) \in \text{Prä}\, u$ und $u \in \text{Prä}\, h(vw(i))$ wird dann die Differenz $\#_+(u) - \#_-(u)$ am kleinsten? Offenbar für dasjenige Präfix u_i, das noch alle Minus- aber kein Pluszeichen aus dem Bild $h(w(i))$ enthält. Um $\#_+(u) \geq \#_-(u)$ für alle Präfixe u von $h(w)$ zu erfüllen, reicht es also, wenn diese Bedingung für alle solche speziellen Präfixe u_i gilt. Da für jedes der Präfixe u_i von $h(w)$ ein v mit $h(v) \in \text{Prä}\, u_i$ und $u_i \in \text{Prä}\, h(vw(i))$ existiert, gilt "$\Longrightarrow$". Die Rückrichtung ist auch klar. Hierfür müssen wir als Präfixe u_i nur diejenigen betrachten, die direkt hinter den Minuszeichen eines $h(w(i))$ enden. Die gesuchte Aussage ergibt sich unmittelbar, da dann $\#_+(u) = \#_+(h(w(1) \ldots w(i-1)))$ und $\#_-(u) = \#_-(h(w(1) \ldots w(i)))$ ist.

Betrachten wir zusätzlich zur Hürde H auch den Zustandswechsel W, den das Wort w verursacht, so können wir nun die obige Äquivalenz für die terminalen Sprachen umformen.

$$
\begin{aligned}
w \in L_t(N') &\iff \mathbf{0}\, [w{>}_{N'}\, \mathbf{0} \\
&\iff W_{N'}(w) = \mathbf{0} \ \wedge\ H_{N'}(w) = \mathbf{0} \\
&\iff W_{N'}(w) = \mathbf{0} \ \wedge\ \forall u \in \text{Prä}\, h(w) : \#_+(u) \geq \#_-(u) \\
&\iff \sum_{1 \leq i \leq |w|} \mathbb{B}(p, w(i)) = \sum_{1 \leq i \leq |w|} \mathbb{F}(p, w(i)) \\
&\qquad\quad \wedge\ \forall u \in \text{Prä}\, h(w) : \#_+(u) \geq \#_-(u) \\
&\iff \#_+(h(w)) = \#_-(h(w)) \wedge \forall u \in \text{Prä}\, h(w) : \#_+(u) \geq \#_-(u) \\
&\iff h(w) \in D \\
&\iff w \in h^{-1}(D)
\end{aligned}
$$

∎

Für unser Beispielnetz aus Abbildung 6.19 sähe der Homomorphismus $h : \{a, b, c, d, e\}^* \to \{+, -\}^*$ damit so aus:

$$
\begin{aligned}
h(a) &= + & h(c) &= --+ \\
h(b) &= ++ & h(d) &= --- \\
& & h(e) &= -.
\end{aligned}
$$

Wir betrachten nun noch solche elementaren Teilnetze der freien Version eines Petri-Netzes in Normalform, die vom Startplace erzeugt werden. Abbildung 6.20 zeigt den allgemeinen Fall. Es sei h der Homomorphismus mit $h(a_i) = a$ für alle i und für irgendeinen Buchstaben a. Der Startzustand des Originalnetzes (von dem N elementares Teilnetz ist) ist in jedem Fall $(1, \mathbf{0})^\mathsf{T}$.

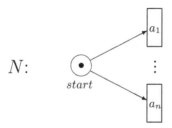

Abb. 6.20. Vom Startplace erzeugtes Teilnetz

Ist **0** einziger Finalzustand, so erhalten wir

$$L_t(N) = \{a_1, \ldots, a_n\} = h^{-1}(\{a\})$$
$$L(N) = \{\varepsilon, a_1, \ldots, a_n\} = h^{-1}(\{a, \varepsilon\}) = h^{-1}(\text{Prä}\,\{a\})$$

Ist hingegen $(1, 0)^\top$ ebenfalls Finalzustand, so ergibt sich

$$L_t(N) = \{\varepsilon, a_1, \ldots, a_n\} = h^{-1}(\{a, \varepsilon\})$$
$$L(N) = \{\varepsilon, a_1, \ldots, a_n\} = h^{-1}(\{a, \varepsilon\}) = h^{-1}(\text{Prä}\,\{a, \varepsilon\})$$

Wir haben damit die Sprachen aller möglichen elementaren Teilnetze der freien Versionen von Petri-Netzen in Normalform bestimmt, und gewinnen die Sprachen letzterer nun durch Anwendung des Restriktionsoperators auf die Sprachen ihrer elementaren Teilnetze. Damit haben wir schon gezeigt:

Korollar 6.3.7. *Sei $\mathcal{L}_{(t)}^{f,\text{NF}}$ die Klasse aller (terminalen) Petri-Netz-Sprachen, die von den freien Versionen von Petri-Netzen in Normalform erzeugt werden. Es gilt:*

$$\mathcal{L}_t^{f,\text{NF}} \subseteq \overline{\mathcal{Cl}}^{\text{inv hom},\, \oplus}(\{a, \varepsilon\}, \{a\}, D)$$
$$\mathcal{L}^{f,\text{NF}} \subseteq \overline{\mathcal{Cl}}^{\text{inv hom},\, \oplus}(\{a, \varepsilon\}, \text{Prä } D)$$
$$\mathcal{L}_t^\tau \subseteq \overline{\mathcal{Cl}}^{\text{feine hom}}(\mathcal{L}_t^{f,\text{NF}})$$

$$\mathcal{L}_t \subseteq \overline{Cl}^{\text{sehr feine hom}}(\mathcal{L}_t^{f,\text{NF}})$$

$$\mathcal{L}^\tau \subseteq \overline{Cl}^{\text{feine hom}}(\mathcal{L}^{f,\text{NF}})$$

$$\mathcal{L} \subseteq \overline{Cl}^{\text{sehr feine hom}}(\mathcal{L}^{f,\text{NF}}).$$

Beachtet man, dass alle Petri-Netz-Sprachklassen unter denen im folgenden auftauchenden Operationen abgeschlossen sind, so gilt:

Satz 6.3.8 (Darstellungssatz von Hack).

$$\mathcal{L}_t^\tau = \overline{Cl}^{\text{inv hom, }\circledR,\text{feine hom}}(\{a,\varepsilon\}, \{a\}, D)$$

$$= \overline{Cl}^{\text{inv hom, }\sqcup\cap,\text{feine hom}}(\{a\}, D)$$

$$= \overline{Cl}^{\text{inv hom},\cap,\text{feine hom}}(\{a\}D)$$

$$\mathcal{L}_t = \overline{Cl}^{\text{inv hom, }\circledR,\text{sehr feine hom}}(\{a,\varepsilon\}, \{a\}, D)$$

$$= \overline{Cl}^{\text{inv hom},\cap,\text{sehr feine hom}}(\{a,\varepsilon\}, \{a\}, D)$$

$$\mathcal{L}^\tau = \overline{Cl}^{\text{inv hom, }\circledR,\text{feine hom}}(\{a,\varepsilon\}, \text{Prä}\, D)$$

$$= \overline{Cl}^{\text{inv hom},\cap,\text{feine hom}}(\text{Prä}\,\{a\}D)$$

$$\mathcal{L} = \overline{Cl}^{\text{inv hom, }\circledR,\text{sehr feine hom}}(\{a,\varepsilon\}, \text{Prä}\, D)$$

$$= \overline{Cl}^{\text{inv hom},\cap,\text{sehr feine hom}}(\text{Prä}\,\{a\}D)$$

Beweis: Zunächst konstatieren wir, dass sich $\{a,\varepsilon\}$ durch $\delta_b(g^{-1}(\{a\}\,\circledR\, h(\{a\})))$ mit $g(a) = ab$, $g(b) = ba$ und $h(a) = b$ darstellen lässt und daher im Falle von $\mathcal{L}_t^\tau$ entbehrlich ist.

Weiter stellen wir fest, dass sich der Restriktionsoperator $\circledR$ per Definition mit Hilfe von Shuffle, Durchschnitt und Sprachen Σ^* über einem geeigneten Alphabet Σ ausdrücken lässt. Letzteres erhalten wir als $h^{-1}(D)$ oder $h^{-1}(\text{Prä}\, D)$ mit dem Homomorphismus $h : \Sigma^* \to \{+,-\}^*$ mit $h(a) = \varepsilon$ für alle $a \in \Sigma$.

Gemäß Definition 2.5.3 lässt sich Shuffle wie folgt ausdrücken:

$$L_1 \sqcup L_2 = h(\delta_\Sigma^{-1}(L_1) \cap \delta_{\Sigma'}^{-1}(g(L_2))).$$

Daher ist also jede Sprachklasse, die gegen Durchschnitt, inverse Homomorphismen und sehr feine Homomorphismen abgeschlossen ist, automatisch auch gegen den Shuffle abgeschlossen. Also können wir den Shuffle in jeder Darstellung der vier Petri-Netz-Sprachklassen weglassen.

Ferner gilt $h^{-1}(\{a\}D) = \{a\}$ und $h^{-1}(\text{Prä}\{a\}D) = \{a, \varepsilon\}$ für den Homomorphismus $h : \{a\}^* \to \{a, +, -\}^*$ mit $h(a) = a$, sowie $\delta_a(\{a\}D) = D$ und $g_1(g_2^{-1}(\text{Prä}\{a\}D)) = \text{Prä}\,D$ für den Homomorphismus $g_2 : \{a, +, -\}^* \to \{a, +, -\}^*$ mit $g_2(a) = a+$, $g_2(+) = +$, $g_2(-) = -$ und den sehr feinen Homomorphismus $g_1 : \{a, +, -\}^* \to \{+, -\}^*$ mit $g_1(a) = g_1(+) = +$ und $g_1(-) = -$. Also gilt:

$$\mathcal{L}^\tau \subseteq \overline{\text{Cl}}^{\text{inv hom},\cap,\text{feine hom}}(\text{Prä}\{a\}D) \text{ und}$$
$$\mathcal{L} \subseteq \overline{\text{Cl}}^{\text{inv hom},\cap,\text{sehr feine hom}}(\text{Prä}\{a\}D).$$

Es bleibt noch zu zeigen, dass $\{a\}D \in \mathcal{L}_t^\tau$, $\{a, \varepsilon\}, \{a\}, D \in \mathcal{L}_t$ und Prä$\{a\}D \in \mathcal{L} \cap \mathcal{L}^\tau$ gilt. In Abbildung 6.21 sind dazu drei Petri-Netze angegeben. $L_t(N_1)$ ist dabei entweder $\{a\}$ oder $\{a, \varepsilon\}$, je nachdem, ob man als Menge der Finalzustände $\{(0)\}$ oder $\{(0), (1)\}$ wählt. $L_t(N_2) = D$ gilt mit (0) als einzigem Finalzustand. Schließlich ist $L(N_3) = \text{Prä}\{a\}D$ und $L_t(N_3) = \{a\}D$ mit dem einzigen Finalzustand $(0, 1, 0)^\mathsf{T}$. ∎

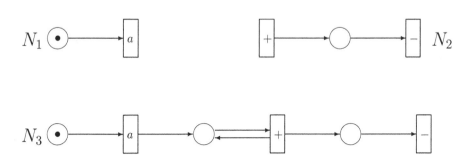

Abb. 6.21. Freie Petri-Netze zur Erzeugung der Sprachen $\{a\}$, $\{a, \varepsilon\}$, D, Prä$\,D$, $\{a\}D$ und Prä$\{a\}D$.

Satz 6.3.9. *Sei im Folgenden $\cap\mathcal{R}eg$ die Operation, die es erlaubt, eine Sprache L mit einer beliebigen regulären Sprache zu schneiden. Analog gestatte $\cap\mathcal{P}rä\mathcal{R}eg$ den Durchschnitt mit beliebigen präfix-abgeschlossenen regulären Sprachen. Offensichtlich gelten dann diese Darstellungen:*

$$\mathcal{L}_t^\tau = \overline{Cl}^{\text{inv hom},\cap,\cap\mathcal{R}\text{eg},\text{feine hom}}(D)$$

$$\mathcal{L}_t = \overline{Cl}^{\text{inv hom},\cap,\cap\mathcal{R}\text{eg},\text{sehr feine hom}}(D)$$

$$\mathcal{L}^\tau = \overline{Cl}^{\text{inv hom},\cap,\cap\text{Prä}\mathcal{R}\text{eg},\text{feine hom}}(\text{Prä}\,D)$$

$$\mathcal{L} = \overline{Cl}^{\text{inv hom},\cap,\cap\text{Prä}\mathcal{R}\text{eg},\text{sehr feine hom}}(\text{Prä}\,D).$$

Beweis: Da unsere Sprachklassen von Petri-Netzen gegen Durchschnitt abgeschlossen sind und die regulären bzw. präfixabgeschlossen regulären Sprachen enthalten, sind sie auch gegen den Durchschnitt mit solchen Sprachen abgeschlossen. Dass die Sprachklassen D bzw Prä D enthalten, zeigt das Petri-Netz N_2 aus Abbildung 6.21. Es gilt $L(N_2) = $ Prä D und $L_t(N_2) = D$ mit dem einzigen Finalzustand 0.

Es bleibt zu zeigen, dass die im Darstellungssatz bei der jeweiligen Sprachklasse angegebenen Sprachen in der neuen Darstellung erzeugt werden können. Wir betrachten jeweils die letzte Charakterisierung für jede Sprachklasse aus dem Darstellungssatz. Es ergeben sich $\{a,\varepsilon\}$, $\{a\}$ und $\{a\}D$ aus D als $h^{-1}(D) \cap \{a,\varepsilon\}$, $h^{-1}(D) \cap \{a\}$ und $h^{-1}(D) \cap a\{+,-\}^*$ mit $h(a) = +-$, $h(+) = +$ und $h(-) = -$. Alle auf der rechten Seite eines Durchschnitts auftretenden Sprachen sind hierbei reguläre Sprachen. Analog ist Prä $\{a\}D = h^{-1}(\text{Prä}\,D) \cap (a\{+,-\}^* \cup \{\varepsilon\})$ ein Durchschnitt mit der präfixabgeschlossenen regulären Sprache $a\{+,-\}^* \cup \{\varepsilon\}$. ∎

Natürlich besitzen Petri-Netz-Sprachen mehr Abschlusseigenschaften als in den algebraischen Charakterisierungen in Satz 6.3.8 und Satz 6.3.9 angegeben. Es ist aber bei solchen algebraischen Charakterisierungen gerade ein ästhetisches Ziel, mit möglichst wenigen Operationen und Ausgangssprachen auszukommen.

6.3.3 Freie Petri-Netz-Sprachen

Die Sprachklassen der freien Netze sind gegen viele der eben benötigten Operationen nicht abgeschlossen. Wir klären in diesem Abschnitt zunächst genauer, welche Operationen uns für einen entsprechenden Darstellungssatz überhaupt zur Verfügung stehen. Für einige Operationen kann man leicht den Nicht-Abschluss durch Gegenbeispiele beweisen, wir sehen uns hierzu einige einfache freie Petri-Netz-Sprachen an, und einige, die keine freien Petri-Netz-Sprachen sind.

Beispiel 6.3.10. Die folgenden Sprachen liegen in $\mathcal{L}_t^f$: $L_1 = \{a\}$, $L_2 = a^*$, $L_3 = \{aa,b\}$, $L_4 = \{aab\}$, $L_5 = \{baa\}$ und $L_6 = \{abc, def\}$. Freie Petri-Netze N_i mit $L_t(N_i) = L_i$ für $1 \leq i \leq 6$ sind in Abbildung 6.22 dargestellt. Einzige

Finalmarkierung der Netze ist jeweils **0**. Ferner liegt jede der Sprachen Prä L_i für $1 \leq i \leq 6$ in $\mathcal{L}^f$. Es gilt jeweils $L(N_i) = \text{Prä} \, L_i$.

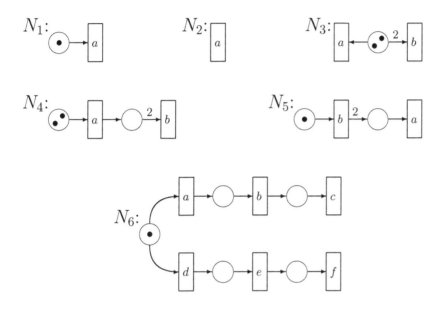

Abb. 6.22. Sechs freie Petri-Netze. Einziger Finalzustand jedes der Netze ist **0**.

Lemma 6.3.11. *Folgende Aussagen gelten:*

1. *Für alle $L \in \mathcal{L}^f$ ist $L = \text{Prä} \, L$.*

2. *$a^+ \notin \mathcal{L}_t^f \cup \mathcal{L}^f$.*

3. *Sei $L \in \mathcal{L}_t^f \cup \mathcal{L}^f$ mit $L \subseteq \{a, b\}^*$. Dann gilt: $\{aab, baa\} \subseteq L \Longrightarrow aba \in L$.*

4. *$\{aab, baa\} \notin \mathcal{L}_t^f$ und Prä $\{aab, baa\} \notin \mathcal{L}^f$.*

Beweis: Punkt 1 ist trivial.

Zu 2.: Wegen Prä $a^+ = a^*$ gilt $a^+ \notin \mathcal{L}^f$. Wir nehmen an $a^+ \in \mathcal{L}_t^f$ gilt. Ein freies Petri-Netz $N = (P, T, F, s_0, T, \text{id}_T, S_f)$, das a^+ erzeugt, enthält nur eine Transition, d.h. $T = \{a\}$, aber beliebig viele Places. Sei p ein Place. Wir prüfen, ob das Feuern von a die Anzahl der Token auf p erniedrigt, erhöht oder gleich lässt.

Fall 1: $F(p, a) > F(a, p)$. Da im Startzustand nur begrenzt viele Token auf p liegen können, ist a nach endlich vielen Schaltvorgängen tot, die erzeugte Sprache damit endlich. Dies ist ein Widerspruch.

Fall 2: $F(p,a) < F(a,p)$. Damit erhöht sich die Anzahl der Token auf p nach jedem Feuern, und es existieren unendlich viele erreichbare Zustände. Damit die erzeugte Sprache a^+ sein kann, müssen alle diese Zustände final sein. Ein Petri-Netz kann jedoch nur endlich viele Finalzustände haben. Das ist ein Widerspruch.

Fall 3: $F(p,a) = F(a,p)$. Der einzig erreichbare Zustand ist der Startzustand, der damit auch Finalzustand sein muss. Also liegt ε in der Sprache, im Gegensatz zur Annahme.

Zu 3.: Ein freies Petri-Netz N mit $L = L_t(N)$ und $L \subseteq \{a,b\}^*$, $aab, baa \in L$ muss genau zwei Transitionen, a und b, enthalten. Wir nehmen an, b sei im Startzustand feuerbar, aber nicht mehr nach dem ersten Feuern von a. Offenbar entfernt a einen oder mehrere Token von einem Place p aus dem Vorbereich von b, so dass dieses nicht mehr feuern kann. Das zweite Feuern von a entfernt dann wiederum einen oder mehr Token von p, und b ist wiederum nicht feuerbar, im Widerspruch zur Annahme, dass aab in der Sprache liegt. Daher war ab feuerbar. Nun erreicht man durch Feuern von ab und ba denselben Zustand, und da baa feuerbar ist, muss dann auch aba feuerbar sein. Mit beiden Feuersequenzen erreicht man nun denselben (finalen) Zustand. (Im Falle $L = L(N)$ ist das Erreichen eines Finalzustands natürlich nicht erforderlich.)

Punkt 4 folgt sofort aus Punkt 3. ∎

Wir definieren einige weitere Operationen auf Sprachen, die wir später zum Teil für eine algebraische Charakterisierung der freien Petri-Netz-Sprachen nutzen wollen. Die bisher eingeführten Operationen sind zum großen Teil dafür nicht verwendbar, da die Sprachklassen $\mathcal{L}^f$ und $\mathcal{L}_t^f$ nicht gegen sie abgeschlossen sind.

Definition 6.3.12. *Sind $L \subseteq \Sigma^*$ eine Sprache und $w \in \Sigma^*$ ein Wort, so definieren wir die* Linksableitung *von L nach w, $w \backslash L$, als $w \backslash L := \{u \in \Sigma^* \mid wu \in L\}$ und die* Rechtsableitung *von L nach w, L/w, als $L/w := \{u \in \Sigma^* \mid uw \in L\}$. Der* Rechtsquotient *von L mit einer endlichen Sprache L_2, L/L_2, ist definiert durch $L/L_2 := \bigcup_{w \in L_2} L/w$. Ferner nennen wir eine Linksableitung $w \backslash L$ nicht-leer, wenn $w \backslash L \neq \emptyset$ gilt.*

Satz 6.3.13. *Die Sprachklassen $\mathcal{L}_t^f$ und $\mathcal{L}^f$ sind nicht abgeschlossen gegen*

1. *Vereinigung,*

2. *Schnitt mit regulären Mengen,*

3. *Komplementbildung,*

4. Konkatenation und

5. sehr feine Homomorphismen.

$\mathcal{L}_t^f$ *ist nicht abgeschlossen gegen Shuffle,* ⧢ *.*
$\mathcal{L}^f$ *ist nicht abgeschlossen gegen Rechtsableitung und Rechtsquotienten mit endlichen Mengen.*

Beweis: Zu 1.: Es sind $\{aab\}, \{baa\} \in \mathcal{L}_t^f$, aber $\{aab\} \cup \{baa\} = \{aab, baa\} \notin \mathcal{L}_t^f$. Analog sind Prä $\{aab\}$, Prä $\{baa\} \in \mathcal{L}^f$, jedoch gilt Prä $\{aab\} \cup$ Prä $\{baa\}$ = Prä $\{aab, baa\} \notin \mathcal{L}^f$.

Zu 2.: Für $a^* \in \mathcal{L}_t^f \cap \mathcal{L}^f$ und $a^+ \in \mathcal{R}eg$ gilt $a^* \cap a^+ = a^+ \notin \mathcal{L}_t^f \cup \mathcal{L}^f$.

Zu 3.: Wären $\mathcal{L}_t^f$ oder $\mathcal{L}^f$ gegen Komplementbildung abgeschlossen, dann wäre für zwei Sprachen $L_1, L_2 \in \mathcal{L}_t^f$ (bzw. $\mathcal{L}^f$) stets auch $\neg(\neg L_1 \cap \neg L_2) = L_1 \cup L_2 \in \mathcal{L}_t^f$ (bzw. $\mathcal{L}^f$), im Widerspruch zur Nicht-Abgeschlossenheit gegen Vereinigung. Der Abschluss gegen Durchschnittbildung ist nach Satz 6.2.11 vorhanden.

Zu 4.: Es gilt $\{aa, b\} \in \mathcal{L}_t^f$, aber $\{aa, b\} \circ \{aa, b\} = \{a^4, aab, baa, b^2\} \notin \mathcal{L}_t^f$. Eine analoge Aussage gilt für Prä $\{aa, b\}$ und $\mathcal{L}^f$.

Zu 5.: Man betrachte den sehr feinen Homomorphismus $h : \{a, b, c, d, e, f\}^* \rightarrow \{a, b\}^*$ mit $h(a) = h(b) = h(e) = h(f) = a$ und $h(c) = h(d) = b$. Es gilt $\{abc, def\} \in \mathcal{L}_t^f$ und $h(\{abc, def\}) = \{aab, baa\} \notin \mathcal{L}_t^f$. Eine analoge Aussage gilt für Prä $\{abc, def\}$ und $\mathcal{L}^f$.

Es gilt $a^*, \{a\} \in \mathcal{L}_t^f$, aber $a^* ⧢ \{a\} = a^+ \notin \mathcal{L}_t^f$.

Es gilt Prä $\{aab\} \in \mathcal{L}^f$, aber $(\text{Prä } \{aab\})/b = \{\varepsilon, a, aa, aab\}/b = \{aa\} \notin \mathcal{L}^f$ wegen Prä $\{aa\} \neq \{aa\}$. ∎

Gegen einige Operationen sind aber auch die Sprachklassen von freien Petri-Netzen abgeschlossen, darunter der bereits bekannte Abschluss gegen Durchschnittbildung.

Satz 6.3.14 (Abschlusseigenschaften). $\mathcal{L}_t^f$ *und* $\mathcal{L}^f$ *sind abgeschlossen gegen Durchschnitt, inverse Homomorphismen und Restriktion.*

Beweis: Siehe Satz 6.2.11 zum Durchschnitt.

Zu inversen Homomorphismen: Im Beweis zu Satz 6.2.15 haben wir zu jedem Wort $a_1 \ldots a_n$, das Bild eines Buchstaben a unter dem gewünschten Homomorphismus ist, alle Transitionenfolgen $t_1 \ldots t_n$ gesucht, die dieses Wort $a_1 \ldots a_n$ erzeugen können. Für jede solche Folge haben wir eine neue Transition t mit Beschriftung a generiert. In einem freien Netz kann nur höchstens eine solche Transitionenfolge existieren, daher können wir auch nur höchstens eine Transition mit Beschriftung a erzeugen. Also ist das erzeugte Netz auf jeden Fall frei.

Zur Restriktion: Sind L_1, L_2 Sprachen über den minimal gewählten Alphabeten Σ_1 und Σ_2, so gilt mit den Löschhomomorphismen $\delta_{\Sigma_i} \colon (\Sigma_1 \cup \Sigma_2)^* \to \Sigma_{3-i}^*$ für $i \in \{1, 2\}$:

$$\delta_{\Sigma_2}^{-1}(L_1) \cap \delta_{\Sigma_1}^{-1}(L_2) = (L_1 \amalg (\Sigma_2 - \Sigma_1)^*) \cap (L_2 \amalg (\Sigma_1 - \Sigma_2)^*)$$
$$= L_1 \circledast L_2. \qquad \blacksquare$$

Satz 6.3.15 (Abschlusseigenschaften, Teil 2). $\mathcal{L}_t^f$ *ist abgeschlossen gegen Linksableitung, Rechtsableitung und Rechtsquotient mit endlichen Sprachen.* $\mathcal{L}^f$ *ist abgeschlossen gegen nicht-leere Linksableitungen.*

Beweis: Betrachten wir $\mathcal{L}_t^f$. Zur Linksableitung: Sei $L \in \mathcal{L}_t^f$ eine Sprache und w ein Wort. Ist $N = (P, T, F, s_0, \Sigma, h_\ell, S_f)$ ein freies Petri-Netz mit $L_t(N) = L$, so können wir zwei Fälle unterscheiden. Existiert kein Zustand s mit $s_0\,[w{>}s$, so ist $w \backslash L = \emptyset$, und das Petri-Netz $N' = (\{p_1, p_2\}, \emptyset, \emptyset, (1,0)^\mathsf{T}, \emptyset, \emptyset, (0,1)^\mathsf{T})$ ist gerade ein freies Petri-Netz mit $L_t(N') = \emptyset$ wie gefordert. Ansonsten ist der Zustand s mit $s_0\,[w{>}s$ eindeutig bestimmt. Wir konstruieren dann $N' = (P, T, F, s, \Sigma, h_\ell, S_f)$ und es gilt für alle Worte u:

$$
\begin{aligned}
u \in w \backslash L &\iff wu \in L \\
&\iff \exists s_f \in S_f : s_0\,[wu{>}s_f \\
&\iff \exists s_f \in S_f : s\,[u{>}s_f \\
&\iff u \in L(N').
\end{aligned}
$$

Also ist, wie gewünscht, $L_t(N') = w \backslash L$ und damit $w \backslash L \in \mathcal{L}_t^f$.

Zur Rechtsableitung: Sei wieder $L \in \mathcal{L}_t^f$, w ein Wort und $N = (P, T, F, s_0, \Sigma, h_\ell, S_f)$ ein freies Petri-Netz mit $L = L_t(N)$. Sei $S_f' := \{s \in \mathbb{N}^P \mid \exists s_f \in S_f : s\,[w{>}s_f\}$. Wegen der Eindeutigkeit der Transitionsnamen ist hier für jedes s_f der Zustand s auch eindeutig bestimmt – sofern er existiert –, und damit ist S_f' endlich. Für das freie Petri-Netz $N' = (P, T, F, s_0, \Sigma, h_\ell, S_f')$ gilt nun $L_t(N') = L/w$, denn für alle Worte u ist

$$
\begin{aligned}
u \in L/w &\iff uw \in L \\
&\iff \exists s_f \in S_f : s_0\,[uw{>}s_f \\
&\iff \exists s \in S_f' : s_0\,[u{>}s \\
&\iff u \in L_t(N').
\end{aligned}
$$

Damit gilt $L/w = L_t(N') \in \mathcal{L}_t^f$.

Zum Rechtsquotienten L/L_2 mit endlichen Sprachen L_2: Zwar ist $\mathcal{L}_t^f$ gegen Rechtsableitung abgeschlossen, aber nicht gegen Vereinigung, so dass wir nicht direkt mit der Definition des Rechtsquotienten argumentieren können. Andererseits genügt aber eine leichte Modifikation von S_f' aus dem vorigen Beweisteil, um den Abschluss gegen Rechtsquotienten mit endlichen Mengen L_2 zu zeigen. Wir setzen $S_f' := \{s \in \mathbb{N}^P \mid \exists s_f \in S_f \exists w \in L_2 : s\,[w{>}s_f\}$. Es gilt klar $|S_f'| \leq |S_f| \cdot |L_2|$, wodurch die neue Menge der Finalzustände wiederum endlich ist.

Zum Abschluss von $\mathcal{L}^f$ gegen nicht-leere Linksableitung: Sei $L \in \mathcal{L}^f$ eine Sprache, w ein Wort und $N = (P, T, F, s_0, \Sigma, h_\ell, S_f)$ ein freies Petri-Netz mit $L(N) = L$. Es gelte $w \backslash L \neq \emptyset$. Also existiert ein eindeutig bestimmter Zustand s aus $\mathbb{N}^P$ mit $s_0\,[w{>}s$. Wir konstruieren dann wie im ersten Teil des Beweises $N' = (P, T, F, s, \Sigma, h_\ell, S_f)$ und es gilt für alle Worte u:

$$u \in w \backslash L \iff wu \in L$$
$$\iff s_0\,[wu{>}$$
$$\iff s\,[u{>}$$
$$\iff u \in L(N').$$

Also ist, wie gewünscht, $L(N') = w \backslash L$ und damit $w \backslash L \in \mathcal{L}^f$ für nicht-leere Linksableitungen. (Ein Abschluss gegen beliebige Linksableitungen ist nicht gegeben, da $\emptyset \notin \mathcal{L}^f$ gilt.)   ∎

Satz 6.3.16 (Sprachen geschlossener Teilnetze). *Sei $N = (P, T, F, s_0,$ $\Sigma, h_\ell, S_f)$ ein freies Petri-Netz ohne isolierte Transitionen. Sind $P_1, P_2 \subseteq P$ mit $P_1 \cup P_2 = P$ und $P_1 \cap P_2 = \emptyset$ gegeben, und ist N_i das von P_i erzeugte geschlossene Teilnetz für $i \in \{1, 2\}$, so gilt*

$$L(N) = L(N_1) \circledast L(N_2).$$

Gilt zusätzlich $|S_f| = 1$, so gilt auch

$$L_t(N) = L_t(N_1) \circledast L_t(N_2).$$

Beweis: Zunächst einmal ist der Verzicht auf isolierte Transitionen keine Einschränkung, denn man kann für jede isolierte Transition t einen Place p_t zum Petri-Netz hinzufügen mit $F(p_t, t) = 1 = F(t, p_t)$. Weitere Kanten soll p_t nicht besitzen; im Startzustand und jedem Finalzustand soll genau ein Token auf p_t liegen. Es ist offensichtlich, dass die Einführung von p_t weder neue Feuersequenzen erlaubt, noch bestehende verhindert, also ändert sich die Sprache des Petri-Netzes nicht.

In Satz 6.3.4 haben wir lediglich die Tatsache ausgenutzt, dass nur ein finaler Zustand vorhanden ist, jedoch nicht, wie dieser aussieht, oder dass das Petri-Netz in Normalform vorliegt. Daher folgt die Aussage dieses Satzes bereits aus Satz 6.3.4.   ∎

Wir untersuchen als erstes, wie die Sprachen von freien, elementaren Petri-Netzen mit nur einem Finalzustand aussehen.

Satz 6.3.17 (Freie, elementare Netze). *Sei N ein freies, elementares Petri-Netz mit nur einem Finalzustand. Sei x die Zahl der Token auf dem einzigen Place p im Startzustand und y die entsprechende Zahl der Token im Finalzustand. Dann existiert ein Homomorphismus h mit*

$$L_t(N) = h^{-1}(+^x \backslash D / -^y) \quad \text{und}$$
$$L(N) = h^{-1}(+^x \backslash \text{Prä}\, D).$$

Beweis: Wir gehen analog zu Satz 6.3.6 vor. Sei p der einzige Place in N und $T' := {}^\bullet p \cup p^\bullet$ die Menge aller Transitionen von N'. Wir definieren den Homomorphismus $h : T'^* \to \{+, -\}^*$. Für jede Transition $t \in T'$ wählen wir $h(t) := -^{\mathbb{F}(p,t)} +^{\mathbb{B}(p,t)}$. Ist nun $w \in T'^*$ ein beliebiges Wort, und bezeichnen wir mit $w(i)$ wieder den i-ten Buchstaben des Wortes w, so gilt

$$w \in L(N)$$
$$\iff (x)\, [w>$$
$$\iff H(w) \leq (x)$$
$$\iff \forall 1 \leq i \leq |w| : x + \sum_{1 \leq j < i} (\mathbb{B}(p, w(j)) - \mathbb{F}(p, w(j))) \geq \mathbb{F}(p, w(i))$$
$$\iff \forall 1 \leq i \leq |w| : x + \sum_{1 \leq j < i} \#_+ h(w(j)) - \sum_{1 \leq j < i} \#_- h(w(j)) \geq \#_- h(w(i))$$
$$\iff \forall 1 \leq i \leq |w| : x + \#_+ h(w(1) \ldots w(i-1)) \geq \#_- h(w(1) \ldots w(i))$$
$$\iff \forall u \in \text{Prä}\, h(w) : x + \#_+(u) \geq \#_-(u)$$
$$\iff \forall u \in \text{Prä} +^x h(w) : \#_+(u) \geq \#_-(u)$$
$$\iff +^x h(w) \in \text{Prä}\, D$$
$$\iff h(w) \in +^x \backslash \text{Prä}\, D$$
$$\iff w \in h^{-1}(+^x \backslash \text{Prä}\, D)$$

Die Argumentation erfolgt dabei vollkommen analog zu Satz 6.3.6.

Betrachten wir zusätzlich zur Hürde H auch wieder den Zustandswechsel W, den das Wort w verursacht, so können wir nun die obige Äquivalenz auf die terminalen Sprachen übertragen.

$$w \in L_t(N) \iff (x) \, \lfloor w \rangle (y)$$
$$\iff W(w) = (y - x) \wedge H(w) \leq (x)$$
$$\iff W(w) = (y - x) \wedge \forall u \in \mathrm{Pr\ddot{a}}\, h(w): x + \#_+(u) \geq \#_-(u)$$
$$\iff x + \sum_{1 \leq i \leq |w|} \mathbb{B}(p, w(i)) = y + \sum_{1 \leq i \leq |w|} \mathbb{F}(p, w(i))$$
$$\wedge \ \forall u \in \mathrm{Pr\ddot{a}}\, h(w): x + \#_+(u) \geq \#_-(u)$$
$$\iff x + \#_+ h(w) = y + \#_- h(w)$$
$$\wedge \ \forall u \in \mathrm{Pr\ddot{a}}\, h(w): x + \#_+(u) \geq \#_-(u)$$
$$\iff \#_+(+^x h(w) -^y) = \#_-(+^x h(w) -^y)$$
$$\wedge \ \forall u \in \mathrm{Pr\ddot{a}} \, +^x h(w): \#_+(u) \geq \#_-(u)$$
$$\iff \#_+(+^x h(w) -^y) = \#_-(+^x h(w) -^y)$$
$$\wedge \ \forall u \in \mathrm{Pr\ddot{a}} \, +^x h(w) -^y: \#_+(u) \geq \#_-(u)$$
$$\iff +^x h(w) -^y \in D$$
$$\iff h(w) \in +^x \backslash D / -^y$$
$$\iff w \in h^{-1}(+^x \backslash D / -^y).$$

∎

Damit haben wir die nötigen Mittel in der Hand, die Sprachklassen der freien Petri-Netze mit und ohne Finalmarkierungen zu charakterisieren.

Satz 6.3.18 (Darstellungssatz von Starke). *Bezeichne $w \backslash$ die Operation der Linksableitung, $\underline{w} \backslash$ die nicht-leere Linksableitung, und $/fin$ die Operation des Rechtsquotienten mit endlichen Sprachen, so gilt*

$$\mathcal{L}_t^f = \overline{Cl}^{\mathrm{inv \ hom}, \, \circledR \, , w \backslash , /fin}(D)$$
$$\mathcal{L}^f = \overline{Cl}^{\mathrm{inv \ hom}, \, \circledR \, , \underline{w} \backslash}(\mathrm{Pr\ddot{a}}\, D)$$

Beweis: Für $\mathcal{L}^f$ ist das unmittelbar klar; wir haben alle freien, elementaren Petri-Netze aus Linksableitung von Prä D unter einem inversen Homomorphismus charakterisiert und gezeigt, dass man daraus mittels Restriktion alle Sprachen von freien Petri-Netzen gewinnen kann. Außerdem ist $\mathcal{L}^f$ gegen die angegebenen Operationen abgeschlossen und enthält die Präfix-Dycksprache.

Im Falle von $\mathcal{L}_t^f$ überlegen wir, was geschieht, wenn ein freies Petri-Netz mehr als einen Finalzustand besitzt. Sprachen von Netzen mit nur einem Finalzustand können wir über freie elementare Petri-Netze mit einem Finalzustand mit Hilfe der Restriktion, inverser Homomorphismen, Linksableitung, Rechtsableitung und der Dyck-Sprache D darstellen, vergleiche die Sätze 6.3.14,

6.3.16 und 6.3.17. Nehmen wir nun an, $N = (P, T, F, s_0, \Sigma, h_\ell, S_f)$ sei ein beliebiges freies Petri-Netz mit $S_f = \{s_1, \ldots, s_k\}$ für $k > 1$. Wir fügen dann zu N neue Transitionen t_1 bis t_k und einen neuen Place p hinzu, wobei jede der Transitionen t_i für $1 \leq i \leq k$ die Token des zugehörigen Finalzustands s_i abzieht und einen Token auf p legt. Neuer Finalzustand ist dann der Zustand, in dem das Netz bis auf einen Token auf p leer ist. Für das so entstehende freie Petri-Netz N' gilt nun klar

$$L_t(N') = L_t(N) \circ \{t_1, \ldots, t_k\}.$$

N' hat damit genau einen Finalzustand und $L_t(N')$ lässt sich mittels inversen Homomorphismen, Restriktion, Linksableitung und Rechtsquotient mit endlichen Sprachen aus D gewinnen. Es gilt $L_t(N) = L_t(N')/\{t_1, \ldots, t_k\}$, und daher ist auch $L_t(N)$ mit Hilfe dieser Operationen und D darstellbar. Da $\mathcal{L}_t^f$ gegen diese Operationen abgeschlossen ist und D enthält, gilt die Aussage des Satzes.   ∎

6.4 Gegenbeispiele zu Petri-Netz-Sprachen

Wir können mit Lambert's Pumping-Lemma, Satz 4.5.2, zeigen, dass terminale Petri-Netz-Sprachen nicht beliebig große Lücken besitzen können, genau wie es die Pumping-Lemmata für reguläre und kontextfreie Sprachen auch für reguläre und kontextfreie Sprachen zeigen, siehe etwa [RS97].

Definition 6.4.1 (Arithmetische Folgen). *Eine Folge* $(a + n \cdot d)_{n \in \mathbb{N}}$ *von natürlichen Zahlen mit* $a \in \mathbb{N}$ *und* $d \in \mathbb{N}$, $d \geq 1$, *heißt arithmetische Folge (erster Ordnung). Es sei* $L \subseteq \Sigma^*$ *eine Sprache über einem Alphabet* Σ. *Für* $a \in \Sigma$ *ist* $\#_{a,L} := \{n \in \mathbb{N} \mid \exists w \in L : \#_a(w) = n\}$ *die Menge aller* $n \in \mathbb{N}$, *so dass ein Wort* w *aus* L *existiert mit genau* n *Vorkommen des Buchstaben* a. $F_{a,L}$ *ist die endliche oder unendliche Folgen aller Zahlen in* $\#_{a,L}$, *wiederholungsfrei sortiert. D.h., ist* $F_{a,L} = (n_i)_{i \in I}$, *so gilt* $i < j \implies n_i < n_j$, *und* $\#_{a,L} = \{n_i \mid i \in I\}$, *wobei* $I = \mathbb{N}$ *gilt oder* I *endlich ist.*

Eine Sprache $L \subseteq \Sigma^*$ *heißt eng, falls für jedes* $a \in \Sigma$ *gilt, dass* $\#_{a,L}$ *endlich ist oder* $F_{a,L}$ *eine arithmetische Folge erster Ordnung als Teilfolge enthält.*

In engen Sprachen können also keine beliebig großen Lücken in den Buchstabenvorkommen auftreten.

Beispiel 6.4.2. Die folgenden Sprachen sind nicht eng:

$$\{a^{n^2} \mid n \in \mathbb{N}\}, \ \{a^p \mid p \text{ prim}\}, \ \{abab^2ab^3 \ldots ab^n \mid n \in \mathbb{N}\}.$$

Es ist bekannt, dass alle kontextfreien Sprachen eng sind. Dies folgt z.B. aus Ogden's Lemma oder Parikh's Lemma, siehe etwa [HU79] oder [LP81]. Andererseits existieren nicht-enge kontextsensitive Sprachen, wie etwa alle Sprachen aus obigem Beispiel. Diese Sprachen sind auch keine Petri-Netz-Sprachen, denn es gilt:

Satz 6.4.3 (Enge von Petri-Netz-Sprachen). *Alle Petri-Netz-Sprachen sind eng.*

Beweis: Ist L aus $\mathcal{L}^f$, $\mathcal{L}^\tau$ oder $\mathcal{L}$, so ist L präfixabgeschlossen. Damit ist $\#_{a,L}$ „ohne Lücken", d.h. $\#_{a,L} = \{n \mid 1 \leq n \leq N\}$ für ein $N \in \mathbb{N}$ oder $\#_{a,L} = \mathbb{N}$. Also ist L eng.

Sei L jetzt eine terminale Petri-Netz-Sprache, d.h. $L \in \mathcal{L}_t^f \cup \mathcal{L}_t^\tau \cup \mathcal{L}_t$. Mit Beobachtung 6.1.3 existiert damit ein freies, terminales Petri-Netz $N = (P, T, F, s_0, T, \mathrm{id}_T, S_f)$ und ein feiner oder sehr feiner Homomorphismus h: $T^* \to \Sigma^*$ mit $L = h(L_t(N)) = \{h(\sigma) \mid \sigma \in T^* \wedge \exists s \in S_f \colon s_0 \, [\sigma{>}_N s\}$.

Wir benötigen jetzt Details aus dem Beweis der Entscheidbarkeit des Erreichbarkeitsproblems aus Kapitel 4. Leser, die Kapitel 4 übersprungen haben, mögen auch diesen Beweis überspringen.

Für $s \in S_f$ sei $\mathbb{F}_s$ die triviale Keim-Transition-Folge bestehend nur aus dem Keim (V, E, T) mit $v = \{\omega^P\}$, $E = \{(v, t, v) \mid t \in T\}$, annotiert mit s_0 als Input und s als Output, vergleiche Abbildung 4.5 zu Lemma 4.3.14. Damit gilt $s_0 \, [\sigma{>}_N s \iff \sigma$ ist Lösung von $\mathbb{F}_s$, und $L = h(\{\sigma \in T^* \mid \exists s \in S_f : \sigma$ ist Lösung von $\mathbb{F}_s\})$. Aus der Endlichkeit von S_f und Abschnitt 4.6 folgt sofort, dass zu L eine endliche Menge $\mathcal{M}_L$ von perfekten Keim-Transition-Folgen existiert mit $L = h(\{\sigma \in T^* \mid \exists \mathbb{G} \in \mathcal{M}_L : \sigma$ ist Lösung von $\mathbb{G}\})$. Ein solches $\mathbb{G}$ aus $\mathcal{M}_L$ hat die Gestalt $\mathbb{G} = K_0 t_1 K_1 \ldots t_n K_n$ von Keimen K_i, $0 \leq i \leq n$, annotiert mit s_i^{in} und s_i^{out}, und von Transitionen t_i, $1 \leq i \leq n$. Ist σ Lösung von $\mathbb{G}$, so gilt mit Satz 4.5.1 $s_i^{out} \, [t_{i+1}{>}_N$ für $0 \leq i < n$ (und die Charakteristische Gleichung von $\mathbb{G}$ besitzt eine Lösung in $\mathbb{N}$).

Ist a ein Buchstabe aus Σ mit unendlichem $\#_{a,L}$, so muss eine Transition $t \in T$, eine perfekte Keim-Transition-Folge $\mathbb{G}$ in $\mathcal{M}_L$ und ein Keim K_i in $\mathbb{G}$ existieren mit Start s_i, so dass t auf einem Kreis u in K_i von s_i nach s_i liegt und $h(t) = a$ gilt. Es sei $C_i = Cov(K_i, s_i, N, s_i^{in})$ der vom Keim (K_i, s_i) gesteuerte Überdeckungsgraph von (N, s_i^{in}), vergleiche Definition 4.3.1. Da $\mathbb{G}$ perfekt ist, gilt $s_i = \max_{C_i} s_i^{in}$. Mit Lemma 4.3.5 existiert eine überdeckende Feuersequenz $\varrho \in T^*$ in C_i von s_i^{in} nach s_i, d.h. $s_i^{in} \xrightarrow{\varrho}_{C_i} s_i$ gilt. Damit ist auch ϱu überdeckend, d.h. $s_i^{in} \xrightarrow{\varrho u}_{C_i} s_i$ gilt. Wir wenden nun Lambert's Pumping-Lemma (Satz 4.5.2) an auf eine beliebige existierende Doppelfolge $(\eta_k, \mu_k)_{0 \leq k \leq n}$ von überdeckenden Feuersequenzen, wobei wir als η_i gerade ϱu wählen. Damit ist sichergestellt, dass a in $h(\eta_i)$ mindestens einmal vorkommt. Mit Satz 4.5.2 ist auch $\sigma_k := \eta_0^k \beta_0 \alpha_0^k \mu_0^k t_1 \ldots t_n \eta_n^k \beta_n \alpha_n^k \mu_n^k$ eine Lösung von $\mathbb{G}$, mit geeigneten $\beta_i, \alpha_i \in T^*$, für alle $k \geq k_0$ mit geeignetem $k_0 \in \mathbb{N}$. Nun gilt $h(\sigma_k) \in L$, da σ_k Lösung von $\mathbb{G}$ ist, und $\#_a h(\sigma_k) = \#_a h(\beta_0 t_1 \beta_1 \ldots t_n \beta_n) + k \cdot \#_a h(\eta_0 \alpha_0 \mu_0 \eta_1 \alpha_1 \mu_1 \ldots \eta_n \alpha_n \mu_n)$. D.h., bereits $L' := h(\{\sigma_k \mid k \geq k_0\}) \subseteq L$ hat die Eigenschaft, dass $F_{a,L'}$ eine arithmetische Teilfolge besitzt. Also gilt das auch für L. ∎

Teil II

True-Concurrency Verhalten von Petri-Netzen

7. Pomset- und Stepsprachen

7.1 Pomsets und Steps

Bei Untersuchungen von Petri-Netzen mittels Feuersequenzen und Sprachen spricht man auch von *Interleaving* Modellen von Petri-Netzen, da die Nebenläufigkeit hier durch den Shuffle, ein Mischen von eigentlich nebenläufigem Verhalten, wiedergegeben wird. Betrachten wir dazu die beiden Petri-Netze N_1 und N_2 aus Abbildung 7.1 mit jeweils **0** als finalem Zustand.

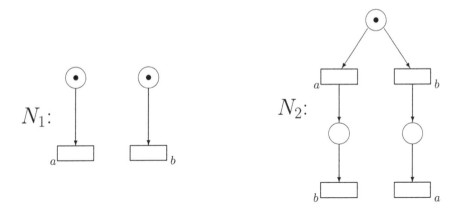

Abb. 7.1. Zwei Netze mit der gleichen terminalen Sprache $\{ab, ba\}$, einmal mit nebenläufigem Verhalten, einmal mit nichtdeterminiertem

Während a und b in N_1 unabhängig, d.h. nebenläufig, voneinander feuern können, ist dies in N_2 nicht so: b hängt von a oder a von b ab, je nachdem, welchen „Ast" man in N_2 wählt. In N_1 führt also ein Effekt der Nebenläufigkeit zur Sprache $\{ab, ba\}$, in N_2 einer der Indeterminiertheit, der Wahl eines der beiden Äste, zur gleichen Sprache. Sprachen gestatten keine Unterscheidung zwischen Nebenläufigkeit und Indeterminismus. Im Gegensatz dazu nennt man Modelle, die Nebenläufigkeit von Indeterminismus zu unterscheiden erlauben, auch *true-concurrency* Modelle.

Wir werden zwei solche true-concurrency Modelle hier genauer studieren, nämlich *Stepsprachen* und *Pomsetsprachen*. In einem *Stepwort* werden alle Transitionen (oder deren Beschriftungen), die nebenläufig feuern, mittels Mengenklammern zusammengefasst. Terminale Stepwörter von N_1 sind genau $\{a\}\{b\}$, $\{b\}\{a\}$ und $\{a, b\}$. Das erste Wort $\{a\}\{b\}$ besagt, dass zuerst a allein feuern darf, danach b. Das zweite besagt, dass auch zuerst b und dann a feuern darf. Das dritte Wort $\{a, b\}$ besagt, dass a und b auch gleichzeitig (zusammen) feuern dürfen.

Betrachten wir das Petri-Netz N_3 aus Abbildung 7.2 mit $\mathbf{0}$ als finalem Zustand.

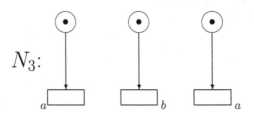

Abb. 7.2. Ein Petri-Netz mit komplexerer Stepsprache

Die Stepsprache ist hier $\{\{a\}\{a\}\{b\}, \{a\}\{b\}\{a\}, \{b\}\{a\}\{a\}, \{a, b\}\{a\}, \{a, a\}\{b\}, \{a\}\{a, b\}, \{b\}\{a, a\}, \{a, a, b\}\}$. Dabei besagt $\{b\}\{a, a\}$, dass hier zuerst b feuert und danach beide Transitionen mit Beschriftung a gleichzeitig.

An diesen einfachen Beispielen sieht man bereits mehrere interessante Fakten:

- Wie bei Sprachen sieht man in Stepwörtern nicht mehr, welche Transition gefeuert hat, nur dass eine Transition mit einer bestimmten Beschriftung gefeuert hat. Verschiedene Transitionen gleicher Beschriftung sind ununterscheidbar. Das war auch gerade der Sinn einer gleichen Beschriftung.

- Die vorkommenden Mengen sind sogenannte *Multimengen*, in denen das gleiche Symbol mehrfach gezählt werden darf.

- Eigentlich ist es die Möglichkeit des „gleichzeitigen Feuerns", die in Stepwörtern modelliert wird, als erste Annäherung für den gesuchten Begriff der „Nebenläufigkeit".

Ein Pomset ist eine partiell geordnete Multimenge (<u>p</u>artially <u>o</u>rdered <u>mul</u>tiset), in der mehrfache Vorkommen von Buchstaben teilweise angeordnet sind. Ist a vor b angeordnet, so sagt dies, dass ein Feuern von a vor einem Feuern von b stattfinden muss, z.B. weil a einen Token produziert, der von b konsumiert wird. Die Pomsetsprache von N_2 ist z.B. $\{(a \rightarrow b), (b \rightarrow a)\}$, eine Sprache, die aus den beiden Pomsets $(a \rightarrow b)$ und $(b \rightarrow a)$ besteht. $(a \rightarrow b)$ besagt, dass a vor b feuern muss. Im Gegensatz zu N_2 besteht die Pomsetsprache von N_1 nur aus dem einen Pomset $\binom{a}{b}$, eine partielle Ordnung, in der a und b nicht untereinander angeordnet sind. Dementsprechend besteht die Pomsetsprache von N_3 aus nur dem einen Pomset $\begin{pmatrix} a \\ a \\ b \end{pmatrix}$.

Betrachten wir noch ein Beispiel, das Petri-Netz N_4 aus Abbildung 7.3, wieder mit **0** als finalem Zustand.

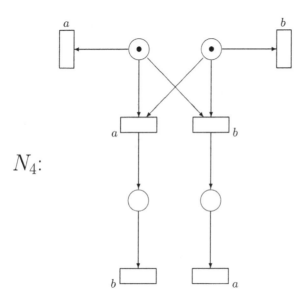

Abb. 7.3. Ein Petri-Netz mit gleicher Stepsprache wie N_1

Die Pomsetsprache von N_4 besteht aus den drei Pomsets $\binom{a}{b}$, $(a \rightarrow b)$, $(b \rightarrow a)$, die insgesamt beschreiben, dass a und b nebenläufig feuern können, oder in Abhängigkeit a vor b bzw. b vor a, je nachdem welche Transitionen in N_4 man feuern lässt. Die Pomsetsprachen von N_1 und N_4 sind also unterschiedlich. Zu beachten ist, dass die Stepsprachen von N_1 und N_4 gleich sind, da in Stepsprachen nur alle möglichen „Gleichzeitigkeiten" von Feuerungen ausgedrückt werden, während in Pomsets auch kausale Abhängigkeiten und Nebenläufigkeit modellierbar sind.

Weitere Modelle von True-Concurrency sind sogenannte *Event-Strukturen*, in denen neben Kausalität und Nebenläufigkeit auch Konflikte modelliert werden. Wir werden uns hier aber auf Stepworte und Pomsets beschränken. Als Erstes präsentieren wir deren exakte formale Definitionen.

7.1.1 Stepsprachen

Wie bereits im Beispiel zu Abbildung 7.2 erläutert, ist $\{a, a, b\}$ ein erlaubtes Verhalten in einer Stepsprache. D.h., wir werden mit Multimengen arbeiten.

Definition 7.1.1 (Multimenge). *Eine* Multimenge m *über einer Menge* M *ist eine Abbildung* $m\colon M \to \mathbb{N}$. *Eine Menge* $A \subseteq M$ *wird üblicherweise durch ihre charakteristische Funktion* $\chi_A\colon M \to \{0,1\}$ *mit* $\chi_A(a) = 1 \iff a \in A$ *als Multimenge aufgefasst. Die Standardbegriffe wie* $\subseteq, \cup, \cap$ *übertragen sich kanonisch auf Multimengen durch* $m_1 \subseteq m_2 :\iff m_1 \le m_2$ *(als Funktion aufgefasst),* $m_1 \cup m_2\colon M_1 \cup M_2 \to \mathbb{N}$ *mit* $m_1 \cup m_2(a) := \max\{m_1(a), m_2(a)\}$, $m_1 \cap m_2\colon M_1 \cup M_2 \to \mathbb{N}$ *mit* $m_1 \cap m_2(a) := \min\{m_1(a), m_2(a)\}$. *Ist* $m\colon M \to \mathbb{N}$ *eine Multimenge,* $M' \supseteq M$ *eine Obermenge, so fassen wir auch* m *als Multimenge über* M' *auf mit demselben Wert für* $m(a)$, *falls* $a \in M$, *und* $m(a) := 0$, *falls* $a \in M' - M$. *Ist es bei* $m\colon M \to \mathbb{N}$ *klar, was mit* M *gemeint ist, so sprechen wir auch von der Multimenge* m.

Eine Multimenge $m\colon M \to \mathbb{N}$ *heißt* endlich, *falls* $\{a \in M \mid m(a) > 0\}$ *endlich ist. Eine endliche Multimenge schreiben wir auch als* $m(a_1) \cdot a_1 + \ldots + m(a_n) \cdot a_n$, *falls* $\{a_1, \ldots, a_n\} = \{a \in M \mid m(a) > 0\}$ *gilt. Die Multimenge* $\{a, a, b\}$ *etwa kann dann sinngemäß mit* $2a + 1b$, $1b + 2a$, $2a + b$ *oder* $b + 2a$ *geschrieben werden.*

Definition 7.1.2 (Stepsprache). *Sei* Σ *ein Alphabet. Eine endliche Multimenge* $m\colon \Sigma \to \mathbb{N}$ *über* Σ *heißt auch* Step *über* Σ. Σ_{step} *bezeichnet die Menge aller Steps über* Σ. Σ_{step} *ist stets abzählbar.* $\mathbf{0}_\Sigma$ *oder nur* $\mathbf{0}$ *bezeichnet den leeren Step (über* Σ) *mit* $\mathbf{0}_\Sigma(a) = 0$ *für alle* $a \in \Sigma$. *Die Größe* $|m|$ *eines Steps* m *ist* $\sum_{a \in \Sigma} m(a)$.

Ein Stepwort w *über* Σ *ist ein Wort aus* $(\Sigma_{step} - \mathbf{0}_\Sigma)^*$. *Das leere Stepwort wird mit* ε *bezeichnet.* $\mathcal{STP}_\Sigma$ *bezeichnet die Menge aller Stepwörter über* Σ. *Ist* Σ *irrelevant oder bekannt, schreiben wir auch* $\mathcal{STP}$ *anstatt* $\mathcal{STP}_\Sigma$. *Eine* Stepsprache L *über* Σ *ist eine Teilmenge von* $\mathcal{STP}_\Sigma$.

Zahlreiche Begriffe von Wörtern können direkt für Stepwörter übernommen werden, da diese ja auch Wörter sind, nur über einem jetzt abzählbaren Alphabet $\Sigma_{step} - \mathbf{0}_\Sigma$. So ist $|w|$ die Länge des Stepwortes w, also die Anzahl der in w aneinandergereihten Steps. $w(i)$ ist der i-te Step von w. $\#_a(w)$ ist jetzt für $a \in \Sigma$ die Anzahl der Vorkommen von a in w, formal $\#_a(w) = \sum_{1 \leq i \leq |w|} w(i)(a)$.

Rein formal sind $\mathbf{0}_\Sigma$ und ε – als Stepworte aufgefasst – unterschiedliche Objekte. Es gilt $|\varepsilon| = 0$ aber $|\mathbf{0}_\Sigma| = 1$, da $\mathbf{0}_\Sigma$ ein Step ist, allerdings ohne Buchstaben, der leere Step. Die Forderung, dass ein Stepwort ein Wort über $(\Sigma_{step} - \mathbf{0}_\Sigma)^*$ ist, besagt nun, dass in einem Stepwort kein Step der leere Step sein darf. Sollte bei späteren Operationen auf Stepwörtern ein Step leer werden, so ist er aus dem Stepwort zu streichen. Wir machen also Folgendes ab:

Definition 7.1.3 (Sequenzen von Steps). *Eine endliche Folge $w = (m_i)_{0 \leq i \leq n}$ von Steps $m_i \in \Sigma_{step}$ fassen wir als Stepwort w auf, indem wir alle Steps $\neq \mathbf{0}_\Sigma$ in der gegebenen Reihenfolge als Wort hintereinander konkatenieren.*

Diese simple Überlegung wird bereits benötigt, wenn man feine Homomorphismen für Stepwörter definiert.

Definition 7.1.4 (Feiner Homomorphismus auf Steps). *Seien Σ und Γ Alphabete und $h: \Sigma \to \Gamma \cup \{\varepsilon\}$ ein feiner Homomorphismus. Wir erweitern h zu $h: \mathcal{STP}_\Sigma \to \mathcal{STP}_\Gamma$ induktiv durch $h(\varepsilon) = \varepsilon$ und $h(wm) = h(w)h(m)$ für $w \in \mathcal{STP}_\Sigma$ und $m \in \Sigma_{step}$. Dabei ist für $m \in \Sigma_{step}$, $m: \Sigma \to \mathbb{N}$, zunächst $\hat{h}(m): \Gamma \to \mathbb{N}$ definiert als $\hat{h}(m)(b) := \sum_{a \in \Sigma, h(a) = b} m(a)$, und $h(m)$ ist das Stepwort $h(m) := \begin{cases} \varepsilon, & \text{falls } \hat{h}(m) = \mathbf{0}_\Gamma \\ \hat{h}(m), & \text{sonst.} \end{cases}$*

Beispiel: Sei $w = \{a, a, b\}\{a, a, a, a\}\{a, b, b, c\}$, $h(a) = \varepsilon$, $h(b) = h(c) = a$, so ist $h(w) = \{a\}\{a, a, a\}$.

Wir erklären nun das Feuern eines Steps in einem Petri-Netz. Alle in einem Step zusammengefassten Transitionen können dabei gleichzeitig feuern.

Definition 7.1.5 (Feuern eines Steps). *Seien $N = (P, T, \mathbb{F}, \mathbb{B})$ ein Petri-Netz, $s, s' \in \mathbb{N}^P$ Zustände und $m \in T_{step}$ ein Step über T. Wir sagen, dass*

- *m im Zustand s feuern kann, $s \lfloor m >$, falls $\sum_{t \in T} m(t) \mathbb{F}(t) \leq s$ gilt.*

- *m im Zustand s nach s' feuert, $s \lfloor m >_N s'$, falls $s \lfloor m >$ und $s' = s + \sum_{t \in T} m(t)(\mathbb{B}(t) - \mathbb{F}(t))$ gelten.*

Ist ein Step m im Zustand s feuerbar, so sagt man auch, dass die Transitionen t mit $m(t) > 0$ im Zustand s nebenläufig sind. Liegt ein t in m mit $m(t) = n > 1$, so sagt man auch, dass t im Zustand s auto-nebenläufig ist.

Betrachten wir das Petri-Netz aus Beispiel 3.1.5 mit Abbildung 3.1 in Kapitel 3. Im Zustand $(1, 2, 0)^\mathsf{T}$ ist der Step $t_1 + 2t_2$ feuerbar, da $\sum_{t \in T} m(t) \cdot \mathbb{F}(t) = (1, 0, 0)^\mathsf{T} + 2 \cdot (0, 1, 0)^\mathsf{T} = (1, 2, 0)^\mathsf{T} \leq s$ gilt. Wegen $s + \sum_{t \in T} m(t) \cdot (\mathbb{B} - \mathbb{F})(t) = (1, 2, 0)^\mathsf{T} + (0, 0, 1)^\mathsf{T} + 2 \cdot (0, -1, 2)^\mathsf{T} = (1, 0, 5)^\mathsf{T}$ feuert der Step m von $(1, 2, 0)^\mathsf{T}$ nach $(1, 0, 5)^\mathsf{T}$. Hierbei ist im Zustand $(1, 2, 0)^\mathsf{T}$ die Transition t_2 zu sich selbst nebenläufig, also auto-nebenläufig, und zu t_1 nebenläufig.

Definition 7.1.6 (Stepfeuersequenzen, Petri-Netz-Stepsprachen).
Seien $N = (P, T, \mathbb{F}, \mathbb{B})$ ein Petri-Netz, $s, s' \in \mathbb{N}^P$ Zustände und $\sigma \in \mathcal{STP}_T$ ein Stepwort über T. Das Feuern $s \lceil \sigma \!\!> s'$ des Stepworts σ von s nach s' ist wie üblich induktiv definiert:

$$s \lceil \varepsilon \!\!> s' : \Longleftrightarrow s = s'$$
$$s \lceil \sigma t \!\!> s' : \Longleftrightarrow \exists s'' : s \lceil \sigma \!\!> s'' \lceil t \!\!> s'.$$

Ferner ist σ in s feuerbar, $s \lceil \sigma \!\!>$, falls ein s' existiert mit $s \lceil \sigma \!\!> s'$.

Für ein (beschriftetes, initiales, terminales) Petri-Netz $N = (P, T, F, s_0, \Sigma, h_\ell, S_f)$ ist die Stepsprache $\mathcal{W}(N)$ *definiert als*

$$\mathcal{W}(N) := \{w \in \mathcal{STP}_\Sigma \mid \exists \sigma \in \mathcal{STP}_T : (s \lceil \sigma \!\!> \wedge\, w = h_\ell(\sigma))\},$$

und die terminale Stepsprache $\mathcal{W}_t(N)$ *als*

$$\mathcal{W}_t(N) := \{w \in \mathcal{STP}_\Sigma \mid \exists \sigma \in \mathcal{STP}_T \, \exists s_f \in S_f : (s \lceil \sigma \!\!> s_f \wedge\, w = h_\ell(\sigma))\}.$$

Analog zu den Sprachklassen aus dem vorigen Kapitel können wir Klassen von Stepsprachen von Petri-Netzen definieren:
$\mathcal{W}^\tau$ *ist die Klasse aller Stepsprachen von beliebigen Petri-Netzen.*
$\mathcal{W}$ *ist die Klasse aller Stepsprachen von τ-freien Petri-Netzen.*
$\mathcal{W}^f$ *ist die Klasse aller Stepsprachen von freien Petri-Netzen.*
$\mathcal{W}_t^\tau$ *ist die Klasse aller terminalen Stepsprachen von beliebigen Petri-Netzen.*
$\mathcal{W}_t$ *ist die Klasse aller terminalen Stepsprachen von τ-freien Petri-Netzen.*
$\mathcal{W}_t^f$ *ist die Klasse aller terminalen Stepsprachen von freien Petri-Netzen.*

Jedes Wort lässt sich trivial als Stepwort auffassen, indem wir jeden Buchstaben a als den Step $\{a\}$ interpretieren. Umgekehrt lässt ein Stepwort verschiedene Interpretationen als Wort zu: alle Buchstaben eines Steps dürfen beliebig angeordnet werden. Ein Stepwort $m_1 \ldots m_n$ beschreibt damit die Menge $(\sqcup m_1)(\sqcup m_2) \ldots (\sqcup m_n)$ von Wörtern mit $\sqcup \{a, b, c\} = a \sqcup b \sqcup c$, etc. Wir wollen diesen wichtigen Operationen eigene Namen geben.

Definition 7.1.7 (Gröbere Stepwörter). *Sei Σ ein Alphabet. Ein Step-wort $w \in \mathcal{STP}_\Sigma$ heißt gröber als ein Step $m \in \Sigma_{step}$, $w \succeq m$, falls $\#_a(w) = m(a)$ für alle $a \in \Sigma$ gilt.*

Wir definieren mittels Induktion über den Aufbau von $w_2 \in \mathcal{STP}_\Sigma$, wann $w_1 \in \mathcal{STP}_\Sigma$ gröber als w_2, $w_1 \succeq w_2$, gilt:

$$w_1 \succeq \varepsilon :\Longleftrightarrow w_1 = \varepsilon$$
$$w_1 \succeq w_2 m :\Longleftrightarrow \exists w_1', w_1'' \in \mathcal{STP}_\Sigma : (w_1 = w_1' w_1'' \wedge w_1' \succeq w_2 \wedge w_1'' \succeq m).$$

$\mathrm{step}(w) := \{w' \in \mathcal{STP} \mid w' \succeq w\}$ ist die Menge aller Stepwörter, die gröber sind als w. $w' \in \mathrm{step}(w)$ heißt auch eine Stepisierung von w.

Beispiel 7.1.8.

$$\{a,a\}\{b\}\{a,b\} \succeq \{a,a,a,b,b\}$$
$$\{a,a\}\{b\}\{a,b\}\{a,b,b\} \succeq \{a,a,b\}\{a,b\}\{a,b,b\}$$
$$\succeq \{a,a,b\}\{a,a,b,b,b\} \succeq \{a,a,a,a,b,b,b,b\}$$
$$\{a,a\}\{b\}\{a,b\} \not\succeq \{a,a,a\}\{b,b\}$$

In gröberen Stepwörtern sind manche Nebenläufigkeiten in eine Folge kleinerer Steps aufgelöst. „Gröber" bedeutet also eine „gröbere Nebenläufigkeitsstruktur". Ist w' Stepisierung von w, so ist w' gröber als w, kann also mehr Steps als w besitzen. Daher der Name „Stepisierung". Wir erweitern wie immer step auf Stepsprachen $L \subseteq \mathcal{STP}$ durch $\mathrm{step}(L) := \bigcup_{w \in L} \mathrm{step}(w)$.

Definition 7.1.9 (Stepwortkonstruktor aus Wörtern). *Der Operator* step: $\Sigma^* \to \mathcal{STP}_\Sigma$ *mit* $\forall w \in \Sigma^* \; \forall a \in \Sigma$:

$$\mathrm{step}(\varepsilon) := \varepsilon$$
$$\mathrm{step}(wa) := (\mathrm{step}(w))\{a\}$$

heißt Stepwort-Konstruktor (aus Wörtern).

Beispiel 7.1.10. $\mathrm{step}(aab) = \{a\}\{a\}\{b\}$.

Definition 7.1.11 (Linearisierung von Steps). *Wir nennen den Operator* lin: $\mathcal{STP}_\Sigma \to 2^{\Sigma^*}$ *mit* $\forall w \in \mathcal{STP}_\Sigma$:

$$\mathrm{lin}(w) := \{u \in \Sigma^* \mid \mathrm{step}(u) \succeq w\}$$

Linearisierung von Stepwörtern. Ein Wort $u \in \mathrm{lin}(w)$ heißt eine Linearisierung von w.

Beispiel 7.1.12.

$$\mathrm{lin}(\{a,a,b\}) = \{aab, aba, baa\}$$
$$\mathrm{lin}(\{a,b\}\{c,d\}) = \{abcd, abdc, bacd, badc\}$$

Wir setzen auch $\mathrm{step}(L)$ und $\mathrm{lin}(M)$ für Sprachen L und Stepsprachen M kanonisch als $\mathrm{step}(L) := \{\mathrm{step}(w) \mid w \in L\}$ und $\mathrm{lin}(M) := \bigcup_{w \in M} \mathrm{lin}(w)$ fort. Ferner werden wir statt $\mathrm{step}(w)$, $\mathrm{step}(M)$, $\mathrm{lin}(w)$, $\mathrm{lin}(M)$ meist $\mathrm{step}\, w$, $\mathrm{step}\, M$, $\mathrm{lin}\, w$, $\mathrm{lin}\, M$ schreiben, um die Operatoreigenschaft von step und lin zu betonen. step hat bisher zwei unterschiedliche Bedeutungen: einmal gilt $\mathrm{step}\colon \mathcal{STP}_\Sigma \to 2^{\mathcal{STP}_\Sigma}$ bzw. $\mathrm{step}\colon 2^{\mathcal{STP}_\Sigma} \to 2^{\mathcal{STP}_\Sigma}$, zum anderen gilt $\mathrm{step}\colon \Sigma^* \to \mathcal{STP}_\Sigma$ bzw. $\mathrm{step}\colon 2^{\Sigma^*} \to 2^{\mathcal{STP}_\Sigma}$. Das folgende Korollar ist offensichtlich.

Korollar 7.1.13. *Seien $u \in \mathcal{STP}_\Sigma$, $U \subseteq \mathcal{STP}_\Sigma$, $w \in \Sigma^*$, $W \subseteq \Sigma^*$, dann gilt:*

$$\begin{aligned}
\mathrm{step}\,\mathrm{step}\, u &= \mathrm{step}\, u \\
\mathrm{step}\,\mathrm{step}\, w &= \{\mathrm{step}\, w\} \\
\mathrm{step}\,\mathrm{step}\, W &= \mathrm{step}\, W \\
\mathrm{lin}\,\mathrm{step}\, w &= \{w\} \\
\mathrm{step}\,\mathrm{lin}\, u &\neq \{u\} \\
\mathrm{step}\,\mathrm{lin}\, U &\neq U.
\end{aligned}$$

Sei $h\colon \Sigma \to \Gamma \cup \{\varepsilon\}$ ein feiner Homomorphismus, so gilt:

$$\begin{aligned}
\mathrm{lin}\, h(u) &= h(\mathrm{lin}\, u) \\
\mathrm{step}\, h(u) &= h(\mathrm{step}\, u).
\end{aligned}$$

Beispiel 7.1.14.

$$\begin{aligned}
\mathrm{step}\,\mathrm{lin}\,\{a,b\}\{c,d\} &= \mathrm{step}\,\{abcd, abdc, bacd, badc\} \\
&= \{\{a\}\{b\}\{c\}\{d\}, \{a\}\{b\}\{d\}\{c\}, \\
&\qquad \{b\}\{a\}\{c\}\{d\}, \{b\}\{a\}\{d\}\{c\}\} \\
&\neq \{\{a,b\}\{c,d\}\}
\end{aligned}$$

Sei $\Sigma = \{a,b,c\}$, $\Gamma = \{x,y\}$, $h(a) = x$, $h(b) = y$, $h(c) = \varepsilon$, so ist

$$\begin{aligned}
\lim h(\{a,a,c\}\{a,b\}\{c\}) &= \lim \{x,x\}\{x,y\} \\
&= \{xxxy, xxyx\} \\
&= h(\{aacabc, acaabc, caaabc, \\
&\qquad aacbac, acabac, caabac\}) \\
&= h(\lim \{a,a,c\}\{a,b\}\{c\})
\end{aligned}$$

Damit können wir folgende wichtige Beziehung zwischen Petri-Netz-Sprachen und Petri-Netz-Stepsprachen zeigen.

Satz 7.1.15. *Seien* $N = (P,T,F,s_0,\Sigma,h_\ell,S_f)$ *ein Petri-Netz,* $s,s' \in \mathbb{N}^P$ *Zustände und* $w,w' \in \mathcal{STP}_T$ *Stepworte. Dann gilt:*

- $s\,[w{>}s' \wedge w' \succeq w \Longrightarrow s\,[w'{>}s'$

- $\forall u \in \lim w \colon s\,[w{>}s' \Longrightarrow s\,[u{>}s'$

- $L(N) = \lim \mathcal{W}(N),\ L_t(N) = \lim \mathcal{W}_t(N)$

- $\lim \mathcal{W}^\tau = \mathcal{L}^\tau$

- $\lim \mathcal{W} = \mathcal{L}$

- $\lim \mathcal{W}^f = \mathcal{L}^f$

- $\lim \mathcal{W}_t^\tau = \mathcal{L}_t^\tau$

- $\lim \mathcal{W}_t = \mathcal{L}_t$

- $\lim \mathcal{W}_t^f = \mathcal{L}_t^f$

Beweis: Wir zeigen nur den ersten Punkt, alles Weitere sind triviale Konsequenzen daraus. Sei m ein Step über T und s,s' seien Zustände mit $s\,[m{>}s'$. Dann gilt per Definition

$$\sum_{t\in T} m(t)\mathbb{F}(t) \leq s \quad \text{und} \quad s' = s + \sum_{t\in T} m(t)(\mathbb{B}-\mathbb{F})(t).$$

Seien m_1, m_2 Steps über T mit $m = m_1+m_2$, d.h. $\#_a(m) = \#_a(m_1)+\#_a(m_2)$ für alle $a \in T$. Dann gilt offenbar auch $s\,[m_1{>}$, $s\,[m_2{>}$, $s\,[m_1m_2{>}s'$ und $s\,[m_2m_1{>}s'$. Da iterative, weitere Zerlegungen von m_1 und m_2 jedes gröbere Stepwort u von m ergeben, gilt offensichtlich auch $s\,[u{>}s'$ für alle $u \in \mathcal{STP}_T$ mit $u \succeq m$.

Wir zeigen nun $s\,[w{>}s' \wedge w' \succeq w \Longrightarrow s\,[w'{>}s'$ per Induktion über den Aufbau von w:

Induktionsanfang $w = \varepsilon$. $s\,[w{>}s' \wedge w' \succeq w$ impliziert $s = s'$ und $w' = \varepsilon$, also auch $s\,[w'{>}s'$.

Induktionsschritt $w \mapsto wm$. Es gilt: $s\,[wm{>}s' \wedge w' \succeq wm$ impliziert $\exists s''$: $s\,[w{>}s''\,[m{>}s' \wedge \exists w'', w''' \in \mathcal{STP}_T$: $(w' = w''w''' \wedge w'' \succeq w \wedge w''' \succeq m)$. Per Induktionsvoraussetzung und obiger Aussage über m gilt damit auch $s\,[w''{>}s''$ und $s''\,[w'''{>}s'$, also auch $s\,[w'{>}s'$. Damit ist die Behauptung bewiesen. ∎

7.1.2 Pomsetsprachen

Pomsets sind partielle Ordnungen auf Multimengen. Statt „partielle Ordnung" gebrauchen wir auch den Begriff „Halbordnung". Eine Halbordnung R auf M ist ein Paar (M, R) von einer Menge M und einer azyklischen Relation auf M. $R \subseteq M \times M$ heißt dabei azyklisch, falls R transitiv und irreflexiv ist, d.h. $\neg mRm$ gilt für alle $m \in M$, vergleiche Kapitel 2.

Definition 7.1.16 (Pomset). *Eine* Kausalitätsstruktur κ *über einem Alphabet* Σ *ist ein Tripel* $\kappa = (E_\kappa, R_\kappa, \ell_\kappa)$ *bestehend aus einer Halbordnung* (E_κ, R_κ) *und einer* Beschriftung $\ell_\kappa : E_\kappa \to \Sigma$. *Die Elemente von* E_κ *nennen wir* Ereignisse *oder* Events.

Zwei Kausalitätsstrukturen κ_1 *und* κ_2 *heißen* isomorph *falls eine bijektive Abbildung* $\beta : E_{\kappa_1} \to E_{\kappa_2}$ *existiert, so dass für alle* $e, e' \in E_{\kappa_1}$ *gilt:* $e R_{\kappa_1} e' \iff \beta(e) R_{\kappa_2} \beta(e')$ *sowie* $\ell_{\kappa_1}(e) = \ell_{\kappa_2}(\beta(e))$. *Dann heißt* β *auch* Isomorphismus.

Ein Pomset *ist eine Isomorphieklasse von Kausalitätsstrukturen. Ist* κ *eine Kausalitätsstruktur, so bezeichnet* $\varphi := [\kappa]$ *das Pomset, welches alle zu* κ *isomorphen Kausalitätsstrukturen enthält. Dabei wird* κ *auch* Repräsentant *des Pomsets* φ *genannt. Ein Pomset* $\varphi = [(E, R, \ell)]$ *heißt* endlich, *wenn* E *eine endliche Menge ist. Das* leere Pomset $[(\emptyset, \emptyset, \emptyset)]$ *bezeichnen wir auch mit* ε *oder* (ε). *Mit* $\mathcal{POM}_\Sigma$ *bezeichnen wir die Menge aller Pomsets über einem Alphabet* Σ, *mit* $\mathcal{POM}$ *die Menge aller Pomsets. Eine* Pomsetsprache L *über* Σ *ist eine Teilmenge von* $\mathcal{POM}_\Sigma$.

Zu beachten ist in dieser Definition, dass in einer Kausalitätsstruktur $\kappa = (E, R, \ell)$ R eine Halbordnung auf E ist, d.h. eRe ist für $e \in E$ verboten. Übertragen wir R auf $\ell(E) \subseteq \Sigma$ mittels $\forall a, b \in \ell(E)$: $(aRb : \iff \exists e_1, e_2 \in E : (e_1 R e_2 \wedge \ell(e_1) = a \wedge \ell(e_2) = b))$, so ist R auf $\ell(E)$ zwar immer noch transitiv, aber nicht mehr irreflexiv. In Pomsets abstrahieren wir von den Namen der Ereignisse und betrachten die Relation direkt auf deren Beschriftungen. Fassen wir etwa $\ell(E) \subseteq \Sigma$ als Multimenge $m: \Sigma \to \mathbb{N}$ auf mit

$m(a) = |\{e \in E \mid \ell(e) = a\}|$, so bleibt die Irreflexivität auf der Multimenge $\ell(E)$ erhalten. Daher der Name „Pomset". Graphisch wird ein Pomset $\varphi = [(E, R, \ell)]$ als azyklischer, knotenmarkierter Graph (E, R, ℓ) ohne die Knotennamen E, die durch $\ell(E)$ ersetzt werden, dargestellt. Da diese graphische Darstellung gerade von den Namen der Ereignisse E abstrahiert, ist die Wahl des Repräsentanten von φ für die Darstellung von φ irrelevant. Darüber hinaus werden üblicherweise Kanten, die sich aufgrund der Transitivität rekonstruieren lassen, der besseren Darstellbarkeit zuliebe weggelassen. Abbildung 7.4 gibt ein Beispiel, in dem ebenfalls die obere linke Kante von a nach c wegen der Transitivität $a \to b \to c$ weggelassen werden könnte.

$\varphi = [(E, R^+, \ell)]$ mit
  $E = \{1, 2, 3, 4, 5, 6, 7, 8\}$,
  $R = \{(1, 4), (2, 4), (1, 5), (4, 5),$
    $(5, 7), (4, 6), (3, 6), (6, 8)\}$,
  $\ell: 1, 7 \mapsto a; \; 2, 4 \mapsto b; \; 5, 6 \mapsto c;$
    $3 \mapsto d; \; 8 \mapsto e.$

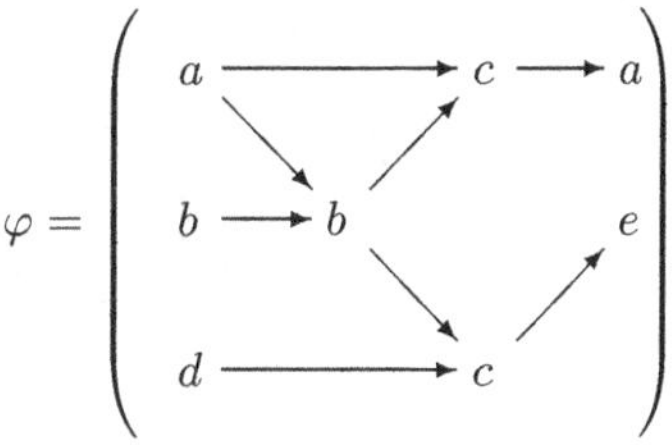

Abb. 7.4. Formale und graphische Darstellung eines Pomsets φ

Wir werden im Folgenden ständig Eigenschaften eines Pomsets $\varphi = [(E, R, \ell)]$ unter alleinigem Bezug auf den Repräsentanten (E, R, ℓ) definieren. Wegen der trivialen Verallgemeinerung einer Kausalitätsstruktur zu einem Pomset – man ignoriere nur die Namen der Ereignisse – werden alle diese Definitionen von der Wahl des Repräsentanten unabhängig sein. Diese triviale Tatsache wird im Folgenden nicht mehr weiter erwähnt werden.

Definition 7.1.17 (Feiner Homomorphismus). *Gegeben sei ein feiner Homomorphismus $h : \Sigma \to \Gamma \cup \{\varepsilon\}$. Für ein Pomset $\varphi = [(E, R, \ell)] \in \mathcal{POM}_\Sigma$ ist dann $h(\varphi)$ wie folgt definiert: $h(\varphi) := [(E', R|_{E' \times E'}, h \circ \ell|_{E'})]$ mit $E' = \{e \in E \mid h(\ell(e)) \neq \varepsilon\}$.*

Ein feiner Homomorphismus arbeitet damit auf Pomsets so ähnlich wie auf Worten: bestimmte Buchstaben werden gelöscht, aber die Struktur des Pomsets (bzw. Wortes) bleibt unverändert. Abbildung 7.5 zeigt die Anwendung eines feinen Homomorphismus auf ein Pomset.

Definition 7.1.18 (Vergröberung). *Sei Σ ein Alphabet. Ein Pomset $\varphi_1 = [(E_1, R_1, \ell_1)]$ heißt gröber als ein Pomset $\varphi_2 = [(E_2, R_2, \ell_2)]$, in Zeichen $\varphi_1 \succeq \varphi_2$, falls $E_1 = E_2$, $\ell_1 = \ell_2$ und $R_1 \supseteq R_2$ gilt.*

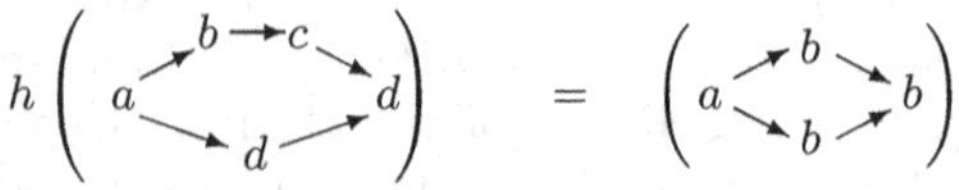

$$h \left(\begin{array}{c} b \longrightarrow c \\ a \quad \quad \quad d \\ d \end{array} \right) \quad = \quad \left(a \begin{array}{c} b \\ b \end{array} b \right)$$

Abb. 7.5. Die Anwendung eines feinen Homomorphismus h mit $h(a) = a$, $h(b) = h(d) = b$ und $h(c) = \varepsilon$ auf ein Pomset

Beispiel 7.1.19. Die beiden Pomset φ_1 und φ_2 aus Abbildung 7.6 sind gröber als φ_3 aus Abbildung 7.6.

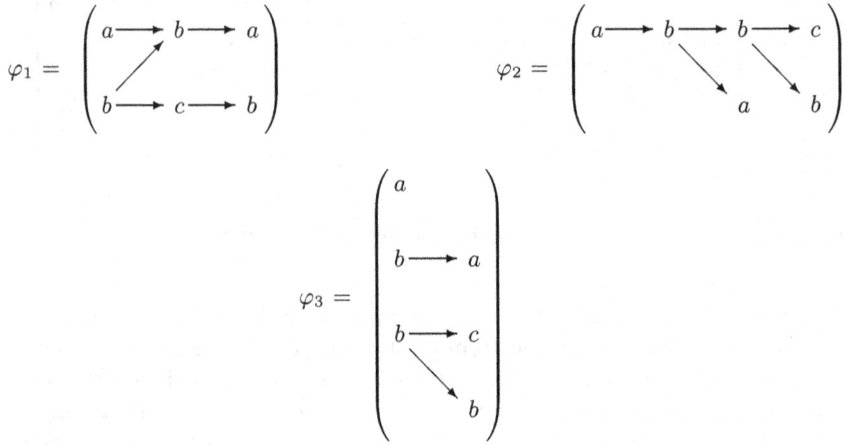

$$\varphi_1 = \left(\begin{array}{c} a \longrightarrow b \longrightarrow a \\ b \longrightarrow c \longrightarrow b \end{array} \right) \qquad \varphi_2 = \left(\begin{array}{c} a \longrightarrow b \longrightarrow b \longrightarrow c \\ a \quad \quad b \end{array} \right)$$

$$\varphi_3 = \left(\begin{array}{c} a \\ b \longrightarrow a \\ b \longrightarrow c \\ b \end{array} \right)$$

Abb. 7.6. φ_1 und φ_2 sind gröbere Pomsets als φ_3

In einem gröberen Pomset dürfen also mehr Kausalitäten, d.h. Anordnungen in R, vorgeschrieben sein. Lineare Ketten, d.h. total geordnete Relationen auf Multimengen bilden damit die gröbst möglichen Pomsets: Pomsets ohne Nebenläufigkeit. Dies zeigt die Intention des Pomsetmodells: geordnete Elemente hängen kausal voneinander ab, paarweise nicht-geordnete Elemente sollen nebenläufig sein. Dies wird bei der Definition des Feuerns eines Pomsets in einem Petri-Netz definiert werden. Zuvor wollen wir aber noch einige einfache strukturelle Zusammenhänge zwischen Wörtern, Stepwörtern und Pomsets aufzeigen.

Definition 7.1.20 (Pomset-Konstruktor aus Wörtern). *Der Operator $\Phi \colon \Sigma^* \to \mathcal{POM}_\Sigma$ mit $\forall w \in \Sigma^* \colon \Phi w := [(\{1, \ldots, |w|\}, <, \ell)]$ mit $\ell(i) := w(i)$ heißt* Pomset-Konstruktor *(aus Wörtern).*

Beispiel 7.1.21. $\Phi aaba = (a \to a \to b \to a)$.

Definition 7.1.22 (Linearisierung von Pomsets). *Der Operator* lin*:* $\mathcal{POM}_\Sigma \to 2^{\Sigma^*}$ *mit* $\forall \varphi \in \mathcal{POM}_\Sigma$*:* $\mathrm{lin}\,\varphi := \{w \in \Sigma^* \mid \Phi w \succeq \varphi\}$ *heißt* Linearisierung *von Pomsets. Jedes Wort* $w \in \mathrm{lin}\,\varphi$ *heißt eine* Linearisierung *von* φ.

Beispiel 7.1.23. Seien φ_1, φ_2 die Pomsets aus Abbildung 7.6, so gilt

$$\mathrm{lin}\,\varphi_1 = \{bcbaba, bcabba, bcabab, bacbba, abcbba, babcba, abbcba,$$
$$bacbab, abcbab, babcab, abbcab, babacb, abbacb\}$$
$$\mathrm{lin}\,\varphi_2 = \{abbabc, abbacb, abbbac, abbbca, abbcab, abbcba,$$
$$ababcb, ababbc\}$$

Wir erweitern Φ und lin auf Sprachen. Dann gilt offensichtlich für feine Homomorphismen h und eine Pomsetsprache L:

Korollar 7.1.24.
$$\mathrm{lin}\,\Phi w = \{w\},$$
$$\mathrm{lin}\,\Phi\,\mathrm{lin}\,\varphi = \mathrm{lin}\,\varphi,$$
$$\Phi\,\mathrm{lin}\,\varphi \neq \{\varphi\},$$
$$\Phi\,\mathrm{lin}\,L \neq L,$$
$$\mathrm{lin}\,h(\varphi) = h(\mathrm{lin}\,\varphi).$$

Beispiel 7.1.25. Es sei h der Homomorphismus aus Abbildung 7.5. Dann gelten die Beziehungen in Abbildung 7.7.

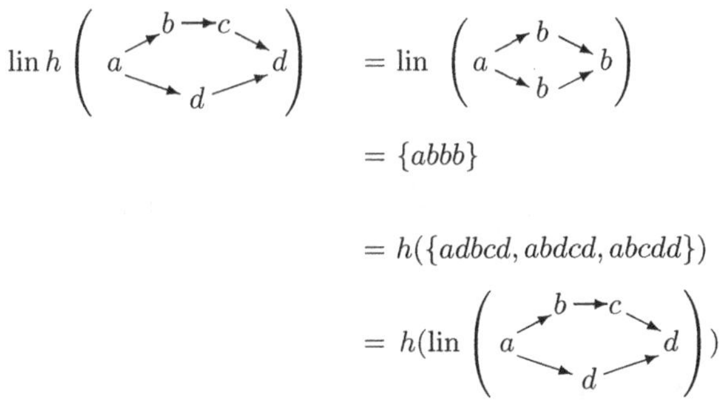

$$\mathrm{lin}\,h\left(\begin{array}{c} b \to c \\ a \qquad\qquad d \\ d \end{array}\right) = \mathrm{lin}\left(\begin{array}{c} b \\ a \qquad b \\ b \end{array}\right)$$

$$= \{abbb\}$$

$$= h(\{adbcd, abdcd, abcdd\})$$

$$= h\left(\mathrm{lin}\left(\begin{array}{c} b \to c \\ a \qquad\qquad d \\ d \end{array}\right)\right)$$

Abb. 7.7. Linearisierung und feine Homomorphismen kommutieren

Analoge Beziehungen gelten zwischen Stepwörtern und Pomsets.

Definition 7.1.26 (Pomset-Konstruktor aus Stepwörtern). *Der Pom-set-Konstruktor $\Phi\colon \mathcal{STP}_\Sigma \to \mathcal{POM}_\Sigma$ (aus Stepwörtern) ist wie folgt definiert: Sei $w = m_1 \ldots m_n \in \mathcal{STP}_\Sigma$ mit $m_i \in \Sigma_{step}$ für $1 \leq i \leq n$, $m_i\colon \Sigma \to \mathbb{N}$, dann definieren wir $E_w := \{(x,i,j) \in \Sigma \times \mathbb{N} \times \mathbb{N} \mid 1 \leq i \leq n \wedge j \leq m_i(x)\}$, $(x,i,j)R_w(y,k,l) :\iff i < k$, $\ell_w((x,i,j)) := x$ und $\Phi w := [(E_w, R_w, \ell_w)]$.*

Beispiel 7.1.27. $\Phi\{a,b\}\{a,a\}\{a,b,c\} = \begin{pmatrix} & & & & a \\ & a \longrightarrow a & & \diagdown\hspace{-0.2em}\diagup & \\ & \diagup\hspace{-0.5em}\times\hspace{-0.5em}\diagdown & \diagup\hspace{-0.5em}\times\hspace{-0.5em}\diagdown & b \\ & b \longrightarrow a & & \diagup\hspace{-0.2em}\diagdown & \\ & & & & c \end{pmatrix}$

Umgekehrt überführt der Stepwort-Konstruktor ein Pomset φ in alle die Stepworte, die die Struktur von φ gröber darstellen.

Definition 7.1.28 (Stepwort-Konstruktor aus Pomsets). *Der Operator step$\colon \mathcal{POM}_\Sigma \to \mathcal{STP}_\Sigma$ mit $\forall \varphi \in \mathcal{POM}_\Sigma\colon$ step $\varphi := \{w \in \mathcal{STP}_\Sigma \mid \Phi w \succeq \varphi\}$ heißt* Stepwort-Konstruktor *(aus Pomsets).*

Beispiel 7.1.29. Ein Beispiel zur Anwendung dieses step-Operators sehen wir in Abbildung 7.8.

Offensichtlich gilt:

Korollar 7.1.30. *Seien $w \in \mathcal{STP}_\Sigma$, $\varphi \in \mathcal{POM}_\Sigma$, $L \subseteq \mathcal{POM}_\Sigma$ und $h\colon \Sigma \to \Gamma \cup \{\varepsilon\}$ ein feiner Homomorphismus, dann gilt:*

$$\text{step}\,\Phi w = \text{step}\,w$$
$$\Phi\,\text{step}\,\varphi \neq \{\varphi\}$$
$$\Phi\,\text{step}\,L \neq L$$
$$\text{step}\,h(\varphi) = h(\text{step}\,\varphi)$$
$$\Phi\,h(w) = h(\Phi w)$$

Es muss nicht einmal $\varphi \in \Phi\,\text{step}\,\varphi$ oder $L \subseteq \Phi\,\text{step}\,L$ gelten, wie das letzte Beispiel zeigt: Für kein $w \in \text{step}\left(\begin{smallmatrix} a & \to & b \\ c & \to & d \end{smallmatrix}\right)$ gilt $\Phi w = \left(\begin{smallmatrix} a & \to & b \\ c & \to & d \end{smallmatrix}\right)$.

7.1.3 Prozesse und Pomsetsprachen von Petri-Netzen

Wir wollen die Pomsetsprachen von Petri-Netzen studieren. Dazu brauchen wir eines Begriff des „Feuerns eines Pomsets", analog dem des Feuerns von

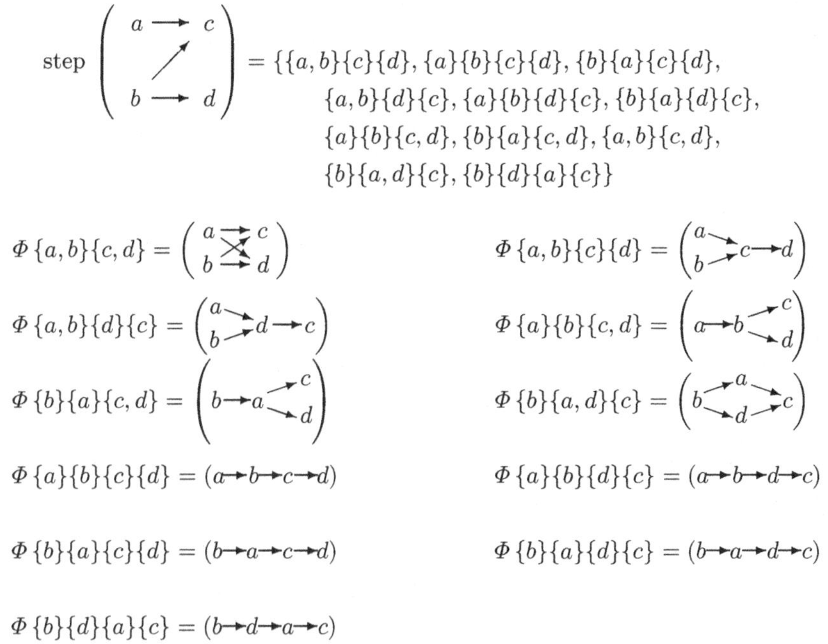

$$\text{step} \begin{pmatrix} a \longrightarrow c \\ \nearrow \\ b \longrightarrow d \end{pmatrix} = \{\{a,b\}\{c\}\{d\}, \{a\}\{b\}\{c\}\{d\}, \{b\}\{a\}\{c\}\{d\}, \\ \{a,b\}\{d\}\{c\}, \{a\}\{b\}\{d\}\{c\}, \{b\}\{a\}\{d\}\{c\}, \\ \{a\}\{b\}\{c,d\}, \{b\}\{a\}\{c,d\}, \{a,b\}\{c,d\}, \\ \{b\}\{a,d\}\{c\}, \{b\}\{d\}\{a\}\{c\}\}$$

$$\Phi\{a,b\}\{c,d\} = \begin{pmatrix} a \rightarrow c \\ \times \\ b \rightarrow d \end{pmatrix} \qquad\qquad \Phi\{a,b\}\{c\}\{d\} = \begin{pmatrix} a \searrow \\ b \nearrow c \rightarrow d \end{pmatrix}$$

$$\Phi\{a,b\}\{d\}\{c\} = \begin{pmatrix} a \searrow \\ b \nearrow d \rightarrow c \end{pmatrix} \qquad\qquad \Phi\{a\}\{b\}\{c,d\} = \begin{pmatrix} \nearrow c \\ a \rightarrow b \searrow d \end{pmatrix}$$

$$\Phi\{b\}\{a\}\{c,d\} = \begin{pmatrix} \nearrow c \\ b \rightarrow a \searrow d \end{pmatrix} \qquad\qquad \Phi\{b\}\{a,d\}\{c\} = \begin{pmatrix} \nearrow a \searrow \\ b \searrow d \nearrow c \end{pmatrix}$$

$$\Phi\{a\}\{b\}\{c\}\{d\} = (a \rightarrow b \rightarrow c \rightarrow d) \qquad\qquad \Phi\{a\}\{b\}\{d\}\{c\} = (a \rightarrow b \rightarrow d \rightarrow c)$$

$$\Phi\{b\}\{a\}\{c\}\{d\} = (b \rightarrow a \rightarrow c \rightarrow d) \qquad\qquad \Phi\{b\}\{a\}\{d\}\{c\} = (b \rightarrow a \rightarrow d \rightarrow c)$$

$$\Phi\{b\}\{d\}\{a\}\{c\} = (b \rightarrow d \rightarrow a \rightarrow c)$$

Abb. 7.8. Anwendung des step-Operators auf ein Pomset mit anschließender Rückeinbettung der entstehenden Stepworte in Pomsets

Wörtern, $s \, [\sigma> s'$, $\sigma \in T^*$, oder dem des Feuerns von Stepwörtern, $s \, [\sigma> s'$, $\sigma \in \mathcal{STP}_T$. Hier wählen wir jedoch ein prinzipiell anderes Vorgehen: Da Wörter und Stepwörter Folgen von Transitionen bzw. Steps sind, konnten wir induktiv aus dem Feuerbegriff einer Transition bzw. eines Steps unmittelbar den für Wörter bzw. Stepwörter ableiten. Ein Pomset ist aber erst einmal keine Folge von atomaren Strukturen, sondern ein algebraisches Objekt. Wir werden daher ohne strukturelle Induktion auf Pomsets deren Feuern definieren. Als Hilfsmittel benutzen wir die sogenannten *Occurrence Netze*, eine Art Entfaltung von Petri-Netzen, die unmittelbar einen „nebenläufigen Feuerprozess" darstellen. „Feuerbare Pomsets" sind dann Abstraktionen „feuerbarer Occurrence Netze".

Bevor wir zur formalen Definition von Occurrence Netzen übergehen, erläutern wir diese Begriffe an einem Beispiel.

Ein Occurrence Netz O wird als ein Petri-Netz $O = (B, E, A, B_0, \{B_f\})$ definiert werden. Die Places in B werden *Bedingungen*, die Transitionen in E *Ereignisse* genannt. Dabei müssen folgende Eigenschaften erfüllt sein:

- Die Kantenfunktion $A: (B \times E) \cup (E \times B) \rightarrow \mathbb{N}$ nimmt nur Werte in $\{0,1\}$ an, d.h. Mehrfachkanten sind verboten.

- O ist kreisfrei. D.h. es existiert keine Folge b_0, e_0, ..., b_n, e_n, b_{n+1} von Bedingungen und Ereignissen mit $A(b_i, e_i) = 1 = A(e_i, b_{i+1})$ für $0 \le i \le n$ und $b_{n+1} = b_0$.

- Jede Bedingung ist die Vor- und Nachbedingung höchstens eines Ereignisses. D.h. $\sum_{e \in E} A(b, e) \le 1$ und $\sum_{e \in E} A(e, b) \le 1$ gilt für alle $b \in B$.

- Im Startzustand B_0 tragen genau diejenigen Bedingungen einen Token, die nicht Nachbedingungen eines Ereignisses sind. D.h. $B_0(b) = 1 \iff \sum_{e \in E} A(e, b) = 0$ gilt für alle $b \in B$.

- Im einzigen Finalzustand B_f tragen genau die Bedingungen einen Token, die nicht Vorbedingungen eines Ereignisses sind. D.h. $B_f(b) = 1 \iff \sum_{e \in E} A(b, e) = 0$ gilt für alle $b \in B$.

Wir werden Occurrence Netze als Beschreibungen des Feuerverhaltens von Petri-Netzen benutzen. Ein Beispiel soll das veranschaulichen.

Das Petri-Netz N aus Abbildung 7.9 besitzt zwei Transitionen $\{t_1, t_2\}$, vier Places $\{p_1, p_2, p_3, p_4\}$ und 5 Token im Startzustand. O_1 und O_2 sind zwei Occurrence Netze, die zwei „Verhalten" von N beschreiben. Mit $e_{i,j}$ bezeichnete Ereignisse beschreiben unterschiedliches Feuern der Transition t_i, $i \in \{1, 2\}$. Mit $b_{k,\ell}$ bezeichnete Bedingungen sagen, „welche Token" von p_k dabei benutzt werden.

Die „Verhalten" O_1 und O_2 von N modellieren dabei mit, welche Token benutzt werden. So wird in O_1 der durch Feuern von $e_{2,1}$ (t_2) erzeugte Token für das Feuern von $e_{1,2}$ (t_1 zum zweiten Mal) benutzt. $e_{2,1}$ und $e_{1,2}$ sind also nicht nebenläufig. In O_2 hingegen nutzt $e_{1,2}$ einen weiteren Token aus dem Startzustand. $e_{2,1}$ und $e_{1,2}$ sind jetzt nebenläufig. Diese Kausalitäten werden im Pomsetverhalten berücksichtigt werden.

Offensichtlich ist für O_1 und O_2 entscheidend, welche Bedingungen/Ereignisse welchen Places/Transitionen von N zugeordnet werden. Im Beispiel haben wir das durch Doppelindizierung ausgedrückt. In der allgemeinen Definition wird das durch einen sogenannten Netzmorphismus geschehen.

Ein Netzmorphismus r von einem Petri-Netz N_1 in ein Petri-Netz N_2, r: $N_1 \to N_2$, $N_i = (P_i, T_i, F_i)$ für $i \in \{1, 2\}$, ist ein Paar $r = (r_P, r_T)$ von zwei Funktionen $r_P \colon P_1 \to P_2$ und $r_T \colon T_1 \to T_2$, so dass

$$F_2(p', r_T(t)) = \sum_{p \in P_1, r_P(p) = p'} F_1(p, t) \text{ und}$$

$$F_2(r_T(t), p') = \sum_{p \in P_1, r_P(p) = p'} F_1(t, p)$$

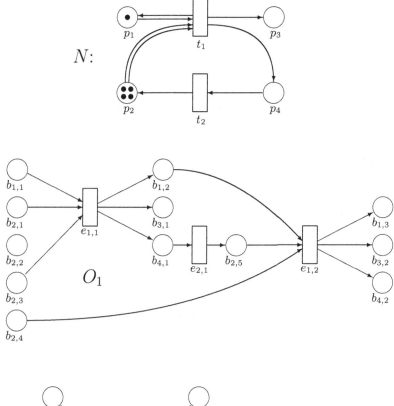

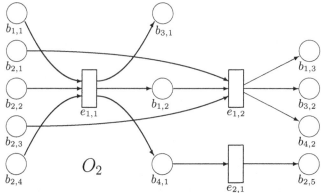

Abb. 7.9. Ein Petri-Netz N mit zwei Occurrence-Netzen O_1 und O_2 als Verhalten

für alle $t \in T_1$ und alle $p' \in P_2$ gilt. Für einen Zustand $s \in \mathbb{N}^{P_1}$ definieren wir $r(s) \in \mathbb{N}^{P_2}$ als den Zustand mit $r(s)(p') := \sum_{p \in P_1, r_P(p)=p'} s(p')$.

Im Beispiel zu Abbildung 7.9 haben wir den Netzmorphismus $r \colon O_i \to N$ mit $r = (r_P, r_T)$ benutzt, bei dem $r_P(b_{k,\ell}) = p_k$ und $r_T(e_{k,\ell}) = t_k$ für alle vorkommenden k und ℓ gilt. Der Startzustand B_0 in O_i ist gerade $b_{1,1} + b_{2,1} + b_{2,2} + b_{2,3} + b_{2,4}$ mit $r(B_0) = p_1 + 4 \cdot p_2$. Der Finalzustand B_f von O_1 ist $b_{1,3} + b_{2,2} + b_{3,1} + b_{3,2} + b_{4,2}$. Es gilt $r(B_f) = p_1 + p_2 + 2 \cdot p_3 + p_4$. Zustände haben wir hierbei als Multimenge, vergleiche Definition 7.1.1, geschrieben. Der Finalzustand B_f von O_2 ist $b_{1,3} + b_{2,5} + b_{3,1} + b_{3,2} + b_{4,2}$, wobei ebenfalls $r(B_f) = p_1 + p_2 + 2 \cdot p_3 + p_4$ gilt. O_1 und O_2 sind etwas detailliertere Modelle der Feuersequenz $t_1 t_2 t_1$ von N, die von $r(B_0)$ nach $r(B_f)$ in N feuert. Netzmorphismen erhalten die Vor- und Nachbedingungen gefeuerter Transitionen.

Für exakte Definitionen empfiehlt sich ein etwas anderes Vorgehen. Mit Definition 7.1.1 können wir einen Zustand $s \in \mathbb{N}^P$ als Multimenge über P auffassen. Gilt $s(p) \in \{0,1\}$ für alle $p \in P$, so wird die Multimenge s zur normalen Menge. Zustände mit maximal einem Token pro Place können wir also mit Teilmengen von Places identifizieren. Und zwar fassen wir s dann als die Menge $\{p \in P \mid s(p) = 1\}$ auf, d.h. diejenige Menge, deren charakteristische Funktion gerade s ist. Analog können wir eine Kantenfunktion $F \colon (P \times T) \cup (T \times P) \to \{0,1\}$ ohne Mehrfachkanten einfach als Teilmenge $F \subseteq (P \times T) \cup (T \times P)$ auffassen. Im allgemeinen Fall können wir $F \colon (P \times T) \cup (T \times P) \to \mathbb{N}$ wieder als Multimenge über $(P \times T) \cup (T \times P)$ auffassen. Wir definieren ${}^\bullet F$ und $F^\bullet$ als Multimengen der Vor- bzw. Nachbereiche von Places und Transitionen wie folgt:

Definition 7.1.31 (Vor- und Nachbereiche als Multimengen). *Es seien A und B zwei disjunkte Mengen und $F \colon (A \times B) \cup (B \times A) \to \mathbb{N}$ eine Multimenge über $(A \times B) \cup (B \times A)$. Für $x \in A \cup B$ ist $xF^\bullet$ die Multimenge über $A \cup B$ definiert durch $xF^\bullet(y) := F(x,y)$ für alle $y \in A \cup B$, und ${}^\bullet Fx$ die Multimenge über $A \cup B$ definiert durch ${}^\bullet Fx(y) := F(y,x)$ für alle $y \in A \cup B$.*

${}^\bullet Fx$ *heißt auch der* Vorbereich *von x und* $xF^\bullet$ *der* Nachbereich *von x.*

Ist $x \in A$, so sind ${}^\bullet Fx$ und $xF^\bullet$ Multimengen über B. Ist $x \in B$, so sind ${}^\bullet Fx$ und $xF^\bullet$ Multimengen über A. Für ein Petri-Netz heißt das, dass ${}^\bullet Ft$ für $t \in T$ die Multimenge aller Places ist, von denen Kanten zu t führen. Insbesondere gilt ${}^\bullet Ft = \mathbb{F}(t)$, $tF^\bullet = \mathbb{B}(t)$ für ein Petri-Netz $N = (P, T, F) = (P, T, \mathbb{F}, \mathbb{B})$.

Beispiel 7.1.32. In Abbildung 7.9 gilt für N z.B. ${}^\bullet Ft_1 = p_1 + 2 \cdot p_2$ und für O_2 z.B. $e_{1,2}F^\bullet = b_{1,3} + b_{3,2} + b_{4,2}$.

Definition 7.1.33 (Funktionskonstruktor für Multimengen). *Es seien A, B zwei Mengen und $f: A \to B$ eine Abbildung. Dann bezeichnet μf die Abbildung $\mu f: \mathbb{N}^A \to \mathbb{N}^B$, die wie folgt definiert ist: für jede Multimenge $x: A \to \mathbb{N}$ über A ist $\mu f(x): B \to \mathbb{N}$ die Multimenge über B mit $\mu f(x)(b) := \sum_{a \in A, f(a)=b} x(a)$.*

Beispiel 7.1.34. Für N, O_1 und O_2 aus Abbildung 7.9 gilt mit diesen Bezeichnungen gerade $r(B_f) = \mu r_P(B_f)$ und $r(B_0) = \mu r_P(B_0)$.

Mit diesem Formalismus ergeben sich recht elegante Definitionen für Occurrence Netze, Netzmorphismen und Prozesse. Mit etwas Gewöhnung erleichtert dieser Formalismus auch Beweise.

Definition 7.1.35 (Occurrence Netz). *Ein Occurrence Netz $O = (B, E, A)$ ist ein (initiales und terminales) Petri-Netz $O = (B, E, A, B_0, \{B_f\})$, für das folgende Bedingungen gelten:*

1. *$A \subseteq (B \times E) \cup (E \times B)$ ist die Kantenfunktion zwischen Bedingungen (Elemente in B) und Ereignissen (Elemente in E), d.h. es existieren keine Mehrfachkanten,*

2. *A^+ ist azyklisch, d.h. O ist kreisfrei,*

3. *$\forall b \in B: |{}^\bullet Ab| \leq 1 \wedge |bA^\bullet| \leq 1$,*

4. *$B_0 = \min_A B := \{b \in B \mid {}^\bullet Ab = \mathbf{0}\}$ und*

5. *$B_f = \max_A B := \{b \in B \mid bA^\bullet = \mathbf{0}\}$.*

Mit $\min B$ und $\max B$ bezeichnen wir auch $\min_A B$ bzw. $\max_A B$, wenn A bekannt ist.

Definition 7.1.36 (Netzmorphismen). *Seien $N_i = (P_i, T_i, F_i, s_i)$ für $i \in \{1, 2\}$ zwei initiale Petri-Netze. Ein Netzmorphismus $r: N_1 \to N_2$ von N_1 nach N_2 ist eine Funktion $r: P_1 \cup T_1 \to P_2 \cup T_2$ mit $r(P_1) \subseteq P_2$, $r(T_1) \subseteq T_2$ und*

1. *$\forall t \in T_1: \mu r({}^\bullet F_1 t) = {}^\bullet F_2 r(t)$ und $\mu r(t F_1{}^\bullet) = r(t) F_2{}^\bullet$,*

2. *$\mu r(s_1) = s_2$.*

Wir fassen auch $r_P: P_1 \to P_2$, $r_T: T_1 \to T_2$ mit $r_P := r|_{P_1}$, $r_T := r|_{T_1}$ als Netzmorphismus auf und schreiben $r = (r_P, r_T)$.

Definition 7.1.37 (Prozess). *Seien $N = (P, T, F, s_0, S_f)$ ein initiales Petri-Netz, $O = (B, E, A)$ ein Occurrence Netz und $r\colon O \to N$ ein Netz-morphismus. Wir nennen das Tupel $\pi := (O, r)$ einen Prozess von N. π heißt Prozess von s nach s', falls $s = \mu r_P(B_0)$ und $s' = \mu r_P(B_f)$ gilt. In diesem Fall schreiben wir auch $s \lceil \pi >_N s'$ und $s \lceil \pi >_N$ und sagen, dass der Prozess π von s nach s' feuert. Die Menge aller Prozesse eines Petri-Netzes N nennen wir $\mathrm{Proc}(N)$, die Menge der Prozesse von N von s nach s' nennen wir $\mathrm{Proc}_s^{s'}(N)$.*

Definition 7.1.38 (Linearisierung und Stepisierung von Prozessen). *Seien $N = (P, T, F, s_0)$ ein Petri-Netz und $\pi = (O, r)$ ein Prozess von N mit $O = (B, E, A)$.*

Ein Wort $\beta = \beta(1) \ldots \beta(n) \in E^*$ mit $\beta(i) \in E$ für $1 \leq i \leq n$ heißt Linearisierung von O, falls gilt:

- *$\#_e(\beta) = 1$ für alle $e \in E$,*

- *$\beta(i)A^+\beta(j) \Longrightarrow i < j$ für $1 \leq i, j \leq n$.*

Eine Feuersequenz $\sigma = t_1 \ldots t_n \in T^*$, $t_i \in T$ für $1 \leq i \leq n$, heißt Linearisierung von π, falls eine Linearisierung $\beta = \beta(1) \ldots \beta(n)$ von O existiert mit $t_i = r(\beta(i))$ für $1 \leq i \leq n$. $\lim \pi := \{\sigma \in T^* \mid \sigma$ ist Linearisierung von $\pi\}$ ist die Menge der Linearisierungen von π.

Ein Stepwort $\beta = \beta(1) \ldots \beta(m)$ über E mit $\beta(i) \in E_{step} - \mathbf{0}_E$ für $1 \leq i \leq m$ heißt Stepisierung von O, falls gilt:

- *$\#_e(\beta) = 1$ für alle $e \in E$,*

- *$\forall e, e' \in E\colon (eA^+e' \Longrightarrow \exists i, j \in \{1, \ldots, m\}\colon e \in \beta(i) \wedge e' \in \beta(j) \wedge i < j)$,*

Ein Stepwort $\sigma = \sigma(1) \ldots \sigma(m)$ über T mit $\sigma(i) \in T_{step} - \mathbf{0}_T$ für $1 \leq i \leq m$, heißt Stepisierung von π, falls eine Stepisierung $\beta = \beta(1) \ldots \beta(m)$ von O existiert mit $\sigma(i) = \mu r(\beta(i))$ für $1 \leq i \leq m$. $\mathrm{step}\,\pi := \{\sigma \in \mathcal{STP}_T \mid \sigma$ ist Stepisierung von $\pi\}$ ist die Menge der Stepisierungen von π.

Beispiel 7.1.39. In Abbildung 7.9 ist $\{e_{1,1}\}\{e_{1,2}, e_{2,1}\}$ eine Stepisierung von O_2 und damit ist $\{t_1\}\{t_1, t_2\}$ eine Stepisierung von $\pi_2 = (O_2, r)$. Ebenso ist $t_1 t_1 t_2$ eine Linearisierung von π_2, aber nicht von $\pi_1 = (O_1, r)$.

Offenbar gilt:

Korollar 7.1.40. *Für jeden Prozess π gilt $\lim \mathrm{step}\,\pi = \lim \pi$.*

Es gilt der folgende einfache Zusammenhang zwischen Prozessen, feuerbaren Stepwörtern und Feuersequenzen.

Satz 7.1.41 (Prozesse und Wörter).

- *Seien $N = (P, T, F, s_0)$ ein Petri-Netz, $s' \in \mathbb{N}^P$ ein Zustand und π ein Prozess von N von s_0 nach s'. Dann gilt für alle Linearisierungen und Stepisierungen σ von π bereits $s_0 \,[\sigma >_N s'$.*

- *Seien $N = (P, T, F, s_0)$ ein Petri-Netz, $s' \in \mathbb{N}^P$ ein Zustand und σ eine Feuersequenz oder ein Stepwort über T mit $s_0 \,[\sigma >_N s'$. Dann existiert ein Prozess π von N von s_0 nach s', so dass σ Linearisierung bzw. Stepisierung von π ist.*

Beweis: Ist σ eine Stepisierung von π, so ist auch jede Linearisierung σ' von σ eine Linearisierung von π. Damit genügt mit Satz 7.1.15 zu zeigen, dass alle Stepisierungen eines Prozesses von s_0 nach s' ebenfalls von s_0 nach s' feuern (Teil 1), und dass zu jedem Stepwort σ mit $s_0 \,[\sigma > s'$ ein Prozess π von s_0 nach s' existiert, so dass σ Stepisierung von π ist (Teil 2).

Zu Teil 1: Es sei $\pi = (O, r)$ mit $O = (B, E, A)$. Sei σ eine Stepisierung von π. D.h., es existiert eine Stepisierung $\beta = \beta(1) \dots \beta(m)$ von O mit $\sigma = \mu r(\beta)$. Zu zeigen genügt, dass $\mu r(B_0) \,[\sigma > \mu r(B_f)$ gilt. Dies beweisen wir durch Induktion über m.

Ist $m = 0$, so gilt $\beta = \varepsilon$, d.h. $E = \emptyset$. Damit muss in O aber auch $B_0 = B_f = B$ gelten, also gilt $\mu r(B_0) \,[\varepsilon > \mu r(B_f)$.

Sei nun $\beta = \beta(1) \dots \beta(m)\beta(m + 1)$. Es sei $\beta' = \beta(1) \dots \beta(m)$. Wir konstruieren einen Prozess $\pi' = (O', r')$, so dass β' Stepisierung von π' ist. Dazu setzen wir $O' = (B', E', A')$ mit $E' := E - \beta(m + 1)$. (Hier ziehen wir von E – als Multimenge aufgefasst – die Multimenge $\beta(m + 1)$ ab. Das Ergebnis E' wird als Menge aufgefasst.) $B' := B - \beta(m + 1)A^\bullet = B - \sum_{e \in \beta(m+1)} eA^\bullet$, $A' := A|_{(B' \times E') \cup (E' \times B')}$ und $r' := r|_{B' \cup E'}$. Es ist

$$B'_f = \max_{A'} B' = \max_A B - \sum_{e \in \beta(m+1)} eA^\bullet + \sum_{e \in \beta(m+1)} {}^\bullet Ae \qquad (*)$$

Offensichtlich ist O' ein Occurrence Netz, von dem β' eine Stepisierung ist. Damit ist $\sigma' := \mu r(\beta')$ eine Stepisierung des Prozesses π' von $\mu r(B_0)$ nach $\mu r(B'_f)$. Per Induktionsvoraussetzung gilt $s_0 \,[\sigma' >_N s'' := \mu r(B'_f)$. Es bleibt nur noch $s'' \,[\mu r(\beta(m + 1)) > s'$ zu zeigen. Wegen

$$\sum_{e \in \beta(m+1)} {}^\bullet Fr(e) = \sum_{e \in \beta(m+1)} \mu r({}^\bullet Ae)$$

$$= \mu r\Big(\sum_{e \in \beta(m+1)} {}^\bullet Ae \Big)$$

$$\leq \mu r(B'_f) = s'' \qquad \text{(nach } (*))$$

gilt s'' $_{[}\mu r(\beta(m+1))>_N$. Wegen

$$s' = \mu r(B_f)$$

$$= \mu r(\max_A B)$$

$$= \mu r(\max_{A'} B') + \mu r\Big(\sum_{e \in \beta(m+1)} eA^\bullet \Big) - \mu r\Big(\sum_{e \in \beta(m+1)} {}^\bullet Ae \Big) \qquad \text{(nach } (*))$$

$$= s'' + \sum_{e \in \beta(m+1)} r(e)F^\bullet - \sum_{e \in \beta(m+1)} {}^\bullet Fr(e)$$

$$= s'' + \sum_{t \in \mu r(\beta(m+1))} (tF^\bullet - {}^\bullet Ft) \qquad \text{(wegen } \forall e \in E : \#_e(\beta) = 1)$$

$$= s'' + \sum_{t \in T} \mu r(\beta(m+1))(t) \cdot (\mathbb{B} - \mathbb{F})(t)$$

gilt also s'' $_{[}\mu r(\beta(m+1))>_N s'$.

Zu Teil 2: Sei nun $\sigma = \sigma(1) \ldots \sigma(m)$ ein Stepwort über T mit s_0 $_{[}\sigma>_N s'$. Wir müssen einen Prozess π von s_0 nach s' konstruieren, so dass σ Stepisierung von π ist. Dies geschieht durch Induktion über m.

Ist $m = 0$, so gilt $\sigma = \varepsilon$, d.h. $s' = s_0$. Wir konstruieren $\pi = (O, r)$ als $O = (B, E, A)$ mit $E := \emptyset$, $A := \emptyset$, $B := \{(p, i) \in P \times \mathbb{N} \mid 1 \leq i \leq s_0(p)\}$, $r((p, i)) := p$. Offensichtlich ist π ein Prozess von s_0 nach s_0, von dem ε Stepisierung ist.

Sei nun $\sigma = \sigma(1) \ldots \sigma(m)\sigma(m+1)$ mit $\sigma' := \sigma(1) \ldots \sigma(m)$ und s_0 $_{[}\sigma'>_N$ s'' $_{[}\sigma(m+1)>_N s'$. Laut Induktionsvoraussetzung existiert zu σ' ein Prozess $\pi' = (O', r')$ mit $O' = (B', E', A')$ von s_0 nach s'', so dass σ' Stepisierung von π' ist. Wir erweitern π' zu einem Prozess $\pi = (O, r)$ mit $O = (B, E, A)$ wie folgt:

- $E := E' \cup E''$ für $E'' = \{[t, i] \mid t \in T \wedge 0 < i \leq \sigma(m+1)(t)\}$, wobei die $[t, i]$ neue Ereignisnamen sind, mit $r([t, i]) := t$ und $r|_{E'} := r'|_{E'}$,

- $B := B' \cup B''$ für $B'' = \{[t, i, p, j] \mid p \in P \wedge [t, i] \in E'' \wedge 0 < j \leq F(t, p)\}$, mit $r([t, i, p, j]) := p$ und $r|_{B'} := r'|_{B'}$,

- Um A zu definieren, beachten wir zuerst, dass $\mu r(B'_f) = s'' \geq \sum_{t \in T} \sigma(m+1)(t)\mathbb{F}(t) = \sum_{t \in T} \sigma(m+1)(t) \cdot {}^\bullet Ft = \sum_{e \in E''} {}^\bullet Fr(e)$ gilt, und zwar wegen

s'' $[\sigma(m+1)>_N$. D.h., es existiert eine Teilmenge B_+ von B'_f mit $\mu r(B_+) = \sum_{e \in E''} {}^\bullet Fr(e)$.

Mit folgendem Algorithmus ordnen wir jedem $b \in B_+$ ein $e \in E''$ zu, so dass (b, e) eine neue Kante in O wird:

$V_B := B_+; \; A'' := \emptyset; \; V_P := P;$
für $p \in V_P$:
    $V_E := E'';$
    für $e \in V_E$:
        $H := ({}^\bullet Fr(e))(p); \; (\in \mathbb{N})$
        solange $H > 0$:
            wähle $b \in V_B$ mit $r(b) = p$; $(+)$
            $A'' := A'' \cup \{(b, e)\};$
            $H := H - 1;$
            $V_B := V_B - \{b\};$
        $V_E := V_E - \{e\};$
    $V_P := V_P - \{p\}$

Es muss noch begründet werden, weshalb in Zeile $(+)$ stets noch ein $b \in V_B$ mit $r(b) = p$ verfügbar ist. Die „solange $H > 0$"-Schleife wird für jedes $e \in V_E$ bei festem p gerade $({}^\bullet Fr(e))(p)$-mal durchlaufen. Für alle $e \in V_E$ zusammen macht das also $\sum_{e \in E''}({}^\bullet Fr(e))(p) = (\sum_{e \in E''} {}^\bullet Fr(e))(p) = \mu r(B_+)(p)$ Durchläufe. Da B_+ genau $\mu r(B_+)(p)$ Elemente b mit $r(b) = p$ enthält, muss jedes genau einmal ausgewählt und dann aus V_B entfernt werden. Es ist also stets ein passendes $b \in V_B$ wählbar.

Wir brauchen noch Kanten von E'' nach B''. Dazu sei $(e, b) \in A''' :\iff \exists i, j : (e = [t, i] \in E'' \wedge b = [t, i, p, j] \in B'')$. Insgesamt sei $A := A' \cup A'' \cup A'''$.

Offensichtlich ist $\pi = (O, r)$ ein Prozess von s_0 nach

$$
\begin{aligned}
\mu r(\max_A B) &= \mu r(\max_{A'} B' - B_+ + B'') \\
&= s'' + \mu r(B'' - B_+) \\
&= s'' + \mu r(B'') - \sum_{e \in E''} {}^\bullet Fr(e) \\
&= s'' + \mu r(B'') - \sum_{t \in T} \sigma(m+1)(t) \cdot {}^\bullet Ft \\
&= s'' + \sum_{[t,i] \in E'', 0 \leq j \leq F(t,p)} p - \sum_{t \in T} \sigma(m+1)(t) \cdot {}^\bullet Ft \\
&= s'' + \sum_{[t,i] \in E''} F(t,p) \cdot p - \sum_{t \in T} \sigma(m+1)(t) \cdot {}^\bullet Ft
\end{aligned}
$$

$$= s'' + \sum_{t \in T} \sigma(m+1)(t) \cdot F(t,p) \cdot p - \sum_{t \in T} \sigma(m+1)(t) \cdot {}^{\bullet}Ft$$

$$= s'' + \sum_{t \in T} \sigma(m+1)(t) \cdot tF^{\bullet} - \sum_{t \in T} \sigma(m+1)(t) \cdot {}^{\bullet}Ft$$

$$= s'' + \sum_{t \in \sigma(m+1)} (tF^{\bullet} - {}^{\bullet}Ft)$$

$$= s'$$

Ferner ist σ offensichtlich Stepisierung von π.   ∎

Dieser Beweis ist zwar formal etwas aufwendig, nutzt aber keinerlei überraschende Ideen. Er soll auch den Umgang mit dem technischen Apparat verdeutlichen. Damit ist der Zusammenhang zwischen (Step-) Feuersequenzen und Prozessen aufgezeigt.

In der Theorie der Petri-Netz-Sprachen interessieren aber gerade die homomorphen Bilder von Feuersequenzen. Also müssen wir hier „homomorphe Bilder" von Prozessen studieren.

Definition 7.1.42 (Pomsetkonstruktor aus Prozessen). *Seien $N = (P, T, F, s_0, \Sigma, h_\ell)$ ein initiales, beschriftetes Petri-Netz und $\pi = (O, r)$ ein Prozess von N mit $O = (B, E, A)$. Wir definieren einen Operator Φ: $\mathrm{Proc}(N) \rightarrow \mathcal{POM}$, den* Pomsetkonstruktor *aus Prozessen, wie folgt:* $\Phi\pi := [(E', R, \ell)]$ *mit* $E' := \{e \in E \mid h_\ell(r(e)) \neq \tau\}$, $R' := A^+|_{E' \times E'}$ *und* $\ell := h_\ell \circ r|_{E'}$.

Beispiel 7.1.43. Seien (O_1, r) und (O_2, r) die Prozesse aus dem Beispiel zu Abbildung 7.9, so gilt $\Phi(O_1, r) = (t_1 \rightarrow t_2 \rightarrow t_1)$ und $\Phi(O_2, r) = \left({}^{t_1} \diagdown_{t_2}^{t_1} \right)$.

Es besteht folgender einfacher Zusammenhang zwischen Beschriftungen h_ℓ und dem Pomsetkonstruktor, der die Verträglichkeit von Definition 7.1.38 mit Definition 7.1.28 aufzeigt:

Lemma 7.1.44. *Seien $N = (P, T, F, s_0, \Sigma, h_\ell)$ ein Petri-Netz und π ein Prozess von N. Dann gilt*

- $\lim \Phi\pi = h_\ell(\lim \pi)$,

- $\mathrm{step}\, \Phi\pi = h_\ell(\mathrm{step}\, \pi)$.

Beweis: Teil 1 folgt direkt aus Teil 2, denn es gilt $\lim \Phi\pi = \lim \mathrm{step}\, \Phi\pi$ und $\lim h_\ell(\mathrm{step}\, \pi) = h_\ell(\lim \mathrm{step}\, \pi) = h_\ell(\lim \pi)$.

Für Teil 2 genügt es nun zu zeigen, dass für das Netz $N' = (P, T, F, s_0, T, \mathbf{id}_T)$ und den Prozess π, der auch Prozess von N' ist, gilt: step $\Phi_{N'}\,\pi = \text{step}\,\pi$, denn dann ist step $\Phi\pi = \text{step}\,h_\ell(\Phi_{N'}\,\pi) = h_\ell(\text{step}\,\Phi_{N'}\,\pi) = h_\ell(\text{step}\,\pi)$. Sei $\pi = (O, r)$ mit $O = (B, E, A)$, dann ist $\Phi_{N'}\,\pi = [(E, A^+|_{E \times E}, r|_E)]$. Für jedes Stepwort $w \in \mathcal{STP}_T$ gilt:

$$
\begin{aligned}
w \in \text{step}\,\Phi_{N'}\,\pi &\iff w \in \text{step}\,[(E, A^+|_{E \times E}, r|_E)] \\
&\iff \Phi_{N'}\,w \succeq [(E, A^+|_{E \times E}, r|_E)] \quad \text{(vgl. Def. 7.1.28)} \\
&\iff \exists R : \Phi_{N'}\,w = [(E, R, r|_E)] \wedge R \supseteq A^+|_{E \times E} \\
&\iff \exists R : \exists m_1, \ldots, m_n \in \mathcal{STP}_E : \\
&\qquad w = \mu r(m_1) \ldots \mu r(m_n) \wedge \sum_{1 \le i \le n} m_i = E \\
&\qquad \wedge \forall e, e' : (eRe' \iff \exists i, j : e \in m_i \wedge e' \in m_j \wedge i < j) \\
&\qquad \wedge R \supseteq A^+|_{E \times E} \quad \text{(vgl. Def. 7.1.26)} \\
&\iff \exists m_1, \ldots, m_n \in \mathcal{STP}_E : w = \mu r(m_1 \ldots m_n) \\
&\qquad \wedge \sum_{1 \le i \le n} m_i = E \\
&\qquad \wedge \forall e, e' : (eA^+ e' \implies \exists i, j : e \in m_i \wedge e' \in m_j \wedge i < j) \\
&\iff \exists m_1, \ldots, m_n \in \mathcal{STP}_E : w = \mu r(m_1 \ldots m_n) \\
&\qquad \wedge m_1 \ldots m_n \in \text{step}\,O \quad \text{(vgl. Def. 7.1.38)} \\
&\iff w \in \text{step}\,\pi \qquad\qquad\qquad\qquad\qquad\blacksquare
\end{aligned}
$$

Definition 7.1.45 (Pomsetsprache eines Petri-Netzes). *Sei* $N = (P, T, F, s_0, \Sigma, h_\ell, S_f)$ *ein Petri-Netz, so definieren wir die von* N *erzeugte Pomsetsprache* $\mathcal{P}(N)$ *durch*

$$\mathcal{P}(N) := \{\varphi \in \mathcal{POM} \mid \exists \pi \in \text{Proc}(N) : \Phi\pi = \varphi\}$$

Die von N *erzeugte* terminale *Pomsetsprache sei*

$$\mathcal{P}_t(N) := \{\varphi \in \mathcal{POM} \mid \exists s' \in S_f \; \exists \pi \in \text{Proc}_{s_0}^{s'} : \Phi\pi = \varphi\}$$

Analog zu den Sprachklassen aus dem vorigen Kapitel und den Klassen von Stepsprachen können wir Klassen von Pomsetsprachen von Petri-Netzen definieren:
$\mathcal{P}^\tau$ *ist die Klasse aller Pomsetsprachen von beliebigen Petri-Netzen.*
$\mathcal{P}$ *ist die Klasse aller Pomsetsprachen von τ-freien Petri-Netzen.*
$\mathcal{P}^f$ *ist die Klasse aller Pomsetsprachen von freien Petri-Netzen.*

$\mathcal{P}_t^\tau$ *ist die Klasse aller terminalen Pomsetsprachen von beliebigen Petri-Netzen.*

$\mathcal{P}_t$ *ist die Klasse aller terminalen Pomsetsprachen von τ-freien Petri-Netzen.*

$\mathcal{P}_t^f$ *ist die Klasse aller terminalen Pomsetsprachen von freien Petri-Netzen.*

Satz 7.1.46. *Sei N ein Petri-Netz. Dann gilt*

- step $\mathcal{P}(N) = \mathcal{W}(N)$, step $\mathcal{P}_t(N) = \mathcal{W}_t(N)$,

- lin $\mathcal{P}(N) = L(N)$, lin $\mathcal{P}_t(N) = L_t(N)$,

- lin $\mathcal{W}(N) = L(N)$, lin $\mathcal{W}_t(N) = L_t(N)$.

Beweis: Wir zeigen nur step $\mathcal{P}(N) = \mathcal{W}(N)$:

$$
\begin{aligned}
\text{step}\,\mathcal{P}(N) &= \text{step}\{\Phi\pi \mid \pi \in \text{Proc}(N)\} && \text{(laut Def. von } \mathcal{P}(N)) \\
&= \bigcup_{\pi \in \text{Proc}(N)} h_\ell(\text{step}\,\pi) && \text{(laut Lemma 7.1.44)} \\
&= \bigcup_{\sigma \in \mathcal{STP}_T,\, s_0\,[\sigma>_N} \{h_\ell(\sigma)\} && \text{(laut Satz 7.1.41)} \\
&= h_\ell(\{\sigma \in \mathcal{STP}_T \mid s_0\,[\sigma>_N\}) \\
&= \mathcal{W}(N) && \text{(laut Def. von } \mathcal{W}(N))
\end{aligned}
$$

∎

Damit ergibt sich zusammen mit Satz 7.1.15 sofort das folgende Korollar.

Korollar 7.1.47.
$$
\begin{aligned}
\mathcal{L}^\tau &= \text{lin}\,\mathcal{W}^\tau = \text{lin}\,\mathcal{P}^\tau, & \mathcal{W}^\tau &= \text{step}\,\mathcal{P}^\tau, \\
\mathcal{L} &= \text{lin}\,\mathcal{W} = \text{lin}\,\mathcal{P}, & \mathcal{W} &= \text{step}\,\mathcal{P}, \\
\mathcal{L}^f &= \text{lin}\,\mathcal{W}^f = \text{lin}\,\mathcal{P}^f, & \mathcal{W}^f &= \text{step}\,\mathcal{P}^f, \\
\mathcal{L}_t^\tau &= \text{lin}\,\mathcal{W}_t^\tau = \text{lin}\,\mathcal{P}_t^\tau, & \mathcal{W}_t^\tau &= \text{step}\,\mathcal{P}_t^\tau, \\
\mathcal{L}_t &= \text{lin}\,\mathcal{W}_t = \text{lin}\,\mathcal{P}_t, & \mathcal{W}_t &= \text{step}\,\mathcal{P}_t, \\
\mathcal{L}_t^f &= \text{lin}\,\mathcal{W}_t^f = \text{lin}\,\mathcal{P}_t^f, & \mathcal{W}_t^f &= \text{step}\,\mathcal{P}_t^f.
\end{aligned}
$$

7.2 Abschlußeigenschaften von Step- und Pomsetsprachklassen

Analog zu dem Abschnitt über Abschlusseigenschaften von Petri-Netz-Sprachklassen in Kapitel 6 wollen wir hier einige Abschlusseigenschaften von $\mathcal{W}^\tau$,

$\mathcal{W}_t^\tau$, $\mathcal{P}^\tau$ und $\mathcal{P}_t^\tau$ untersuchen. Manche dieser Abschlüsse gelten auch für $\mathcal{W}$, $\mathcal{W}^f$, $\mathcal{W}_t$, $\mathcal{W}_t^f$, $\mathcal{P}$, $\mathcal{P}^f$, $\mathcal{P}_t$, $\mathcal{P}_t^f$, andere nicht. Eine systematische Untersuchung aller Abschlusseigenschaften aller Klassen soll hier nicht vorgenommen werden, da einerseits manche Beweise erheblich komplizierter sind, andererseits etliche Beziehungen noch unbekannt sind. Wir beschränken uns daher auf die Operationen Shuffle, Konkatenation, Vereinigung, Durchschnitt, Synchronisation, Restriktion, feine Homomorphismen und inverse sehr feine Homomorphismen auf den Klassen $\mathcal{W}^\tau$, $\mathcal{W}_t^\tau$, $\mathcal{P}^\tau$ und $\mathcal{P}_t^\tau$.

7.2.1 Normalform

Wir benötigen eine Normalform für (terminale) Petri-Netze für Step- und Pomsetsprachen, in der der Start- und mögliche Finalzustände normiert sind.

Definition 7.2.1 (Normalformen). *Eine Klasse $\mathcal{N}$ von Petri-Netzen heißt $\mathcal{P}^\tau$-Normalform (bzw. $\mathcal{P}_t^\tau$-Normalform), falls zu jeder Sprache $L \in \mathcal{P}^\tau$ (bzw. $\in \mathcal{P}_t^\tau$) ein Petri-Netz $N \in \mathcal{N}$ existiert mit $L = \mathcal{P}^\tau(N)$ (bzw. $L = \mathcal{P}_t^\tau(N)$). Analoges gilt für $\mathcal{W}^\tau$- und $\mathcal{W}_t^\tau$-Normalformen.*

Definition 7.2.2 ($\mathcal{P}^\tau$-Normalform). *Sei $N = (P, T, F, s_0, \Sigma, h_\ell)$ ein Petri-Netz. Wir definieren das Petri-Netz $\mathrm{PNF}^\tau(N) := (P', T', F', s_0', \Sigma, h_\ell')$ mit $P' := P \,\dot\cup\, \{start\} \,\dot\cup\, \bigcup_{x \in T_0} \{p_{x,1}, p_{x,2}\}$ mit $T_0 := \{x \in T \mid {}^\bullet Fx = \mathbf{0}\}$, der Menge der stets feuerbaren Transitionen mit leerem Vorbereich, $T' := T \,\dot\cup\, \{t_{start}\} \,\dot\cup\, \bigcup_{x \in T_0} \{x_{fill}\}$, $s_0' := 1 \cdot start$, $h_\ell'|_T := h_\ell$, $\forall t \in T' - T \colon h_\ell'(t) = \tau$, $F'|_{(P \times T) \cup (T \times P)} := F$ und*

- ${}^\bullet F' t_{start} := 1 \cdot start,$

- $t_{start} F'^\bullet := s_0 + \sum_{x \in T_0} 1 \cdot p_{x,1},$

und $\forall x \in T_0$:

- ${}^\bullet F' x_{fill} := 1 \cdot p_{x,1},$

- $x_{fill} F'^\bullet := 1 \cdot p_{x,1} + 1 \cdot p_{x,2},$

- ${}^\bullet F' x := 1 \cdot p_{x,2},$

und F' enthält keine weiteren Kanten.

Abbildung 7.10 zeigt ein Beispiel eines Petri-Netzes $\mathrm{PNF}^\tau(N)$.

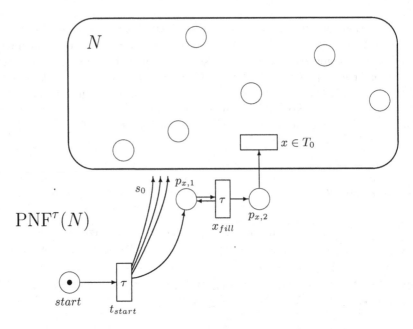

Abb. 7.10. Die Konstruktionsidee der Normalform PNF$^\tau$

Der Sinn dieser Konstruktion ist wie folgt: Ohne einen Token im Netz ist PNF$^\tau(N)$ stets tot. Die mit τ beschriftete Starttransition stellt genau den Startzustand s_0 in N ein und legt einen Token auf $p_{x,1}$ für jede Transition x in N mit leerem Vorbereich. x_{fill} legt nun beliebig viele Token auf $p_{x,2}$, den neuen einzigen Place im Vorbereich von $x \in T_0$. Damit bleibt die Auto-Nebenläufigkeit von x aus N auch in PNF$^\tau(N)$ erhalten. Die Token auf $p_{x,2}$ führen zu keinen sichtbaren neuen Kausalitäten, da x_{fill} mit τ beschriftet ist. Es gilt also $\mathcal{P}(N) = \mathcal{P}(\text{PNF}^\tau(N))$ und $\mathcal{W}(N) = \mathcal{W}(\text{PNF}^\tau(N))$, d.h. es gilt

Korollar 7.2.3. PNF$^\tau$:= {PNF$^\tau(N)$ | N *ist ein Petri-Netz*} *ist* $\mathcal{P}^\tau$*-Normalform und* $\mathcal{W}^\tau$*-Normalform.*

Für $\mathcal{P}^\tau$- und $\mathcal{W}^\tau$-Sprachen kann also stets ein Petri-Netz mit genau einem Token auf einem *start*-Place als initialen Zustand gewählt werden.

Definition 7.2.4 ($\mathcal{P}_t^\tau$-**Normalform**). *Seien* $N = (P, T, F, s_0, \Sigma, h_\ell, S_f)$ *ein Petri-Netz und* PNF$^\tau(N)$ *die* $\mathcal{P}^\tau$-*Normalform von* N *mit den Bezeichnungen aus Definition 7.2.2. Wir definieren das Petri-Netz* PNF$_t^\tau$:= $(P'', T'', F'', s_0'', \Sigma, h_\ell'', S_f'')$ *mit* P'' := $P' \,\dot\cup\, \{clear1, clear2, halt\}$, T'' := $T' \,\dot\cup\, T_1'' \,\dot\cup\, T_2'' \,\dot\cup\, \{t_{halt}\}$ *mit* T_1'' := $\{t_s \mid s \in S_f\}$ *und* T_2'' := $\{t_x \mid x \in T_0\}$,

$s_0'' := 1 \cdot start,\ S_f'' := \{s_f''\}\ mit\ s_f'' := 1 \cdot halt,\ h_\ell''|_T := h_\ell,\ \forall t \in T'' - T:$
$h_\ell''(t) = \tau,\ F''|_{(P' \times T') \cup (T' \times P')} := F'\ und\ \forall t_s \in T_1''\ \forall t_x \in T_2'':$

- $t_{start}F''^\bullet := t_{start}F'^\bullet + 1 \cdot clear1,$

- $^\bullet F''t_s := s + 1 \cdot clear1 + \sum_{x \in T_0} 1 \cdot p_{x,1},$

- $t_s F''^\bullet := 1 \cdot clear2,$

- $^\bullet F''t_x := 1 \cdot clear2 + 1 \cdot p_{x,2},$

- $t_x F''^\bullet := 1 \cdot clear2,$

- $^\bullet F''t_{halt} := 1 \cdot clear2,$

- $t_{halt}F''^\bullet := 1 \cdot halt$

und F'' besitzt keine weiteren Kanten.

Abbildung 7.11 zeigt $\mathrm{PNF}_t^\tau(N)$ für ein Petri-Netz N.

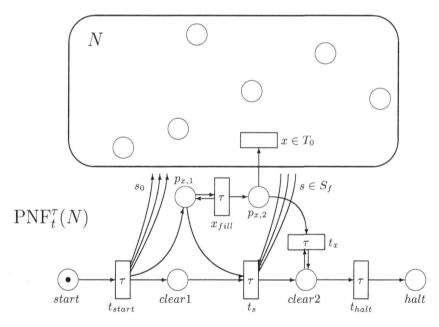

Abb. 7.11. Die Konstruktionsidee der Normalform PNF_t^τ

In $\mathrm{PNF}_t^\tau(N)$ ist $\mathrm{PNF}^\tau(N)$ als Teilkonstruktion enthalten, die mittels eines einzigen Tokens auf *start* die Arbeitsweise von N vom Zustand s_0 aus nachspielt. Erreicht N einen finalen Zustand $s \in S_f$, so kann $\mathrm{PNF}_t^\tau(N)$ durch

Feuern der τ-beschrifteten Transitionen t_s, t_x und t_{halt} alle Token bis auf einen Token auf *halt* entfernen. Offensichtlich gilt $\mathcal{P}_t(N) = \mathcal{P}_t(\text{PNF}_t^\tau(N))$ und $\mathcal{W}_t(N) = \mathcal{W}_t(\text{PNF}_t^\tau(N))$. Damit gilt

Korollar 7.2.5. $\text{PNF}_t^\tau := \{\text{PNF}_t^\tau(N) \mid N \text{ ist Petri-Netz}\}$ *ist* $\mathcal{P}_t^\tau$*-Normalform und* $\mathcal{W}_t^\tau$*-Normalform.*

Aus dem Korollar folgt sofort, dass wir uns bei $\mathcal{P}_t^\tau$- und $\mathcal{W}_t^\tau$-Sprachen stets auf Petri-Netze mit genau einem finalen Zustand beschränken können, in dem genau ein Token auf einem *halt*-Place liegt. Der initiale Zustand besitzt genau ein Token auf einem *start*-Place.

7.2.2 Verallgemeinerbare Operationen

Für sogenannte verallgemeinerbare Operationen lassen sich Beweise für Abschlusseigenschaften von einer Klasse trivial auf eine andere Klasse übertragen. Wir betrachten dazu die Situation aus Abbildung 7.12.

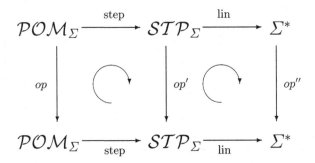

Abb. 7.12. Kommutierende Diagramme

Hier sind *op*, *op'* und *op''* drei einstellige Operationen, jeweils auf $\mathcal{POM}_\Sigma$, $\mathcal{STP}_\Sigma$ bzw. Σ^*. Kommutiert das Diagramm, so besagt dies, dass *op'* eine Verallgemeinerung von *op''* auf Stepsprachen und *op* eine Verallgemeinerung von *op'* und *op''* auf Pomsetsprachen ist.

Entsprechende Diagramme sollen natürlich auch für 2-stellige Operationen wie die Synchronisation gelten. Das kommutierende Diagramm für Pomsets und Worte ergibt sich als direkte Verknüpfung der beiden abgebildeten Diagramme. Die wichtigste Frage ist hier, ob man Operationen auf Sprachebene und Stepsprachebene finden kann, die die kommutierenden Diagramme erfüllen. Wie wir sehen werden, ist dies nicht immer der Fall. Operationen, die die beiden obigen Diagramme erfüllen, nennen wir *verallgemeinerbar*.

Definition 7.2.6 (Verallgemeinerbarkeit). *Sei op eine k-stellige Operation, die für Pomset-, Step- und Interleavingsprachen definiert ist. Wir nennen op verallgemeinerbar, falls für alle Pomsetsprachen $L_1, \ldots, L_k \subseteq \mathcal{POM}$ und alle Stepsprachen $L'_1, \ldots, L'_k \subseteq \mathcal{STP}$ gilt: $op(\text{step } L_1, \ldots, \text{step } L_k) = \text{step } op(L_1, \ldots, L_k)$ und $op(\text{lin } L'_1, \ldots, \text{lin } L'_k) = \text{lin } op(L'_1, \ldots, L'_k)$.*

Verallgemeinerbare Operationen erhalten also über Sprachen, Stepsprachen und Pomsetsprachen die gleiche Bezeichnung.

Beispiel 7.2.7. Feine Homomorphismen sind nach Korollar 7.1.13 und 7.1.30 verallgemeinerbar.

Satz 7.2.8 (Abschlusseigenschaften verallgemeinerbarer Operationen). *Seien $\mathcal{K} \subseteq \mathcal{POM}_\Sigma$ eine Klasse von Pomsetsprachen und $op^k \colon \mathcal{POM}^k \to \mathcal{POM}$ eine k-stellige verallgemeinerbare Operation, gegen die $\mathcal{K}$ abgeschlossen ist, d.h. $op^k \colon \mathcal{K}^k \to \mathcal{K}$ gilt ebenfalls. Dann sind auch $\text{step } \mathcal{K}$ und $\text{lin } \mathcal{K}$ gegen op^k abgeschlossen.*

Beweis: Es seien $L_1, \ldots, L_k \in \text{step } \mathcal{K}$, dann existieren $\hat{L}_1, \ldots, \hat{L}_k \in \mathcal{K}$ mit $L_i = \text{step } \hat{L}_i$ für $1 \leq i \leq k$. Damit gilt $op^k(L_1, \ldots, L_k) = op^k(\text{step } \hat{L}_1, \ldots, \text{step } \hat{L}_k) = \text{step } op^k(\hat{L}_1, \ldots, \hat{L}_k) \in \text{step } \mathcal{K}$, analog für $L_i \in \text{lin } \mathcal{K}$. ∎

7.2.3 Vereinigung und Konkatenation

Lemma 7.2.9 (Abschluss gegen Vereinigung). $\mathcal{W}^\tau$, $\mathcal{W}^\tau_t$, $\mathcal{P}^\tau$ *und* $\mathcal{P}^\tau_t$ *sind abgeschlossen gegen Vereinigung.*

Beweis: Seien $L_i = \mathcal{X}(N_i)$, $i = 1, 2$ zwei Sprachen in $\mathcal{X}^\tau$ für $\mathcal{X} \in \{\mathcal{W}, \mathcal{W}_t, \mathcal{P}, \mathcal{P}_t\}$ und $N'_i = \text{PNF}^\tau_t(N_i)$ die $\mathcal{P}^\tau_t$-Normalform von N_i. Wir definieren $N'_1 \cup N'_2$ als das Petri-Netz, in dem wir die Startplaces *start* von N'_1 und N'_2 verschmelzen. Damit gilt offensichtlich $\mathcal{X}(N'_1 \cup N'_2) = \mathcal{X}(N'_1) \cup \mathcal{X}(N'_2) = \mathcal{X}(N_1) \cup \mathcal{X}(N_2)$ für jedes $\mathcal{X} \in \{\mathcal{W}, \mathcal{W}_t, \mathcal{P}, \mathcal{P}_t\}$. ∎

Man könnte versuchen einen Abschluss gegen Konkatenation für $\mathcal{P}^\tau_t$ wie folgt zu zeigen:

Es seien $L_i = \mathcal{P}_t(N_i)$, $i = 1, 2$, zwei Sprachen in $\mathcal{P}^\tau_t$ und $N'_i := \text{PNF}^\tau_t(N_i)$ die Normalformen von N_i. Man kann nun trivial N'_2 hinter N'_1 schalten, indem der *start*-Place von N'_2 mit dem *halt*-Place von N'_1 identifiziert wird. Damit gilt aber nur $L_1 \circ L_2 \subseteq \mathcal{P}_t(N'_1 \circ N'_2)$, da nicht sichergestellt werden kann, dass bei einem Token auf *halt* in N'_1 das Netz N'_1 nicht mehr feuern kann. Trotz eines Token auf *halt* können noch weitere Token im Netz verkehren.

Es ist offen, ob $\mathcal{P}^\tau$ und $\mathcal{P}^\tau_t$ gegen Konkatenation abgeschlossen sind.

Wegen $\mathrm{lin}(L_1 \cup L_2) = \mathrm{lin}\,L_1 \cup \mathrm{lin}\,L_2$ und $\mathrm{step}(L_1 \cup L_2) = \mathrm{step}\,L_1 \cup \mathrm{step}\,L_2$ ist die Vereinigung offensichtlich verallgemeinerbar. Definiert man die Konkatenation zweier Pomsets φ_1, φ_2 kanonisch so, dass alle Ereignisse von φ_2 in $\varphi_1 \circ \varphi_2$ hinter allen Ereignissen von φ_1 angeordnet sind, ist damit auch die Konkatenation verallgemeinerbar, d.h. es gilt (bei ebenfalls kanonischer Fortsetzung auf Pomsetsprachen) $\mathrm{lin}(L_1 \circ L_2) = \mathrm{lin}\,L_1 \circ \mathrm{lin}\,L_2$ und $\mathrm{step}(L_1 \circ L_2) = \mathrm{step}\,L_1 \circ \mathrm{step}\,L_2$.

7.2.4 Synchronisation und abgeleitete Operationen

Definition 7.2.10 (Synchronisation von Pomsets). *Gegeben seien zwei Pomsets* $\varphi_1, \varphi_2 \in \mathcal{POM}$, *und ein* Synchronisationsalphabet Σ. *Das Synchronisationsalphabet darf im Gegensatz zu üblichen Alphabeten auch leer sein. Wir sagen, ein Pomset* φ *liege in der* Synchronisation *von* φ_1 *und* φ_2 *über* Σ, $\varphi \in \varphi_1\,sy_\Sigma\,\varphi_2$, *falls Repräsentationen* $\varphi_1 = [(E_1, R_1, \ell_1)]$ *und* $\varphi_2 = [(E_2, R_2, \ell_2)]$ *existieren, so dass* $E_1 \cap E_2 = \ell_1^{-1}(\Sigma) = \ell_2^{-1}(\Sigma)$ *gilt und* $\varphi = [(E_1 \cup E_2, (R_1 \cup R_2)^+, \ell_1 \cup \ell_2)]$ *ein Pomset ist, d.h.* $(R_1 \cup R_2)^+$ *bleibt azyklisch.*

Für zwei Pomsetsprachen $L_1, L_2 \subseteq \mathcal{POM}$ *und ein Synchronisationsalphabet* Σ *definieren wir*

$$L_1\,sy_\Sigma\,L_2 := \bigcup_{\varphi_1 \in L_1, \varphi_2 \in L_2} \varphi_1\,sy_\Sigma\,\varphi_2.$$

In Abbildung 7.13 sehen wir einige Beispiele zur Synchronisation. Da $E_1 \cap E_2 = \ell_1^{-1}(\Sigma) = \ell_2^{-1}(\Sigma)$ gelten soll, müssen in den beiden zu synchronisierenden Pomsets zu jedem Buchstaben $a \in \Sigma$ je gleich viele Beschriftungen a vorkommen. Diese werden zu Paaren zusammengestellt und identifiziert. Buchstaben, die nicht zu Σ gehören, werden einfach übernommen. Zwei Knoten des entstehenden Pomsets sind dann geordnet, wenn sie beide in einem der Originalpomsets vorkommen und dort bereits geordnet sind. Natürlich können zwei Knoten in den beiden Originalpomsets φ_1 und φ_2 entgegengesetzt geordnet sein: Gilt etwa für $e, e' \in E_1 \cap E_2$ sowohl eR_1e' als auch $e'R_2e$, so ist die entstehende Relation $(R_1 \cup R_2)^+$ keine partielle Ordnung mehr. In diesem Fall ist die Struktur φ kein Pomset und liefert damit keinen Beitrag zur Synchronisation. Die Paarbildung der Beschriftungen aus Σ aus den beiden Pomsets φ_1 und φ_2 kann aber eventuell auf verschiedene Art durchgeführt werden, so dass die Synchronisation auch mehr als ein Pomset liefern kann. Dies passiert z.B. auch in den beiden ersten Beispielen von Abbildung 7.13, wo man einmal das obere a des linken Pomsets mit dem unteren a des rechten Pomsets und einmal die beiden oberen a's identifizieren kann.

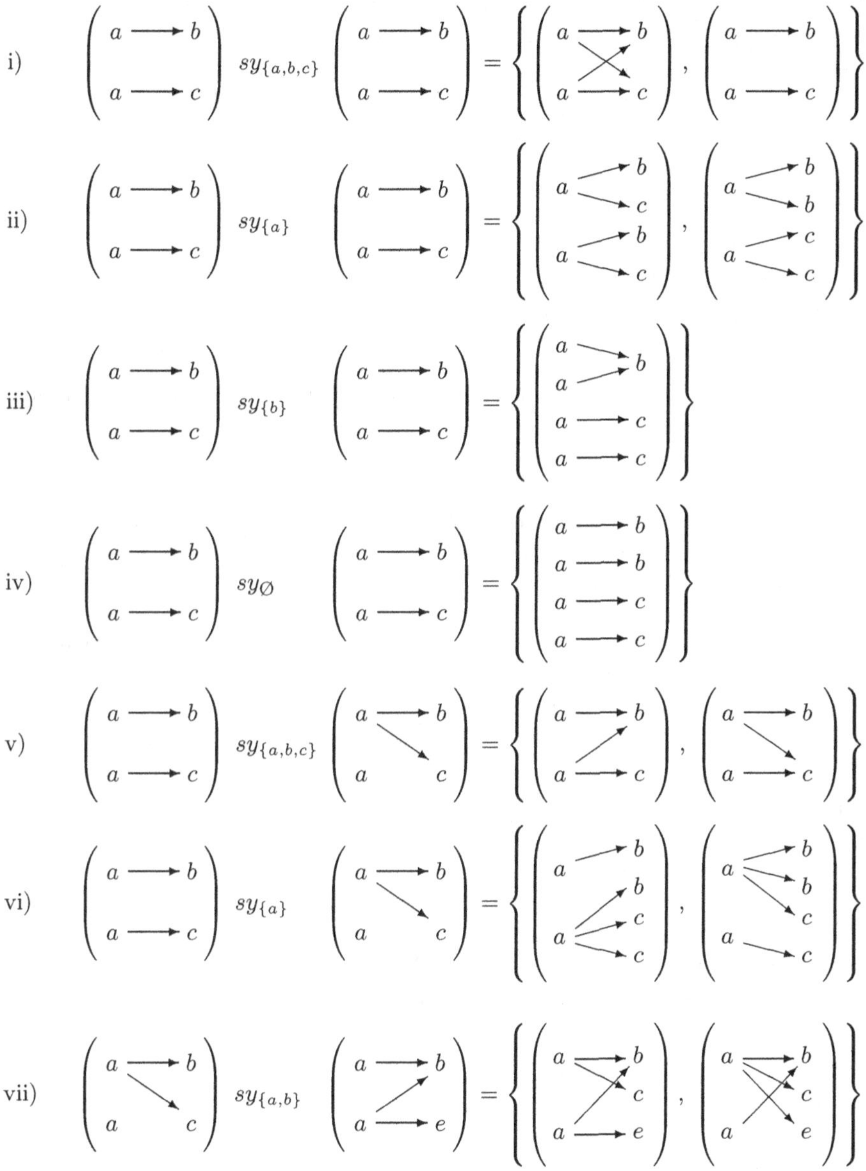

i) $\begin{pmatrix} a \to b \\ a \to c \end{pmatrix}$ $sy_{\{a,b,c\}}$ $\begin{pmatrix} a \to b \\ a \to c \end{pmatrix}$ $= \left\{ \begin{pmatrix} a \to b \\ a \to c \end{pmatrix}, \begin{pmatrix} a \to b \\ a \to c \end{pmatrix} \right\}$

ii) $\begin{pmatrix} a \to b \\ a \to c \end{pmatrix}$ $sy_{\{a\}}$ $\begin{pmatrix} a \to b \\ a \to c \end{pmatrix}$ $= \left\{ \begin{pmatrix} a \nearrow b \\ \searrow c \\ a \nearrow b \\ \searrow c \end{pmatrix}, \begin{pmatrix} a \nearrow b \\ \searrow b \\ a \nearrow c \\ \searrow c \end{pmatrix} \right\}$

iii) $\begin{pmatrix} a \to b \\ a \to c \end{pmatrix}$ $sy_{\{b\}}$ $\begin{pmatrix} a \to b \\ a \to c \end{pmatrix}$ $= \left\{ \begin{pmatrix} a \\ a \to b \\ a \to c \\ a \to c \end{pmatrix} \right\}$

iv) $\begin{pmatrix} a \to b \\ a \to c \end{pmatrix}$ $sy_{\emptyset}$ $\begin{pmatrix} a \to b \\ a \to c \end{pmatrix}$ $= \left\{ \begin{pmatrix} a \to b \\ a \to b \\ a \to c \\ a \to c \end{pmatrix} \right\}$

v) $\begin{pmatrix} a \to b \\ a \to c \end{pmatrix}$ $sy_{\{a,b,c\}}$ $\begin{pmatrix} a \to b \\ a \quad c \end{pmatrix}$ $= \left\{ \begin{pmatrix} a \to b \\ a \to c \end{pmatrix}, \begin{pmatrix} a \to b \\ a \to c \end{pmatrix} \right\}$

vi) $\begin{pmatrix} a \to b \\ a \to c \end{pmatrix}$ $sy_{\{a\}}$ $\begin{pmatrix} a \to b \\ a \quad c \end{pmatrix}$ $= \left\{ \begin{pmatrix} a \nearrow b \\ a \to b \\ a \to c \\ a \to c \end{pmatrix}, \begin{pmatrix} a \to b \\ a \searrow b \\ a \to c \\ a \to c \end{pmatrix} \right\}$

vii) $\begin{pmatrix} a \to b \\ a \quad c \end{pmatrix}$ $sy_{\{a,b\}}$ $\begin{pmatrix} a \to b \\ a \to e \end{pmatrix}$ $= \left\{ \begin{pmatrix} a \to b \\ c \\ a \to e \end{pmatrix}, \begin{pmatrix} a \to b \\ c \\ a \quad e \end{pmatrix} \right\}$

Abb. 7.13. Einige Beispiele zur Synchronisation von Pomsets

Die Definition der Synchronisation von Wörtern und Sprachen in Kapitel 6 wurde gerade durch die Synchronisation von Pomsets und deren Sprachen motiviert. Die formale Definition in Definition 6.2.6 wurde so gewählt, dass für zwei Wörter w_1, w_2 gerade $w_1 \, sy_\Sigma \, w_2 = \lin(\Phi \, w_1 \, sy_\Sigma \, \Phi \, w_2)$ gilt.

Lemma 7.2.11. *Seien w_1, w_2 Wörter, φ_1, φ_2 Pomsets und Σ ein Synchronisationsalphabet. Dann gilt*

$$w_1 \, sy_\Sigma \, w_2 = \lin(\Phi \, w_1 \, sy_\Sigma \, \Phi \, w_2)$$
$$\lin(\varphi_1 \, sy_\Sigma \, \varphi_2) = \lin \varphi_1 \, sy_\Sigma \, \lin \varphi_2.$$

Beweis: Zum ersten Teil. Seien $w_1 \in \Sigma_1^*$ und $w_2 \in \Sigma_2^*$. Dann lassen sich diese Wörter in Anteile aus Σ und einen Rest zerlegen: $w_1 = u_0 x_1 u_1 \ldots x_n u_n$ und $w_2 = v_0 x_1' v_1 \ldots x_n' v_n$ mit $n \in \mathbb{N}$, $x_1, x_1', \ldots, x_n, x_n' \in \Sigma$, $u_0, \ldots, u_n \in (\Sigma_1 - \Sigma)^*$ und $v_1, \ldots, v_n \in (\Sigma_2 - \Sigma)^*$. Ist $x_1 \ldots x_n \neq x_1' \ldots x_n'$, so sind beide Seiten der zu beweisenden Aussage gerade die leere Menge, man vergleiche mit Definition 6.2.6 und 7.2.10. Wir nehmen also $x_i = x_i'$ für $1 \leq i \leq n$ an. Nach Definition 6.2.6 haben dann alle Worte in $w_1 \, sy_\Sigma \, w_2$ die Gestalt $(u_0 \sqcup\!\sqcup v_0) x_1 (u_1 \sqcup\!\sqcup v_1) x_2 \ldots x_n (u_n \sqcup\!\sqcup v_n)$. Seien $u_i = a_{i,1} \ldots a_{i,k_i}$ und $v_i = b_{i,1} \ldots b_{i,m_i}$ mit $k_i, m_i \in \mathbb{N}$ für alle $0 \leq i \leq n$. Dann gilt mit Definition 7.1.20 $\Phi \, w_1 = [(E_1, R_1, \ell_1)]$ mit $E_1 = \{e_1, \ldots, e_n\} \cup \bigcup_{0 \leq i \leq n} \{e_{i,1}', \ldots, e_{i,k_i}'\}$, $\ell_1(e_i) = x_i$ für $1 \leq i \leq n$, $\ell_1(e_{i,j}') = a_{i,j}$ für $0 \leq i \leq n$ und $1 \leq j \leq k_i$ sowie $R_1 = \{(e_i, e_j) \mid i < j\} \cup \{(e_i, e_{j,k}') \mid i \leq j\} \cup \{(e_{i,k}', e_j) \mid i < j\} \cup \{(e_{i,k}', e_{j,m}') \mid i < j \vee (i = j \wedge k < m)\}$. Analog ist $\Phi \, w_2 = [(E_2, R_2, \ell_2)]$ mit $E_2 = \{e_1, \ldots, e_n\} \cup \bigcup_{0 \leq i \leq n} \{e_{i,1}'', \ldots, e_{i,m_i}''\}$, $\ell_2(e_i) = x_i$ für $1 \leq i \leq n$, $\ell_2(e_{i,j}'') = b_{i,j}$ für $0 \leq i \leq n$ und $1 \leq j \leq m_i$ sowie $R_2 = \{(e_i, e_j) \mid i < j\} \cup \{(e_i, e_{j,k}'') \mid i \leq j\} \cup \{(e_{i,k}'', e_j) \mid i < j\} \cup \{(e_{i,k}'', e_{j,m}'') \mid i < j \vee (i = j \wedge k < m)\}$. Die Synchronisation $\Phi \, w_1 \, sy_\Sigma \, \Phi \, w_2$ besteht aus nur einem Pomset φ und hat die Gestalt $\varphi = [(E_1 \cup E_2, (R_1 \cup R_2)^+, \ell_1 \cup \ell_2)]$. Man sieht leicht, dass genau die $(e_{i,j}', e_{i,k}'')$-Paare aus $(E_1 \cup E_2)^2$ in $(R_1 \cup R_2)^+$ *nicht* kausal geordnet sind. Damit hat $\lin \varphi$ aber die gewünschte Gestalt $(u_0 \sqcup\!\sqcup v_0) x_1 (u_1 \sqcup\!\sqcup v_1) x_2 \ldots x_n (u_n \sqcup\!\sqcup v_n)$.

Zum zweiten Teil. Seien dazu $\varphi_1 = [(E_1, R_1, \ell_1)]$, $\varphi_2 = [(E_2, R_2, \ell_2)]$ und v ein Wort mit $\Phi v = [(E', R', \ell')]$. Dann gilt

$$
\begin{aligned}
& v \in \lin(\varphi_1 \, sy_\Sigma \, \varphi_2) \\
& \Longleftrightarrow \exists \varphi \in \varphi_1 \, sy_\Sigma \, \varphi_2 : \Phi v \succeq \varphi \\
& \Longleftrightarrow \Phi v \succeq [(E_1 \cup E_2, (R_1 \cup R_2)^+, \ell_1 \cup \ell_2)] \\
& \qquad \wedge E_1 \cap E_2 = \ell_1^{-1}(\Sigma) = \ell_2^{-1}(\Sigma) \\
& \Longleftrightarrow E' = E_1 \cup E_2 \wedge R' \supseteq (R_1 \cup R_2)^+ \wedge \ell' = \ell_1 \cup \ell_2 \\
& \qquad \wedge E_1 \cap E_2 = \ell'^{-1}(\Sigma)
\end{aligned}
$$

$$\Longleftrightarrow\ E' = E_1 \cup E_2 \ \wedge\ R' \supseteq (R_1 \cup R_2)^+ \ \wedge\ \ell' = \ell_1 \cup \ell_2$$
$$\wedge\ E_1 \cap E_2 = \ell'^{-1}(\Sigma)$$
$$\wedge\ \bar{\varphi}_1 := [(E_1, R'|_{E_1^2}, \ell_1)] \in \Phi\,\mathrm{lin}\,\varphi_1$$
$$\wedge\ \bar{\varphi}_2 := [(E_2, R'|_{E_2^2}, \ell_2)] \in \Phi\,\mathrm{lin}\,\varphi_2$$
$$\Longleftrightarrow\ E' = E_1 \cup E_2 \ \wedge\ R' \supseteq (R_1 \cup R_2)^+ \ \wedge\ \ell' = \ell_1 \cup \ell_2$$
$$\wedge\ E_1 \cap E_2 = \ell'^{-1}(\Sigma)$$
$$\wedge\ \bar{\varphi}_i := [(E_i, R'|_{E_i^2}, \ell_i)] \in \Phi\,\mathrm{lin}\,[(E_i, R_i, \ell_i)]$$
$$\wedge\ R' \supseteq (R'|_{E_1^2} \cup R'|_{E_2^2})^+$$
$$\wedge\ \Phi v \succeq [(E_1 \cup E_2, (R'|_{E_1^2} \cup R'|_{E_2^2})^+, \ell_1 \cup \ell_2)] \in \bar{\varphi}_1\, sy_\Sigma\, \bar{\varphi}_2$$
$$\Longleftrightarrow\ v \in \mathrm{lin}(\Phi\,\mathrm{lin}\,\varphi_1\, sy_\Sigma\, \Phi\,\mathrm{lin}\,\varphi_2).$$

Zusammen mit dem ersten Teil des Lemmas ergibt sich nun

$$\mathrm{lin}\,\varphi_1\, sy_\Sigma\, \mathrm{lin}\,\varphi_2 = \mathrm{lin}(\Phi\,\mathrm{lin}\,\varphi_1\, sy_\Sigma\, \Phi\,\mathrm{lin}\,\varphi_2)$$
$$= \mathrm{lin}(\varphi_1\, sy_\Sigma\, \varphi_2) \qquad \blacksquare$$

Definition 7.2.12 (Spezialfälle der Synchronisation). *Seien zwei Pomsets $\varphi_1 \in \mathcal{POM}_{\Sigma_1}$ und $\varphi_2 \in \mathcal{POM}_{\Sigma_2}$ und zwei Pomsetsprachen $L_1 \subseteq \mathcal{POM}_{\Sigma_1}$ und $L_2 \subseteq \mathcal{POM}_{\Sigma_2}$ gegeben. Wir definieren dann analog zu Kapitel 6*

- *den* Durchschnitt *durch $\varphi_1 \cap \varphi_2 := \varphi_1\, sy_{\Sigma_1 \cup \Sigma_2}\, \varphi_2$ bzw. $L_1 \cap L_2 := L_1\, sy_{\Sigma_1 \cup \Sigma_2}\, L_2$,*

- *den* Shuffle *durch $\varphi_1 \sqcup\!\sqcup \varphi_2 := \varphi_1\, sy_\emptyset\, \varphi_2$ bzw. $L_1 \sqcup\!\sqcup L_2 := L_1\, sy_\emptyset\, L_2$,*

- *die* Einschränkung *von L_1 auf ein Alphabet $\Sigma \subseteq \Sigma_1$ durch $L_1|_\Sigma := L_1\, sy_{\Sigma_1 - \Sigma}\, \{\varepsilon\}$ und*

- *die* Restriktion *durch $\varphi_1 \circledast \varphi_2 := \varphi_1\, sy_{\Sigma_1 \cap \Sigma_2}\, \varphi_2$ bzw. $L_1 \circledast L_2 := L_1\, sy_{\Sigma_1 \cap \Sigma_2}\, L_2$.*

In Abbildung 7.13 zeigen die Beispiele i) und v) den Durchschnitt zweier Pomsets. Der Durchschnitt $\cap$ darf nicht mit dem üblichen mengentheoretischen Durchschnitt $\cap$ verwechselt werden. So gilt im Allgemeinen nicht $L_1 \cap L_2 = L_1 \cap L_2$, sondern nur $L_1 \cap L_2 \supseteq L_1 \cap L_2$, da der Durchschnitt $\cap$ als neue Objekte auch neue Strukturen einführt, die gröber sind als die Objekte aus dem Durchschnitt $\cap$. Es gilt sogar noch mehr. Dazu ein Beispiel: $\left\{ \begin{pmatrix} a \to b \\ a \to c \end{pmatrix} \right\} \cap \left\{ \begin{pmatrix} a \searrow b \\ a \searrow c \end{pmatrix} \right\} = \left\{ \begin{pmatrix} a \to b \\ a \to c \end{pmatrix} \right\} sy_{a,b,c} \left\{ \begin{pmatrix} a \searrow b \\ a \searrow c \end{pmatrix} \right\} =$

$\begin{pmatrix} a \to b \\ a \to c \end{pmatrix} sy_{a,b,c} \begin{pmatrix} a \searrow b \\ a \searrow c \end{pmatrix} = \left\{ \begin{pmatrix} a \nearrow b \\ a \searrow c \end{pmatrix}, \begin{pmatrix} a \searrow b \\ a \nearrow c \end{pmatrix} \right\}$, aber $\left\{ \begin{pmatrix} a \to b \\ a \to c \end{pmatrix} \right\} \cap \left\{ \begin{pmatrix} a \searrow b \\ a \searrow c \end{pmatrix} \right\}$
$= \emptyset$. Dieses Beispiel zeigt darüber hinaus, dass der mengentheoretische Durchschnitt auf Pomsetsprachen nicht die Verallgemeinerung des mengentheoretischen Durchschnitts für Sprachen und Stepsprachen sein kann. Denn wäre der mengentheoretische Durchschnitt so verallgemeinerbar, müsste $\text{step}(L_1 \cap L_2)$ $= \text{step}\, L_1 \cap \text{step}\, L_2$ für alle Pomsetsprachen L_1, L_2 gelten. Für die obigen Sprachen gilt aber $\{a, a\}\{b, c\} \in \text{step} \left\{ \begin{pmatrix} a \to b \\ a \to c \end{pmatrix} \right\} \cap \text{step} \left\{ \begin{pmatrix} a \searrow b \\ a \searrow c \end{pmatrix} \right\} \neq \emptyset$. Für $\cap$ hingegen werden wir die Verallgemeinerbarkeit erreichen können, man vergleiche mit dem Satz 7.2.21.

Der Shuffle legt einfach nur die Inhalte zweier Pomsets disjunkt nebeneinander und kreiert daraus ein neues Pomset (und in diesem Fall tatsächlich nur eines). Abbildung 7.13 iv) zeigt ein Beispiel. Der Shuffle ist also nichts anderes als ein unsynchronisiertes Parallelprodukt. Wir führen einen Operator „Big Shuffle" $\bigsqcup$ ein, der erlaubt, unbeschränkte Nebenläufigkeit zu erzeugen.

Definition 7.2.13 (Big Shuffle). *Für eine Pomsetsprache L definieren wir den Big Shuffle $\bigsqcup L$ induktiv durch $\bigsqcup^0 L := \{\varepsilon\}$, $\bigsqcup^{n+1} L := L \sqcup \bigsqcup^n L$ und $\bigsqcup L := \bigcup_{n \geq 0} \bigsqcup^n L$. Für eine (Step-) Sprache L übertragen wir $\bigsqcup L$ kanonisch als $\bigsqcup L := \text{step} \bigsqcup \Phi L$, bzw. $\bigsqcup L := \text{lin} \bigsqcup \Phi L$, wobei Φ der Pomsetkonstruktor für Steps bzw. Wörter ist.*

Abbildung 7.14 zeigt ein Beispiel.

$$\bigsqcup (a \to b) = \left\{ \varepsilon, \left(a \to b \right), \begin{pmatrix} a \to b \\ a \to b \end{pmatrix}, \begin{pmatrix} a \to b \\ a \to b \\ a \to b \end{pmatrix}, \begin{pmatrix} a \to b \\ a \to b \\ a \to b \\ a \to b \end{pmatrix}, \ldots \right\}$$

$\bigsqcup \{ab, be\} = \{\varepsilon, ab, be\} \cup (ab \sqcup ab) \cup (ab \sqcup be) \cup (be \sqcup be) \cup (ab \sqcup ab \sqcup ab)$
$\cup (ab \sqcup ab \sqcup be) \cup (ab \sqcup be \sqcup be) \cup (be \sqcup be \sqcup be) \cup \ldots$

Abb. 7.14. Der „Big Shuffle" angewendet auf ein Pomset und eine Sprache

Abbildung 7.13 vii) präsentiert ein Beispiel einer Restriktion. Die Restriktion lässt sich auch mit Hilfe von Shuffle und Durchschnitt sowie einer trivialen Pomsetsprache ausdrücken, ganz ähnlich zu Definition 2.5.3. Es gilt

Lemma 7.2.14. *Für zwei Pomsetsprachen L_1 und L_2 über Alphabeten Σ_1 bzw. Σ_2 gilt $L_1 \circledR L_2 = (L_1 \sqcup \bigsqcup \{(a) \mid a \in \Sigma_2 - \Sigma_1\}) \cap (L_2 \sqcup \bigsqcup \{(a) \mid a \in \Sigma_1 - \Sigma_2\})$.*

Beweis: „$\subseteq$": Sei $\varphi \in L_1 \otimes L_2$. Dann existieren $\varphi_i = [(E_i, R_i, \ell_i)] \in L_i$ für $i \in \{1, 2\}$ mit $\varphi \in \varphi_1 \otimes \varphi_2$. Mit $\Sigma := \Sigma_1 \cap \Sigma_2$ gilt dann $E_1 \cap E_2 = \ell_1^{-1}(\Sigma) = \ell_2^{-1}(\Sigma)$ und $\varphi = [(E_1 \cup E_2, (R_1 \cup R_2)^+, \ell_1 \cup \ell_2)]$. Wir setzen $\varphi_i' := [(E_1 \cup E_2, R_i, \ell_1 \cup \ell_2)] \in L_i \sqcup \bigsqcup\{(a) \mid \Sigma_{3-i} - \Sigma_i\}$ für $i \in \{1, 2\}$. Offensichtlich gilt nun $\varphi \in \varphi_1' \cap \varphi_2'$ wegen $(E_1 \cup E_2) = (\ell_1 \cup \ell_2)^{-1}(\Sigma_1 \cup \Sigma_2)$.

„$\supseteq$": Sei $\varphi \in (L_1 \sqcup \bigsqcup\{(a) \mid a \in \Sigma_2 - \Sigma_1\}) \cap (L_2 \sqcup \bigsqcup\{(a) \mid a \in \Sigma_1 - \Sigma_2\})$. Für $i \in \{1, 2\}$ existieren dann $\varphi_i = [(E, R_i, \ell)] \in L_i \sqcup \bigsqcup\{(a) \mid a \in \Sigma_{3-i} - \Sigma_i\}$ mit $\varphi \in \varphi_1 \cap \varphi_2$. φ hat also die Gestalt $[(E, (R_1 \cup R_2)^+, \ell)]$. E lässt sich nach Anteilen aus Σ_1 und $\Sigma_2 - \Sigma_1$ zerlegen, d.h. $E = E_1 \cup E_2'$ mit $\ell^{-1}(\Sigma_1) = E_1$ und $\ell^{-1}(\Sigma_2 - \Sigma_1) = E_2'$. Analog kann man auch eine Zerlegung $E = E_1' \cup E_2$ mit $\ell^{-1}(\Sigma_2) = E_2$ und $\ell^{-1}(\Sigma_1 - \Sigma_2) = E_1'$ finden. Offenbar gilt $R_i = R_i|_{E_i \times E_i}$, da Beschriftungen im Pomset φ_i, die zu E_{3-i}' gehören, aus $\bigsqcup\{(a) \mid a \in \Sigma_{3-i} - \Sigma_i\}$ stammen, also keinerlei Kantenverbindungen im Pomset besitzen. Wir definieren zwei Pomsets $\varphi_1' := [(E_1, R_1, \ell|_{E_1})]$ und $\varphi_2' := [(E_2, R_2, \ell|_{E_2})]$. Damit ist $\varphi = [(E_1 \cup E_2, (R_1 \cup R_2)^+, \ell)] \in \varphi_1' \otimes \varphi_2'$. ∎

Auch die Einschränkung lässt sich anders ausdrücken.

Lemma 7.2.15. *Die Einschränkung einer Pomsetsprache besteht aus den Pomsets dieser Sprache über dem eingeschränkten Alphabet, d.h.*

$$L|_{\Sigma_1} = L \cap \mathcal{POM}_{\Sigma_1}$$

gilt für beliebige Pomsetsprachen L und Alphabete Σ_1.

Beweis: Sei L eine Pomsetsprache mit $L \subseteq \mathcal{POM}_\Sigma$ für ein Alphabet Σ. Dann gilt
$$
\begin{aligned}
L|_{\Sigma_1} &= L \, sy_{\Sigma - \Sigma_1}\{\varepsilon\} \\
&= \bigcup_{[(E,R,\ell)] \in L} [(E, R, \ell)] \, sy_{\Sigma - \Sigma_1} [(\emptyset, \emptyset, \emptyset)] \\
&= \{[(E, R, \ell)] \in L \mid \ell^{-1}(\Sigma - \Sigma_1) = E \cap \emptyset = \emptyset\} \\
&= \{[(E, R, \ell)] \in L \mid \ell(E) \subseteq \Sigma_1\} \\
&= L_1 \cap \mathcal{POM}_{\Sigma_1}.
\end{aligned}
$$
∎

In Kapitel 6, Definition 6.2.9, haben wir die Synchronisation $N_1 \, sy_\Sigma \, N_2$ auf zwei Petri-Netzen definiert, so dass $L_{(t)}(N_1) \, sy_\Sigma \, L_{(t)}(N_2) = L_{(t)}(N_1 \, sy_\Sigma \, N_2)$ gilt. Damit konnten wir zeigen, dass Petri-Netz-Sprachen abgeschlossen gegen Synchronisation sind. Die gleiche Konstruktion aus Definition 6.2.9 können wir auch nutzen, um den Abschluss von Pomsetsprachklassen unter Synchronisation zu beweisen.

Satz 7.2.16. *Für alle Petri-Netze N_1 und N_2 und Synchronisationsalphabete Σ gilt $\mathcal{P}_t(N_1 \, sy_\Sigma \, N_2) = \mathcal{P}_t(N_1) \, sy_\Sigma \, \mathcal{P}_t(N_2)$ und $\mathcal{P}(N_1 \, sy_\Sigma \, N_2) = \mathcal{P}(N_1) \, sy_\Sigma \, \mathcal{P}(N_2)$.*

Beweis: Die Petri-Netze N_1 und N_2 seien gegeben als $N_i = (P_i, T_i, F_i,$ $s_{0i}, \Sigma_i, h_{\ell i}, S_{fi})$ für $i \in \{1, 2\}$ und $N_1 \, sy_\Sigma \, N_2$ sei wie in Definition 6.2.9 konstruiert.

„$\mathcal{P}_t(N_1 \, sy_\Sigma \, N_2) \subseteq \mathcal{P}_t(N_1) \, sy_\Sigma \, \mathcal{P}_t(N_2)$": Sei ein Pomset $\varphi = [(E_\varphi, R_\varphi, \ell_\varphi)] \in \mathcal{P}_t(N_1 \, sy_\Sigma \, N_2)$ gegeben. Wir suchen also zwei Pomsets $\varphi_1 = [(E_{\varphi_1}, R_{\varphi_1}, \ell_{\varphi_1})] \in \mathcal{P}_t(N_1)$ und $\varphi_2 = [(E_{\varphi_2}, R_{\varphi_2}, \ell_{\varphi_2})] \in \mathcal{P}_t(N_2)$ mit $\varphi \in \varphi_1 \, sy_\Sigma \, \varphi_2$. Per Definition existiert zu φ ein Prozess $\pi = (O, r) \in \mathrm{Proc}(N_1 \, sy_\Sigma \, N_2)$ mit $O = (B, E, A)$ und $\Phi\pi = \varphi$.

Wir definieren Strukturen $O_1 = (B_1, E_1, A_1)$ und $O_2 = (B_2, E_2, A_2)$ durch $B_i := \{b \in B \mid r(b) \in P_i\} \subseteq B$, $E_i := \{e \in E \mid r(e) \in \hat{T}_i \,\dot{\cup}\, T^\times\} \subseteq E$ (vergleiche Definition 6.2.9) und $A_i := A|_{(B_i \times E_i) \cup (E_i \times B_i)}$ für $i \in \{1, 2\}$. Als Teilstrukturen von O erfüllen O_1 und O_2 ganz offensichtlich alle Anforderungen an Occurrence Netze. Desweiteren machen wir folgende Beobachtungen: $B_1 \,\dot{\cup}\, B_2 = B$, $r(E_1 \cap E_2) \subseteq T^\times$, $r(E - E_1) \subseteq \hat{T}_2$, $r(E - E_2) \subseteq \hat{T}_1$ und $A = A|_{(B_1 \times E) \cup (E \times B_1)} \,\dot{\cup}\, A|_{(B_2 \times E) \cup (E \times B_2)} = A|_{(B_1 \times E_1) \cup (E_1 \times B_1)} \,\dot{\cup}\, A|_{(B_2 \times E_2) \cup (E_2 \times B_2)} = A_1 \,\dot{\cup}\, A_2$, da im Occurrence Netz O zwischen B_1 und $E - E_1$ bzw. zwischen B_2 und $E - E_2$ keine Kanten existieren. Wäre dies nämlich doch der Fall, so würde der Netzmorphismus r oBdA für $b \in B_1$ und $e \in E - E_1$ mit $b \in {}^\bullet A e$ auch $r(b) \in \mu r({}^\bullet A e) = {}^\bullet F r(e)$ mit dann $r(b) \in P_1$ und $r(e) \in \hat{T}_2$ liefern. Zwischen P_1 und $\hat{T}_2$ existieren jedoch in $N_1 \, sy_\Sigma \, N_2$ keine Kanten.

Nun definieren wir Abbildungen $r_i : O_i \to N_i$ für $i \in \{1, 2\}$ durch $\forall b \in B_i$: $r_i(b) := r(b)$, $\forall e \in E - E_{3-i}$: $r_i(e) := r(e) \in \hat{T}_i$ und $\forall e \in E_1 \cap E_2$: $r_i(e) := t_i$ falls $r(e) = (t_1, t_2) \in T^\times$ gilt. Es ist zu prüfen, ob die r_i damit Netzmorphismen sind. Es gilt für $e \in E - E_{3-i}$: $\mu r_i({}^\bullet A_i e) = \mu r_i({}^\bullet A_i e) + \mu r_{3-i}(\emptyset) = \mu r_i({}^\bullet A_i e) + \mu r_{3-i}({}^\bullet A_{3-i} e) = \mu r({}^\bullet A_i e) + \mu r({}^\bullet A_{3-i} e) = \mu r({}^\bullet A e) = {}^\bullet F r(e) = {}^\bullet F_i r_i(e)$ und $\mu r_i(e A_i {}^\bullet) = \mu r_i(e A_i {}^\bullet) + \mu r_{3-i}(\emptyset) = \mu r_i(e A_i {}^\bullet) + \mu r_{3-i}(e A_{3-i} {}^\bullet) = \mu r(e A_i {}^\bullet) + \mu r(e A_{3-i} {}^\bullet) = \mu r(e A^\bullet) = r(e) F^\bullet = r_i(e) F_i {}^\bullet$. Für $e \in E_1 \cap E_2$ mit $r(e) = (t_1, t_2) \in T^\times$ ergibt sich $\mu r_i({}^\bullet A_i e) = \mu r_i({}^\bullet A_i e) = \mu r({}^\bullet A e)|_{P_i} = {}^\bullet F r(e)|_{P_i} = {}^\bullet F(t_1, t_2)|_{P_i} = {}^\bullet F_i t_i = {}^\bullet F_i r_i(e)$ und $\mu r_i(e A_i {}^\bullet) = \mu r(e A_i {}^\bullet) = \mu r(e A^\bullet)|_{P_i} = r(e) F^\bullet|_{P_i} = (t_1, t_2) F^\bullet|_{P_i} = t_i F_i {}^\bullet = r_i(e) F_i {}^\bullet$.

Es gilt $\mu r_i(\min B_i) = \mu r(\min B_i) = \mu r(B_i \cap \min B) = \mu r(\min B)|_{P_i} = (s_{01} + s_{02})|_{P_i} = s_{0i}$ und $\mu r_i(\max B_i) = \mu r(\max B_i) = \mu r(B_i \cap \max B) = \mu r(\max B)|_{P_i} = (s_{f1} + s_{f2})|_{P_i} = s_{fi}$ für ein $(s_{f1} + s_{f2}) \in S_f$. Wir folgern $s_{fi} \in S_{fi}$ und somit sind $\pi_i := (O_i, r_i) \in \mathrm{Proc}(N_i)$ für $i \in \{1, 2\}$ Prozesse von s_{0i} nach s_{fi}. Es bleibt noch für $\varphi_i := \Phi\pi_i$ zu zeigen, dass $\varphi \in \varphi_1 \, sy_\Sigma \, \varphi_2$ gilt.

Für $e \in E - E_{3-i}$ gilt $h_\ell r(e) = h_\ell r_i(e) = h_{\ell i} r_i(e)$ und für $e \in E_1 \cap E_2$ mit $r(e) = (t_1, t_2)$ sehen wir $h_\ell r(e) = h_\ell(t_1, t_2) = h_{\ell i}(t_i) = h_{\ell i} r_i(e)$ jeweils für $i \in \{1, 2\}$. Mit Hilfe von $E = E_1 \cup E_2$ schließen wir $E_\varphi = \{e \in E \mid h_\ell r(e) \neq \tau\} = \{e \in E_1 \mid h_\ell r(e) \neq \tau\} \cup \{e \in E_2 \mid h_\ell r(e) \neq \tau\} = \{e \in E_1 \mid h_{\ell 1} r_1(e) \neq \tau\} \cup \{e \in E_2 \mid h_{\ell 2} r_2(e) \neq \tau\} = E_{\varphi_1} \cup E_{\varphi_2}$ und somit gilt auch $\ell_\varphi = h_\ell r|_{E_\varphi} =$

$h_\ell r|_{E_{\varphi_1}} \cup h_\ell r|_{E_{\varphi_2}} = h_{\ell 1} r_1|_{E_{\varphi_1}} \cup h_{\ell 2} r_2|_{E_{\varphi_2}} = \ell_{\varphi_1} \cup \ell_{\varphi_2}$. Weiter gilt $\ell_{\varphi_i}^{-1}(\Sigma) = \{e \in E_{\varphi_i} \mid \ell_{\varphi_i}(e) \in \Sigma\} = \{e \in E_{\varphi_i} \mid h_{\ell i} r_i(e) \in \Sigma\} = \{e \in E_i \mid h_{\ell i} r_i(e) \in \Sigma\} = \{e \in E_i \mid r_i(e) \in T^\times\} = \{e \in E_i \mid e \in E_{3-i}\} = E_1 \cap E_2$, da $r(E_1 \cap E_2) \subseteq T^\times$ und $r(E - E_i) \subseteq \hat{T}_{3-i}$ ist. Als Letztes zeigen wir noch $R_\varphi = (R_{\varphi_1} \cup R_{\varphi_2})^+$. Es gilt

$$
\begin{aligned}
R_\varphi &= A^+|_{E_\varphi \times E_\varphi} \\
&= (A_1 \cup A_2)^+|_{E_\varphi \times E_\varphi} \\
&= (A_1^+ \cup A_2^+)^+|_{E_\varphi \times E_\varphi} \\
&= ((A_1^+ \cup A_2^+)^+|_{E_\varphi \times E_\varphi})^+ \\
&\overset{(*)}{=} ((A_1^+ \cup A_2^+)|_{E_\varphi \times E_\varphi})^+ \\
&= ((A_1^+|_{E_{\varphi_1} \times E_{\varphi_1}} \cup A_2^+|_{E_{\varphi_2} \times E_{\varphi_2}})^+ \\
&= (R_{\varphi_1} \cup R_{\varphi_2})^+
\end{aligned}
$$

Bis auf $(*)$ dürften alle Umformungen klar sein. Für $(*)$ ist die Richtung „$\supseteq$" ebenfalls klar, wir untersuchen also, warum „$\subseteq$" gilt.

Seien dazu $a, c \in E_\varphi$ mit $a((A_1^+ \cup A_2^+)^+|_{E_\varphi \times E_\varphi})^+ c$. Wir finden also $b_1, \ldots, b_n \in B \cup E$ ($n \in \mathbb{N}$) mit $a A_i^+ b_1 A_{3-i}^+ b_2 A_i^+ b_3 \ldots b_n A_{i/3-i}^+ c$ für ein $i \in \{1, 2\}$ (mit alternierenden A_i^+ / A_{3-i}^+). Jedes b_k, $1 \le k \le n$, kommt dabei sowohl in $B_1 \cup E_1$ als auch in $B_2 \cup E_2$ vor, denn es trägt ja sowohl zu A_1^+ als auch zu A_2^+ bei. Wir untersuchen die beiden möglichen Fälle:

Fall 1: $b_k \in B_1 \cap B_2$. Es folgt mit $r(b_k) \in r(B_1) \cap r(B_2) = P_1 \cap P_2 = \emptyset$ ein Widerspruch.

Fall 2: $b_k \in E_1 \cap E_2$. Es folgt $r(b_k) \in T^\times$ und $b_k \in E_\varphi$.

Damit gilt aber dann $a((A_1^+ \cup A_2^+)|_{E_\varphi \times E_\varphi})^+ c$. Wir haben somit $\varphi \in \varphi_1 \, sy_\Sigma \, \varphi_2$ gezeigt und es gilt $\mathcal{P}_t(N_1 \, sy_\Sigma \, N_2) \subseteq \mathcal{P}_t(N_1) \, sy_\Sigma \, \mathcal{P}_t(N_2)$. Der Beweis für $\mathcal{P}(N_1 \, sy_\Sigma \, N_2) \subseteq \mathcal{P}(N_1) \, sy_\Sigma \, \mathcal{P}(N_2)$ wird trivial adaptiert, indem man die Informationen über die Finalzustände nicht beachtet.

„$\mathcal{P}_t(N_1) \, sy_\Sigma \, \mathcal{P}_t(N_2) \subseteq \mathcal{P}_t(N_1 \, sy_\Sigma \, N_2)$": Seien Pomsets $\varphi_1 = [(E_{\varphi_1}, R_{\varphi_1}, \ell_{\varphi_1})] \in \mathcal{P}_t(N_1)$ und $\varphi_2 = [(E_{\varphi_2}, R_{\varphi_2}, \ell_{\varphi_2})] \in \mathcal{P}_t(N_2)$ mit $\varphi = [(E_\varphi, (R_{\varphi_1} \cup R_{\varphi_2})^+, \ell_{\varphi_1} \cup \ell_{\varphi_2})] \in \varphi_1 \, sy_\Sigma \, \varphi_2$ und $E_\varphi = E_{\varphi_1} \cup E_{\varphi_2}$ gegeben. Zu φ_1 und φ_2 existieren Prozesse $\pi_1 \in \mathrm{Proc}(N_1)$ und $\pi_2 \in \mathrm{Proc}(N_2)$ mit $\pi_i = (O_i, r_i)$ und $O_i = (B_i, E_i, A_i)$ für $i \in \{1, 2\}$. OBdA gehen wir davon aus, dass $B_1 \cap B_2 = \emptyset$ und $E_1 \cap E_2 = \{e \in E_1 \mid h_{\ell 1} r_1(e) \in \Sigma\} = \{e \in E_2 \mid h_{\ell 2} r_2(e) \in \Sigma\}$ gilt. Könnte man E_1 und E_2 nicht so umbenennen, so könnte auch $\ell_{\varphi_1}^{-1}(\Sigma) = \{e \in E_{\varphi_1} \mid h_{\ell 1} r_1(e) \in \Sigma\} = \{e \in E_1 \mid h_{\ell 1} r_1(e) \in \Sigma\} \overset{!}{=} E_1 \cap E_2 \overset{!}{=} \{e \in E_2 \mid h_{\ell 2} r_2(e) \in \Sigma\} = \{e \in E_{\varphi_2} \mid h_{\ell 2} r_2(e) \in \Sigma\} = \ell_{\varphi_2}^{-1}(\Sigma)$ nicht gelten, also wäre $\varphi_1 \, sy_\Sigma \, \varphi_2 = \emptyset$, im Widerspruch zu $\varphi \in \varphi_1 \, sy_\Sigma \, \varphi_2$.

Wir zeigen nun, dass $\varphi \in \mathcal{P}(N_1 \, sy_\Sigma \, N_2)$ gilt. Dazu definieren wir ein Occurrence Netz $O := (B, E, A)$ mit $B = B_1 \,\dot{\cup}\, B_2$, $E = E_1 \cup E_2$ und $A = A_1 \,\dot{\cup}\, A_2$. Bis auf die Azyklizität von A^+ sind alle Eigenschaften für Occurrence Netze offensichtlich erfüllt. Nehmen wir also an, A^+ sei nicht azyklisch. Da O bipartit ist, existiert ein Kreis, der sowohl ein Element aus B als auch eines aus E enthält. Wir konzentrieren uns auf solche Elemente auf einem Kreis, die aus E stammen. Es gibt zwei Fälle.

Fall 1: $\nexists e \in E_\varphi$: eA^+e. Wegen $E_1 \cap E_2 = E_{\varphi_1} \cap E_{\varphi_2} \subseteq E_\varphi$ und $B_1 \cap B_2 = \emptyset$ können ausschließlich Elemente aus E_φ sowohl über A_1 als auch über A_2 einen Beitrag zur Relation A leisten. Daher muss jeder Kreis „ganz in A_1^+" oder „ganz in A_2^+" liegen, d.h. für ein Ereignis $e' \in E$ auf einem Kreis gilt entweder $e'A_1^+e'$ oder $e'A_2^+e'$. Da aber die Relationen A_1 und A_2 als Kantenrelationen der Occurrence Netze O_1 und O_2 definiert sind, müssen sie azyklisch sein. Dies ist ein Widerspruch.

Fall 2: $\exists e \in E_\varphi$: eA^+e. Dann enthält auch $A^+|_{E_\varphi \times E_\varphi}$ einen Kreis, ist also nicht azyklisch. Es gilt aber

$$
\begin{aligned}
A^+|_{E_\varphi \times E_\varphi} &= (A_1 \cup A_2)^+|_{E_\varphi \times E_\varphi} \\
&= (A_1^+ \cup A_2^+)^+|_{E_\varphi \times E_\varphi} \\
&= ((A_1^+ \cup A_2^+)^+|_{E_\varphi \times E_\varphi})^+ \\
&\overset{(*)}{=} ((A_1^+ \cup A_2^+)|_{E_\varphi \times E_\varphi})^+ \\
&= ((A_1^+|_{E_{\varphi_1} \times E_{\varphi_1}} \cup A_2^+|_{E_{\varphi_2} \times E_{\varphi_2}})^+ \\
&= (R_{\varphi_1} \cup R_{\varphi_2})^+
\end{aligned}
$$

Bis auf $(*)$ sind die Umformungen leicht nachvollziehbar, die Korrektheit der Umformung $(*)$ haben wir bereits im ersten Beweisteil nachgewiesen. Die Relation $(R_{\varphi_1} \cup R_{\varphi_2})^+$ ist nun aber die partielle Ordnung des Pomsets φ und damit per Voraussetzung azyklisch.

Mit diesem Widerspruch ist klar, dass auch A^+ azyklisch sein muss und O ein Occurrence Netz ist. Um einen Prozess $\pi := (O, r) \in \mathrm{Proc}(N_1 \, sy_\Sigma \, N_2)$ zu definieren, genügt also nun die Angabe eines Netzmorphismus $r: O \to N_1 \, sy_\Sigma \, N_2$. Wir setzen $\forall b \in B_1$: $r(b) := r_1(b)$, $\forall b \in B_2$: $r(b) := r_2(b)$, $\forall e \in E_1 \cap E_2$: $r(e) := (r_1(e), r_2(e))$, $\forall e \in E_1 - E_2 = E - E_2$: $r(e) := r_1(e)$ und $\forall e \in E_2 - E_1 = E - E_1$: $r(e) := r_2(e)$.

Damit gilt für alle $e \in E_1 \cap E_2$: $\mu r(^\bullet Ae) = \mu r(^\bullet A_1 e \cup {}^\bullet A_2 e) = \mu r(^\bullet A_1 e) + \mu r(^\bullet A_2 e) = \mu r_1(^\bullet A_1 e) + \mu r_2(^\bullet A_2 e) = {}^\bullet F_1 r_1(e) + {}^\bullet F_2 r_2(e) = {}^\bullet F(r_1(e), r_2(e)) = {}^\bullet Fr(e)$ und $\mu r(eA^\bullet) = \mu r(eA_1^\bullet \cup eA_2^\bullet) = \mu r(eA_1^\bullet) + \mu r(eA_2^\bullet) = \mu r_1(eA_1^\bullet) + \mu r_2(eA_2^\bullet) = r_1(e)F_1^\bullet + r_2(e)F_2^\bullet = (r_1(e), r_2(e))F^\bullet = r(e)F^\bullet$. Für $e \in E_i - E_{3-i}$ mit $i \in \{1, 2\}$ erhalten wir $\mu r(^\bullet Ae) = \mu r(^\bullet A_i e \cup {}^\bullet A_{3-i}e) = \mu r(^\bullet A_i e) = \mu r_i(^\bullet A_i e) = {}^\bullet F_i r_i(e) = {}^\bullet Fr(e)$ sowie $\mu r(eA^\bullet) = \mu r(eA_i^\bullet \cup eA_{3-i}^\bullet) = \mu r(eA_i^\bullet) = \mu r_i(eA_i^\bullet) = r_i(e)F_i^\bullet = r(e)F^\bullet$. Weiter gilt $\mu r(\min B) = \mu r(\min B_1 \cup \min B_2) = \mu r(\min B_1) + \mu r(\min B_2) = \mu r_1(\min B_1) + \mu r_2(\min B_2) = s_{01} + s_{02}$ und $\mu r(\max B) = \mu r(\max B_1 \cup \max B_2) = \mu r(\max B_1) + \mu r(\max B_2) = \mu r_1(\max B_1) + \mu r_2(\max B_2) = s_{f1} + s_{f2}$ mit $s_{f1} \in S_{f1}$ und $s_{f2} \in S_{f2}$. Daraus folgt nach Definition von $N_1 \, sy_\Sigma \, N_2$ aber $s_{f_1} + s_{f_2} \in S_f$. Also ist r ein Netzmorphismus und es gilt $\pi \in \mathrm{Proc}(N_1 \, sy_\Sigma \, N_2)$ ist ein Prozess von $s_{01} + s_{02}$ nach $s_{f1} + s_{f2}$. Es bleibt noch $\varphi = \Phi\pi$ zu zeigen. Wir sehen: $\forall e \in E_{\varphi_1} \cap E_{\varphi_2}: (\ell_{\varphi_1} \cup \ell_{\varphi_2})(e) = (h_{\ell 1}r_1 \cup h_{\ell 2}r_2)(e) = h_{\ell 1}r_1(e) = h_\ell(r_1(e), r_2(e)) = h_\ell r(e)$, $\forall e \in E_{\varphi_1} - E_{\varphi_2}: (\ell_{\varphi_1} \cup \ell_{\varphi_2})(e) = \ell_{\varphi_1}(e) = h_{\ell 1}r_1(e) = h_\ell r_1(e) = h_\ell r(e)$ und $\forall e \in E_{\varphi_2} - E_{\varphi_1}: (\ell_{\varphi_1} \cup \ell_{\varphi_2})(e) = \ell_{\varphi_2}(e) = h_{\ell 2}r_2(e) = h_\ell r_2(e) = h_\ell r(e)$. Also gilt $(\ell_{\varphi_1} \cup \ell_{\varphi_2}) = h_\ell r|_{E_\varphi}$. Wir folgern nun $E_\varphi = E_{\varphi_1} \cup E_{\varphi_2} = \{e \in E_1 \mid h_{\ell 1}r_1(e) \neq \tau\} \cup \{e \in E_2 \mid h_{\ell 2}r_2(e) \neq \tau\} = \{e \in E_1 \mid h_\ell r(e) \neq \tau\} \cup \{e \in E_2 \mid h_\ell r(e) \neq \tau\} = \{e \in E_1 \cup E_2 \mid h_\ell r(e) \neq \tau\} = \{e \in E \mid h_\ell r(e) \neq \tau\}$. Außerdem haben wir beim Beweis der Azyklizität von A^+ (Fall 2) bereits gesehen, dass $A^+|_{E_\varphi \times E_\varphi} = (R_{\varphi_1} \cup R_{\varphi_2})^+$ gilt. Insgesamt ist damit $\Phi\pi = \varphi$ erfüllt und es gilt $\varphi \in \mathcal{P}_t(N_1 \, sy_\Sigma \, N_2)$.

Der Beweis für $\mathcal{P}(N_1) \, sy_\Sigma \, \mathcal{P}(N_2) \subseteq \mathcal{P}(N_1 \, sy_\Sigma \, N_2)$ wird trivial wie schon im ersten Beweisteil durch einfaches Weglassen aller Informationen über die Finalzustände in diesem Beweis erzielt. ∎

Korollar 7.2.17. *Die Klassen $\mathcal{P}_t^\tau$ und $\mathcal{P}^\tau$ sind abgeschlossen gegen*

- *Synchronisation,*

- *Durchschnitt,*

- *Restriktion,*

- *Shuffle,*

- *Einschränkung.*

Damit haben wir bereits die Synchronisation auf Sprachen und Pomsetsprachen betrachtet. Es fehlt noch die Synchronisation von Stepsprachen. Diese werden wir direkt algebraisch auf die Synchronisation von Pomsetsprachen zurückführen.

Definition 7.2.18 (Synchronisation von Stepsprachen). *Es seien $L_i \in \mathcal{STP}_\Sigma$, $i = 1, 2$, zwei Stepsprachen über zwei Alphabeten Σ_i und Σ ein eventuell leeres Synchronisationsalphabet. Es sei Φ der Pomsetkonstruktor aus Stepwörtern. Für zwei Stepwörter $w_i \in L_i$, $i = 1, 2$, definieren wir*

$$w_1 \, sy_\Sigma \, w_2 := step(\Phi \, w_1 \, sy_\Sigma \, \Phi \, w_2)$$

und

$$L_1 \, sy_\Sigma \, L_2 := \bigcup_{w_1 \in L_1, w_2 \in L_2} w_1 \, sy_\Sigma \, w_2.$$

In Abbildung 7.15 vergleichen wir die Synchronisation auf Pomset-, Stepwort- und Wortebene, indem wir zwei Worte (je einmal als Worte, Stepworte bzw. Pomsets aufgefasst) synchronisieren.

$$(a \rightarrow b \rightarrow c) \quad sy_{\{a,c\}} \quad (a \rightarrow d \rightarrow e \rightarrow c) \quad =$$

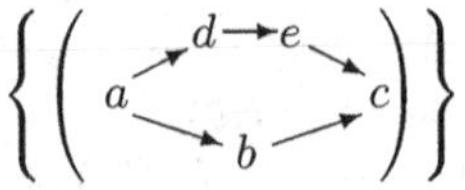

$$\{a\}\{b\}\{c\} \quad sy_{\{a,c\}} \quad \{a\}\{d\}\{e\}\{c\} \quad = \quad \{abdec, a\{b,d\}ec, adbec, ad\{b,e\}c, adebc\}$$

$$abc \quad sy_{\{a,c\}} \quad adec \quad = \quad \{abdec, adbec, adebc\}$$

Abb. 7.15. Synchronisation auf Pomsets, Stepworten und Worten im Vergleich. Beim Ergebnis der Synchronisation von Stepworten wurden Mengenklammern um einzelne Buchstaben der Lesbarkeit halber weggelassen

Wir zeigen noch zwei etwas komplexere Beispiele in Abbildung 7.16.

Es gilt

Lemma 7.2.19 (Verallgemeinerbarkeit der Synchronisation). *Die Synchronisation ist verallgemeinerbar.*

Beweis: Wir müssen zeigen: $\forall \varphi_1, \varphi_2 \in \mathcal{POM} \; \forall w_1, w_2 \in \mathcal{STP}$:

1. $\mathrm{step}(\varphi_1 \, sy_\Sigma \, \varphi_2) = \mathrm{step}\, \varphi_1 \, sy_\Sigma \, \mathrm{step}\, \varphi_2$
2. $\mathrm{lin}(w_1 \, sy_\Sigma \, w_2) = \mathrm{lin}\, w_1 \, sy_\Sigma \, \mathrm{lin}\, w_2$.

Zu 1.:

$$\begin{aligned} \mathrm{step}\, \varphi_1 \, sy_\Sigma \, \mathrm{step}\, \varphi_2 &= \mathrm{step}(\Phi \, \mathrm{step}\, \varphi_1 \, sy_\Sigma \, \Phi \, \mathrm{step}\, \varphi_2) \\ &\stackrel{!}{=} \mathrm{step}(\varphi_1 \, sy_\Sigma \, \varphi_2) \end{aligned}$$

Es bleibt noch $\stackrel{!}{=}$ zu zeigen. Es gilt (für $i = 1, 2$):

$\{a,a\}\{b,c\}\ sy_{\{a,c\}}\ \{a\}\{a,b\}\{c\}$

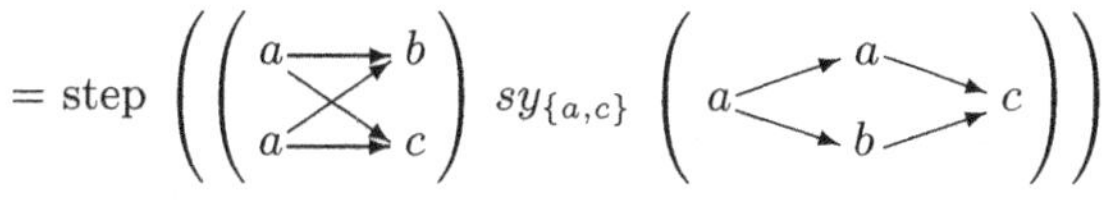

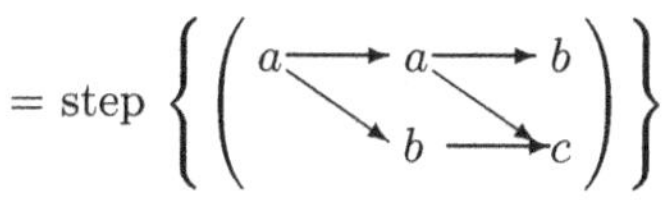

$$= \text{step}\left(\left(\begin{array}{c} a \longrightarrow b \\ \times \\ a \longrightarrow c \end{array}\right) sy_{\{a,c\}} \left(a \begin{array}{c} \longrightarrow a \longrightarrow \\ \longrightarrow b \longrightarrow \end{array} c\right)\right)$$

$$= \text{step}\left\{\left(\begin{array}{c} a \longrightarrow a \longrightarrow b \\ \searrow \\ b \longrightarrow c \end{array}\right)\right\}$$

$$= \{\{a\}\{a,b\}\{b,c\}, \{a\}\{a,b\}\{b\}\{c\}, \{a\}\{a,b\}\{c\}\{b\},$$
$$\{a\}\{a\}\{b\}\{b,c\}, \{a\}\{b\}\{a\}\{b,c\}, \{a\}\{a\}\{b,b\}\{c\},$$
$$\{a\}\{a\}\{b\}\{b\}\{c\}, \{a\}\{a\}\{b\}\{c\}\{b\},$$
$$\{a\}\{b\}\{a\}\{b\}\{c\}, \{a\}\{b\}\{a\}\{c\}\{b\}\}$$

$\{a,a\}\{b,c\}\ sy_b\ \{a\}\{a,b\}\{c\}$

$$= \text{step}\left(\left(\begin{array}{c} a \longrightarrow b \\ \times \\ a \longrightarrow c \end{array}\right) sy_b \left(a \begin{array}{c} \longrightarrow a \longrightarrow \\ \longrightarrow b \longrightarrow \end{array} c\right)\right)$$

$$= \text{step}\left\{\left(\begin{array}{c} \longrightarrow a \longrightarrow \\ a \longrightarrow b \qquad c \\ \times \\ a \longrightarrow c \end{array}\right)\right\}$$

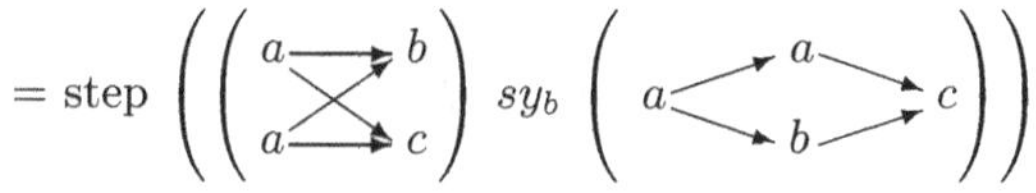

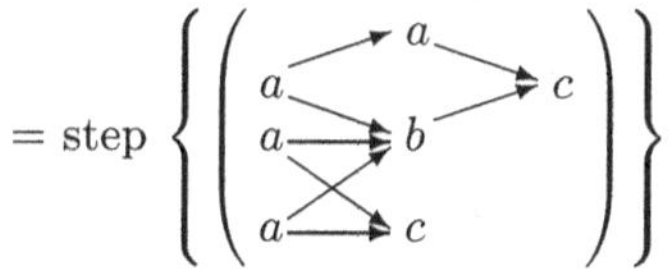

Abb. 7.16. Synchronisation und Stepisierung

$v \in \text{step}(\varphi_1\, sy_\Sigma\, \varphi_2)$

$\Longleftrightarrow \exists \varphi \in \varphi_1\, sy_\Sigma\, \varphi_2 : \ \Phi v \succeq \varphi$

$\Longleftrightarrow \exists E_i, R_i, \ell_i : \ \varphi_i = [(E_i, R_i, \ell_i)]$
$\qquad \wedge \varphi = [(E_1 \cup E_2, (R_1 \cup R_2)^+, \ell_1 \cup \ell_2)]$
$\qquad \wedge E_1 \cap E_2 = \ell_1^{-1}(\Sigma) = \ell_2^{-1}(\Sigma) \wedge \Phi v \succeq \varphi$

$\Longleftrightarrow \exists E_i, R_i, \ell_i : \ \varphi_i = [(E_i, R_i, \ell_i)]$
$\qquad \wedge \exists R' \supseteq (R_1 \cup R_2)^+ \wedge \Phi v = [(E_1 \cup E_2, R', \ell_1 \cup \ell_2)]$
$\qquad \wedge E_1 \cap E_2 = \ell_1^{-1}(\Sigma) = \ell_2^{-1}(\Sigma)$

$$\Longleftrightarrow \exists E_i, R_i, \ell_i : \varphi_i = [(E_i, R_i, \ell_i)]$$
$$\wedge \exists R' \supseteq (R_1 \cup R_2)^+ \wedge \Phi v = [(E_1 \cup E_2, R', \ell_1 \cup \ell_2)]$$
$$\wedge E_1 \cap E_2 = \ell_1^{-1}(\Sigma) = \ell_2^{-1}(\Sigma)$$
$$\wedge \bar{\varphi}_1 := [(E_1, R'|_{E_1^2}, \ell_1)] \in \Phi \operatorname{step} \varphi_1$$
$$\wedge \bar{\varphi}_2 := [(E_2, R'|_{E_2^2}, \ell_2)] \in \Phi \operatorname{step} \varphi_2$$
$$\Longleftrightarrow \exists E_i, R_i, \ell_i \, \exists R' \supseteq (R_1 \cup R_2)^+ :$$
$$\bar{\varphi}_i := [(E_i, R'|_{E_i^2}, \ell_i)] \in \Phi \operatorname{step} [(E_i, R_i, \ell_i)]$$
$$\wedge \Phi v = [(E_1 \cup E_2, R', \ell_1 \cup \ell_2)]$$
$$\wedge R' \supseteq (R'|_{E_1^2} \cup R'|_{E_2^2})^+$$
$$\wedge \Phi v \succeq [(E_1 \cup E_2, (R'|_{E_1^2} \cup R'|_{E_2^2})^+, \ell_1 \cup \ell_2)] \in \bar{\varphi}_1 \, sy_\Sigma \, \bar{\varphi}_2$$
$$\Longleftrightarrow v \in \operatorname{step}(\Phi \operatorname{step} \varphi_1 \, sy_\Sigma \, \Phi \operatorname{step} \varphi_2).$$

Zu 2.: Seien $w_i \in \mathcal{STP}$ für $i = 1, 2$, so gilt mit Hilfe von Lemma 7.2.11:

$$\begin{aligned} \operatorname{lin}(w_1 \, sy_\Sigma \, w_2) &= \operatorname{lin} \operatorname{step}(\Phi w_1 \, sy_\Sigma \, \Phi w_2) \\ &= \operatorname{lin}(\Phi w_1 \, sy_\Sigma \, \Phi w_2) \\ &= \operatorname{lin} \Phi w_1 \, sy_\Sigma \, \operatorname{lin} \Phi w_2 \\ &= \operatorname{lin} w_1 \, sy_\Sigma \, \operatorname{lin} w_2. \end{aligned}$$

■

Damit definieren wir wie zuvor weitere Operationen auf Stepsprachen als Spezialfälle der Synchronisation.

Definition 7.2.20 (Abgeleitete Operationen). *Seien L_i Stepsprachen über $\mathcal{STP}_{\Sigma_i}$. Die zweistelligen Operationen Durchschnitt, $\cap$, Restriktion, $\circledR$, Shuffle, $\sqcup\!\sqcup$ sind wie für Pomsetsprachen definiert als sy_Σ mit $\Sigma := \Sigma_1 \cup \Sigma_2$, $\Sigma := \Sigma_1 \cap \Sigma_2$ bzw. $\Sigma := \emptyset$ und die einstellige Operation Einschränkung $L_1|_{\Sigma_3}$ ist definiert als $L_1|_{\Sigma_3} := L_1 \, sy_{\Sigma_3 - \Sigma} \{\varepsilon\}$.*

Insgesamt folgt aus Satz 7.2.8, Satz 7.2.17 und Lemma 7.2.19 bereits:

Satz 7.2.21. *Die Operationen Synchronisation, Durchschnitt, Restriktion, Shuffle und Einschränkung sind verallgemeinerbar. Die Klassen $\mathcal{W}^\tau$, $\mathcal{W}_t^\tau$, $\mathcal{P}^\tau$ und $\mathcal{P}_t^\tau$ sind gegen diese Operationen abgeschlossen.*

7.2.5 Homomorphismen

Satz 7.2.22 (Abschluss gegen feine Homomorphismen). *Feine Homomorphismen sind verallgemeinerbar. Die Klassen $\mathcal{W}^\tau$, $\mathcal{W}_t^\tau$, $\mathcal{P}^\tau$ und $\mathcal{P}_t^\tau$ sind abgeschlossen gegen feine Homomorphismen.*

Beweis: Die Verallgemeinerbarkeit feiner Homomorphismen folgt sofort aus Korollar 7.1.13 und 7.1.30. Zur Abschlusseigenschaft brauchen wir für $L = \mathcal{X}(N)$, $\mathcal{X} \in \{\mathcal{W}^\tau, \mathcal{W}_t^\tau, \mathcal{P}^\tau, \mathcal{P}_t^\tau\}$ in $N = (P, T, F, s_0, \Sigma, h_\ell, S_f)$ für den feinen Homomorphismus $h: \Sigma^* \to \Gamma^*$ nur Σ durch Γ und h_ℓ durch $h \circ h_\ell$ zu ersetzen.   ∎

Definition 7.2.23 (Inverser sehr feiner Homomorphismus). *Gegeben sei der sehr feine Homomorphismus $h : \Gamma \to \Sigma$. Für ein Pomset φ und Stepwort w ist dann $h^{-1}(\varphi)$ definiert durch $h^{-1}(\varphi) := \{\varphi' \in \mathcal{POM} \mid h(\varphi') = \varphi\}$ und $h^{-1}(w)$ durch $h^{-1}(w) := \{w' \in \mathcal{STP} \mid h(w') = w\}$.*

Ein inverser sehr feiner Homomorphismus ist damit im üblichen Sinne die Umkehrung des entsprechenden sehr feinen Homomorphismus.

Korollar 7.2.24. *Für jeden sehr feinen Homomorphismus $h: \Gamma \to \Sigma$, $\varphi \in \mathcal{POM}_\Sigma$, $w \in \mathcal{STP}_\Sigma$ und $v \in \Sigma^*$ gilt: $h(h^{-1}(\varphi)) = \{\varphi\}$, $h(h^{-1}(w)) = \{w\}$ und $h(h^{-1}(v)) = \{v\}$.*

Da leider die Umkehrung $h^{-1}(h(v)) = \{v\}$ im Allgemeinen nicht gilt, lässt sich die Verallgemeinerbarkeit des sehr feinen Homomorphismus nicht nutzen, um entsprechendes für den inversen sehr feinen Homomorphismus zu zeigen. Wir müssen daher hier einen aufwendigeren Weg gehen.

Lemma 7.2.25. *Der inverse sehr feine Homomorphismus ist verallgemeinerbar.*

Beweis: Sei $h: \Gamma \to \Sigma$ ein sehr feiner Homomorphismus und $\varphi = [(E, R, \ell)] \in \mathcal{POM}_\Sigma$ ein Pomset. Wir zeigen $h^{-1}(\text{step }\varphi) = \text{step }h^{-1}(\varphi)$.

"$\subseteq$": Sei $w \in \text{step }\varphi$ und $v \in h^{-1}(w)$. Zu zeigen ist nun: $\exists \varrho \in h^{-1}(\varphi)$: $v \in \text{step }\varrho$. Sei $\Phi w = [(E, R_w, \ell)]$ mit $R \subseteq R_w$ und $\Phi v = [(E, R_v, \ell')]$. Nun gilt $\forall e, e' \in E: e R_w e' \iff e R_v e'$ gemäß der Definition von h^{-1} für Stepworte, da die Steps separat abgebildet werden. Also ist $R_w = R_v$. Wir konstruieren das Pomset $\varrho := [(E, R, \ell')]$; es gilt klar $h(\varrho) = [(E, R, \ell)] = \varphi$, also $\varrho \in h^{-1}(\varphi)$. Wegen $R \subseteq R_w = R_v$ muss nun für das Stepwort v gerade $v \in \text{step }\varrho$ gelten.

"⊇": Sei $\varrho \in h^{-1}(\varphi)$ und $v \in \text{step } \varrho$ mit $\varrho = [(E, R, \ell')]$ und $\Phi v = [(E, R_v, \ell')]$. Wir zeigen: $\exists w \in \text{step } \varphi$: $v \in h^{-1}(w)$. Wir setzen $w := h(v)$, dann ist $v \in h^{-1}(w)$ und es gilt $\Phi w = [(E, R_w, \ell)]$ mit $R_w = R_v$. Nun ist wegen $R \subseteq R_v$ weiterhin $R \subseteq R_v = R_w$. Damit gilt $w \in \text{step } \varphi$.

Sei nun $w = m_1 \ldots m_n \in \mathcal{STP}_\Sigma$ ein Stepwort bestehend aus den Steps $m_1, \ldots, m_n$. Wir zeigen $h^{-1}(\text{lin } w) = \text{lin } h^{-1}(w)$.

"⊆": Seien $v \in \text{lin } w$ und $v' \in h^{-1}(v)$. Zu zeigen ist: $\exists w' \in h^{-1}(w)$: $v' \in \text{lin } w'$. Wir zerlegen v und v' in Teilworte $v = v_1 \ldots v_n$ und $v' = v_1' \ldots v_n'$ mit $\forall 1 \le i \le n \; \forall a \in \Sigma$: $\#_a(v_i) = m_i(a)$ und $\forall 1 \le i \le n$: $h(v_i') = v_i$. Wir wählen $w' := m_1' \ldots m_n'$ mit $\forall 1 \le i \le n \; \forall a \in \Gamma$: $\#_a(v_i') = m_i'(a)$, damit ist $v' \in \text{lin } w'$ und wegen $h(v_i') = v_i$ gilt $h(m_i') = m_i$ und damit $h(w') = w$.

"⊇": Seien $w' \in h^{-1}(w)$ und $v' \in \text{lin } w'$. Zu zeigen ist: $\exists v \in \text{lin } w$: $v' \in h^{-1}(v)$. Wir wählen $v := h(v')$, damit ist $v' \in h^{-1}(v)$ erfüllt. Sei $w' = m_1' \ldots m_n'$ mit Steps $m_1', \ldots, m_n'$, so dass $h(m_i') = m_i$ gilt. Dann kann man v' darstellen als $v' = v_1' \ldots v_n'$ mit $v_i' \in \text{lin } m_i'$ für alle $1 \le i \le n$. Damit gilt $v = h(v') = h(v_1') \ldots h(v_n') \in h(\text{lin } m_1') \ldots h(\text{lin } m_n') = \text{lin } h(m_1') \ldots \text{lin } h(m_n') = \text{lin } m_1 \ldots \text{lin } m_n = \text{lin}(m_1 \ldots m_n) = \text{lin } w$.   ■

Definition 7.2.26 (Inverse sehr feine Homomorphismen für Netze). *Sei* $N = (P, T, F, s_0, \Sigma, h_\ell, S_f)$ *ein Petri-Netz und* $h_s : \Gamma \to \Sigma$ *ein sehr feiner Homomorphismus. Dann ist die Anwendung des inversen feinen Homomorphismus* h_s^{-1} *auf das Netz* N *gegeben durch* $h_s^{-1}(N) := (P, T' \overset{\cup}{\cup} T'', F', s_0, \Gamma, h_\ell', S_f)$ *mit*
$T' = \{t_a \mid t \in T \wedge h_\ell(t) = h_s(a)\}$,
$T'' = \{t \mid t \in T \wedge h_\ell(t) = \varepsilon\}$,
$\forall t_a \in T'$: ${}^\bullet F' t_a = {}^\bullet F t \wedge t_a F'^\bullet = tF^\bullet \wedge h_\ell'(t_a) = a$,
$\forall t \in T''$: ${}^\bullet F' t = {}^\bullet F t \wedge t F'^\bullet = tF^\bullet \wedge h_\ell'(t) = \varepsilon$.

Beispiel 7.2.27. Sei N das Petri-Netz aus Abbildung 7.17 und h der sehr feine Homomorphismus mit $h(x) = h(y) = a$ und $h(z) = b$. Dann ist $h^{-1}(N)$ das Petri-Netz aus Abbildung 7.18.

Lemma 7.2.28. *Für jedes Petri-Netz* $N = (P, T, F, s_0, \Sigma, h_\ell, S_f)$ *und jeden sehr feinen Homomorphismus* $h_s : \Gamma \to \Sigma$ *gilt* $h_s^{-1}(\mathcal{P}_t(N)) = \mathcal{P}_t(h_s^{-1}(N))$ *und* $h_s^{-1}(\mathcal{P}(N)) = \mathcal{P}(h_s^{-1}(N))$.

Beweis: Sei $h_s^{-1}(N) := (P, T' \overset{\cup}{\cup} T'', F, s_0, \Sigma, h_\ell', S_f)$ wie in Definition 7.2.26. Wir zeigen nur die erste Gleichung direkt, die zweite leitet sich aus dem Beweis ab, indem man die Finalzustände unberücksichtigt lässt.

„$h_s^{-1}(\mathcal{P}_t(N)) \subseteq \mathcal{P}_t(h_s^{-1}(N))$": Sei $\varphi = [(E, R, \ell)] \in \mathcal{P}_t(N)$ und $\varphi' \in h_s^{-1}(\varphi)$. Dann hat per Definition des inversen sehr feinen Homomorphismus nun φ' die Gestalt $[(E, R, \ell')]$ mit $h_s(\ell'(e)) = \ell(e)$ für alle $e \in E$.

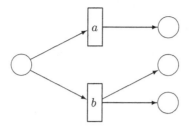

Abb. 7.17. Ein Petri-Netz N zur Demonstration des inversen sehr feinen Homomorphismus

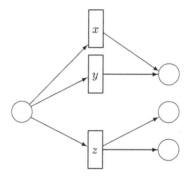

Abb. 7.18. Anwendung eines inversen sehr feinen Homomorphismus auf das Petri-Netz aus Abbildung 7.17

Zu φ existiert ein Prozess $\pi = (O, r)$ von N mit $O = (B, E \cup E'', A)$ und $\Phi\pi = \varphi$. Dabei gilt $h_\ell(r(e)) = \tau$ und somit $r(e) \in T''$ für $e \in E''$; dies sind die Ereignisse, die bei Anwendung des Φ-Operators wegfallen. Wir definieren einen neuen Prozess $\pi' = (O, r')$ mit $r' : O \to h_s^{-1}(N)$ durch $r'(e) := t_{\ell'(e)} \in T'$, falls $e \in E$ (und $r(e) = t$) gilt, und $r'(e) := r(e)$ für $e \in E''$. Für Bedingungen $b \in B$ setzen wir $r'(b) = r(b)$; damit ist r' ganz offensichtlich ein Netzmorphismus, denn die Bilder von Ereignissen unter r und r' sind jeweils Transitionen mit exakt denselben Vor- und Nachbereichen. Der Prozess π' führt weiter von s_0 zu einem Finalzustand, da N und $h_s^{-1}(N)$ dieselben Start- und Finalzustände besitzen.

Wir folgern $\Phi\pi' = [(E, A^+|_{E \times E}, h'_\ell r'|_E)] \in \mathcal{P}_t(h_s^{-1}(N))$. Da $R = A^+|_{E \times E}$ schon von $\Phi\pi = \varphi$ her bekannt ist, bleibt zu zeigen, dass $\Phi\pi' = \varphi'$, also dass

$h'_\ell r'|_E = \ell'$ gilt. Für $e \in E$ gilt offenbar $h'_\ell(r'(e)) = h'_\ell(t_{\ell'(e)}) = \ell'(e)$. Damit gilt $\varphi' = \Phi\pi \in \mathcal{P}_t(h_s^{-1}(N))$.

„$\mathcal{P}_t(h_s^{-1}(N)) \subseteq h_s^{-1}(\mathcal{P}_t(N))$": Sei $\varphi' \in \mathcal{P}_t(h_s^{-1}(N))$ ein Pomset. Es existiert dann ein Prozess $\pi' = (O, r') \in \text{Proc}(h_s^{-1}(N))$ mit $\Phi\pi' = \varphi'$, $O = (B, E' \cup E'', A)$, $r'(E') \subseteq T'$ und $r'(E'') \subseteq T''$. Es gilt $\varphi' = [(E', A^+|_{E' \times E'}, h'_\ell r'|_{E'})]$, da ja für Ereignisse $e \in E''$ gilt $h'_\ell(r'(e)) = \varepsilon$.

Wir definieren eine Abbildung $r : O \to N$ mit $\forall b \in B: r(b) := r'(b)$, $\forall e \in E'$: $r(e) := t$ falls $r'(e) = t_a$ für ein $a \in \Gamma$ und $\forall e \in E''$: $r(e) := r'(e)$. Damit ist r ein Netzmorphismus, denn für alle $e \in E' \cup E''$ gilt $\mu r(^\bullet Ae) = \mu r'(^\bullet Ae) = {}^\bullet F' r'(e) = {}^\bullet Fr(e)$ und $\mu r(eA^\bullet) = \mu r'(eA^\bullet) = r'(e)F'^\bullet = r(e)F^\bullet$ und N und $h_s^{-1}(N)$ haben dieselben Start- und Finalzustände. Daher ist dann $\pi = (O, r)$ ein Prozess von N von s_0 in einen finalen Zustand.

Es bleibt zu zeigen, dass $\varphi' \in h_s^{-1}(\Phi\pi)$ gilt. Wir sehen sofort, dass $\Phi\pi = [(E', A^+|_{E' \times E'}, h_\ell r|_{E'})]$ ist. Die partiellen Ordnungen von $\Phi\pi$ und φ' stimmen offensichtlich überein, es bleiben also noch die Beschriftungen in den Pomsets zu prüfen. Für $e \in E'$ mit $r'(e) = t_a \in T'$ gilt dabei $h_s(h'_\ell(r'(e))) = h_s(h'_\ell(t_a)) = h_s(a) = h_\ell(t) = h_\ell(r(e))$. Damit ist $\varphi' \in h_s^{-1}(\Phi\pi) \subseteq h_s^{-1}(\mathcal{P}_t(N))$ nachgewiesen. ∎

Insgesamt gilt also:

Satz 7.2.29. *Die Klassen $\mathcal{P}_t^\tau$, $\mathcal{P}^\tau$, $\mathcal{W}_t^\tau$ und $\mathcal{W}^\tau$ sind abgeschlossen gegen inverse sehr feine Homomorphismen.*

8. Algebraische Charakterisierungen

8.1 Kompositionale Semantiken und Algebren

8.1.1 Grundlagen kompositionaler Semantiken

Abstrakt gesehen ist ein Verhalten (engl. behaviour) $\mathcal{B}$ einer Menge von Objekten $\mathcal{O}$ eine Abbildung $\mathcal{B}\colon \mathcal{O} \to \mathcal{M}$, die jedem Objekt $o \in \mathcal{O}$ eine Bedeutung $\mathcal{B}(o)$ aus $\mathcal{M}$ zuordnet. $\mathcal{M}$ ist dabei üblicherweise eine Klasse von Objekten, die mathematisch gründlich untersucht und gut bekannt ist. Wir werden hier als Klasse $\mathcal{O}$ die Klasse der Petri-Netze und als Klasse $\mathcal{M}$ z.B. die Klasse der Pomsetsprachen oder der Stepsprachen nutzen. Ein mögliches Verhalten wäre dann etwa die Abbildung, die jedem Petri-Netz die von ihm erzeugte Pomsetsprache zuordnet. Aber auch andere Zielobjektmengen $\mathcal{M}$ sind denkbar, so etwa Mengen von Domains, metrische Räume uvm.

Besitzt die Objektmenge $\mathcal{O}$ eine besondere Struktur, so wünschen wir uns, dass die Verhaltensabbildung $\mathcal{B}$ diese Struktur erhält. Uns interessiert hierbei als Struktur das Konzept der Algebra.

Definition 8.1.1 (Algebra). *Eine Funktion $f\colon \mathcal{M}^k \to \mathcal{M}$ für eine Menge $\mathcal{M}$ heißt auch k-stellige Operation auf $\mathcal{M}$. Eine* Algebra $\mathbb{A} = (\mathcal{O}, Op)$ *ist ein Paar von einer Grundmenge $\mathcal{O}$, deren Elemente auch* Objekte von $\mathbb{A}$ *heißen, und einer Menge Op von Operationen mit Stelligkeit auf $\mathcal{O}$. Mit op_i^k bezeichnen wir im Folgenden stets eine k-stellige Operation aus Op; i ist hier ein Unterscheidungsindex.*

Eine strukturerhaltende Verhaltensabbildung, die wir auch *kompositionale Semantik* oder kurz *Semantik* nennen und mit dem Buchstaben $\mathcal{S}$ abkürzen, erklären wir dabei wie folgt.

Definition 8.1.2 (Kompositionale Semantik). *Eine Abbildung $\mathcal{S}\colon \mathcal{O} \to \mathcal{M}$ über einer Algebra $(\mathcal{O}, Op)$ heißt* kompositionale Semantik, *falls zu jeder Operation $op_i^k \in Op$ eine* semantische Operation $\widehat{op}_i^k\colon \mathcal{M}^k \to \mathcal{M}$ *existiert mit*

$$\mathcal{S}(op_i^k(o_1, \ldots, o_k)) = \widehat{op}_i^k(\mathcal{S}(o_1), \ldots, \mathcal{S}(o_k))$$

für alle $o_1, \ldots, o_k \in \mathcal{O}$.

Will man die Semantik eines Ausdrucks der Algebra bestimmen, so sagt diese Formel gerade aus, dass es genügt, zu jedem Teilausdruck die Semantik zu bestimmen und die passenden semantischen Operatoren auf die Semantiken dieser Teilausdrücke anzuwenden.

Definition 8.1.3 (Kalkül). *Ein Kalkül* $\mathbb{K}$ *ist eine abzählbare Menge von Operationssymbolen* op_i^k. *In* op_i^k *heißt* k *die* Stelligkeit *(Arität) und* i *der* Unterscheidungsindex. *Die Menge* $\mathcal{A}(\mathbb{K})$ *aller* Ausdrücke *in* $\mathbb{K}$ *ist induktiv definiert:*

- *jedes nullstellige Operationssymbol* op_i^0 *in* $\mathbb{K}$ *ist ein Ausdruck in* $\mathbb{K}$,

- *sind* $A_1, \ldots, A_k$ *Ausdrücke in* $\mathbb{K}$ *und* op_i^k *ein* k-*stelliges Operationssymbol in* $\mathbb{K}$, *so ist auch* $op_i^k(A_1, \ldots, A_k)$ *ein Ausdruck in* $\mathbb{K}$.

Jeder Kalkül $\mathbb{K}$ definiert kanonisch eine Algebra $\mathbb{A}$, indem wir $\mathbb{A} = (\mathcal{A}(\mathbb{K}), \mathbb{K})$ setzen. Solche Algebren werden auch *frei* genannt, und $\mathcal{A}(\mathbb{K})$ heißt üblicherweise auch *Termbereich* von $\mathbb{A}$ (oder von $\mathbb{K}$). In einer freien Algebra sind die Ausdrücke also bloße Zeichenketten ohne eine Bedeutung. Ordnen wir jedem k-stelligen Operationssymbol op_i^k eines Kalküls eine k-stellige Operation auf einer Menge $\mathcal{O}$ zu, so wird der Kalkül zu einer Algebra über dem Grundbereich $\mathcal{O}$. Jeder Ausdruck wird dann durch Auswertung der Operationen auf $\mathcal{O}$ selbst zu einem Objekt aus $\mathcal{O}$. Ein Beispiel soll diese natürliche Situation verdeutlichen. Wir betrachten $\mathbb{K} = \{0^0, s^1, +^2\}$, den Kalkül mit einem nullstelligen Operationssymbol 0, einem einstelligen Operationssymbol s und einem zweistelligen Operationssymbol $+$. Zwei Ausdrücke sind etwa $+(s(s(s(0))), s(s(0)))$ und $+(+(s(0), 0), +(s(s(0)), s(s(0))))$ Beide Ausdrücke sind unterschiedliche Objekte in der freien Algebra $(\mathcal{A}(\mathbb{K}), \mathbb{K})$. Interpretieren wir 0 als die Zahl Null, s als die Nachfolgefunktion $s: \mathbb{N} \to \mathbb{N}$ mit $s(n) := n+1$ und $+$ als die Addition $+: \mathbb{N} \times \mathbb{N} \to \mathbb{N}$ mit $+(m, n) := m + n$, so erhalten wir eine Algebra $(\mathbb{N}, \{0, s, +\})$, in der die beiden obigen Ausdrücke jetzt die gleiche Zahl in $\mathbb{N}$, nämlich 5, repräsentieren. Diese Dualität von Ausdrücken und Objekten ist in der Mathematik völlig natürlich.

Definition 8.1.4 (Kontext). *Seien* $\mathbb{A} = (\mathcal{O}, Op)$ *eine Algebra und* • *ein nullstelliges Operationssymbol, das nicht als Operation in* Op *vorkommt. Zu* $\mathbb{A}$ *definieren wir den Kalkül* $\mathbb{K}_{\mathbb{A}} := (Op \cup \{\bullet\})$.

$\mathcal{A}(\mathbb{K}_{\mathbb{A}})$ *bezeichnen wir auch mit* $Con(\mathbb{A})$. *Ein Ausdruck* A *in* $\mathbb{K}_{\mathbb{A}}$ *heißt auch ein* Kontext *für* $\mathbb{A}$. *Sind* $C, C' \in Con(\mathbb{A})$ *zwei Kontexte für* $\mathbb{A}$, *so ist* $C[C']$

der Kontext in $Con(\mathbb{A})$, der entsteht, wenn man in C jedes Vorkommen von
• simultan durch C' ersetzt.

Jedes Operationssymbol von $\mathbb{K}_\mathbb{A}$ außer • ist selbst eine Operation auf $\mathcal{O}$. Definieren wir $C[o]$ als den Ausdruck in $\mathcal{A}(\mathbb{K})$, der entsteht, wenn man in einem Kontext $C \in Con(\mathbb{A})$ jedes Vorkommen von • simultan durch $o \in \mathcal{O}$ ersetzt, so ist damit $C[o]$ selbst ein Objekt von $\mathcal{O}$.

Ein Beispiel soll das Einsetzen in Kontexte verdeutlichen. Ist etwa $C = op_3^3(op_1^0, op_4^1(\bullet), \bullet)$ und $C' = op_4^2(o_2, \bullet)$, so ist $C[C']$ der Kontext $op_3^3(op_1^0, op_4^1(op_4^2(o_2, \bullet)), op_4^2(o_2, \bullet))$. Sind C_1, C_2 und C_3 Kontexte, so ist $C_1[C_2[C_3]] = (C_1[C_2])[C_3]$. Es gilt also ein Assoziativgesetz.

Zwischen Kontexten und kompositionalen Semantiken besteht der folgende fundamentale Zusammenhang.

Satz 8.1.5 (Kompositionalität). *Sei $\mathbb{A} = (\mathcal{O}, Op)$ eine Algebra und $\mathcal{S}: \mathcal{O} \to \mathcal{M}$ ein Verhalten. Dann gilt: $\mathcal{S}$ ist eine kompositionale Semantik genau dann, wenn für alle $o_1, o_2 \in \mathcal{O}$ gilt:*

$$\mathcal{S}(o_1) = \mathcal{S}(o_2) \iff \forall C \in Con(\mathbb{A}) : \mathcal{S}(C[o_1]) = \mathcal{S}(C[o_2]).$$

Beweis: Wir beginnen mit der Rückrichtung. Es gelte also $\mathcal{S}(o_1) = \mathcal{S}(o_2) \iff \forall C \in Con(\mathbb{A}) : \mathcal{S}(C[o_1]) = \mathcal{S}(C[o_2])$. Wir definieren nun die gesuchten semantischen Operationen $\widehat{op}_i^k : \mathcal{M}^k \to \mathcal{M}$ wie folgt: $\forall m_1, \ldots, m_k \in \mathcal{M}$:

$$\widehat{op}_i^k(m_1, \ldots, m_k) := \begin{cases} \mathcal{S}(op_i^k(o_1, \ldots, o_k)) \text{ falls } \forall 1 \le j \le k \; \exists o_j \in O: \mathcal{S}(o_j) = m_j, \\ \text{undefiniert} \qquad \text{sonst.} \end{cases}$$

Wir zeigen, dass diese Festlegung wohldefiniert ist. Seien dazu für $1 \le j \le k$ nun $o_j, o_j' \in \mathcal{O}$ mit $\mathcal{S}(o_j) = m_j = \mathcal{S}(o_j')$ gegeben. Damit gilt auch für jeden Kontext C $\mathcal{S}(C[o_j]) = \mathcal{S}(C[o_j'])$, insbesondere auch für den Kontext $C = op_i^k(o_1', \ldots, o_{j-1}', \bullet, o_{j+1}, \ldots, o_k)$. Wir errechnen damit

$$\mathcal{S}(op_i^k(o_1', \ldots, o_{j-1}', o_j, o_{j+1}, \ldots, o_k)) = \mathcal{S}(op_i^k(o_1', \ldots, o_{j-1}', o_j', o_{j+1}, \ldots, o_k))$$

für alle $1 \le j \le k$. Insgesamt erhalten wir per Induktion:

$$\mathcal{S}(op_i^k(o_1, \ldots, o_{j-1}, o_j, o_{j+1}, \ldots, o_k)) = \mathcal{S}(op_i^k(o_1', \ldots, o_{j-1}', o_j', o_{j+1}', \ldots, o_k')).$$

Zur Hinrichtung: Nehmen wir nun an, $\mathcal{S}$ sei kompositional. Gilt $\mathcal{S}(C[o_1]) = \mathcal{S}(C[o_2])$ für jeden Kontext C, dann insbesondere auch für $C = \bullet$. Wir erhalten $\mathcal{S}(o_1) = \mathcal{S}(o_2)$. Gilt $\mathcal{S}(o_1) = \mathcal{S}(o_2)$, so sieht man sofort, dass $\mathcal{S}(C[o_1]) = \mathcal{S}(C[o_2])$ zumindest für $C = \bullet$ und für $C = o \in \mathcal{O}$ gilt: $\mathcal{S}(\bullet[o_1]) = \mathcal{S}(o_1) = \mathcal{S}(o_2) = \mathcal{S}(\bullet[o_2])$ bzw. $\mathcal{S}(o[o_1]) = \mathcal{S}(o) = \mathcal{S}(o[o_2])$. Für beliebige Kontexte zeigen wir die gewünschte Eigenschaft mittels struktureller Induktion. Wir nehmen an, $\mathcal{S}(C_j[o_1]) = \mathcal{S}(C_j[o_2])$ sei bereits für Kontexte $C_1, \ldots, C_k \in \mathcal{C}on(\mathcal{O})$ bewiesen und op_i^k sei eine k-stellige Operation. Dann gilt auch für $C := op_i^k(C_1, \ldots, C_k)$

$$
\begin{aligned}
\mathcal{S}(C[o_1]) &= \mathcal{S}(op_i^k(C_1[o_1], \ldots, C_k[o_1])) \\
&= \widehat{op}_i^k(\mathcal{S}(C_1[o_1]), \ldots, \mathcal{S}(C_k[o_1])) \\
&= \widehat{op}_i^k(\mathcal{S}(C_1[o_2]), \ldots, \mathcal{S}(C_k[o_2])) \\
&= \mathcal{S}(op_i^k(C_1[o_2], \ldots, C_k[o_2])) \\
&= \mathcal{S}(C[o_2]).
\end{aligned}
$$

Damit ist die Aussage bewiesen. ∎

Dies kann man nutzen, um aus einer gegebenen Verhaltensabbildung $\mathcal{B}$ stets eine kompositionale Semantik zu gewinnen.

Lemma 8.1.6 (Semantik-Konstruktion). *Seien* $\mathbb{A} = (\mathcal{O}, Op)$ *eine Algebra und* $\mathcal{B}\colon \mathcal{O} \to \mathcal{M}$ *ein Verhalten. Definiert man* $\mathcal{S}\colon \mathcal{O} \to \mathcal{M}^{\mathcal{C}on(\mathbb{A})}$ *durch* $\mathcal{S}(o)(C) := \mathcal{B}(C[o])$ *für alle* $o \in \mathcal{O}$ *und Kontexte* $C \in \mathcal{C}on(\mathbb{A})$, *so ist* $\mathcal{S}$ *eine kompositionale Semantik für* $\mathbb{A}$.

Beweis: Wir zeigen, dass für alle $o_1, o_2 \in \mathcal{O}$ gilt: $\mathcal{S}(o_1) = \mathcal{S}(o_2) \iff \forall C_0 \in \mathcal{C}on(\mathbb{A})\colon \mathcal{S}(C_0[o_1]) = \mathcal{S}(C_0[o_2])$.

"$\Rightarrow$": Sei C_0 ein fester, aber beliebiger Kontext. Es sei $\mathcal{S}(o_1) = \mathcal{S}(o_2)$. Damit gilt auch $\mathcal{B}(C[o_1]) = \mathcal{S}(o_1)(C) = \mathcal{S}(o_2)(C) = \mathcal{B}(C[o_2])$ für alle Kontexte C, insbesondere auch für alle Kontexte $C[C_0]$ mit beliebigem Kontext C. Daraus folgt mittels Assoziativität der Kontextersetzung $\mathcal{S}(C_0[o_1])(C) = \mathcal{B}(C[C_0[o_1]]) = \mathcal{B}(C[C_0][o_1]) = \mathcal{B}(C[C_0][o_2]) = \mathcal{B}(C[C_0[o_2]]) = \mathcal{S}(C_0[o_2])(C)$ für alle Kontexte C, also $\mathcal{S}(C_0[o_1]) = \mathcal{S}(C_0[o_2])$.

"$\Leftarrow$": Trivial mit $C_0 = \bullet$. ∎

In dieser Semantikdefinition muss man alle Kontexte berücksichtigen. Interessant ist ein einzelner Kontext U, für den $\mathcal{B}(U[\cdot])$ bereits eine kompositionale Semantik liefert.

Definition 8.1.7 (Universeller Kontext). *Seien* $\mathbb{A} = (\mathcal{O}, Op)$ *eine Algebra und* $\mathcal{B}\colon \mathcal{O} \to \mathcal{M}$ *ein Verhalten. Wir nennen einen Kontext* $U \in \mathcal{C}on(\mathbb{A})$ *universell, falls für alle* $o_1, o_2 \in \mathcal{O}$

$$
\mathcal{B}(U[o_1]) = \mathcal{B}(U[o_2]) \iff \forall C \in \mathcal{C}on(\mathbb{A}) : \mathcal{B}(C[o_1]) = \mathcal{B}(C[o_2])
$$

gilt.

Ein universeller Kontext U garantiert nun, dass $\mathcal{B}(U[\cdot])$ eine kompositionale Semantik wird.

Satz 8.1.8. *Seien* $\mathbb{A} = (\mathcal{O}, Op)$ *eine Algebra,* $\mathcal{B}\colon \mathcal{O} \to \mathcal{M}$ *ein Verhalten,* $U \in Con(\mathcal{O})$ *ein Kontext und* $S\colon \mathcal{O} \to \mathcal{M}$ *definiert durch* $S(o) := \mathcal{B}(U[o])$ *für alle* $o \in \mathcal{O}$. *Der Kontext* U *ist universell genau dann, wenn* S *eine kompositionale Semantik ist und für alle* $o_1, o_2 \in \mathcal{O}$ *gilt* $\mathcal{B}(U[o_1]) = \mathcal{B}(U[o_2]) \implies \mathcal{B}(o_1) = \mathcal{B}(o_2)$.

Beweis: Zur Hinrichtung: Sei U universell. Dann ist mit Lemma 8.1.5 und Definition 8.1.7 S sofort eine kompositionale Semantik.

Es bleibt, den zweiten Teil der Aussage zu zeigen. Wir nehmen an, es gilt $\mathcal{B}(U[o_1]) = \mathcal{B}(U[o_2])$. Aus der Universalität von U schließen wir $\mathcal{B}(C[o_1]) = \mathcal{B}(C[o_2])$ für beliebige Kontexte C, insbesondere für $C = \bullet$. Also gilt $\mathcal{B}(o_1) = \mathcal{B}(o_2)$.

Zur Rückrichtung: Sei S kompositional und $B(U[o_1]) = B(U[o_2])$ impliziere $B(o_1) = B(o_2)$. Wir müssen $\mathcal{B}(U[o_1]) = \mathcal{B}(U[o_2]) \iff \forall C \in Con(\mathbb{A})\colon \mathcal{B}(C[o_1]) = \mathcal{B}(C[o_2])$ beweisen. Die Richtung „$\Leftarrow$" ist trivial, da U selbst ein Kontext ist. Zur Richtung „$\Rightarrow$": Seien $C \in Con(\mathcal{O})$ ein beliebiger, aber fester Kontext und $o_1, o_2 \in \mathcal{O}$. Gilt $S(o_1) = \mathcal{B}(U[o_1]) = \mathcal{B}(U[o_2]) = S(o_2)$, so schließen wir mittels Kompositionalität von S auf $\mathcal{B}(U[C[o_1]]) = S(C[o_1]) = S(C[o_2]) = \mathcal{B}(U[C[o_2]])$. Daraus schließen wir mit Hilfe der zweiten Voraussetzung auf $\mathcal{B}(C[o_1]) = \mathcal{B}(C[o_2])$. ∎

8.1.2 Ein Basiskalkül für Petri-Netze

Trotz der zentralen Bedeutung einer Algebra für kompositionale Semantiken und der Tatsache, dass Petri-Netz-Semantiken häufig in der Literatur untersucht wurden, existiert kein allgemein akzeptiertes Standardkonzept einer Petri-Netz-Algebra. Sehr bekannt geworden sind die Kalküle CCS von Milner und (T)CSP von Hoare, die Algebren für abstrakte Programmiersprachen mit expliziter Ausdrucksmöglichkeit für Nichtdeterminismus und Nebenläufigkeit darstellen. Direkt auf Petri-Netzen arbeitet der Box-Kalkül von Best, Devillers und Koutny, der Action-Kalkül von Milner und der SCONE-Kalkül von Gorrieri und Montanari, sowie etwa CO-OPN von Buchs und Guelfi auf höheren Petri-Netzen.

Wir wollen hier einen recht elementaren Zugang zu einer Algebra für Petri-Netze suchen. Unsere simple Idee ist es, als algebraische Operationen auf Petri-Netzen gerade alle Elementarschritte zu wählen, die man beim Zeichnen eines Petri-Netzes ausführt. Solche erste Elementarschritte sind etwa das Zeichnen von Places und Transitionen sowie das Ziehen von Pfeilen.

Ähnlich wie im letzten Kapitel über Petri-Netz-Sprachen arbeiten wir hier ausschließlich mit initialen Petri-Netzen. Semantiken gehen stets auf das Tokenspiel von Petri-Netzen ein. Semantiken ohne Token im Netz interessieren uns hier nicht. Wir untersuchen jetzt einige Kalküle, die uns interessante Algebren für initiale Petri-Netze definieren.

Definition 8.1.9 ($\mathbb{K}_0$). *Im restlichen Kapitel seien $\mathbb{P}$ und $\mathbb{T}$ zwei festgewählte, abzählbare Mengen mit $\mathbb{P} \cap \mathbb{T} = \emptyset$. Die Objekte in $\mathbb{P}$ heißen auch* Places, *die in $\mathbb{T}$ auch* Transitionen.

Der Kalkül $\mathbb{K}_0$ besteht aus folgenden Operationssymbolen:

- *einem nullstelligen Operationssymbol 0,*

- *zu jedem $p \in \mathbb{P}$ und jedem $j \in \mathbb{N}$ einem nullstelligen Operationssymbol $p\text{-place}_j$,*

- *zu jedem $t \in \mathbb{T}$ einem nullstelligen Operationssymbol $t\text{-trans}$,*

- *zu jedem $p \in \mathbb{P}$ und $t \in \mathbb{T}$ einem einstelligen Operationssymbol $add_{p \to t}$ und einem einstelligen Operationssymbol $add_{t \to p}$,*

- *und einem zweistelligen Operationssymbol $\parallel$.*

Wir erweitern $\mathbb{K}_0$ zu einem Kalkül $\mathbb{K}_{0,m}$ mit zwei weiteren Mengen von einstelligen Operationssymbolen, und zwar um

- *$meld_{p,q}$ für jedes Paar $(p,q) \in \mathbb{P} \times \mathbb{P}$, und*

- *$meld_{t,u}$ für jedes Paar $(t,u) \in \mathbb{T} \times \mathbb{T}$.*

Für das zweistellige Operationssymbol $\parallel$ wählen wir stets die Infixschreibweise für Ausdrücke, d.h. $A_1 \parallel A_2$ anstelle von $\parallel(A_1, A_2)$. Ausdrücke in diesem Kalkül sind etwa

- $A_1 = p_4\text{-place}_0 \parallel (add_{p_3 \to t_1}(p_3\text{-place}_1 \parallel t_1\text{-trans}))$,

- $A_2 = add_{t_1 \to p_1}(p_1\text{-place}_2 \parallel add_{p_1 \to t_1}(t_1\text{-trans}))$,

- $A_3 = add_{t_1 \to p_1}(add_{p_1 \to t_1}(p_1\text{-place}_2 \parallel t_1\text{-trans}))$,

falls p_1, p_3, $p_4 \in \mathbb{P}$ und $t_1 \in \mathbb{T}$ gilt. Wir werden die Operationssymbole jetzt durch konkrete Operationen auf Petri-Netzen interpretieren. Der erste und dritte Ausdruck erhalten dann die Netze N_1 und N_3 aus Abbildung 8.1 als Bedeutung.

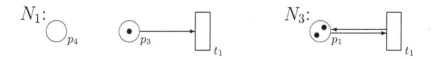

Abb. 8.1. Die Petri-Netze N_1 und N_3 zu den Ausdrücken A_1 und A_3

Definition 8.1.10. *Wir ordnen jedem Operationssymbol eine konkrete Operation auf Petri-Netzen zu.*

Dem nullstelligen Symbol 0 ordnen wir das leere Petri-Netz $0 = (P, T, F, s)$ mit $P := T := F := \emptyset$ und $s := ()$ zu. Man beachte, dass nullstellige Operationen auf Petri-Netzen selbst Petri-Netze sind.

p-place$_j$ ordnen wir das Petri-Netz $p\text{-place}_j := (\{p\}, \emptyset, \emptyset, (j))$ zu, das nur aus dem Place p mit Startzustand (j) besteht.

t-trans ordnen wir das Petri-Netz $t\text{-trans} := (\emptyset, \{t\}, \emptyset, ())$ zu, das nur aus der Transition t besteht. Der Startzustand ist damit ein nulldimensionaler Vektor $() \in \mathbb{N}^0$.

Die folgenden einstelligen Operationen werden den Operationssymbolen gleichen Namens zugeordnet. Diese Operationen operieren auf einem Petri-Netz $N = (P, T, F, s)$ wie folgt:

$$add_{p \to t}(N) := \begin{cases} N & \text{falls } p \notin P \text{ oder } t \notin T \\ (P, T, F_{p,t}, s) & \text{sonst, mit} \end{cases}$$

$$\text{mit } F_{p,t}(x, y) := \begin{cases} F(x,y) + 1 & \text{falls } x = p \text{ und } y = t \text{ gilt,} \\ F(x,y) & \text{sonst.} \end{cases}$$

Gilt $p \in P$ und $t \in T$, so sagen wir, dass $add_{p \to t}$ echt auf N operiert.

$$add_{t \to p}(N) := \begin{cases} N & \text{falls } p \notin P \text{ oder } t \notin T \\ (P, T, F_{t,p}, s) & \text{sonst, mit} \end{cases}$$

$$\text{mit } F_{t,p}(x, y) := \begin{cases} F(x,y) + 1 & \text{falls } x = t \text{ und } y = p \text{ gilt,} \\ F(x,y) & \text{sonst.} \end{cases}$$

Gilt $p \in P$ und $t \in T$, so sagen wir, dass $add_{t \to p}$ echt auf N operiert. $add_{t \to p}$ ($add_{p \to t}$) fügt also in ein Petri-Netz N eine Kante von t nach p (bzw. von p nach t) ein, falls t und p in N vorkommen, und lässt N sonst unverändert.

$$meld_{p,q}(N) := \begin{cases} N & \text{falls } p \notin P \text{ oder } q \notin P \text{ oder } p = q, \\ (P - \{q\}, T, F_{p,q}, s_{p,q}) & \text{sonst, mit} \end{cases}$$

$$\text{mit } F_{p,q}(x, y) := \begin{cases} F(p,y) + F(q,y) & \text{falls } x = p, \\ F(x,p) + F(x,q) & \text{falls } y = p, \\ F(x,y) & \text{sonst, und} \end{cases}$$

$$\text{und } s_{p,q}(x) := \begin{cases} s(p) + s(q) & \text{falls } x = p, \\ s(x) & \text{sonst.} \end{cases}$$

meld$_{p,q}$ verschmilzt also in N die Places p und q zu einem Place, der jetzt wieder p heißt. Gilt $p \in P$, $q \in P$ und $p \neq q$, so sagen wir, dass meld$_{p,q}$ echt auf N operiert.

$$meld_{t,u}(N) := \begin{cases} N & \text{falls } t \notin T \text{ oder } u \notin T \text{ oder } t = u, \\ (P, T - \{u\}, F_{t,u}, s) & \text{sonst, mit} \end{cases}$$

$$\text{mit } F_{t,u}(x,y) := \begin{cases} F(t,y) + F(u,y) & \text{falls } x = t, \\ F(x,t) + F(x,u) & \text{falls } y = t, \\ F(x,y) & \text{sonst.} \end{cases}$$

meld$_{t,u}$ verschmilzt also in N die Transitionen t und u zu der Transition t, indem alle Kanten von und zu u an t übertragen werden. Gilt $t \in T$, $u \in T$ und $t \neq u$, so sagen wir, dass meld$_{t,u}$ echt auf N operiert.

Sind $N_i = (P_i, T_i, F_i, s_i)$ für $i = 1, 2$ zwei Petri-Netze, so operiert $\|$ auf N_1, N_2 wie folgt:

$$N_1 \| N_2 := (P_1 \,\dot\cup\, P_2, T_1 \,\dot\cup\, T_2, F_1 \,\dot\cup\, F_2, (s_1, s_2))$$

$N_1 \| N_2$ fasst N_1 und N_2 zu einem gemeinsamen Netz zusammen.

Es ist $\mathcal{PN}^f$ die Menge aller initialen Petri-Netze, deren Places aus $\mathbb{P}$ und deren Transitionen aus $\mathbb{T}$ gewählt sind. f steht hier für frei, im Gegensatz zu beschrifteten Netzen. $\mathbb{A}_0 := (\mathcal{PN}^f, \mathbb{K}_0)$ ist die Algebra über $\mathcal{PN}^f$ mit allen Operationen auf $\mathcal{PN}^f$, die zu den Operationssymbolen in $\mathbb{K}_0$ gemäß dieser Definition gehören.

Der Ausdruck A_1, vergleiche Abbildung 8.1, wird in $\mathbb{A}_0$ damit zum Petri-Netz $N_1 = (\{p_3, p_4\}, \{t_1\}, F, s)$ mit

$$F(x,y) := \begin{cases} 1 & \text{falls } x = p_3 \text{ und } y = t_1, \\ 0 & \text{sonst, und} \end{cases}$$
$s(p_3) = 1$, $s(p_4) = 0$.

A_3 wird zu $N_3 = (\{p_1\}, \{t_1\}, F, (2))$ mit $F(p_1, t_1) = F(t_1, p_1) = 1$.

A_2 wird zum Petri-Netz $N_2 = (\{p_1\}, \{t_1\}, F_2, (2))$ mit $F_2(p_1, t_1) = 0$, $F_2(t_1, p_1) = 1$, vergleiche Abbildung 8.2.

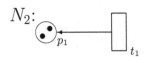

Abb. 8.2. Das Petri-Netz N_2 zum Ausdruck A_2

Ein Pfeil von p_1 nach t_1 wurde trotz der $add_{p_1 \to t_1}$-Operation nicht eingeführt, da $add_{p_1 \to t_1}$ auf ein Teilnetz von N_2 angewendet wurde, in dem der Place p_1 noch gar nicht vorkommt.

Das Petri-Netz N_1 ist offenbar zu dem Petri-Netz $N_1' = (\{p_1, p_2\}, \{t_1\}, F', s')$ mit $F'(p_1, t_1) = 1$, und $F'(x, y) = 0$ sonst, sowie $s' = (1, 0)^\top$ isomorph, da N_1 und N_1' sich nur durch die Namen der Places unterscheiden. Wir werden, wie allgemein üblich, isomorphe Petri-Netze meist nicht weiter unterscheiden und auch einfach $N = N'$ schreiben, wenn N und N' nur isomorph sind. So gilt in diesem Sinn auch $N_1 \parallel N_2 = N_2 \parallel N_1$, obwohl rein formal die Zustandsräume $\mathbb{N}^{P_1} \times \mathbb{N}^{P_2}$ und $\mathbb{N}^{P_2} \times \mathbb{N}^{P_1}$ verschieden sind. Dennoch können wir ein Petri-Netz nicht formal als Isomorphieklasse von Petri-Netzen definieren, da wir in diesen Untersuchungen von Semantiken durchaus auf die Namen der Places und Transitionen eingehen müssen. Halten wir also fest:

In Untersuchungen von Semantiken werden wir die Beispielnetze N_1 und N_1' unterscheiden müssen, ebenso $N_1 \parallel N_2$ von $N_2 \parallel N_1$, obwohl häufig isomorphe Petri-Netze nicht unterschieden werden.

Mit dem Kalkül $\mathbb{K}_0$ können wir bereits alle Petri-Netze in $\mathcal{PN}^f$ generieren.

Satz 8.1.11 (Vollständigkeit von $\mathbb{K}_0$).

$\mathcal{A}(\mathbb{K}_0) = \mathcal{PN}^f$.

Beweis: Sei $N = (P, T, F, s)$ ein Petri-Netz in $\mathcal{PN}^f$ mit $P \subseteq \mathbb{P}$, $T \subseteq \mathbb{T}$. A_N sei der Ausdruck in $\mathbb{K}_0$, der entsteht, indem wir für jedes $p \in P$ ein Symbol p-$place_{s(p)}$ und für jedes $t \in T$ ein Symbol t-$trans$ mittels $\parallel$-Symbolen zu einem Ausdruck zusammenfassen und anschließend für jeden Pfeil von x nach y in N ein einstelliges Operationssymbol $add_{x \to y}$ davorschalten. Offensichtlich ist A_N damit ein Ausdruck in $\mathcal{A}(\mathbb{K}_0)$, der in der Algebra $\mathbb{A}_0 = (\mathcal{A}(\mathbb{K}_0), \mathbb{K}_0)$ gerade als das Objekt N in $\mathcal{PN}^f$ interpretiert wird. ∎

Selbstverständlich ist auch $\mathbb{K}_{0,m}$ als Obermenge von $\mathbb{K}_0$ vollständig, d.h. $\mathcal{PN}^f = \mathcal{A}(\mathbb{K}_{0,m})$.

Beispiel 8.1.12. Betrachten wir das Petri-Netz N_4 aus Abbildung 8.3.

Nach dem Beweis von Satz 8.1.11 existieren einige Ausdrücke, die gerade N_4 in $\mathbb{A}_0$ darstellen, z.B. $A_4 = OP(A)$ mit

$$A = (p_3\text{-}place_0 \parallel p_4\text{-}place_2 \parallel p_7\text{-}place_0 \parallel t_1\text{-}trans \parallel t_5\text{-}trans \parallel t_{25}\text{-}trans)$$

und

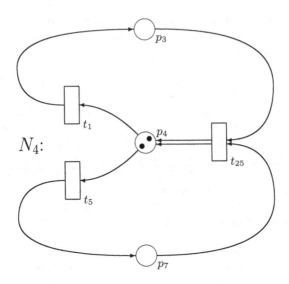

Abb. 8.3. Das Petri-Netz N_4

$$OP(\bullet) = add_{t_1 \to p_3}(add_{t_5 \to p_7}(add_{t_{25} \to p_4}(add_{t_{25} \to p_4}$$
$$(add_{p_4 \to t_1}(add_{p_4 \to t_5}(add_{p_3 \to t_{25}}(add_{p_7 \to t_{25}}(\bullet)))))))))$$

Es sei N_5 das Petri-Netz aus Abbildung 8.4, und

A_5 ein Ausdruck in $\mathbb{K}_0$, der N_5 in $\mathbb{A}_0$ beschreibt. Dann gilt auch:

$$A_6 := meld_{p_4, p_5}(A_5)$$

ist ein Ausdruck in $\mathbb{K}_0$, der N_4 darstellt.

Der Kalkül $\mathbb{K}_0$ spiegelt gerade auf algebraischer Seite das Zeichnen von Petri-Netzen wieder. So wie die Reihenfolge der Zeichenschritte unerheblich ist, ist die Reihenfolge der Operationen in einem Ausdruck unerheblich, solange diese stets echt auf den Teilausdrücken operieren (vergleiche mit dem Beispiel A_1/A_2 von Seite 296). Man kann etwa beweisen:

Korollar 8.1.13. *Seien A und A' zwei Ausdrücke in $\mathcal{A}(\mathbb{K}_{0,m})$, in denen alle vorkommenden Operationen echt operieren. Sind die Vorkommen der Operationssymbole in A und A' gleich, so stellen A und A' bereits das gleiche Petri-Netz in $\mathcal{PN}^f$ dar.*

Um kompositionale Semantiken für Petri-Netze zu erhalten, versucht man, den syntaktischen Operationssymbolen von $\mathbb{K}_0$ semantische Operationen auf

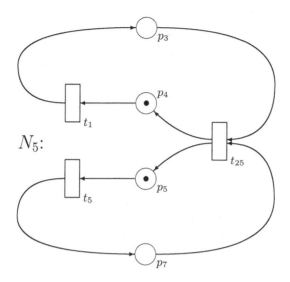

Abb. 8.4. Das Petri-Netz N_5

interessanten mathematischen Objekten zuzuordnen. Für eine kompositionale Pomsetsemantik muss man somit die Pomsetsprachen $\mathcal{P}(op)$ für alle
nullstelligen Operationssymbole $op \in \mathbb{K}_0$ festlegen, und sagen, welche Sprachoperationen $\widehat{op}$ den ein- und zweistelligen Operationssymbolen op in $\mathbb{K}_0$
entsprechen, um eine Gleichung

$$\mathcal{P}(op^k(A_1, \ldots, A_k)) = \widehat{op}^k(\mathcal{P}(A_1), \ldots, \mathcal{P}(A_k))$$

gemäß Definition 8.1.2 zu erhalten.

Man kann aber auf diese direkte Art keine wirklich interessante kompositionale Semantik erhalten. Dies sieht man wie folgt:

Sei $\mathcal{S}$ eine kompositionale Semantik zur Algebra $\mathbb{A}_0 = (\mathcal{A}(\mathbb{K}_0), \mathbb{K}_0)$. Dann
gilt mit Lemma 8.1.5 auch für zwei Petri-Netze $N_1, N_2 \in \mathcal{PN}^f$:

$$\mathcal{S}(N_1) = \mathcal{S}(N_2) \iff \forall C \in \mathcal{C}on(\mathbb{A}_0): \; \mathcal{S}(C[N_1]) = \mathcal{S}(C[N_2]).$$

Man kann aber auf jeden Place und jede Transition in N_1 und N_2 vermittels
geeigneter Kontexte für $\mathbb{A}_0$ zugreifen. D.h., die Semantik $\mathcal{S}$ muss jeden einzelnen Place und jede einzelne Transition in N_1 und N_2 berücksichtigen. Es
ist schwer vorstellbar, auf diese Art interessante semantische Kongruenzen
$\simeq_{\mathcal{S}}$ mit

$$N_1 \simeq_{\mathcal{S}} N_2 :\iff \mathcal{S}(N_1) = \mathcal{S}(N_2)$$

zu erhalten. Anders gesagt: Zwei Petri-Netze können aufgrund der gewünschten Kompositionalität nur dann dieselbe Semantik haben, wenn sie in allen Kontexten dieselbe Semantik haben. Daher wird die Semantik entweder überhaupt keinen Bezug zu den Places und Transitionen haben (und damit sehr viele intuitiv verschiedene Netze identisch abbilden), oder bereits nur syntaktisch verschiedene Netze unterscheiden, die aber intuitiv betrachtet dasselbe Verhalten besitzen können.

Die Lösung dieses Problem ist recht einfach: Man muss den Zugriff der Kontexte auf bestimmte Bereiche des Petri-Netzes beschränken. Dazu definiert man jeden Place und jede Transition des Netzes entweder als privat oder als öffentlich. Kontexte (und überhaupt alle Operationen der zu definierenden Algebra) können nur auf die öffentlichen Anteile des Petri-Netzes zugreifen. Um diese Unterscheidung durchsetzen zu können, müssen wir das Konzept des Petri-Netzes um ein *Interface* erweitern, mit dem sich die Unterscheidung privat/öffentlich im Netz dokumentieren lässt.

8.1.3 Petri-Netze mit Interface

Definition 8.1.14 (Interface). *Sei $N = (P, T, F, s_0)$ ein Petri-Netz. Ein Interface I von N ist eine Teilmenge der Places und Transitionen, $I \subseteq P \cup T$. Places und Transitionen in I nennen wir* öffentlich. *Places und Transitionen, die nicht in I liegen, nennen wir* privat. *Wir schreiben das Petri-Netz N mit Interface I als Tupel (P, T, F, s_0, I) oder einfach als Paar (N, I).*

Wir zeichnen also einfach Places und Transitionen als öffentlich aus, indem wir sie in das Interface legen. Wir demonstrieren das Konzept des Interfaces an zwei Beispielen.

Beispiel 8.1.15. Seien N_1 und N_2 die Petri-Netze aus Abbildung 8.5.

Die Sprachen $L(N_1)$ und $L(N_2)$ sind gleich, nämlich $\{\varepsilon, a, b, ab, ba\}$. Sind alle Transitionen $\{a, b\}$ und alle Places $\{p_1, p_2, p_3\}$ in N_1 und N_2 öffentlich, d.h. definieren wir $I_{N_1} := I_{N_2} := P_{N_1} \cup T_{N_1}$, so sind N_1 und N_2 durch geeignete Kontexte in ihrem nicht-terminalen Sprachverhalten unterscheidbar. Dazu wählen wir als Kontext einfach

$$C := add_{p_2 \to t}(t\text{-}trans_c \parallel \bullet).$$

$C[N_1]$ und $C[N_2]$ sind in Abbildung 8.6 wiedergegeben.

Die Sprachen $L(C[N_1])$ und $L(C[N_2])$ sind verschieden, da z.B. acb in $L(C[N_1]) - L(C[N_2])$ liegt. Erklären wir hingegen p_2 in N_1 und N_2 als privat, so dürfen Kontexte nur auf p_1, p_3, a und b einwirken, und N_1 und N_2

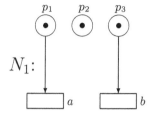

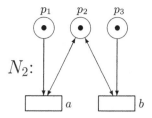

Abb. 8.5. Zwei Petri-Netze mit gleicher Sprache, deren Sprache sich aber in einem geeigneten Kontext unterscheidet

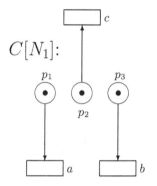

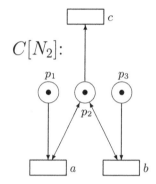

Abb. 8.6. Die Petri-Netze aus Abbildung 8.5 mit einem unterscheidenden Kontext

sind hinsichtlich ihres Sprachverhaltens nicht mehr unterscheidbar, wie die folgenden Sätze zeigen werden ($L(C[N_1]) = L(C[N_2])$ wird gelten).

Beispiel 8.1.16. Wir betrachten die Petri-Netze N_3 und N_4 aus Abbildung 8.7.

Wählen wir als Interface jeweils nur $\{a, b, c, d\}$, so sind N_3 und N_4 bezüglich ihrer Pomsetverhalten ununterscheidbar. Wird hingegen noch p_2 in das Interface aufgenommen, so werden beide Petri-Netze unterscheidbar, z.B. durch den Kontext

$$C := add_{p_2 \to t}(t\text{-}trans_e \parallel \bullet).$$

Es gilt jetzt $\left(\begin{smallmatrix} a \to c \\ b \to e \end{smallmatrix} \right) \in \mathcal{P}(C[N_4]) - \mathcal{P}(C[N_3])$.

Die Definition des Interfaces hat natürlich Konsequenzen für unsere Algebra. So wird etwa die Operation des Einfügens einer Kante zwischen einem Place

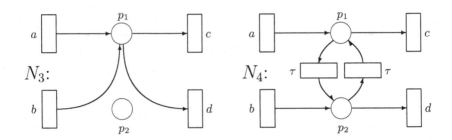

Abb. 8.7. Zwei Petri-Netze, deren Pomsetsprachen sich *nur* unter einem geeigneten Kontext unterscheiden lassen, falls p_2 öffentlich ist

p und einer Transition t nur erlaubt sein, wenn beide im Interface liegen, also öffentlich sind. Daher werden die Operationen der Algebra auf nichtöffentliche Anteile eines Netzes angewandt keine Auswirkungen haben. Weiter müssen Mechanismen vorgesehen werden, die regeln, wie man Places und Transitionen als öffentlich oder privat erklärt. Wir wählen dabei den offensichtlichen Weg, alle Places und Transitionen bei Einführung mittels nullstelliger Operationen als öffentlich zu betrachten und erst später mittels *hide*-Operationen öffentliche Teile als privat zu deklarieren.

Petri-Netz-Sprachen und Petri-Netz-Pomsetsprachen sind Semantiken für Petri-Netze. Da in Kapitel 6 noch keine Algebra für Petri-Netze vorlag, spielte die Frage nach der Kompositionalität in Kapitel 6 noch keine Rolle. Wir werden jetzt zeigen, dass beide Semantiken bezüglich interessanter Algebren auch kompositional sind. Dabei interessieren uns Petri-Netze mit Beschriftungen, genau wie bei Petri-Netz-Sprachen in Kapitel 6. Ebenfalls werden uns terminale Semantiken interessieren, d.h. Beschreibungen des Tokenspiels eines Netzes, das in einem initialen Zustand beginnt und in einem Finalzustand endet. Aus den Resultaten von Kapitel 6 und 7 wissen wir, dass wir in terminalen Sprachen stets mit *einem* finalen Zustand auskommen, bis eventuell auf das leere Wort: Mit Satz 6.1.14 ist jede terminale Sprache L in $\mathcal{L}_t$ die Sprache eines Petri-Netzes in $\mathcal{L}_t$-Normalform mit nur **0** als Finalzustand, ebenso ist für jede terminale Sprache L in $\mathcal{L}$ bereits $L - \{\varepsilon\}$ die Sprache eines τ-freien Petri-Netzes in $\mathcal{L}$-Normalform mit nur **0** als Finalzustand. Aus Korollar 7.2.5 wissen wir auch für $\mathcal{P}_t^\tau$ und $\mathcal{W}_t^\tau$, dass wir uns auf Petri-Netze mit genau einem Finalzustand $(1 \cdot halt)$ beschränken dürfen. Der Einfachheit halber definieren wir jetzt terminale, beschriftete Petri-Netze mit Interface sofort als Netze mit genau einem finalen Zustand.

Definition 8.1.17 (Petri-Netz-Klassen). *Im restlichen Kapitel ist* $\mathbb{E}$ *eine fest gewählte, abzählbare Menge von* Beschriftungen *(Etiketten) mit* $\mathbb{E} \subseteq \mathbb{T}$.

*Ein beschriftetes Petri-Netz N mit Interface ist ein Tupel $N = (P, T, F, s_0,$
$\Sigma, h_\ell, I)$, so dass $(P, T, F, s_0, \Sigma, h_\ell)$ ein initiales, beschriftetes Petri-Netz
mit $\Sigma \subseteq \mathbb{E}$ und (P, T, F, s_0, I) ein initiales Petri-Netz mit Interface ist.
Öffentliche Transitionen sollen nicht unsichtbar sein, daher verlangen wir
außerdem $\tau \notin h_\ell(I \cap T)$.*

*Ein terminales, beschriftetes Petri-Netz $N = (P, T, F, s_0, \Sigma, h_\ell, s_f, I)$ mit In-
terface ist ein beschriftetes Petri-Netz $(P, T, F, s_0, \Sigma, h_\ell, I)$ mit Interface, annotiert mit einem weiteren Zustand $s_f \in \mathbb{N}^P$, der auch der finale Zustand
von N genannt wird.*

*$\mathcal{PN}_I^\tau$ bezeichnet die Menge aller beschrifteten Petri-Netze mit Interface (mit
Places in $\mathbb{P}$, Transitionen in $\mathbb{T}$ und Beschriftungen in $\mathbb{E}$).*
*$\mathcal{PN}_{I,t}^\tau$ bezeichnet die Menge aller terminalen, beschrifteten Petri-Netze mit
Interface.*
*$\mathcal{PN}_I$ bezeichnet die Teilmenge aller Petri-Netze in $\mathcal{PN}_I^\tau$, in denen τ nicht
als Beschriftung auftritt.*
*$\mathcal{PN}_{I,t}$ ist die Teilmenge aller Petri-Netze in $\mathcal{PN}_{I,t}^\tau$, in denen τ nicht als
Beschriftung auftritt.*
$\mathcal{PN}_I^f$ bezeichnet die Klasse aller freien Petri-Netze mit Interface.
$\mathcal{PN}_{I,t}^f$ ist die Klasse aller freien, terminalen Petri-Netze mit Interface.
Freie Petri-Netze sind in Definition 6.1.1 definiert.

8.1.4 Spezielle Kalküle für Petri-Netze

Definition 8.1.18 ($\mathbb{K}_m^\tau$). *Der Kalkül $\mathbb{K}_m^\tau$ besteht aus folgenden Operationssymbolen:*

- *einem nullstelligen Operationssymbol 0,*

- *zu jedem $p \in \mathbb{P}$ und jedem Paar $(j, k) \in \mathbb{N} \times \mathbb{N}$ einem nullstelligen Operationssymbol p-place$_{j,k}$,*

- *zu jedem $t \in \mathbb{T}$ und jedem $a \in \mathbb{E}$ einem nullstelligen Operationssymbol
  t-trans$_a$,*

- *zu jedem $p \in \mathbb{P}$ und $t \in \mathbb{T}$ zwei einstelligen Operationssymbolen add$_{p \to t}$
  und add$_{t \to p}$,*

- *zu jedem Paar $(p, q) \in \mathbb{P} \times \mathbb{P}$ einem einstelligen Operationssymbol meld$_{p,q}$,*

- *zu jedem Paar $(t, u) \in \mathbb{T} \times \mathbb{T}$ einem einstelligen Operationssymbol meld$_{t,u}$,*

- *zu jedem $p \in \mathbb{P}$ einem einstelligen Operationssymbol hide$_p$,*

- *zu jedem $t \in \mathbb{T}$ zwei einstelligen Operationssymbolen hide$_t$ und τ-hide$_t$,*

- *einem zweistelligen Operationssymbol $\|$.*

Wir werden aus $\mathbb{K}_m^\tau$ verschiedene Algebren über $\mathcal{PN}_I$, $\mathcal{PN}_I^\tau$, $\mathcal{PN}_{I,t}$ und $\mathcal{PN}_{I,t}^\tau$ entwickeln. Dazu müssen wir definieren, wie die Operationssymbole in $\mathbb{K}_m^\tau$ als Operationen auf diesen Petri-Netz-Klassen interpretiert werden. Wir geben diese Definition nur für die Operationen auf $\mathcal{PN}_{I,t}^\tau$. Damit erhalten wir auch Operationen auf $\mathcal{PN}_I^\tau$, indem wir den finalen Zustand in allen vorkommenden Netzen einfach ignorieren. Ebenso sind alle Operationen, die keine neue Beschriftung τ einführen, auch Operationen auf $\mathcal{PN}_{I,t}$ und auf $\mathcal{PN}_I$. Ignorieren wir zusätzlich noch alle Beschriftungen in den Petri-Netzen, erhalten wir somit auch Operationen auf $\mathcal{PN}^f$. Dabei werden wir unsere Operationen auf $\mathcal{PN}_{I,t}^\tau$ so einführen, dass Restriktionen auf $\mathcal{PN}^f$ genauso arbeiten, wie die bereits bekannten Operationen gleichen Namens in Definition 8.1.10.

Definition 8.1.19 (Operationen auf $\mathcal{PN}_{I,t}^\tau$). *Wir ordnen den k-stelligen Operationssymbolen aus $\mathbb{K}_m^\tau$ k-stellige Operationen wie folgt auf $\mathcal{PN}_{I,t}^\tau$ zu.*

0 ist das Petri-Netz $0 := (P, T, F, s_0, \Sigma, h_\ell, s_f, I)$ mit $P := T := F := \Sigma := h_\ell := I := \emptyset$ und $s_0 := s_f := ()$,

$p\text{-}place_{j,k} := (\{p\}, \emptyset, \emptyset, (j), \emptyset, \emptyset, (k), \{p\})$ besteht aus dem öffentlichen Place p mit initialem Zustand (j) und finalem Zustand $(k) \in \mathbb{N}^{\{p\}}$,

$t\text{-}trans_a := (\emptyset, \{t\}, \emptyset, (), \{a\}, h_\ell(t) = a, (), \{t\})$ besteht nur aus der öffentlichen Transition t mit Beschriftung a.

Die folgenden einstelligen Operationen verändern ein Petri-Netz $N = (P, T, F, s_0, \Sigma, h_\ell, s_f, I)$ wie folgt:

$$add_{p\to t}(N) := \begin{cases} N & \text{falls } p \notin I \vee t \notin I \\ (P, T, F_{p,t}, s_0, \Sigma, h_\ell, s_f, I) & \text{sonst, mit} \end{cases}$$

$$\text{mit } F_{p,t}(x,y) := \begin{cases} F(x,y) + 1 & \text{falls } x = p \wedge y = t \text{ gilt,} \\ F(x,y) & \text{sonst,} \end{cases}$$

fügt eine Kante von p nach t hinzu, falls p und t öffentlich sind.

$$add_{t\to p}(N) := \begin{cases} N & \text{falls } p \notin I \vee t \notin I \\ (P, T, F_{t,p}, s_0, \Sigma, h_\ell, s_f, I) & \text{sonst, mit} \end{cases}$$

$$\text{mit } F_{t,p}(x,y) := \begin{cases} F(x,y) + 1 & \text{falls } x = t \text{ und } y = p \text{ gilt,} \\ F(x,y) & \text{sonst,} \end{cases}$$

fügt in N eine Kante von t nach p hinzu, falls p und t öffentlich sind.

$$meld_{p,q}(N) := \begin{cases} N & \text{falls } p \notin I \vee q \notin I \vee p = q \\ (P - \{q\}, T, F_{p,q}, s_{p,q}, \Sigma, h_\ell, s_{f,p,q}, I - \{q\}) & \text{sonst,} \end{cases}$$

$$\text{mit } F_{p,q}(x,y) := \begin{cases} F(p,y) + F(q,y) & \text{falls } x = p, \\ F(x,p) + F(x,q) & \text{falls } y = p, \\ F(x,y) & \text{sonst,} \end{cases}$$

$$s_{p,q}(x) := \begin{cases} s_0(p) + s_0(q) & \textit{falls } x = p, \\ s_0(x) & \textit{sonst,} \end{cases}$$

$$\textit{und } s_{f,p,q}(x) := \begin{cases} s_f(p) + s_f(q) & \textit{falls } x = p, \\ s_f(x) & \textit{sonst,} \end{cases}$$

verschmilzt den Place q mit p, falls p und q öffentlich sind.

$$meld_{t,u}(N) := \begin{cases} N & \textit{falls } t \notin I \vee u \notin I \vee t = u \\ (P, T - \{u\}, F_{t,u}, s_0, h_\ell(T - \{u\}), h_{\ell u}, s_f, I - \{u\}) & \textit{sonst,} \end{cases}$$

$$\textit{mit } F_{t,u}(x,y) := \begin{cases} F(t,y) + F(u,y) & \textit{falls } x = t, \\ F(x,t) + F(x,u) & \textit{falls } y = t, \\ F(x,y) & \textit{sonst} \end{cases}$$

und $h_{\ell u} := h_\ell|_{T-\{u\}}$, verschmilzt die Transition u mit t, falls t und u öffentlich sind.

$$hide_p(N) := \begin{cases} N & \textit{falls } p \notin I \\ (P, T, F, s_0, \Sigma, h_\ell, s_f, I - \{p\}) & \textit{sonst} \end{cases}$$

macht einen öffentlichen Place p privat. Dabei bleibt p in P.

$$hide_t(N) := \begin{cases} N & \textit{falls } t \notin I \\ (P, T, F, s_0, \Sigma, h_\ell, s_f, I - \{t\}) & \textit{sonst} \end{cases}$$

macht eine öffentliche Transition t privat. Dabei bleibt t in T.

$$\tau\text{-}hide_t(N) := \begin{cases} N & \textit{falls } t \notin I \\ (P, T, F, s_0, h_\ell(T - \{t\}), h'_\ell, s_f, I - \{t\}) & \textit{sonst} \end{cases}$$

$$\textit{mit } h'_\ell(x) := \begin{cases} \tau & \textit{falls } x = t, \\ h_\ell(x) & \textit{sonst,} \end{cases}$$

macht eine öffentliche Transition t privat und unsichtbar (t wird mit τ beschriftet). t verbleibt in T.

$\|$ *operiert auf zwei Petri-Netzen $N_i = (P_i, T_i, F_i, s_i, \Sigma_i, h_{\ell i}, s_{f,i}, I_i)$ für $i = 1, 2$ wie folgt:*

$$N_1 \| N_2 := \begin{cases} 0 & \textit{falls } I_1 \cap I_2 \neq \emptyset, \\ (P_1 \dot\cup P_2, T_1 \dot\cup T_2, F_1 \dot\cup F_2, (s_1, s_2), \Sigma_1 \cup \Sigma_2, \\ \quad h_{\ell 1} \dot\cup h_{\ell 2}, (s_{f,1}, s_{f,2}), I_1 \cup I_2) & \textit{sonst,} \end{cases}$$

ist die Zusammenfassung von N_1 und N_2 zu einem Netz. Wir sagen, dass $\|$ echt auf N_1 und N_2 operiert, falls $I_1 \cap I_2 = \emptyset$ gilt. Die anderen Operationen sollen genau dann echt operieren, wenn ihre Entsprechungen in Definition 8.1.10 echt operieren.

Die eventuelle Umbenennung von Places und Transitionen, um $P_1 \dot\cup P_2$ und $T_1 \dot\cup T_2$ zu erhalten, soll dabei nur private Places und Transitionen betreffen, um $I_1 \cup I_2$ nicht zu verändern. Bei Umbenennung einer Transition wird natürlich deren Beschriftung beibehalten. Wie die Umbenennung erfolgt, ist für die Sprachen $\mathcal{P}_{(t)}(N_1 \| N_2)$, $\mathcal{W}_{(t)}(N_1 \| N_2)$ und $\mathcal{L}_{(t)}(N_1 \| N_2)$ offenbar irrelevant.

Es gilt genau die erwartete Beziehung zwischen $\|$ und $\sqcup\!\sqcup$, nämlich:

Lemma 8.1.20. *Seien* N_1, N_2 *zwei Petri-Netze mit* $N_1 \parallel N_2 \neq 0$, *dann gilt:*

$$\mathcal{P}(N_1 \parallel N_2) = \mathcal{P}(N_1) \sqcup \mathcal{P}(N_2), \quad \mathcal{P}_t(N_1 \parallel N_2) = \mathcal{P}_t(N_1) \sqcup \mathcal{P}_t(N_2)$$

$$\mathcal{W}(N_1 \parallel N_2) = \mathcal{W}(N_1) \sqcup \mathcal{W}(N_2), \quad \mathcal{W}_t(N_1 \parallel N_2) = \mathcal{W}_t(N_1) \sqcup \mathcal{W}_t(N_2)$$

$$L(N_1 \parallel N_2) = L(N_1) \sqcup L(N_2), \quad L_t(N_1 \parallel N_2) = L_t(N_1) \sqcup L_t(N_2).$$

Beweis: Offensichtlich gilt (bis auf die trivialen Umbenennungen von Places und Transitionen außerhalb des Interfaces): $N_1 \parallel N_2 = N_1 \, sy_\emptyset \, N_2$, vergleiche mit Definition 6.2.9. Mit Satz 7.2.16 gilt also

$$\begin{aligned}
\mathcal{P}_{(t)}(N_1 \parallel N_2) &= \mathcal{P}_{(t)}(N_1 \, sy_\emptyset \, N_2) \\
&= \mathcal{P}_{(t)}(N_1) \, sy_\emptyset \, \mathcal{P}_{(t)}(N_2) \\
&= \mathcal{P}_{(t)}(N_1) \sqcup \mathcal{P}_{(t)}(N_2).
\end{aligned}$$

Wegen der Verallgemeinerbarkeit der Synchronisation gelten die Gleichungen auch für $\mathcal{W}_{(t)}$ und $\mathcal{L}_{(t)}$. ∎

Ganz analog zum Beweis des Vollständigkeitssatzes für $\mathbb{K}_0$ in Abschnitt 8.1.2 zeigt man leicht Vollständigkeitssätze für die folgenden Kalküle.

Definition 8.1.21 (Teilkalküle). $\mathbb{K}_m$ *ist der Teilkalkül von* $\mathbb{K}_m^\tau$ *ohne die* τ-*hide*$_t$-*Operationen.* $\mathbb{K}$ *bzw.* $\mathbb{K}^\tau$ *sind die Teilkalküle von* $\mathbb{K}_m$ *bzw.* $\mathbb{K}_m^\tau$ *ohne die* meld$_{p,q}$- *und* meld$_{t,u}$-*Operationen.* $\mathbb{K}_m^f$ *und* $\mathbb{K}^f$ *sind die Teilkalküle von* $\mathbb{K}_m$ *bzw.* $\mathbb{K}$, *in denen die* t-*trans*$_a$-*Operationen nur für* $t = a$ *erlaubt sind.*

Diese Kalküle sind für unsere Petri-Netz-Klassen vollständig:

Satz 8.1.22 (Vollständigkeit).

$$\begin{aligned}
\mathcal{PN}_{I,t}^\tau &= \mathcal{A}(\mathbb{K}_m^\tau) &=& \quad \mathcal{A}(\mathbb{K}^\tau), \\
\mathcal{PN}_{I,t} &= \mathcal{A}(\mathbb{K}_m) &=& \quad \mathcal{A}(\mathbb{K}), \\
\mathcal{PN}_{I,t}^f &= \mathcal{A}(\mathbb{K}_m^f) &=& \quad \mathcal{A}(\mathbb{K}^f).
\end{aligned}$$

Beweis: Der Beweis geht völlig analog zu dem in Satz 8.1.11 und ist trivial. ∎

8.1.5 Ein universeller Kontext

Wir werden verschiedene Petri-Netz-Semantiken einführen, die über Sprachen, Stepsprachen und Pomsetsprachen mittels universeller Kontexte definiert werden. Überraschenderweise werden wir für die kommenden Semantiken stets mit demselben universellen Kontext U arbeiten können.

Definition 8.1.23 (Universelle Kontexte). *Ein* abstraktes Interface I *ist eine endliche Teilmenge von* $\mathbb{P} \cup \mathbb{T}$. *Zu einem abstrakten Interface* I *werden Transitionen* $X_I := \{x_p^+ \mid p \in I \cap \mathbb{P}\} \cup \{x_p^- \mid p \in I \cap \mathbb{P}\}$ *und* $Y_I := \{y_t \mid t \in I \cap \mathbb{T}\}$ *in* $\mathbb{T}$ *definiert, die nur von universellen Kontexten als Transitionen benutzt werden dürfen, und Places* $Z_I := \{z_t \mid t \in I \cap \mathbb{T}\}$ *in* $\mathbb{P}$ *definiert, die nur von universellen Kontexten als Places benutzt werden dürfen. D.h., in den Petri-Netzen, die wir in universelle Kontexte einsetzen werden, kommen keine Transitionen aus* $X_I \cup Y_I$ *oder Places aus* Z_I *vor.*

Der universelle Kontext U_I *zum abstrakten Interface* I *ist der folgende Ausdruck:*

$$U_I := add_I(U^{X_I} \parallel \bullet \parallel U^{Y_I} \parallel U^{Z_I}),$$

dabei werden für $I \cap \mathbb{P} = \{p_1, \ldots, p_m\}$ *und* $I \cap \mathbb{T} = \{t_1, \ldots, t_n\}$ *folgende Abkürzungen verwendet:*

$$U^{X_I} = x_{p_1}^+ \text{-}trans_{x_{p_1}^+} \parallel \ldots \parallel x_{p_m}^+ \text{-}trans_{x_{p_m}^+} \parallel$$
$$x_{p_1}^- \text{-}trans_{x_{p_1}^-} \parallel \ldots \parallel x_{p_m}^- \text{-}trans_{x_{p_m}^-},$$
$$U^{Y_I} = y_{t_1} \text{-}trans_{y_{t_1}} \parallel \ldots \parallel y_{t_n} \text{-}trans_{y_{t_n}},$$
$$U^{Z_I} = z_{t_1} \text{-}place_{1,0} \parallel \ldots \parallel z_{t_n} \text{-}place_{1,0},$$

$$add_I = add_{t_1 \to z_{t_1}} \circ \ldots \circ add_{t_n \to z_{t_n}} \circ add_{z_{t_1} \to y_{t_1}} \circ \ldots \circ add_{z_{t_n} \to y_{t_n}} \circ$$
$$add_{x_{p_1}^+ \to p_1} \circ \ldots \circ add_{x_{p_m}^+ \to p_m} \circ add_{p_1 \to x_{p_1}^-} \circ \ldots \circ add_{p_m \to x_{p_m}^-}$$

Abbildung 8.8 zeigt ein Beispiel von $U_I[N]$ für ein Petri-Netz N mit Interface I. Rein formal gesehen ist U_I ein Ausdruck über einigen Operationen einschließlich des Punktes $\bullet$. Es wurden hierbei (außer $\bullet$) nur Operationen des kleinsten unserer betrachteten Kalküle, nämlich $\mathbb{K}^f$, benutzt. D.h. wir können U_I als einen Ausdruck im Kalkül $\mathbb{K}_\mathbb{A}$ aller Kontexte der Algebra $\mathbb{A}$ auffassen, wobei wir $\mathbb{A} = (\mathcal{A}(\mathbb{K}^f), \mathbb{K}^f) = (\mathcal{PN}_{I,t}^f, \mathbb{K}^f)$ wählen können. Da jeder der anderen Kalküle $\mathbb{K}_m^\tau, \mathbb{K}^\tau, \mathbb{K}_m, \mathbb{K}$ und $\mathbb{K}_m^f$ eine Obermenge von $\mathbb{K}^f$ ist, ist U_I damit auch ein Kontext für jede Algebra $(\mathcal{PN}_{I,t}^\tau, \mathbb{K}_m^\tau), (\mathcal{PN}_{I,t}^\tau, \mathbb{K}^\tau),$ $(\mathcal{PN}_{I,t}, \mathbb{K}_m), (\mathcal{PN}_{I,t}, \mathbb{K})$ und $(\mathcal{PN}_{I,t}^f, \mathbb{K}^f)$. Damit ist $U_I[N]$ für jedes Petri-Netz N selbst ein Petri-Netz, nämlich das Netz N „eingebettet in U_I". Ist N

terminal, so auch $U_I[N]$. Da der Ausdruck für U_I terminale Places $p\text{-}place_{i,j}$ nur für $j = 0$ benutzt, ist der „finale Zustand von U_I" gerade der, in dem kein Token mehr auf U_I liegt. Die finalen Zustände in $U_I[N]$ sind also genau die finalen Zustände von N mit zusätzlich null Token auf den Places von U_I.

Wir werden ausschließlich den universellen Kontext U_I auf ein Petri-Netz N mit Interface I anwenden und niemals $U_I[N]$ für ein Petri-Netz N mit einem Interface $I' \neq I$ bilden. Daher bestimmt das Interface I von N, welcher universelle Kontext auf N angewendet werden darf und wir schreiben daher auch eindeutig $U[N]$ statt $U_I[N]$.

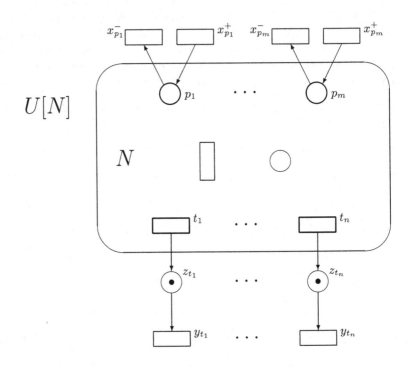

Abb. 8.8. Ein Petri-Netz N mit dem Interface $I = \{p_1, \ldots, p_m, t_1, \ldots, t_n\}$, eingebettet in seinen universellen Kontext U_I. Der initiale Zustand des Kontextes ist eingezeichnet.

Sei etwa $N = (P, T, F, s_0, \Sigma, h_\ell, s_f, I)$ und $U[N] = (\hat{P}, \hat{T}, \hat{F}, \hat{s}_0, \hat{\Sigma}, \hat{h}_\ell, \hat{s}_f, \hat{I})$, so muss also gelten:

- $\hat{P} = P \cup \{z_t \mid t \in T \cap I\}$,

- $\hat{T} = T \cup \bigcup_{p \in P \cap I} \{x_p^+, x_p^-\} \cup \{y_t \mid t \in T \cap I\}$,

- $\hat{s}_0 = s_0 + \sum_{t \in T \cap I} 1 \cdot z_t,$

- $\hat{s}_f = s_f,$

- $\hat{\Sigma} = \Sigma \cup (\hat{T} - T),$

- $\hat{h_\ell}|_T = h_\ell$ und $\hat{h_\ell}|_{\hat{T}-T} = \mathbf{id},$

- $\hat{I} = I \cup \bigcup_{p \in P \cap I} \{x_p^+, x_p^-\} \cup \{y_t \mid t \in T \cap I\} \cup \{z_t \mid t \in T \cap I\}.$

Folgende „syntaktische" Eigenschaften von U sind offensichtlich.

Korollar 8.1.24. *Seien N_1, N_2 zwei Petri-Netze und add eine $add_{p \to t}$- oder $add_{t \to p}$-Operation. Dann gilt:*

$$U[N_1 \parallel N_2] = U[N_1] \parallel U[N_2]$$
$$U[add(N)] = add(U[N])$$

Man beachte nur, dass N und $add(N)$ das gleiche Interface besitzen. Wir werden im Folgenden zeigen, dass U universell für eine Reihe von Semantiken ist. Dies geschieht mit Satz 8.1.8 dadurch, dass wir diese Semantiken $\mathcal{S}(N)$ für ein Petri-Netz N als $\mathcal{B}(U[N])$ definieren (für diverse Step- und Pomsetsprachen $\mathcal{B}$), und die Kompositionalität von $\mathcal{S}$ direkt beweisen.

Wir werden im Folgenden zeigen, dass U in der Tat ein universeller Kontext im Sinne von Definition 8.1.7 für einige Verhalten $\mathcal{B}$ ist. Mit Satz 8.1.8 werden wir dazu nur beweisen müssen, dass durch $\mathcal{S}(N) := \mathcal{B}(U[N])$ eine kompositionale Semantik definiert wird. Die zusätzlich in Satz 8.1.8 geforderte Eigenschaft $\mathcal{B}(U[N_1]) = \mathcal{B}(U[N_2]) \implies \mathcal{B}(N_1) = \mathcal{B}(N_2)$ wird dabei für alle untersuchten Verhalten $\mathcal{B}$ trivial erfüllt sein.

8.2 Einige konkrete kompositionale Semantiken für Petri-Netze

8.2.1 Zwei kompositionale Pomsetsemantiken

Von den im Abschnitt 8.1.2 vorgestellten Kalkülen ist $\mathbb{K}_m^\tau$ der umfassendste, alle anderen sind in $\mathbb{K}_m^\tau$ enthalten. Wir werden daher in diesem Abschnitt Petri-Netze stets als die Algebra $\mathbb{A} = (\mathcal{PN}_{I,t}^\tau, \mathbb{K}_m^\tau)$ auffassen. D.h. wir lassen Petri-Netze mit τ-Transitionen und finalem Zustand zu. Die Klassen $\mathcal{PN}_I$

oder $\mathcal{PN}_{I,t}$ sind nur Untermengen von $\mathcal{PN}_{I,t}^\tau$. In dieser Algebra sind also die allgemeinsten Petri-Netze mit der größten Menge von syntaktischen Operationen erfasst. Der Begriff „kompositionale Petri-Netz-Semantik" bezieht sich in diesem Abschnitt also stets auf $(\mathcal{PN}_{I,t}^\tau, \mathbb{K}_m^\tau)$. Wir untersuchen jetzt zwei Pomsetsemantiken, $\mathcal{S}_t$ und $\mathcal{S}$, die als Verhalten eines Petri-Netzes einmal das terminale und einmal das beliebige „Pomsetverhalten" beschreiben.

Definition 8.2.1 (Pomsetsemantiken). *Es seien*

$$\mathcal{S}_t : \mathcal{PN}_{I,t}^\tau \to 2^{\mathcal{POM}} \text{ und}$$

$$\mathcal{S} : \mathcal{PN}_{I,t}^\tau \to 2^{\mathcal{POM}}$$

definiert durch

$$\mathcal{S}_t(N) := \mathcal{P}_t(U[N]) \text{ für } N \in \mathcal{PN}_{I,t}^\tau$$

und

$$\mathcal{S}(N) := \mathcal{P}_0(U[N]) \text{ für } N \in \mathcal{PN}_{I,t}^\tau$$

mit $\mathcal{P}_0(U[N]) := \Phi\{\pi \mid \exists B, E, A, r \colon \pi = (B, E, A, r) \in \mathrm{Proc}(U[N]) \wedge r(\max B) \subseteq P_N\}.$

Beispiel 8.2.2. Betrachten wir die Petri-Netze N_3 und N_4 aus Beispiel 8.1.16, Abb. 8.7 mit dem Interface $\{p_1, a, b, c, d\}$ und initialem und finalem Zustand 0. Dann gilt

$$\mathcal{S}_t(N_3) = \mathcal{P}_t(U[N_3]) = \mathcal{P}_t(U[N_4]) = \mathcal{S}_t(N_4)$$

$$= y_a \sqcup\!\sqcup y_b \sqcup\!\sqcup y_c \sqcup\!\sqcup y_d \sqcup\!\sqcup \bigsqcup\!\bigsqcup \begin{pmatrix} a \to c \to y_c \\ \searrow y_a \end{pmatrix} \sqcup\!\sqcup \bigsqcup\!\bigsqcup \begin{pmatrix} a \to d \to y_d \\ \searrow y_a \end{pmatrix}$$

$$\sqcup\!\sqcup \bigsqcup\!\bigsqcup \begin{pmatrix} a \to y_a \\ \searrow x_1^- \end{pmatrix} \sqcup\!\sqcup \bigsqcup\!\bigsqcup \begin{pmatrix} b \to c \to y_c \\ \searrow y_b \end{pmatrix} \sqcup\!\sqcup \bigsqcup\!\bigsqcup \begin{pmatrix} b \to d \to y_d \\ \searrow y_b \end{pmatrix}$$

$$\sqcup\!\sqcup \bigsqcup\!\bigsqcup \begin{pmatrix} b \to y_b \\ \searrow x_1^- \end{pmatrix} \sqcup\!\sqcup \bigsqcup\!\bigsqcup (x_1^+ \to c \to y_c) \sqcup\!\sqcup \bigsqcup\!\bigsqcup (x_1^+ \to d \to y_d) \sqcup\!\sqcup \bigsqcup\!\bigsqcup (x_1^+ \to x_1^-).$$

Für die nicht-terminale Semantik $\mathcal{S}$ ist zu beachten, dass dennoch die Places z_a, z_b, z_c und z_d von U geleert werden müssen. Es gilt also

$$\mathcal{S}(N_3) = \mathcal{S}(N_4) = \mathcal{S}_t(N_3) \sqcup\!\sqcup \bigsqcup\!\bigsqcup(a \to y_a) \sqcup\!\sqcup \bigsqcup\!\bigsqcup(b \to y_b) \sqcup\!\sqcup \bigsqcup\!\bigsqcup x_1^+.$$

Die Semantik $\mathcal{S}_t(N)$ ist also gerade die terminale Pomsetsprache von N *eingebettet in seinen universellen Kontext*. Die Intuition von $\mathcal{S}(N)$ soll die nicht-terminale Pomsetsprache ebenfalls von N eingebettet in seinen universellen

Kontext sein. Aus technischen Gründen lassen wir aber nur solche Pomsets in $\mathcal{S}(N)$ zu, bei denen sich kein Token mehr am Schluss in U befindet. Token in N sind natürlich in beliebiger Zahl erlaubt. Formal ausgedrückt haben wir das dadurch, dass wir $\mathcal{S}(N)$ als die Pomsets $\Phi\pi$ – Φ ist hier der Pomsetkonstruktor aus Prozessen – betrachten, in deren zugrundeliegenden Prozessen am Schluss, d.h. in $r(\max B)$, kein Token in U mehr ist, d.h. $r(\max B) \subseteq P_N$, wobei P_N die Menge der Places in N ist.

Wir werden nun zeigen, dass beide Semantiken kompositional sind, natürlich bezüglich der Algebra $(\mathcal{PN}_{I,t}^\tau, \mathbb{K}_m^\tau)$. Dazu werden wir zu jeder k-stelligen Operation $op^k \colon (\mathcal{PN}_{I,t}^\tau)^k \to \mathcal{PN}_{I,t}^\tau$ in $\mathbb{K}_m^\tau$ ihr semantisches Gegenstück $\widehat{op}^k \colon (2^{\mathcal{POM}})^k \to 2^{\mathcal{POM}}$ explizit angeben, so dass die Gleichung

$$\mathcal{S}_{(t)}(op^k(N_1, \ldots, N_k)) = \widehat{op}^k(\mathcal{S}_{(t)}(N_1), \ldots, \mathcal{S}_{(t)}(N_k))$$

für alle $N_1, \ldots, N_k \in \mathcal{PN}_{I,t}^\tau$ erfüllt ist. Zu beachten ist, dass für 0-stellige Operationen gar nichts gezeigt werden muss. Diese sind bereits konstante Petri-Netze.

Satz 8.2.3 (Kompositionalität von $\mathcal{S}_t$ und $\mathcal{S}$). *Die Semantiken $\mathcal{S}_t$ und $\mathcal{S}$ sind kompositional.*

Bevor wir den Beweis beginnen, empfiehlt es sich zum besseren Verständnis $\mathcal{S}_{(t)}(op^0)$ für die 0-stelligen Operationen $p\text{-}place_{j,k}$, $t\text{-}trans_a$ und 0 genauer zu analysieren. Beginnen wir mit 0. Es ist hierbei 0 das leere Petri-Netz $0 = (P, T, F, s_0, \Sigma, h_\ell, s_f, I)$ mit $P = T = F = \Sigma = h_\ell = I = \emptyset$ und $s_0 = s_f = ()$, der leere Vektor in $\mathbb{N}^\emptyset$. Damit ist U_I auch der leere Kontext. Also gilt $\mathcal{S}_t(0) = \mathcal{P}_t(U[0]) = \mathcal{P}_t(0) = \{\varepsilon\}$, da ε das einzige Pomset ist, das von $()$ $(= s_0)$ nach $()$ $(= s_f)$ feuert. Ebenso gilt $\mathcal{S}(0) = \mathcal{P}_0(U[0]) = \mathcal{P}_0(0) = \{\varepsilon\}$.

Die terminale Semantik $\mathcal{S}_t(t\text{-}trans_a) = \mathcal{P}_t(U[t\text{-}trans_a])$ sieht wie folgt aus: $U[t\text{-}trans_a]$ besteht nur aus zwei Transitionen t und y_t, die über einen Place mit einem Token darauf verbunden sind, vergleiche Abbildung 8.8 und 8.9. Da beim Erreichen des Finalzustandes kein Token mehr auf dem Kontext U liegen darf, gilt $\mathcal{P}_t(U[t\text{-}trans_a]) = \{(y_t)\} \sqcup \bigsqcup \{(a \to y_t)\}$. Jedes Pomset besteht also aus beliebig vielen unabhängigen Paaren $(a \to y_t)$ sowie einem einzelnen y_t (für den zu konsumierenden Token der Anfangsmarkierung). In der nicht-terminalen Semantik $\mathcal{S}$ soll aber auf dem Kontext U ebenfalls kein Token mehr liegen, vergleiche die Definition von $\mathcal{P}_0$. Also gilt $\mathcal{S}(t\text{-}trans_a) = \mathcal{S}_t(t\text{-}trans_a)$.

Der $p\text{-}place_{j,k}$-Operator lässt sich ziemlich ähnlich behandeln, da $U[p\text{-}place_{j,k}]$ – vergleiche Abbildung 8.9 – von ganz ähnlicher Gestalt ist wie $U[t\text{-}trans_a]$. Die Auswirkungen der Token des Start- und Finalzustandes sind nun aber etwas komplexer. Insbesondere muss man unterscheiden, welche Token nur

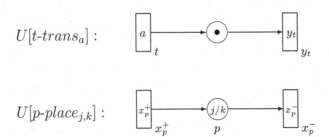

$U[t\text{-}trans_a]:$

$U[p\text{-}place_{j,k}]:$

Abb. 8.9. Die Petri-Netze $U[t\text{-}trans_a]$ und $U[p\text{-}place_{j,k}]$. Der Startzustand besteht bei $U[t\text{-}trans_a]$ aus dem eingezeichneten Token, im einzigen Finalzustand dürfen keine Token existieren, bei $U[p\text{-}place_{j,k}]$ besteht der Startzustand aus j Token auf p, der einzige Finalzustand aus k Token auf p.

konsumiert, nur produziert und weder konsumiert noch produziert werden. Wir werden das Pomset, das aus einem nebenläufigen Feuern von zwei Transitionen t_1 und t_2 besteht, der Einfachheit halber als $(t_1 \ t_2)$ bezeichnen. Da $U[p\text{-}place_{j,k}]$ die Anfangsmarkierung $j\cdot p$ und die Finalmarkierung $k\cdot p$ besitzt, gilt im Fall $j \geq k$: $\mathcal{P}_t(U[p\text{-}place_{j,k}]) = \bigsqcup\{(x_p^+ \rightarrow x_p^-)\} \sqcup \bigsqcup^{j-k}\{(x_p^-)\} \sqcup \bigsqcup^k\{(\varepsilon), (x_p^- \ x_p^+)\}$ und im Fall $j \leq k$: $\mathcal{P}_t(U[p\text{-}place_{j,k}]) = \bigsqcup\{(x_p^+ \rightarrow x_p^-)\} \sqcup \bigsqcup^{k-j}\{(x_p^+)\} \sqcup \bigsqcup^j\{(\varepsilon), (x_p^- \ x_p^+)\}$. Man sieht dies leicht wie folgt. Zunächst einmal kann beliebig oft x_p^+ einen Token produzieren, den x_p^- daraufhin wieder konsumiert. Das Feuern von x_p^- ist dabei vom Feuern von x_p^+ abhängig, und wir erhalten somit $\bigsqcup\{(x_p^+ \rightarrow x_p^-)\}$. Nun kann aber auch der Fall eintreten, dass ein Token nicht wieder konsumiert wird, oder dass ein Token der Anfangsmarkierung konsumiert wird. Ist $j \geq k$, so müssen zum Erreichen der Finalmarkierung auf jeden Fall $j - k$ Token entfernt werden. Dies geschieht durch $j - k$-maliges Feuern von x_p^- und liefert somit $\bigsqcup^{j-k}\{(x_p^-)\}$. Zusätzlich kann auch jedes der k weiteren Token der Anfangsmarkierung entfernt werden, muss dann später aber wieder durch Feuern von x_p^+ reproduziert werden. Da es sich dabei um verschiedene Token handelt, sind die entsprechenden Beschriftungen von x_p^+ und x_p^- in einem Pomset nicht voneinander abhängig. Wir erhalten für diesen Teil $\bigsqcup^k\{(\varepsilon), (x_p^- \ x_p^+)\}$, wobei das Shuffeln von (ε) eben erlaubt, Token liegen zu lassen. Für den Fall $j \leq k$ gilt Analoges, bloß dass hier $k - j$ Token mittels $\bigsqcup^{k-j}\{(x_p^+)\}$ erzeugt werden müssen und die restlichen j Token mittels $\bigsqcup^j\{(\varepsilon), (x_p^- \ x_p^+)\}$ wahlweise von der Anfangsmarkierung genommen oder konsumiert und wieder reproduziert werden dürfen. Für die nicht-terminale Semantik $\mathcal{S}(p\text{-}place_{j,k})$ ist zu beachten, dass hier die Forderung nach k Token „am Schluss" auf p entfällt. Damit ergibt sich unmittelbar $\mathcal{S}(p\text{-}place_{j,k}) = \mathcal{P}_0(U[p\text{-}place_{j,k}]) = \bigsqcup\{(x_p^+ \rightarrow x_p^-), (x_p^+)\} \sqcup \bigsqcup^j\{(x_p^-), (\varepsilon)\}$.

Betrachten wir die allgemeine Situation von $\mathcal{S}_{(t)}(N) = \mathcal{P}_{t/0}(U[N])$, wobei p ein Place im Interface von N ist. Sei φ aus $\mathcal{P}_{t/0}(U[N])$. φ ist damit eine Abstraktion einer Rechnung in $U[N]$. Die Anzahl der Buchstaben x_p^+ in φ sagt genau, wie oft in dieser Rechnung U einen Token auf p gelegt hat. Analog sagt die Anzahl der x_p^- in φ genau, wie oft U einen Token von p entfernt hat. Jedes x_p^+ ist in φ ein minimales Element, es besitzt keine Vorgänger, und jedes x_p^- ist ein maximales Element, es besitzt keine Nachfolger in φ. Entfernen wir etwa in φ ein Vorkommen von x_p^-, so erhalten wir ein Pomset φ', das eine Rechnung beschreibt, in der U von p einen Token weniger konsumiert, in der also ein Token mehr auf p verbleibt.

Zum Beweis der Kompositionalität von $\mathcal{S}_t$ und $\mathcal{S}$ wird es notwendig sein, auch aus $\mathcal{P}_{t/0}(U[N])$ auf das Interface von N schließen zu können. Wir müssen sowohl in der Lage sein, aus $\mathcal{P}_{t/0}(U[N])$ das Interface I_N von N zu bestimmen, als auch die Beschriftungen a in jedem Pomset $\varphi \in \mathcal{P}_{t/0}(U[N])$ zu finden, die gerade Beschriftungen von $t \in I_N$ sind.

Ersteres ist offensichtlich: Wenn eine Pomsetsprache L gegeben ist mit $L = \mathcal{P}_{t/0}(U[N])$, so lässt sich das Interface I_N bestimmen aus genau den Buchstaben x_p^+, x_p^-, y_t, die in L vorkommen. Es sei

$$I_L := \{p \mid x_p^+ \text{ kommt in } L \text{ vor}\} \cup \{t \mid y_t \text{ kommt in } L \text{ vor}\},$$

so gilt $I_L = I_N$. Damit können wir auch $L = \mathcal{P}_{t/0}(U[N])$ ansehen, ob eine Operation echt auf N operiert. So operiert etwa $add_{p \to t}$ echt auf N, falls p und t in I_N vorkommen.

Zum zweiten Punkt, der Bestimmung der Beschriftungen a in $L = \mathcal{P}_{t/0}(U[N])$, die zu einem $t \in I_N$ gehören: Die Beschriftungen y_t in Pomsets $\varphi \in \mathcal{P}_t(U[N])$ oder $\varphi \in \mathcal{P}_0(U[N])$, N beliebig, werden im Folgenden zur Identifikation der Beschriftungen a in φ, die genau die Beschriftungen der öffentlichen Transition t von N sind, benutzt. Da $t = {}^{\bullet\bullet}y_t$ in $U[N]$ gilt – y_t besitzt genau z_t als Input-Place und z_t besitzt genau t als Input-Transition – sind die direkten Vorgänger a von y_t in φ stets Beschriftungen von t. Da sowohl in $\mathcal{S}_t$ als auch in $\mathcal{S}$ auf z_t kein Token verbleiben darf, muss nach jedem Feuern eines a, das Beschriftung von t ist, auch y_t direkter Nachfolger von a in φ sein. D.h. die direkten Vorgänger der y_t in $\varphi \in \mathcal{S}_t(N) \cup \mathcal{S}(N)$ entsprechen genau dem Namen eines Feuerns von t in $U[N]$.

Wir kommen nun zum Beweis des Satzes 8.2.3.

Beweis: Wir beginnen mit dem einfachsten Fall, nämlich $\|$. Operiert $\|$ nicht echt, so ist $\mathcal{S}_t(N_1 \| N_2) = \mathcal{S}_t(0)$. Operiert $\|$ echt, so gilt

$$\begin{aligned}
\mathcal{S}_t(N_1 \parallel N_2) &= \mathcal{P}_t(U[N_1 \parallel N_2]) \\
&= \mathcal{P}_t(U[N_1] \parallel U[N_2]), \text{ vergleiche Korollar 8.1.24} \\
&= \mathcal{P}_t(U[N_1]) \sqcup \mathcal{P}_t(U[N_2]), \text{ vergleiche Lemma 8.1.20} \\
&= \mathcal{S}_t(N_1) \sqcup \mathcal{S}_t(N_2).
\end{aligned}$$

Sei N ein beliebiges Petri-Netz, dann ist $\mathcal{P}_0(U[N])$ die Menge aller Pomsets aus $\mathcal{P}(U[N])$, die in einem Zustand s_f von $U[N]$ enden, in dem die Places von U keine Token tragen. Es sei $\mathcal{F}_N$ die Menge aller Zustände des Netzes $U[N]$, in denen kein Place von U einen Token trägt. Für $s \in \mathcal{F}_N$ sei $U[N]^s$ das Netz $U[N]$ mit s als einzigem Finalzustand. Damit gilt offensichtlich

$$\mathcal{P}_0(U[N]) = \bigcup_{s \in \mathcal{F}_N} \mathcal{P}_t(U[N]^s).$$

Zur Abkürzung legen wir für zwei Petri-Netze N_1, N_2 mit $P_{N_1} \cap P_{N_2} = \emptyset = T_{N_1} \cap T_{N_2}$ die folgende Gleichung fest: $\mathcal{F}_0 := \mathcal{F}_{U[N_1] \parallel U[N_2]}$ und $\mathcal{F}_i := \mathcal{F}_{U[N_i]}$ für $i = 1, 2$. Damit gilt:

$$\begin{aligned}
\mathcal{S}(N_1 \parallel N_2) &= \mathcal{P}_0(U[N_1 \parallel N_2]) \\
&= \mathcal{P}_0(U[N_1] \parallel U[N_2]) \\
&= \bigcup_{s \in \mathcal{F}_0} \mathcal{P}_t((U[N_1] \parallel U[N_2])^s) \\
&= \bigcup_{s_1 \in \mathcal{F}_1, s_2 \in \mathcal{F}_2} \mathcal{P}_t(U[N_1]^{s_1} \parallel U[N_2]^{s_2}) \\
&= \bigcup_{s_1 \in \mathcal{F}_1, s_2 \in \mathcal{F}_2} \mathcal{P}_t(U[N_1]^{s_1}) \sqcup \mathcal{P}_t(U[N_2]^{s_2}) \\
&= \bigcup_{s \in \mathcal{F}_1} \mathcal{P}_t(U[N_1]^s) \sqcup \bigcup_{s \in \mathcal{F}_2} \mathcal{P}_t(U[N_2]^s) \\
&= \mathcal{P}_0(U[N_1]) \sqcup \mathcal{P}_0(U[N_2]) \\
&= \mathcal{S}(N_1) \sqcup \mathcal{S}(N_2).
\end{aligned}$$

Damit ist, wie erwartet, $\sqcup$ das semantische Gegenstück $\widehat{\parallel}$ der syntaktischen $\parallel$-Operation.

Betrachten wir nun die deutlich schwierigeren add-Operationen.

Zu $add_{p \to t}$. Die Arbeitsweise von $add_{p \to t}$ hängt auch von dessen Argument L $(= \mathcal{P}_{t/0}(U[N]))$ ab. Liegen p und t nicht im Interface von N, so operiert $add_{p \to t}$ trivial. In diesem Fall setzen wir $\widehat{add}_{p \to t} := \mathbf{id}$. Es operiere nun $add_{p \to t}$ echt. Betrachten wir zuerst $\mathcal{S}_t$. Sei $\varphi \in \mathcal{P}_t(U[N]) = L$. Falls wir nun einen Pfeil von p nach t ziehen, $U[N] \mapsto add_{p \to t}(U[N])$, so muss jedes Feuern von t in einer durch φ abstrahierten Rechnung ein Token mehr von p entfernen, bei abschließend gleichem Finalzustand, d.h. bei gleicher Zahl von Token auf p am Ende der Rechnung wie zuvor. Man beachte, dass die terminalen Petri-Netze hier genau *einen* Finalzustand besitzen. Kommt in φ kein x_p^- vor, so werden alle Token auf p höchstens durch Transitionen in N konsumiert. Es steht also gar kein Token für eine zusätzliche Nutzung durch t zur Verfügung. φ wird für die gesuchte Semantik $\widehat{add}_{p \to t}(L)$ in diesem Fall nichts beitragen. Es existiert nun zu jedem direkten Vorgänger von y_t in φ (diese repräsentieren ja genau ein Feuern von t) auch mindestens ein Vorkommen von x_p^- in φ. Damit hat U insgesamt mindestens so viele Token von p entfernt, wie für alles Feuern von t jetzt zusätzlich benötigt werden. Diese Token können wir also t zur Verfügung stellen. Dazu müssen wir nur jeweils ein x_p^- als direkten Vorgänger eines solchen t festsetzen und anschließend aus φ entfernen. Dabei darf x_p^- allerdings selbst kein Nachfolger dieses t sein, ansonsten würde im Pomset φ durch die neue Kante von x_p^- zu t ein Kreis eingeführt.

Es sei nun $\varphi = [(E, R, \ell)] \in \mathcal{POM}$ ein beliebiges Pomset. Wir definieren $G_{p,t}(\varphi)$ als die Menge aller Pomsets, die durch folgenden Algorithmus entstehen können:

Für jeden Knoten $e \in E$ mit $\ell(e) = y_t$
    Für alle direkten Vorgänger e' von e: {„die Transition t"}
        Wähle einen Knoten $e'' \in E$ mit $\ell(e'') = x_p^-$ {„ein Token auf p"}
        $R := R \cup \{(e'', e')\}$;
        $R := R^+$;
        $E := E - \{e''\}$;
        $R := R|_{E \times E}$;
        $\ell := \ell|_E$;
Ist R eine partielle Ordnung, so liefere als Resultat $[(E, R, \ell)]$.
(Sonst liefere kein Resultat.)

Die Operation $G_{p,t}$ wird kanonisch auf Pomsetsprachen fortgesetzt durch $G_{p,t}(L) := \bigcup_{\varphi \in L} G_{p,t}(\varphi)$. Abbildung 8.10 visualisiert die Situation. Damit setzen wir für $\mathcal{S}_t$ fest: $\widehat{add}_{p \to t} := G_{p,t}$.

Ein Beispiel soll die Wirkung von $G_{p,t}$ verdeutlichen. Wir betrachten das Petri-Netz N mit $I_N = \{p_2, t_3\}$ aus Abbildung 8.11, wo $U[N]$ dargestellt ist. In N soll ein Pfeil von p_2 nach t_3 gezogen werden. Also gilt $G_{p_2, t_3}(L) = \mathcal{S}_t(add_{p \to t}(N))$ für $L = \mathcal{P}_t(U[N])$.

φ, φ', φ_1, φ_1', φ_2 und φ_2' in Abbildung 8.12 zeigt einige Pomsets in $\mathcal{S}_t(N)$ – φ, φ' – bzw. in $\mathcal{S}_t(add_{p \to t}(N))$ – φ_1, φ_2, φ_1', φ_2'.

Es gilt jetzt $G_{p_2, t_3}(\varphi) = \{\varphi_1, \varphi_2\}$. In φ_2 ist z.B. $^a \searrow {}_{y_{t_3}}^a$ erlaubt, da – vergleiche Abbildung 8.10 – dies aus $x_{p_2}^-$ und $^a \searrow {}_{y_{t_3}}^a$ aus φ gewonnen werden kann. $^{x_{p_2} \to a} \searrow {}_{y_{t_3}}^a$ in φ_1 wird analog aus $x_{p_2}^+ \to x_{p_2}^-$ und $^a \searrow {}_{y_{t_3}}^a$ aus φ gewonnen.

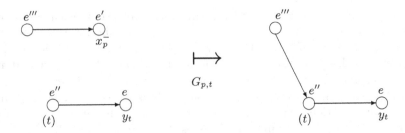

Abb. 8.10. $G_{p,t}$ fügt eine neue Kante zu jedem direkten Vorgänger von y_t von jeweils einem anderen, zufällig gewählten x_p^--Knoten ein. Der x_p^--Knoten wird dabei gelöscht. Das Einführen von Kreisen in die Pomsetstruktur ist verboten

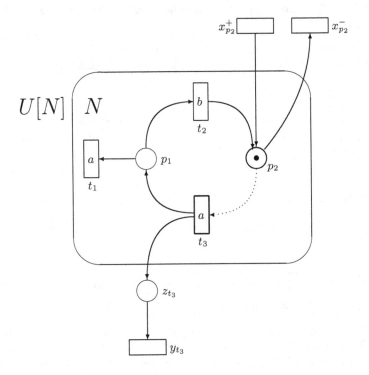

Abb. 8.11. Ein Petri-Netz N in seinem universellen Kontext, mit Startzustand s_0 wie eingezeichnet und Finalzustand $s_f = \mathbf{0}$

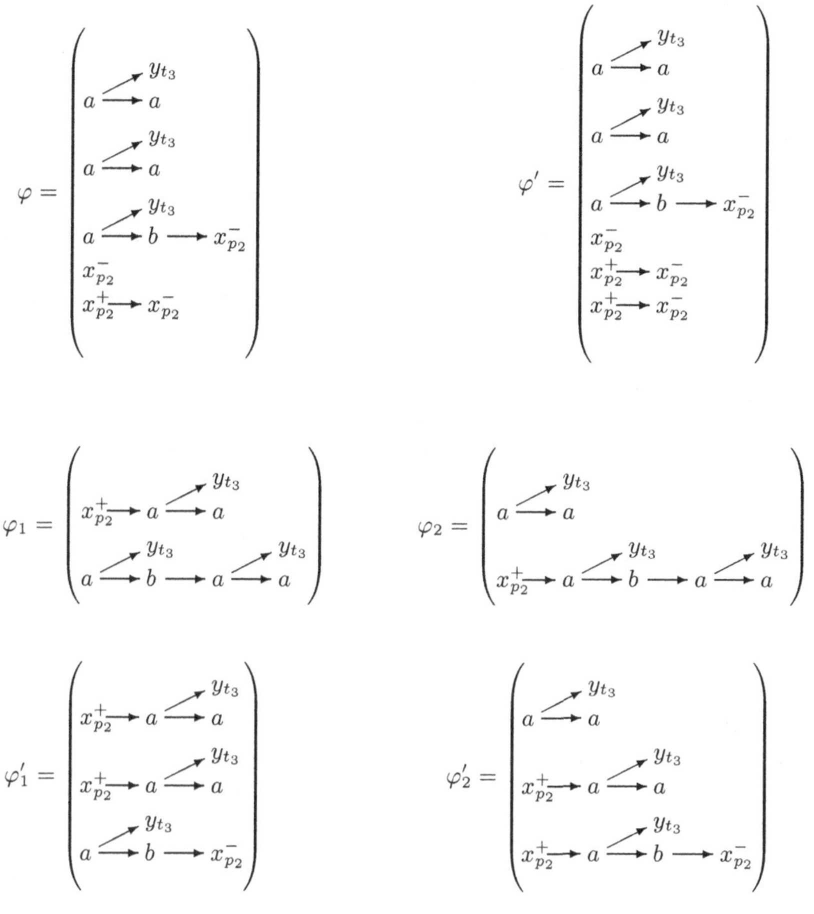

$$\varphi = \left(\begin{array}{l} a \xrightarrow{\ } a \ \nearrow^{y_{t_3}} \\[4pt] a \xrightarrow{\ } a \ \nearrow^{y_{t_3}} \\[4pt] a \xrightarrow{\ } b \longrightarrow x_{p_2}^- \ \nearrow^{y_{t_3}} \\[4pt] x_{p_2}^- \\[4pt] x_{p_2}^+ \xrightarrow{\ } x_{p_2}^- \end{array} \right) \qquad \varphi' = \left(\begin{array}{l} a \xrightarrow{\ } a \ \nearrow^{y_{t_3}} \\[4pt] a \xrightarrow{\ } a \ \nearrow^{y_{t_3}} \\[4pt] a \xrightarrow{\ } b \longrightarrow x_{p_2}^- \ \nearrow^{y_{t_3}} \\[4pt] x_{p_2}^- \\[4pt] x_{p_2}^+ \xrightarrow{\ } x_{p_2}^- \\[4pt] x_{p_2}^+ \xrightarrow{\ } x_{p_2}^- \end{array} \right)$$

$$\varphi_1 = \left(\begin{array}{l} x_{p_2}^+ \xrightarrow{\ } a \xrightarrow{\ } a \ \nearrow^{y_{t_3}} \\[4pt] a \xrightarrow{\ } b \longrightarrow a \xrightarrow{\ } a \ \nearrow^{y_{t_3}} \ \nearrow^{y_{t_3}} \end{array} \right) \qquad \varphi_2 = \left(\begin{array}{l} a \xrightarrow{\ } a \ \nearrow^{y_{t_3}} \\[4pt] x_{p_2}^+ \xrightarrow{\ } a \xrightarrow{\ } b \longrightarrow a \xrightarrow{\ } a \ \nearrow^{y_{t_3}} \ \nearrow^{y_{t_3}} \end{array} \right)$$

$$\varphi_1' = \left(\begin{array}{l} x_{p_2}^+ \xrightarrow{\ } a \xrightarrow{\ } a \ \nearrow^{y_{t_3}} \\[4pt] x_{p_2}^+ \xrightarrow{\ } a \xrightarrow{\ } a \ \nearrow^{y_{t_3}} \\[4pt] a \xrightarrow{\ } b \longrightarrow x_{p_2}^- \ \nearrow^{y_{t_3}} \end{array} \right) \qquad \varphi_2' = \left(\begin{array}{l} a \xrightarrow{\ } a \ \nearrow^{y_{t_3}} \\[4pt] x_{p_2}^+ \xrightarrow{\ } a \xrightarrow{\ } a \ \nearrow^{y_{t_3}} \\[4pt] x_{p_2}^+ \xrightarrow{\ } a \xrightarrow{\ } b \longrightarrow x_{p_2}^- \ \nearrow^{y_{t_3}} \end{array} \right)$$

Abb. 8.12. Einige Pomsets aus der terminalen Semantik der Netze N bzw. $add_{p_2 \to t_3}(N)$ aus Abbildung 8.11 mit $G_{p_2,t_3}(\varphi) = \{\varphi_1, \varphi_2\}$ und $\{\varphi_1', \varphi_2'\} \subseteq G_{p_2,t_3}(\varphi')$

φ_1' und φ_2' beschreiben ebenfalls ein korrektes Verhalten in $\mathcal{S}_t(add_{p \to t}(N))$, aber es gilt nicht $\varphi_1' \in G_{p_2,t_3}(\varphi)$ oder $\varphi_2' \in G_{p_2,t_3}(\varphi)$, sondern $\{\varphi_1', \varphi_2'\} \subseteq G_{p_2,t_3}(\varphi')$.

Für $\mathcal{S}$ können wir genauso $\widehat{add}_{p \to t} := G_{p,t}$ setzen. Das mag erstaunen: Da jetzt die Anzahl der Token auf p am Ende einer Rechnung irrelevant ist, kann t etwa ein Token aus der Anfangsmarkierung von p nutzen, ohne schließlich einen Finalzustand zu berücksichtigen. Das Vorliegen eines von t nutzbaren Tokens muss also nicht mehr notwendig in φ durch ein Vorkommen von x_p^- repräsentiert werden. Ein solches φ liefert aber formal kein Ergebnis für

$G_{p,t}(\varphi)$. Dieses überflüssige Token in φ, das t nutzen könnte, findet sich aber auch in einem Pomset $\varphi' \in \mathcal{S}(N)$, das sich von φ nur durch ein zusätzliches x_p^- unterscheidet. Dieses φ' repräsentiert die gleiche Rechnung wie φ, bis auf das Konsumieren dieses einen Token durch U. Dieses φ' kann dann zur Bildung von $G_{p,t}(\mathcal{S}(N))$ genutzt werden.

Zu $add_{t \to p}$. $\widehat{add}_{t \to p}$ wird völlig „symmetrisch" zu $\widehat{add}_{p \to t}$ auf Pomsetsprachen operieren. Sei φ ein Pomset aus $\mathcal{S}_{(t)}(N) = \mathcal{P}_{t/0}(U[N])$ und wir wollen auf N die Operation $add_{t \to p}$ ausführen mit $p, t \in I_N$. Ein Feuern von t legt dann zusätzlich ein Token auf p. Wir werden φ also so abändern, dass eine neue Kante von jeder Beschriftung, die direkter Vorgänger eines y_t ist (d.h. „genau von den Beschriftungen der Transition t") zu einem x_p^+ geführt wird. Dieses x_p^+ wird anschließend gelöscht. Damit übernimmt t die Funktion dieses x_p^+: statt ein Token wie zuvor in φ vom Kontext U auf p zu legen (mittels x_p^+) produziert nun t dieses Token. Wir definieren also eine Operation $G_{t,p}$ ganz analog zu $G_{p,t}$ wie folgt auf einem beliebigen Pomset $\varphi = [(E, R, \ell)] \in \mathcal{POM}$.

Für jeden Knoten $e \in E$ mit $\ell(e) = y_t$
  Für alle direkten Vorgänger e' von e: {„die Transition t"}
    Wähle einen Knoten $e'' \in E$ mit $\ell(e'') = x_p^+$ {„zu erzeugendes Token"}
    $R := R \cup \{(e', e'')\};$
    $R := R^+;$
    $E := E - \{e''\};$
    $R := R|_{E \times E};$
    $\ell := \ell|_E;$
Ist R eine partielle Ordnung, so liefere als Resultat $[(E, R, \ell)]$.
(Sonst liefere kein Resultat.)

Die Operation $G_{t,p}$ wird kanonisch auf Pomsetsprachen fortgesetzt. Abbildung 8.13 visualisiert die Operation.

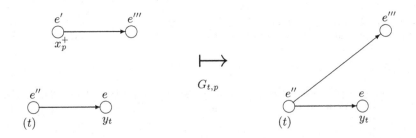

Abb. 8.13. $G_{t,p}$ fügt eine neue Kante von jedem direkten Vorgänger von y_t zu jeweils einem anderen, zufällig gewählten x_p^+-Knoten ein. Der x_p^+-Knoten wird dabei gelöscht. Das Einführen von Kreisen in die Pomsetstruktur ist verboten

Damit setzen wir $\widehat{add}_{t\to p}$ auf **id**, falls $add_{t\to p}$ nicht echt operiert, und auf $G_{t,p}$ sonst.

Der Operator $hide_p$ bewirkt auf N, dass der Place p aus dem Interface genommen wird, und damit in $U[N]$ die Transitionen x_p^+ und x_p^- wegfallen und nicht mehr feuern können. Aus der Semantik $\mathcal{S}_{(t)}(N) = \mathcal{P}_{t/0}(U[N])$ müssen also alle Pomsets herausfallen, die noch Knotenbeschriftungen x_p^+ oder x_p^- besitzen. Wir definieren für beliebige Pomsetsprachen $L \subseteq \mathcal{POM}_\Sigma$: $\widehat{hide}_p(L)$ $:= L|_{\Sigma - \{x_p^+, x_p^-\}}$.

Der Operator $hide_t$ bewirkt auf N, dass die Transition t aus dem Interface genommen wird, und damit in $U[N]$ der Place z_t und die Transition y_t wegfallen. Token, die bisher von t auf z_t gelegt wurden, werden nun nicht mehr erzeugt, und müssen auch nicht mehr konsumiert werden. Es genügt also, in allen Pomsets alle Beschriftungen y_t (die dieses Konsumieren bisher durchführten) zu eliminieren. Wir definieren also für beliebige Pomsetsprachen $L \subseteq \mathcal{POM}$:

$$\widehat{hide}_t(L) := h_{y_t}(L) \text{ mit } h_{y_t} : a \to \begin{cases} \varepsilon, \text{ falls } a = y_t \\ a, \text{ sonst.} \end{cases}$$

Für $\tau\text{-}\widehat{hide}_t$ muss im Gegensatz zu $\widehat{hide}_t$ nur zusätzlich auch jeder direkte Vorgänger aller y_t eliminiert werden, da mit τ beschriftete Transitionen eines Petri-Netzes in deren Pomsets nicht auftauchen. Dies bewirkt folgender Algorithmus H_t auf einem Pomset $\varphi = [(E, R, \ell)]$:

Für jeden Knoten $e \in E$ mit $\ell(e) = y_t$
    Für alle direkten Vorgänger e' von e in φ: {„die Transition t"}
        $E := E - \{e, e'\}$;
        $R := R|_{E \times E}$;
        $\ell := \ell|_E$;
Liefere als Resultat $[(E, R, \ell)]$.

Der Algorithmus wird kanonisch auf Pomsetsprachen fortgesetzt.

Der Effekt einer $meld_{p,q}$-Operation ist, dass Token nun quasi unbeobachtet zwischen den Places p und q übertragen werden können. Man kann dies offensichtlich durch zwei τ-beschriftete Transitionen simulieren, die Token zwischen p und q zirkulieren lassen. Die eine Transition entfernt einen Token von p und legt ihn nach q, die andere hat den umgekehrten Effekt. Das Einführen zweier Transitionen mit jeweils Vor- und Nachbereich p/q bzw. q/p lässt sich offenbar bereits mit Operationen vom Typ $t\text{-}trans_t$, $add_{p\to t}$ und $add_{t\to p}$ bewerkstelligen, ein abschließendes $\tau\text{-}hide_t$ macht die Feuerungen der beiden Transitionen unbeobachtbar und entfernt sie aus dem Interface. Im Netz N_4 in Abbildung 8.7 ist diese Konstruktion zu sehen: Die beiden Places p_1 und p_2 sind durch zwei τ-Transitionen verbunden. Semantisch ist zwischen dieser Konstruktion und der tatsächlichen Identifikation der beiden Places kein Unterschied feststellbar. Allgemein gesprochen besitzt das Petri-Netz

$$N' = \tau\text{-}hide_{t_1}\,\tau\text{-}hide_{t_2}\,add_{p\to t_1}\,add_{t_1\to q}$$
$$add_{q\to t_2}\,add_{t_2\to p}(N \parallel t_1\text{-}trans_{t_1} \parallel t_2\text{-}trans_{t_2})$$

für zwei Transitionen $t_1, t_2 \notin I_N$ die gleiche terminale wie auch nicht-terminale Pomsetsprache wie N. Also setzen wir $\widehat{meld}_{p,q}(L) := L$ falls $p \notin I_N$ oder $q \notin I_N$ oder $p = q$ gilt und

$$\widehat{meld}_{p,q}(L) := \tau\text{-}\widehat{hide}_{t_1}\,\tau\text{-}\widehat{hide}_{t_2}\,\widehat{add}_{p\to t_1}\,\widehat{add}_{t_1\to q}$$
$$\widehat{add}_{q\to t_2}\,\widehat{add}_{t_2\to p}(L \parallel t_1\text{-}\widehat{trans}_{t_1} \parallel t_2\text{-}\widehat{trans}_{t_2})$$

für zwei beliebige Transitionen $t_1, t_2 \notin I_L$ sonst.

Der $meld_{t,u}$-Operator zwingt die Transitionen t und u, immer nur simultan zu feuern, und macht anschließend u unsichtbar. Auf der Pomsetebene fassen wir also immer je eine Beschriftung, die zu t gehört, und eine, die zu u gehört, zu Paaren zusammen. Nur wenn ein Pomset gleichviele Namen von t's und u's enthält, und diese sich auch noch zu nebenläufigen Paaren zusammenfassen lassen, also simultan feuerbar sind, ergibt sich ein Resultat. Da t die Vor- und Nachbereiche von u übernimmt, übernimmt der zu t gehörende Knoten in jedem Pomset die zu u gehörigen Kanten für jedes dieser (t,u)-Paare. Die zu t und u gehörigen Knoten sind dabei natürlich die direkten Vorgänger von y_t bzw. y_u. Der folgende Algorithmus beschreibt die Operation $M_{t,u}$ auf einem Pomset $\varphi = [(E, R, \ell)] \in L \subseteq \mathcal{POM}$ mit $t, u \in I_L$, die das Gewünschte leistet:

Ist $|\ell^{-1}(y_t)| \neq |\ell^{-1}(y_u)|$, so liefere kein Resultat.
Lösche das y_u in φ, das keinen Vorgänger besitzt.
Für jeden Knoten $e_t \in E$ mit einem direkten Nachfolger e'_t mit $\ell(e'_t) = y_t$
    Wähle einen Knoten $e_u \in E$ mit direktem Nachfolger e'_u mit $\ell(e'_u) = y_u$
        Für alle Knoten $e \in E$ mit $(e, e_u) \in R$
            Setze $R := (R - \{(e, e_u)\}) \cup \{(e, e_t)\}$
        Für alle Knoten $e \in E$ mit $(e_u, e) \in R$
            Setze $R := (R - \{(e_u, e)\}) \cup \{(e_t, e)\}$
        $E := E - \{e_u, e'_u\}$;
        $R := R|_{E\times E}$;
        $\ell := \ell|_E$;
Ist R eine partielle Ordnung, so liefere als Resultat $[(E, R, \ell)]$.
(Sonst liefere kein Resultat.)

Die Operation $M_{t,u}$ wird kanonisch auf Pomsetsprachen fortgesetzt. Abbildung 8.14 visualisiert das Vorgehen schematisch.

Damit setzen wir

$$\widehat{meld}_{t,u}(L) := \begin{cases} L, & \text{falls } t \notin I_L \vee u \notin I_L \vee t = u \\ M_{t,u}(L) & \text{sonst.} \end{cases}$$

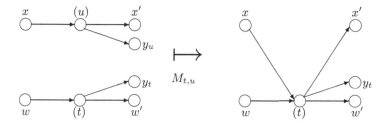

Abb. 8.14. $M_{t,u}$ selektiert wiederholt nebenläufige Paare von Knoten, deren direkte Nachfolger mit y_t und y_u beschriftet sind. Der Vorgänger von y_t erhält dann "Kopien" von allen Kanten, die mit dem Vorgänger von y_u inzidieren, bevor letzterer sowie y_u gelöscht werden. $M_{t,u}$ liefert nur dann ein Resultat, wenn gleichviele y_t- und y_u-Beschriftungen im Pomset vorkommen

Somit hat jede syntaktische Operation aus $\mathbb{K}_m^\tau$ ihr semantisches Gegenstück für eine Kompositionalität. ∎

8.2.2 Abgeleitete kompositionale Semantiken

Die Ergebnisse aus dem letzten Abschnitt über kompositionale Pomsetsemantiken lassen sich auch auf Step- und Sprachsemantiken übertragen.

Definition 8.2.4 (Step- und Sprachsemantiken). *Es seien*

$$\mathcal{S}_{(t)}^\mathcal{W} : \mathcal{PN}_{I,t}^\tau \to 2^{\mathcal{STP}} \ und$$
$$\mathcal{S}_{(t)}^\mathcal{L} : \mathcal{PN}_{I,t}^\tau \to \bigcup_\Sigma 2^{\Sigma^*}$$

die (terminalen) Stepsprachsemantiken bzw. (terminalen) Sprachsemantiken definiert durch

$$\mathcal{S}_t^\mathcal{W}(N) := \mathcal{W}_t(U[N]), \quad \mathcal{S}^\mathcal{W}(N) := \mathcal{W}_0(U[N]),$$
$$\mathcal{S}_t^\mathcal{L}(N) := L_t(U[N]), \quad \mathcal{S}^\mathcal{L}(N) := L_0(U[N])$$

$$mit \ \mathcal{W}_0(U[N]) = h_\ell(\{\sigma \in \mathcal{STP}_{\hat{T}} | \exists \hat{s}_0, \hat{s} \in \mathbb{N}^{\hat{P}} : \hat{s}_0 \, [\sigma >_{U[N]} \hat{s}$$
$$\wedge \, \hat{s}_0|_P = s_0 \wedge \hat{s}|_{\hat{P}-P} = \mathbf{0})\},$$
$$L_0(U[N]) = h_\ell(\{\sigma \in \hat{T}^* | \exists \hat{s}_0, \hat{s} \in \mathbb{N}^{\hat{P}} : \hat{s}_0 \, [\sigma >_{U[N]} \hat{s}$$
$$\wedge \, \hat{s}_0|_P = s_0 \wedge \hat{s}|_{\hat{P}-P} = \mathbf{0})\}$$

für $N = (P, T, F, s_0, \Sigma, h_\ell, s_f, I)$ und $U[N] = (\hat{P}, \hat{T}, \hat{F}, \hat{s}_0, \hat{\Sigma}, \widehat{h_\ell}, \hat{s}_f, \hat{I})$.

Beispiel 8.2.5. Betrachten wir die Petri-Netze N_1 und N_2 aus Beispiel 8.1.15, Abb. 8.5, mit dem Interface $\{p_1, p_3, a, b\}$, initialem Zustand $(1,1,1)$ und finalem Zustand $(0,1,0)$. Dann gilt

$$
\begin{aligned}
\mathcal{S}_t^{\mathcal{L}}(N_1) &= \mathcal{L}_t(U[N_1]) = \mathcal{L}_t(U[N_2]) = \mathcal{S}_t^{\mathcal{L}}(N_2) \\
&= y_a \uplus \{ay_a, x_1^-\} \uplus \bigsqcup x_1^+ a y_a \uplus \bigsqcup x_1^+ x_1^- \\
&\quad \uplus y_b \uplus \{by_b, x_3^-\} \uplus \bigsqcup x_3^+ b y_b \uplus \bigsqcup x_3^+ x_3^-
\end{aligned}
$$

und $\mathcal{S}^{\mathcal{L}}(N_1) = \mathcal{S}^{\mathcal{L}}(N_2) = \mathcal{S}_t^{\mathcal{L}}(N_1) \uplus \bigsqcup x_1^+ \uplus \bigsqcup x_3^+$.

Wie zuvor für $\mathcal{S}_t$ und $\mathcal{S}$ ist jetzt $\mathcal{S}_t^{\mathcal{W}}(N)$ bzw. $\mathcal{S}_t^{\mathcal{L}}(N)$ die terminale (Step) Sprache von N *eingebettet in seinen universellen Kontext*. $\mathcal{S}^{\mathcal{W}}(N)$ und $\mathcal{S}^{\mathcal{L}}(N)$ stellen die nicht-terminalen (Step-)Sprachen von N eingebettet in U dar, wobei nur für den Kontext U wieder gefordert wird, dass er „am Schluss" kein Token mehr enthält. Offenbar gilt $\mathcal{S}_{(t)}^{\mathcal{W}} = \operatorname{step} \mathcal{S}_{(t)}$ und $\mathcal{S}_{(t)}^{\mathcal{L}} = \operatorname{lin} \mathcal{S}_{(t)}$. Satz 8.2.3 über die Kompositionalität kann aber so nicht auf die Sprachsemantiken $\mathcal{S}_t^{\mathcal{L}}$ und $\mathcal{S}^{\mathcal{L}}$ übertragen werden. Abbildung 8.15 zeigt zwei Petri-Netze N_1 und N_2 mit $\mathcal{S}_{(t)}^{\mathcal{L}}(N_1) = \mathcal{S}_{(t)}^{\mathcal{L}}(N_2)$. Für die beiden Petri-Netze

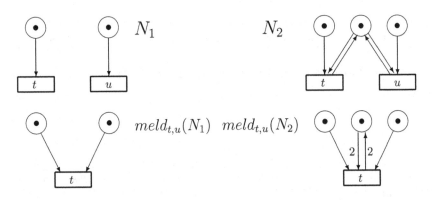

Abb. 8.15. Zwei Petri-Netze N_1, N_2 mit jeweils dem Interface $\{t, u\}$. Der Startzustand ist jeweils eingezeichnet. Zum Erreichen des Finalzustands (**0** bzw. genau ein Token auf dem mittleren Place) müssen t und u jeweils einmal feuern. Beide Netze haben dieselbe Semantik $\mathcal{S}_t^{\mathcal{L}}$; es gilt $\mathcal{S}_t^{\mathcal{L}}(N_1) = \mathcal{S}_t^{\mathcal{L}}(N_2) = \{t_y t y_t, y_t t y_t\} \uplus \{u y_u y_u, y_u u y_u\}$. Nach einer $meld_{t,u}$-Operation unterscheiden sich die Semantiken: $\mathcal{S}_t^{\mathcal{L}}(meld_{t,u}(N_1)) = \{t_y t y_t, y_t t y_t\} \neq \emptyset = \mathcal{S}_t^{\mathcal{L}}(meld_{t,u}(N_2))$

$meld_{t,u}(N_1)$ und $meld_{t,u}(N_2)$, in der Abbildung direkt darunter, gilt hingegen $\mathcal{S}_{(t)}^{\mathcal{L}}(meld_{t,u}(N_1)) \neq \mathcal{S}_{(t)}^{\mathcal{L}}(meld_{t,u}(N_2))$. Also kann bei beliebigen Netzen N $\mathcal{S}_{(t)}^{\mathcal{L}}(meld_{t,u}(N)) = \Psi(\mathcal{S}_{(t)}^{\mathcal{L}}(N))$ für keine Operation Ψ auf Sprachen gelten und damit können die Sprachsemantiken $\mathcal{S}_t^{\mathcal{L}}$ und $\mathcal{S}^{\mathcal{L}}$ nicht kompositional bezüglich $\mathbb{A} = (\mathcal{PN}_{I,t}^{\tau}, \mathbb{K}_m^{\tau})$ sein. Man beachte, dass dies kein Gegenbeispiel für Step- oder Pomsetsemantiken ist, da diese bereits auf N_1 und N_2 unterschiedlich sind. Es gilt also

Korollar 8.2.6. *Die Semantiken $\mathcal{S}_t^{\mathcal{L}}$ und $\mathcal{S}^{\mathcal{L}}$ sind nicht kompositional bezüglich $\mathbb{A} = (\mathcal{PN}_{I,t}^{\tau}, \mathbb{K}_m^{\tau})$.*

Dies wird aber die einzige Ausnahme in $\mathcal{S}_{(t)}^{\mathcal{W}}$ und $\mathcal{S}_{(t)}^{\mathcal{L}}$ bleiben. Es gilt

Satz 8.2.7 (Kompositionalität von $\mathcal{S}_{(t)}^{\mathcal{W}}$ und $\mathcal{S}_{(t)}^{\mathcal{L}}$). *Die Semantiken $\mathcal{S}_t^{\mathcal{W}}$ und $\mathcal{S}^{\mathcal{W}}$ sind kompositional bezüglich $\mathbb{A} = (\mathcal{PN}_{I,t}^{\tau}, \mathbb{K}_m^{\tau})$. Die Semantiken $\mathcal{S}_t^{\mathcal{L}}$ und $\mathcal{S}^{\mathcal{L}}$ sind kompositional bezüglich $\mathbb{A}' = (\mathcal{PN}_{I,t}^{\tau}, \mathbb{K}^{\tau})$.*

Vor dem eigentlichen Beweis wollen wir einige Schwierigkeiten erläutern, die sich hier ergeben.

Wie in Abschnitt 8.2.1 müssen wir jetzt Stepsprachen bzw. Sprachen ansehen können, ob die Operationen von $\mathbb{K}_m^{\tau}$ bzw. $\mathbb{K}^{\tau}$ echt operieren oder nicht. D.h., wir müssen L für $L = \mathcal{W}_{t/0}(U[N])$ bzw. $L = L_{t/0}(U[N])$ ansehen können, was das Interface I_N ist. Das geschieht wie zuvor. Wir setzen $I_L := \{p \mid x_p^+$ kommt in L vor$\} \cup \{t \mid y_t$ kommt in L vor$\}$. Damit gilt wieder $I_N = I_L$.

Ferner müssen wir in L wieder eindeutig die Beschriftungen identifizieren können, die zu den Transitionen des Interfaces gehören. In einem Pomset $\varphi \in L$ waren die Beschriftungen einer Transition t aus I_L genau die direkten Vorgänger von den Vorkommen der y_t in φ. Dies gilt aber nicht mehr in Sprachen oder Stepsprachen. Im Pomset $\varphi = \begin{pmatrix} a & \to & y_t \\ c & & \end{pmatrix}$ z.B. ist klar, dass die Beschriftung a zur öffentlichen Transition t gehört, und nicht etwa c. In einzelnen Stepisierungen oder Linearisierungen von φ, wie etwa $\{a\}\{c\}\{y_t\}$, $\{c\}\{a\}\{y_t\}$, ist das aber nicht mehr erkennbar. Zum Glück kann man diese Beschriftungen aber in der Gesamtstepisierung, im Beispiel step $\varphi = \{\{a,c\}\{y_t\}, \{a\}\{c, y_t\}, \{a\}\{c\}\{y_t\}, \{c\}\{a\}\{y_t\}, \{a\}\{y_t\}\{c\}\}$ und in der Gesamtlinearisierung lin $\varphi = \{acy_t, cay_t, ay_tc\}$ eindeutig identifizieren. Dazu dient die folgende Minimum-Operation.

Definition 8.2.8 (Minimum und Shift). *Seien $w, w' \in \mathcal{STP}_{\Sigma}$ Stepworte und $L \subseteq \mathcal{STP}_{\Sigma}$ eine Stepsprache. Für einen Buchstaben $a \in \Sigma$ definieren wir Relationen $\leq_a^1$ und $\preceq_a^1$ durch*

$$w \leq_a^1 w' :\iff \exists w_1, w_2, w_3 \in \mathcal{STP}_{\Sigma} \, \exists m_1, m_2 \in \Sigma_{step} :$$
$$w = w_1(m_1 + \{1 \cdot a\})w_2 m_2 w_3 \, \wedge$$
$$w' = w_1 m_1 w_2 (m_2 + \{1 \cdot a\})w_3$$
$$w \preceq_a^1 w' :\iff w \leq_a^1 w' \wedge |w| \leq |w'|.$$

Sei $\leq_a$ bzw. $\preceq_a$ der transitive Abschluss von $\leq_a^1$ bzw. $\preceq_a^1$. Nun definieren wir das Minimum bzgl. a

$$Min_a(L) := \{w' \in L \mid \not\exists w \in L : w \neq w' \wedge w \preceq_a w'\}$$

und den Shift-Operator

$$\vec{a}(L) := \{w' \in \mathcal{STP}_\Sigma \mid \exists w \in L : w \preceq_a w'\}.$$

Eine analoge Definition ergibt sich für Worte und Sprachen, wenn man oben $w, w', w_1, w_2, w_3 \in \Sigma^*$, $L \subseteq \Sigma^*$ und $m_1 = \mathbf{0}_\Sigma = m_2$ festlegt.

Einige Beispiele sollen diese neuen Begriffe verdeutlichen.

Beispiel 8.2.9. Es gilt

$$\{b,b\}\{b,a\}\{a\}\{a,b,c\}\{b\} \leq_a \{b,b\}\{b,a\}\{b,c\}\{b,a,a\}$$
$$\{b,b\}\{b,a\}\{a\}\{a,b,c\}\{b\} \npreceq_a \{b,b\}\{b,a\}\{b,c\}\{b,a,a\}$$
$$\{b,b\}\{b,a\}\{a\}\{a,b,c\}\{b\} \npreceq_a^1 \{b,b\}\{b,a\}\{b,c\}\{b,a,a\}$$

$$\{b,b\}\{b,a\}\{a\}\{a,b,c\}\{b\} \leq_a^1 \{b,b\}\{b,a\}\{a,b,c\}\{b,a\}$$
$$\{b,b\}\{b,a\}\{a\}\{a,b,c\}\{b\} \npreceq_a^1 \{b,b\}\{b,a\}\{a,b,c\}\{b,a\}$$

Für $\varphi = \begin{pmatrix} a \to y_t \\ c \end{pmatrix}$ gilt

$$\text{step}\,\varphi = \{\{a,c\}\{y_t\}, \{a\}\{c,y_t\}, \{a\}\{c\}\{y_t\},$$
$$\{c\}\{a\}\{y_t\}, \{a\}\{y_t\}\{c\}\}$$
$$\lim \varphi = \{acy_t, cay_t, ay_t c\}$$
$$\text{Min}_{y_t}(\text{step}\,\varphi) = \{\{a,c\}\{y_t\}, \{a\}\{c,y_t\}, \{c\}\{a\}\{y_t\}, \{a\}\{y_t\}\{c\}\},$$
$$\text{Min}_{y_t}(\lim \varphi) = \{cay_t, ay_t c\},$$
$$\vec{y_t}(\text{Min}_{y_t}(\text{step}\,\varphi)) = \text{step}\,\varphi,$$
$$\vec{y_t}(\text{Min}_{y_t}(\lim \varphi)) = \lim \varphi.$$

Damit haben wir für jedes Pomset φ in $\text{Min}_{y_t}(\text{step}\,\varphi)$ oder in $\text{Min}_{y_t}(\lim \varphi)$ wieder Zugriff auf die Beschriftungen, die Feuern der öffentlichen Transition t entsprechen.

Definition 8.2.10. *Es sei L eine Stepsprache oder Sprache über einem Alphabet Σ und $t \in \mathbb{T}$ ein Transitionsname. Dann setzen wir*

$$B_L(t) := \{a \in \Sigma \mid \exists w \in L\; \exists w_1, w_2 : w = w_1\{a\}\{y_t\}w_2\;(bzw. w = w_1 a y_t w_2)\},$$

die Menge aller Buchstaben, die unmittelbar vor y_t in L vorkommen können.

Ist nun $t \in I_N$ für ein Petri-Netz N und $L = \text{Min}_{y_t} \mathcal{W}_{t/0}(U[N])$ oder $L = \text{Min}_{y_t} L_{t/0}(U[N])$, so muss wegen $\mathcal{W}_{t/0} = \text{step}\,\mathcal{P}_{t/0}$ und $L_{t/0} = \lim \mathcal{P}_{t/0}$ das y_t durch die Min_{y_t}-Operation bis unmittelbar an seinen direkten Vorgänger in jedem $\varphi \in \mathcal{P}_{t/0}(U[N])$ „herangeschoben" werden, d.h. bis unmittelbar hinter die Beschriftungen von t in $\text{Min}_{y_t} \text{step}\,\varphi$ bzw. in $\text{Min}_{y_t} \lim \varphi$. Also finden wir den Namen der Transition $t \in I$ in $L_{t/0}(U[N])$ und $\mathcal{W}_{t/0}(U[N])$ wie folgt:

Korollar 8.2.11. *Seien $N = (P, T, F, s_0, \Sigma, h_\ell, s_f, I)$ ein Petri-Netz und $t \in T \cap I$, dann gilt*

$$B_L(t) = \{h_\ell(t)\}$$

für $L = \text{Min}_{y_t} \mathcal{W}_{t/0}(U[N])$ und für $L = \text{Min}_{y_t} L_{t/0}(U[N])$.

Für jedes $w \in \text{Min}_{y_t} \mathcal{W}_{t/0}(U[N])$ gilt ferner, dass für $w = w_1 m_1 m_2 w_2$ mit $w_1, w_2 \in \mathcal{STP}_\Sigma$ und $m_1, m_2 \in \Sigma_{step}$ aus $y_t \in m_2$ bereits $h_\ell(t) \in m_1$ folgt.

Da in $U[N]$ ein y_t stets eine Transition bzw. deren Beschriftung in U (und nicht in N) ist, deren Feuern N nicht beeinflusst, dürfen in jeder (Step) Sprache $L = \mathcal{W}_{t/0}(U[N])$ oder $L = L_{t/0}(U[N])$ alle y_t beliebig weit rechts vorkommen. Damit kann $\vec{y_t}$ *exakt* die Wirkung von Min_{y_t} wieder aufheben. Offenbar gilt

Korollar 8.2.12. *Seien N ein Petri-Netz, $t \in I_N$ und $L = \mathcal{W}_{t/0}(U[N])$ oder $L = L_{t/0}(U[N])$, so gilt $\vec{y_t}\,\text{Min}_{y_t}(L) = L$.*

Wir kommen nun zum Beweis des Satzes 8.2.7.

Beweis: Zu $\|$: Wir setzen wie in Abschnitt 8.2.1

$$L_1 \,\widehat{\|}\, L_2 := \begin{cases} 0, & \text{falls } I_{L_1} \cap I_{L_2} \neq \emptyset, \\ L_1 \sqcup\!\!\!\sqcup\, L_2, & \text{sonst.} \end{cases}$$

Damit folgt die Kompositionalität unmittelbar aus der für die Pomsetsemantik und der Verallgemeinerbarkeit von $\sqcup\!\!\!\sqcup$: Operiert $\|$ echt auf N_1 und N_2, dann gilt:

$$\begin{aligned}
\mathcal{S}^{\mathcal{W}}_{(t)}(N_1 \| N_2) &= \mathcal{W}_{t/0}(U[N_1 \| N_2]) \\
&= \text{step}\,\mathcal{P}_{t/0}(U[N_1 \| N_2]), \text{ vgl. Satz 7.1.46} \\
&= \text{step}\,\mathcal{S}_{(t)}(N_1 \| N_2) \\
&= \text{step}(\mathcal{S}_{(t)}(N_1) \sqcup\!\!\!\sqcup \mathcal{S}_{(t)}(N_2)), \text{ wegen Satz 8.2.3} \\
&= \text{step}\,\mathcal{S}_{(t)}(N_1) \sqcup\!\!\!\sqcup \text{step}\,\mathcal{S}_{(t)}(N_2), \text{ wegen Satz 7.2.21} \\
&= \mathcal{S}^{\mathcal{W}}_{(t)}(N_1) \,\widehat{\|}\, \mathcal{S}^{\mathcal{W}}_{(t)}(N_2).
\end{aligned}$$

Operiert $\parallel$ nicht echt auf N_1 und N_2 gilt

$$\mathcal{S}_{(t)}^{\mathcal{W}}(N_1 \parallel N_2) = \mathcal{S}_{(t)}^{\mathcal{W}}(0) = \mathcal{S}_{(t)}^{\mathcal{W}}(N_1) \,\widehat{\parallel}\, \mathcal{S}_{(t)}^{\mathcal{W}}(N_2).$$

Analoges gilt für $\mathcal{S}_{(t)}^{\mathcal{L}}$.

Auch $\widehat{hide}_p$ und $\widehat{hide}_t$ legen wir wie in Abschnitt 8.2.1 als Einschränkung bzw. feinen Homomorphismus fest. Wegen deren Verallgemeinerbarkeit vererbt sich die Kompositionalität genau wie bei $\widehat{\parallel}$ von $\mathcal{S}_{(t)}$ auf $\mathcal{S}_{(t)}^{\mathcal{W}}$ und $\mathcal{S}_{(t)}^{\mathcal{L}}$.

Zu $add_{p \to t}$: In der Pomsetsemantik haben wir $\widehat{add}_{p \to t}$ so auf einem Pomset $\varphi \in L$ operieren lassen, dass – falls $L = \mathcal{P}_{t/0}(U[N])$ gilt – neue Vorgängerbeziehungen in φ zwischen allen Vorgänger je eines x_p^- zu je einem direkten Vorgänger (= Beschriftung eines Feuerns von t) von y_t gezogen wurden, und dies x_p^- eliminiert wurde. Den direkten Vorgänger eines y_t finden wir jetzt in $\mathrm{Min}_{y_t}(\mathrm{step}\,\varphi)$ wieder. Statt neue Vorgängerbeziehungen zu bilden, müssen wir jetzt nur dafür sorgen, dass zu jeder Beschriftung zu t in $w \in \mathrm{step}\,\varphi$ ein x_p^- in einem früheren Step vorkommt. Dieses x_p^- wird dann wie zuvor eliminiert. Da im universellen Kontext ein Token initial auf jedem Place z_t vor y_t liegt, kann y_t zumindest einmal feuern. In Min_{y_t} liegt daher im ersten Step stets ein y_t, das keinem Feuern eines t entspricht.

Wir definieren $G_{p,t}'(w)$ als die Menge aller Stepwörter, die wir durch folgenden Algorithmus erhalten können:

Für jedes y_t in w, das nicht im ersten Step liegt:
    Wähle ein x_p^- aus einem Step vor y_t;
    Lösche dieses x_p^-.

Für eine Stepsprache L ist $G_{p,t}'(L) := \bigcup_{w \in L} G_{p,t}'(w)$.

Für Wörter $w \in \Sigma^*$ und Sprachen $L \subseteq \Sigma^*$ gehen wir analog vor und wählen als $G_{p,t}'(w)$ die Menge aller Wörter, die wir wie folgt erhalten können:

Für jedes y_t in w, das nicht erster Buchstabe in w ist:
    Wähle ein x_p^- in w vor y_t;
    Lösche dieses x_p^-.

Damit setzen wir für $\mathcal{S}_{(t)}^{\mathcal{W}}$ und $\mathcal{S}_{(t)}^{\mathcal{L}}$:

$$\widehat{add}_{p \to t}(L) := \begin{cases} L, & \text{falls } p \notin I_L \vee t \notin I_L, \\ \vec{y_t}\, G_{p,t}' \mathrm{Min}_{y_t}(L), & \text{sonst.} \end{cases}$$

Damit gilt (es operiere $add_{p \to t}$ echt):

$$\mathcal{S}_{(t)}^{\mathcal{W}}(add_{p \to t}(N)) = \mathcal{W}_{t/0}(U[add_{p \to t}(N)])$$
$$= \mathcal{W}_{t/0}(add_{p \to t}(U[N]))$$
$$= \vec{y_t}G'_{p,t}\text{Min}_{y_t}(\mathcal{W}_{t/0}(U[N]))$$
$$= \widehat{add}_{p \to t}(\mathcal{W}_{t/0}(U[N]))$$
$$= \widehat{add}_{p \to t}(\mathcal{S}_{(t)}^{\mathcal{W}}(N)),$$

und analog für $\mathcal{S}_{(t)}^{\mathcal{L}}$.

Zu $add_{t \to p}$: Völlig symmetrisch zu $G'_{p,t}$ definieren wir die Operation $G'_{t,p}$, die einem Stepwort (bzw. Wort) die Menge aller Stepwörter (bzw. Wörter) zuordnet, die gemäß folgendem Algorithmus gewonnen werden:

Für jedes y_t in w, das nicht im ersten Step liegt:
    Wähle ein x_p^+ aus einem Step ab dem Step vor y_t;
    Lösche dieses x_p^+,

bzw.

Für jedes y_t in w, das nicht erster Buchstabe in w ist:
    Wähle ein x_p^+ in w nach y_t;
    Lösche dieses x_p^+.

Man beachte, dass sich die Symmetrie zwischen $G'_{p,t}$ und $G'_{t,p}$ bei Stepworten auf den Step vor y_t bezieht, da in diesem der Name der Transition t enthalten ist, den die neue Kante berührt.

Wir definieren

$$\widehat{add}_{t \to p}(L) := \begin{cases} L, & \text{falls } p \notin I_L \vee t \notin I_L, \\ \vec{y_t}G'_{t,p}\text{Min}_{y_t}(L), & \text{sonst.} \end{cases}$$

und erhalten wie eben

$$\mathcal{S}_{(t)}^{\mathcal{W}}(add_{t \to p}(N)) = \widehat{add}_{t \to p}(\mathcal{S}_{(t)}^{\mathcal{W}}(N))$$

und

$$\mathcal{S}_{(t)}^{\mathcal{L}}(add_{t \to p}(N)) = \widehat{add}_{t \to p}(\mathcal{S}_{(t)}^{\mathcal{L}}(N)).$$

Zu $\tau\text{-}hide_t$: Wir müssen alle Buchstaben, die gerade Beschriftungen von t sind, durch τ ersetzen (also löschen) und t aus dem Interface nehmen (also auch alle y_t löschen). Dazu operiere H'_t auf $w \in L \subseteq \mathcal{STP}_\Sigma$ wie folgt:

Für jedes y_t in w, das nicht im ersten Step liegt:
    Lösche ein $B_L(t)$ im Step vor y_t;
Lösche alle y_t in w,

und auf $w \in L \subseteq \Sigma^*$ wie folgt:

Für jedes y_t in w:

Lösche den Buchstaben unmittelbar vor y_t;

Lösche alle y_t in w.

Wir setzen

$$\tau\text{-}\widehat{hide}_t(L) := \begin{cases} L, & \text{falls } t \notin I_L, \\ H'_t \text{Min}_{y_t}(L), & \text{sonst.} \end{cases}$$

und erhalten

$$\mathcal{S}^{\mathcal{W}}_{(t)}(\tau\text{-}hide_t(N)) = \tau\text{-}\widehat{hide}_t(\mathcal{S}^{\mathcal{W}}_{(t)}(N))$$

und

$$\mathcal{S}^{\mathcal{L}}_{(t)}(\tau\text{-}hide_t(N)) = \tau\text{-}\widehat{hide}_t(\mathcal{S}^{\mathcal{L}}_{(t)}(N)).$$

Zu $meld_{p,q}$: Wie für Pomsets ist $\widehat{meld}_{p,q}$ auf $\widehat{t\text{-}trans}$, $\widehat{add}_{p\to t}$, $\widehat{add}_{t\to p}$ und $\tau\text{-}\widehat{hide}_t$ zurückführbar.

Zu $meld_{t,u}$: Für die Sprachsemantiken $\mathcal{S}^{\mathcal{L}}_t$ und $\mathcal{S}^{\mathcal{L}}$ ist nichts zu zeigen, da diese ja nicht bezüglich dieser $meld_{t,u}$-Operation kompositional sein können. Für die Stepsprachsemantiken $\mathcal{S}^{\mathcal{W}}_t$ und $\mathcal{S}^{\mathcal{W}}$ erhalten wir die Kompositionalität wie folgt: Nach Verschmelzen zweier Transitionen t und u in einem Petri-Netz kann die neue verschmolzene Transition genau dann feuern, falls zuvor t und u *nebenläufig* feuern konnten. Dies ist z.B. in *freien* Stepsprachen leicht feststellbar: es interessieren nur noch diese Steps, in denen zu jedem t auch ein u – und umgekehrt – vorkommt. Nun haben wir hier keine freien Stepsprachen. Aber die Beschriftungen sind auf dem Kontext „frei“. Kommen also in einem Stepwort $w = w_1 m_1 m_2 w_2$ aus $\text{Min}_{y_t} \text{Min}_{y_u}(L)$ in m_2 gleichviele y_t und y_u vor, so wissen wir, dass im direkten Vorgängerstep m_1 auch gleichviele Beschriftungen, die zu t gehören, vorkommen wie Beschriftungen, die zu u gehören. Diese zu u gehörenden Beschriftungen müssen wir nur noch entfernen, um das Verschmelzen von t mit u nachzubilden.

Die Operation $R_{t,u}(L)$ soll aus L alle Stepwörter entfernen, in denen ein Step m vorkommt mit $m(y_t) \neq m(y_u)$, also mit einer unterschiedlichen Anzahl von y_t und y_u im Step m. Damit setzen wir:

$$\widehat{meld}_{t,u}(L) := \begin{cases} L, & \text{falls } t \notin I_L \ \vee \ u \notin I_L \ \vee \ t=u, \\ \vec{y_t} H'_u R_{t,u} \text{Min}_{y_t} \text{Min}_{y_u}(L), & \text{sonst.} \end{cases}$$

und erhalten

$$\mathcal{S}^{\mathcal{W}}_{(t)}(meld_{t,u}(N)) = \widehat{meld}_{t,u}(\mathcal{S}^{\mathcal{W}}_{(t)}(N)).$$

In dem Beispiel 8.1.15 haben wir die Petri-Netze N_1 und N_2, sofern p_2 nicht zum Interface gehört, als in allen Kontexten bezüglich deren Sprachverhalten ununterscheidbar bezeichnet. Unterdessen haben wir U als universellen Kontext nachgewiesen. In Beispiel 8.2.5 haben wir $\mathcal{L}_{t/0}(U[N_1]) = \mathcal{L}_{t/0}(U[N_2])$ bereits gezeigt, also sind N_1 und N_2 mit dem Interface $\{p_1, p_3, a, b\}$ in der Tat ununterscheidbar.

Das Gleiche gilt für das Pomset-Verhalten von N_3 und N_4 mit dem Interface $\{p_1, a, b, c, d\}$ aus Beispiel 8.1.16. Im Beispiel 8.2.2 haben wir $\mathcal{P}_{t/0}(U[N_3]) = \mathcal{P}_{t/0}(U[N_4])$ gezeigt, also sind N_3 und N_4 in allen Kontexten bezüglich ihres Pomset-Verhaltens ununterscheidbar.

8.3 Algebraische Charakterisierungen von Pomset- und Stepsprachen

8.3.1 Terminale Sprachen

In Kapitel 6 haben wir in den Sätzen 6.3.8, 6.3.9 und 6.3.18 algebraische Charakterisierungen der terminalen, nicht-terminalen und freien Sprachen von Petri-Netzen angegeben. Die Sprachklassen wurden jeweils als Abschluss von gewissen trivialen Ausgangssprachen unter recht einfachen Operationen charakterisiert. Eine ähnliche Charakterisierung ist auch für Pomset- und Stepsprachen möglich. Dabei erlauben die Resultate aus Abschnitt 8.2.2 sehr einfache Beweise für die Charakterisierungen von $\mathcal{P}_t^\tau$, $\mathcal{P}^\tau$, $\mathcal{W}_t^\tau$ und $\mathcal{W}^\tau$, sowie ebenfalls für $\mathcal{L}_t^\tau$ und $\mathcal{L}^\tau$.

Wir gehen von Korollar 7.1.47 und dem einfachen Zusammenhang aus, dass jede dieser Sprachklassen Abschluss unter feinen Homomorphismen von den entsprechenden Sprachklassen von freien Netzen ist:

$$\mathcal{P}_{(t)}^\tau = \overline{\mathrm{Cl}}^{\,\text{feine hom}}(\mathcal{P}_{(t)}^f),$$
$$\mathcal{W}_{(t)}^\tau = \overline{\mathrm{Cl}}^{\,\text{feine hom}}(\mathcal{W}_{(t)}^f) = \overline{\mathrm{Cl}}^{\,\text{feine hom}}(\text{step }\mathcal{P}_{(t)}^\tau),$$
$$\mathcal{L}_{(t)}^\tau = \overline{\mathrm{Cl}}^{\,\text{feine hom}}(\mathcal{L}_{(t)}^f) = \overline{\mathrm{Cl}}^{\,\text{feine hom}}(\text{lin }\mathcal{P}_{(t)}^\tau).$$

Für $\mathcal{P}_{(t)}^\tau$, $\mathcal{W}_{(t)}^\tau$ und $\mathcal{L}_{(t)}^\tau$ wissen wir aus Korollar 7.2.3 und 7.2.5 und aus Satz 6.1.8 und 6.1.10, dass jede der in diesen Klassen vorkommenden Sprachen die $\mathcal{P}_{(t)}$-, $\mathcal{W}_{(t)}$- bzw. $L_{(t)}$-Sprache eines Petri-Netzes mit nur einem finalen Zustand ist (obwohl in der formalen Definition dieser Sprachklassen wie üblich ursprünglich Petri-Netze mit endlich vielen finalen Zuständen zugelassen wurden).

Da das Interface eines Petri-Netzes N (es werden ja nur gewisse Places und Transitionen als öffentlich erklärt) nicht $\mathcal{P}^f_{(t)}(N)$, $\mathcal{W}^f_{(t)}(N)$ oder $L^f_{(t)}(N)$ beeinflusst, existiert zu jeder Sprache $L \in \mathcal{P}^f_{(t)}$ damit ein freies Petri-Netz $N = (P, T, F, s_0, \Sigma, h_\ell, s_f, I)$ ohne Interface, d.h. es gilt $\Sigma = T$, $h_\ell = \mathbf{id}$ und $I = \emptyset$ mit $L = \mathcal{P}_{(t)}(N)$.

Wegen $I = \emptyset$ gilt $N = U[N]$ mit „leerem" Kontext $U = \bullet$. D.h., wir können weiter schließen:

$$L = \mathcal{P}_{(t)}(N) = \mathcal{P}_{t/0}(U[N]) = \mathcal{S}_{(t)}(N).$$

Da wir bereits im Kalkül $\mathbb{K}^f$ ohne Verwendung der Operationen $meld_{p,q}$, $meld_{t,u}$, $\tau\text{-}hide_t$ und $t\text{-}trans_a$ für $a \neq t$ jedes freie Petri-Netz erzeugen können, können wir N nur aus den Basis-Petri-Netzen 0, $p\text{-}place_{j,k}$ und $t\text{-}trans_t$ mittels der Operationen $\|$, $add_{p \to t}$, $add_{t \to p}$, $hide_p$ und $hide_t$ aufbauen. Diese Operationen werden dabei ohne Einschränkung nur echt verwendet – eine solche Darstellung besitzt jedes freie Petri-Netz in $\mathbb{K}^f$. D.h. wir dürfen für jedes Petri-Netz $N = (P, T, F, s_0, \Sigma, h_\ell, s_f, I)$ und jede Sprache $\mathcal{P}^\tau_{(t)}(N)$, $\mathcal{W}^\tau_{(t)}(N)$ oder $L^\tau_{(t)}(N)$ von einem freien Petri-Netz $N' = (P, T, F, s_0, T, \mathbf{id}, s_f, \emptyset)$ mit einem Ausdruck A' in $\mathbb{K}^f$ ohne $meld$ oder $\tau\text{-}hide$ ausgehen, in dem alle Operationen in A' echt operieren, so dass $\mathcal{P}^\tau_{(t)} = h_\ell\, \mathcal{P}^\tau_{(t)}(N')$, $\mathcal{W}^\tau_{(t)} = h_\ell\, \mathcal{W}^\tau_{(t)}(N')$ und $L^\tau_{(t)} = h_\ell\, L^\tau_{(t)}(N')$ gilt. h_ℓ ist hierbei ein feiner Homomorphismus.

Es seien $\widehat{\|}$, $\widehat{add_{p \to t}}$, $\widehat{add_{t \to p}}$, $\widehat{hide_p}$ und $\widehat{hide_t}$ die semantischen Gegenstücke zu $\|$, $add_{p \to t}$, $add_{t \to p}$, $hide_p$ und $hide_t$ aus dem Beweis von Satz 8.2.3 der Kompositionalität von $\mathcal{S}_{(t)}$, ohne die Fallunterscheidung in den Definitionen von $\widehat{\|}$, $\widehat{add_{p \to t}}$, $\widehat{add_{t \to p}}$, $\widehat{hide_p}$ und $\widehat{hide_t}$ zur Echtheit der Operationenanwendung. Diese Fallunterscheidung ist jetzt überflüssig, da N mittels echter Anwendung der Operationen $\|$, $add_{p \to t}$, $add_{t \to p}$, $hide_p$ und $hide_t$ aufgebaut werden kann.

Aus der Kompositionalität von $\mathcal{S}_{(t)}$ ergibt sich also unmittelbar für freies N

$$\mathcal{S}_{(t)}(N) \in \overline{\mathrm{Cl}}^{\widehat{\|}, \widehat{add_{p \to t}}, \widehat{add_{t \to p}}, \widehat{hide_p}, \widehat{hide_t}}(L_1, L_2, L_3)$$

mit $L_1 = \mathcal{S}_{(t)}(0)$, $L_2 = \mathcal{S}_{(t)}(p\text{-}place_{j,k})$ und $L_3 = \mathcal{S}_{(t)}(t\text{-}trans_t)$ Wir studieren jetzt genauer $\widehat{\|}$, $\widehat{add_{p \to t}}$, $\widehat{add_{t \to p}}$, $\widehat{hide_p}$ und $\widehat{hide_t}$ nur angewendet auf $\mathcal{P}_{(t)}(U[N])$ für ein freies Petri-Netz N, allerdings mit Interface, da beim induktiven Aufbau auch von freien Petri-Netzen ohne Interface in $\mathbb{K}^f$ in den Zwischenschritten freie Netze mit einem Interface auftreten.

Offenbar gilt, vergleiche mit dem Beweis zu Satz 8.2.3:

- $L_1 \,\widehat{\|}\, L_2 = L_1 \sqcup\!\sqcup L_2 = L_1\, sy_\emptyset\, L_2$,

- $\widehat{\widehat{hide}}_p(L) = L|_{\Sigma_L - \{x_p^+, x_p^-\}} = L \, sy_{\Sigma_L - \{x_p^+, x_p^-\}}\{\varepsilon\}$,

- $\widehat{\widehat{hide}}_t(L) = \delta_{\{t, y_t\}}(L)$.

Damit lassen sich diese drei semantischen Operationen als spezielle Synchronisationen bzw. als Löschhomomorphismus, siehe Definition 2.5.3, auffassen.

$\widehat{\widehat{add}}_{p \to t}(L)$ lässt sich algebraisch eleganter formalisieren als mittels $G_{p,t}$, falls bekannt ist, dass $L = \mathcal{P}_{(t)}(U[N])$ für ein freies Petri-Netz N ist. Die „Tricks" in $G_{p,t}$, um die Beschriftung der Transition t in einem $\varphi \in L$ als direkten Vorgänger einer Beschriftung von y_t zu identifizieren, entfallen jetzt, da t selbst in φ sichtbar ist. Wir können also einfach ein x_p^- auswählen und es als direkten Vorgänger von t setzen (solange die Relation R in $\varphi = [(E, R, \ell)]$ dabei azyklisch bleibt) und anschließend löschen. Diese Auswahl eines x_p^- leistet der inverse Homomorphismus h_p^{-1} von $h_p \colon \Sigma_L \,\dot\cup\, \{\hat{x}_p\} \to \Sigma_L$ mit

$$h_p(a) = \begin{cases} x_p^-, & \text{falls } a = \hat{x}_p, \\ a, & \text{sonst.} \end{cases}$$

$h_p^{-1}(\varphi)$ benennt also manche x_p^- in φ um in $\hat{x}_p \notin \Sigma_L$.

$\delta_{\hat{x}_p}$ löscht genau diese ausgewählten Vorkommen $\hat{x}_p$ von x_p^-. Damit sieht man leicht, dass

$$\widehat{\widehat{add}}_{p \to t}(L) = \delta_{\hat{x}_p}(h_p^{-1}(L) \,\otimes\!\!\!\!\!\otimes\, \bigsqcup(\hat{x}_p \to t))$$
$$= \delta_{\hat{x}_p}(h_p^{-1}(L) \, sy_{\{\hat{x}_p, t\}} \, \bigsqcup(\hat{x}_p \to t))$$

gilt.

Ganz analog gilt für $add_{t \to p}$:

$$\widehat{\widehat{add}}_{t \to p}(L) = \delta_{\hat{x}_p}(g_p^{-1}(L) \,\otimes\!\!\!\!\!\otimes\, \bigsqcup(t \to \hat{x}_p))$$
$$= \delta_{\hat{x}_p}(g_p^{-1}(L) \, sy_{\{\hat{x}_p, t\}} \, \bigsqcup(t \to \hat{x}_p))$$

mit $g_p \colon \Sigma_L \,\dot\cup\, \{\hat{x}_p\} \to \Sigma_L$ mit

$$g_p(a) = \begin{cases} x_p^+, & \text{falls } a = \hat{x}_p, \\ a, & \text{sonst,} \end{cases}$$

wobei $\hat{x}_p$ jetzt ein ausgewähltes Vorkommen von x_p^+ repräsentiert.

Wir können nun folgendes algebraische Charakterisierungstheorem beweisen.

Satz 8.3.1 (Algebraische Charakterisierung). *Es seien* $D_\mathcal{P} := \bigsqcup(+ \to -)$, $D_\mathcal{W} := \text{step}\, D_\mathcal{P}$ *die Pomset- bzw. Stepversionen der Dycksprache* D, *vergleiche Satz 6.3.6, mit* $D = \lim D_\mathcal{P} = \lim D_\mathcal{W}$.

$$\mathcal{P}_t^\mathcal{T} = \overline{Cl}^{\sqcup, sy, \text{feine hom}, \text{inv sehr feine hom}}(\{(a)\}, \{(\varepsilon), \binom{a}{b}\}, D_\mathcal{P})$$

$$= \overline{Cl}^{\circledast, \sqcup, |, \text{feine hom}, \text{inv sehr feine hom}}(\{(a)\}, \{(\varepsilon), \binom{a}{b}\}, D_\mathcal{P})$$

$$= \overline{Cl}^{\circledast, \sqcup, |, \text{feine hom}, \text{inv sehr feine hom}}(\{(a), \binom{a}{b}_c\} \sqcup D_\mathcal{P})$$

$$= \overline{Cl}^{\cap, \sqcup, \text{feine hom}, \text{inv sehr feine hom}}(\{(a), \binom{a}{b}_c\} \sqcup D_\mathcal{P})$$

$$\mathcal{W}_t^\mathcal{T} = \overline{Cl}^{\sqcup, sy, \text{feine hom}, \text{inv sehr feine hom}}(\{\{a\}\}, \{\varepsilon, \{a\}\{b\}, \{b\}\{a\}, \{a,b\}\}, D_\mathcal{W})$$

$$= \overline{Cl}^{\circledast, \sqcup, |, \text{feine hom}, \text{inv sehr feine hom}}(\{\{a\}\}, \{\varepsilon, \{a\}\{b\}, \{b\}\{a\}, \{a,b\}\}, D_\mathcal{W})$$

$$= \overline{Cl}^{\circledast, \sqcup, |, \text{feine hom}, \text{inv sehr feine hom}}(\{\{a\}, \{a,b,c\}\} \sqcup D_\mathcal{W})$$

$$= \overline{Cl}^{\cap, \sqcup, \text{feine hom}, \text{inv sehr feine hom}}(\{\{a\}, \{a,b,c\}\} \sqcup D_\mathcal{W})$$

$$\mathcal{L}_t^\mathcal{T} = \overline{Cl}^{\circ, \cup, sy, \text{feine hom}, \text{inv sehr feine hom}}(\{a\}, \{\varepsilon, ab, ba\}, D)$$

$$= \overline{Cl}^{\circledast, \sqcup, |, \text{feine hom}, \text{inv sehr feine hom}}(\{a\}, \{\varepsilon, ab, ba\}, D)$$

$$= \overline{Cl}^{\circledast, \sqcup, |, \text{feine hom}, \text{inv sehr feine hom}}(\{a, abc, bac, bca, acb, cab, cba\} \sqcup D)$$

$$= \overline{Cl}^{\cap, \sqcup, \text{feine hom}, \text{inv sehr feine hom}}(\{a, abc, bac, bca, acb, cab, cba\} \sqcup D)$$

$$= \overline{Cl}^{\circledast, \text{feine hom}, \text{inv hom}}(\{a\}, \{\varepsilon, a\}, D)$$

$$= \overline{Cl}^{\cap, \sqcup, \text{feine hom}, \text{inv hom}}(\{a\} \circ D)$$

Beweis: Wir haben in den Vorüberlegungen bereits $\mathcal{P}_t^\mathcal{T}$ mittels feiner Homomorphismen, $\widehat{\parallel}$, $\widehat{add_{p\to t}}$, $\widehat{add_{t\to p}}$, $\widehat{hide_p}$ und $\widehat{hide_t}$ angewendet auf $\mathcal{S}_t(0)$, $\mathcal{S}_t(t\text{-}trans_t)$ und $\mathcal{S}_t(p\text{-}place_{j,k})$ für $j, k \in \mathbb{N}$ dargestellt. Dabei sind die $\widehat{\cdot}$-Operationen mittels Synchronisation, feiner Homomorphismen und inverser sehr feiner Homomorphismen darstellbar, wobei noch Dycksprachen $\bigsqcup(\hat{x}_p \to t)$ und $\bigsqcup(t \to \hat{x}_p)$ mitverwendet werden. Es ist $\mathcal{S}_t(0) = \{(\varepsilon)\}$, $\mathcal{S}_t(t\text{-}trans_t) = (\bigsqcup(t \to y_t)) \sqcup (y_t)$ der Shuffle eines homomorphen Bildes der Dycksprache $D_\mathcal{P}$ mit der einelementigen Sprache $\{(a)\}$. Ferner ist für $j \geq k$

$$\mathcal{S}_t(p\text{-}place_{j,k}) = \bigsqcup (x_p^+ \to x_p^-) \uplus \bigsqcup^{j-k}(x_p^-) \uplus \bigsqcup^k \{(\varepsilon), \binom{x_p^-}{x_p^+})\}$$

$$= h_1(D_\mathcal{P}) \uplus h_2(\{(a)\}) \uplus \ldots \uplus h_2(\{(a)\})$$

$$\uplus h_2(\{(\varepsilon), \binom{a}{b})\}) \uplus \ldots \uplus h_2(\{(\varepsilon), \binom{a}{b})\})$$

das homomorphe Bild von $D_\mathcal{P}$, $\{(a)\}$, und $\{(\varepsilon), \binom{a}{b}\}$ bei Anwendung von $\uplus$. Analoges gilt für $j \le k$. Dabei bilden die sehr feinen Homomorphismen h_1 und h_2 wie folgt ab: $h_1(+) = h_2(b) = x_p^+$ und $h_1(-) = h_2(a) = x_p^-$. Damit gilt bereits

$$\mathcal{P}_t^\tau \subseteq \overline{\mathrm{Cl}}^{sy,\text{feine hom},\text{inv sehr feine hom}}(\{(a)\}, \{(\varepsilon), \binom{a}{b}\}, D_\mathcal{P}).$$

Offenbar liegen die Sprachen $\{(a)\}$, $\{(\varepsilon), \binom{a}{b}\}$ und $D_\mathcal{P}$ auch in $\mathcal{P}_t^\tau$. Zu $D_\mathcal{P}$ genügt z.B. das Petri-Netz N_2 aus Abbildung 6.21. Da nach Abschnitt 7.2 $\mathcal{P}_t^\tau$ bereits abgeschlossen ist gegen Vereinigung, Synchronisation, feine Homomorphismen und inverse sehr feine Homomorphismen, haben wir gezeigt:

$$\mathcal{P}_t^\tau = \overline{\mathrm{Cl}}^{\cup,sy,\text{feine hom},\text{inv sehr feine hom}}(\{(a)\}, \{(\varepsilon), \binom{a}{b}\}, D_\mathcal{P}). \tag{8.1}$$

Hierbei wurde die Synchronisation für $\widehat{\|}$, $\widehat{add_{p\to t}}$, $\widehat{add_{t\to p}}$ und $\widehat{hide_p}$ nur in der Form $\circledR$, $\uplus$ und Einschränkung $|$ verwendet, also gilt auch

$$\mathcal{P}_t^\tau = \overline{\mathrm{Cl}}^{\circledR,\uplus,|,\text{feine hom},\text{inv sehr feine hom}}(\{(a)\}, \{(\varepsilon), \binom{a}{b}\}, D_\mathcal{P}). \tag{8.2}$$

Klar ist, dass auch $L_0 := \{(a), \binom{a}{b}{c}\} \uplus D_\mathcal{P}$ in $\mathcal{P}_t^\tau$ liegt. Es ist $L_0 = \{(a)\} \uplus h(\{(\varepsilon), \binom{a}{b})\}) \uplus D_\mathcal{P}$ mit $h: a \mapsto c$. Umgekehrt kann man die Sprachen $\{(a)\}$, $\{(\varepsilon), \binom{a}{b}\}$ und $D_\mathcal{P}$ auch aus L_0 zurückgewinnen durch Umbenennen (sehr feine Homomorphismen) und Löschen (feine Homomorphismen). Also gilt auch

$$\mathcal{P}_t^\tau = \overline{\mathrm{Cl}}^{\circledR,\uplus,|,\text{feine hom},\text{inv sehr feine hom}}(L_0). \tag{8.3}$$

$\circledR$ kann leicht mittels $\cap$ und $\uplus$ ausgedrückt werden, siehe Lemma 7.2.14. Ferner gilt für $L \subseteq \mathcal{POM}_\Sigma$ und $\Gamma \subseteq \Sigma$ für die Einschränkung $L|_\Gamma = L \cap \bigsqcup\{(a) \mid a \in \Gamma\} = L \cap h^{-1}(\delta_-(D_\mathcal{P}))$ mit dem sehr feinen Homomorphismus $h: \Gamma^* \to \{+,-\}^*$ mit $h(a) = +$ für alle $a \in \Gamma$. Damit folgt aus 8.3 sofort

$$\mathcal{P}_t^\tau = \overline{\mathrm{Cl}}^{\cap,\uplus,\text{feine hom},\text{inv sehr feine hom}}(L_0). \tag{8.4}$$

Zu $\mathcal{W}_t^\tau$: Da alle hier vorkommenden Operationen verallgemeinerbar sind, gilt sofort

$$\mathcal{W}_t^\tau = \text{step}\, \mathcal{P}_t^\tau$$

$$= \text{step}\, \overline{\text{Cl}}^{\cup, sy, \text{feine hom, inv sehr feine hom}}(\{(a)\}, \{(\varepsilon), \binom{a}{b}\}, D_\mathcal{P})$$

$$= \overline{\text{Cl}}^{\cup, sy, \text{feine hom, inv sehr feine hom}}(\text{step}\, \{(a)\}, \text{step}\, \{(\varepsilon), \binom{a}{b}\}, \text{step}\, D_\mathcal{P})$$

$$= \overline{\text{Cl}}^{\,\circledcirc,\, \sqcup\sqcup,\, |,\, \text{feine hom, inv sehr feine hom}}(\text{step}\, \{(a)\}, \text{step}\, \{(\varepsilon), \binom{a}{b}\}, \text{step}\, D_\mathcal{P}).$$

nach (8.1) und (8.2) mit $\{\{a\}\} = \text{step}\, \{(a)\}$, $\{\varepsilon, \{a\}\{b\}, \{b\}\{a\}, \{a, b\}\} = \text{step}\, \{(\varepsilon), \binom{a}{b}\}$ und $D_\mathcal{W} = \text{step}\, D_\mathcal{P}$. Ferner gilt $L_1 := \{\{a\}, \{a, b, c\}\} \sqcup\sqcup D_\mathcal{W} = \{\{a\}\} \sqcup\sqcup \{\varepsilon, \{b\}\{c\}, \{c\}\{b\}, \{b, c\}\} \sqcup\sqcup D_\mathcal{W}$ wegen $L_1 \sqcup\sqcup L_2 = \text{step}(\Phi L_1 \sqcup\sqcup \Phi L_2)$ für Stepsprachen L_i und den Pomsetkonstruktor Φ aus Stepworten. Mittels feiner Homomorphismen erhalten wir die drei geshuffelten Teilsprachen wieder aus L_1. Also gelten auch die letzten beiden Gleichungen.

Zu $\mathcal{L}_t^\tau$: Wegen der Verallgemeinerbarkeit aller vorkommenden Operationen gilt

$$\mathcal{L}_t^\tau = \text{lin}\, \mathcal{P}_t^\tau$$

$$= \overline{\text{Cl}}^{\cup, sy, \text{feine hom, inv sehr feine hom}}(\text{lin}\, \{(a)\}, \text{lin}\, \{(\varepsilon), \binom{a}{b}\}, \text{lin}\, D_\mathcal{P})$$

$$= \overline{\text{Cl}}^{\,\circledcirc,\, \sqcup\sqcup,\, |,\, \text{feine hom, inv sehr feine hom}}(\text{lin}\, \{(a)\}, \text{lin}\, \{(\varepsilon), \binom{a}{b}\}, \text{lin}\, D_\mathcal{P}).$$

Aus $\{a\} = \text{lin}\, \{(a)\}$, $\{\varepsilon, ab, ba\} = \text{lin}\, \{(\varepsilon), \binom{a}{b}\}$ und $D = \text{lin}\, D_\mathcal{P}$ folgen die beiden ersten Aussagen. Aus (8.3) und (8.4) und $\text{lin}\, L_0 = \{a, abc, bac, bca, acb, cab, cba\} \sqcup\sqcup D$ folgen die nächsten beiden Gleichungen. Die restlichen Gleichungen wurden bereits in Kapitel 6 bewiesen, mit anderen Methoden. ∎

8.3.2 Nicht-terminale Sprachen

Für eine algebraische Charakterisierung von $\mathcal{P}^\tau$, $\mathcal{W}^\tau$ und $\mathcal{L}^\tau$ analog zum vorigen Abschnitt empfiehlt sich die Verwendung einer kompositionalen Semantik $\mathcal{S}_f$ für freie Petri-Netze, in der nicht mehr gefordert wird, dass „am Ende" der universelle Kontext keine Token mehr enthält.

Definition 8.3.2 (Freie Semantik). *Die* freien *Semantiken*

$$\mathcal{S}_f : \mathcal{PN}_I^\tau \to 2^{\mathcal{POM}}$$
$$\mathcal{S}_f^\mathcal{W} : \mathcal{PN}_I^\tau \to 2^{\mathcal{STP}}$$
$$\mathcal{S}_f^\mathcal{L} : \mathcal{PN}_I^\tau \to \bigcup_\Sigma 2^{\Sigma^*}$$

sind definiert durch

$$\mathcal{S}_f(N) := \mathcal{P}(U[N])$$
$$\mathcal{S}_f^{\mathcal{W}}(N) := \mathcal{W}(U[N])$$
$$\mathcal{S}_f^{\mathcal{L}}(N) := L(U[N])$$

Es wurde also hier $\mathcal{P}_0$, $\mathcal{W}_0$ und L_0 durch $\mathcal{P}$, $\mathcal{W}$ und L ersetzt. Diese freien Semantiken sind nicht mehr kompositional auf $\mathbb{A} = (\mathcal{PN}_I^\tau, \mathbb{K}^\tau)$, da wir jetzt nicht mehr die Beschriftungen von Transitionen aus dem Interface eindeutig identifizieren können. In freien Petri-Netzen liegt dieses Problem aber nicht vor, da hier die Beschriftungen mit den Transitionen identisch sind. Wir können zeigen:

Satz 8.3.3 (Kompositionalität der freien Semantiken). *Die freien Semantiken* $\mathcal{S}_f$, $\mathcal{S}_f^{\mathcal{W}}$ *und* $\mathcal{S}_f^{\mathcal{L}}$ *sind kompositional für die Algebra* $\mathbb{A}_f := (\mathcal{PN}_I^f, \mathbb{K}^f)$.

Beweis: Zum besseren Verständnis rechnen wir zuerst $\mathcal{S}_f(0)$, $\mathcal{S}_f(t\text{-}trans_t)$, $\mathcal{S}_f(p\text{-}place_{j,k})$ aus. Es gilt $\mathcal{S}_f(0) = \{(\varepsilon)\}$, $\mathcal{S}_f(t\text{-}trans_t) = (\bigsqcup\{(t),(t \to y_t)\}) \uplus \{(\varepsilon),(y_t)\}$ – im Gegensatz zu $\mathcal{S}(t\text{-}trans_t) = \mathcal{S}_t(t\text{-}trans_t) = (\bigsqcup\{(t \to y_t)\}) \uplus \{(y_t)\}$, vergleiche Satz 8.2.3, muss jetzt y_t nicht den einzigen Token auf dem z_t-Place aus dem Startzustand von U entfernen –, $\mathcal{S}_f(p\text{-}place_{j,k}) = \mathcal{S}(p\text{-}place_{j,k}) = \mathcal{P}_0(U[p\text{-}place_{j,k}])$ – da U von $p\text{-}place_{j,k}$ keinen Place enthält, gilt $\mathcal{P}(U[p\text{-}place_{j,k}]) = \mathcal{P}_0(U[p\text{-}place_{j,k}]) = \bigsqcup\{(x_p^+ \to x_p^-),(x_p^+)\} \uplus \bigsqcup{}^j\{(x_p^-), (\varepsilon)\}$, vergleiche Satz 8.2.3. Ferner setzen wir

$$L_1 \,\widehat{\|}\, L_2 = \begin{cases} \{(\varepsilon)\}, & \text{falls } I_{L_1} \cap I_{L_2} \neq \emptyset, \\ L_1 \uplus L_2, & \text{sonst,} \end{cases}$$

$$\widehat{add_{p \to t}}(L) = \begin{cases} L, & \text{falls } p \notin I_L \vee t \notin I_L, \\ \delta_{\hat{x}_p}(h_p^{-1}(L) \otimes \text{Prä } D_{\mathcal{P}}(\hat{x}_p,t)), & \text{sonst,} \end{cases}$$

wobei Prä $D_{\mathcal{P}} = \bigsqcup\{(+ \to -),(+)\}$ und Prä $D_{\mathcal{P}}(a,b) = h(\text{Prä } D_{\mathcal{P}})$ ist mit $h(+) = a$ und $h(-) = b$,

$$\widehat{add_{t \to p}}(L) = \begin{cases} L, & \text{falls } p \notin I_L \vee t \notin I_L, \\ \delta_{\hat{x}_p}(g_p^{-1}(L) \otimes \text{Prä } D_{\mathcal{P}}(t,\hat{x}_p)), & \text{sonst,} \end{cases}$$

$$\widehat{hide_p}(L) = \begin{cases} L, & \text{falls } p \notin I_L, \\ L|_{\Sigma_L - \{x_p^+, x_p^-\}}, & \text{sonst,} \end{cases}$$

$$\widehat{hide_t}(L) = \begin{cases} L, & \text{falls } t \notin I_L, \\ \delta_{y_t}(L), & \text{sonst,} \end{cases}$$

und erhalten mittels Verallgemeinerbarkeit aller verwendeten Operationen unmittelbar die Kompositionalität aller freien Semantiken. ∎

Damit erhalten wir nun

Satz 8.3.4 (Algebraische Charakterisierung nicht-terminaler Verhalten). *Es seien* Prä $D_{\mathcal{P}} := \bigsqcup\{(+ \rightarrow -), (+)\}$ *und* Prä $D_{\mathcal{W}} := \text{step Prä } D_{\mathcal{P}}$. *Dann gilt*

$$
\begin{aligned}
\mathcal{P}^{\tau} &= \overline{Cl}^{\sqcup, sy, \text{feine hom,inv sehr feine hom}}(\{(\varepsilon), (a)\}, \text{Prä } D_{\mathcal{P}}) \\
&= \overline{Cl}^{\oplus, \sqcup, |, \text{feine hom,inv sehr feine hom}}(\{(\varepsilon), (a)\}, \text{Prä } D_{\mathcal{P}}) \\
&= \overline{Cl}^{\oplus, \sqcup, |, \text{feine hom,inv sehr feine hom}}(\{(\varepsilon), (a)\} \sqcup \text{Prä } D_{\mathcal{P}}) \\
&= \overline{Cl}^{\cap, \sqcup, \text{feine hom,inv sehr feine hom}}(\{(\varepsilon), (a)\} \sqcup \text{Prä } D_{\mathcal{P}})
\end{aligned}
$$

$$
\begin{aligned}
\mathcal{W}^{\tau} &= \overline{Cl}^{\sqcup, sy, \text{feine hom,inv sehr feine hom}}(\{\varepsilon, \{a\}\}, \text{Prä } D_{\mathcal{W}}) \\
&= \overline{Cl}^{\oplus, \sqcup, |, \text{feine hom,inv sehr feine hom}}(\{\varepsilon, \{a\}\}, \text{Prä } D_{\mathcal{W}}) \\
&= \overline{Cl}^{\oplus, \sqcup, |, \text{feine hom,inv sehr feine hom}}(\{\varepsilon, \{a\}\} \sqcup \text{Prä } D_{\mathcal{W}}) \\
&= \overline{Cl}^{\cap, \sqcup, \text{feine hom,inv sehr feine hom}}(\{\varepsilon, \{a\}\} \sqcup \text{Prä } D_{\mathcal{W}})
\end{aligned}
$$

$$
\begin{aligned}
\mathcal{L}^{\tau} &= \overline{Cl}^{\circ, \sqcup, sy, \text{feine hom,inv sehr feine hom}}(\{\varepsilon, a\}, \text{Prä } D) \\
&= \overline{Cl}^{\oplus, \sqcup, |, \text{feine hom,inv sehr feine hom}}(\{\varepsilon, a\}, \text{Prä } D) \\
&= \overline{Cl}^{\oplus, \sqcup, |, \text{feine hom,inv sehr feine hom}}(\{\varepsilon, a\} \sqcup \text{Prä } D) \\
&= \overline{Cl}^{\cap, \sqcup, \text{feine hom,inv sehr feine hom}}(\{\varepsilon, a\} \sqcup \text{Prä } D) \\
&= \overline{Cl}^{\oplus, \text{feine hom,inv hom}}(\{\varepsilon, a\}, \text{Prä } D) \\
&= \overline{Cl}^{\cap, \sqcup, \text{feine hom,inv hom}}(\text{Prä } (\{a\} \circ D))
\end{aligned}
$$

Beweis: Abgesehen von den Basissprachen, die in der freien Semantik $\mathcal{S}_f$ gegenüber der Semantik $\mathcal{S}$ anders sind, kann man völlig analog zu Satz 8.3.1 vorgehen. Die Basissprachen in der freien Semantik sind hier $\mathcal{S}_f(0) = \{(\varepsilon)\}$, $\mathcal{S}_f(t\text{-}trans_t) = (\bigsqcup\{(t \rightarrow y_t), (t)\}) \sqcup \{(\varepsilon), (y_t)\}$ und $\mathcal{S}_f(p\text{-}place_{j,k}) = \bigsqcup\{(x_p^+ \rightarrow x_p^-), (x_p^+)\} \sqcup \bigsqcup^j\{(\varepsilon), (x_p^-)\}$. Wie man sofort sieht, sind alle vorkommenden Sprachen aus homomorphen Bildern von Prä $D_{\mathcal{P}}$ und $\{(\varepsilon), (a)\}$ mittels Shuffle zusammengesetzt. Da $\mathcal{P}^{\tau}$ genau wie $\mathcal{P}_t^{\tau}$ gegen alle vorkommenden Operationen abgeschlossen ist, gilt die erste Aussage, und analog zu Satz 8.3.1 auch die weiteren drei Gleichungen. Die Gleichungen für $\mathcal{W}^{\tau}$ und $\mathcal{L}^{\tau}$ lassen sich wiederum ganz analog zu Satz 8.3.1 aufgrund der Verallgemeinerbarkeit der beteiligten Operationen aus den entsprechenden Gleichungen für $\mathcal{P}^\tau$ gewinnen. Die beiden letzten Gleichungen für $\mathcal{L}^\tau$ stammen aus Kapitel 6. ∎

A. Lineare Gleichungssysteme über $\mathbb{Z}$

Wir präsentieren hier einen ausführlichen, elementaren Beweis zu Satz 4.2.4, den wir hier noch einmal zitieren:

Satz A.1 (Konstruktivität von Lösungen). *Es seien A eine $m \times n$-Matrix über $\mathbb{Z}$ und $b \in \mathbb{Z}^n$ ein Vektor. Dann gilt*

- *$\operatorname{supp} A$ ist konstruktiv*

- *$S_{A,b}$ ist endlich und konstruktiv*

- *zumindest eine Support-Lösung von $Ax = \mathbf{0}$ ist konstruktiv.*

Der Beweis des Satzes benutzt ganz wesentlich ein von Gordan [Gor73] entdecktes Dualitätsprinzip zwischen den Lösungen eines linearen Gleichungssystems $Ax = \mathbf{0}$ und Lösungen von Ungleichungen mit der transponierten Matrix A^T der Form $A^\mathsf{T} u \geq \mathbf{0}$. Im weiteren Verlauf dieses Anhangs bezeichne A_i stets die i-te Spalte einer $m \times n$-Matrix A mit $1 \leq i \leq n$, bei einem Vektor x bezeichne $x_i := x(i)$ den i-ten Eintrag (die i-te Zeile). Wir studieren das Dualitätsprinzip nun zunächst für rationale Lösungen (in $\mathbb{Q}$), bevor wir dann zu ganzzahligen Lösungen übergehen. Wir folgen dabei dem Vorgehen von Tucker [Tuc56]

Lemma A.2. *Sei $A \in \mathbb{Z}^{m \times n}$ eine Matrix. Dann existieren $u \in \mathbb{Q}^m$ und $x = (x_1, \ldots, x_n)^\mathsf{T} \in \mathbb{Q}^n$ mit*

$$A^\mathsf{T} u \geq \mathbf{0}, \quad Ax = \mathbf{0}, \quad x \geq \mathbf{0} \quad und \quad A_1^\mathsf{T} u + x_1 > 0$$

und ein solches Paar u und x ist konstruktiv.

Beweis: Der Beweis erfolgt über die Anzahl der Spalten von A.

Induktionsanfang $n = 1$: Es gilt also $A = A_1 \in \mathbb{Z}^m$.
Fall 1: $A = \mathbf{0}$. Für $u := \mathbf{0}$ und $x = x_1 := 1$ gilt dann $A^\mathsf{T} u = 0$, $Ax = x_1 \cdot A = \mathbf{0}$, $x = 1 \geq 0$ und $A_1^\mathsf{T} u + x_1 = A^\mathsf{T} u + x_1 = 1 > 0$.

Fall 2: $A \neq \mathbf{0}$. Für $u := A$ und $x = x_1 := 0$ erhalten wir $A^\mathsf{T} u = A^\mathsf{T} A = |A|^2 > 0$, $Ax = 0 \cdot A = \mathbf{0}$, $x = 0 \geq 0$ und $A_1^\mathsf{T} u + x_1 = A^\mathsf{T} u + 0 = |A|^2 > 0$. Hierbei ist $|A| = \sqrt{\sum_{i=1}^m a_i^2}$ für $A = (a_1, \ldots, a_m)^\mathsf{T}$.
In beiden Fällen sind u und x konstruktiv.

Induktionsschritt $n \mapsto n+1$: Sei $A \in \mathbb{Z}^{m \times (n+1)}$ und $B \in \mathbb{Z}^{m \times n}$ entstehe aus A durch Weglassen der letzten ($n+1$-ten) Spalte. Per Induktionsvoraussetzung gilt das Lemma für B und wir erhalten konstruktiv berechenbare $u \in \mathbb{Q}^m$ und $x = (x_1, \ldots, x_n)^\mathsf{T} \in \mathbb{Q}^n$ mit $B^\mathsf{T} u \geq 0$, $Bx = 0$, $x \geq 0$ und $B_1^\mathsf{T} u + x_1 = A_1^\mathsf{T} u + x_1 > 0$. Wir unterscheiden nun zwei Fälle:
Fall 1: $A_{n+1}^\mathsf{T} u \geq \mathbf{0}$. Für $u' := u$ und $x' := (x_1, \ldots, x_n, 0)^\mathsf{T}$ gilt dann wegen

$$A^\mathsf{T} u' = \begin{pmatrix} B^\mathsf{T} \\ A_{n+1}^\mathsf{T} \end{pmatrix} u' = \begin{pmatrix} B^\mathsf{T} u' \\ A_{n+1}^\mathsf{T} u' \end{pmatrix} \geq \begin{pmatrix} \mathbf{0} \\ 0 \end{pmatrix} = \mathbf{0},$$

und

$$Ax' = Bx + A_{n+1} \cdot 0 = Bx = \mathbf{0}$$

die Behauptung.

Fall 2: $A_{n+1}^\mathsf{T} u < \mathbf{0}$. Sei $C \in \mathbb{Z}^{m \times n}$ die Matrix, deren i-te Spalte durch $A_i + \lambda_i A_{n+1}$ mit $\lambda_i := -\frac{A_i^\mathsf{T} u}{A_{n+1}^\mathsf{T} u}$ gegeben ist. Wegen $A_{n+1}^\mathsf{T} u \neq 0$ sind alle λ_i definiert. Aus $\mathbf{0} \leq B^\mathsf{T} u = (B_1, \ldots, B_n)^\mathsf{T} u = (A_1, \ldots, A_n)^\mathsf{T} u$ folgt desweiteren $\forall i \in \{1, \ldots, n\}$: $A_i^\mathsf{T} u \geq 0$ und somit auch $\lambda_i \geq 0$. Man errechnet nun

$$C^\mathsf{T} u = \begin{pmatrix} (A_1 + \lambda_1 A_{n+1})^\mathsf{T} \\ \vdots \\ (A_n + \lambda_n A_{n+1})^\mathsf{T} \end{pmatrix} u = \begin{pmatrix} A_1^\mathsf{T} u + \lambda_1 A_{n+1}^\mathsf{T} u \\ \vdots \\ A_n^\mathsf{T} u + \lambda_n A_{n+1}^\mathsf{T} u \end{pmatrix}$$

$$= \begin{pmatrix} A_1^\mathsf{T} u - \frac{A_1^\mathsf{T} u}{A_{n+1}^\mathsf{T} u} A_{n+1}^\mathsf{T} u \\ \vdots \\ A_n^\mathsf{T} u - \frac{A_n^\mathsf{T} u}{A_{n+1}^\mathsf{T} u} A_{n+1}^\mathsf{T} u \end{pmatrix} = \begin{pmatrix} A_1^\mathsf{T} u - A_1^\mathsf{T} u \\ \vdots \\ A_n^\mathsf{T} u - A_n^\mathsf{T} u \end{pmatrix} = \mathbf{0}$$

Da C nur n Spalten besitzt, lässt sich per Induktionsvoraussetzung das Lemma anwenden, und wir erhalten konstruktiv $u_C \in \mathbb{Q}^m$ und $x_C = (x_{C,1}, \ldots, x_{C,n}) \in \mathbb{Q}^n$ mit $C^\mathsf{T} u_C \geq 0$, $Cx_C = 0$, $x_C \geq 0$ und $C_1^\mathsf{T} u_C + x_{C,1} > 0$.

Als gesuchte Lösung bzgl. A wählen wir nun $u' := u_C - \frac{A_{n+1}^\mathsf{T} u_C}{A_{n+1}^\mathsf{T} u} u$ und $x' := (x_{C,1}, \ldots, x_{C,n}, \sum_{i=1}^n \lambda_i x_{C,i})^\mathsf{T}$. Es gilt $A_{n+1}^\mathsf{T} u' = A_{n+1}^\mathsf{T} u_C - \frac{A_{n+1}^\mathsf{T} u_C}{A_{n+1}^\mathsf{T} u} A_{n+1}^\mathsf{T} u = A_{n+1}^\mathsf{T} u_C - A_{n+1}^\mathsf{T} u_C = 0$. Damit errechnen wir

$$B^\mathsf{T} u' = \begin{pmatrix} A_1^\mathsf{T} \\ \vdots \\ A_n^\mathsf{T} \end{pmatrix} u' = \begin{pmatrix} A_1^\mathsf{T} u' \\ \vdots \\ A_n^\mathsf{T} u' \end{pmatrix} = \begin{pmatrix} A_1^\mathsf{T} u' + \lambda_1 \cdot 0 \\ \vdots \\ A_n^\mathsf{T} u' + \lambda_n \cdot 0 \end{pmatrix}$$

$$= \begin{pmatrix} A_1^\mathsf{T} u' + \lambda_1 \cdot A_{n+1}^\mathsf{T} u' \\ \vdots \\ A_n^\mathsf{T} u' + \lambda_n \cdot A_{n+1}^\mathsf{T} u' \end{pmatrix} = \begin{pmatrix} A_1^\mathsf{T} + \lambda_1 \cdot A_{n+1}^\mathsf{T} \\ \vdots \\ A_n^\mathsf{T} + \lambda_n \cdot A_{n+1}^\mathsf{T} \end{pmatrix} u' = C^\mathsf{T} u'$$

$$= C^\mathsf{T} u_C - \frac{A_{n+1}^\mathsf{T} u_C}{A_{n+1}^\mathsf{T} u} C^\mathsf{T} u = C^\mathsf{T} u_C - 0 = C^\mathsf{T} u_C \geq 0 \quad \text{und}$$

$$Ax' = Bx_C + A_{n+1} \cdot \sum_{i=1}^{n} \lambda_i x_{C,i} = \sum_{i=1}^{n} B_i x_{C,i} + \sum_{i=1}^{n} \lambda_i x_{C,i} A_{n+1}$$

$$= \sum_{i=1}^{n} A_i x_{C,i} + \sum_{i=1}^{n} \lambda_i A_{n+1} x_{C,i} = \sum_{i=1}^{n} (A_i + \lambda_i A_{n+1}) x_{C,i} = C x_C = 0.$$

Damit gilt

$$A^\mathsf{T} u' = \begin{pmatrix} B^\mathsf{T} u' \\ A_{n+1}^\mathsf{T} u' \end{pmatrix} = \begin{pmatrix} B^\mathsf{T} u' \\ 0 \end{pmatrix} = \begin{pmatrix} C^\mathsf{T} u' \\ 0 \end{pmatrix} = \begin{pmatrix} C^\mathsf{T} u_c \\ 0 \end{pmatrix} \geq 0.$$

$x' \geq 0$ ist offensichtlich, da alle $x_{C,i}$ und λ_i größer oder gleich null sind. Ebenso gilt $A_1^\mathsf{T} u' + x_{C,1} = C_1^\mathsf{T} u' + x_{C,1} = C_1^\mathsf{T} u_C + x_{C,1} > 0$. Da u' und x' konstruktiv angegeben wurden, ist das Lemma bewiesen.   ∎

Wir haben in diesem Lemma die erste Spalte von A ausgezeichnet, da eine Aussage des Lemmas gerade $A_1^\mathsf{T} u + x_1 > 0$ lautet. Man kann die Aussage aber natürlich so umformulieren, dass eine beliebige andere Spalte von A die ausgezeichnete Spalte ist.

Lemma A.3. *Seien $A \in \mathbb{Z}^{m \times n}$ und $i \in \{1, \ldots, n\}$. Dann existieren $u \in \mathbb{Q}^m$ und $x = (x_1, \ldots, x_n)^\mathsf{T} \in \mathbb{Q}^n$ mit*

$$A^\mathsf{T} u \geq 0, \quad Ax = 0, \quad x \geq 0 \quad \text{und} \quad A_i^\mathsf{T} u + x_i > 0$$

und ein solches Paar u und x ist konstruktiv.

Beweis: Sei $B \in \mathbb{Z}^{m \times n}$ die Matrix $B = (A_i, A_1, \ldots, A_{i-1}, A_{i+1}, \ldots, A_n)$ bestehend aus den permutierten Spalten von A. Nach Lemma A.2 existieren $u_B \in \mathbb{Q}^m$ und $x_B = (x_{B,1}, \ldots, x_{B,n})^\mathsf{T} \in \mathbb{Q}^n$ mit $B^\mathsf{T} u_B \geq 0$, $Bx_B = 0$, $x_B \geq 0$, $B_1^\mathsf{T} u_B + x_{B,1} > 0$, und ein solches Paar u_B, x_B lässt sich konstruktiv berechnen. Aus $B^\mathsf{T} u_B = (A_i^\mathsf{T} u_B, A_1^\mathsf{T} u_B, \ldots, A_{i-1}^\mathsf{T} u_B, A_{i+1}^\mathsf{T} u_B, \ldots, A_n^\mathsf{T} u_B)^\mathsf{T} \geq 0$ folgt sofort $A^\mathsf{T} u_B = (A_1^\mathsf{T} u_B, \ldots, A_n^\mathsf{T} u_B)^\mathsf{T} \geq 0$. Wählen wir $u := u_B$ und $x := (x_{B,2}, \ldots, x_{B,i}, x_{B,1}, x_{B,i+1}, \ldots, x_{B,n})^\mathsf{T}$, so sieht man weiterhin:

$$Ax = (A_1, ..., A_n) \begin{pmatrix} x_{B,2} \\ \vdots \\ x_{B,i} \\ x_{B,1} \\ x_{B,i+1} \\ \vdots \\ x_{B,n} \end{pmatrix} = (A_i, A_1, ..., A_{i-1}, A_{i+1}, ..., A_n) \begin{pmatrix} x_{B,1} \\ \vdots \\ x_{B,n} \end{pmatrix}$$

$$= Bx_B = \mathbf{0}.$$

Ferner ist $x \geq \mathbf{0}$ da $x_B \geq \mathbf{0}$ gilt, sowie $A_i^\mathsf{T} u + x_i = B_1^\mathsf{T} u + x_{B,1} = B_1^\mathsf{T} u_B + x_{B,1} > 0$. ∎

Nun wollen wir zeigen, dass die obige Aussage nicht nur für Lösungen über $\mathbb{Q}$, sondern sogar für Lösungen über $\mathbb{Z}$ gilt.

Lemma A.4. *Seien $A \in \mathbb{Z}^{m \times n}$ und $i \in \{1, \ldots, n\}$. Dann existieren $u \in \mathbb{Z}^m$ und $x = (x_1, \ldots, x_n)^\mathsf{T} \in \mathbb{Z}^n$ mit*

$$A^\mathsf{T} u \geq \mathbf{0}, \quad Ax = \mathbf{0}, \quad x \geq \mathbf{0} \quad und \quad A_i^\mathsf{T} u + x_i > 0$$

und ein solches Paar u und x ist konstruktiv.

Beweis: Nach Lemma A.3 lässt sich ein Paar u', x' mit $u' \in \mathbb{Q}^m$ und $x' \in \mathbb{Q}^n$ konstruktiv berechnen, das die geforderten Eigenschaften besitzt. Sei $u' = (\frac{u_1}{v_1}, \ldots, \frac{u_m}{v_m})^\mathsf{T}$ und $x' = (\frac{w_1}{y_1}, \ldots, \frac{w_n}{y_n})^\mathsf{T}$ mit $u_k, w_j \in \mathbb{Z}$ und $v_k, y_j \in \mathbb{N} - \{0\}$ für $1 \leq k \leq m$ und $1 \leq j \leq n$. Wir wählen $z := \prod_{k=1}^m v_k \cdot \prod_{j=1}^n y_j > 0$. Dann gilt offensichtlich $u := z \cdot u' \in \mathbb{Z}^m$ und $x := z \cdot x' \in \mathbb{Z}^n$. Weiter sieht man:

$$A^\mathsf{T} u = A^\mathsf{T}(zu') = z \cdot (A^\mathsf{T} u') \geq z \cdot \mathbf{0} = \mathbf{0},$$

$$Ax = A(zx') = z \cdot (Ax') = z \cdot \mathbf{0} = \mathbf{0},$$

$$x = zx' \geq z \cdot \mathbf{0} = \mathbf{0}, \quad und$$

$$A_i^\mathsf{T} u + x_i = A_i^\mathsf{T}(zu') + z\frac{w_i}{y_i} = z \cdot (A_i^\mathsf{T} u' + \frac{w_i}{y_i}) > z \cdot \mathbf{0} = \mathbf{0}.$$

Dabei sind z und somit u und x konstruktiv bestimmt. ∎

Im nächsten Schritt zeigen wir, dass wir die Bedingung $A_i^\mathsf{T} u + x_i > 0$ nicht nur für jede einzelne Spalte i von A, sondern auch für alle Spalten von A simultan erfüllen können. Die Aussage $x \in \mathbb{Z}^n$ und $x \geq \mathbf{0}$ heißt natürlich nichts Anderes als $x \in \mathbb{N}^n$.

Lemma A.5. *Sei* $A \in \mathbb{Z}^{m \times n}$. *Dann existieren* $u \in \mathbb{Z}^m$ *und* $x = (x_1, \ldots, x_n)^\mathsf{T} \in \mathbb{N}^n$ *mit*

$$A^\mathsf{T} u \geq \mathbf{0}, \quad Ax = \mathbf{0}, \quad und \quad A^\mathsf{T} u + x \geq \mathbf{1}$$

und ein solches Paar u *und* x *ist konstruktiv.*

Beweis: Nach Lemma A.4 existieren für alle $i \in \{1, \ldots, n\}$ Lösungen $u^i \in \mathbb{Z}^m$ und $x^i = (x_1^i, \ldots, x_n^i) \in \mathbb{N}^n$ mit $A^\mathsf{T} u^i \geq \mathbf{0}$, $Ax^i = \mathbf{0}$ und $A_i^\mathsf{T} u^i + x_i^i > 0$ und solche Lösungen sind konstruktiv. Wir wählen $u := \sum_{i=1}^n u^i$ und $x := \sum_{i=1}^n x^i$. Dann gilt:

$$A^\mathsf{T} u = A^\mathsf{T} \cdot \sum_{i=1}^n u^i = \sum_{i=1}^n A^\mathsf{T} u^i \geq \mathbf{0},$$

$$Ax = A \cdot \sum_{i=1}^n x^i = \sum_{i=1}^n Ax^i = \mathbf{0},$$

$$x = \sum_{i=1}^n x^i \geq \mathbf{0},$$

und aus der Voraussetzung $A_i^\mathsf{T} u^i + x_i^i > 0$ und der Erkenntnis, dass $A_i^\mathsf{T} u^j + x_i^j \geq 0$ für alle $1 \leq j \leq n$ gilt (gefolgert aus $x^j \geq \mathbf{0}$ und $A^\mathsf{T} u^j \geq \mathbf{0}$), errechnen wir

$$A_i^\mathsf{T} u + x_i = \sum_{j=1}^n (A_i^\mathsf{T} u^j + x_i^j) \geq A_i^\mathsf{T} u^i + x_i^i > 0$$

für $1 \leq i \leq n$. Da A, u und x über $\mathbb{Z}$ sind, muss auch $A_i^\mathsf{T} u + x_i \geq 1$ gelten. Damit ist $A^\mathsf{T} u + x$ in jeder Komponente größer oder gleich eins, d.h. $A^\mathsf{T} u + x \geq \mathbf{1}$. ∎

Damit können wir nun den eigentlichen Satz von Gordan [Gor73] zeigen. Teil 1 stammt von Gordan selbst, Teil 2, wie auch die ganze bisherige Vorgehensweise, folgt dem Ansatz von Tucker [Tuc56].

Satz A.6 (Satz von Gordan). *Sei* $A \in \mathbb{Z}^{m \times n}$.

1. $(\forall u \in \mathbb{Z}^m : (A^\mathsf{T} u \geq \mathbf{0} \Rightarrow A^\mathsf{T} u = \mathbf{0})) \Longrightarrow \exists x \in \mathbb{N}^n : (Ax = \mathbf{0} \land x \geq \mathbf{1})$, *und dieses* x *ist konstruktiv.*

2. $(\forall x \in \mathbb{N}^n : (Ax = \mathbf{0} \Rightarrow x = \mathbf{0})) \Longrightarrow \exists u \in \mathbb{Z}^m : A^\mathsf{T} u \geq \mathbf{1}$ *und dieses* u *ist konstruktiv.*

Beweis: Zu 1.: Lemma A.5 liefert uns $u \in \mathbb{Z}^m$ und $x \in \mathbb{N}^n$ mit $A^\mathsf{T} u \geq \mathbf{0}$, $Ax = \mathbf{0}$ und $A^\mathsf{T} u + x \geq \mathbf{1}$. Gilt die Prämisse, so ist demnach $A^\mathsf{T} u = \mathbf{0}$. Also gilt $x = A^\mathsf{T} u + x \geq \mathbf{1}$.

Zu 2.: Wieder liefert Lemma A.5 $u \in \mathbb{Z}^m$ und $x \in \mathbb{N}^n$ mit insbesondere $Ax = \mathbf{0}$. Gilt die Prämisse, so ist $x = \mathbf{0}$. Also ist $A^\mathsf{T} u = A^\mathsf{T} u + x \geq \mathbf{1}$.   ∎

Wir benötigen noch eine Art Umkehrung des Satzes von Gordan, bevor wir uns unserem eigentlichen Ziel zuwenden können.

Lemma A.7. *Sei $A \in \mathbb{Z}^{m \times n}$ und $x \geq \mathbf{1}$ eine Lösung für $Ax = \mathbf{0}$ mit $x \in \mathbb{R}^n$. Dann existiert kein $u \in \mathbb{R}^m$ mit $A^\mathsf{T} u > \mathbf{0}$.*

Beweis: Jede Lösung $x \in \mathbb{R}^n$ von $Ax = \mathbf{0}$ ist auch Lösung von $u^\mathsf{T} Ax = 0$ für beliebige $u \in \mathbb{R}^m$. Ist $u^\mathsf{T} A = (c_1, \ldots, c_n)$, so lässt sich $u^\mathsf{T} Ax = 0$ auch schreiben als $c_1 x_1 + \ldots + c_n x_n = 0$. Wir nehmen nun an, es gibt ein $u \in \mathbb{R}^m$ mit $A^\mathsf{T} u > \mathbf{0}$. Wegen $u^\mathsf{T} A = (A^\mathsf{T} u)^\mathsf{T}$ ist dann auch $u^\mathsf{T} A > \mathbf{0}$. Also gilt $c_i \geq 0$ für alle $1 \leq i \leq n$, und es existiert ein $j \in \{1, \ldots, n\}$ mit $c_j > 0$. Setzt man die Lösung $x \geq \mathbf{1}$ in die Gleichung $u^\mathsf{T} Ax = 0$ ein, so ergibt sich (da alle $x_i > 0$ sind) $c_1 x_1 + \ldots + c_n x_n \geq c_j x_j > 0$, im Widerspruch zu $u^\mathsf{T} Ax = 0$ und $Ax = \mathbf{0}$. Also war die Annahme falsch, und ein $u \in \mathbb{R}^m$ mit $A^\mathsf{T} u > \mathbf{0}$ existiert nicht.   ∎

Wir können nun zeigen, dass der Support von A konstruktiv ist.

Lemma A.8. *Sei $A \in \mathbb{Z}^{m \times n}$. Dann existiert ein $u \in \mathbb{Z}^m$ mit folgenden Eigenschaften:*

1. *$A^\mathsf{T} u \geq \mathbf{0}$,*

2. *$\forall i \in \operatorname{supp} A : (A^\mathsf{T} u)_i = 0$,*

3. *$\forall i \in \overline{\operatorname{supp} A} : (A^\mathsf{T} u)_i \geq 1$, und*

4. *u ist konstruktiv.*

Beweis: Nach Lemma A.5 erhalten wir konstruktiv $u \in \mathbb{Z}^m$ und $x \in \mathbb{N}^n$ mit $A^\mathsf{T} u \geq \mathbf{0}$, $Ax = \mathbf{0}$ und $A^\mathsf{T} u + x \geq \mathbf{1}$. Für alle $i \in \overline{\operatorname{supp} A}$ ist $x_i = 0$ und somit $(A^\mathsf{T} u)_i \geq 1$. Es bleibt Punkt 2 zu zeigen.

A' entstehe aus A durch Streichen aller Spalten, deren Indizes nicht zum Support gehören. Seien $x^i \in \mathbb{N}^n$ Lösungen von $Ax = \mathbf{0}$ mit $x_i^i > 0$ für alle $i \in \operatorname{supp} A$. Dann ist $\sum_{i \in \operatorname{supp} A} x^i$ eine Lösung von $Ax = \mathbf{0}$ mit $(\sum_{i \in \operatorname{supp} A} x^i)_j > 0 \iff j \in \operatorname{supp} A$. (Man beachte, dass $x_j^i = 0$ für

$j \notin \operatorname{supp} A$ ist.) Sei y der Vektor, der aus $\sum_{i \in \operatorname{supp} A} x^i$ durch Streichen aller Einträge (Zeilen) entsteht, deren Index nicht zum Support gehört, also durch Streichen aller Nullen. Da diese sowieso keinen Beitrag im linearen Gleichungssystem $Ax = \mathbf{0}$ liefern, gilt auch $A'y = \mathbf{0}$. Wegen $y \geq \mathbf{1}$ können wir nun Lemma A.7 anwenden. Da aus $A^\mathsf{T} u \geq \mathbf{0}$ sofort $A'^\mathsf{T} u \geq \mathbf{0}$ (durch Weglassen von Zeilen) folgt, liefert Lemma A.7 also die Aussage $A'^\mathsf{T} u = \mathbf{0}$. Da die Zeilen von A'^T gerade diejenigen Zeilen von A^T sind, deren Index zum Support gehört, erhalten wir also $(A^\mathsf{T} u)_i = 0$ für alle $i \in \operatorname{supp} A$. $\blacksquare$

Damit können wir über das Produkt $A^\mathsf{T} u$ mit dem nach Lemma A.5 konstruktiven u feststellen, welche Variablen/Indizes zum Support gehören. Also gilt:

Korollar A.9 (Konstruktivität des Supports). *Zu jedem $A \in \mathbb{Z}^{m \times n}$ ist der Support $\operatorname{supp} A$ konstruktiv.*

Mit Hilfe eines Satzes von Hilbert [Hil90] können wir nun auch eine Support-Lösung bestimmen.

Lemma A.10 (Konstruktivität einer Support-Lösung). *Zu jedem $A \in \mathbb{Z}^{m \times n}$ existiert eine Support-Lösung und diese ist konstruktiv.*

Beweis: Nach Hilbert [Hil90] existiert für die Lösungen von $Ax = \mathbf{0}$, die in $\mathbb{N}^n$ liegen, eine endliche Basis $x^1, \ldots, x^k \in \mathbb{N}^n$ ($k \in \mathbb{N}$), so dass jede Lösung eine nicht-negative Linearkombination der Basisvektoren ist. Zu jedem $i \in \operatorname{supp} A$ muss daher wenigstens ein x^j mit $x_i^j > 0$ existieren. Daher gilt für $x := \sum_{j=1}^k x^j$ gerade: $\forall i \in \operatorname{supp} A : x_i > 0$. Damit ist x eine Support-Lösung.

Eine konstruktive Support-Lösung erhalten wir, indem wir alle Vektoren aus $\mathbb{N}^n$ aufzählen, und prüfen, ob der jeweils betrachtete Vektor die Definition einer Support-Lösung erfüllt. Dies ist konstruktiv entscheidbar, da $\operatorname{supp} A$ selbst konstruktiv und Ax leicht auszurechnen ist. Da eine Support-Lösung existiert, kann man die Aufzählung abbrechen, wenn man eine gefunden hat. Das Verfahren terminiert also. $\blacksquare$

Nun müssen wir nur noch die Endlichkeit und Konstruktivität der Menge der Lösungen des inhomogenen linearen Gleichungssystems $Ax = b$ eingeschränkt auf das Komplement des Supports nachweisen. Wir beginnen mit der Endlichkeit.

Lemma A.11 (Endlichkeit von $S_{A,b}$). *Seien $A \in \mathbb{Z}^{m \times n}$ und $b \in \mathbb{Z}^m$. Dann ist die Menge*

$$S_{A,b} = \{\pi_{\overline{\operatorname{supp} A}}(x) \mid x \in \mathbb{N}^n \wedge Ax = b\}$$

endlich.

Beweis: Der Fall $\overline{\operatorname{supp} A} = \emptyset$ ist trivial ($S_{A,b} = \{()\} \subseteq \mathbb{N}^0$). Sei also $\overline{\operatorname{supp} A} \neq \emptyset$. Lemma A.8 liefert uns ein konstruktives $u \in \mathbb{Z}^m$ mit $A^\mathsf{T} u \geq \mathbf{0}$ und $(A^\mathsf{T} u)_i = 0 \iff i \in \operatorname{supp} A$. Sei $A^\mathsf{T} u = (c_1, \ldots, c_n)^\mathsf{T}$, dann ist $c_i \geq 0$ für alle $1 \leq i \leq n$ und $c_i > 0 \iff i \in \overline{\operatorname{supp} A}$. Jede Lösung von $Ax = b$ ist trivial auch Lösung von $u^\mathsf{T} Ax = (A^\mathsf{T} u)^\mathsf{T} x = u^\mathsf{T} b$. Diese Gleichung lässt sich als $c_1 x_1 + \ldots + c_n x_n = u^\mathsf{T} b$ mit $u^\mathsf{T} b \in \mathbb{Z}$ schreiben. Dabei tauchen ausschließlich die Variablen x_i auf, für die $i \in \overline{\operatorname{supp} A}$ gilt; für alle anderen ist ja $c_i = 0$. Da die Koeffizienten c_i aller x_i mit $i \in \overline{\operatorname{supp} A}$ aber echt positiv sind, gibt es nur endlich viele Belegungen für diese $x_i \in \mathbb{N}$, die $u^\mathsf{T} Ax = u^\mathsf{T} b$ erfüllen – keine, falls $u^\mathsf{T} b < 0$ ist, und um so mehr, je größer $u^\mathsf{T} b$ ist. Damit ist die Menge

$$S'_{A,b} := \{\pi_{\overline{\operatorname{supp} A}}(x) \mid x \in \mathbb{N}^n \wedge u^\mathsf{T} Ax = u^\mathsf{T} b\}$$

endlich, und somit wegen $S_{A,b} \subseteq S'_{A,b}$ auch $S_{A,b}$. ∎

Für die Konstruktivität von $S_{A,b}$ müssen wir ebenfalls einen Umweg über $S'_{A,b}$ aus dem obigen Beweis machen.

Lemma A.12 (Konstruktivität von $S'_{A,b}$). *Seien $A \in \mathbb{Z}^{m \times n}$ und $b \in \mathbb{Z}^m$, sowie $u \in \mathbb{Z}^m$ der konstruktive Vektor gemäß Lemma A.8. Dann ist die Menge*

$$S'_{A,b} := \{\pi_{\overline{\operatorname{supp} A}}(x) \mid x \in \mathbb{N}^n \wedge u^\mathsf{T} Ax = u^\mathsf{T} b\}$$

konstruktiv.

Beweis: Sei $u^\mathsf{T} Ax = u^\mathsf{T} b$ die Gleichung $c_1 x_1 + \ldots + c_n x_n = u^\mathsf{T} b$. Ist $i \in \overline{\operatorname{supp} A}$, so gilt, da alle $c_j \geq 0$ (für $1 \leq j \leq n$) sind, $c_i x_i \leq u^\mathsf{T} b$ bzw. $x_i \leq \frac{u^\mathsf{T} b}{c_i}$. Also gilt für alle $\pi_{\overline{\operatorname{supp} A}}(x) \in S'_{A,b}$ und alle $i \in \overline{\operatorname{supp} A}$: $0 \leq x_i \leq \frac{u^\mathsf{T} b}{c_i}$ und $x_i \in \mathbb{N}$. Da in $u^\mathsf{T} Ax = u^\mathsf{T} b$ Variablen aus $\operatorname{supp} A$ nicht vorkommen, genügt es also, diese endlich vielen Möglichkeiten für $\pi_{\overline{\operatorname{supp} A}}(x) \in S'_{A,b}$ durchzuprobieren, und zu testen, ob $u^\mathsf{T} Ax = u^\mathsf{T} b$ gilt. Damit ist $S'_{A,b}$ konstruktiv bestimmt. ∎

Dennoch folgt aus der Konstruktivität von $S'_{A,b}$ die von $S_{A,b}$ nicht unmittelbar. Wir brauchen noch eine Reihe von Überlegungen. Da es sich als einfacher erweist $Ax = b$ über $\mathbb{Z}$ zu lösen als über $\mathbb{N}$, wollen wir versuchen, so weit wie möglich auf die Beschränkung auf $\mathbb{N}$ zu verzichten. Es zeigt sich, dass es für $S_{A,b}$ keine Rolle spielt, ob man Lösungen über $\mathbb{N}$ betrachtet, oder Lösungen, die nur auf $\overline{\operatorname{supp} A}$ in $\mathbb{N}$ sein müssen.

Lemma A.13. *Es gilt*

$$\{\pi_{\overline{\operatorname{supp} A}}(x) \mid x \in \mathbb{N}^n \wedge Ax = b\} = \{\pi_{\overline{\operatorname{supp} A}}(x) \in \mathbb{N}^{|\overline{\operatorname{supp} A}|} \mid x \in \mathbb{Z}^n \wedge Ax = b\}$$

Beweis: "$\subseteq$": offensichtlich.

"$\supseteq$": Sei $x \in \mathbb{Z}^n$ mit $\pi_{\overline{\text{supp}\,A}}(x) \in \mathbb{N}^{|\overline{\text{supp}\,A}|}$ und $Ax = b$. Nach Lemma A.10 können wir eine Support-Lösung y mit $\pi_{\text{supp}\,A}(y) \geq 1$ und $Ay = 0$ konstruieren. Für diese gilt gemäß Definition außerdem $\pi_{\overline{\text{supp}\,A}}(y) = 0$. Da $x_i < 0$ nur für $i \in \text{supp}\,A$ gelten kann, lässt sich ein $\lambda \in \mathbb{N}$ bestimmen mit $x + \lambda y \in \mathbb{N}^n$. Wir stellen weiter fest:

$$A(x + \lambda y) = Ax + \lambda Ay = Ax + \lambda \cdot 0 = Ax = b$$

und

$$\begin{aligned}
\pi_{\overline{\text{supp}\,A}}(x + \lambda y) &= \pi_{\overline{\text{supp}\,A}}(x) + \pi_{\overline{\text{supp}\,A}}(\lambda y) \\
&= \pi_{\overline{\text{supp}\,A}}(x) + \lambda \cdot 0 = \pi_{\overline{\text{supp}\,A}}(x).
\end{aligned}$$

Damit ist $\pi_{\overline{\text{supp}\,A}}(x) = \pi_{\overline{\text{supp}\,A}}(x + \lambda y) \in S_{A,b}$. ∎

Zur Bestimmung von $S_{A,b}$ wollen wir nun das lineare Gleichungssystem $Ax = b$ lösen. Dazu nutzen wir Matrizenumformungen. Matrizenumformungen werden durch Multiplikation mit invertierbaren Matrizen dargestellt.

Definition A.14 (Umformungsmatrizen). *Sei $n \in \mathbb{N}$. Wir definieren die $n \times n$-Matrizen $\alpha_{i,j} := (a_{k,\ell})_{k,\ell}$ mit $1 \leq i, j \leq n$ und $i \neq j$ durch $a_{k,\ell} = 1$, falls $i \neq k = \ell \neq j$ oder $(i = k \wedge \ell = j)$ oder $(i = \ell \wedge k = j)$ gilt. Ansonsten sei $a_{k,\ell} = 0$.*

Die $n \times n$-Matrizen $\beta_{i,j,\lambda} := (b_{k,\ell})_{k,\ell}$ für $i \neq j$ mit $1 \leq i, j \leq n$ und $\lambda \in \mathbb{Z}$ seien durch $b_{k,\ell} = 1$ für $k = \ell$, $b_{i,j} = \lambda$ und $b_{k,\ell} = 0$ sonst gegeben.

Die $n \times n$-Matrizen $\gamma_i := (c_{k,\ell})_{k,\ell}$ für $1 \leq i \leq n$ seien durch $c_{k,\ell} = 1$ falls $k = \ell \neq i$, $c_{k,\ell} = -1$ falls $k = \ell = i$ und $c_{k,\ell} = 0$ sonst gegeben.

Wir wollen die Auswirkungen, die die Multiplikation einer Matrix mit $\alpha_{i,j}$ hat, am Beispiel einer allgemeinen 5×5-Matrix einmal darstellen. Wir beobachten zunächst die Auswirkungen einer Multiplikation von links mit $\alpha_{2,3}$.

$$\begin{pmatrix} 1 & 0 & 0 & 0 & 0 \\ 0 & 0 & 1 & 0 & 0 \\ 0 & 1 & 0 & 0 & 0 \\ 0 & 0 & 0 & 1 & 0 \\ 0 & 0 & 0 & 0 & 1 \end{pmatrix} \begin{pmatrix} a_1 & a_2 & a_3 & a_4 & a_5 \\ b_1 & b_2 & b_3 & b_4 & b_5 \\ c_1 & c_2 & c_3 & c_4 & c_5 \\ d_1 & d_2 & d_3 & d_4 & d_5 \\ e_1 & e_2 & e_3 & e_4 & e_5 \end{pmatrix} = \begin{pmatrix} a_1 & a_2 & a_3 & a_4 & a_5 \\ c_1 & c_2 & c_3 & c_4 & c_5 \\ b_1 & b_2 & b_3 & b_4 & b_5 \\ d_1 & d_2 & d_3 & d_4 & d_5 \\ e_1 & e_2 & e_3 & e_4 & e_5 \end{pmatrix}$$

Offensichtlich führt diese Multiplikation zu einer Vertauschung der zweiten und dritten Zeile, allgemeiner: der i-ten und j-ten Zeile, in der untersuchten

Matrix. Nochmalige Vertauschung würde wieder zur Originalmatrix führen, womit auch klar ist, dass $\alpha_{i,j}$ sein eigenes (beidseitiges) Inverses sein muss: $\alpha_{i,j}^{-1} = \alpha_{i,j}$. Die Multiplikation von rechts mit $\alpha_{2,3}$ führt nun erwartungsgemäß zur Vertauschung der zweiten und dritten Spalte:

$$
\begin{pmatrix}
a_1 \; a_2 \; a_3 \; a_4 \; a_5 \\
b_1 \; b_2 \; b_3 \; b_4 \; b_5 \\
c_1 \; c_2 \; c_3 \; c_4 \; c_5 \\
d_1 \; d_2 \; d_3 \; d_4 \; d_5 \\
e_1 \; e_2 \; e_3 \; e_4 \; e_5
\end{pmatrix}
\begin{pmatrix}
1\,0\,0\,0\,0 \\
0\,0\,1\,0\,0 \\
0\,1\,0\,0\,0 \\
0\,0\,0\,1\,0 \\
0\,0\,0\,0\,1
\end{pmatrix}
=
\begin{pmatrix}
a_1 \; a_3 \; a_2 \; a_4 \; a_5 \\
b_1 \; b_3 \; b_2 \; b_4 \; b_5 \\
c_1 \; c_3 \; c_2 \; c_4 \; c_5 \\
d_1 \; d_3 \; d_2 \; d_4 \; d_5 \\
e_1 \; e_3 \; e_2 \; e_4 \; e_5
\end{pmatrix}
$$

Die Multiplikation von rechts mit der Matrix $\beta_{i,j,\lambda}$ bewirkt eine Addition des λ-fachen der i-ten Spalte zur j-ten Spalte. Wir beobachten dies am Beispiel $\beta_{2,4,\lambda}$:

$$
\begin{pmatrix}
a_1 \; a_2 \; a_3 \; a_4 \; a_5 \\
b_1 \; b_2 \; b_3 \; b_4 \; b_5 \\
c_1 \; c_2 \; c_3 \; c_4 \; c_5 \\
d_1 \; d_2 \; d_3 \; d_4 \; d_5 \\
e_1 \; e_2 \; e_3 \; e_4 \; e_5
\end{pmatrix}
\begin{pmatrix}
1\,0\,0\,0\,0 \\
0\,1\,0\,\lambda\,0 \\
0\,0\,1\,0\,0 \\
0\,0\,0\,1\,0 \\
0\,0\,0\,0\,1
\end{pmatrix}
=
\begin{pmatrix}
a_1 \; a_2 \; a_3 \; a_4 + \lambda a_2 \; a_5 \\
b_1 \; b_2 \; b_3 \; b_4 + \lambda b_2 \; b_5 \\
c_1 \; c_2 \; c_3 \; c_4 + \lambda c_2 \; c_5 \\
d_1 \; d_2 \; d_3 \; d_4 + \lambda d_2 \; d_5 \\
e_1 \; e_2 \; e_3 \; e_4 + \lambda e_2 \; e_5
\end{pmatrix}
$$

Es ist sofort klar, dass dieser Effekt rückgängig gemacht werden kann, indem man (wiederum von rechts) mit $\beta_{2,4,-\lambda}$ multipliziert. Es gilt daher $\beta_{2,4,-\lambda}\beta_{2,4,\lambda} = E = \beta_{2,4,\lambda}\beta_{2,4,-\lambda}$, und $\beta_{2,4,\lambda}^{-1} := \beta_{2,4,-\lambda}$ ist beidseitiges Inverses von $\beta_{2,4,\lambda}$. Die Linksmultiplikation mit $\beta_{i,j,\lambda}$ führt auch hier erwartungsgemäß zur Addition des λ-fachen der i-ten Zeile zur j-ten Zeile. Wir verzichten aus darstellungstechnischen Gründen auf die Beispielrechnung.

Die Matrizen γ_i schließlich erlauben die Multiplikation ganzer Zeilen bzw. Spalten mit -1. Wir zeigen dies am Beispiel der Multiplikation mit γ_3 von rechts. γ_i ist offensichtlich zu sich selbst invers. Arbeitet man auf Matrizen über dem Körper $\mathbb{Q}$ oder $\mathbb{R}$, so lässt sich wegen der Existenz multiplikativer Inverser in $\mathbb{Q}$ bzw. $\mathbb{R}$ auch die Multiplikation von Zeilen und Spalten mit beliebigen Zahlen ungleich Null wieder rückgängig machen. Bei Matrizen über dem Ring $\mathbb{Z}$ ist dies nicht möglich.

$$
\begin{pmatrix}
a_1 \; a_2 \; a_3 \; a_4 \; a_5 \\
b_1 \; b_2 \; b_3 \; b_4 \; b_5 \\
c_1 \; c_2 \; c_3 \; c_4 \; c_5 \\
d_1 \; d_2 \; d_3 \; d_4 \; d_5 \\
e_1 \; e_2 \; e_3 \; e_4 \; e_5
\end{pmatrix}
\begin{pmatrix}
1\,0\;\;0\;\,0\,0 \\
0\,1\;\;0\;\,0\,0 \\
0\,0\,{-1}\,0\,0 \\
0\,0\;\;0\;\,1\,0 \\
0\,0\;\;0\;\,0\,1
\end{pmatrix}
=
\begin{pmatrix}
a_1 \; a_2 \; -a_3 \; a_4 \; a_5 \\
b_1 \; b_2 \; -b_3 \; b_4 \; b_5 \\
c_1 \; c_2 \; -c_3 \; c_4 \; c_5 \\
d_1 \; d_2 \; -d_3 \; d_4 \; d_5 \\
e_1 \; e_2 \; -e_3 \; e_4 \; e_5
\end{pmatrix}
$$

Wir können nun zeigen, dass sich jede Matrix über $\mathbb{Z}$ durch Multiplikation mit den oben eingeführten invertierbaren Matrizen in eine Form überführen lässt, in der alle Elemente der Diagonale ganze Zahlen und alle anderen Einträge der Matrix Null sind. Dazu benötigen wir lediglich noch eine einfache Erkenntnis über den größten gemeinsamen Teiler von mehreren Zahlen. Für zwei Zahlen $a, b \in \mathbb{N}$ lässt sich der größte gemeinsame Teiler $ggT(a, b)$ bekanntlich berechnen durch $ggT(a - b, b)$, falls $a > b > 0$ ist, $ggT(b, a)$ für $a < b$ und $ggT(a, 0) = a$. Es gilt dabei $ggT(a, b) \leq \min\{a, b\}$. Das Verfahren lässt sich leicht auf mehr als zwei Zahlen erweitern, indem wir für die Differenzbildung (oben $a - b$) immer die größte Zahl mit heranziehen: $ggT(a_1, \ldots, a_n) :=$ $ggT(a_1, \ldots, a_{i-1}, a_i - a_j, a_{i+1}, \ldots, a_n)$ für $a_i = \max\{a_k \mid 1 \leq k \leq n\}$ und $a_j \neq 0$ sowie $ggT(a_1, \ldots, a_n) = a_i$ falls für alle $j \neq i$ gilt: $a_j = 0$. Da stets die größte Zahl verkleinert wird, muss der Algorithmus irgendwann terminieren. Auch hier gilt $ggT(a_1, \ldots, a_n) \leq \min\{a_k \mid 1 \leq k \leq n\}$. Der Algorithmus lässt sich leicht noch einmal auf Zahlen aus $\mathbb{Z}$ erweitern. Wir setzen dazu $ggT(a_1, \ldots, a_n) := ggT(a_1, \ldots, a_{i-1}, a_i - a_j, a_{i+1}, \ldots, a_n)$ für $|a_i| = \max\{|a_k| \mid 1 \leq k \leq n\}$, $a_i \cdot a_j > 0$ und $ggT(a_1, \ldots, a_n) :=$ $ggT(a_1, \ldots, a_{i-1}, a_i + a_j, a_{i+1}, \ldots, a_n)$ für $|a_i| = \max\{|a_k| \mid 1 \leq k \leq n\}$, $a_i \cdot a_j < 0$ und $ggT(a_1, \ldots, a_n) = a_i$ falls für alle $k \neq i$ gilt: $a_k = 0$. Die betragsmäßig größte Zahl wird dabei durch Addition oder Subtraktion einer anderen Zahl ungleich Null betragsmäßig verkleinert. Das Verfahren bricht ab, wenn die betragsmäßig zweitgrößte Zahl Null wird, die letzte Zahl ungleich Null ist dann der größte gemeinsame Teiler. Auch hier gilt $|ggT(a_1, \ldots, a_n)| \leq \min\{|a_k| \mid 1 \leq k \leq n\}$. Im Fall $|ggT(a_1, \ldots, a_m)| = |a_i|$ kann man zudem garantieren, dass a_i nie als betragsmäßig größte Zahl ausgewählt und verändert wird.

Lemma A.15. *Sei $A \in \mathbb{Z}^{m \times n}$. Dann existieren konstruktive $B, B^{-1} \in \mathbb{Z}^{m \times m}$ und $C, C^{-1} \in \mathbb{Z}^{n \times n}$ mit $B^{-1}B = E$, $CC^{-1} = E$ und $BAC = (\lambda_{i,j})_{i,j} \in \mathbb{Z}^{m \times n}$ mit $\lambda_{i,j} = 0$, falls $i \neq j$ ist.*

Beweis: Sei $k \in \mathbb{N}$ mit $0 \leq k \leq \min\{m, n\}$. Wir zeigen zunächst per Induktion über k: Hat A bereits die Form

$$
\begin{pmatrix}
\lambda_{1,1} & 0 & \cdots & 0 & \\
0 & & & \vdots & \\
\vdots & & & 0 & \mathbf{0} \\
0 & \cdots & 0 & \lambda_{k,k} & \\
\hline
& \mathbf{0} & & & R
\end{pmatrix}
$$

mit $R \in \mathbb{Z}^{(m-k) \times (n-k)}$ und $\lambda_{1,1}, \lambda_{2,2}, \ldots, \lambda_{k,k} \in \mathbb{Z}$, so können wir A in die gewünschte Form bringen.

Induktionsanfang $k = \min\{m, n\}$: In diesem Fall hat A bereits die gewünschte Form.

Induktionsschritt $k \to k - 1$ (mit $k > 0$). Wir stellen zunächst fest, dass Zeilen- und Spaltenumformungen durch Multiplikation mit $\alpha_{x,y}$ oder $\beta_{x,y,\lambda}$ mit $x, y > k$ ausschließlich R verändern, den Rest von A aber unverändert lassen. Nehmen wir an R hat die allgemeine Gestalt

$$\begin{pmatrix} a_{1,1} & a_{1,2} & a_{1,3} & \cdots & a_{1,n-k} \\ a_{2,1} & a_{2,2} & a_{2,3} & \cdots & a_{2,n-k} \\ a_{3,1} & a_{3,2} & a_{3,3} & \cdots & a_{3,n-k} \\ \vdots & \vdots & \vdots & & \vdots \\ a_{m-k,1} & a_{m-k,2} & a_{m-k,3} & \cdots & a_{m-k,n-k} \end{pmatrix}.$$

Sei b die betragsmäßig größte Zahl der ersten Zeile von R. Wir wenden nun wiederholt das folgende Verfahren an: Sei $A' = B'AC'$ die bisher durch dieses Verfahren gewonnene Matrix und R' der aus R entstandene Teil davon, am Anfang gilt also $A' = A$, $R' = R$, $B' = E$ und $C' = E$. Wir bestimmen die beiden betragsmäßig größten Elemente der ersten Zeile von R', seien dies $a'_{1,i}$ und $a'_{1,j}$ mit $|a'_{1,i}| \geq |a'_{1,j}|$. Wir multiplizieren nun A' von rechts mit $\beta_{k+j,k+i,1}$ falls $a_{1,i}$ und $a_{1,j}$ verschiedene Vorzeichen haben, und mit $\beta_{k+j,k+i,-1}$ sonst. Dabei ändert sich nur die Spalte i in R'. Speziell wird der Wert $a_{1,i}$ durch einen betragsmäßig kleineren Wert ersetzt, sofern $a_{1,j} \neq 0$ gilt. Das Ergebnis sei $A'' := A'\beta_{k+j,k+i,\pm 1} = B'AC'\beta_{k+j,k+i,\pm 1} = B''AC''$ mit $B'' = B'$ und $C'' = C'\beta_{k+j,k+i,\pm 1}$. Dabei sind B'' und C'' invertierbare Matrizen, falls B' und C' solche sind.

Wir wiederholen dies Verfahren, bis $a'_{1,j}$, also die zweitgrößte Zahl, Null ist. Damit haben wir genau den Algorithmus zur Bestimmung des größten gemeinsamen Teilers nachvollzogen. Da dieser Algorithmus terminiert, bleibt in der ersten Zeile der Matrix nur eine Zahl ungleich Null über, die wir c nennen. War c nicht von vornherein die einzige Zahl ungleich Null in der ersten Zeile, so muss $|b| > |c|$ gelten. Steht c nun nicht in der $k+1$-ten Spalte des Ergebnisses A'', also der ersten Spalte von R'', so können wir dies durch Multiplikation des Ergebnisses A'' von rechts mit $\alpha_{k+1,k+j}$ für ein geeignetes j erreichen. Das Resultat ist eine Matrix A''' der gleichen Form wie A, aber mit einer Teilmatrix R''' anstelle von R, die die Gestalt

$$\begin{pmatrix} c = b_{1,1} & 0 & 0 & \cdots & 0 \\ b_{2,1} & b_{2,2} & b_{2,3} & \cdots & b_{2,n-k} \\ b_{3,1} & b_{3,2} & b_{3,3} & \cdots & b_{3,n-k} \\ \vdots & \vdots & \vdots & & \vdots \\ b_{m-k,1} & b_{m-k,2} & b_{m-k,3} & \cdots & b_{m-k,n-k} \end{pmatrix}$$

hat. Analog zur obigen Vorgehensweise können wir nun auch die erste Spalte $b_{1,1}, \ldots, b_{m-k,1}$ durch Zeilenumformungen bearbeiten, bis höchstens noch ein

Wert in dieser Spalte ungleich Null ist. Nennen wir diesen Wert d. Durch Zeilenvertauschung (Multiplikation von links mit $\alpha_{k+1,k+j}$ für geeignetes j) erreichen wir, dass d gerade in der ersten Zeile der resultierenden Teilmatrix R steht. Da d der größte gemeinsame Teiler der Zahlen $c = b_{1,1}$ bis $b_{m-k,1}$ ist, muss $|d| \leq |c|$ gelten. Falls $|d| = |c|$ ist, so mussten wir c für den Algorithmus niemals als betragsmäßig größte Zahl auswählen. Daher wurde im Fall $|c| = |d|$ die erste Zeile der Matrix nicht verändert und enthält bei Terminierung außer c immer noch nur Nullen. Die Matrix hat also nun die gewünschte Gestalt. Ist $|d| < |c|$ so wenden wir den Algorithmus nun erneut auf die erste Zeile an. Sei e der größte gemeinsame Teiler dieser neuen ersten Zeile. Dann muss $|e| \leq |d| < |c|$ sein, da der größte gemeinsame Teiler e das kleinste Element (evtl. d) der Zeile betragsmäßig nicht übertreffen kann. Damit ist aber bereits sichergestellt, dass der größte gemeinsame Teiler der ersten Zeile bei jeder erneuten Anwendung des Algorithmus betragsmäßig kleiner wird. Da er keinen kleineren Betrag als 1 annehmen kann, muss irgendwann $|c| = |d| = |e|$ gelten und das Verfahren terminiert. A hat dann die notwendige Form für $k-1$, wir können die Induktionsaussage anwenden und erhalten die gewünschte Umformung in Gestalt von zwei Matrizen B und C, die über $\mathbb{Z}$ invertierbar sind. Die beiden Matrizen sind einfach das Produkt aller Zeilen- bzw. Spaltenumformungen im Verlauf des Beweises. Der Induktionsschritt ist somit bewiesen. ∎

Man kann sogar noch weiter gehen, und verlangen, dass alle Einträge der Ergebnismatrix größer oder gleich Null sind.

Lemma A.16. *Sei $A \in \mathbb{Z}^{m \times n}$. Dann existieren konstruktive $B, B^{-1} \in \mathbb{Z}^{m \times m}$ und $C, C^{-1} \in \mathbb{Z}^{n \times n}$ mit $B^{-1}B = E$, $CC^{-1} = E$ und $BAC = (\lambda_{i,j})_{i,j} \in \mathbb{N}^{m \times n}$ mit $\lambda_{i,j} = 0$, falls $i \neq j$ ist.*

Beweis: Mit Lemma A.15 erhält man zunächst Matrizen B und C, die alle geforderten Eigenschaften bis auf $BAC \in \mathbb{N}^{m \times n}$ erfüllen. Wir multiplizieren nun BAC mit jedem γ_i für das $\lambda_{i,i} < 0$ gilt. Da γ_i die Vorzeichen in der i-ten Zeile bzw. Spalte umkehrt, dort aber außer $\lambda_{i,i}$ nur Nullen stehen, wird genau das Vorzeichen von $\lambda_{i,i}$ umgekehrt. Wählen wir $C' := C \cdot \prod_{\lambda_{i,i}<0} \gamma_i$, so hat BAC' die gewünschte Form und C' ist wie C über $\mathbb{Z}$ invertierbar. ∎

Mit diesen Erkenntnissen über Matrizenumformungen können wir bereits alle linearen Gleichungssysteme über $\mathbb{Z}$ lösen.

Satz A.17. *Sei $Ax = b$ ein lineares Gleichungssystem mit $A \in \mathbb{Z}^{m \times n}$ und $b \in \mathbb{Z}^m$. Dann lassen sich alle Lösungen in $\mathbb{Z}$ von $Ax = b$ konstruktiv berechnen.*

Beweis: Wir bestimmen die Matrizen B, B^{-1}, C, C^{-1}, die die Anforderungen von Lemma A.16 bzgl. A erfüllen. Insbesondere gilt damit für $z := C^{-1}x$:

$$Ax = b$$
$$\Longleftrightarrow (B^{-1}BACC^{-1})x = b$$
$$\Longleftrightarrow B(B^{-1}BACC^{-1})x = Bb$$
$$\Longleftrightarrow (BACC^{-1})x = Bb$$
$$\Longleftrightarrow (BAC)(C^{-1}x) = Bb$$
$$\Longleftrightarrow (BAC)z = Bb.$$

Ist $z = (z_1, \ldots, z_n)^\mathsf{T}$ und $BAC = (\lambda_{i,j})_{i,j}$, so errechnen wir, da BAC nur in der Diagonale Einträge ungleich Null besitzt, sofort: $(BAC)z = (\lambda_{1,1}z_1, \ldots, \lambda_{m,m}z_m, 0, \ldots, 0)^\mathsf{T}$ falls $m < n$ ist, und $(BAC)z = (\lambda_{1,1}z_1, \ldots, \lambda_{n,n}z_n)^\mathsf{T}$ sonst. Wir erhalten also ein Gleichungssystem

$$\lambda_{1,1}z_1 = (Bb)_1$$
$$\vdots$$
$$\lambda_{m,m}z_m = (Bb)_m$$
$$0 = (Bb)_{m+1}$$
$$\vdots$$
$$0 = (Bb)_n$$

oder (bei $m \geq n$)

$$\lambda_{1,1}z_1 = (Bb)_1$$
$$\vdots$$
$$\lambda_{n,n}z_n = (Bb)_n$$

Damit lassen sich bereits alle Lösungen von $(BAC)z = Bb$ bestimmen. Ist $\lambda_{i,i} > 0$, so muss z_i genau den Wert $\frac{(Bb)_i}{\lambda_{i,i}}$ annehmen, der überdies eine natürliche Zahl sein muss (sonst existieren keine Lösungen). Ist $\lambda_{i,i} = 0$, so muss auch $(Bb)_i = 0$ sein, und dann sind alle Werte für z_i in jeder Lösung erlaubt.

Die Lösungen für das ursprüngliche lineare Gleichungssystem $Ax = b$ erhält man nun über die Beziehung $z = C^{-1}x$, d.h. $x = CC^{-1}x = Cz$. ∎

Die Vorgehensweise zur Bestimmung von Lösungen in $\mathbb{Z}$ von $Ax = b$ nutzen wir nun aus, um zu (Teil)Lösungen, von denen wir die Werte auf dem Komplement des Supports $\overline{\mathrm{supp}\, A}$ bereits kennen, die möglichen Werte auf dem

Support supp A zu bestimmen. Mögliche Werte von Lösungen auf dem Komplement des Supports kennen wir aber wirklich – dies sind die Elemente der Menge $S'_{A,b}$ – nur wissen wir nicht, ob diese Teillösungen sich zu Lösungen von $Ax = b$ komplettieren lassen. Genau das liefert uns das folgende Lemma.

Lemma A.18. *Seien* $A \in \mathbb{Z}^{m \times n}$, $b \in \mathbb{Z}^n$ *und* $x \in \mathbb{N}^n$. *Es ist konstruktiv entscheidbar, ob ein* $y \in \mathbb{Z}^n$ *mit* $Ay = b$ *und* $\pi_{\overline{\text{supp}\,A}}(y) = \pi_{\overline{\text{supp}\,A}}(x)$ *existiert.*

Beweis: Es bestehe U aus denjenigen Spalten von A, deren Indizes zum Support gehören, und V aus den restlichen Spalten von A. Damit gilt offenbar für alle $w \in \mathbb{Z}^n$: $Aw = \pi_{\text{supp}\,A}(Uw) + \pi_{\overline{\text{supp}\,A}}(Vw)$. Wir können damit die Gleichung $Ay = b$ auch schreiben als

$$\pi_{\text{supp}\,A}(Uy) = \pi_{\overline{\text{supp}\,A}}(b - Vy) = \pi_{\overline{\text{supp}\,A}}(b - Vx),$$

wenn wir nur Lösungen y mit $\pi_{\overline{\text{supp}\,A}}(y) = \pi_{\overline{\text{supp}\,A}}(x)$ suchen. Auf dieses inhomogene lineare Gleichungssystem ist nun Satz A.17 anwendbar und liefert uns konstruktiv (mit den Bezeichnungen aus dem Satz) für $1 \leq i \leq |\text{supp}\,A|$:

$$z_i := \frac{(B(\pi_{\overline{\text{supp}\,A}}(b - Vx)))_i}{\lambda_{i,i}}$$

falls $\lambda_{i,i} > 0$ und z_i beliebig, falls $\lambda_{i,i} = 0 = (B(\pi_{\overline{\text{supp}\,A}}(b - Vx)))_i$ ist. Dabei ist $y := Cz$ unsere gesuchte Lösung, falls alle $z_i \in \mathbb{Z}$ sind und $(B(\pi_{\overline{\text{supp}\,A}}(b - Vx)))_i = 0$ gilt, wenn $\lambda_{i,i} = 0$ ist. Ist eine dieser Bedingungen nicht erfüllt, so existiert ein y mit den gewünschten Anforderungen nicht. ∎

Damit können wir nun den letzten Teil von Satz 4.2.4 beweisen.

Satz A.19 (Konstruktivität von $S_{A,b}$). *Die Menge*

$$S_{A,b} = \{\pi_{\overline{\text{supp}\,A}}(x) \mid x \in \mathbb{N}^n \wedge Ax = b\}$$

ist konstruktiv.

Beweis: Nach Lemma A.11 und A.12 ist $S'_{A,b} = \{\pi_{\overline{\text{supp}\,A}}(x) \mid x \in \mathbb{N}^n \wedge u^\mathsf{T}Ax = u^\mathsf{T}b\}$ für das u aus Lemma A.8 endlich und konstruktiv, und es gilt $S_{A,b} \subseteq S'_{A,b}$. Nach Lemma A.18 können wir für jedes $\pi_{\overline{\text{supp}\,A}}(x) \in S'_{A,b}$ feststellen, ob ein $y \in \mathbb{Z}^n$ mit $Ay = b$ und $\pi_{\overline{\text{supp}\,A}}(y) = \pi_{\overline{\text{supp}\,A}}(x)$ existiert. Nach Lemma A.13 ist das aber genau dann der Fall, wenn auch ein $z \in \mathbb{N}^n$ mit $Az = b$ und $\pi_{\overline{\text{supp}\,A}}(z) = \pi_{\overline{\text{supp}\,A}}(y)$ existiert. Dieses z erfüllt nun die Bedingungen für $S_{A,b}$. Da z gemäß Lemma A.13 konstruktiv aus y hervorgeht, können wir die Mitgliedschaft $\pi_{\overline{\text{supp}\,A}}(x) = \pi_{\overline{\text{supp}\,A}}(z) \in S_{A,b}$ konstruktiv entscheiden. Man kann somit für jedes der endlich vielen Elemente von $S'_{A,b}$ prüfen, ob es in $S_{A,b}$ liegt. ∎

Damit haben wir den in Kapitel 4 sehr wichtigen Satz 4.2.4 bewiesen.

B. Bibliographische Hinweise

Zu Kapitel 1

Überblicke über die Theorie sequentieller Rechnungen findet man in fast allen einführenden Lehrbüchern zur Theoretischen Informatik. Genannt seien hier etwa Börger [Bör85], Erk und Priese [EP00], Hopcroft und Ullman [HU79], Lewis und Papadimitriou [LP81], Salomaa [Sal73] und Wegener [Weg93]. Turingmaschinen sind, natürlich, von Turing [Tur36]. Registermaschinen wurden von Minsky [Min61] und Sherperdson und Sturgis [SS63] eingeführt. Die originale Ackermannfunktion findet sich bei Ackermann [Ack28]. Der Begriff der Grammatik mit ersten Resultaten ist von Chomsky [Cho56], [Cho59]. Die Geburtsstunde der Komplexitätstheorie ist der Artikel [Coo71] von Cook, in dem das Konzept und ein erstes NP-vollständiges Problem vorgestellt werden.

Zellulare Automaten wurden in den 50er Jahren des letzten Jahrhunderts von von Neumann auf Anregung von Ulam zur Untersuchung von Selbstorganisations- und Selbstreproduktionsphänomenen eingeführt, siehe [Neu66]. Der selbstreproduzierende zellulare Automat, vergleiche Abbildung 1.1, ist aus Winograd [Win70], aufbauend auf einer Idee von Fredkin. Ein einführendes Lehrbuch in zellulare Automaten ist von Vollmar und Woch [VW95], in parallele Rechner etwa von Bräunl [Brä93].

Das Konzept eine Quantenrechners wurde erstmals von Feynman [Fey82] vorgestellt. Der Primfaktorzerlegungsalgorithmus mittels Quantenrechner ist von Shor [Sho94]. Eine Einführung in Lindenmayersysteme findet man z.B. bei Rozenberg und Salomaa [RS97]. Spezielle Literaturangaben zu Petri-Netzen folgen in den Hinweisen ab Kapitel 3, an Lehrbüchern sind etwa Baumgarten [Bau96], Best et al. [BDK01], Reisig [Rei82] und Starke [Sta90] zu nennen.

Zu Kapitel 3

In seiner Dissertation „Kommunikation mit Automaten" [Pet62] stellt Petri
eine Theorie von Kommunikation in unbeschränkt großen, nicht global getakteten Systemen vor. Er modelliert nebenläufige Kommunikation hier mittels
sogenannter Aktionsnetze, in denen die Grundbegriffe der Petri-Netze bereits (noch in anderer als der später verwendeten Notation) enthalten sind.
In [Pet67] zeigt sich die Entwicklung weiter. Die in diesem Buch verwendete
und auch so weiterverbreitete Notation der „Petri-Netze" wurde gemeinsam
von Petri, Genrich und Lautenbach als Forscher der ersten Stunde der Petri-
Netz-Theorie an der GMD und Dennis und Holt am MIT entwickelt. P- und
T-Invarianten wurden von Lautenbach [Lau73] eingeführt. In [GL73] stellten
Genrich und Lautenbach Ergebnisse zu Synchronisationsgraphen in einer bedeutenden Zeitschrift der wissenschaftlichen Gemeine vor. 1970 fand eine bekannte MIT-Tagung zu nebenläufigen Systemen und parallelen Rechnungen
statt, in deren Proceedings [MAC70] sich frühe Ergebnisse von Holt und Commoner [HC70] über Teilklassen von Petri-Netzen (Markierte Graphen und Zustandsmaschinen), von Dennis [Den70], Altman und Denning [AD70], Seitz
[Sei70] und Patil [Pat70] über den Zusammenhang asynchroner Schaltwerke
und Petri-Netze finden. Bereits 1971 zeigten Commoner, Even, Holt und Pnueli in einem vielbeachteten Artikel [CHEP71] die Entscheidbarkeit von Lebendigkeit und Sicherheit in der Teilklasse der „Markierten Graphen". Commoner verallgemeinerte diese Resultate auf Free-Choice Petri-Netze [Com73].
In den Jahren um 1970 wurden diverse Teilklassen von Petri-Netzen wie
Markierte Graphen, Zustandsmaschinen, Free-Choice-Netze, Simple Netze,
untersucht, in der Hoffnung, Fragen, die noch nicht allgemein für Petri-Netze
lösbar waren, für einfache Teilklassen zu lösen und die Lösungsstrategien
auf komplexere Teilklassen zu erweitern. Dieser Ansatz wurde später fallen gelassen, so dass wir diese Teilklassen im Buch nicht eingeführt haben.
Neuere Arbeiten haben sich aber für diese Teilklassen wieder stark interessiert, da für viele Fragestellungen auf unterschiedlichen Teilklassen unterschiedliche Komplexitäten in den Lösungsalgorithmen nachgewiesen werden
konnten, siehe etwa [Esp98]. Keller begann Eigenschaften von Petri-Netzen
auf der Abstraktionsebene der Transitionssysteme zu untersuchen. Von ihm
sind die Begriffe Vektor-Replacement-System und Transitionssystem, weiterhin der Beweis zu Lemma 3.2.5, [Kel75], dass Kommutativität, Persistenz
und lokale Determiniertheit bereits Konfluenz impliziert, sowie die Äquivalenz von Petri-Netzen mit kommutativen Semi-Thue-Systemen, Satz 3.2.20,
und Vektor-Replacement-Systemen, Satz 3.2.17, [Kel74]. In einer vielzitier-
ten Arbeit über Parallele Programm-Schemata stellen Karp und Miller bereits 1969 in [KM69] Vektor-Additions-Systeme sowie Überdeckungsbäume
vor und beweisen, dass Überdeckungsbäume von Vektor-Additions-Systemen
stets endlich sind, mit der auch im Buch verwendeten Technik. Auch Sätze zur
simultanen Überdeckbarkeit wie etwa Lemma 3.2.35 finden sich hier. Ein neu-

eres Resultat ist Lemma 3.2.36, das aus einem Paper [Lam92] von Lambert stammt, dessen Beweis auf die Dissertation [May80] von Mayr zurückgeht. Viele elementare Begriffe wie *lebendig, sicher* oder *Occurrence Netz* tauchen schon in den frühesten Arbeiten an der GMD in Deutschland und am MIT und anderswo in den USA auf und können von uns nicht mehr einzelnen Personen zugeordnet werden.

Zu Kapitel 4

Das Erreichbarkeitsproblem wurde in der Dissertation [May80] von Mayr erstmals als entscheidbar nachgewiesen. Eine etwas vereinfachte Beweisführung findet man später bei Mayr in [May84] und bei Kosaraju [Kos82]. Unser Beweis folgt eng einer späteren Beweisführung von Lambert [Lam92]. Diese kommt ohne semi-lineare Mengen aus. Stattdessen nutzt Lambert Sätze aus der linearen Algebra (Dualitätsprinzip) von Gordan [Gor73], siehe auch Tucker [Tuc56], zu einem schönen mathematischen Satz zur Konstruktivität von Lösungen von linearen Gleichungssystemen über $\mathbb{Z}$ (Satz 4.2.4).

Zu Kapitel 5

Die Zusammenhänge zwischen Erreichbarkeits- und Lebendigkeitsproblem sind von Hack [Hac74]. Wir folgen hier auch seinen Beweisen. Die Technik (und der Name) der „schwachen Berechenbarkeit" geht auf unpublizierte Arbeiten von Rabin zurück, in denen er die Unentscheidbarkeit des EIP (Erreichbarkeitsmengen-Inklusions-Problem) beweist. Die von uns benutzte Technik, rekursiv aufzählbare Mengen als schwache Graphen von Polynomen darzustellen, wurde bereits von Rabin verwendet. Hack publizierte diese Technik in [Hac74]. Hierbei werden Resultate aus der Rekursionstheorie zur Darstellbarkeit von rekursiv aufzählbaren Mengen benutzt, etwa die Unentscheidbarkeit des 10. Hilbertschen Problems von Matijasevič [Mat70] oder die Darstellbarkeit mittels „exponentieller Polynome", vergleiche Davis, Putnam und Robinson in [DPR71]. Die schwache Berechenbarkeit der Ackermannfunktion ist von Hack [Hac75]. Cardoza, Lipton und Meyer [CLM76] zeigen mit dieser Technik, dass das endliche Erreichbarkeitsmengen-Inklusions-Problem zwar entscheidbar, aber nicht primitiv rekursiv ist. Hierzu nutzen sie auch ein Resultat von Adleman und Manders, dass das beschränkte Polynom-Inklusions-Problem BPIP nicht primitiv rekursiv ist [AM75]. Der Begriff und die Technik der starken Berechenbarkeit ist von Lipton [Lip76]. Er zeigt dort auch, dass das Erreichbarkeitsproblem mindestens EXPSPACE schwierig ist. Unser Beweis folgt diesen Ideen. Inhibitorische Petri-Netze wurden von Flynn und Agerwala [FA73] eingeführt.

Zu Kapitel 6

Petri-Netz Sprachklassen wurden von Peterson und Hack unabhängig voneinander eingeführt, siehe Peterson [Pet73] und Hack [Hac75]. Die Unentscheidbarkeit der Gleichheit von Petri-Netz-Sprachen ist von Jančar [Jan95]. Die Operation der Synchronisation wurde bei Untersuchungen von Pomsets erstmalig von Grabowski [Gra79] näher betrachtet und wurde von uns kanonisch auf Petri-Netz-Sprachen übertragen. Ansonsten folgen die Abschnitte 6.2 (Abschlusseigenschaften), und 6.3 (Algebraische Charakterisierung, außer 6.3.3) einschließlich der Normalformen in 6.1 der bedeutenden Arbeit „Petri Net Languages" von Hack [Hac75]. Die Charakterisierung von $\mathcal{L}_t$ als Abschluss der Dycksprache unter Durchschnitt, Vereinigung, ε-freien Homomorphismen, inversen Homomorphismen und Durchschnitt mit regulären Sprachen findet sich auch bei Greibach [Gre78]. Die Untersuchungen zu freien Petri-Netz-Sprachen folgen Starke [Sta78]. Das Gegenbeispiel aus Abschnitt 6.4 ist von Lambert [Lam92].

Zu Kapitel 7

Die Konzepte von Steps, Occurrence Netzen und Prozessen wurden schon sehr früh, teilweise unter anderen Namen, an der GMD eingeführt. Die Begriffe Occurrence Netz und Prozess finden sich bereits in einem Artikel von Genrich, Lautenbach und Thiagarajan [GLT79]. Pomsets ohne Autoconcurrency wurden von Starke [Sta81] unter dem Namen Semi-Word untersucht. Grabowski führt in [Gra79] partielle Wörter ein, die zu Pomsets äquivalent sind. Ferner untersucht er Sprachen von partiellen Wörtern, die von Petri-Netzen erzeugt werden. Der Begriff des Pomsets findet sich zum ersten Mal bei Pratt [Pra86]. Die auf Hack zurückgehenden Sprachkonzepte aus Kapitel 6 haben wir kanonisch auf Step- und Pomsetsprachen verallgemeinert. Der Begriff der verallgemeinerbaren Operation mit allen hier vorgestellten Abschlusseigenschaften haben wir der Dissertation von Wimmel [Wim00] entnommen.

Zu Kapitel 8

Das hier verwendete Konzept von Petri-Netzen mit Interface ist von Priese [Pri95]. Ein erster universeller Kontext für einen (noch unvollständigen) Teilkalkül (in dem z.B. nur Pfeile von Transitionen zu Places gezeichnet werden durften) mit Stepwort-Verhalten wurde von Priese, Nielsen und Sassone in [PNS95] vorgestellt. Von den in Abschnitt 8.1.2 zitierten Kalkülen ist CSP von Milner [Mil80], CCS von Hoare [Hoa85]. Der Box-Kalkül ist von Best, Devillers und Koutny [BDK01], der Action-Kalkül von Milner [Mil93],

SCONE von Gorrieri und Montanari [GM90] und CO-OPN von Buchs und Guelfi [BG91]. Das Resultat von Priese, Nielsen und Sassone [PNS95] wird hier erheblich verallgemeinert, da unsere Kalküle vollständig sind (alle Petri-Netze sind im Kalkül $\mathbb{K}^\tau$ ausdrückbar) und neben Sprach- und Stepsprach-Verhalten auch das Pomset-Verhalten analysiert wird. Der Kalkül $\mathbb{K}_m^\tau$ einschließlich des universellen Kontextes wie hier, ist von Priese und Wimmel [PW98], wo auch die Kompositionalität der Pomset-, Step- und Wortsemantik gezeigt wird. Die Abschlusseigenschaften und die algebraischen Charakterisierungen sind der Dissertation von Wimmel [Wim00] entnommen, wo sich weitere hier nicht vorgestellte Resultate finden.

Literaturverzeichnis

[Ack28] W. Ackermann: Zum Hilbertschen Aufbau der reellen Zahlen, *Mathematische Annalen* **99**, pp.118–133, 1928.

[AM75] L. Adleman, K. Manders: Computational Complexity of Decision Procedures for Polynomials, *Proc. of the 16th IEEE Annual Symposium on Foundations of Computer Science*, pp. 169–177, 1975.

[AD70] S.M. Altman, P.J. Denning: Decomposition of Control Networks, in [MAC70], pp.81–92, 1970.

[Bau96] B. Baumgarten: *Petri-Netze - Grundlagen und Anwendungen*, Spektrum Verlag, Heidelberg, 1996.

[BDK01] E. Best, R. Devillers, M. Koutny: *Petri Net Algebra*, EATCS Monographs on Theoretical Computer Science, 378pp, Springer Verlag, 2001.

[Bör85] E. Börger: *Berechenbarkeit, Komplexität, Logik*, Vieweg Verlag, Braunschweig, 1985.

[Brä93] T. Bräunl: *Parallele Programmierung - Eine Einführung*, Vieweg Verlag, 1993.

[BG91] D. Buchs, N. Guelfi: CO-OPN: A concurrent object-oriented Petri Nets approach for system specification, *12th International Conference on Theory and Application of Petri Nets*, pp.432–445, 1991.

[CLM76] E. Cardoza, R. Lipton, A.R. Meyer: Exponential Space Complete Problems for Petri Nets and Commutative Semigroups: Preliminary Report, *Proc. of the 8th Annual ACM Symposium on Theory of Computing*, pp.50–54, 1976.

[Cho56] N. Chomsky: Three Models for the Description of Language, *IRE Transactions on Information Theory* **2**:3, pp.113–124, 1956.

[Cho59] N. Chomsky: On certain formal properties of grammars, *Information and Control* **2**:2, pp.137–167, 1959.

[CHEP71] F. Commoner, A. Holt, S. Even, A. Pnueli: Marked Directed Graphs, *Journal of Computer and System Sciences* **5**, pp.511–523, 1971.

[Com73] F.G. Commoner: *Deadlocks in Petri Nets*, Applied Data Research, Report CA-7206-2311, New York, 1973.

[Coo71] S.A. Cook: The complexity of theorem proving procedures, *Proceedings of the third Annual ACM Symposium on the Theory of Computing*, pp.151–158, 1971.

[DPR71] M. Davis, H. Putnam, J. Robinson: The Decision Problem for Exponential Diophantine Equations, *Computational Complexity Symposium*, Courant Institute, 1971.

[Den70] J.B. Dennis: Modular Asynchronous Control Structures for a High Performance Processor, in [MAC70], pp.55–80, 1970.

[EP00] K. Erk, L. Priese: *Theoretische Informatik*, Springer Verlag, 2000.

[Esp98] J. Esparza: Decidability and Complexity of Petri Net Problems – an Introduction, *Lectures on Petri Nets I: Basic Models, Advances in Petri Nets*,

G. Rozenberg, A. Salomaa (eds.), Lecture Notes in Computer Science **1491**, pp.374–428, 1998.

[Fey82] R.P. Feynman: Simulating Physics with Computers, *International Journal of Theoretical Physics* **21**, pp.467–488, 1982.

[FA73] M. Flynn, T. Agerwala: Comments on capabilities, limitations and 'correctness' of Petri Nets, *Computer Architecture News* **2**:4, 1973.

[GL73] H.J. Genrich, K. Lautenbach: Synchronisationsgraphen, *Acta Informatica* **2**, pp.143–161, 1973.

[GLT79] H.J. Genrich, K. Lautenbach, P.S. Thiagarajan: Elements of General Net Theory, *Lecture Notes in Computer Science* **84**: *Net Theory and Applications*, pp.21–164, 1979.

[Gor73] P. Gordan: Über die Auflösung linearer Gleichungen mit reellen Coefficienten, *Mathematische Annalen* **6**, pp.23-28,, Berlin, 1873.

[GM90] R. Gorrieri, U. Montanari: SCONE: A Simple Calculus of Nets, *Lecture Notes in Computer Science* **458**, pp.2–30, 1990.

[Gra79] J. Grabowski: On Partial Languages, *Annales Societatis Mathematicae Polonae, Fundamenta Informaticae* **IV**.2, pp.428–498, 1981.

[Gre78] S.A. Greibach: Remarks on blind and partially blind one-way multicounter machines, *Theoretical Computer Science* **7**, pp.311–324, 1978.

[Hac74] M. Hack: *Decision Problems for Petri Nets and Vector Addition Systems*, Computation Structures Memo 95, Project MAC, MIT, 1974.

[Hac75] M. Hack: *Petri Net Languages*, Computation Structures Group Memo 124, Project MAC, MIT, 1975.

[Hil90] D. Hilbert: Über die Theorie der algebraischen Formen, *Mathematische Annalen* **36**, pp. 473–534, Berlin, 1890.

[Hoa85] C.A.R. Hoare: *Communicating Sequential Processes*, Prentice Hall, 1985.

[HC70] A.W. Holt, F. Commoner: Events and Conditions, in [MAC70], pp.1–52, 1970.

[HU79] J.E. Hopcroft, J.D. Ullman: *Introduction to Automata Theory, Languages, and Computation*, Addison-Wesley, Reading, 1979.

[Jan95] P. Jančar: All Action-based Behavioural Equivalences are Undecidable for Labelled Petri Nets, *Bulletin of the European Association for Theoretical Computer Science*, Vol. **56**, 1995.

[KM69] R.M. Karp, R.E. Miller: Parallel Program Schemata, *Journal of Computer and System Sciences* **3**, pp.147–195, 1969.

[Kel74] R.M. Keller: *Vektor Replacement Systems: A Formalism for Modeling Asynchronous Systems*, Technical Report 117, Princeton University, 1974.

[Kel75] R.M. Keller: A Fundamental Theorem of Asynchronous Parallel Computation, In: T:Y. Feng (ed.), *Parallel Processing*, pp.102–112, Springer Verlag, 1975.

[Knu68] D.E. Knuth: *The Art of Computer Programming (I): Fundamental Algorithms*, Addison-Wesley, Reading, 1968.

[Kos82] S.R. Kosaraju: Decidability of reachability in vector addition systems, *Proceedings of the 14th Annual ACM STOC*, pp.267–281, 1982.

[Lam92] J.L. Lambert: A structure to decide reachability in Petri nets, *Theoretical Computer Science* **99**, pp. 79–104, 1992.

[Lau73] K. Lautenbach: *Exakte Bedingungen der Lebendigkeit für eine Klasse von Petri-Netzen*, GMD, Bericht Nr. 82 (Dissertation), 1973.

[LP81] H.R. Lewis, C.H. Papadimitriou: *Elements of the Theory of Computation*, Prentice Hall, Englewood Cliffs, 1981.

[Lip76] R.J. Lipton: *The Reachability Problem Requires Exponential Space*, Research Report 62, Yale University, 1976.

[MAC70] Record of the Project MAC Conference Systems and Parallel Computation, ACM, 1970.

[Mat70] J.V. Matijasevic: Enumerable Sets are Diophantine, *Soviet. Math. Dokl.* **11**:2, pp.354–357, 1970.

[May80] E.W. Mayr: *Ein Algorithmus für das allgemeine Erreichbarkeitsproblem bei Petrinetzen und damit zusammenhängende Probleme*, Technischer Bericht der Technischen Universität München TUM-I8010 (Dissertation), Institut für Informatik, 1980.

[May84] E.W. Mayr: An algorithm for the general Petri net reachability problem, *SIAM Journal of Computing* **13**:3, pp.441–460, 1984.

[Mil80] R. Milner: A Calculus of Communicating Systems, *Lecture Notes in Computer Science* **92**, 1980.

[Mil93] R. Milner: Action Calculi, or Syntactic Action Structures, *Lecture Notes in Computer Science* **711**, pp.105–121, 1993.

[Min61] M.L. Minsky: Recursive Unsolvability of Post's Problem of 'tag' and other topics in the Theory of Turing Machines, *Annals of Math.* **74**:3, pp.437–455, 1961.

[Neu66] J.v. Neumann: *Theory of Self-Reproducing Automata*, Ed. A.W. Burks, University of Illinois Press, Urbana, 1966.

[Pat70] S.S. Patil: Closure Properties of Interconnections of Determinate Systems, in [MAC70], pp.107–116, 1970.

[Pet73] J.L. Peterson: *Modelling of Parallel Systems* (PhD Thesis), Department of Electrical Engineering. Stanford University, Stanford, CA, USA, 1973.

[Pet62] C.A. Petri: *Kommunikation mit Automaten*, Institut für Instrumentelle Mathematik, Bonn, Schriften des IMM Nr.2 (Dissertation), 1962.

[Pet67] C.A. Petri: Grundsätzliches zur Beschreibung diskreter Prozesse, *3. Colloquium über Automatentheorie*, Basel, Birkhäuser Verlag, 1967.

[Pra86] V. Pratt: Modelling Concurrency with Partial Orders, *International Journal of Parallel Programming* **15**, pp.33–71, 1986.

[Pri95] L. Priese: *A Class of Fully Abstract Semantics for Petri Nets*, Fachberichte Informatik 3/95, Universität Koblenz-Landau, 1995.

[PNS95] L. Priese, M. Nielsen, V. Sassone: Characterizing Behavioural Congruences for Petri Nets, *Lecture Notes in Computer Science* **962**, pp.175–189, 1995.

[PW98] L. Priese, H. Wimmel: A Uniform Approach to True-Concurrency and Interleaving Semantics for Petri-Nets, *Theoretical Computer Science* **206**, pp.219–256, 1998.

[Rei82] W. Reisig: *Petrinetze - Eine Einführung*, Springer Verlag, 1982.

[RS97] G. Rozenberg, A. Salomaa: *Handbook of Formal Languages*, Vol. 1, Springer Verlag, 1997.

[Sal73] A. Salomaa: *Formal Languages*, Academic Press, New York, 1973.

[Sav70] W. Savitch: Relationships between Nondeterministic and Deterministic Tape Complexities, *Journal of Computer and System Sciences* **4**:2, pp. 177-192, 1970.

[Sei70] C.L. Seitz: Asynchronous Machines Exhibiting Concurrency, in [MAC70], pp.93–106, 1970.

[SS63] J. Sheperdson, H.E. Sturgis: Computability of Recursive Functions, *Journal of the ACM* **10**, pp.217–255, 1963.

[Sho94] P.W. Shor: Algorithms for Quantum Computation: Discrete Log and Factoring, *Proceeding of the 35th Annual IEEE Symposium on Foundations of Computer Science* (FOCS), pp.20–22, 1994.

[Sta78] P.H. Starke: Free Petri Net Languages, Mathematical Foundations of Computer Science, *Lecture Notes in Computer Science* **64**, pp.506–515, 1978.

[Sta81] P.H. Starke: Processes in Petri Nets, *Elektronische Informationsverarbei-tung und Kybernetik* **15**, pp.389–416, (auch in *Lecture Notes in Computer Science* **117**), 1981.

[Sta90] P.H. Starke: *Analyse von Petri-Netz-Modellen*, Teubner Verlag, Stuttgart, 1990.

[Tuc56] A. W. Tucker: Dual Systems of Homogenous Linear Relations, in: *Linear Inequalities and Relared Systems* (eds.: H.W. Kuhn, A.W. Tucker), pp. 3–18, Princeton University Press, 1956.

[Tur36] A.M. Turing: On computable numbers with an application to the Entschei-dungsproblem, *Proc. London Math. Soc.* **2**:42, pp.230–265. A correction, *ibid.* 43, pp.544–546, 1936.

[VW95] R. Vollmar, T. Worsch: *Modell der Parallelverarbeitung*, Teubner Verlag, Stuttgart, 1995.

[Weg93] I. Wegener: *Theoretische Informatik*, Teubner Verlag, Stuttgart, 1993.

[Wim00] H. Wimmel: Algebraische Semantiken für Petri-Netze (Dissertation). Uni-versität Koblenz-Landau, 2000.

[Win70] T. Winograd: *A Simple Algorithm for Self-Reproduction*, AI-Memo Nr.197, Project MAC, MIT, 1970.

Sachverzeichnis